统计学精品译丛

概率与统计

计算机科学视角

Probability and Statistics for Computer Science

[美] 大卫·福赛斯（David Forsyth）著

张文博 周清 杨建奎 译

机械工业出版社
China Machine Press

图书在版编目（CIP）数据

概率与统计：计算机科学视角 /（美）大卫 · 福赛斯（David Forsyth）著；张文博，周清，杨建奎译．-- 北京：机械工业出版社，2022.1
（统计学精品译丛）
书名原文：Probability and Statistics for Computer Science
ISBN 978-7-111-69584-4

I. ①概… II. ①大… ②张… ③周… ④杨… III. ①概率论 - 高等学校 - 教材 ②数理统计 - 高等学校 - 教材 IV. ① O21

中国版本图书馆 CIP 数据核字（2021）第 232659 号

本书版权登记号：图字 01-2020-1655

本书针对计算机科学专业的本科生，旨在揭示概率和统计的思想．全书共分为五部分：第一部分——数据集的描述，涵盖各种描述性统计量（均值、标准差、方差）、一维数据集的可视化方法，以及散点图、相关性和二维数据集的描述；第二部分——概率，涵盖离散型概率、条件概率、连续型概率、马尔可夫不等式、切比雪夫不等式及弱大数定律等；第三部分——推断，涵盖样本、总体、置信区间、统计显著性、实验设计、方差分析和简单贝叶斯推断等；第四部分——工具，涵盖主成分分析、最近邻分类、朴素贝叶斯分类、k 均值聚类、线性回归、隐马尔可夫模型等；第五部分——其他数学知识，汇总了一些有用的数学事实．

出版发行：机械工业出版社（北京市西城区百万庄大街 22 号 邮政编码：100037）
责任编辑：王春华　　责任校对：马荣敏
印　　刷：三河市宏图印务有限公司　　版　　次：2022 年 1 月第 1 版第 1 次印刷
开　　本：186mm × 240mm 1/16　　印　　张：24
书　　号：ISBN 978-7-111-69584-4　　定　　价：139.00 元

客服电话：（010）88361066 88379833 68326294　　投稿热线：（010）88379604
华章网站：www.hzbook.com　　读者信箱：hzjsj@hzbook.com

前　言

对现代计算机科学家来说，理解概率和统计是非常重要的. 如果你爱好理论，则需要知道很多概率知识（例如，了解随机算法，理解图论中的概率方法，理解有关近似的大量知识，等等），并至少要有足够的统计知识. 如果你爱好实践，则会发现自己在不断地探寻统计技术（特别是分类、聚类和回归）. 例如，很多现代人工智能技术都是建立在统计的基础之上. 再例如，有关海量数据集的统计推断的思考对人们设计现代计算机系统产生了巨大的影响.

传统上，计算机科学专业的本科生需要学习概率论课程（这一课程通常由数学系教师讲授），或者需要学习统计学课程（这一课程通常由统计系教师讲授）. 计算机科学专业的课程委员会决定对这些课程进行修改，因此，我讲授了该课程的实验版本. 为此，我撰写了一些笔记，基于这些笔记编写了这本书. 本书中没有关于概率或统计的新知识，但其主题是我选择的，我认为这与大家在很多其他书中见到的内容有很大的不同.

选择主题的关键原则是揭示概率和统计的思想，我认为这些思想是每一名计算机科学专业的本科生都应当了解的，而不管他们以后选择什么专业或从事什么职业. 这意味着本书内容的范围非常广，但对很多领域的介绍并不深入. 我认为这样很好，因为我的目的就是保证所有人都有足够的见识，都能够知道找到一个分类包就可以解决很多问题. 因此，本书覆盖了足够多带你入门的基础知识，并会让你认识到需要了解更多知识.

我写的这些笔记对研究生也是有益的. 根据我的经验，很多人在并未意识到它们多么有用的情况下学习了本书中的部分或全部内容，然后就忘记了. 如果这样的事情发生在你的身上，希望本书能唤起你的记忆. 你应该掌握本书中的所有内容，又或许应该知道得更多，但绝不应该知道得更少.

阅读和讲授本书

本书适合从头至尾进行讲授或者阅读，但不同的教师或者读者可能有不同的需求，因此下面将对本书内容进行简要概述并指出哪些内容可以略过.

第一部分　数据集的描述

这一部分涵盖:

- 各种描述性统计量（均值、标准差、方差）及一维数据集的可视化方法
- 散点图、相关性及二维数据集的描述

多数读者可能看到过这些内容的一部分，以我的经验，使人们真正意识到使用图片的方法表示数据集多么有用是需要花费一些时间的. 我尝试通过范例研究不同的数据集来特别强调这一点. 在讲授这些内容时，我缓慢且仔细地推进这些章节.

第二部分　概率

这一部分涵盖:

- 离散型概率
- 条件概率，需要特别强调其中的例子，因为人们发现这些主题是与直觉相悖的
- 随机变量与期望
- 部分连续型概率内容（概率密度函数及如何解释）
- 马尔可夫不等式、切比雪夫不等式及弱大数定律
- 各种有用概率分布的部分性质
- 对较大的 N，二项分布的正态逼近

我非常认真地以形式化方式介绍了离散型概率. 很多人发现条件概率是与直觉相悖的（或至少在他们看来是如此的 —— 你仍然可以对 Monty Hall 问题继续发起讨论），因此，我使用了一些（有时令人吃惊的）例子来强调在此处认真思考是多么重要. 根据我的经验，范例是能够帮助学习的，但在一节中给出过多的范例会让读者分散注意力，因此，我会用一整节来介绍额外范例. 除了这些额外范例，你不能忽略此处的任何内容.

有关随机变量的一章主要包含一些常规内容，但此处也涵盖了马尔可夫不等式、切比雪夫不等式及弱大数定律. 根据我的经验，计算机科学专业的本科生喜欢仿真（当可以编写程序时，为什么要去做加法?），并且非常喜欢使用弱大数定律. 你可以略过这些不等式，只介绍弱大数定律. 很多学生在后续的理论课程中将会学习这些不等式，经验表明，如果学生之前曾经见过这些不等式，他们通常更容易掌握它们.

有关有用的概率分布的一章也主要包含一些常规内容. 在我讲授这门课程时，这一章会讲得很快，主要让学生自己阅读. 但是，对具有较大 N 的二项分布的正态逼近会进行详细的讨论. 根据我的经验，没有人喜欢推导，但你应当知道这个逼近是成立的，并知道它的原理. 我主要通过一些例子来详细讲授这一主题.

第三部分　推断

这一部分涵盖:

- 样本和总体
- 总体均值抽样估计的置信区间
- 统计显著性，包括 t 检验，F 检验及 χ^2 检验
- 简单的实验设计，包括单向和双向实验
- 实验的 ANOVA（方差分析）

- 极大似然推断
- 简单贝叶斯推断
- 过滤简介

有关样本的内容仅包含有放回抽样，这是学习更复杂的内容的基础. 学生不太喜欢置信区间，也许是因为它的真正定义过于微妙，但是理解它的一般思想是至关重要的. 这些主题确实不应当被略过.

你也不应当略过统计显著性的部分，尽管你很想略过. 我从来没有与第一次接触统计显著性就感到愉悦的人（这样的人可能在一个非常大的总体内是存在的）打过交道. 但这一思想非常有用且非常有价值，以至于你不得不学习.

我通常不讲简单的实验设计和方差分析，但回想起来，这是一个错误. 方差分析的思想是非常直接且实用的. 我们通常使用别人的数据集进行实验设计教学，然而正确的选择应该是要求学生去设计并进行实验，但在正常的课程中通常没有足够时间来安排这个.

最后，你不应当略过极大似然推断或贝叶斯推断，即便很多人并不需要知道过滤.

第四部分　工具

这一部分涵盖:

- 主成分分析
- 使用主坐标分析的简单多维放缩
- 分类的基本思想
- 最近邻分类
- 朴素贝叶斯分类
- 使用经随机梯度下降法训练过的线性 SVM 进行分类
- 使用随机森林进行分类
- 维度灾难
- 聚合和分裂聚类
- k 均值聚类
- 向量量化
- 多元正态分布
- 线性回归
- 分析与改进回归方法的一些技巧
- 最近邻回归
- 简单马尔可夫链
- 隐马尔可夫模型

我所在学院的学生在学习本课程的同时也在学习线性代数课程. 当我讲授该课程的时

候，将时间进行了调整，以便学生可以在他们刚刚学完特征值和特征向量之后学习主成分分析. 你不应当略过主成分分析. 我讲授的主坐标分析是非常浅显的，仅仅描述了它是做什么的以及为什么它是有用的.

我经常被比较强硬地告知不能向本科生讲授分类问题. 在我看来，这必须学，学生对此也非常喜爱. 给学生讲授非常有用和非常容易做到的内容时，他们真的会进行反馈. 请一定不要略过这一部分的任何内容.

聚类的相关内容非常简单且容易讲授. 根据我的经验，如果没有应用，这个主题就有点让人费解. 我通常会设置一个编程练习，让学生编写一个使用了向量量化方法导出特征的分类器. 这是一个确定人们理解了某件事情的非常好的方法，但并不真实. 很多学生发现该练习很有挑战性，因为他们必须同时使用很多概念. 但很多学生克服了困难并非常开心地看到这些部分良好地结合起来. 多元正态分布在此处不过是说说而已，我认为你不能略过本章中的任何知识.

与回归有关的内容也非常简单且容易讲授. 此处的主要障碍是学生觉得越复杂的事情越需要不断学习. 不是只有他们是这么想的，我也认为你不能略过本章中的任何知识.

根据我的经验，计算机科学专业的学生发现简单的马尔可夫链使用起来很自然（尽管他们可能发现这个记号很烦人），并且会建议在教学开始之前就模拟一个链. 使用马尔可夫链生成自然语言的例子（特别是 Garkov 和葡萄酒评价）是非常有趣的，并且你真的可以在课程中向他们演示. 你可以略去网页排名的讨论. 我接手的班级中，大约有一半的学生认为隐马尔可夫模型是简单且自然的，另一半则期望期末最好快点到来. 如果你不太喜欢这一部分，可以略过它们，并让那些可能对此感兴趣的人自学.

第五部分　其他数学知识

这一部分汇总了一些读者可能会发现有用的数学事实，也包括一些关于决策树构造的更深入的知识. 不需要讲授这部分内容.

David Forsyth

美国伊利诺伊州厄巴纳

致 谢

我承认，自幼儿园起，在我的学习生涯中，有很多人帮助过我，包括 Gerald Alanthwaite、Mike Brady、Tom Fair、Margaret Fleck、Jitendra Malik、Joe Mundy、Jean Ponce、Mike Rodd、Charlie Rothwell 和 Andrew Zisserman.

尽管这项写作工作确实是我自己做的，但仍受益于阅读过的各种不同的资料，特别是以下书籍:

- *Elementary Probability*，D. Stirzaker; Cambridge University Press，2e，2003.
- *What is a p-value anyway? 34 Stories to Help You Actually Understand Statistics*，A. J. Vickers; Pearson，2009.
- *Elementary Probability for Applications*，R. Durrett; Cambridge University Press，2009.
- *Statistics*，D. Freedman，R. Pisani and R. Purves; W. W. Norton & Company，4e，2007.
- *Data Analysis and Graphics Using R: An Example-Based Approach*，J. Maindonald and W. J. Braun；Cambridge University Press，2e，2003.
- *The Nature of Statistical Learning Theory*，V. Vapnik; Springer，1999.

现在，一个非常令人高兴的事情是人们愿意通过互联网来分享数据. 我在互联网上寻找了很多数据集，并试图在使用数据集时准确、充分地将其归功于数据集的制作者或共享者. 如果由于我的疏忽而将你排除在外，请告诉我，我将会尽力修正这一问题. 我特别愿意使用来自如下库的数据：

- *The UC Irvine Machine Learning Repository*，`http://archive.ics.uci.edu/ml/`.
- *Dr. John Rasp's Statistics Website*，`http://www2.stetson.edu/~jrasp/`.
- *OzDASL: The Australasian Data and Story Library*，`http://www.statsci.org/data/`.
- *The Center for Genome Dynamics, at the Jackson Laboratory*，`http://cgd.jax.org/` (包含有关老鼠的海量信息).

在准备手稿时，我也不断查看维基百科（Wikipedia），并给读者指出了一些相关的好故事. 我并不认为大家可以通过阅读维基百科来学习本书中的内容，但它对回忆被遗忘的想法来说是非常有帮助的.

Han Chen、Henry Lin、Eric Huber、Brian Lunt、Yusuf Sobh 和 Scott Walters 或多或少检查出了书中的拼写错误. 有些名字可能由于我糟糕的记录保存而拼错了，在此表示歉意. Jian Peng 和 Paris Smaragdis 从这些资料还是笔记的时候就开始讲授这一课程，他们也提供了改进的细节、建议及拼写错误列表. 本课程的助教帮助改进了笔记，感谢 Minje Kim、Henry Lin、Zicheng Liao、Karthik Ramaswamy、Saurabh Singh、Michael Sittig、Nikita Spirin 及 Daphne Tsatsoulis. 相关课程的助教也协助改进了笔记，感谢 Tanmay Gangwani、Sili Hui、Ayush Jain、Maghav Kumar、Jiajun Lu、Jason Rock、Daeyun Shin、Mariya Vasileva 和 Anirud Yadav.

出版社组织的评审令我受益匪浅. 审稿人给出了很多极有帮助的建议，我均已采纳. 尤其是，本书中有关推断的部分是完全根据一位审稿人的建议彻底修改完成的. 感谢以下审稿人：

得克萨斯大学阿灵顿分校　　Ashis Biswas 博士
加利福尼亚大学戴维斯分校　　Dipak Ghosal 博士
圣路易斯大学　　James Mixco
塔尔萨大学　　Sabrina Ripp
罗德岛大学　　Catherine Robinson
摩根州立大学　　Eric Sakk 博士
得克萨斯大学达拉斯分校　　William Semper 博士

其他的拼写错误、结论错误、愚蠢错误、陈词滥调、俚语、行话、废话等，都是我的错，还请见谅.

作者简介

大卫·福赛斯（David Forsyth）在开普敦长大，于 1984 年在约翰内斯堡金山大学（University of the Witwatersrand, Johannesburg）获得（电子工程）学士学位，于 1986 年在同一大学获得（电子工程）硕士学位，于 1989 年在牛津巴利奥尔学院（Balliol College, Oxford）获得博士学位. 他在艾奥瓦大学任教 3 年，在加州大学伯克利分校任教 10 年，之后到伊利诺伊大学任教. 他曾担任 2000 年、2011 年和 2018 年 IEEE 计算机视觉和模式识别会议的程序委员会共同主席，担任 CVPR 2006 和 ICCV 2019 的大会共同主席，担任 2008 年欧洲计算机视觉会议的程序委员会共同主席，并且是所有主要计算机视觉国际会议的程序委员会成员. 他在 SIGGRAPH 程序委员会已经任职 6 届. 他于 2006 年获 IEEE 技术成就奖，于 2009 年成为 IEEE 会士，于 2014 年成为 ACM 会士. 2014 年至 2017 年，他担任 IEEE TPAMI 的主编. 他是《计算机视觉：一种现代方法》的主要合著者，这本计算机视觉教材有两个版本和四种语言. 他爱好潜水，并获得了常氧三混气（normoxic trimix）潜水资质.

符号和约定

应当将一个数据集看作 d 元组（一个 d 元组是 d 个元素的有序列表）的一个集合. 元组和向量是不同的，因为向量总是可以进行加法和减法，但元组之间并不一定可以相加或相减. 总是用 N 表示数据集中元组的数量，d 为每一个元组中元素的数量. 对每一个元组，即便有时可能不知道其中某些元素的值，其元素的数量也是相同的.

使用相同的记号表示元组和向量. 多数数据将会是向量. 用黑斜体表示向量，因此 $\boldsymbol{x}$ 可以表示一个向量或一个元组（上下文将明确给出它所表示的含义）.

整个数据集表示为 $\{\boldsymbol{x}\}$. 在需要使用第 i 个条目时，写为 $\boldsymbol{x}_i$. 假设有 N 个数据条目，并希望从中构造一个新的数据集，将由这些数据条目构成的数据集记为 $\{\boldsymbol{x}_i\}$（其中的 i 说明需要从这些元素中取出一部分条目来构造一个数据集）. 如果需要使用向量 $\boldsymbol{x}_i$ 的第 j 个分量，将其记为 $x_i^{(j)}$（注意，它不是黑体的，因为它是一个分量，而不是一个向量，并且 j 在括号内，因为它不表示幂次）. 向量一般指列向量.

本书中记号 $\{k\boldsymbol{x}\}$ 的含义是将数据集 $\{\boldsymbol{x}\}$ 的每一个元素都乘以 k 后得到的新数据集，记号 $\{\boldsymbol{x}+c\}$ 表示将数据集 $\{\boldsymbol{x}\}$ 的每一个元素都加上一个 c 后得到的新数据集.

术语

- $\operatorname{mean}(\{\boldsymbol{x}\})$ 为数据集 $\{\boldsymbol{x}\}$ 的均值（1.3 节定义 1.1）.
- $\operatorname{std}(\{\boldsymbol{x}\})$ 为数据集 $\{\boldsymbol{x}\}$ 的标准差（1.3 节定义 1.2）.
- $\operatorname{var}(\{\boldsymbol{x}\})$ 为数据集 $\{\boldsymbol{x}\}$ 的方差（1.3 节定义 1.3）.
- $\operatorname{median}(\{\boldsymbol{x}\})$ 为数据集 $\{\boldsymbol{x}\}$ 的中位数（1.3 节定义 1.4）.
- $\operatorname{percentile}(\{\boldsymbol{x}\}, k)$ 为数据集 $\{\boldsymbol{x}\}$ 的第 k 百分位数（1.3 节定义 1.5）.
- $\operatorname{iqr}\{\boldsymbol{x}\}$ 为数据集 $\{\boldsymbol{x}\}$ 的四分位距（1.3 节定义 1.7）.
- $\{\hat{\boldsymbol{x}}\}$ 为变换到标准坐标的数据集 $\{\boldsymbol{x}\}$（1.4.2 节定义 1.8）.
- 定义 1.9 给出了标准正态数据的定义（1.4.2 节）.
- 定义 1.10 给出了正态数据的定义（1.4.2 节）.
- $\operatorname{corr}(\{(x, y)\})$ 为数据集中两个元素之间的相关性（2.2.1 节定义 2.1）.
- $\varnothing$ 为空集.
- Ω 为实验所有可能的结果集合.
- 集合记为 $\mathcal{A}$.
- $\mathcal{A}^c$ 为集合 $\mathcal{A}$ 的补集（即 $\Omega \backslash \mathcal{A}$）.
- $\mathcal{E}$ 为事件（3.2 节）.

- $P(\{\mathcal{E}\})$ 为事件 $\mathcal{E}$ 发生的概率（3.2 节）.
- $P(\{\mathcal{E}\}\,|\,\{\mathcal{F}\})$ 为在事件 $\mathcal{F}$ 发生的条件下事件 $\mathcal{E}$ 发生的概率（3.4 节）.
- $p(x)$ 为随机变量 X 取值为 x 的概率，也可写为 $P(\{X=x\})$（4.1 节）.
- $p(x,y)$ 为随机变量 X 取值为 x 且随机变量 Y 取值为 y 的概率，也可写为 $P(\{X=x\}\cap\{Y=y\})$（4.1.1 节）.
- $\underset{x}{\arg\max} f(x)$ 为 $f(x)$ 的最大值点.
- $\underset{x}{\arg\min} f(x)$ 为 $f(x)$ 的最小值点.
- $\max_i(f(x_i))$ 为 f 在数据集 $\{x_i\}$ 上取不同元素时得到的最大值.
- $\hat{\theta}$ 为参数 θ 的估计值.

背景信息

扑克牌：一副标准的扑克中有 52 张牌. 这些牌被分为黑桃、梅花、红桃和方块四种花色. 每一种花色有 13 张牌：A、2、3、4、5、6、7、8、9、10、J、Q 和 K. 一般称 J、Q 和 K 为人头牌.

骰子：如果你仔细研究的话，可以看到很多面数不同的骰子（尽管从未见过三个面的骰子）. 本书使用传统的 N 面骰子，N 个面用数字 $1,\cdots,N$ 进行标记且不允许使用重复数字. 多数骰子都是这样的.

均匀（fairness）：均匀硬币或骰子各面抛出或掷出的概率是相同的.

轮盘赌（roulette）：轮盘赌的轮盘上有一系列槽. 有 36 个槽用数字 $1,\cdots,36$ 标记，然后有一个、两个甚至三个槽被标记为零. 不存在其他的槽. 奇数槽被涂成红色，偶数槽被涂成黑色，标记为零的槽被涂成绿色. 在轮盘旋转的时候，一个球被扔到其上，它来回跳动并最终落入一个槽中. 如果轮盘是完美平衡的，球落入每一个槽的概率是相等的. 球落入的槽对应的数字便是中奖号码.

目　录

前言
致谢
作者简介
符号和约定

第一部分　数据集的描述

第 1 章　查看数据的第一个工具 …… 2
1.1　数据集 …… 2
1.2　正在发生什么？绘制数据的图形 …… 3
1.2.1　条形图 …… 5
1.2.2　直方图 …… 5
1.2.3　如何制作直方图 …… 6
1.2.4　条件直方图 …… 7
1.3　汇总一维数据 …… 8
1.3.1　均值 …… 8
1.3.2　标准差 …… 9
1.3.3　在线计算均值和标准差 …… 12
1.3.4　方差 …… 13
1.3.5　中位数 …… 13
1.3.6　四分位距 …… 15
1.3.7　合理使用汇总数据 …… 16
1.4　图形和总结 …… 16
1.4.1　直方图的一些性质 …… 17
1.4.2　标准坐标和正态数据 …… 19
1.4.3　箱形图 …… 21
1.5　谁的更大？澳大利亚比萨调查 …… 22
问题 …… 26
编程练习 …… 26
第 2 章　关注关系 …… 28
2.1　二维数据绘图 …… 28
2.1.1　分类数据、计数和图表 …… 28
2.1.2　序列 …… 32
2.1.3　空间数据散点图 …… 33
2.1.4　用散点图揭示关系 …… 33
2.2　相关 …… 37
2.2.1　相关系数 …… 40
2.2.2　用相关性预测 …… 43
2.2.3　相关性带来的困惑 …… 46
2.3　野生马群中的不育公马 …… 47
问题 …… 49
编程练习 …… 51

第二部分　概率

第 3 章　概率论基础 …… 56
3.1　实验、结果和概率 …… 56
3.2　事件 …… 57
3.2.1　通过计数结果来计算事件概率 …… 58
3.2.2　事件概率 …… 60
3.2.3　通过对集合的推理来计算概率 …… 62
3.3　独立性 …… 64
3.4　条件概率 …… 68
3.4.1　计算条件概率 …… 69
3.4.2　检测罕见事件是困难的 …… 71

3.4.3 条件概率和各种独立形式 ··· 73

3.4.4 警示例子：检察官的谬论 ··· 74

3.4.5 警示例子：Monty Hall 问题 ··· 75

3.5 更多实例 ··· 77

3.5.1 结果和概率 ··· 77

3.5.2 事件 ··· 78

3.5.3 独立性 ··· 78

3.5.4 条件概率 ··· 79

问题 ··· 81

第 4 章 随机变量与期望 ··· 86

4.1 随机变量 ··· 86

4.1.1 随机变量的联合概率与条件概率 ··· 87

4.1.2 只是一个小的连续概率 ··· 90

4.2 期望和期望值 ··· 92

4.2.1 期望值 ··· 92

4.2.2 均值、方差和协方差 ··· 94

4.2.3 期望和统计 ··· 96

4.3 弱大数定律 ··· 97

4.3.1 独立同分布样本 ··· 97

4.3.2 两个不等式 ··· 98

4.3.3 不等式的证明 ··· 98

4.3.4 弱大数定律的定义 ··· 100

4.4 弱大数定律应用 ··· 101

4.4.1 你应该接受下注吗 ··· 101

4.4.2 赔率、期望与博彩：文化转向 ··· 102

4.4.3 提前结束比赛 ··· 103

4.4.4 用决策树和期望做决策 ··· 104

4.4.5 效用 ··· 105

问题 ··· 107

编程练习 ··· 110

第 5 章 有用的概率分布 ··· 112

5.1 离散分布 ··· 112

5.1.1 均匀分布 ··· 112

5.1.2 伯努利随机变量 ··· 112

5.1.3 几何分布 ··· 113

5.1.4 二项分布 ··· 113

5.1.5 多项分布 ··· 115

5.1.6 泊松分布 ··· 115

5.2 连续分布 ··· 117

5.2.1 均匀分布 ··· 117

5.2.2 贝塔分布 ··· 117

5.2.3 伽马分布 ··· 118

5.2.4 指数分布 ··· 119

5.3 正态分布 ··· 119

5.3.1 标准正态分布 ··· 120

5.3.2 正态分布 ··· 120

5.3.3 正态分布的特征 ··· 121

5.4 逼近参数为 N 的二项式 ··· 122

5.4.1 当 N 取值很大时 ··· 124

5.4.2 正态化 ··· 125

5.4.3 二项分布的正态逼近 ··· 127

问题 ··· 127

编程练习 ··· 132

第三部分 推断

第 6 章 样本和总体 ··· 136

6.1 样本均值 ··· 136

6.1.1 样本均值是对总体均值的估计 ··· 136

6.1.2 样本均值的方差 ··· 137

6.1.3 罐子模型的应用 ··· 140

6.1.4 分布就像总体 ··· 140

6.2 置信区间 ··· 141

6.2.1 构造置信区间 ··· 141

6.2.2 估计样本均值的方差 ····· 142
6.2.3 样本均值的概率分布 ····· 144
6.2.4 总体均值的置信区间 ····· 145
6.2.5 模拟的标准误差估计 ····· 147
问题 ····· 149
编程练习 ····· 151
第 7 章 显著性检验 ····· 153
7.1 显著性 ····· 154
7.1.1 评估显著性 ····· 154
7.1.2 p 值 ····· 156
7.2 比较两个总体的均值 ····· 159
7.2.1 假定总体的标准差已知 ····· 159
7.2.2 假定总体有相同但未知的标准差 ····· 161
7.2.3 假定总体的标准差未知且不同 ····· 161
7.3 其他有用的显著性检验 ····· 163
7.3.1 F 检验和标准差 ····· 163
7.3.2 模型拟合的 χ^2 检验 ····· 164
7.4 p 值操控和其他危险行为 ····· 168
问题 ····· 169
第 8 章 实验 ····· 172
8.1 简单实验: 一种处理方法的影响 ····· 172
8.1.1 随机平衡实验 ····· 173
8.1.2 分解预测中的误差 ····· 174
8.1.3 估计噪声的方差 ····· 174
8.1.4 方差分析表 ····· 176
8.1.5 非平衡实验 ····· 177
8.1.6 显著性差异 ····· 178
8.2 双因素实验 ····· 180
8.2.1 误差分解 ····· 182
8.2.2 交互效应 ····· 184
8.2.3 单个因素的影响 ····· 184
8.2.4 建立方差分析表 ····· 185
问题 ····· 188
第 9 章 基于数据推断概率模型 ····· 191
9.1 用极大似然估计模型参数 ····· 192
9.1.1 极大似然原理 ····· 192
9.1.2 二项分布、几何分布和多项分布 ····· 193
9.1.3 泊松分布和正态分布 ····· 195
9.1.4 模型参数的置信区间 ····· 198
9.1.5 关于极大似然的注意事项 ····· 200
9.2 结合贝叶斯推断的先验概率 ····· 200
9.2.1 共轭 ····· 202
9.2.2 MAP 推断 ····· 204
9.2.3 贝叶斯推断的注意事项 ····· 205
9.3 正态分布的贝叶斯推断 ····· 205
9.3.1 示例：测量钻孔深度 ····· 205
9.3.2 通过正态先验分布和正态似然函数得出正态后验分布 ····· 206
9.3.3 过滤 ····· 208
问题 ····· 210
编程练习 ····· 213

第四部分 工具

第 10 章 高维状态下的相关性分析 ····· 218
10.1 数据汇总与简单的统计图 ····· 218
10.1.1 均值 ····· 219
10.1.2 茎叶图和散点图矩阵 ····· 219
10.1.3 协方差 ····· 222
10.1.4 协方差矩阵 ····· 223
10.2 通过均值和协方差来理解高维数据 ····· 224

10.2.1 仿射变换下的均值和协方差 ···· 225
10.2.2 特征向量与对角化 ···· 226
10.2.3 旋转团来对角化协方差 ···· 227
10.2.4 近似团 ···· 228
10.2.5 示例：身高–体重数据团转换 ···· 229
10.3 主成分分析 ···· 231
10.3.1 低维度的表示方法 ···· 232
10.3.2 降维引起的误差 ···· 233
10.3.3 示例：用主成分表示颜色 ···· 234
10.3.4 示例：用主成分表示面孔 ···· 236
10.4 多维放缩 ···· 236
10.4.1 使用高维距离选择低维点 ···· 237
10.4.2 分解点积矩阵 ···· 239
10.4.3 示例：使用多维放缩的地图 ···· 240
10.5 示例：了解身高与体重 ···· 241
问题 ···· 245
编程练习 ···· 245
第 11 章 分类学习 ···· 248
11.1 分类 ···· 248
11.1.1 错误率和其他性能总结 ···· 249
11.1.2 更详细的评估 ···· 249
11.1.3 过度拟合和交叉验证 ···· 250
11.2 用最近邻分类 ···· 251
11.3 用朴素贝叶斯分类 ···· 253
11.4 支持向量机 ···· 256
11.4.1 铰链损失 ···· 257
11.4.2 正则化 ···· 258
11.4.3 用随机梯度下降法查找分类器 ···· 259
11.4.4 搜索 λ ···· 261
11.4.5 示例：用随机梯度下降法训练支持向量机 ···· 262
11.4.6 支持向量机的多类分类 ···· 265
11.5 用随机森林分类 ···· 265
11.5.1 构建决策树：通用算法 ···· 267
11.5.2 构建决策树：选择拆分 ···· 267
11.5.3 森林 ···· 269
编程练习 ···· 271
MNIST 练习 ···· 274
第 12 章 聚类：高维数据模型 ···· 277
12.1 维度灾难 ···· 277
12.1.1 幂次维数 ···· 277
12.1.2 灾难：数据未在预想范围出现 ···· 278
12.2 聚类数据 ···· 279
12.2.1 聚合聚类与分裂聚类 ···· 279
12.2.2 聚类与距离 ···· 282
12.3 k 均值算法及其变体 ···· 282
12.3.1 确定 k 值 ···· 285
12.3.2 软分配 ···· 285
12.3.3 高效聚类和分层 k 均值 ···· 287
12.3.4 k 中心点算法 ···· 288
12.3.5 示例：葡萄牙杂货铺 ···· 288
12.3.6 关于 k 均值的评价 ···· 291
12.4 用向量量化描述重复 ···· 291
12.4.1 向量量化 ···· 292
12.4.2 示例：基于加速计数据的行为 ···· 294
12.5 多元正态分布 ···· 297
12.5.1 仿射变换和高斯分布 ···· 298
12.5.2 绘制二维高斯分布：协方差椭圆 ···· 298

编程练习 …… 299
CIFAR-10 和向量量化练习 …… 300
第 13 章 回归 …… 301
13.1 回归预测 …… 301
13.2 回归趋势 …… 303
13.3 线性回归与最小二乘 …… 304
13.3.1 线性回归 …… 304
13.3.2 β 的选择 …… 305
13.3.3 最小二乘问题求解 …… 305
13.3.4 残差 …… 306
13.3.5 R^2 …… 306
13.4 优化线性回归模型 …… 308
13.4.1 变量转换 …… 309
13.4.2 问题数据点有显著影响 …… 311
13.4.3 单解释变量函数 …… 313
13.4.4 线性回归的正则化 …… 314
13.5 利用近邻进行回归分析 …… 317
附录：数据 …… 319
问题 …… 319
编程练习 …… 324
第 14 章 马尔可夫链与隐马尔可夫链 …… 326
14.1 马尔可夫链 …… 326
14.1.1 转移概率矩阵 …… 328
14.1.2 平稳分布 …… 330
14.1.3 示例：马尔可夫链文本模型 …… 331
14.2 马尔可夫链的性质估计 …… 334
14.2.1 模拟 …… 334
14.2.2 模拟结果为随机变量 …… 335
14.2.3 模拟马尔可夫链 …… 337
14.3 示例：通过模拟马尔可夫链对 Web 进行排名 …… 338
14.4 隐马尔可夫模型与动态规划 …… 340
14.4.1 隐马尔可夫模型 …… 340
14.4.2 用网格进行图形推理 …… 341
14.4.3 HMM 的动态规划 …… 344
14.4.4 示例：简单通信报错 …… 344
问题 …… 347
编程练习 …… 347

第五部分 其他数学知识

第 15 章 资源和附加资料 …… 350
15.1 有关矩阵的内容 …… 350
15.1.1 奇异值分解 …… 351
15.1.2 逼近一个对称矩阵 …… 351
15.2 特殊函数 …… 353
15.3 在决策树中拆分节点 …… 354
15.3.1 用熵计算信息 …… 355
15.3.2 利用信息增益来选择拆分 …… 356
索引 …… 358

第一部分

数据集的描述

第 1 章　查看数据的第一个工具

可以问一名正在工作中的科学家的最为重要的一个问题——也许是任何人都可以问的最为重要的问题—— 是:“到底发生了什么?”回答这一问题需要使用不同的方法制作数据集的图像，对数据集进行整理，并发现可能有什么样的结构存在. 这是一种有时被称为“描述统计”的行为. 理解一个数据集没有固定的灵丹妙药，但是有大量的工具可供我们一探究竟.

学习本章内容后，你应该能够做到:

- 绘制数据集的条形图.
- 绘制数据集的直方图.
- 说出直方图是否偏斜及偏向何方.
- 绘制并解释条件直方图.
- 计算数据集的基本总结信息，包括均值、中位数、标准差和四分位距.
- 将一个或多个数据集绘制成一个箱形图.
- 解释箱形图.
- 使用直方图、总结和箱形图来研究数据集.

1.1　数据集

数据集是对同一现象不同实例的描述的集合. 这些描述可以使用不同的形式，但最重要的是它们是对相同事物的描述. 例如，我的祖父多年来收集了他花园中每天的降雨量，我们可以收集一间房屋内每一个人的身高、一个社区内每一个家庭中孩子的数量或者 10 个同学中希望自己“发财”还是“出名”的数量. 对每一项，可以使用多种不同的描述来进行记录. 例如，当祖父每天早晨记录雨量计中的数据时，他可能会同时记录温度和气压. 又如，可以记录每一个进入医生办公室的病人的身高、体重、血压和体温.

数据集中的描述可以使用不同的形式. 一种描述可能是**分类的**（categorical），其含义是每一数据条目可以在一个预先给出的小集合中取值. 例如，可以记录路过的 100 个人中每一个人是期望“发财”还是期望“出名”. 又如，可以记录路过的人是“男性”或是“女性”. 分类的数据可以是**有序的**（ordinal），这意味着可以说明一个数据条目是否比另一个大. 例如，给出部分家庭集合中每一个家庭孩子数量的数据集是分类的，因为它仅仅使用了非负整数，但它也是有序的，因为它可以说明一个家庭是否比另一个家庭大.

一些有序的分类数据并不是用数值的方式显示的，但可以使用一种合理的方式赋予一个数. 例如，很多读者都有被医生询问疼痛程度 $1 \sim 10$ 的情形 —— 这一问题通常是容易回答的，但当你仔细考虑的时候又会觉得很奇怪. 又如，可以令一个集合中的用户对某一软件界面的可用性进行评价，结果从“非常差”到“非常好”，然后用 -2 表示“非常差”，-1 表示“差”，0 表示“一般”，1 表示“好”，2 表示“非常好”.

当你合理地认为需要考虑的期望结果可以是某一范围内的任何取值时，很多有趣的数据集也包含了**连续**（continuous）变量（例如身高、体重或者体温），例如，一间特定的屋子中所有人的身高，或者一年内某一特定地点每天的降雨量.

应当将一个数据集看作 d 元组（一个 d 元组是 d 个元素的有序列表）的一个集合. 元组和向量是不同的，因为向量总是可以做加法和减法的，但元组之间并不必须可以相加或相减. 总是用 N 表示数据集中元组的数量，用 d 表示元组中元素的数量. 即便有时可能不知道某些元组中某些元素的值（这意味着需要给出如何预测这些取值，这将在本书很靠后的位置来做），对每一个元组，其元素的数量都会是相同的.

3

元组中的每一个元素都有其自身的形式. 有些元素是分类信息. 例如，后面会经常看到的一个有关 478 个孩子的性别（Gender）、年级（Grade）、年龄（Age）、民族（Race）、城市/乡村（Urban/Rural）、学校（School）、目标（Goals）、成绩（Grades）、运动（Sports）、外表（Looks）和金钱（Money）信息的数据集，因此 $d = 11$，$N = 478$. 在这一数据集中，每一项都是分类数据. 显然，这些元组不是向量，因为，不能对性别做减法，也不能将年龄与成绩（优劣）做加法.

本书的多数数据将是向量. 本书使用相同的记号表示元组和向量. 用黑斜体表示向量，因此 $\boldsymbol{x}$ 可以表示一个向量或一个元组（上下文将明确给出它所表示的含义）.

整个数据集表示为 $\{\boldsymbol{x}\}$. 在需要使用第 i 个数据条目时，将其写为 $\boldsymbol{x}_i$. 假设有 N 个数据条目，且希望从它们中构造一个新的数据集，把从这些条目构造的数据集记为 $\{\boldsymbol{x}_i\}$（其中 i 表明这是通过选取一组条目并用这些条目构造的数据集）.

本章将主要使用连续型数据. 我们将会看到多种不同的绘图和汇总一元组的方法. 这些有关 d 元组的图形可通过提取每个 d 元组的第 r 个元素进行绘制. 本书中，很多有趣的数据集都是下载于不同的网上资源，因为人们非常乐于在网上发布有趣的数据集. 下一章将会介绍二维数据，且在第 10 章将会介绍高维数据.

1.2　正在发生什么？绘制数据的图形

最简单的表示或可视化数据集的方法是使用表格. 表格可能非常有帮助，但对大型数据集来说帮助则非常有限，因为很难从表格中得到数据含义的任何信息. 例如，表 1.1 a 给出了一群人（可能是在酒吧遇到的）的净资产（这些数据是我编造的）. 你可以浏览这个表格并对正在发生什么有个大概的感觉，净资产都非常接近 100 000 美元，且没有非常大或非常小的数字. 这些信息可能是非常有用的，例如，在选择酒吧的时候.

人们可能喜欢度量、记录某一现象的多样性，并寻求其原因. 表现出来就是他可以用一个数字给奶酪口味的好坏进行打分（数字越大越好）. 表 1.1 b 中给出了对 20 种奶酪的评分（这些数据不是我编造的，而是从 http://lib.stat.cmu.edu/DASL/Datafiles/Cheese.html 下载的）. 你应当注意到，少数奶酪得到了非常高的分数，而多数其他的只是中等分数. 不过，很难从这一表格中得到更重要的信息.

表 1.1 用表格表示数据集的示例

a）在一个酒吧中遇到的人的净资产		b）20 种不同奶酪的口味评分			
序号	净资产/美元	序号	口味评分	序号	口味评分
1	100 360	1	12.3	11	34.9
2	109 770	2	20.9	12	57.2
3	96 860	3	39	13	0.7
4	97 860	4	47.9	14	25.9
5	108 930	5	5.6	15	54.9
6	124 330	6	25.9	16	40.9
7	101 300	7	37.3	17	15.9
8	112 710	8	21.9	18	6.4
9	106 740	9	18.1	19	18
10	120 170	10	21	20	38.9

注：序号列给出了所引用的数据条目，一般它并不在表格中出现，因为你通常可以假设第一行就是第一个条目，并以此类推.

表 1.2 给出了一个分类数据集的表格. 心理学家在三个校区 4~6 年级的学生中收集数据，以便了解学生认为什么因素使得其他学生受欢迎. 这一数据集可从 http://lib.stat.cmu.edu/DASL/Datafiles/PopularKids.html 下载，曾被 Chase 和 Dunner 在文章“The Role of Sports as a Social Determinant for Children”中使用，该文发表于 1992 年的 *Research Quarterly for Exercise and Sport*（《体育与运动季刊》）. 除此之外，他们会询问每一个学生的目标是否是成绩好、受欢迎或者运动好. 他们收集了 478 个学生的信息，故其表格可能很难阅读. 表 1.2 给出了本组学生中前 20 个学生的性别及他们的目标. 因为整个表格非常巨大，所以从这些数据中提取重要的结论则更为困难. 我们需要使用一些比用眼观察表格更为有效的工具.

4

表 1.2 Chase 和 Dunner 在学生中收集了关于什么使得其他学生受欢迎的数据

性别	目标	性别	目标
男	运动好	女	运动好
男	受欢迎	女	成绩好
女	受欢迎	男	受欢迎
女	受欢迎	男	受欢迎
女	受欢迎	男	受欢迎
女	受欢迎	女	成绩好
女	受欢迎	女	运动好
女	成绩好	女	受欢迎
女	运动好	女	成绩好
女	运动好	女	运动好

1.2.1　条形图

条形图（bar chart）是一组条形，每一个条形代表一个类，每一个条形的高度与其对应类中条目的数量成正比. 一眼看去，条形图常常给出了数据的重要结构，例如，哪些类是最常见的，以及哪些是少见的. 条形图对分类数据是非常有帮助的. 图 1.1 给出了在 Chase 和 Dunner 的研究中，按照性别和目标进行分类的条形图. 可以一眼看到，男生的数量和女生的数量基本相同，且认为成绩好比较重要的学生数量比认为运动好或者受欢迎更重要的学生数量要多. 从表 1.2 则无法得到任何结论，因为表中只给出了前 20 条记录，而且有 478 条记录的表格是很难阅读的.

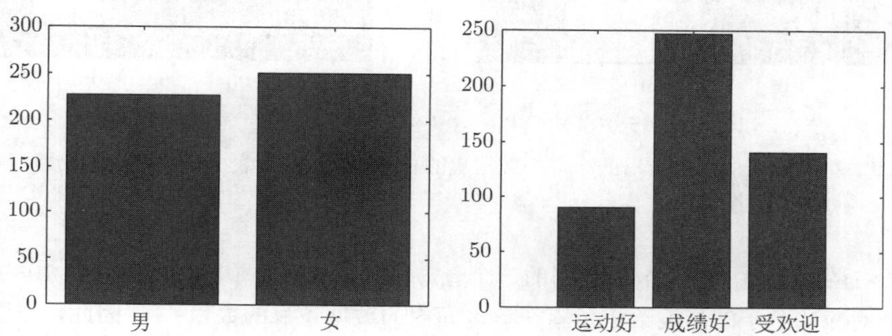

图 1.1　左图给出了 Chase 和 Dunner 的研究中每一性别的学生数的条形图. 请注意，男生的数量和女生的数量差不多（条形的高度大致相同）. 右图是选择每一个目标的学生数的条形图. 可以说，一眼看去，不同目标受欢迎的程度可通过观察条形的高度得到

1.2.2　直方图

当数据条目可以取遍一个范围内的所有可能值时，该数据是连续的. 因此，这意味着有理由期望连续数据集中包含很少甚至不包含取值完全一样的数据条目. 使用常见的方法绘制条形图——每一个条形代表一个取值——会得到很多单位高度的条形，且这样做很少能够得到良好的图形. 此时，也许更希望条形的数量少一些，每一个条形能多表示一些数据条目. 这需要一个流程来确定每一个条形中数据条目的数量.

条形图的一个简单扩展为**直方图**（histogram）. 数据的值域被分割成一些区间，其长度并不需要都相同. 每一个区间可被视为一个鸽笼，且可以为每一个数据条目选择一个鸽笼. 然后构造一个盒子的集合，每个区间对应一个. 每一个盒子被置于水平轴上对应的区间处，其高度就是相应鸽笼中数据条目的数量. 在最简单的直方图中，构成盒子底的区间大小是相同的. 此时，盒子的高度由盒子中数据条目的数量给出.

图 1.2 左图给出了表 1.1 中数据的直方图. 它含有 5 个盒子，也可以绘制 10 个盒子，每一个盒子的高度给出了落在相应区间内的数据条目的数量. 例如，净资产在 102 500 美元到 107 500 美元范围内有一个条目. 请注意，有一个盒子是不可见的，因为在该范围内没有数据. 这一图形中给出的结论与人们使用肉眼观察表格得到的结果是一致的——净资产趋向非常相似，在 100 000 美元左右.

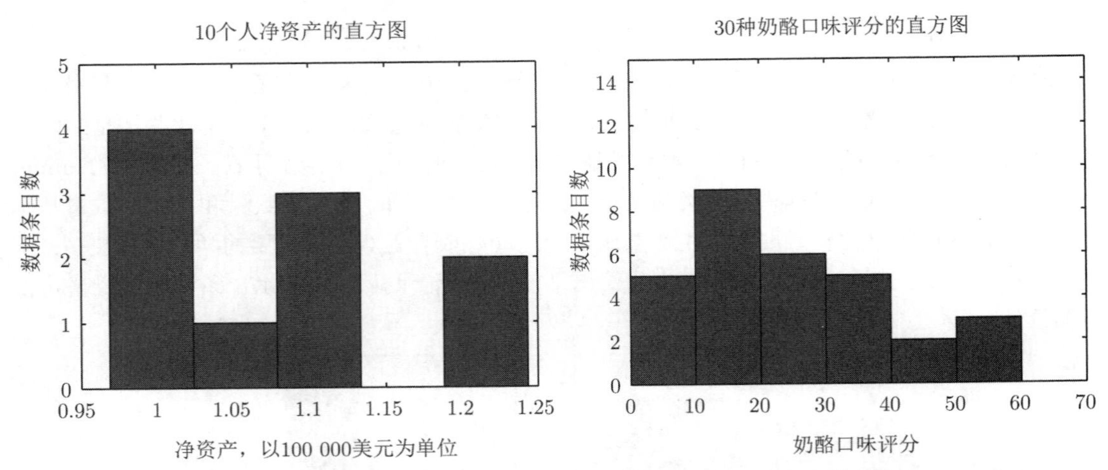

图 1.2　左图为表 1.1 中给出的净资产数据集的直方图. 右图为表 1.1 中描述的奶酪口味评分的直方图

图 1.2 右图也给出了表 1.1 中数据的一个直方图. 其中有 6 个区间（0~10，10~20，等等），每一个区间对应的盒子的高度给出了落在该区间内的数据条目的数量—— 因此，在这一数据集中，评分大于或等于 10 且小于 20 的奶酪数量有 9 种. 你也可以使用这些盒子估计数据的其他性质. 可以看到，有 14 种奶酪的评分小于 20，3 种奶酪的评分大于 50. 这个图比表格更有帮助，你可以一眼看出多数奶酪的评分都是相对较低的，很少有奶酪评分很高.

1.2.3　如何制作直方图

通常，可以通过在你的编程环境中寻找适当的命令或常用做法来制作直方图. 我自己喜欢使用 Matlab 和 R. 了解制作和绘制直方图的过程是非常有帮助的.

等区间直方图：构造直方图最简单的方法是使用相等的区间. 记 x_i 为数据集中的第 i 个数，$x_{\min}$ 为最小值，$x_{\max}$ 为最大值. 将最小值和最大值之间的范围平均分为宽度是 $(x_{\max}-x_{\min})/n$ 的 n 份. 此时，每一个盒子的高度由在该区间内的条目数给出. 可以将直方图表示为一个计数的 n 维向量. 每一个元素表示落在相应区间内数据条目的数量. 注意，需要仔细地保证每一个值仅属于一个取值区间. 例如，可以使用区间 $[0,1)$ 及 $[1,2)$，或者区间 $(0,1]$ 及 $(1,2]$. 但不能使用区间 $[0,1]$ 及 $[1,2]$，因为值为 1 的数据条目可能会出现在两个盒子中. 类似地，不能使用区间 $(0,1)$ 及 $(1,2)$，因为值为 1 的数据条目不会出现在任一盒子中.

6

不等区间直方图：对于等区间直方图，我们很自然地会将每一个盒子的高度设置为在该盒子内数据条目的数量. 但等区间长度的直方图可能会存在空盒子（参见图 1.2）. 此时，使用一些更大的区间以保证每一个区间内都有某些数据条目就可能更有意义. 但应当将盒子绘制多高呢？想象一下，取等区间长度直方图中的两个连续区间，然后将它们相互融合. 融合后，盒子的高度自然就等于两个盒子高度的平均值. 因此，就有了如下的规则.

记区间的宽度为 dx，n_1 为第一个区间上盒子的高度（它是第一个盒子中元素的个数），n_2

为第二个区间上盒子的高度. 融合后的盒子的高度将为 $(n_1 + n_2)/2$. 此时，第一个盒子的面积为 $n_1 dx$，第二个盒子的面积为 $n_2 dx$，融合后的盒子的面积为 $(n_1 + n_2)\,dx$. 对每一个这样的盒子，盒子的面积与落入盒子中元素的数量成正比. 这就给出了正确的规则：绘制面积与落入盒子中元素个数成正比的盒子.

1.2.4 条件直方图

多数人相信，正常体温为 98.4 华氏度. 如果你经常帮别人（例如你的孩子）测量体温，你就知道某些人的体温会比这个数略高或略低. 我从 http://www2.stetson.edu/~jrasp/data.htm 找到了一个包含多个人体温的数据集. 正如你能够从直方图（图 1.3）中看到的，体温集中在一个少数数字构成的集合附近. 但是，是什么引起了变动？

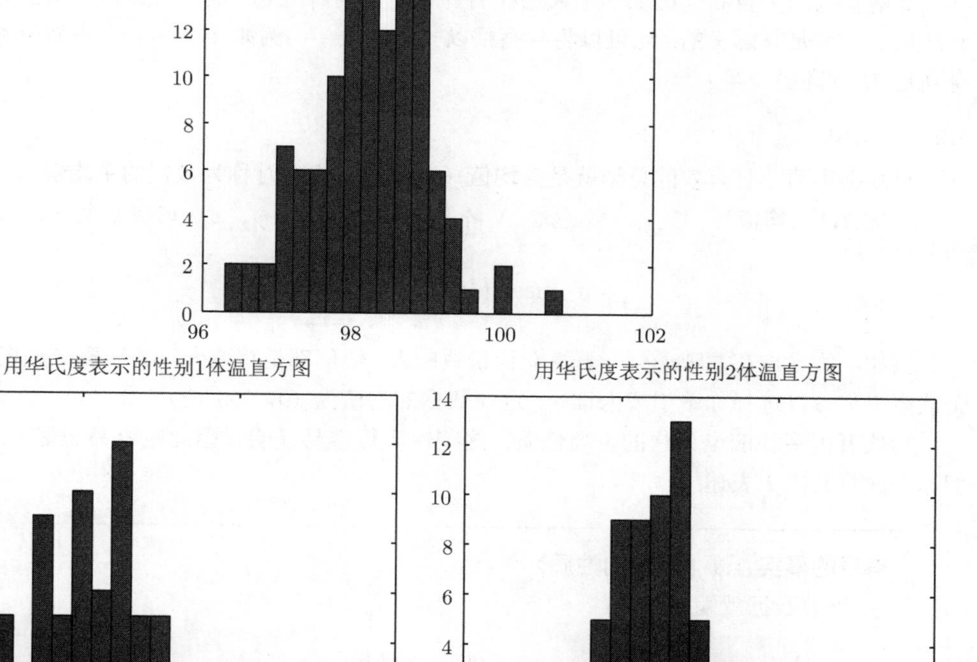

图 1.3　顶图为体温的一个直方图，数据集公开在 http://www2.stetson.edu/~jrasp/data.htm，它们看起来非常紧密地集中在一个数值的周围. 底图给出了每一个性别（本人不知道哪个对应男哪个对应女）体温的直方图，似乎看起来一个性别的体温比另一个性别的体温更低

一种可能是性别. 这种可能性可以通过比较男性体温的直方图与女性体温的直方图来进行研究. 数据集给出的性别为 1 或 2——我并不知道哪个是男，哪个是女. 仅绘制数据集中部分数据的直方图有时称为**条件直方图**（conditional histogram）或**分类条件直方图**（class-conditional histogram），因为每一个直方图都是在某条件下得到的. 此时，每一个直方图仅使用某一特定性别的数据得到. 图 1.3 给出了分类条件直方图. 它们看起来确实说明一个性别的个体体温会比另一个性别的个体体温低些. 请相信，除了可以观察这些直方图，还可以采用其他的方法，因为这些差异可能来源于不幸选择了某些主题. 但直方图表明，这一工作是值得做的.

1.3 汇总一维数据

在本章剩余的部分，我们将假设数据条目的取值是连续的实数. 假设这些值可以有意义地与常数进行加法、减法和乘法运算. 人的身高就是这样的数据，你可以将两个身高值相加，并将其结果解释为一个身高（比如一个人站在另外一个人的肩上）. 从一个身高中减去另一个身高，其结果也可能是有意义的. 还可以将身高乘以一个常数——例如 1/2—— 并解释其结果（A 的身高是 B 身高的一半）.

1.3.1 均值

对数据集简单且有效的总结就是其**均值**（mean）. 它有时称为数据的**平均值**（average）.

定义 1.1（均值） 设有一个包含 N 个数据条目 x_1，$\cdots$，x_N 的数据集 $\{x\}$. 其均值为

$$\text{mean}\left(\{x\}\right)=\frac{1}{N}\sum_{i=1}^{i=N}x_i$$

7

例如，假设你在酒吧遇到一群喜欢谈论钱的人. 他们都是普通人，其净资产见表 1.1（在这个故事中你可以选择你希望成为谁）. 这一数据的均值为 107 903 美元.

均值有很多你应当记住的重要性质. 这些性质很容易证明（因此也容易记忆）. 为强调它们，下面将其集中表述.

有用的事实 1.1（均值的性质）

- 缩放数据就缩放均值:

$$\text{mean}\left(\{kx\}\right)=k\,\text{mean}\left(\{x\}\right)$$

- 平移数据就平移均值:

$$\text{mean}\left(\{x+c\}\right)=\text{mean}\left(\{x\}\right)+c$$

- 每个数据与均值的差的和为零:

$$\sum_{i=1}^{N}\left(x_i-\text{mean}\left(\{x\}\right)\right)=0$$

8

- 选择使得数据点到常数 μ 的距离的平方和最小的数 μ. 这个数就是均值. 用符号表示为

$$\underset{\mu}{\arg\min} \sum_i (x_i - \mu)^2 = \text{mean}(\{x\})$$

这一切都表明均值是一个位置参数，它给出数据位于哪一条数线附近.

下面证明 $\underset{\mu}{\arg\min} \sum_i (x_i - \mu)^2 = \text{mean}(\{x\})$. 这一结果表明，均值是唯一与所有数据条目都接近的数. 均值给出了数据块整体的位置. 因此，通常将其称为**位置参数**. 如果你选择用一个尽可能与每一个数据条目都接近的数来汇总数据集，均值就是这样的数. 如果没有其他信息，均值也是预测新数据的一个启示. 例如，在酒吧中，一个新人走了进来，你必须猜测这个人的净资产. 此时，均值就是一个好的猜测，因为它代表了你在酒吧见过的所有人的资产平均水平. 在前述酒吧的情形中，如果一个新人走进这个酒吧，而你必须猜测此人的净资产，则应当选择 107 903 美元.

性质 1.1 与均值的均方距离是最小的

命题 $\underset{\mu}{\arg\min} \sum_i (x_i - \mu)^2 = \text{mean}(\{x\})$

证明 选择常数 μ，使得数据点到 μ 的距离的平方和最小. 这个数就是均值. 用符号表示为

$$\underset{\mu}{\arg\min} \sum_i (x_i - \mu)^2 = \text{mean}(\{x\})$$

求这个表达式的最小值即可证明. 在需要寻找的值 μ 处，要最小化的表达式的导数必然为 0. 故有

$$\begin{aligned}\frac{\mathrm{d}}{\mathrm{d}\mu} \sum_{i=1}^{N} (x_i - \mu)^2 &= \sum_{i=1}^{N} 2(x_i - \mu) \\ &= 2\sum_{i=1}^{N} (x_i - \mu) \\ &= 0\end{aligned}$$

因此，$2N\,\text{mean}(\{x\}) - 2N\mu = 0$，这意味着 $\mu = \text{mean}(\{x\})$.

1.3.2 标准差

我们还想知道数据条目在多大程度上接近均值. 这一信息由**标准差**（standard deviation）给出，它是数据偏离其均值的均方根.

9

定义 1.2（标准差） 设数据集 $\{x\}$ 包含 N 个数据条目 $x_1, \cdots, x_N$. 该数据集的标准差是

$$\operatorname{std}(\{x\})=\sqrt{\frac{1}{N}\sum_{i=1}^{i=N}(x_i-\operatorname{mean}(\{x\}))^2}$$

$$=\sqrt{\operatorname{mean}\left(\left\{(x_i-\operatorname{mean}(\{x\}))^2\right\}\right)}$$

你应当将标准差看作标量. 它度量了数据集中数据与均值的平均偏差，或数据散布的宽度. 因此，通常将其称为**尺度参数**（scale parameter）. 当数据集的标准差很大时，会有很多数据条目的取值比均值大很多，或小很多. 若标准差很小，则多数数据条目的取值都很接近均值. 这表明，讨论特定的数据条目偏离均值多少个标准差是很有帮助的. 称数据条目 x_j “偏离均值 k 倍标准差以内”的意思是

$$\operatorname{abs}(x_j-\operatorname{mean}(\{x\}))\leqslant k\operatorname{std}(\{x\})$$

类似地，称数据条目 x_j “偏离均值超过 k 倍标准差”的意思是

$$\operatorname{abs}(x_j-\operatorname{mean}(\{x\}))>k\operatorname{std}(\{x\})$$

正如下面将证明的，必然存在某些数据与均值的偏差至少有一倍标准差，且偏离均值超过很多倍标准差的数据条目会很少. 标准差有非常重要的性质. 为强调它们，下面对其集中表述.

有用的事实 1.2（标准差的性质）

- 平移数据并不影响标准差，即 $\operatorname{std}(\{x_i+c\})=\operatorname{std}(\{x_i\})$.
- 缩放数据会缩放标准差，即 $\operatorname{std}(\{kx_i\})=k\operatorname{std}(\{x_i\})$.
- 对任意数据集，偏离均值多倍标准差的数据条目是很少的. 对 N 个数据条目，若其标准差为 σ，则偏离均值 k 倍或更多倍标准差的数据条目最多有 $\frac{1}{k^2}$ 个.
- 对任意数据集，必然至少有一个数据条目偏离均值至少一倍标准差，即 $(\operatorname{std}(\{x\}))^2\leqslant\max_i(x_i-\operatorname{mean}(\{x\}))^2$.

标准差通常被称为尺度参数，它说明了数据在均值附近散布的广度.

性质 1.2 对任意数据集，数据条目很难偏离均值多倍标准差.

命题 设数据集 $\{x\}$ 有 N 个数据条目 $x_1,\cdots,x_N$. 设这一数据集的标准差为 $\operatorname{std}(\{x\})=\sigma$. 则偏离均值 k 倍或更多倍标准差的数据点最多有 $\frac{1}{k^2}$ 个.

证明 设均值为 0. 这样做不会丧失一般性，因为平移数据可以改变均值，但不会改变标准差. 现需要构造数据集，使得其中的数据条目偏离均值 k 倍或更多倍标准差的个数的

最大可能比例为 r. 为达到这一目标，数据中应当有 $N(1-r)$ 个取值为 0 的数据条目，因为这些条目对标准差的贡献是 0. 应当有 Nr 个数据条目的取值为 $k\sigma$；如果有与 0 的偏离值超过这一值的数据，它就会贡献更多的标准差，因此，这样的条目的个数所占比例会更小. 因为

$$\operatorname{std}(\{x\})=\sigma=\sqrt{\frac{\sum_i x_i^2}{N}}$$

10

故有，对这一特殊构造的数据集，

$$\sigma=\sqrt{\frac{Nrk^2\sigma^2}{N}}$$

故

$$r=\frac{1}{k^2}$$

此处构造的 r 应当尽可能大，故对任意类型的数据有

$$r\leqslant\frac{1}{k^2}$$

证明 1.2 中给出的界对任意类型的数据都是成立的. 标准差的关键点是你不会看到很多数据与均值的偏差超过多倍的标准差，因为你做不到. 这一界意味着，对任意数据集，最多有 100% 的数据偏离均值一倍标准差，最多有 25% 的数据偏离均值 2 倍标准差，最多有 11% 的数据偏离均值 3 倍标准差. 但达到这些界的数据集的设置将会是不寻常的. 这意味着对多数实际数据集，界会严重高估数据与均值的偏离. 多数数据具有更为随机的结构，这意味着可以期待偏离均值很远的数据个数会远少于界给出的预测值. 例如，这些数据有理由被模型化为来自正态分布（这一主题将在后面讨论）. 对这样的数据，期望 68% 的数据与均值的偏差不超过一倍标准差，95% 的数据与均值的偏差不超过 2 倍标准差，99% 的数据与均值的偏差不超过 3 倍标准差，且与均值的偏差不超过 10 倍标准差的数据所占的百分比无疑基本上是 100%.

性质 1.3 对任意数据集，至少有一个数据条目与均值的偏差至少为一倍标准差.

命题

$$(\operatorname{std}(\{x\}))^2\leqslant\max_i(x_i-\operatorname{mean}(\{x\}))^2$$

证明 标准差的表达式为

$$\operatorname{std}(\{x\})=\sqrt{\frac{1}{N}\sum_{i=1}^{i=N}(x_i-\operatorname{mean}(\{x\}))^2}$$

这意味着

$$N\left(\operatorname{std}(\{x\})\right)^2=\sum_{i=1}^{i=N}\left(x_i-\operatorname{mean}(\{x\})\right)^2$$

但

$$\sum_{i=1}^{i=N}\left(x_i-\operatorname{mean}(\{x\})\right)^2 \leqslant N\max_i\left(x_i-\operatorname{mean}(\{x\})\right)^2$$

故

$$\left(\operatorname{std}(\{x\})\right)^2 \leqslant \max_i\left(x_i-\operatorname{mean}(\{x\})\right)^2$$

11

证明 1.2 和证明 1.3 中的性质意味着标准差给出了非常多的信息. 偏离均值多倍标准差的数据很少. 类似地，至少部分数据与均值的偏差超过一倍或多倍标准差. 因此，标准差指出了数据点是如何在均值附近散布的.

通常此处会产生混淆，因为有两个不同的数，它们均被称为数据集的标准差. 如前所述，一个—— 本章中使用的—— 是数据尺度的估计. 另一个与前面的表达式非常接近，即

$$\operatorname{stdunbiased}(\{x\})=\sqrt{\frac{\sum_i\left(x_i-\operatorname{mean}(\{x\})\right)^2}{N-1}}$$

（注意此处的 $N-1$ 在前面的定义中是 N）若 N 很大，这一数字与前面计算的数字基本上是相同的，但对较小的 N，其差异非常显著. 令人恼火的是，这一数字也被称为标准差，更让人恼火的是，你不得不去处理它（但不是现在）. 此处提到它是因为你查看我使用的术语时，会发现这一定义，并会疑惑我是否知道自己在说什么.

这一混淆产生的原因是，有时看到的数据集实际上是更大数据集中的样本. 例如，在很多情形下，你可以将净资产数据集看作全美国净资产的一个抽样. 此时，通常关注被抽样的基本数据集的标准差（而不是你的抽样数据集的标准差）. 第二个数在估计标准差的时候要比前面给出的数字稍稍好一些. 但不要担心—— 本书表达式中使用的 N 在现在的工作中是正确的.

1.3.3 在线计算均值和标准差

均值和标准差的一个有用的特征是你可以在线估计它们. 假设你不是一次得到了所有的 N 个数据元素，而是每次会看到按照某一顺序出现的一个数据，并且你不能存储它们. 这意味着在看到 k 个元素后，你将得到一个基于这 k 个元素的均值的估计. 记 $\hat{\mu}_k$ 为这一估计值. 由于

$$\operatorname{mean}(\{x\})=\frac{\sum_i x_i}{N}$$

及

$$\sum_{i=1}^{k+1} x_i = \left(\sum_{i=1}^{k} x_i\right) + x_{k+1}$$

因此，有如下的递归关系

$$\hat{\mu}_{k+1} = \frac{(k\hat{\mu}_k) + x_{k+1}}{(k+1)}$$

类似地，在看到 k 个元素后，你可以基于这 k 个元素估计标准差. 记 $\hat{\sigma}_k$ 为这一估计值. 可得递归关系

$$\hat{\sigma}_{k+1} = \sqrt{\frac{(k\hat{\sigma}_k^2) + (x_{k+1} - \hat{\mu}_{k+1})^2}{(k+1)}}$$

1.3.4　方差

事实表明，利用标准差的平方（它被称为**方差**），可以将汇总的方法推广到用于处理更高维的数据.

12

定义 1.3（方差）　*设 $\{x\}$ 为一个包含 N 个数据条目 $x_1, \cdots, x_N$ 的数据集，其中 $N > 1$. 其方差为*

$$\begin{aligned}\operatorname{var}(\{x\}) &= \frac{1}{N}\left(\sum_{i=1}^{i=N}(x_i - \operatorname{mean}(\{x\}))^2\right) \\ &= \operatorname{mean}\left(\left\{(x_i - \operatorname{mean}(\{x\}))^2\right\}\right)\end{aligned}$$

一个好的解读认为方差为将数据条目用均值进行替换的话，将会造成的均方误差. 另一个是将它看作标准差的平方. 方差的性质来源于它是标准差平方的事实. 为对其进行强调，在下面对它们集中表述.

有用的事实 1.3（方差的性质）

- $\operatorname{var}(\{x + c\}) = \operatorname{var}(\{x\})$
- $\operatorname{var}(\{kx\}) = k^2 \operatorname{var}(\{x\})$

当然可以将标准差的性质使用方差进行重新表述，但这样做其实并不自然. 标准差与原始数据的单位是相同的，并应当被视为标量. 因为方差是标准差的平方，它并不是一个自然的标量（除非对它取平方根！）.

1.3.5　中位数

使用均值的一个问题是，它会受到极端取值的强烈影响. 回到前面 1.3.1 节中酒吧的例子. 现在，Warren Buffett（或 Bill Gates，或是你喜欢的亿万富翁）走了进来. 净资产会发生什么变化呢？

假设亿万富翁净资产为 1 000 000 000 美元，则净资产的均值会突然变成

$$\frac{10 \times 107\ 903\text{美元} + 1\ 000\ 000\ 000\text{美元}}{11} = 91\ 007\ 184\text{美元}$$

但这个均值对概括酒吧中的人们并没有多大帮助. 也许考虑 10 个人的净资产外加一个亿万富翁更为有用. 这个亿万富翁就被称为**异常值**（outlier）.

出现异常值的一个原因是数据条目很少但变化很大，由于影响细微，你不希望进行建模. 另一个原因是数据的记录错误，或是转录错误. 还有一种可能性是数据的变化太大，无法进行良好的汇总. 例如，前面的例子说明，数量极少的极其富裕的人可能会显著地改变美国常住人口净资产的平均值. 一个代替均值的方法是使用**中位数**（median）.

定义 1.4（中位数）　*数据点集的中位数可通过对数据点进行排序，并找出列表中处于中间位置的点得到. 如果列表的长度是偶数，通常取中间两个数的平均值. 使用记号*

$$\text{median}\left(\{x\}\right)$$

给出返回中位数的算子.

例如，

$$\text{median}\left(\{3,5,7\}\right) = 5$$

13

$$\text{median}\left(\{3,4,5,6,7\}\right) = 5$$

及

$$\text{median}\left(\{3,4,5,6\}\right) = 4.5$$

对多数数据，但不是全部，可以期望大约有一半的数据小于中位数，大约有一半大于中位数. 有时，这一性质是错误的. 例如，

$$\text{median}\left(\{1,2,2,2,2,2,2,2,3\}\right) = 2$$

根据这一定义，本书中净资产列表的中位数是 107 835 美元. 如果将亿万富翁插入其中，中位数变为 108 930 美元. 请注意，这个数字的变化是很小的——它仍然给出了一个有效的数据汇总结果. 可以将数据集的中位数理解为“中间”的值. 它是另外一种估计数据集在数轴上位置的方法（故它也是另一个位置参数）. 这意味着，与均值很相似的是，它也给出了一个关于“中间”值的（有少许不同的）定义. 均值的重要性质是，如果平移数据集，均值也会平移，且如果将数据集进行缩放，均值也会缩放. 中位数也同样具有这些性质，它们将在下面集中表述. 每一个结论都很容易证明，其证明给你留作练习.

有用的事实 1.4（中位数的性质）

- $\text{median}\left(\{x+c\}\right) = \text{median}\left(\{x\}\right) + c$
- $\text{median}\left(\{kx\}\right) = k\,\text{median}\left(\{x\}\right)$

1.3.6 四分位距

异常值对任何方法来说都是令人厌烦的，它绘制包含亿万富翁在内的净资产直方图变得非常困难. 要么将亿万富翁剔除，要么直方图中的所有盒子都变得很矮. 观察这个图形就能看到，异常值也会显著影响标准差. 对于本书的净资产数据，没有亿万富翁时的标准差为 9265 美元，但如果加入亿万富翁，它变成了 3.014×10^8 美元. 当数据集中包含亿万富翁时，均值大约为 9.101×10^7 美元，方差大约为 3 亿美元——因此，除了一个数据条目偏离均值大约 3 倍标准差外，其他元素都在均值两侧很小的范围内. 那个亿万富翁与均值的偏差大约为 3 倍标准差. 此时，标准差就给出了数据集中包含很大变化的信息，但它对描述数据的帮助却不大.

这个问题是:描述包含亿万富翁在内的数据集时,均值 9.101×10^7 美元的标准差为 3.014×10^8 美元，这没有什么真正的帮助. 事实上，数据真的是应该被看作在 100 000 美元附近彼此比较接近的一团和一个很大的数（那个亿万富翁）.

你可以删除这个亿万富翁数据，然后计算均值和标准差. 但这并不总是容易做到的，因为异常的点总是并不太明显. 另一种方法是使用中位数. 寻找一个比标准差受到异常值影响小的描述性尺度. 这就是**四分位距**（interquartile range）. 为定义它，需要定义百分位数和四分位数，这总是有益的.

定义 1.5（百分位数） *第 k 百分位数为使得数据集中 $k\%$ 的数小于或等于的值. 数据集 $\{x\}$ 的第 k 百分位数记为 $\text{percentile}(\{x\},k)$.*

定义 1.6（四分位数） *数据集的第一四分位数为使得数据集中 25% 的数小于或等于的值（即 $\text{percentile}(\{x\},25)$）. 第二四分位数为使得数据集中 50% 的数小于或等于的值，它就是常说的中位数（即 $\text{percentile}(\{x\},50)$）. 第三四分位数为使得数据集中 75% 的数小于或等于的值（即 $\text{percentile}(\{x\},75)$）.*

14

定义 1.7（四分位距） *数据集 $\{x\}$ 的四分位距为 $\text{iqr}\{x\} = \text{percentile}(\{x\},75) - \text{percentile}(\{x\},25)$.*

与标准差类似，四分位距给出了数据散布宽度的一个估计. 但它在存在异常值的情况下表现非常好. 对不包含亿万富翁的净资产数据，四分位距为 12 350 美元；在包含时，它为 17 710 美元. 可以将数据集的四分位距理解为数据偏离均值尺度的估计. 这意味着它与标准差非常类似，标准差也给出了一个（定义上有些许不同的）尺度. 标准差的重要性质是：如果平移数据集，则标准差也进行平移，并且如果缩放数据集，则标准差也进行缩放. 四分位距也具有这样的性质，它们将在下面集中表述. 每一个结论都很容易证明，其证明给你留作练习.

有用的事实 1.5（四分位距的性质）

- $\text{iqr}\{x+c\} = \text{iqr}\{x\}$
- $\text{iqr}\{kx\} = k\,\text{iqr}\{x\}$

对多数数据集，四分位距趋向于比标准差稍大. 这并不是真正的问题. 每一种方法都是对数据尺度的一个估计—— 将会看到数据处于均值上下的范围. 在无须比较多种估计方法的性能时，一种方法得到的估计值比另一种方法稍大是没有任何关系的.

1.3.7 合理使用汇总数据

如何汇总数据，我们应该进行仔细考虑. 例如，语句“美国家庭平均有 2.6 个孩子”就会引来嘲笑（这个例子摘自 Andrew Vickers 的书《到底什么是 p 值?》(*What is a p-value anyway?*)），因为不可能有分数个孩子—— 没有任何一个家庭有 2.6 个孩子. 对这件事情更精确的说明也许应该是“美国家庭孩子的平均数量为 2.6 个”，但这看起来比较笨拙. 产生这个问题的原因是，此处出现的 2.6 是一个均值，但一个家庭中孩子的数量是一个分类变量. 报告一个分类变量的均值通常是一个坏想法，因为根本不可能取得这样的值（2.6 个孩子）. 对于分类变量，给出中位数或者四分位距通常比报告它的均值更有意义.

对连续型变量，报告均值是合理的，因为可以期望遇到一个具有这个值的数据项，尽管在某特定数据集中并没有看到它. 同时观察均值和中位数是明智的，如果它们之间有显著的差异，则也许有什么值得去理解的事情正在发生. 在决定报告之前，你也许希望使用下一节给出的方法绘制数据.

报告的数字的精度（等价地说，就是有效数字位数）也是应当仔细考虑的. 数字统计软件将自由地得到大量的小数位数，但它们并不总是有用的. 这在计算均值时是特别麻烦的，因为必须将很多数相加，然后再除以一个非常大的数. 此时，将得到很多位小数，但其中的一部分也许根本没有意义. 例如，Vickers（在同一本书中）描述了一篇论文，其中给出的怀孕时间长度的均值为 32.833 周. 第五个数字表明，怀孕平均时间长度可以精确到 0.001 周，或是大概 10 分钟. 但无论是医学访谈还是人们对过去事件的记忆都没有如此详细. 此外，当采访那些让人尴尬的话题时，人们更倾向于撒谎. 用这样的精度给出这一数据是根本没有任何保障的.

人们会经常报告这样愚蠢的数字，因为很容易忽略这样做所造成的伤害. 但这种伤害是：你是在暗示别人，也暗示你自己知道的东西比做的东西更准确. 在某种时候，有人可能会为此付出代价.

15

1.4 图形和总结

得到数据集的均值、标准差、中位数和四分位距，就给出了其直方图形状的一些信息. 事实上，这些总结就给了我们描述各种值得了解的直方图特征的语言（1.4.1 节）. 特别是，很多不同的数据集的直方图都有类似的形状（1.4.2 节）. 对这样的数据，可以粗略地知道百分之多少的数据条目距离均值多远.

复杂的数据集很难单独使用直方图进行说明，因为很难通过眼睛来比较大量的直方图. 1.4.3 节给出了一种绘制各种数据集总结的聪明方法，它使得比较很多情况变得容易了一些.

1.4.1 直方图的一些性质

直方图的**尾部**（tail）是那些相对并不常见的、远大（或远小）于峰值（有时又被称为**众数**（mode））的取值. 若直方图只有一个峰值，则称其为**单峰**（unimodal）的；若峰值不止一个，则称其为**多峰**（multimodal）的，术语**双峰**（bimodal）有时被特别用于有两个峰的情形（图 1.4）. 前面见过的直方图看起来都是相对比较对称的，其左侧和右侧的尾部都差不多长. 对这一情形的另一种思考方式是，远远大于均值或者远远小于均值的值都一样不常见. 并不是所有数据集都是对称的. 在有些数据集中，一侧或另一侧的尾部较长（图 1.5）. 这一现象称为**偏斜**（skew）.

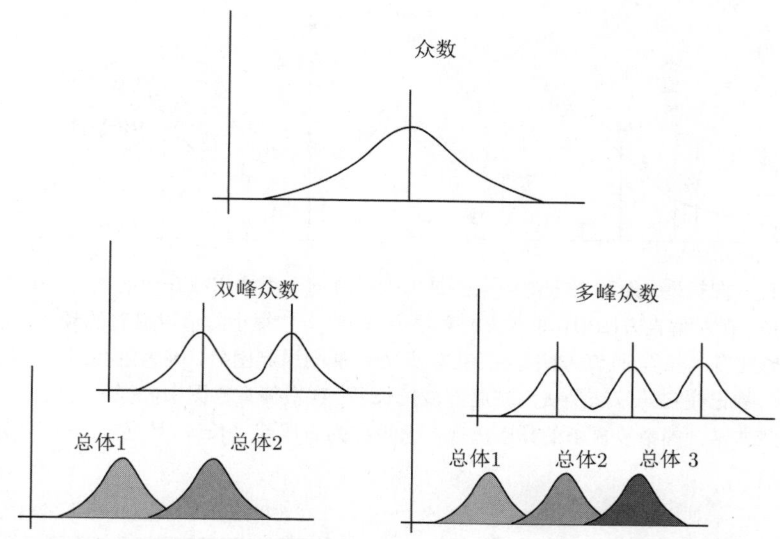

图 1.4 不同峰数的直方图示例如顶图的例子，它有一个峰，或众数. 有些是双峰的（两个峰，左下图），甚至是多峰的（两个或更多的峰，右下图）. 出现多峰的常见原因（但不是唯一的原因）是直方图中实际上有多个彼此重叠的总体. 例如，如果男性和女性的身高略有不同的话，测量成人的身高可能就会得到一个双峰的直方图. 又如，如果不区分犬的类型（例如吉娃娃、㹴犬、德国牧羊犬、皮拉尼安山犬等），测量犬的重量将能得到一个多峰的直方图

真实数据中常常出现偏斜. SOCR（Statistics Online Computational Resource，统计在线计算资源）发布了一些数据集. 此处讨论学院发表论文引用的数据集. 对 UCLA（加州大学洛杉矶分校）学院 5 位教师中的每一位，SOCR 收集了他们署名的论文被其他作者引用的次数（数据见 http://wiki.stat.ucla.edu/socr/index.php/SOCR_Data_Dinov_072108_H_Index_Pubs）. 一般来说，被多次引用的论文的数量是很少的，且多数论文仅有很少的引用. 在引用次数的直方图（图 1.6）中，可以看到这一模式. 这与（例如）体温图像有很大的区别. 在引用直方图中，多数数据条目的引用数都是很少的，且很少有多次被引用的论文. 这意味着直方图的右尾部较长，因此直方图向右侧偏斜了.

16

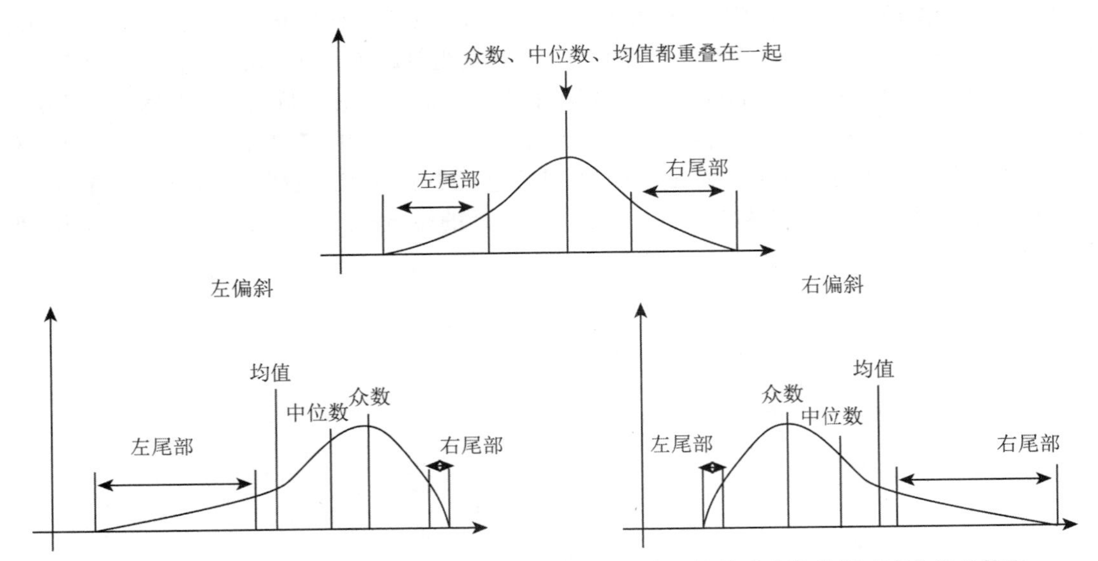

图 1.5　直方图类型（对称直方图中尾部是远大于或远小于峰值或众数的相对不太常见的取值，在左偏直方图中，非常大的数很少，但有一些很小的值以显著的频率出现，称其左尾部“长”，且直方图是左偏的. 此处可能会引起困惑，因为主要部分偏右了——一种记住它的方法是认为左尾部被拉长了. 在右偏直方图中，很小的数很少，但一些非常大的数以显著的频率出现，它被称为右尾部“长”，且直方图是右偏的）

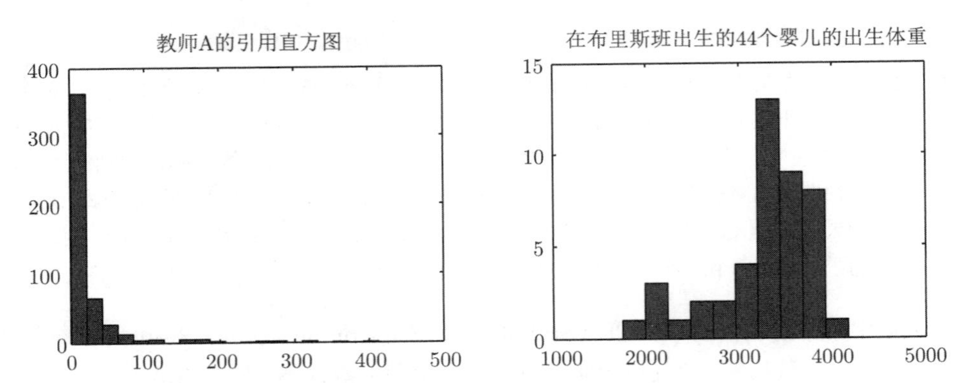

图 1.6　左图为一个教师的引用直方图，数据来源为 http://wiki.stat.ucla.edu/socr/index.php/SOCR_Data_Dinov_072108_H_Index_Pubs. 少数出版物有多次引用，多数出版物的引用次数很少. 这意味着该直方图是严重右偏的. 右图是 1997 年在布里斯班出生的 44 个婴儿的出生体重直方图. 该直方图看起来稍稍有些左偏

检验偏度的一种方法是观察直方图；另外一种是比较均值和中位数（尽管这一结果并未被完全证明）. 对于第一个引用直方图，其均值为 24.7，中位数为 7.5；对于第二个，均值为 24.4，

中位数为 11. 在每种情形下，均值都比中位数大很多. 回顾中位数的定义（将数据点进行排列构造一个列表，然后找出列表中间位置的点）. 对大量的数据，该值比数据集中大约一半的数据都大，并且也比数据集中大约一半的数据都小. 因此，中位数相对均值来说很小，则有大量取值小的数据条目，且取值较大的数据条目数量很少—— 右尾部较长，因此直方图是右偏的.

左偏的数据也会出现，图 1.6 给出了在 1997 年布里斯班出生的 44 个婴儿的出生体重直方图（数据来源 http://www.amstat.org/publications/jse/jse_data_archive.htm）. 该数据表现出有些左偏，因为出生体重可以有很多比均值小，但又不会趋向于超过均值很多.

数据的偏斜通常是（但不总是）限制条件的结果. 例如，好的产科实践很少让胎儿在出生时有特别大的体重（生产过程通常在胎儿变得过重之前就进行了），但很难避免一些出生体重很轻的情况. 这会使得出生体重左偏（因为体重大的胎儿会出生，但不会像产科大夫不介入时那么重）. 类似地，工资数据可能右偏，因为收入总是正的. 实验标记数据通常是有偏的——是右偏还是左偏取决于环境——因为有一个最大的可能标记和一个最小的可能标记.

1.4.2 标准坐标和正态数据

考查大量的直方图是非常有帮助的，因为通过它常常可以得到有关数据的有用见解. 但是，在当前形式下，直方图之间很难比较. 这是因为它们使用了不同的单位. 例如，有关长度的直方图中盒子的水平方向单位可能是米，而有关质量的直方图中盒子的水平方向单位可能是千克. 此外，这些直方图的取值范围一般也是不同的.

可通过（a）估计图形在水平轴上的“位置”和（b）估计图形的“尺度”来得到可以比较的直方图. 位置可由均值给出，尺度则可由标准差给出. 然后将数据减去该位置（均值）并除以其标准差（尺度），实现归一化. 得到的值是无量纲的，且其均值为零. 它们通常被称为**标准坐标**（standard coordinate）.

定义 1.8（标准坐标） 设有一个包含 N 个数据条目 $x_1, \cdots, x_N$ 的数据集 $\{x\}$. 通过计算

$$\hat{x}_i = \frac{(x_i - \text{mean}(\{x\}))}{\text{std}(\{x\})}$$

可将这些数据条目用标准坐标表示. 用 $\{\hat{x}\}$ 表示用标准坐标表示的数据集.

标准坐标有一些重要的性质. 设有 N 个数据条目. 用 x_i 表示第 i 个数据条目，并用 $\hat{x}_i$ 表示第 i 个数据条目的标准坐标（有时将其称为“归一化数据条目”）. 则有

$$\text{mean}(\{\hat{x}\}) = 0$$

$$\text{std}(\{\hat{x}\}) = 1$$

有关数据的一个极为重要的事实是，对任意类型的数据，这些标准坐标看起来都是相同的. 很多完全不同的数据集，使用标准坐标得到的图像都有一个非常特别的形状. 它是对称单峰的，且看起来像是一个鼓包. 如果数据点足够多，直方图的盒子又足够小，该直方图看起来会像是图 1.7 中的曲线. 这一现象是如此重要，以至于它有一个特别的名字.

17 ~ 18

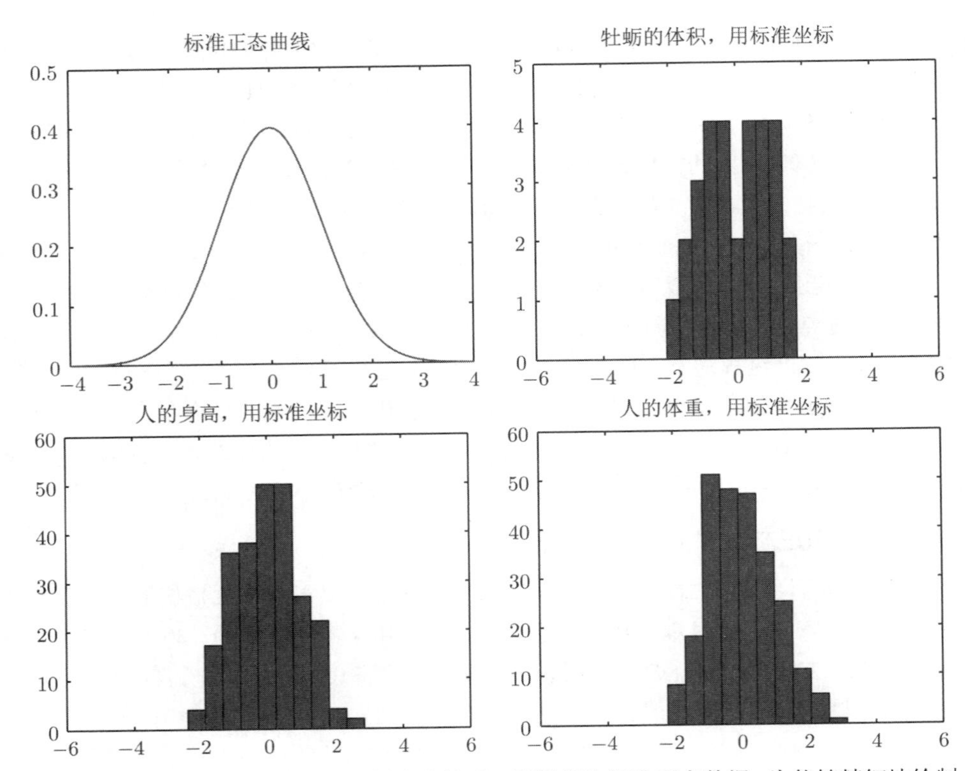

图 1.7　左上图中，如果直方图的样式为钟形，则数据为标准正态数据. 为能够精细地绘制，通常需要大量的数据，并使用非常小的直方图盒子. 尽管如此，正态数据的直方图是单峰（有一个凸起）且对称的；其尾部下降得非常快，且与均值的距离超过多倍标准差的数据条目数量很少. 很多非常不同的数据集都有类似于正态曲线的直方图，此处给出了 3 个这样的数据集

定义 1.9（标准正态数据）　当有大量数据时，如果用标准坐标表示的数据的直方图与**标准正态曲线**很接近，则数据被称为**标准正态数据**. 曲线为

$$y(x) = \frac{1}{\sqrt{2\pi}} e^{(-x^2/2)}$$

（图 1.7 中给出）

定义 1.10（正态数据）　当数据减去均值并除以标准差（即计算标准坐标），变为标准正态数据时，就称其为**正态数据**.

判断数据是否是正态的并不容易，有很多不同的检验方法可以使用，这些方法将在后面进行讨论. 但正态数据的例子有很多. 图 1.7 给出了多种不同的数据集，其直方图使用的是标准坐标. 这些数据集包括 30 只牡蛎的体积（参见 http://www.amstat.org/publications/jse/jse_data_archive.htm，查找 30oysters.data.txt）、人的身高（参见 http://www2.stetson.

edu/∼jrasp/data.htm，查找 bodyfat.xls，请注意，我删除了其中的两个异常值)，以及人的体重（参见 http://www2.stetson.edu/∼jrasp/data.htm，再次查找 bodyfat.xls，我删除了其中的两个异常值）.

此时，假设知道数据集是正态的. 然后期望它具有下面的性质. 进而，这些性质意味着包含异常值（与均值的偏差超过很多倍标准差的点）的数据集不是正态的. 这通常是非常保险的假设. 在构造数据集的模型时，删除数据集中少量的异常值是非常常见的，然后将剩余的数据模型化为正态的. 例如，若将身高和体重数据集中的两个异常值剔除，则数据集看起来就非常接近正态了.

有用的事实 1.6（正态数据的性质）

- 若将其归一化，则其直方图将接近标准正态曲线. 这意味着，除此之外，该数据没有明显的偏斜.
- 大概 68% 的数据在距离均值一倍标准差的范围内. 这将在后面证明.
- 大概 95% 的数据在距离均值二倍标准差的范围内. 这将在后面证明.
- 大概 99% 的数据在距离均值三倍标准差的范围内. 这将在后面证明.

1.4.3　箱形图

用眼睛来比较多个直方图通常是困难的. 比较直方图的一个问题是它们占据的图形的空间，因为每一个直方图都包含了很多竖直条形. 这意味着清晰地绘制多个相互重叠的直方图是非常困难的. 如果将直方图绘制在不同的图中，则必须要处理大量的分离的图像，要么将它们变得太小，看不清足够的细节，要么必须不停地翻页.

箱形图（box plot）是一种能够简化比较的绘制数据的方法. 箱形图将数据集表示为一个竖直的图像. 用竖直盒子的高度表示数据集的四分位距（宽度仅仅是为了让图形易于解释）. 然后用一条水平直线表示中位数，数据的其他部分则使用须线及异常值标记给出. 这意味着每一个数据集都被表示为一个竖直的结构，这使得将多个数据集展示在一个图中进行解释变得容易了（图 1.8）.

为构建箱形图，首先绘制一个从第一到第三四分位点的盒子. 然后将中位数用一条水平直线进行表示. 最后确定哪些数据条目应当是异常值. 多种不同的规则都可能使用，在我给出的图形中，使用的规则是，将大于 $q_3 + 1.5(q_3 - q_1)$ 或小于 $q_1 - 1.5(q_3 - q_1)$ 的数据条目视为异常值. 这就要求寻找超过第三四分位数 1.5 倍四分位距或小于第一四分位数 1.5 倍四分位距的数据条目.

一旦确定了异常值，就将其使用特殊的符号进行表示（图中的交叉线）. 然后绘制须线，它给出了非异常数据的范围. 从 q_1 到最小的非异常数据条目之间，以及从 q_3 到最大的非异常数据条目之间绘制一条须线. 虽然这听起来很复杂，但任何合适的编程环境都提供了一个函数可以为你完成这些工作. 图 1.8 给出了箱形图的一个例子. 请注意，丰富的图形结构意味着能够非常直观地比较两个直方图.

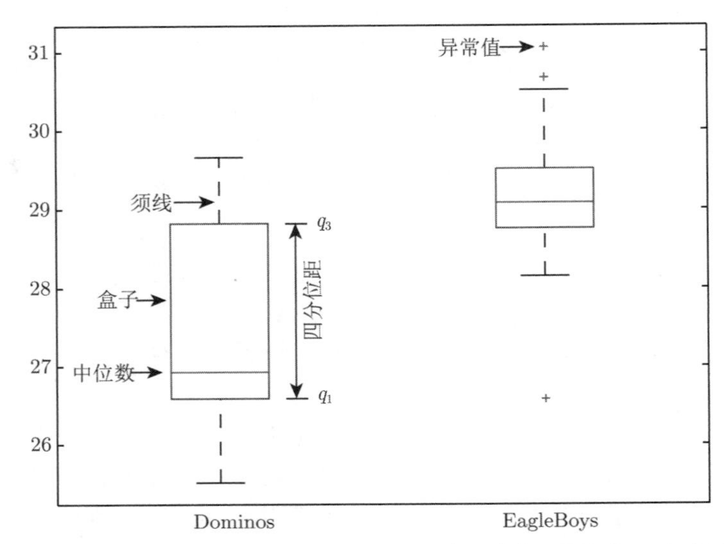

图 1.8　箱形图给出了四分位距、中位数、须线和两个异常值. 请注意，对两个数据集的比较变得容易了，下一节将解释它们之间的比较

1.5　谁的更大？澳大利亚比萨调查

在 http://www.amstat.org/publications/jse/jse_data_archive.htm 处，有一个给出了比萨直径的数据集，数据是在澳大利亚采集的（搜索单词“pizza”）. 该网站也给出了这个数据集的背景. 显然，EagleBoys 比萨声称其比萨总是比 Dominos 的大，并给出了测量数据的集合来支撑这一声明（这些 2012 年 2 月的测量值可以从 http://www.eagleboys.com.au/realsizepizza 处得到，但现在好像没有了）.

谁的比萨更大？为什么？所有比萨直径的直方图在图 1.9 中给出. 我们不期望饭店制作的每一个比萨都有着相同的直径，但这些直径应当是很接近的，且与某些标准值非常接近. 这表明应当期望看到的直方图是一个单一的、相对较窄的、围绕均值的凸起. 事实上，在图 1.9 中看到的并非如此，图中有两个凸起，这说明有两个比萨总体. 这并不奇怪，因为我们知道一些比萨来自 EagleBoys，而另一些来自 Dominos.

如果仔细观察数据集中的数据，就可以注意到每一个数据条目都给出了它的来源标签. 现在能够容易地绘制条件直方图了，其条件就是比萨来自哪里. 这些图形在图 1.10 中给出. 注意到 EagleBoys 比萨看起来满足期望的模式——直径都紧密地围绕着一个数值—— 但 Dominos 比萨则看起来不是这样的. 这在箱形图（图 1.11）中表现出来了，它表明 Dominos 比萨的尺寸变化大得惊人，且 EagleBoys 比萨的尺寸中有一些较大的异常值. 对这一数据还可以深入理解.

数据集也包含饼胚和配料类型—— 也许这些属性影响了比萨的尺寸？

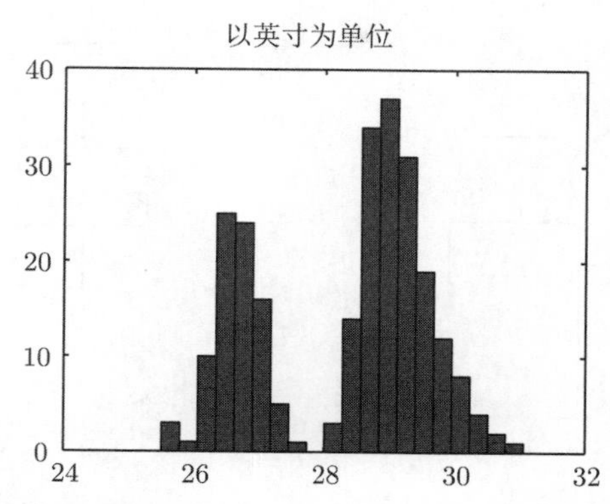

图 1.9　文中给出的数据集对应的比萨直径直方图. 请注意，此处看起来似乎有两个总体

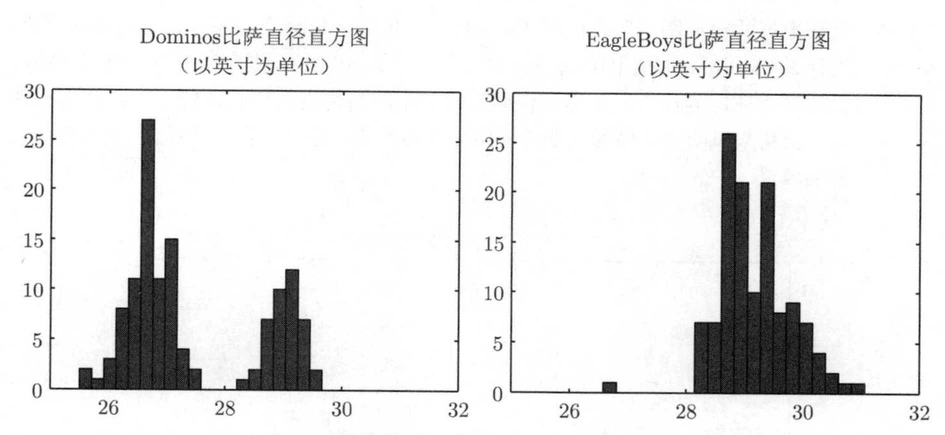

图 1.10　左图中给出了比萨直径数据集中 Dominos 比萨直径的类条件直方图；右图中给出了 EagleBoys 比萨直径的类条件直方图. 请注意，EagleBoys 比萨看起来满足期望的形式——各个直径紧密地围绕在均值的附近，且标准差较小——但 Dominos 比萨的数据则看起来不像

EagleBoys 生产 DeepPan、MidCrust 和 ThinCrust 比萨，Dominos 生产 DeepPan、ClassicCrust 和 ThinNCrispy 比萨. 对观察到的数据模式也许可以做一些事情，但用眼睛比较六个直方图并不那么有吸引力. 箱形图就是比较这些情形的正确方式（图 1.12）. 箱形图给出了更多洞察数据内部的信息. Dominos 的 ThinNCrispy 的直径看起来范围较小（但有一些异常值），其中位数比 DeepPan 或 ClassicCrust 比萨大. EagleBoys 的所有比萨的直径范围满足（a）不同类型之间都相似，且（b）看起来都像 Dominos 的 ThinNCrispy. 也存在异常值，但每种类型中的数量都很少.

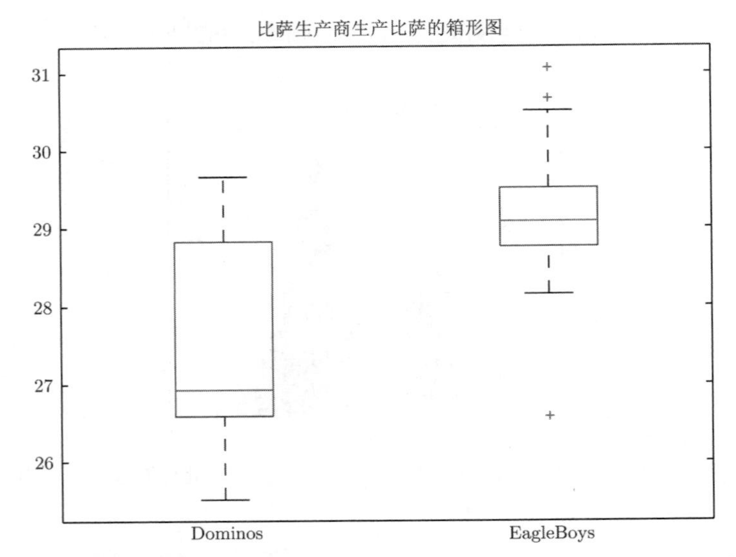

图 1.11 比萨数据的箱形图，用来比较 EagleBoys 和 Dominos 的比萨. 此处有很多疑问：为什么 Dominos 的范围如此大（25.5~29）? EagleBoys 则范围较小，但有一些较大的异常值，为什么？人们也许期望比萨生产商将直径控制得较一致，因为比萨太小会引来风险（愤怒的消费者、媒体宣传报道、恶意广告），而比萨太大可能会影响效益

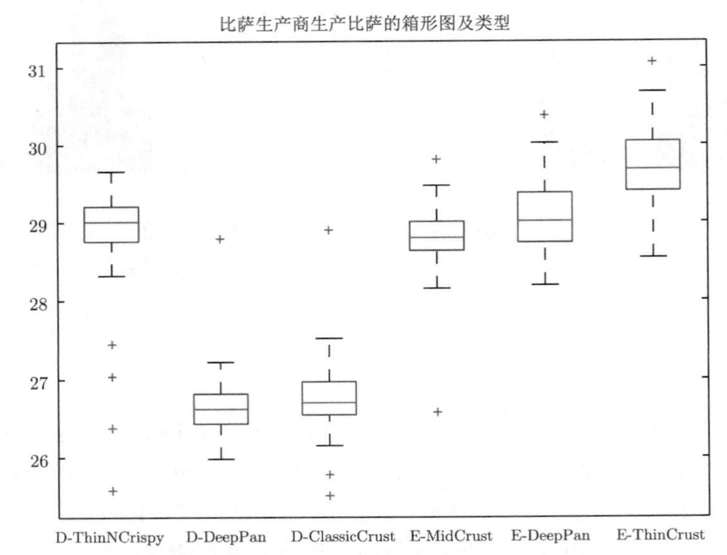

图 1.12 比萨数据的箱形图，按类型（饼胚的厚薄等）进行划分

另外一种有关尺寸变化的可能解释是配料. 可以构造一组条件箱形图来比较类型和配料（即每一类型和每一配料的比萨直径）. 这会得到很多盒子（图 1.13），但仍然很容易用眼睛对它

们进行比较. 此时的主要困难是，绘图时的标签需要进行简化. 本书使用生产商的首字母（“D”或“E”），有关厚薄的第一个字母（上一段中所述的内容）和有关配料的第一个及最后一个字母做标签. Dominos 的配料有：Hawaiian、Superme、BBQMeatlovers. EagleBoys 的配料有：Hawaiian、SuperSupremo 和 BBQMeatlovers. 据此得到标签：DCBs（Dominos、ClassicCrust、BBQMeatLovers）、DCHn、DCSe、DDBs、DDHn、DDSe、DTBs、DTHn、DTSe、EDBs、EDHn、EDSo、EMBs、EMHn、EMSo、ETBs、ETHn、ETSo. 图 1.13 表明配料并不怎么重要，但厚薄很重要（用眼睛对箱形图进行分组）.

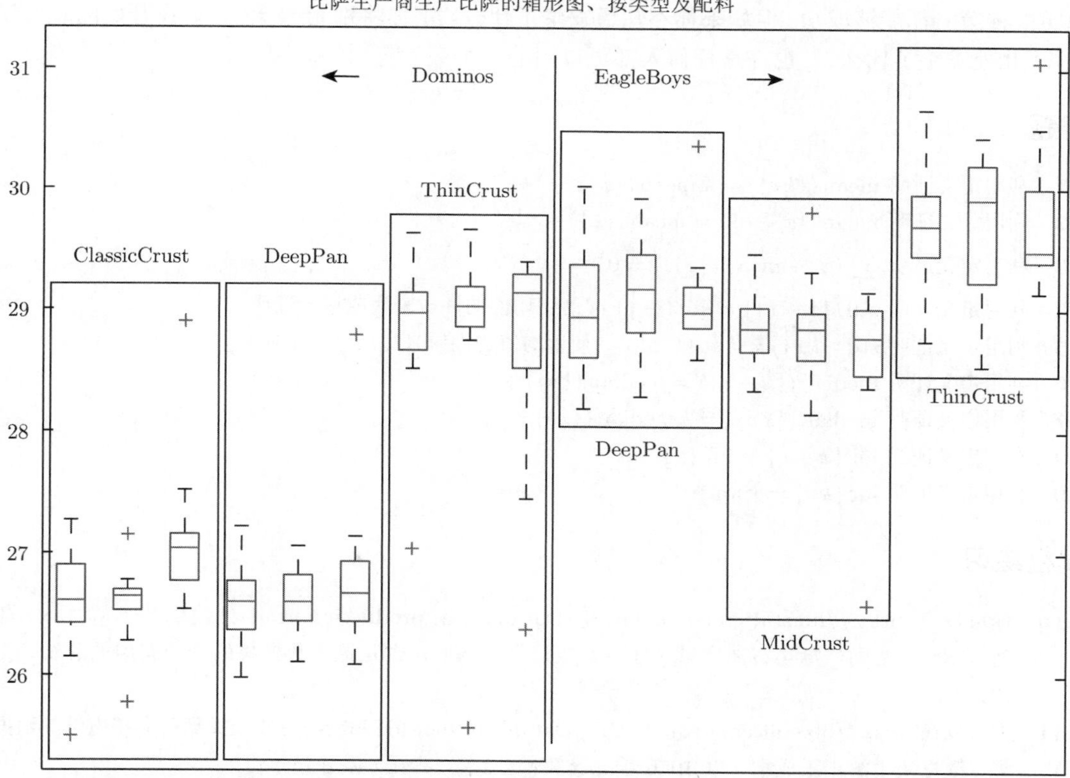

图 1.13　将比萨按照其配料及厚薄进行分组（考查数据源以了解名称的含义）. 此处将 Dominos 和 EagleBoys 用一条竖线进行了分隔，并按照厚度将它们用盒子框住. 看起来原因并不在于配料，而在于厚薄. EagleBoys 似乎对最终得到的比萨尺寸进行了严格的控制

此处到底发生了什么？一种可能的解释是，EagleBoys 严格控制了最终比萨的尺寸. 发生这一情形的一种可能是开始时所有 EagleBoys 的比萨尺寸都相同，烤制后收缩了相同的大小，而 Dominos 的比萨在开始的时候是标准大小的直径，但不同的 Dominos 比萨厚度在烤制时收

缩大小不同. 另外一种可能是 Dominos 给不同类型的比萨使用了不同的厚度，但厨师有时会将它们搞混. 还有一种可能是 Dominos 控制了面团的质量（因此薄比萨饼胚的直径较大），但 EagleBoys 直接控制了饼胚的直径.

读者应当注意，这不仅仅是一个有趣的故事. 如果你是比萨店的管理者，你需要考虑如何来控制成本. 人工费、租金及面团控制（即消费者付的钱可以买到多少个、什么配料的比萨等）是头等大事. 如果相同类型的比萨直径变化范围较大，那么就会出现问题，因为某些顾客得到的太多（这影响你的利润）或太少（这意味着下次他可能叫人来）. 但制作更为规整的比萨需要更多的技术工人（因此会更昂贵）. 事实上，Dominos 和 EagleBoys 似乎采用了不同的策略，说明多种策略都能够成功. 但如果你不知道发生了什么，那你将别无选择. 正如在开始的时候说的，“此处发生了什么？”也许是任何人都可以问的一个最为有用的问题.

20 ~ 24

问题

1.1 利用定义证明 $\text{mean}(\{kx\}) = k\,\text{mean}(\{x\})$.

1.2 利用定义证明 $\text{mean}(\{x+c\}) = \text{mean}(\{x\}) + c$.

1.3 利用定义证明 $\sum_{i=1}^{N}(x_i - \text{mean}(\{x\})) = 0$.

1.4 利用定义证明 $\text{std}(\{x+c\}) = \text{std}(\{x\})$（使用均值的性质来完成这一证明）.

1.5 利用定义证明 $\text{std}(\{kx\}) = k\,\text{std}(\{x\})$（使用均值的性质来完成这一证明）.

1.6 利用定义证明 $\text{median}(\{x+c\}) = \text{median}(\{x\}) + c$.

1.7 利用定义证明 $\text{median}(\{kx\}) = k\,\text{median}(\{x\})$.

1.8 利用定义证明 $\text{iqr}\{x+c\} = \text{iqr}\{x\}$.

1.9 利用定义证明 $\text{iqr}\{kx\} = k\,\text{iqr}\{x\}$.

编程练习

1.10 你可以在 http://lib.stat.cmu.edu/DASL/Datafiles/Oilproduction.html 处找到一个从 1880 年到 1984 年之间，每年石油产量（桶数）数据集. 均值是否是这一数据集的一个有用的总结？为什么？

1.11 你可以在 http://lib.stat.cmu.edu/DASL/Datafiles/NuclearPlants.html 处找到有关核电站的数据集，数据集中给出了成本（以 1976 美元计算）、功率（兆瓦）及建设年份.

(a) 数据中是否存在异常值？

(b) 电站的平均成本是多少？其标准差是多少？

(c) 每兆瓦的成本是多少？其标准差是多少？

(d) 绘制每兆瓦成本的直方图. 是否偏斜？为什么？

1.12 你可以在 http://lib.stat.cmu.edu/DASL/Datafiles/Hotdogs.html 处找到一个数据集，它给出了三种类型的热狗中钠和热量（卡路里）的含量，三种类型分别为 Beef、Poultry 和 Meat （一种令人不安的模糊标签）. 使用类条件直方图比较这三种热狗所含的钠和热量.

1.13 你可以在 http://lib.stat.cmu.edu/DASL/Datafiles/magadsdat.html 处找到一个数据集，它给出了出现在杂志广告中的有三个或更多音节的单词的数量. 杂志是根据读者的教育背景进行分组的，其组别为 1、2 和 3（数据中的变量被称为 GRP）.

(a) 使用箱形图比较三组杂志广告中出现三个或更多音节单词的数量，你看到了什么？

(b) 使用箱形图比较三组杂志广告中句子的数量，你看到了什么？

26

1.14 你可以在 http://archive.ics.uci.edu/ml/datasets/STUDENT+ALCOHOL+CONSUMPTION 处找到一个数据集，它记录了葡萄牙中学生的多种不同属性. 这一数据集是由 P. Cortez 和 A. Silva 收集的，被存储在加州大学欧文分校机器学习资源库中. 它包括两个数据集，一个是数学课程中的学生，另一个是葡萄牙语课程中的学生.

(a) 用绘制条件直方图的方法研究学习数学的学生在一周中饮酒的数量是否比学习葡萄牙语的学生多.

(b) 用绘制条件直方图的方法研究来自小家族的学生在周末饮酒的数量是否比来自大家族的学生多.

(c) 对学校、性别、家族规模和恋爱史等变量都有两个可能的取值. 这意味着如果按照这些变量的取值对学生进行分类，共有 16 种类型的学生. 用箱形图来研究这些类型的学生的饮酒总量.

1.15 你可以在 http://archive.ics.uci.edu/ml/datasets/default+of+credit+card+clients 处找到一个有关台湾地区信用卡持有者的一些属性的数据. 这一数据集是由 I-Cheng Yeh 收集的，被存储在加州大学欧文分校机器学习资源库中. 有一个变量指出持有者是否是默认类型，还有一些其他的变量.

(a) 使用条件直方图研究默认类型的人是否比非默认类型的人贷款多（使用变量 $X1$ 表示贷款）.

(b) 使用箱形图研究性别、教育背景或婚姻状况是否对贷款数量有影响（仍使用 $X1$ 表示贷款）.

1.16 你可以在 http://www.statsci.org/data/general/poison.html 找到给出三种毒药和四种解药作用的一个数据集. 这一数据集记录了动物中了三种毒药中的一种后，使用四种解药中的一种进行解毒后存活的时间. 没有更多关于物种、协议、伦理等问题的细节.

(a) 使用箱形图研究解药 1 是否对不同的毒药有不同的作用.

(b) 使用箱形图研究解药对毒药 2 是否有作用.

27

第 2 章 关注关系

数据集可被看作 d 元组（d 元组为 d 个元素构成的有序列表）的一个集合. 例如，数据集 Chase 和 Dunner 包含元素 Gender、Grade、Age、Race、Urban/Rural、School、Goals、Grades、Sports、Looks 和 Money（因此它包含 11 元组）. 第 1 章中研究的可视化方法和概括数据集概括的值就是通过从每一个元组中提取一个单一元素得到的. 例如，可以将一群人的身高或体重进行可视化（如图 1.7 所示）. 但却无法说出身高和体重之间的任何关系. 在本章中，将会关注处理数据集中元素对之间关系的可视化和概括方法.

学习本章内容后，你应该能够做到：

- 针对分类数据集，绘制条形图、热图和饼图.
- 使用合理的标记、线形等，绘制数据集的图形.
- 绘制数据集的散点图.
- 绘制数据集的归一化散点图.
- 利用两个变量相关系数的符号说明散点图，并估计相关系数的大小.
- 计算相关系数.
- 解释相关系数.
- 使用相关系数进行预测.

2.1 二维数据绘图

取一个数据集，选择两个不同的位置，并提取每一个元组中对应位置的元素. 其结果为一个包含 2 元组的数据集，它可被视为二维数据集. 第一步是使用能够展示关系的方法绘制数据图形. 有关如何绘制数据的图形的书有很多，此处仅点到为止. 分类数据可能会特别难处理，因为可以有多种不同的选择，并且每一种趋势的有用性很容易依赖于数据集，并在一定程度上依赖于图形设计者的智慧（2.1.1 节）.

对于某些连续数据，可以将一个条目作为另一个条目的函数来绘制（例如，元组中也许包含日期和抢劫次数，或者猞猁皮的年份和价格，等等，见 2.1.2 节）.

多数时候，我们会使用一个简单的工具，它被称为散点图. 利用散点图进行思考将揭示数据条目之间诸多关系（2.1.3 节）.

2.1.1 分类数据、计数和图表

分类数据有些特殊. 设有一个数据集，它包含对每一个数据条目进行的一些分类描述. 绘制这样的数据的一种方法是将它们视为一个更丰富的分类集合的一部分. 设数据集存在分类描述，且它们是无序的. 因此可以通过考查每一个描述中的每一种情况来构造一个新的分类集合. 例如，对表 1.2 中的 Chase 和 Dunner 数据，新的分类可以是“男生–运动好”“女生–运动好”“男

生–受欢迎”“女生–受欢迎”“男生–成绩好”和“女生–成绩好”. 较大的分类集合使得条形图看起来很糟糕，因为太多的条形使得很难对它们进行分组. 图 2.1 给出了一个这样的图表. 请注意，很难用眼睛对这些分类数据进行分组；例如，可以看到女生认为成绩更重要的数量稍稍比男生多，但要看到这一结果，需要比较被中间的另外两个条形隔开的条形. 另一种可选的方法是**饼图**（pie chart），一个圆被划分为若干扇形，扇形的顶角与数据条目的大小成比例. 可以将这个圆看作一张饼，每一个扇形就是一块饼. 图 2.1 给出了一个饼图，其中每一个扇形与每一类中学生的数量成正比. 此时，我使用了自己的判断给出分类的方法，以使得对比变得较为简单. 尽管如此，我并不了解完成此项任务的任何更好的算法.

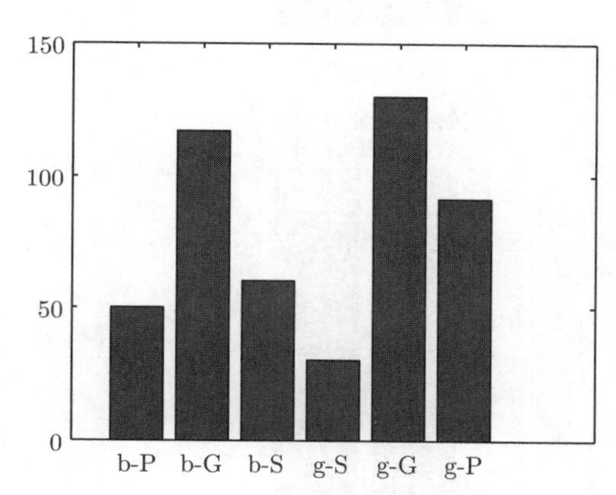

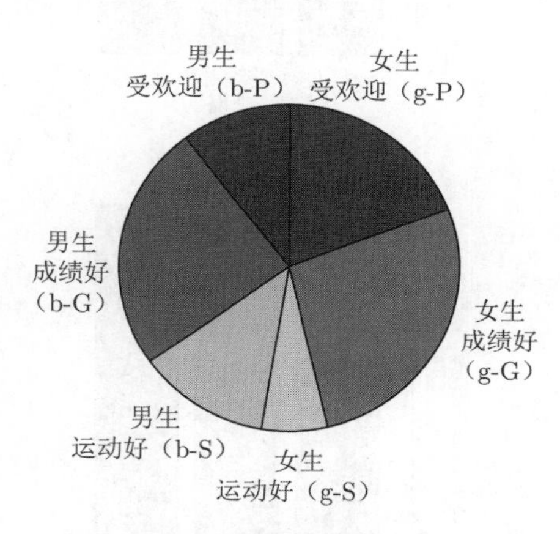

图 2.1 将 Chase 和 Dunner 的研究中的学生分为六个类，然后统计落在每一个条形中学生的数量，然后在左图中给出条形图，它给出了每种性别选择每一个目标的学生的数量. 右图为这些信息对应的饼图. 我将饼图进行了重新整理，以便于通过眼睛比较男生和女生的数量—— 从顶部开始，沿左侧向下为男生的目标，沿右侧则为女生的目标. 比较对应扇形的大小即可说明男生（分别对应女生）的数量通常是多还是少

饼图存在的问题是很难用眼睛准确判断面积上的细微差异. 例如，根据图 2.1 中的饼形图，很难说“男生–运动好”分类比“男生–受欢迎”分类稍大（试试看，用条形图对其进行检验）. 对任何一种饼图，思考你想要画什么是非常重要的. 例如，图 2.1 中的图形给出了反馈的总数量，但如果你回顾图 1.1 你将注意到在“学习”这一分类中女生数量略多. 认为学习成绩更重要的男生*百分比* 比持相同观点的女生*百分比*是大还是小？从这些图中，你无法得到回答，且你不得不使用百分比来重新绘制图形.

29

另外一种可用的方法是**堆叠图**（stacked bar chart）. 你可以将数据看作两种类型：男生和女生. 在这些类型中，还存在子类（受欢迎、成绩好和运动好）. 条形的高度给出每一类中元素的个数，每一个条形被分成若干段分别对应于子类元素的数量. 此外，如果希望图形中展示相对频率，可以使所有条形具有相同的高度，但各段对应于子类中元素所占的比例. 所有这些，说起来比看到或去做都要困难得多（图 2.2）.

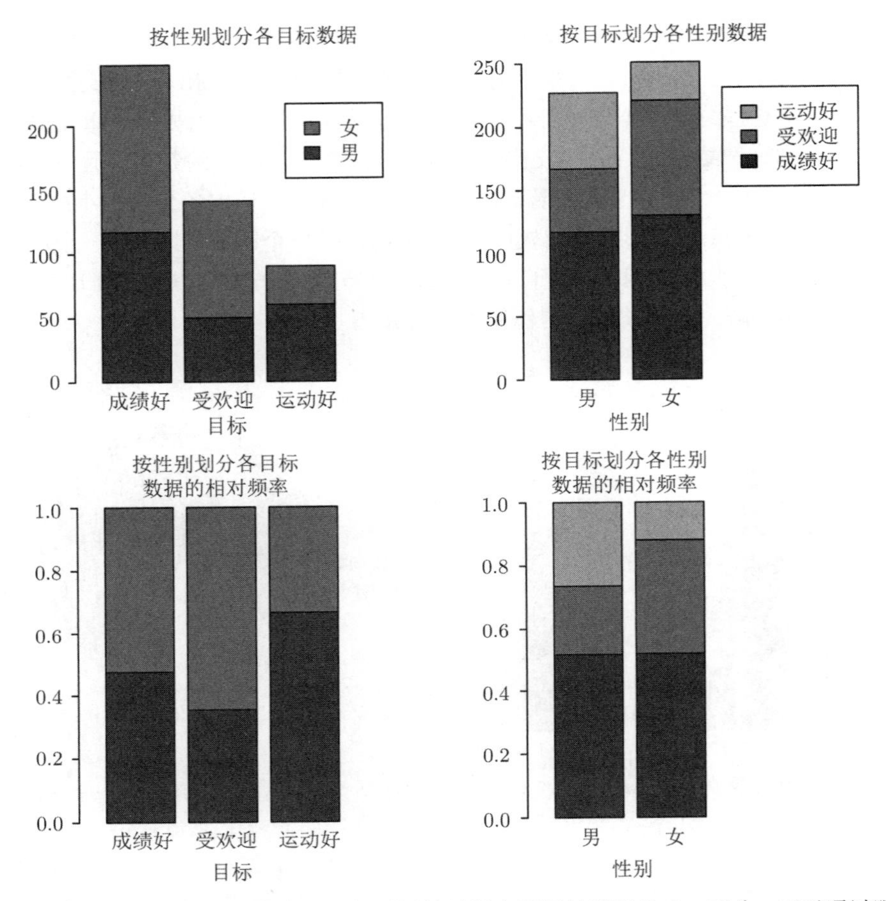

图 2.2 堆叠图使用了堆叠的条形，但不同的子类由不同的阴影给出，因此，可以通过眼睛看出研究中成绩好的学生中有多少是男生，不同阴影对应不同子类，甚至可以用眼睛看出比例，例如女生中希望运动好的比例

还有一种对绘制二维数据饼图非常有用的方法是**热图**（heat map）. 这是一种将矩阵用图像进行展示的方法. 矩阵中的每一个元素都被映射为一种颜色，而矩阵则被表示为一个图像. 针对 Chase 和 Dunner 的研究数据，我构造了一个矩阵，其每一行对应于选项“运动好”“成绩好”或“受欢迎”，每一列对应于选项“男生”或“女生”. 每一个位置包含该类的数据条目数量. 零值被表示为白色，最大的值对应红色，且当数值增加时，使用越来越饱和的粉红色，如图 2.3 所示.

若分类数据是有序的，则这些顺序为制作一个好的图形提供了提示. 例如，设想要设计一个用户界面. 首先建立一个初始的版本，并找到一些用户，让每一个用户对界面的“易用性”（水平方向，-2，-1，0，1，2，按照从非常差到非常好的顺序）及“欣赏性”（竖直方向，-2，-1，0，1，2，按照从非常差到非常好的顺序）打分. 构建一个 5×5 的表格是自然的，其中每一个格表示一个“易用性”和“欣赏性”对应的值. 然后对每一个格统计用户的数量，并构造一个图形表示这个表格. 一个自然的表示是**三维条形图**（3D bar chart），它的每一个条形都位于二维表格的格子处，且条形的高度由格子内元素的数值给出. 表 2.1 给出了表格，图 2.4 给出了使用一些模拟数据得到的三维条形图. 三维条形图的主要问题是，有一些条形隐藏在其他条形的后面. 这是一个常见的麻烦. 可使用交互式工具旋转图形得到更好的效果来改进，但这并不总是可行的. 热图则没有这个问题（图 2.4），这是它成为一个好选择的另一原因.

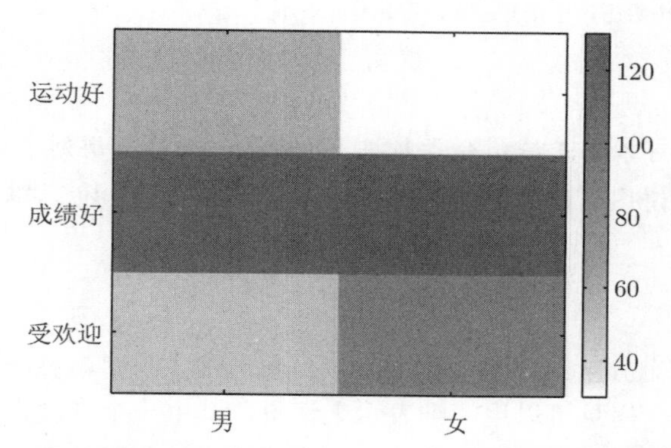

图 2.3 Chase 和 Dunner 数据的一个热图. 每一个格中的颜色都对应于该类的元素个数. 边上的色条给出了颜色与计数之间的对应. 可以一眼看出男生和女生中倾向于选择成绩好的人数大概是相等的；倾向于运动好和受欢迎的男生人数则是差不多的，运动好看起来略有优势；更多的女生则选择受欢迎而不是运动好

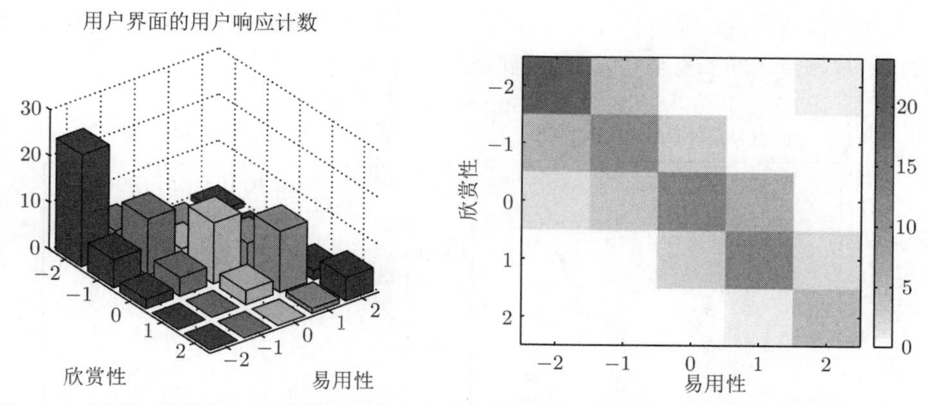

图 2.4 左图为数据的一个三维条形图. 每一个条形的高度由格子中用户的数量给出. 这一图像立刻就揭示出发现界面不易用的用户也不会喜欢它. 但是，某些在后面的条被隐藏了起来，因此一些结构可能很难被发现. 右图是该数据的一个热图. 同样，这一图形立刻揭示出发现界面不易用的用户也不会喜欢它. 不过，更明显的是每个人都不喜欢这一界面，且显然没有隐藏任何重要的结构

表 2.1 表示用户对界面评价的模拟数据

	−2	−1	0	1	2
−2	24	5	0	0	1
−1	6	12	3	0	0
0	2	4	13	6	0
1	0	0	3	13	2
2	0	0	0	1	5

注：这些数据不仅是分类数据，也是有序的，因此格子的顺序是确定的. 一些操作是无意义的，例如，将表格的各列或各行重新排列.

注记 有大量工具可以用于绘制分类数据. 很难给出严格的规则来说明什么时候该用什么，但通常人们会避免使用饼图（因为很难用眼睛评估角度的大小）和三维条形图（经常出现重要因素被遮挡的情形）.

2.1.2 序列

有时数据集中的一个分量给出了数据的一个自然顺序. 例如，也许有一个一年内每一天最大降雨量的数据集. 这一信息可以用二维表示来记录，其中一个维度为日期的数值，另一个表示温度，或传统上用第 i 个数据条目表示第 i 天的降雨量. 例如，在 http://lib.stat.cmu.edu/DASL/Datafiles/timeseriesdat.html 处，可以找到四个采用这样方法索引的数据集. 将这些数据绘制为时间的函数是自然的. 从这些数据集中提取出在芝加哥郊区海德公园每月入室盗窃的数据. 这些数据中的一部分在图 2.5 中给出（此处没有给出治理效果的数据）. 通常可以将入室盗窃数量看作时间（此案例中，是月数）的函数. 图形中显式地给出了每一个数据点. 用绘图软件将数据点之间用线段连接，因为对特定的日期，入室盗窃并不总是发生. 有足够的理由表明，这些线段给出了数据点之间入室盗窃发生的速度.

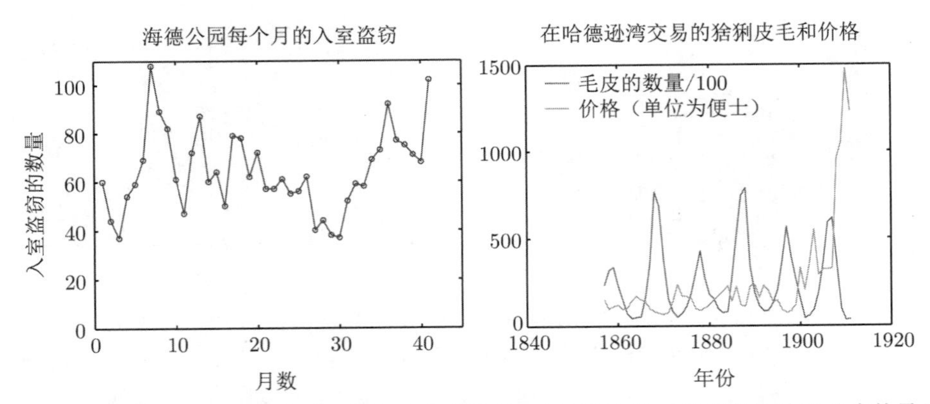

图 2.5 左图为按月统计的海德公园入室盗窃数量. 右图为哈德逊湾交易的猞猁毛皮数量及每一张毛皮的价格，它表示为年份的函数. 请注意尺度及图例框（猞猁毛皮的数量被除以了 100）

另一个例子是，在 http://lib.stat.cmu.edu/datasets/Andrews/ 处可以找到记录哈德逊湾公司交易猞猁毛皮时，每张毛皮的成交价. 这一数据集首先出现在 1985 年 D. F. Andrews 和 A. M. Herzberg 在 Springer 出版的 *Data: a Collection of Problems from many Fields for the Student and Research Worker* 的表 3.2 中. 其图形绘制在图 2.5 中. 该数据集很著名，因为它给出了毛皮价格的周期性行为（它是猞猁数量的很好代表），该行为能够被捕食–食饵的相互作用很好地解释. 猞猁是以兔子为食的. 当兔子较多时，猞猁幼崽会茁壮成长，很快，猞猁就变得很多；但它们会吃掉大多数的兔子，然后饿死，此时，兔子的数量就会激增. 也应当注意到，大约在 1900 年后，价格看起来上升得非常快. 不知道这是为什么. 同样，也有一些其他现象，就如同应该的那样，当有很多猞猁时，价格就会低，当猞猁数量少时，价格就高.

2.1.3　空间数据散点图

并不总是将数据绘制为一个函数. 例如，在一个含有一组患者体温和血压的数据集中，没有理由认为体温是血压的一个函数. 两个人可能有相同的体温，但血压不同，反之亦然. 另一个例子是，人们可能对什么导致人死于霍乱感兴趣. 而我们的数据给出了在一次特定的爆发中，死亡病例的地址. 尝试将这样的数据绘制为一个函数是没有任何帮助的.

散点图很适用于处理这一情形. 在第一个例子中，假设数据点真的给出了真实地图上的点. 于是，绘制散点图，就是在地图上根据每一个数据点绘制一个标记. 这些标记的样子及如何放置它们，依赖于特定的数据集、寻找什么、愿意使用多么复杂的工具及对图形设计的感受.

图 2.6 是由 John Snow 给出的一个非常著名的散点图. Snow——流行病学的创始人之一—— 使用散点图来推断 1854 年以伦敦 Broad Street 泵站为中心的一次霍乱爆发的原因. 当时，霍乱流行的机理还是不为人知的. Snow 用小条形在死亡发生的房屋位置绘制了霍乱死亡人数. 条形数量越多，死亡人数越多，条形数量越少，死亡人数越少. 离泵站近一个街区，条形的数量就会增加，远离泵站的位置，条形数量就减少. 这一图形给出了泵站与霍乱死亡人数之间有很强关系的证据. Snow 将这一散点图作为霍乱与水相关，及 Broad Street 泵站是被污染水源的证据.

注记　一般来讲，散点图对地理数据和二维数据是一个非常高效的工具. 对一个二维数据集，绘制散点图应当是第一步.

33

2.1.4　用散点图揭示关系

散点图是找出数据中关系的有用的、简单的工具. 现在需要一些记号. 设有一个含有 N 个数据项 $\boldsymbol{x}_1$，$\cdots$，$\boldsymbol{x}_N$ 的数据集 $\{\boldsymbol{x}\}$. 每一个数据条目为一个 d 维向量（故其分量为数值）. 希望研究数据集中两个分量之间的关系. 例如，可能关心数据集中第 7 个和第 13 个分量. 我们将制作一个二维图形，一个维度表示一个分量. 哪一个分量被绘制为 x 轴及哪一个分量被绘制为 y 轴实际上没有关系. 但不说明 x 和 y 坐标就很难给出意义.

下面将用我们感兴趣的分量制作一个二维数据集. 必须选择一个分量首先进入最终的二维向量. 这一分量将被作为 x 分量（并将其称为 x 坐标），另一分量将被作为 y 分量. 这只是为了方便描述；此处没有什么重要的含义．哪一个是 x 及哪一个是 y 真的没有什么关系．这两个分量构成了一个数据集 $\{\boldsymbol{x}_i\} = \{(x_i, y_i)\}$．为绘制这一数据的散点图，在每一个数据条目所在的位置绘制一个很小的图形．

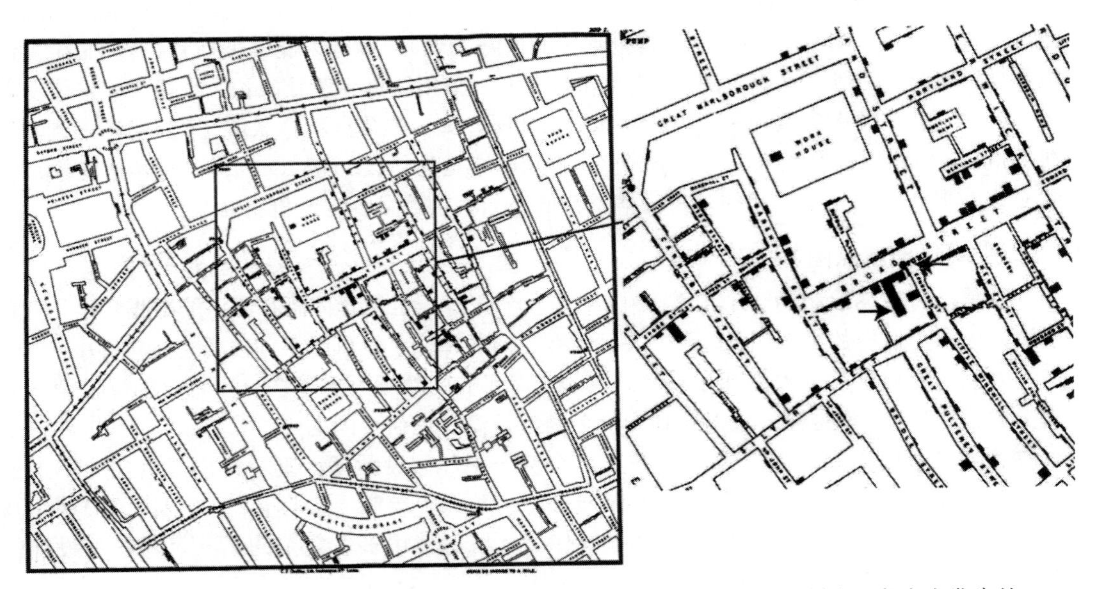

图 2.6　左图为 Snow 的霍乱死亡散点图．每一个霍乱死亡病例都被绘制为一条在它发生处房屋上的短条形（例如，黑色的箭头给出了一堆这样的条形，表示很多的死亡案例，其细节如右图）．请注意越接近 Broad Street 泵站（细节图中灰色的箭头），死亡人数越多，越远离它（哪些很难从泵站取水的区域），死亡人数越少

这样的散点图是很容易得到的．例如，图 2.7 给出了体温与心率的一个散点图．在这一数据集中，使用“1”或“2”记录了对象的性别，在每一个性别为“1”的数据点上绘制一个“1”，以此类推．观察数据可知，标记为“1”的团和标记为“2”的团之间没有太大的区别，这表明女性和男性在这一方面大概是相同的．

绘制散点图使用的尺度会对结果产生影响．例如，用米为长度单位绘制与用毫米为长度单位绘制，结果会非常不同．图 2.8 给出了体重与身高的两个散点图．每一个图形都使用相同的数据集，但一个进行了缩放，以便于展示两个异常值．保留这些异常值意味着其他的点看起来非常拥挤，因为坐标轴选用较大单位．在另一个图形中，坐标轴的尺度进行了改变（因此无法看到异常值），但数据看起来更分散．这有可能会造成误解．图 2.9 在去除了异常值后对数据进行了比较，它给出了在不同坐标轴下的相同图形．一个图看起来能够得到对应于体重的增加，身高也会增加的结论；另一个图则看起来不是这样．这纯粹是由于有欺骗性的尺度造成的——每一个图形都显示的是相同的数据集．

34

不可靠的数据也会带来尺度问题．回顾图 2.5，1900 年前后的价格表现出了不同的行为．

图 2.10 给出了猞猁数据的散点图，其中给出了毛皮数量和价格. 将 1900 年后的数据绘制为圆圈，其他数据则使用星号表示. 注意到圆圈看起来构成了一个非常不同的图形，它支持了有意思的事情将在 1900 年前后发生的猜想. 有理由将数据分为 1900 年前和 1900 年后两个部分分别进行分析. 这种选择应当谨慎处理. 如果将不符合猜想的每一个数据都排除，则可能错过事实，得到错误的结论. 遗漏数据是很多欺诈性结果的重要组成部分. 应当始终考查是否有排除数据，以及为什么，以使得读者能够对证据进行判断.

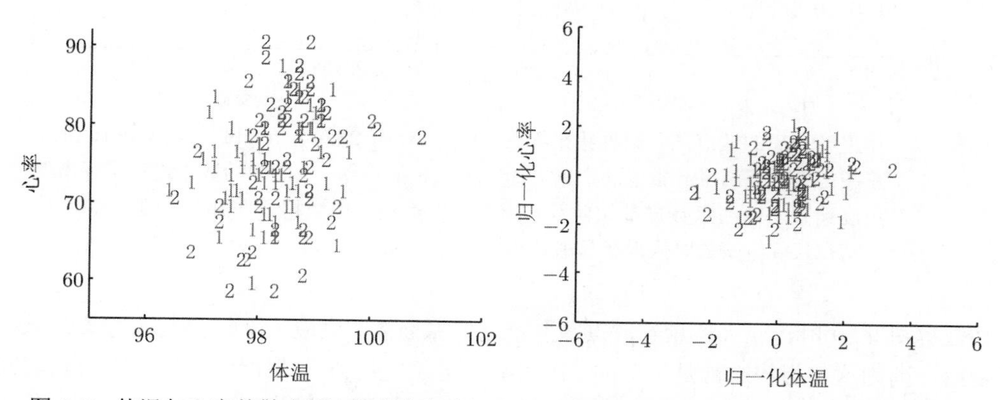

图 2.7 体温与心率的散点图，数据来源为 http://www2.stetson.edu/~jrasp/data.htm 处的 normtemp.xls. 在绘制图形时，将两个性别分别使用不同的符号进行绘制（尽管并不清楚哪个符号表示的是哪个性别）；如果使用颜色进行观察，颜色上的不同给出了散点之间的更大差异. 图像表明，但不足以下定结论，体温和心率之间没有太大的依赖关系，且体温和心率之间的任何关系并不受性别的影响

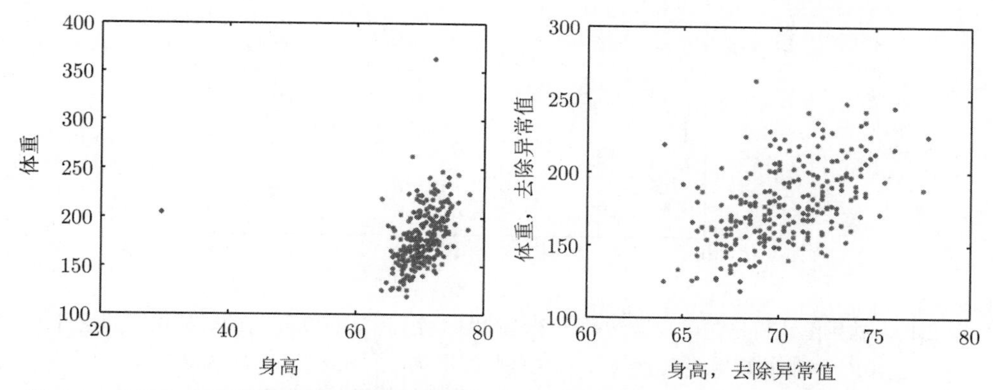

图 2.8 体重与身高的散点图，数据集来源为 http://www2.stetson.edu/~jrasp/data.htm. 请注意：左图的两个异常值是如何在图片中凸显的，为显示两个异常值，其他的数据不得不挤在一起. 右图给出了去除异常值后的数据，其结构比较清楚

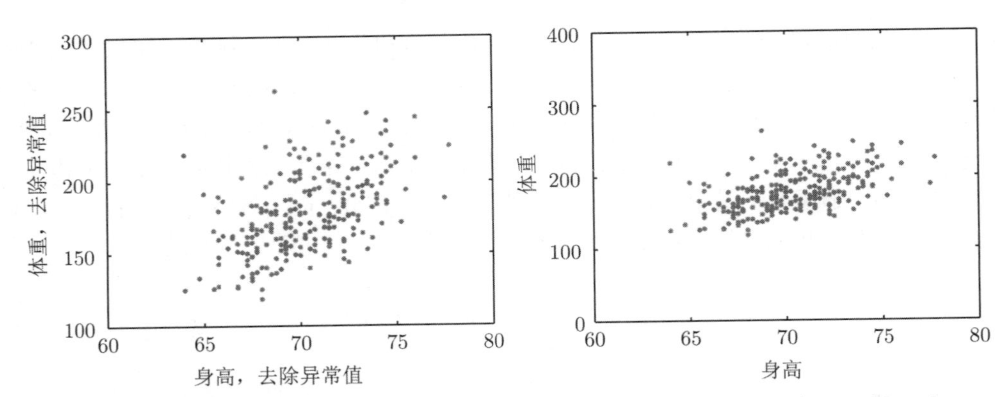

图 2.9　体重与身高的散点图，数据集来源为 http://www2.stetson.edu/ jrasp/data.htm. 左图是去除了两个异常值的数据，如同图 2.8 的右图. 右图中的数据进行了轻微的尺度调整. 请注意数据是如何看起来不太发散的. 但数据之间并无差别. 事实上，眼睛在尺度改变的时候很容易被迷惑

在观察图 2.10 时，应当注意到散点图并不能支撑价格在供应下降时会上涨的观点. 这非常令人费解，因为这一想法通常是正确的. 事实上，这仅仅是由于其比较差的尺度使得其解释起来比较困难，尺度是一个非常大的麻烦，且尺度的影响很容易带来误导.

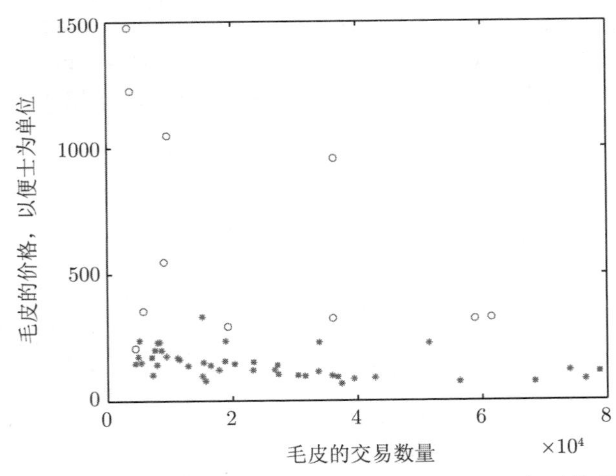

图 2.10　猞猁毛皮价格与毛皮数量的一个散点图. 序列中 1900 年后的数据用圆圈进行表示，其他的数据则表示为 *. 由这些数据很难得到任何结论，因为其尺度令人困惑. 此外，从 1900 年以后的数据则表现得与其他数据非常不同

避免这一问题的方法是在标准坐标系中绘制图形. 可以在不担心数据维数的前提下对数据进行归一化处理——每一个维度可各自独立地通过减去其均值并除以该维度数据对应的标准差来进行归一化处理. 这意味着二维数据的 x 和 y 坐标可以分别进行归一化. 继续使用方便的记

号 $\hat{x}$ 表示归一化的 x 坐标，$\hat{y}$ 表示归一化的 y 坐标. 因此，可以将 $\hat{x}$ 的第 j 个数据条目写为 $\hat{x}_j = (x_j - \text{mean}(\{x\})) / \text{std}(\{x\})$. 归一化给出了在标准尺度下的数据集. 一旦进行了这样的处理，就可以从散点图中直观发现变量之间的简单关系.

注记 绘图的尺度可以掩盖散点图中的现象，使用标准坐标通常是一个好的想法.

2.2 相关

在标准坐标中绘制数据是非常有益的. 例如，从图 2.11 中可以很清楚地看出那些身高高于均值的人体重通常也比均值更重. 这一关系并不是用函数表示的. 也存在一些人身高比均值高很多，同时体重也比均值轻很多. 但较高的人多数也较重. 图 2.12 表明，并不总是存在关系. 真的没有任何理由来假设心率和体温是相关的. 有时，关系甚至是相反的，即当一个变量增加时，另一个则减少. 图 2.13 强烈地表明，当有更多的毛皮进行交易时，价格会趋向于更低.

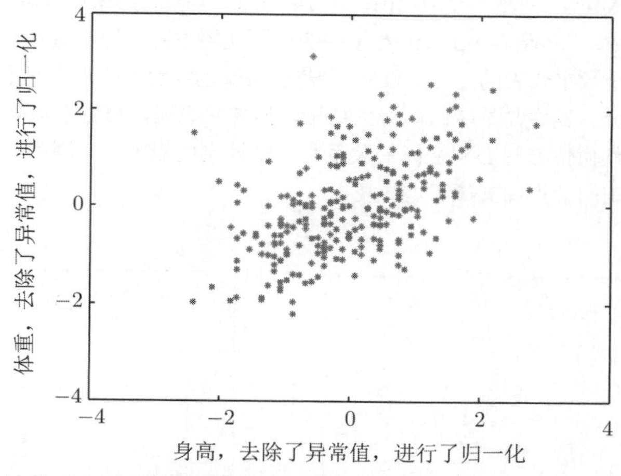

图 2.11 归一化的体重与身高散点图，数据集来源于 http://www2.stetson.edu/~jrasp/data.htm. 从中可以看出那些比均值高出一倍标准差的人体重也会相对均值偏重

用散点图观察的最简单、最重要的关系是：当 $\hat{x}$ 增加时，$\hat{y}$ 是趋于增加、减少还是保持不变？这在归一化的散点图中是非常直观的，因为每一种情形都会得到一个形状清晰的散点图. 任何关系都被称为**相关**（correlation）（后面将看到如何度量它），它有三种情形：正相关，意味着 $\hat{x}$ 的取值越大 $\hat{y}$ 的取值也会越大；零相关，意味着没有关系；负相关，意味着 $\hat{x}$ 的取值越大 $\hat{y}$ 的取值会越小. 应当注意的是，这一关系不是一个函数——数据形成了一个数据团而不是位于一条曲线上——且交换 $\hat{x}$ 和 $\hat{y}$，其关系并不受影响. 如果较大的 $\hat{x}$ 趋向于出现较大的 $\hat{y}$，则较大的 $\hat{y}$ 也趋向于出现较大的 $\hat{x}$，以此类推. 图 2.14 中对比了一个身高与体重的图形与一个体重与身高的图形. 通常只需要旋转页面，或者将图像映射为新的图片. 左图表明身高较大的数据点也趋向于有较大的体重值；右图表明体重较大的数据点趋向于有较大的身高——图形给出了相

35 ~ 36

同的结论. 观察哪个图在此时并不重要. 而且，重要的单词是“趋向”—— 图形并没有说明任何与为什么有关的事情，它仅仅说明当一个变量较大时，另一个变量也趋向于什么.

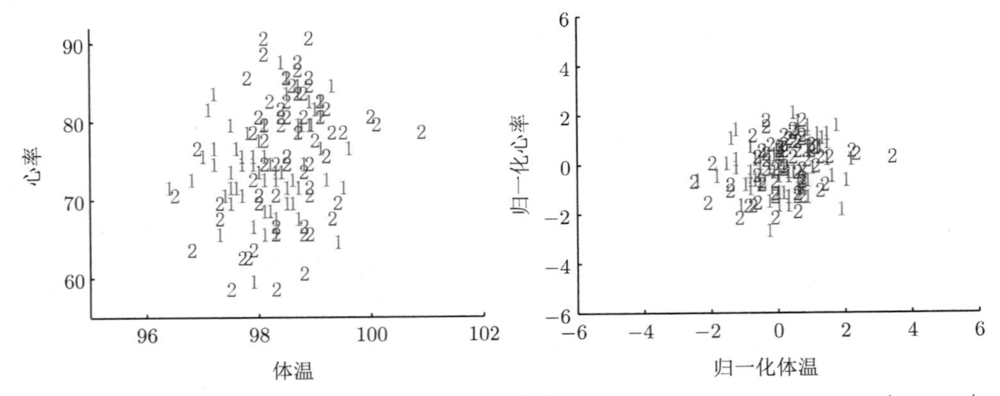

图 2.12　左图为体温与心率的一个散点图，数据集来源于 http://www2.stetson.edu/~jrasp/data.htm;　normtemp.xls. 对不同的性别使用不同的符号进行绘制（尽管并不清楚每一个数字代表的是什么性别）；若使用颜色观察，散点之间不同的颜色能够更好地区分. 虽然并不能由此得到结论，但图片表明，体温和心率之间没有依赖关系，且任何体温与心率之间的关系都不受性别的影响. 右图中给出的使用归一化数据绘制的散点图支撑了这一观点

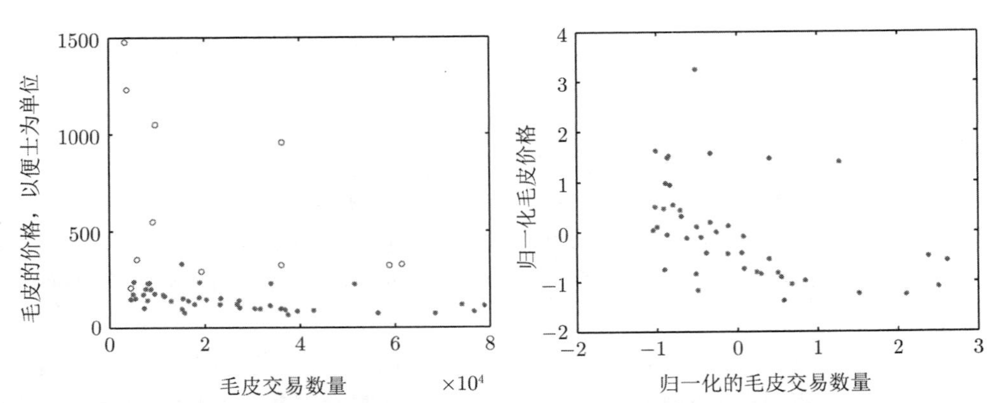

图 2.13　左图为猞猁毛皮价格与猞猁毛皮交易数量的一个散点图（这是图 2.10 的重复，方便参照）. 从 1900 年后的数据用圆圈表示，其他数据则使用 * 号表示. 从这一数据中很难得到任何结论，因为其尺度令人困惑. 右图也是毛皮价格与毛皮交易数量的一个散点图. 去掉了从 1900 年后的所有数据，然后将价格和数量都进行了归一化. 请注意，此处出现一个明显的趋势：当毛皮数量变少时，它们变得更为昂贵，且当毛皮数量变多时，它们就变得较为便宜

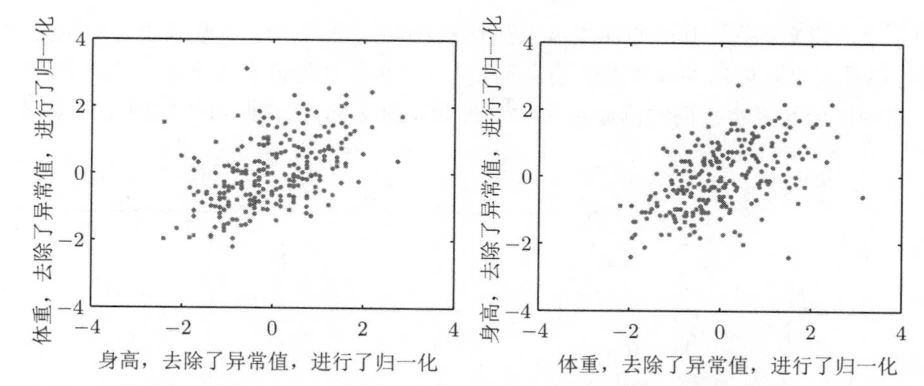

图 2.14 左图中给出了一个归一化了的体重（y 轴）与身高（x 轴）的散点图. 右图中给出了一个身高（y 轴）与体重（x 轴）的散点图. 将这两个图并排在一起的目的是让你无须在头脑中对其进行旋转

正相关（positive correlation）出现在 $\hat{x}$ 取较大的值时，$\hat{y}$ 趋向于取较大值的情形. 这意味着具有较小 $\hat{x}$ 值的数据点必然具有较小的 $\hat{y}$ 值，否则，$\hat{x}$ 的均值（对应于 $\hat{y}$）可能会太大. 反过来，这意味着散点图应当看起来像从图形的左下角向右上角“胡乱涂抹”的数据. 胡乱地涂抹或宽或窄，依赖于下面将会讨论的一些细节. 图 2.11 给出了归一化后体重与身高的散点图. 在体重–身高图中，可以清楚看出身高越高，体重趋向于越大. 此处重要的单词为“趋向”—— 较高的人也可能体重较轻，但多数趋向于较重. 也请注意，此处并没有说因为他们身高较高，所以就较重，只是说了趋向于这一行为.

负相关（negative correlation）出现在当 $\hat{x}$ 取较大的值时，$\hat{y}$ 趋向于取较小的值的情形. 这意味着有较小 $\hat{x}$ 值的数据必然有较大的 $\hat{y}$ 值，否则 $\hat{x}$ 的均值（对应于 $\hat{y}$）应当太大. 反过来，这意味着散点图应当看起来像从左上角向右下角“胡乱涂抹”的数据. 胡乱地涂抹或宽或窄，依赖于下面将会讨论的一些细节. 图 2.13 给出了猞猁毛皮价格数据的一个归一化后的散点图，其中删除了从 1900 年以后的数据. 这样做的原因是它们看起来是由于其他的原因使得价格有所上涨，这与序列中其他部分并不相容. 这一图形表明当毛皮的数量较多时，价格会较低，这正符合期望的结果.

零相关（zero correlation）出现在不存在关系的时候. 它会在散点图中生成一个特征形状，但需要花时间去理解为什么. 如果真的是没有关系，则知道 $\hat{x}$ 将不能告诉你有关 $\hat{y}$ 的任何事情. 所知的信息只有 $\text{mean}(\{\hat{y}\}) = 0$ 及 $\text{var}(\{\hat{y}\}) = 1$；这足以预测所绘制的图形形状. 已知 $\text{mean}(\{\hat{y}\}) = 0, \text{var}(\{\hat{x}\}) = 1$，因此将会有很多 $\hat{x}$ 接近于零的数据点，很少的点有很大或很小的 $\hat{x}$ 值. 这也适用于 $\hat{y}$. 考虑 $\hat{x}$ 的值是在一个带形区域内的数据. 如果这个带形区域远离原点，那么带形区域内的数据点就很少，因为没有很多大的 $\hat{x}$ 值. 如果不存在关系，不会期望在该带形区域内看到很大或很小的 $\hat{y}$，因为带形区域内的点数量很少，及较大或较小的 $\hat{y}$ 值不是常见的—— 只有在数据点很多时，才会看到它们，可这很难得. 因此，对远离零值的 $\hat{x}$ 的带形区域，期望看到很少的 $\hat{y}$ 值也远离零值，因为在该带形区域内看到了很少的点. 这一原因意味着数据应当形成一个圆形数据团，其中心在原点. 在体温–心率图 2.12 中，看起来没有发生这样的显著性. 平均心率看起来对体温高或体温低的人都差不多. 也许此处没有太多的关系存在.

37 ~ 38

将这三种情形的真实数据实例显示在一个图中（图 2.15），借此可比较图像的形状.

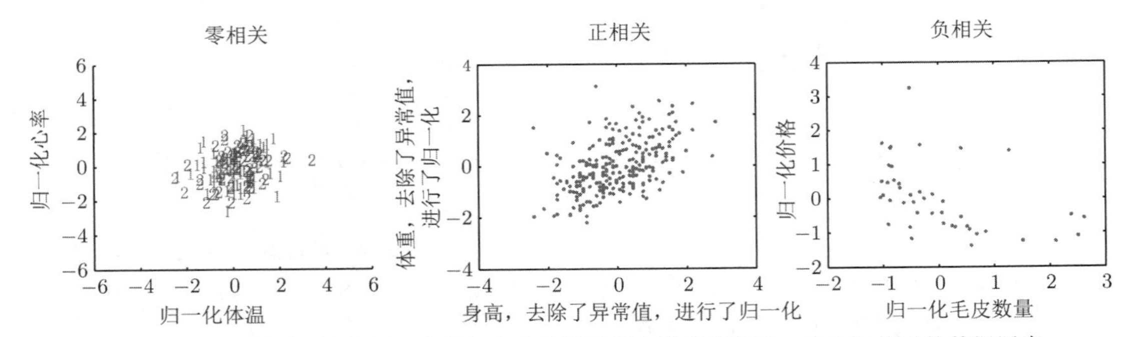

图 2.15　三种类型的散点图：体温与心率的数据用来说明零相关；身高与体重的数据用来说明正相关；猞猁毛皮的数据用来说明负相关. 这些图像并不理想—— 实际数据倾向于比较混乱—— 但仍可看出其基本结构

2.2.1　相关系数

考虑一个归一化了的由 N 个二维向量构成的数据集. 其第 i 个数据点在标准坐标系中被记为 $(\hat{x}_i, \hat{y}_i)$. 因为它是在标准坐标系中的，故已经知道了关于它的很多重要总结信息，如 $\text{mean}(\{\hat{\boldsymbol{x}}\}) = 0$，$\text{mean}(\{\hat{\boldsymbol{y}}\}) = 0$，$\text{std}(\{\hat{\boldsymbol{x}}\}) = 1$，$\text{std}(\{\hat{\boldsymbol{y}}\}) = 1$. 每一个总结本身就是某些单项的均值，因此 $\text{std}(\{\hat{\boldsymbol{x}}\})^2 = \text{mean}\left(\{\hat{\boldsymbol{x}}^2\}\right)$，$\text{std}(\{\hat{\boldsymbol{y}}\})^2 = \text{mean}\left(\{\hat{\boldsymbol{y}}^2\}\right)$（另外两个容易得到）. 这些信息可使用单项的平均进行改写，给出 $\text{mean}(\{\hat{\boldsymbol{x}}\}) = 0$，$\text{mean}(\{\hat{\boldsymbol{y}}\}) = 0$，$\text{mean}\left(\{\hat{\boldsymbol{x}}^2\}\right) = 1$，以及 $\text{mean}\left(\{\hat{\boldsymbol{y}}^2\}\right) = 1$. 此处缺少了一个单项——$\hat{\boldsymbol{x}}\hat{\boldsymbol{y}}$. 项 $\text{mean}(\{\hat{\boldsymbol{x}}\hat{\boldsymbol{y}}\})$ 给出了 x 和 y 之间的相关性. 该项被称为**相关系数**（correlation coefficient）或**相关性**（correlation）.

定义 2.1（相关系数）　设有 N 个 2–向量数据条目 (x_1, y_1)，$\cdots$，(x_N, y_N)，其中 $N > 1$. 它们可以是从更大的向量中提取的. 计算相关系数时，首先将 x 和 y 坐标进行归一化，得到 $\hat{x}_i = \dfrac{(x_i - \text{mean}(\{\boldsymbol{x}\}))}{\text{std}(\boldsymbol{x})}$，$\hat{y}_i = \dfrac{(y_i - \text{mean}(\{\boldsymbol{y}\}))}{\text{std}(\boldsymbol{y})}$. 相关系数为 $\hat{\boldsymbol{x}}\hat{\boldsymbol{y}}$ 的均值，并可由下式计算：

$$\text{corr}(\{(x, y)\}) = \frac{\sum_i \hat{x}_i \hat{y}_i}{N}$$

相关系数是用一个变量来预测另一个变量可行性的一个度量. 相关系数的取值在 -1 到 1 之间（这将在后面证明）. 如果相关系数接近 1，则预测可能会非常可行. 较小的相关系数（例如，小于 0.5，但这确实取决于希望达到的目的）趋向于并不是对所有的数据都有用，因为（将会看到）它们将给出非常不好的预测.

图 2.16 给出了具有不同相关系数的不同真实数据集合的散点图. 所有这些数据都来自年龄–身高–体重数据集，它可在 http://www2.stetson.edu/~jrasp/data.htm （查找 bodyfat.xls）处找到. 在每种情形下，两个异常值都被删去了. 从图中可以看出，年龄和体重是很难相关的. 年轻人确实趋向于身高有点高，因此其相关系数为 −0.25. 可以将其解释为有很小的相关性. 但是，被称为“肥胖”（它虽然未被定义，但也许是一些有关脂肪组织数量的某种度量）的变量则与体重有很强的相关性，其相关系数为 0.86. 平均组织密度与肥胖则有很强的负相关性，因为肌肉比脂肪密集得多，因此这些变量是负相关的—— 可以期望肥胖较小时会出现较高的密度，反之亦然. 其相关系数为 −0.86. 最后，密度与体重是强相关的，其相关系数为 −0.98.

39

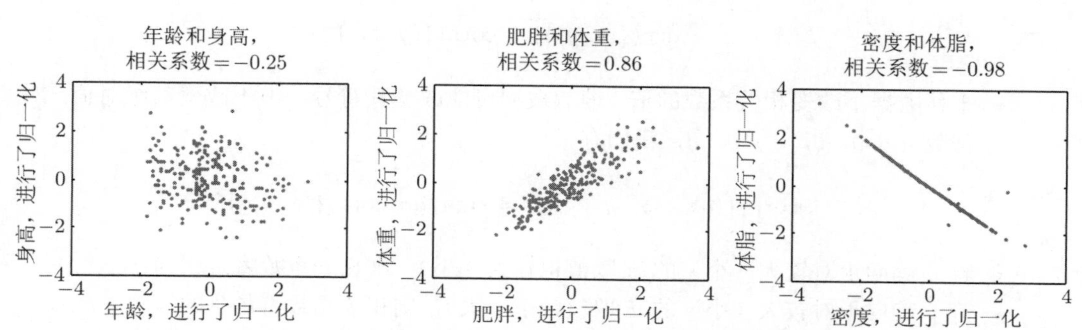

图 2.16 从 http://www2.stetson.edu/~jrasp/data.htm 获得的年龄–身高–体重数据集的不同的变量对的散点图；bodyfat.xls. 在每种情形中，两个异常值都被移除了，并将数据绘制在标准坐标系中（将其与图 2.17 进行比较，图 2.17 给出了使用数据集的原有单位绘制的结果）. 说明中给出了变量的名称

在标准坐标系中绘制散点图并不总是方便，或是好的想法（此外，这样做会掩盖数据的单位，这可能带来麻烦）. 幸运的是，缩放或平移数据并不改变相关系数（尽管在缩放负倍数时，相关系数的符号会改变）. 图 2.17 给出了使用原始单位绘制的不同相关系数的散点图. 这些数据集与图 2.16 中使用的数据集是相同的.

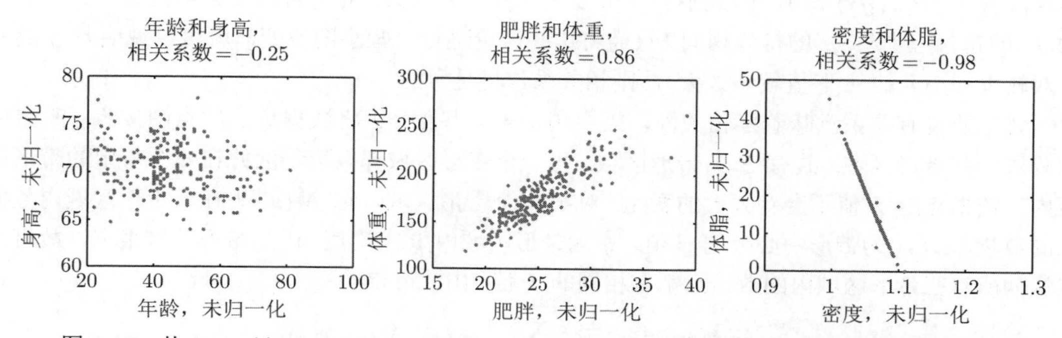

图 2.17 从 http://www2.stetson.edu/~jrasp/data.htm 获得的年龄–身高–体重数据集的不同变量对的散点图；bodyfat.xls. 在每种情形中，两个异常值都被移除了，并在未标准化的数据集中进行绘制

应当记住下面的相关系数的性质. 第一个性质很容易证明，我们将其留作练习. 一种观察相关系数在缩放或平移时不变的方法为，注意到它是定义在标准坐标系下的，缩放或平移不会改变标准坐标系. 另外一种方法是缩放且平移这些数据，然后将其公式写出来. 注意，使用标准坐标去除了缩放和平移的作用. 在每种情形中，请注意，如果缩放负数倍，相关系数的符号会改变.

40

有用的事实 2.1（相关系数的性质）

- 相关系数是对称的（它不依赖于其参数的顺序），因此

$$\operatorname{corr}(\{(x,y)\})=\operatorname{corr}(\{(y,x)\})$$

- 平移数据不改变相关系数的值. 缩放数据可能改变其符号，但不改变其绝对值. 对常数 $a\neq 0$，b，$c\neq 0$，d，我们有

$$\operatorname{corr}(\{(ax+b,cy+d)\})=\operatorname{sign}(ac)\operatorname{corr}(\{(x,y)\})$$

- 若 $\hat{y}$ 趋向于对较大（小）的 $\hat{x}$ 取值也较大（小），则相关系数将是正的.
- 若 $\hat{y}$ 趋向于对较大（小）的 $\hat{x}$ 取值较小（大），则相关系数将是负的.
- 若 $\hat{y}$ 不依赖于 $\hat{x}$，则相关系数为零（或接近零）.
- 最大的可能值是 1，当 $\hat{x}=\hat{y}$ 时成立.
- 最小的可能值是 -1，当 $\hat{x}=-\hat{y}$ 时成立.

若 $\hat{y}$ 趋向于对较大（小）的 $\hat{x}$ 取值也较大（小），则相关系数将是正的，这个性质并不是一个正式的申明. 但这相对较为直观. 因为 $\operatorname{mean}(\{\hat{\boldsymbol{x}}\})=0$，小于 $\operatorname{mean}(\{\hat{\boldsymbol{x}}\})$ 的值必然是负的，大于 $\operatorname{mean}(\{\hat{\boldsymbol{x}}\})$ 的值必然是正的. 但 $\operatorname{corr}(\{(x,y)\})=\frac{\sum_i \hat{x}_i\hat{y}_i}{N}$，且该和是正的，因为它包含的项多数应该是正的. 它包含少数或者不包含非常大的正（或非常小的负）项，因为 $\operatorname{std}(\{\hat{\boldsymbol{x}}\})=\operatorname{std}(\{\hat{\boldsymbol{y}}\})=1$，因此不会有很多大（或小）的数. 对包含很多正项的和，大多数项的 $\hat{x}_i$ 的符号应当与 $\hat{y}_i$ 的符号相同. 只需将这些讨论进行一些小的改变，就可以说明若 $\hat{y}$ 趋向于对较大（小）的 $\hat{x}$ 取值较小（大），则相关系数将是负的.

要证明没有关系意味着零相关性，需要稍稍多一些工作. 将数据集的散点图按照竖直方向划分成一些带形区域. 共有 S 条带形区域. 每一个带形区域都很窄，因此在一个特定的带形区域内，数据点的 $\hat{x}$ 值不会有太大的变化. 对第 s 个带形区域，记 $N(s)$ 为在该带形区域内数据点的数量，$\hat{x}(s)$ 为带形中心处的 $\hat{x}$ 值，$\bar{\hat{y}}$ 为带形区域内 $\hat{y}$ 的均值. 因为带形区域很窄，故可近似认为所有在带形区域内的数据点都有相同的 $\hat{x}$ 值. 由此可得

$$\operatorname{mean}(\{\hat{\boldsymbol{x}}\hat{\boldsymbol{y}}\})\approx\frac{1}{S}\sum_{s\in\text{带形区域}}\hat{x}(s)\left[N(s)\bar{\hat{y}}(s)\right]$$

（在带形区域足够窄的情况下，可以将其中的“≈”替换为“=”）. 现假设 $\hat{y}(s)$ 在带形区域之间

保持不变，这意味着在数据集中，$\hat{x}$ 和 $\hat{y}$ 之间没有关系（故其图形类似图 2.15 的左图）. 则每一个 $\bar{\hat{y}}(s)$ 将是相同的—— 将其记为 $\bar{\hat{y}}$—— 且经重新整理可得

$$\operatorname{mean}(\{\hat{\boldsymbol{x}}\hat{\boldsymbol{y}}\}) \approx \bar{\hat{y}} \frac{1}{S} \sum_{s \in \text{带形区域}} \hat{x}(s)$$

注意到

$$0 = \operatorname{mean}(\{\hat{\boldsymbol{y}}\}) \approx \frac{1}{S} \sum_{s \in \text{带形区域}} N(s)\,\bar{\hat{y}}(s)$$

（若带形区域足够窄，可以再次将其中的"≈"用"="代替）这意味着，如果每一个带形区域有着相同的值 $\bar{\hat{y}}(s)$，则该值必然为零. 因此，如果 $\hat{x}$ 和 $\hat{y}$ 之间没有关系，则必然有 $\operatorname{mean}(\{\hat{\boldsymbol{x}}\hat{\boldsymbol{y}}\}) = 0$.

性质 2.1 相关系数的最大可能取值为 1，且对所有的 i，当 $\hat{x}_i = \hat{y}_i$ 时取得. 相关系数的最小可能取值为 -1，且对所有的 i，当 $\hat{x}_i = -\hat{y}_i$ 时取得.

命题

$$-1 \leqslant \operatorname{corr}(\{(x, y)\}) \leqslant 1$$

41

证明 以 $\hat{x}$，$\hat{y}$ 表示归一化系数，则有

$$\operatorname{corr}(\{(x, y)\}) = \frac{\sum_i \hat{x}_i \hat{y}_i}{N}$$

且可将其认为是两个向量的内积. 记

$$\boldsymbol{x} = \frac{1}{\sqrt{N}} [\hat{x}_1, \hat{x}_2, \cdots, \hat{x}_N]$$

$$\boldsymbol{y} = \frac{1}{\sqrt{N}} [\hat{y}_1, \hat{y}_2, \cdots, \hat{y}_N]$$

则有 $\operatorname{corr}(\{(x, y)\}) = \boldsymbol{x}^{\mathrm{T}} \boldsymbol{y}$. 请注意，$\boldsymbol{x}^{\mathrm{T}} \boldsymbol{x} = \operatorname{std}(\boldsymbol{x})^2 = 1$，且对 $\boldsymbol{y}$ 有类似的结果. 但两个向量的内积在两个向量相同时达到最大值，且最大值为 1. 这一讨论也能够证明相关系数的最小取值为 -1，且对一切 i，当 $\hat{x}_i = -\hat{y}_i$ 时取得.

2.2.2 用相关性预测

设有 N 个数据条目，它们为 2–向量 (x_1, y_1)，$\cdots$，(x_N, y_N)，其中 $N > 1$. 例如，它们可通过从较大的向量中提取分量得到. 如往常，记 $\hat{x}_i$ 为 x_i 归一化后的坐标，以此类推. 现假设相关系数 r 已知（这是一个重要的传统记号）. 它有什么意义？

设有数据点 $(x_0, ?)$，其中 x 坐标是已知的，但 y 坐标是未知的. 可以使用相关系数来预测 y 坐标的取值. 首先，将它们转换为标准坐标. 现用已有的 $\hat{x}_0$ 的数据来得到 $\hat{y}_0$ 的最佳预测.

我们希望构造一个能够对任意 $\hat{x}$ 取值给出预测的函数. 这个预测器在已知数据集上的表现应当尽可能好. 对已知数据集中的每一对 $(\hat{x}_i, \hat{y}_i)$，预测器应当提取 $\hat{x}_i$ 并得到一个尽可能接近 $\hat{y}_i$ 的结果. 可以通过考查预测器在每一个数据点上给出的误差来选择预测器.

用 $\hat{y}_i^p$ 表示在 $\hat{x}_i$ 处对 $\hat{y}_i$ 的预测值. 最简单的预测器是线性的. 若使用线性函数进行预测，则有，对某些未知的 a，b，$\hat{y}_i^p = a\hat{x}_i + b$. 现考虑该预测的误差 $u_i = \hat{y}_i - \hat{y}_i^p$. 应当期望 $\mathrm{mean}(\{\boldsymbol{u}\}) = 0$（否则，只需将其减去一个常数即可使得预测误差减小）.

$$
\begin{aligned}
\mathrm{mean}(\{\boldsymbol{u}\}) &= \mathrm{mean}(\{\hat{\boldsymbol{y}} - \hat{\boldsymbol{y}}^p\}) \\
&= \mathrm{mean}(\{\hat{\boldsymbol{y}}\}) - \mathrm{mean}(\{a\hat{\boldsymbol{x}} + b\}) \\
&= \mathrm{mean}(\{\hat{\boldsymbol{y}}\}) - a\,\mathrm{mean}(\{\hat{\boldsymbol{x}}\}) + b \\
&= 0 - a0 + b \\
&= 0
\end{aligned}
$$

这意味着必然有 $b = 0$.

为估计 a，需要考虑 $\mathrm{var}(\{\boldsymbol{u}\})$. 应当期望 $\mathrm{var}(\{\boldsymbol{u}\})$ 尽可能小，因此，误差尽可能接近零（请记住，方差小意味着标准差小，也就意味着数据都接近均值）. 可以得到

42

$$
\begin{aligned}
\mathrm{var}(\{\boldsymbol{u}\}) &= \mathrm{var}(\{\hat{\boldsymbol{y}} - \hat{\boldsymbol{y}}^p\}) \\
&= \mathrm{mean}\left(\left\{(\hat{\boldsymbol{y}} - a\hat{\boldsymbol{x}})^2\right\}\right) \quad \text{因为 } \mathrm{mean}(\{\boldsymbol{u}\}) = 0 \\
&= \mathrm{mean}\left(\left\{(\hat{\boldsymbol{y}})^2 - 2a\hat{\boldsymbol{x}}\hat{\boldsymbol{y}} + a^2(\hat{\boldsymbol{x}})^2\right\}\right) \\
&= \mathrm{mean}\left(\left\{(\hat{\boldsymbol{y}})^2\right\}\right) - 2a\,\mathrm{mean}(\{\hat{\boldsymbol{x}}\hat{\boldsymbol{y}}\}) + a^2\,\mathrm{mean}\left(\left\{(\hat{\boldsymbol{x}})^2\right\}\right) \\
&= 1 - 2ar + a^2
\end{aligned}
$$

希望通过选择 a 将其最小化. 在极小值点，应有

$$
\frac{\mathrm{d}\,\mathrm{var}(\{\boldsymbol{u}\})}{\mathrm{d}\,a} = 0 = -2r + 2a
$$

故 $a = r$ 且正确的预测为

$$
\hat{y}_0^p = r\hat{x}_0
$$

若有 $(?, \hat{y}_0)$，可以使用这一讨论来得到 $\hat{x}_0$ 的最佳预测（在标准坐标系下）为 $r\hat{y}_0$. 注意到 $\hat{y}_0$ 的系数**不是** $1/r$ 是非常重要的；读者应当完成这一出现在练习中的例子. 下面给出了一个预测的简要流程.

流程 2.1（用相关系数预测）　设有 N 个 2–向量数据条目 (x_1, y_1)，$\cdots$，(x_N, y_N)，其中 $N > 1$. 这些数据可以是从较大的向量中提取分量得到的. 设对 x 的一个值 x_0，希望基于这些数据，得到有关 y 的最好预测值. 下面的流程将构成一个预测：

- 将数据集转换到标准坐标系，可得

$$\hat{x}_i = \frac{1}{\mathrm{std}\left(\{\boldsymbol{x}\}\right)}\left(x_i - \mathrm{mean}\left(\{\boldsymbol{x}\}\right)\right)$$

$$\hat{y}_i = \frac{1}{\mathrm{std}\left(\{\boldsymbol{y}\}\right)}\left(y_i - \mathrm{mean}\left(\{\boldsymbol{y}\}\right)\right)$$

$$\hat{x}_0 = \frac{1}{\mathrm{std}\left(\{\boldsymbol{x}\}\right)}\left(x_0 - \mathrm{mean}\left(\{\boldsymbol{x}\}\right)\right)$$

- 计算相关系数

$$r = \mathrm{corr}\left(\{(x, y)\}\right) = \mathrm{mean}\left(\{\hat{\boldsymbol{x}}\hat{\boldsymbol{y}}\}\right)$$

- 预测 $\hat{y}_0 = r\hat{x}_0$.
- 将该预测变换回原始坐标系，得到

$$y_0 = \mathrm{std}\left(\{\boldsymbol{y}\}\right) r\hat{x}_0 + \mathrm{mean}\left(\{\boldsymbol{y}\}\right)$$

现设有一个 y 的值 y_0，希望基于这一数据，得到一个 x 取值的最佳预测. 下面的流程将给出一个预测:

- 将数据集转换到标准坐标系.
- 计算相关系数.
- 预测 $\hat{x}_0 = r\hat{y}_0$.
- 将这一预测转换回原始坐标系，得到

$$x_0 = \mathrm{std}\left(\{\boldsymbol{x}\}\right) r\hat{y}_0 + \mathrm{mean}\left(\{\boldsymbol{x}\}\right)$$

43

还有一种有关这一预测的观点，通常也是非常有用的. 设需要预测 x_0 的值. 在标准坐标系下，预测为 $\hat{y}^p = r\hat{x}_0$. 若将其转换回原始坐标系，预测变为

$$\frac{\left(y^p - \mathrm{mean}\left(\{\boldsymbol{y}\}\right)\right)}{\mathrm{std}\left(\{\boldsymbol{y}\}\right)} = r\left(\frac{\left(x_0 - \mathrm{mean}\left(\{\boldsymbol{x}\}\right)\right)}{\mathrm{std}\left(\{\boldsymbol{x}\}\right)}\right)$$

这给出了一个非常有用的经验法则，该规则在下面给出.

流程 2.2（用相关系数预测：经验法则 1） 若 x_0 距离 x 的均值为 k 倍标准差，则 y 的预测值将距离 y 的均值 rk 倍标准差，r 的符号给出了 y 是增的还是减的.

下面是该经验法则的一个更为紧凑的形式.

流程 2.3（用相关系数预测：经验法则 2） 当 x 的取值增加 1 倍标准差时，y 的预测值增加 r 倍标准差.

预测流程的均方根误差也是可以计算的. 其误差的平方必为

$$\begin{aligned}\text{mean}\left(\{\boldsymbol{u}^2\}\right) &= \text{mean}\left(\{\boldsymbol{y}^2\}\right) - 2r\,\text{mean}\left(\{\boldsymbol{xy}\}\right) + r^2\,\text{mean}\left(\{\boldsymbol{x}^2\}\right)\\ &= 1 - 2r^2 + r^2\\ &= 1 - r^2\end{aligned}$$

故均方根误差为 $\sqrt{1-r^2}$. 这实际上是相关系数的另一个解释：若 x 和 y 的相关系数接近 1，则预测的均方根误差将会非常小，故也会非常精确. 此时，知道一个变量就很好地了解了另一个变量. 如果它们之间的相关系数接近 0，则预测值的均方根误差可能与 $\hat{y}$ 的均方根误差一致——这意味着预测接近于纯粹的猜测.

有关预测的讨论意味着可以用另一种图像看出数据的相关性——不再必须使用散点图. 例如，若考查一个儿童从出生到十岁的身高数据（你可以经常在厨房的墙上发现这些圆珠笔的痕迹），可以将身高看作年份的函数. 如果同时有他们的体重（这不容易找到），也可以将体重表示为年份的函数. 前述的讨论表明，如果可以从身高预测体重（或反之），则它们是相关的. 一种检验这一结果的方法是考查当一条曲线上行时，另一条是否也一样（或者当另一条上行时，此曲线下行）. 这一现象可在图 2.5 中看到，其中（在 1900 之前），当毛皮数量上行时，价格下行，反之亦然. 这两个变量是负相关的.

2.2.3　相关性带来的困惑

在相关性中有非常多的潜在错误（常常是很可笑的）. 当两个变量相关时，它们会一起变化. 如果是正相关，这意味着，对典型数据，如果一个很大，则另一个也很大，且如果一个很小，则另一个也很小. 因此，这意味着可以从其中一个得到另外一个的合理预测. 但相关并不意味着改变一个变量就会引起另一个变量的变化（有时被称为因果）.

数据集中的两个变量相关的原因可能有多种. 一个重要的原因可能纯粹是偶然. 如果观察了足够多的变量对，则可能会发现一对看起来相关的变量，仅仅是因为观察集本身太小. 例如，想象有一个只有两个高维向量的数据集——有很大可能发现它们的分量之间存在某种相关性. 这种偶然也会发生在较大的数据集中，特别是在维数很高的情形下.

变量间相关的另外一个原因是它们之间存在某种因果关系——例如，踏下油门将趋向于使车跑得更快，因此油门的位置和车辆的加速度之间存在某种相关性. 又如，添加肥料确实会使植物长得更大. 设想，记录了给每一盆植物施加的肥料数量，及盆栽植物最终的大小. 它们之间应当存在某种相关性.

44

但变量之间可能相关的另一个原因是存在某些其他的背景变量——通常被称为**潜变量**（latent variable）—— 与观察到的每一个变量都有因果关系. 例如，对儿童来说（正如在 Freedman、Pisani 及 Purves 在他们优秀的著作《统计学》中标注的），鞋的大小是与阅读能力相关的. 这并不意味着让脚长得大些就能令人加快阅读的速度，或者通过忘记如何阅读就可以使你的脚变小. 此处的真正原因是儿童的年龄. 小孩子更趋向于较小的脚，且阅读技能也较弱（因为他们缺乏经验）. 年长的学生趋向于较大的脚，并趋向于有较强的阅读能力（因为他们有了更多的经验）. 能够通过脚的大小得到阅读能力的合理预测，因为他们是相关的，尽管他们之间没有直接的相关性.

这种影响也可能遮蔽了相关性. 设想要研究肥料对盆栽植物的作用. 收集了一组花盆，每个盆中都栽入一株植物，然后加入不同数量的肥料. 经过一段时间后，记录每一株植物的大小. 期望能够从中看出肥料的数量和植物的大小. 但如果在每盆中种植了不同种类的植物，则可能什么都得不到. 不同种类的植物对相同的肥料的反应是非常不同的（如果施肥过量，有些植物会直接死亡），因此，物种可被看作一个潜变量. 如果不幸选择了不同的种类，甚至可能得到肥料与植物大小之间是负相关的结论. 这样的事情经常发生，且它是一个需要关注的现象.

2.3 野生马群中的不育公马

大量的野马群（显然）是令人讨厌的，但简单地射杀过量的动物会引来愤怒. 一种已经被接受的方法是对马群中的雄性进行绝育；如果一个马群中有足够多的雄性不育，则产生的小马数量会变少. 但捕捉种马，对它们进行绝育，然后再将它们放回马群是一个行为—— 但这种策略是否有效?

通过绘制数据,可以得到一些启示. 在 http://lib.stat.cmu.edu/DASL/Datafiles/WildHorses.html 处，可以找到一个有关野生马群管理的数据集. 图 2.18 中绘制了该数据集中的部分数据. 这一数据集中，包含了在 1986 年、1987 年和 1988 年的一些少数日子里，两个马群中马的数量、不育雄性数量和小马数量. 此处提取了一个马群. 这些数据被绘制为一个从第一个数据点开始的日期数的函数，因为这样容易看清楚，某些测量大概是在同一个时间进行的，但是测量值之间有着很大的差距. 此图中，数据点用记号进行表示. 将它们连接起来，数据图会非常混乱，因为它们的变化太剧烈. 但是，注意到马群的大小是缓慢下降的（可以通过一把尺子来看到这一趋势），小马的数量也是如此，而（粗略地讲）绝育的雄性数量是一个常数.

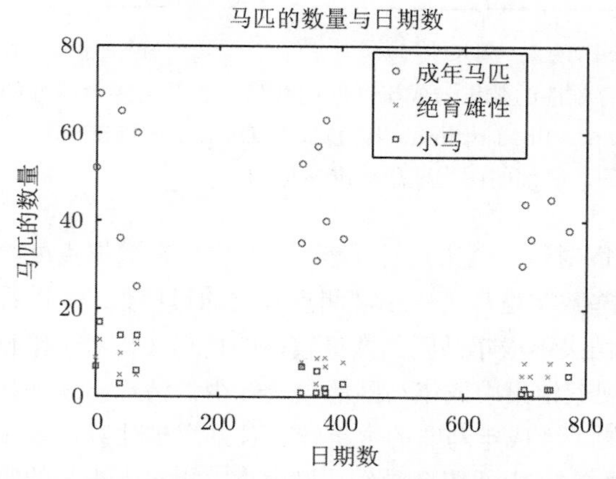

图 2.18 马群中成年马匹、绝育雄性和小马在 3 年间数量的图形. 该图形表明引入雄性绝育可能导致小马的数量降低. 数据源为 http://lib.stat.cmu.edu/DASL/Datafiles/WildHorses.html

对雄性绝育是否使小马的数量减少了？对这一数据集来说，这看起来很难回答，但我们可以问绝育雄性多的马群小马数量是否较少．绘制散点图可以很自然地解决这一问题．但是，图 2.19 中的散点图表明，绝育雄性数量越多，成年马匹越多（反之亦然），且绝育雄性越多，小马数量也越多（反之亦然），这是非常奇怪的．相关分析证实了这一结论．小马数量与绝育雄性数量之间的相关系数为 0.74，成年马匹数量和绝育雄性数量之间的相关系数为 0.68．你可能会非常吃惊—— 马是如何知道马群里有多少绝育雄性的？也许认为这是一种绘图时尺度的影响，但图 2.19 中也给出了使用了标准坐标绘制的散点图，而它与未归一化的图形得出的结果是相容的．这到底发生了什么？

45

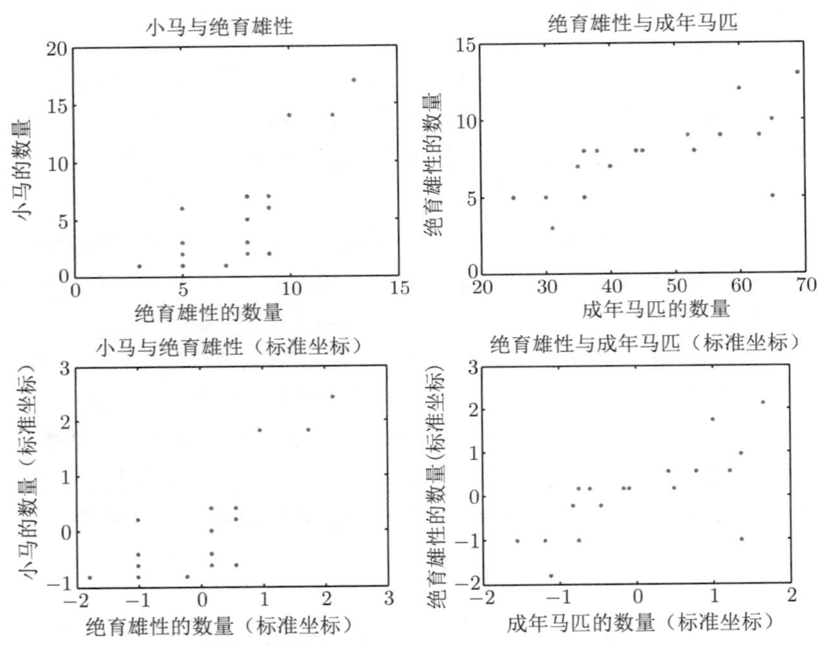

图 2.19　马群中绝育雄性的数量与成年马匹的数量、小马与绝育雄性的数量的散点图，数据源为 http://lib.stat.cmu.edu/DASL/Datafiles/WildHorses.html．顶部的图为未归一化的，底部的图为使用标准坐标的

图 2.20 给出的散点图对这一结果进行了解释．其中，在数据点处给出了观察的日期数，而不是使用符号“*”．这些数字是从第一个观测点开始的日期数．可以看到，整个马群中马匹的数量是减少的—— 观察结果中成年马匹的数量较多的情形（相对于绝育雄性和小马来说）出现在日期数较小的时候，观察结果中成年马匹的数量较少的情形出现在日期数较大的时候．由于整个马群的数量是减少的，当成年马匹的数量较多且绝育雄性数量较多时，小马的数量较多也是真实的．另外，可将图 2.18 中的图形看作马群大小（相应于小马的数量，绝育雄性的数量的大小）与日期数的散点图．于是，整个马群在减小的情形就比较清楚了，因为每种马群的大小都是这样的．为弄清楚这一点，可以考查成年马匹数量与日期数之间的相关系数（−0.24），绝育

的成年雄性的数量和日期数之间的相关系数（-0.37），及小马的数量和日期数之间的相关系数（-0.61）. 可以使用流程 2.3 中的经验法则来说明它. 这意味着每 282 天，马群的总数会减少大约 3 匹成年马、1 匹绝育的成年雄性，及 3 匹小马. 为使马群的大小稳定，要让尽可能多的小马出生，以弥补由于长大成年和死亡都会造成的减少. 如果马群数量每 282 天减少 3 匹小马，那么若它们都会长大并替换消失的成年马匹，则马群将会稍稍减小一点（因为此时减少了 4 匹成年马）. 但如果在自然条件下，小马的数量也减少了，则马群的大小将会减少得更快.

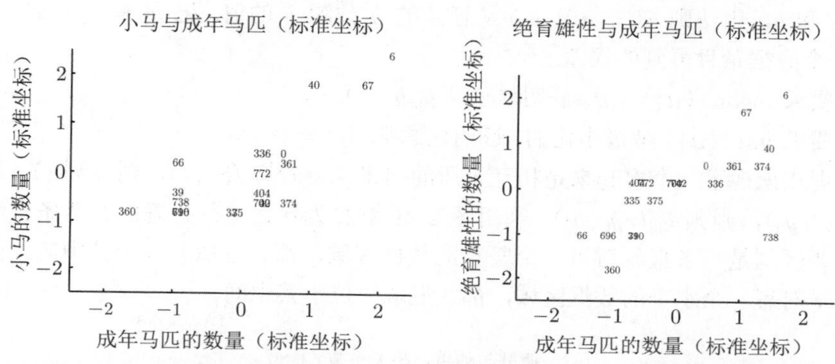

图 2.20 野马群落中小马的数量与成年马匹的数量及成年马匹的数量与绝育雄性的数量的散点图，数据源为 http://lib.stat.cmu.edu/DASL/Datafiles/WildHorses.html. 此处使用数据点观测的日期绘制数据点，而不是使用点来绘制. 请注意马群开始的时候较大，然后逐渐减小

这一例子中给出的信息非常重要. 为理解一个简单的数据集，需要使用多种方法来绘制图形. 应当绘制一个图形，看看它说明了什么，然后尝试使用其他形式的图形来确认或反驳这一可能的结果.

46 ~ 47

问题

2.1 一群人中，体重和肥胖之间的相关系数为 0.9. 体重的均值为 150 磅. 体重的标准差为 30 磅. 度量肥胖使用一个标量，其均值为 0.8，标准差为 0.1.

（a） 利用这些信息，预测体重为 170 磅的对象肥胖的预期值.

（b） 利用这些信息，预测肥胖值为 0.75 的对象体重的预期值.

（c） 这一预测的可信度是多少？为什么？（答案应当为相关系数的某个性质，不是关于肥胖或体重的看法.）

2.2 在一个群体中，家庭收入和儿童智商之间的相关系数为 0.3. 家庭收入的均值为 60 000 美元. 收入的标准差为 20 000 美元. 智商使用一个均值为 100 的标量进行度量，其标准差为 15.

（a） 利用这些信息，预测家庭收入为 70 000 美元的孩子的智商.

（b） 这一预测的可信度有多少？为什么？（答案应当为相关系数的某个性质，不是关于智商的看法.)

（c） 若家庭收入增长了，相关系数预测的儿童智商是否也提高了？为什么？

2.3 利用定义证明 $\mathrm{corr}(\{(x,y)\}) = \mathrm{corr}(\{(y,x)\})$.

2.4 证明若 $\hat{y}$ 趋向于在 $\hat{x}$ 的值变大（或变小）的情况下变小（或变大），则相关系数将是负的.

2.5 有一个包含 N 个归一化对 $(\hat{x}_i, \hat{y}_i)$ 的二维数据集. 这一数据集的相关系数是 r. 在观察到一个新的 $\hat{y}$ 值 $\hat{y}_0$ 后，希望预测（未知的）x 的值. 我们将使用线性方法对其进行预测，即选择 a 和 b，用法则 $\hat{x}^p = a\hat{y}^p + b$ 从任意的 $\hat{y}$ 预测 $\hat{x}$ 的值. 记 $u_i = \hat{x}_i - \hat{x}_i^p$ 为该法则针对每一个数据条目得到的误差.

（a） 要求 $\mathrm{mean}(\{\boldsymbol{u}\}) = 0$. 证明这意味着 $b = 0$.

（b） 要求 $\mathrm{var}(\{\boldsymbol{u}\})$ 是极小化的. 证明这意味着 $a = r$.

（c） 现在出现了一个看起来是相互矛盾的结果——若有 $(\hat{x}_0, ?)$，则预测 $(\hat{x}_0, r\hat{x}_0)$；若有 $(?, y_0)$，则预测 $(r\hat{y}_0, \hat{y}_0)$. 利用图 2.21 解释为什么这是正确的？两条直线之间的重要区别是一条直线对每一个竖直的数据区域，都（近似）位于其中间，而另一条几乎对每一个水平的数据区域，都（近似）位于其中间.

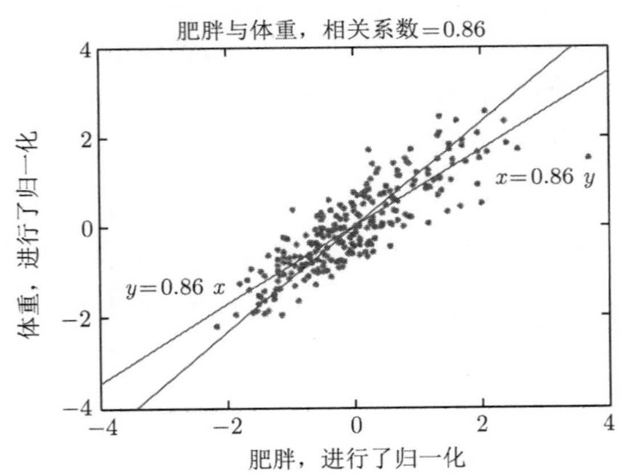

图 2.21　此图给出两条直线，$y = 0.86x$ 和 $x = 0.86y$，叠加于归一化的肥胖–体重散点图上

2.6 做下面关于地球温度的计算机练习时，考查的年份是 1965 — 2012. 用 $\{(y,T)\}$ 表示数据集中第 y 年的温度（T）. 求得：$\mathrm{mean}(\{\boldsymbol{y}\}) = 1988.5$，$\mathrm{std}(\{\boldsymbol{y}\}) = 14$，$\mathrm{mean}(\{\boldsymbol{T}\}) = 0.175$，$\mathrm{std}(\{\boldsymbol{T}\}) = 0.231$，及 $\mathrm{corr}(\{(y,T)\}) = 0.892$. 使用这些信息预测 2014 年中期温度的最好的预测值是多少？2028 年中期的温度呢？2042 年中期的温度呢？

2.7 做下面关于地球温度的计算机练习时，可以直接建立数据集 $\{(y,T)\}$，其中每一个分量包括地球的温度（T）和 FEMA（联邦应急管理局）公布的有台风的县的数量 n_t（对每一年，查找 T 和 n_t，并构造一个数据条目）. 计算可得：$\mathrm{mean}(\{\boldsymbol{T}\}) = 0.175$，$\mathrm{std}(\{\boldsymbol{T}\}) = 0.231$，$\mathrm{mean}(\{\boldsymbol{n_t}\}) = 31.6$，$\mathrm{std}(\{\boldsymbol{n_t}\}) = 30.8$，及 $\mathrm{corr}(\{(\boldsymbol{T}, \boldsymbol{n_t})\}) = 0.471$. 如果全球温度为 0.5，使用这些信息预测的台风数量的最好结果是多少？若全球温度是 0.6 呢？0.7 呢？

编程练习

2.8 在 http://lib.stat.cmu.edu/DASL/Datafiles/cigcancerdat.html 处，可以找到一个 1960 年 43 个州及哥伦比亚特区的人均烟草销售和每十万人中死于各种癌症的人数的数据集.

(a) 绘制死于肺癌的人数与烟草销售的散点图，每种状态使用两个缩写字母作为标记. 应当可以看到两个非常明显的异常值. 在 http://lib.stat.cmu.edu/DASL/Stories/cigcancer.html 处的背景资料表明，内华达州的异常销售是由旅游业产生的（游客回家，死在家里），而华盛顿特区的异常销售是由通勤人员产生的（他们也死在家里）.

(b) 人均烟草销量与每十万人肺癌死亡率之间的相关系数是多少？对有异常值和无异常值的情况分别计算. 异常值造成了什么样的影响？为什么？

(c) 人均烟草销量与每十万人膀胱癌死亡率之间的相关系数是多少？对有异常值和无异常值的情况分别计算. 异常值造成了什么样的影响？为什么？

(d) 人均烟草销量与每十万人肾癌死亡率之间的相关系数是多少？对有异常值和无异常值的情况分别计算. 异常值造成了什么样的影响？为什么？

(e) 人均烟草销量与每十万人白血病死亡率之间的相关系数是多少？对有异常值和无异常值的情况分别计算. 异常值造成了什么样的影响？为什么？

(f) 应当已经计算得到烟草销量和肺癌致死之间的相关系数是正的. 这是否意味着吸烟会引起肺癌？为什么？

(g) 应当已经计算得到烟草销量和白血病致死之间的相关系数是负的. 这是否意味着吸烟会治愈白血病？为什么？

2.9 在 http://www.cru.uea.ac.uk/cru/info/warming/gtc.csv 处，可以发现一个按年记录的全球温度数据集. 在撰写本书时，年份的范围是 1880—2012. 数据中并未给出温度的度量单位. 请注意，测量地球的温度存在着巨大的困难（不仅仅是插入大量温度计），如果看看 http://www.cru.uea.ac.uk/cru 和 http://www.cru.uea.ac.uk/cru/data/temperature/，可以看到有关得到这些测量值的方法选择的讨论. 在这一数据集中有两类数据，平滑后的和未平滑的. 此处使用未平滑的数据，它对本题的目的应当是好的. http://data.gov 处公布了大量的数据. 从那里，可以找到一个数据集，它是由 FEMA 发布的，它是关于所有灾害的数据（http://www.fema.gov/media-library/assets/documents/28318?id=6292）. 我们希望研究与天气相关的灾害是否与全球温度有关.

49

(a) 第一步，处理数据. FEMA 数据包含了所有的信息. 从 1965 年开始，每一个县都开始报告灾害（故在数据集中每一个县都有一条直线），但在 1965 年之前，看起来是按州上报的. 灾害被分为四类：台风（TORNADO）、洪水（FLOOD）、风暴（STORM）、飓风（HURRICANE）.（FEMA 看起来有更为详细的分类系统.）我们希望了解每年每种类型的灾害有多少县报告过. 这实际上是一个非常粗糙的估计受灾人数的方法. 如果一个灾害有两种类型（在某些行，可以看到“SEVERE STORMS, HEAVY RAINS & FLOODING”，此时将它们均等地在各个类型中进行分配，即记录 1/2 为 STORM，1/2 为 FLOOD）. 应当编写代码完成：（a）读取数据集；（b）针对每年发生每种类型灾害的县的数量，制作表格. 这可能需要一些工作量. 请注意，你只需处理数据中的两列（报告的日期和类型）. 也请注意，FEMA 在第一列中的某处修改了数据表示的形式（增加了时间），这可能会带来问题. 可以只使用匹配关键字字符串的例程来识别灾害的类型. 图 2.22 给出了这些数据中的温度和 FEMA 报告的台风灾害县数的图形.

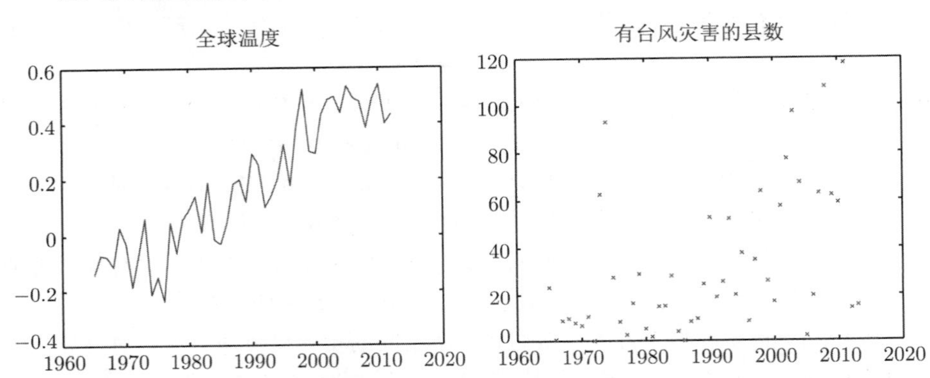

图 2.22　此处准备的两张图中，左图使用的数据为温度数据，右图为 FEMA 关于有台风灾害的县数数据. 这应当对是否给出了正确的答案有所帮助

（b）对每种灾害，绘制标准坐标 FEMA 报告的受灾的县数和温度的散点图.

（c）对每种灾害，计算 FEMA 报告的受灾的县数和年份之间的相关系数. 对每种灾害，使用相关系数预测在 2013 年出现这种灾害的县的数量. 将预测值与真实值进行对比，并解释看到的结果.

（d）对每种灾害，计算 FEMA 报告的未受灾的县数和全球温度的相关系数. 对每种灾害，使用这一相关系数预测每种灾害在地球温度达到 0.6 和 0.7（使用绝对温度）时的受灾的县数量.

（e）这一数据是否表明全球变暖会导致气候灾害，为什么？

（f）这一数据是否表明未来在美国会有更多的人受到灾害的影响，为什么？

（g）这一数据是否表明地球在未来将变暖，为什么？

2.10 若浏览 https://github.com/TheUpshot/Military-Surplus-Gear，将会发现美国警察局购买军用武器的数据. 这些数据是按照州和县进行组织的. 这里有相当多的数据，且应当对某些数据进行整合.

（a）准备一个图形，展示伊利诺伊州每个县在该项行动中的费用.

（b）现考查各县中人口的数量. 准备一种图形，说明每个县人均费用.

（c）准备一个图形，展示最受欢迎的条目是什么——那些各县购买最多的条目.

(d) 准备一个图形,展示哪一个条目的费用最多——例如,是在"5.56 毫米口径步枪"(RIFLE, 5.56 MILLIMETER)上的花费更多,还是在"反地雷专用车"(MINE RESISTANT VEHICLE)上的花费更多?

(e) 准备一个图形,展示每一个县在购买最受欢迎的前十个项目中的消费形式.

(f) 能否得出任何有意思的结果?

50

第二部分

概 率

第 3 章 概率论基础

我们将进行一些实验（如抛硬币、吃太多饱和脂肪酸、吸烟和不看路况就过马路），并解释结果. 但这些结果是不确定的，我们需要将这些不确定因素相互权衡. 如果抛一枚硬币，可能正面朝上，也可能反面朝上，并且不可能会看到一个比另一个更频繁. 如果吃了太多饱和脂肪酸或者抽太多烟，身体可能出问题，也可能不出问题. 如果不看路况就过马路，可能会被卡车压扁，也可能不会. 这个方法还需要考虑更多信息. 如果过马路前看一眼，就不太可能被压扁了. 概率是用来描述和解释某些结果比其他结果更频繁的机制.

学习本章内容后，你应该能够做到：

- 写出一组实验结果.
- 构造一个事件空间.
- 计算结果和事件的概率.
- 判定事件何时是独立的.
- 当计数很简单时，通过计数事件来计算结果的概率.
- 计算条件概率.

3.1 实验、结果和概率

想象一下在相同的条件下重复同一个实验无数次，不一定每次都会看到相同的结果. 我们用概率来解释这种趋势. 要做到这一点，需要弄清楚一个实验能产生什么样的结果. 例如，抛一枚硬币. 我们可能会认为唯一可能的结果是正面或反面，因此忽略了（比如）一只鸟俯冲下来偷走硬币，或硬币落在地上并边缘着地，甚至硬币落在地板的裂缝之间消失的可能性，等等. 这样做，我们就把实验理想化了.

结果和概率

现通过指定我们期望从实验中得到的结果集合来公式化实验. 每次实验都正好产生可能的结果中的一个，从一次实验中决不会看到两个或更多的结果，也不可能没有任何结果. 这样做的好处是可以计算出每个结果出现的频率.

定义 3.1（样本空间） 随机实验所有可能结果组成的集合称为样本空间，记作 Ω.

实例 3.1（找 Q 牌） 有三张扑克牌，分别为 Q、K 和 J. 所有的牌面都朝下，随机选择一个，然后向上翻. 结果是什么?

解 用 Q 表示纸牌 Q，K 表示纸牌 K，J 表示纸牌 J，所有结果的集合是 $\{Q\ K\ J\}$.

实例 3.2（找 Q 牌，两次） 玩两次找 Q，并且替换被选择的卡. 样本空间是什么?

解 样本空间是 $\{QQ\ QK\ QJ\ KQ\ KK\ KJ\ JQ\ JK\ JJ\}$.

实例 3.3（计划生育家庭的不佳策略选择） 一对夫妇决定要孩子. 因为不懂数学，所以他们决定生孩子生到生出一个女孩后，再出生的是男孩为止. 样本空间是什么？这个策略是否限制了他们计划生育的孩子数量？

解 用 B 表示男孩，用 G 表示女孩. 样本空间看起来似乎是 B 和 G 的字符串：以 GB 结尾且不包含任何其他的 GB. 用正则表达式表示法，可以将这样的字符串编写为诸如 B^*G^+B 之类的. 字符串的长度有一个下限（两个），但没有上限. 作为一项计划生育策略，这是不现实的，但它可以说明样本空间不一定要有限才能变得易于处理的观点.

注记 样本空间是必需的，并且不一定是有限的.

用概率（非负数）来表示特定实验结果在重复实验中发生的频率. 当实验重复很多次时，概率给出了感兴趣的结果的相对频率.

假设重复实验 N 次，还要假设硬币、骰子，无论每次重复实验所用何物，在每一次实验间都不互相交流（或者等效地，实验之间也不“了解”）. 我们说结果 A 具有概率 P，如果（a）实验结果 A 发生在大约 $N \times P$ 个实验中，并且（b）随着 N 变大，结果 A 发生的比例将越来越接近 P. 我们用 $\#(A)$ 表示实验结果 A 发生的次数. 于是

$$P = \lim_{N \to \infty} \frac{\#(A)}{N}$$

可以立即得出两个重要结论：

- 对任一结果 A，$0 \leqslant P(A) \leqslant 1$.
- $\sum_{A_i \in \Omega} P(A_i) = 1$.

请记住，每次实验都只能产生一个结果. 由于每次实验必须有一个结果在样本空间中，因此这些概率之和为 1. 可以通过建立一组结果，并对每个结果的概率进行推理来处理某些问题. 当结果具有相同的概率时，会特别有用，而且这种情况经常发生.

实例 3.4（有偏硬币） 假设有一枚硬币，出现正面的概率 $P(H) = 1/3$，出现反面的概率 $P(T) = 2/3$. 把这枚硬币抛 300 万次，正面出现多少次？

解 $P(H) = 1/3$，因此大概会有实验次数的 1/3 次出现正面. 这意味着很可能看到硬币正面的次数接近一百万次.

注记 结果的概率是指在大量重复实验中该结果的频率. 所有结果的概率总和必须为 1. 54

3.2 事件

假设进行一项实验并得到一个结果，并且已经知道结果是什么（即全部样本空间）. 这就意味着可以判断得到的结果是否属于某些已知的特定结果集. 只查看集合，就可以看到结果是否在里面. 这意味着能够从任何合理的实验模型中预测一组结果的概率. 例如，掷骰子可以知道出现偶数的概率是多少. 同时也希望构建的概率模型能够预测结果集的概率.

定义 3.2（事件） 一个事件是一组结果. 通常会把事件写成集合的形式（例如，记作 $\mathcal{E}$）.

假设得到了一个离散的样本空间 Ω. 事件空间通常是 Ω 的所有子集的集合. 事实证明，这不是唯一的，不过请忽略这一点. 到目前为止，已经可以用非负数描述每个结果的概率，并且

将概率的概念扩展为以简单的方式处理事件. 所有结果的集合是一个事件（记为 Ω）. 必须有 $P(\Omega)=1$（因为每次实验都会产生一个结果，并且结果一定在 Ω 中）. 原则上来说，可以有不会有结果的情况，但这永远不会发生. 这意味着写成 $\varnothing$ 的空集也是一个事件，并且有 $P(\varnothing)=0$. 任何给定的结果都必须是一个事件，因为一个事件是一组结果. 现在假设 A 和 B 是两个不同的结果，并把同时包含这两个结果的事件写作 $\mathcal{E}=\{A\ B\}$. 有 $P(\mathcal{E})=P(\mathcal{A})+P(\mathcal{B})$，因为重复实验产生结果的次数是由看到 A 的次数加上看到 B 的次数得出的. 现在假设 C_i 是 N 个不同的结果，$\mathcal{F}$ 是包含所有结果的事件，且没有其他结果. 一定有 $P(\mathcal{F})=\sum_i P(C_i)$（因为每当看到任何结果 C_i 时，都会在 $\mathcal{F}$ 中观察到结果）. 反过来，这意味着如果 $\mathcal{E}$ 和 $\mathcal{F}$ 是不相容事件，则 $P(\mathcal{E}\cup\mathcal{F})=P(\mathcal{E})+P(\mathcal{F})$. 所有这些生成一组简单的属性，如下所示.

有用的事实 3.1（概率事件的基本属性）

我们有：

- 每个事件的概率都在 0 到 1 之间，对任一事件 $\mathcal{A}$，

$$0\leqslant P(\mathcal{A})\leqslant 1$$

- 每次实验都有一个结果，有

$$P(\Omega)=1$$

- 不相容事件的概率是可加的，写出这个等式需要一些符号. 假设有一个由 i 标记的事件 $\mathcal{A}_i$ 的集合. 当 $i\neq j$ 时，要求具有属性 $\mathcal{A}_i\cap\mathcal{A}_j=\varnothing$. 这意味着，不存在同时出现在多个 $\mathcal{A}_i$ 中的结果. 反过来，如果将概率解释为相对频率，则

$$P(\bigcup_i \mathcal{A}_i)=\sum_i P(\mathcal{A}_i)$$

55

3.2.1　通过计数结果来计算事件概率

如果可以计算出事件 $\mathcal{F}$ 中每个结果的概率，那么计算事件的概率就会很简单. 如果结果是不相容事件，只需将概率相加即可. 如果知道样本空间中的每个结果具有相同的概率，就会产生一种常见且特别有用的情况. 在这种情况下，计算事件的概率只需计数即可. 可以表示为

$$P(\mathcal{F})=\frac{\mathcal{F}\text{中结果个数}}{\Omega\text{中的结果总数}}$$

实例 3.5（均匀骰子掷出的奇数）　将一枚均匀的（每一个数字出现的概率相同）六面体骰子掷两次，然后把两数相加. 得到一个奇数的概率是多少？

解　总共有 36 种结果，每一种都有相同的概率（1/36），其中有 18 个结果为奇数，其余 18 个结果为偶数，因此出现奇数的概率为 $18/36=1/2$.

实例 3.6（用均匀骰子掷出能被 5 整除的数） 将一枚均匀的（每一个数字出现的概率相同）六面体骰子掷两次，然后把两数相加. 得到一个能被 5 整除的数字的概率是多少？

解 总共有 36 种结果，每一种都有相同的概率（1/36）. 对于这个事件，数字相加必须是 5 或 10. 有 4 种方法可以得到 5，有 3 种方法可以得到 10，因此事件概率为 7/36.

有时，对结果空间做一些调整就可以很容易地计算出想要的结果. 实例 3.8 和实例 3.47 展示了可以使用虚拟结果作为计算工具来简化计算的情况.

实例 3.7（孩子 I） 一对夫妇决定要孩子. 他们决定只生三个孩子. 假设有三次生育机会，每次孕育一个孩子，每次孕育男孩和女孩的概率是相等的. 假设 $\mathcal{B}_i$ 表示有 i 个男孩的事件，$\mathcal{C}$ 表示女孩比男孩多的事件. 计算 $P(\mathcal{B}_1)$ 和 $P(\mathcal{C})$.

解 总共有 8 种结果，每一种都有相同的概率. 其中 3 种只有一个男孩，因此 $P(\mathcal{B}_1) = 3/8$. 这些结果中有 4 种是女孩多于男孩，因此 $P(\mathcal{C}) = 1/2$.

实例 3.8（孩子 II） 一对夫妇决定要孩子. 他们决定生到第一个女孩出生，或者直到有三个孩子为止. 假设每次孕育一个孩子，每次孕育男孩和女孩的概率是相等的. 假设 $\mathcal{B}_i$ 表示有 i 个男孩的事件，$\mathcal{C}$ 表示女孩比男孩多的事件. 计算 $P(\mathcal{B}_1)$ 和 $P(\mathcal{C})$.

解 在事件中，结果可以写作 $\{G, BG, BBG\}$，但如果我们这样考虑，就没有简单的方法来计算它们的概率. 然而，我们可以使用上题答案的样本空间，但假设后来出生的婴儿是虚构的. 这就提供了事件的自然集合，从而很容易计算出事件的概率. 有一个女孩的情况对应于事件 $\{Gbb, Gbg, Ggb, Ggg\}$，其中小写字母表示虚构的晚出生的孩子，概率为 1/2. 有一个男孩，然后有一个女孩的情况对应于事件 $\{BGb, BGg\}$（概率为 1/4）. 有两个男孩，然后有一个女孩的情况对应于事件 $\{BBG\}$（概率为 1/8）. 最后，有三个男孩的情况对应于事件 $\{BBB\}$（概率为 1/8）. 这就意味着 $P(\mathcal{B}_1) = 1/4$ 并且 $P(\mathcal{C}) = 1/2$.

56

计算事件的结果可能需要非常复杂的组合参数. 特别重要的一种论证形式是关于排列和组合的推理. 应该记住 N 个元素有 $N!$ 个不同的排列.

实例 3.9（纸牌手 I） 从一副完全洗牌的标准纸牌中抽出七张牌. 按照这个顺序，得到红桃 2~8 的概率是多少?

解 有很多方法可以计算这个概率，此题将使用排列的方法. 有 52! 种不同的洗牌方式. 这就是结果的总数. 通过观察，事件的结果是前七张牌按顺序从红桃 2~8 的一种排列，将这些事件计数就得到事件的结果数. 因此这个事件有 45! 种结果，因为可以任意重新排列剩下的 45 张牌. 概率为

$$\frac{45!}{52!}$$

不考虑顺序，从 N 个元素中抽取 k 个元素的组合数为

$$\frac{N!}{k!(N-k)!} = \binom{N}{k}$$

实例 3.10（纸牌手 II）　从一副完全洗牌的标准纸牌中抽出七张牌. 得到红桃 2~8 的概率是多少? 这些纸牌可以以任何顺序出现.

解　有 52! 种不同的洗牌方式. 在这 52! 种不同的洗牌方式中，有 45! 种结果的前七张牌有红桃 2~8. 这些牌有 7! 种不同的顺序. 因此事件结果的数量为 7!45!，概率为

$$\frac{7!45!}{52!}$$

如果不考虑纸牌的顺序，7 张不同的纸牌有 $\binom{N}{K}$ 种组合方式. 其中只有一种组合方式包含红桃 2~8，因此概率为

$$\frac{1}{\binom{52}{7}}$$

（应该检查一下这个推理是否得到了与前一个论证相同的答案.）

实例 3.11（纸牌手 III）　从一副完全洗牌的标准纸牌中抽出七张牌. 得到 2~8 的概率是多少? 这些纸牌不需要有相同的花色，也可以以任何顺序出现.

解　从之前的实例中，我们知道有 52! 种不同的洗牌方式，因此总共有 52! 个结果. 如实例 3.9 所示，如果把前 7 张纸牌固定顺序，会有 45! 种结果. 通过（a）为每张牌选择一套花色，然后（b）计算不同的顺序数，可以得到有效的七张牌的牌数. 事件总共有 $4^7 7!45!$，因此概率为

57

$$\frac{4^7 7!45!}{52!}$$

注记　有一些问题可以通过计算结果的数目来计算事件的概率.

3.2.2　事件概率

在概率和“大小”之间存在一个类比，它对于推导和记住事件概率的表达式很有帮助. 如果将事件的概率看作事件的“大小”，那么这个“大小”与 Ω 有关（设定 Ω 的“大小”为 1）. 这是一种记住表达式的好方法. 有些人发现维恩图是论证这一观点的一种有用方法，如图 3.1 所示.

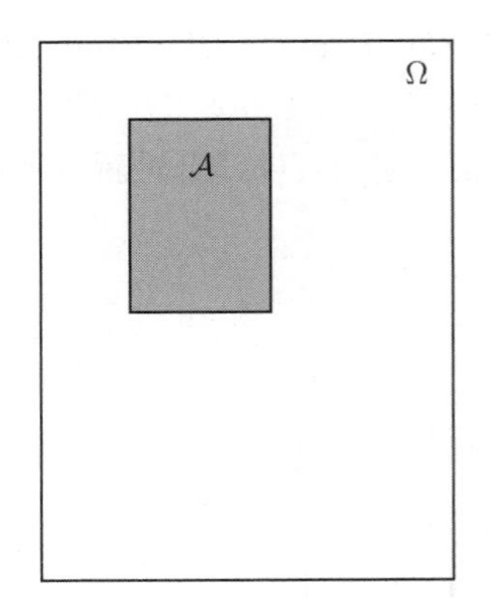

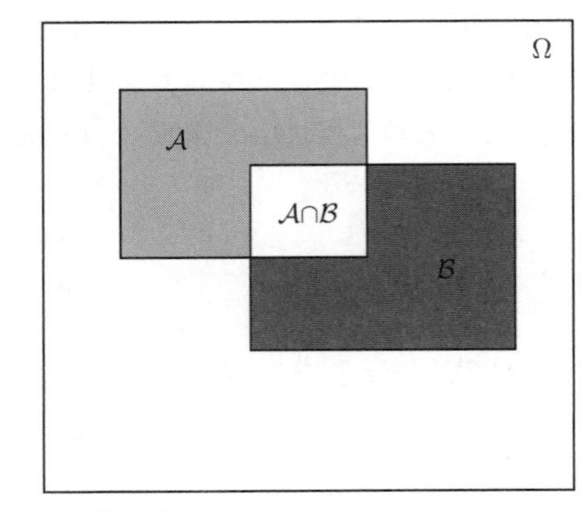

图 3.1　维恩图

如果你认为事件发生的概率是衡量其“大小”的标准，那么许多规则都很容易记住. 维恩图有时很有帮助. 左边的维恩图帮助我们记住 $P(\mathcal{A})+P(\mathcal{A}^c)=1$. Ω 的“大小”为 1. 从右边的维恩图可以看出 $P(\mathcal{A}\backslash\mathcal{B})=P(\mathcal{A})-P(\mathcal{A}\cap\mathcal{B})$，其中 $P(\mathcal{A}\cap\mathcal{B})$ 指的是包含在 $\mathcal{B}$ 中 $\mathcal{A}$ 的部分的大小. 这是通过取 $\mathcal{A}$ 的“大小”，然后减去它在 $\mathcal{B}$ 中的部分的“大小”，即 $\mathcal{A}\cap\mathcal{B}$ 的“大小”而得到的. 同样，可以看出 $P(\mathcal{A}\cup\mathcal{B})=P(\mathcal{A})+P(\mathcal{B})-P(\mathcal{A}\cap\mathcal{B})$，$\mathcal{A}\cup\mathcal{B}$ 的“大小”可以通过 $\mathcal{A}$ 和 $\mathcal{B}$ 两个“大小”相加再减去相交部分的“大小”得到.

从图 3.1 中可以看到，$\mathcal{A}$ 与 $\mathcal{A}^c$ 不重叠且一起构成 Ω. 所以 $\mathcal{A}$ 的“大小”加上 $\mathcal{A}^c$ 的“大小”等于 Ω 的“大小”，即

$$P(\mathcal{A})+P(\mathcal{A}^c)=1$$

可以看出，不包含在 $\mathcal{B}$ 中的 $\mathcal{A}$ 部分的“大小”可以用 $\mathcal{A}$ 的“大小”减去 $\mathcal{A}\cap\mathcal{B}$ 的“大小”计算得来（$\mathcal{A}\cap\mathcal{B}$ 指的是包含在 $\mathcal{B}$ 中 $\mathcal{A}$ 的部分）. 则

$$P(\mathcal{A}\backslash\mathcal{B})=P(\mathcal{A})-P(\mathcal{A}\cap\mathcal{B})$$

可以看出，$\mathcal{A}\cup\mathcal{B}$ 的“大小”可以通过两个“大小”相加，再减去相交部分的“大小”得到，如果不减去这部分的“大小”就会把这部分相加两次. 则

$$P(\mathcal{A}\cup\mathcal{B})=P(\mathcal{A})+P(\mathcal{B})-P(\mathcal{A}\cap\mathcal{B})$$

有用的事实 3.2 中列出了需要记住的一些表达式. 可以通过正确地思考“大小”来精确定义“大小”类比，但是我们没有采用那样麻烦的方式，因为这样做需要很多的工作量，而且没有真正应用到做题的直觉. 因此下面我没有使用“大小”类比来证明表达式的正确性.

58

有用的事实 3.2（事件概率的性质） 我们有：

- $P(\mathcal{A}^c)=1-P(\mathcal{A})$
- $P(\varnothing)=0$
- $P(\mathcal{A}\backslash\mathcal{B})=P(\mathcal{A})-P(\mathcal{A}\cap\mathcal{B})$
- $P(\mathcal{A}\cup\mathcal{B})=P(\mathcal{A})+P(\mathcal{B})-P(\mathcal{A}\cap\mathcal{B})$
- $P(\bigcup_1^n\mathcal{A}_i)=\sum_i P(\mathcal{A}_i)-\sum_{i<j}P(\mathcal{A}_i\cap\mathcal{A}_j)+\sum_{i<j<k}P(\mathcal{A}_i\cap\mathcal{A}_j\cap\mathcal{A}_k)+\cdots+(-1)^{n+1}P(\mathcal{A}_1\cap\mathcal{A}_2\cap\cdots\cap\mathcal{A}_n)$

命题 $P(\mathcal{A}^c)=1-P(\mathcal{A})$

证明 $\mathcal{A}^c$ 和 $\mathcal{A}$ 是不相容事件，因此有 $P(\mathcal{A}^c\cup\mathcal{A})=P(\mathcal{A}^c)+P(\mathcal{A})=P(\Omega)=1$.

命题 $P(\varnothing)=0$

证明 $P(\varnothing)=P(\Omega^c)=P(\Omega\backslash\Omega)=1-P(\Omega)=1-1=0$.

命题 $P(\mathcal{A}\backslash\mathcal{B}) = P(\mathcal{A}) - P(\mathcal{A}\cap\mathcal{B})$

证明 $\mathcal{A}\backslash\mathcal{B}$ 和 $\mathcal{A}\cap\mathcal{B}$ 是不相容事件，并且 $(\mathcal{A}\backslash\mathcal{B})\cup(\mathcal{A}\cap\mathcal{B}) = \mathcal{A}$，因此有 $P(\mathcal{A}\backslash\mathcal{B}) + P(\mathcal{A}\cap\mathcal{B}) = P(\mathcal{A})$.

命题 $P(\mathcal{A}\cup\mathcal{B}) = P(\mathcal{A}) + P(\mathcal{B}) - P(\mathcal{A}\cap\mathcal{B})$

证明 $P(\mathcal{A}\cup\mathcal{B}) = P(\mathcal{A}\cup(\mathcal{B}\cap\mathcal{A}^c)) = P(\mathcal{A})+P((\mathcal{B}\cap\mathcal{A}^c))$. 现在有 $\mathcal{B} = (\mathcal{B}\cap\mathcal{A})\cup(\mathcal{B}\cap\mathcal{A}^c)$，而且 $(\mathcal{B}\cap\mathcal{A})$ 与 $(\mathcal{B}\cap\mathcal{A}^c)$ 是不相容事件，因此有 $P(\mathcal{B}) = P((\mathcal{B}\cap\mathcal{A})) + P((\mathcal{B}\cap\mathcal{A}^c))$. 所以 $P(\mathcal{A}\cup\mathcal{B}) = P(\mathcal{A}) + P((\mathcal{B}\cap\mathcal{A}^c)) = P(\mathcal{A}) + P(\mathcal{B}) - P((\mathcal{B}\cap\mathcal{A}))$.

命题 $P(\bigcup_1^n \mathcal{A}_i) = \sum_i P(\mathcal{A}_i) - \sum_{i<j} P(\mathcal{A}_i\cap\mathcal{A}_j) + \sum_{i<j<k} P(\mathcal{A}_i\cap\mathcal{A}_j\cap\mathcal{A}_k) + \cdots + (-1)^{n+1}P(\mathcal{A}_1\cap\mathcal{A}_2\cap\cdots\cap\mathcal{A}_n)$

证明 可以通过重复应用前面的结果来证明. 作为例子，我们将展示如何推导有三个集合的情况（也可以通过归纳得到更多集合的情况）.

$$\begin{aligned}
P(\mathcal{A}_1\cup\mathcal{A}_2\cup\mathcal{A}_3) &= P(\mathcal{A}_1\cup(\mathcal{A}_2\cup\mathcal{A}_3)) \\
&= P(\mathcal{A}_1) + P(\mathcal{A}_2\cup\mathcal{A}_3) \\
&\quad - P(\mathcal{A}_1\cap(\mathcal{A}_2\cup\mathcal{A}_3)) \\
&= P(\mathcal{A}_1) + (P(\mathcal{A}_2) + P(\mathcal{A}_3) - P(\mathcal{A}_2\cap\mathcal{A}_3)) \\
&\quad - P((\mathcal{A}_1\cap\mathcal{A}_2)\cup(\mathcal{A}_1\cap\mathcal{A}_3)) \\
&= P(\mathcal{A}_1) + (P(\mathcal{A}_2) + P(\mathcal{A}_3) - P(\mathcal{A}_2\cap\mathcal{A}_3)) \\
&\quad - P(\mathcal{A}_1\cap\mathcal{A}_2) - P(\mathcal{A}_1\cap\mathcal{A}_3) \\
&\quad - (-P((\mathcal{A}_1\cap\mathcal{A}_2)\cap(\mathcal{A}_1\cap\mathcal{A}_3))) \\
&= P(\mathcal{A}_1) + P(\mathcal{A}_2) + P(\mathcal{A}_3) - P(\mathcal{A}_2\cap\mathcal{A}_3) \\
&\quad - P(\mathcal{A}_1\cap\mathcal{A}_2) - P(\mathcal{A}_1\cap\mathcal{A}_3) \\
&\quad + P(\mathcal{A}_1\cap\mathcal{A}_2\cap\mathcal{A}_3)
\end{aligned}$$

59

3.2.3 通过对集合的推理来计算概率

公式 $P(\mathcal{A}^c) = 1 - P(\mathcal{A})$ 在单独计算概率时是非常有用的. 通常，你还需要其他的推导. 下面这个实例说明了概率问题的一个重要特征：你的直觉可能会误导你. 比如结果的数量可能比预期的要大，也可能比预期的要小.

实例 3.12（相同生日问题） 在一个 30 人的房间里，有一对生日相同的概率是多少?

解 为简化运算，现假设每年有 365 天，而且没有一天是特别的（也就是说，每一天为生日的概率都是一样的）. 虽然这个模型并不完美（立春后大约 9 个月，出生率往往会略微增加，

停电、重大灾害等也会产生影响)，但它是可行的. 解答这个问题的一种简单方式就是利用概率

$$P(\{\text{相同的生日}\}) = 1 - P(\{\text{所有人生日都不同}\})$$

式中的第二个概率很容易求得. 样本空间中的每个结果是一个 30 个日期（每个人一个生日）的列表. 每个结果都有相同的概率，因此

$$P(\{\text{所有人生日都不同}\}) = \frac{\text{事件结果的数目}}{\text{结果的总数}}$$

结果总数是 30 个日期的列表的可能总数，为 365^{30}. 结果的数量是 30 个日期的列表的数量，而且每个日期都不同. 为了计算该数量，注意到对于第一个日期来说有 365 种选择，对第二个日期来说有 364 种选择，以此类推，可知

$$P(\{\text{相同的生日}\}) = 1 - \frac{365 \times 364 \times \cdots \times 336}{365^{30}} \approx 1 - 0.29 = 0.71$$

这可以看出，在一个有 30 人的房间里，很有可能有两个人是同一天生日的.

稍微改变这个例子，问题就彻底改变了. 如果你站在一个有 30 人的房间里，赌房间里的两个人生日相同，那么你获胜的概率大约是 0.71. 如果赌房间里有人和你同一天生日，赢的概率就会非常不同.

60

实例 3.13（相同生日问题） 你赌在一个有 30 人的房间里，一定还有其他人和你的生日一样. 假设你对另外 29 个人一无所知，那么获胜的概率是多少?

解 简单的算法就是

$$P(\{\text{获胜}\}) = 1 - P(\{\text{失败}\})$$

如果每个人的生日都和你不一样，那你就输了. 你可以把房间里其他人的生日看作一年中的 29 个日期的一个列表. 如果你的生日在列表中，你就赢了，如果不在列表中，你就输了. 失败情况的列表数量是你的生日不在列表中时列表（一年中 29 个日期组成）的数量. 这个结果很容易得到. 一年中有 364 个日期可以用来选择列表中 29 个位置中的每一个. 列表的总数量是一年中 29 个日期形成的列表的数量. 每个列表的概率相同. 所以

$$P(\{\text{失败}\}) = \frac{364^{29}}{365^{29}}$$

$$P(\{\text{获胜}\}) \approx 0.0765$$

类似的问题有很多. 如果你愿意，你可以从人们无法正确估计这类问题的概率这一情况获得少量但相当可靠的利润（实例 3.12 和实例 3.13 证实的确是有利可图的）.

规则 $P(\mathcal{A}\backslash\mathcal{B}) = P(\mathcal{A}) - P(\mathcal{A} \cap \mathcal{B})$ 在计算概率时也非常有用. 一般来说，你也需要其他推理来计算概率.

实例 3.14（骰子问题） 投掷两枚均匀的六面体骰子，并把得到的点数相加，得到一个能被 2 整除但不能被 5 整除的数的概率是多少?

解 解决这个问题有一个有趣的方法. 记 $\mathcal{D}_n$ 是包含能被 n 整除的数字的事件，有 $P(\mathcal{D}_2)=1/2$（可以列举可能情况，或者利用每个骰子有相同数量的奇数面和偶数面，进行推导）. $P(\mathcal{D}_2\backslash\mathcal{D}_5)=P(\mathcal{D}_2)-P(\mathcal{D}_2\cap\mathcal{D}_5)$，但是事件 $\mathcal{D}_2\cap\mathcal{D}_5$ 只包含三个结果（6 和 4；5 和 5；4 和 6），因此 $P(\mathcal{D}_2\backslash\mathcal{D}_5)=18/36-3/36=5/12$.

有时候，对并集进行推理比直接计算结果更容易.

实例 3.15（两枚均匀骰子问题） 投掷两枚均匀的六面体骰子，结果能被 2 或 5 整除，或两者都能整除的概率是多少?

解 记 $\mathcal{D}_n$ 是包含能被 n 整除的数字的事件，需要求解的是 $P(\mathcal{D}_2\cup\mathcal{D}_5)=P(\mathcal{D}_2)+P(\mathcal{D}_5)-P(\mathcal{D}_2\cap\mathcal{D}_5)$. 从实例 3.14 可知，$P(\mathcal{D}_2)=1/2$ 并且 $P(\mathcal{D}_2\cap\mathcal{D}_5)=3/36$. 通过计算可知 $P(\mathcal{D}_5)=7/36$. 因此 $P(\mathcal{D}_2\cup\mathcal{D}_5)=(18+7-3)/36=22/36$.

3.3 独立性

有一些实验的结果不会影响其他结果. 例如，如果抛两次硬币，第一次是否为正面对第二次是否为正面没有影响. 再举一个例子，抛硬币的结果并不会影响是否会在当天晚些时候被掉落的苹果砸中头部. 具有此种属性的事件被称为**独立事件**.

以下为一对不独立的事件. 假设掷一个六面体骰子，$\mathcal{A}$ 表示骰子出现奇数点数的事件，$\mathcal{B}$ 表示点数为 3 或 5 的事件. 这些事件以一种重要的方式相互联系. 如果知道 $\mathcal{B}$ 已经发生了，也就知道 $\mathcal{A}$ 已经发生了——这时不需要分开计算，因为 $\mathcal{B}$ 蕴含着 $\mathcal{A}$.

61

以下为一个导致事件不独立的弱相互作用的例子. 记 $\mathcal{C}$ 表示骰子出现奇数点的事件，$\mathcal{D}$ 表示点数大于 3 的事件. 这些事件是相互关联的，每个事件单独发生的概率是 1/2. 如果知道事件 $\mathcal{C}$ 发生了，那么就知道骰子掷出的是 1 点、3 点或 5 点. 其中有一个结果属于 $\mathcal{D}$，另两个不属于. 这意味着，知道 $\mathcal{C}$ 发生了，就能知道 $\mathcal{D}$ 是否发生了. 独立事件不具有此属性. 这意味着它们同时发生的概率有一个重要的性质，如下所示:

定义 3.3（独立事件） *对于两个事件 $\mathcal{A}$ 和 $\mathcal{B}$，当且仅当*

$$P(\mathcal{A}\cap\mathcal{B})=P(\mathcal{A})P(\mathcal{B})$$

成立时，$\mathcal{A}$ 和 $\mathcal{B}$ 才相互独立.

"大小"的类比有助于理解这种表达. 把 $P(\mathcal{A})$ 视为 $\mathcal{A}$ 相对于 Ω 的"大小"，并以此类推，那么有 $P(\mathcal{A}\cap\mathcal{B})$ 表示 $\mathcal{A}\cap\mathcal{B}$（即 $\mathcal{A}$ 的包含在 $\mathcal{B}$ 中的部分）的大小. 但是，如果 $\mathcal{A}$ 和 $\mathcal{B}$ 是独立的，那么 $\mathcal{A}\cap\mathcal{B}$ 相对于 $\mathcal{B}$ 的大小等于 $\mathcal{A}$ 相对于 Ω 的大小（见图 3.2）. 否则，$\mathcal{B}$ 将影响 $\mathcal{A}$，因为当 $\mathcal{B}$ 发生时，$\mathcal{A}$ 有更大可能（或更小可能）发生.

在**图 3.2** 左边的图中，$\mathcal{A}$ 与 $\mathcal{B}$ 独立. $\mathcal{A}$ 占据 Ω 的 1/4，$\mathcal{A}\cap\mathcal{B}$ 占据 $\mathcal{B}$ 的 1/4. 这意味着知道结果是否在 $\mathcal{A}$ 中并不影响它在 $\mathcal{B}$ 中的概率. Ω 的结果的 1/4 在 $\mathcal{A}$ 中，$\mathcal{B}$ 的结果的 1/4 在

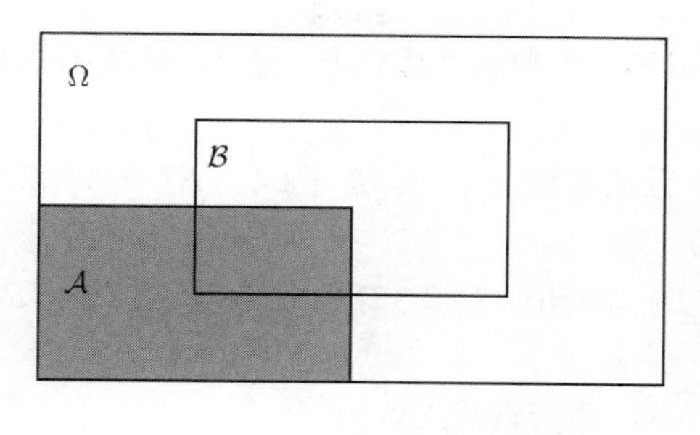

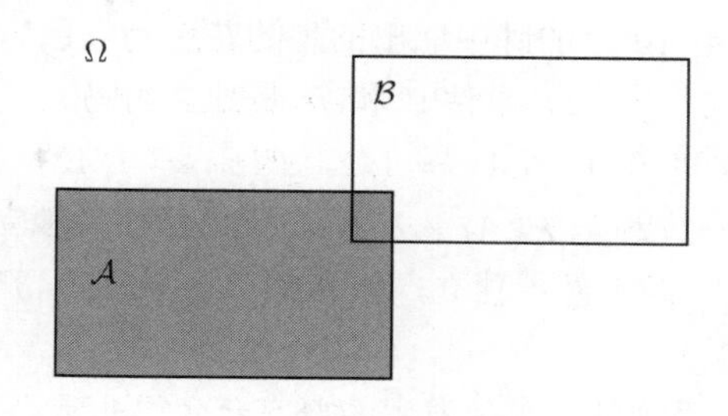

独立事件　　　　不相互独立的事件

图 3.2　独立事件与不相互独立的事件

$\mathcal{A}\cap B$ 中. 但是在右边的图中，它们并不是这样分布的. $\mathcal{B}$ 的结果的很小一部分在 $\mathcal{A}\cap\mathcal{B}$ 中，所以 $\mathcal{B}$ 发生意味着 $\mathcal{A}$ 变得不太可能发生，因为 $\mathcal{B}$ 中很少有结果也在 $\mathcal{A}\cap\mathcal{B}$ 中.

因此，想让 $\mathcal{A}$ 与 $\mathcal{B}$ 独立，必须有

$$\mathcal{A}\text{的“大小”} = \frac{\mathcal{A}\text{在}\mathcal{B}\text{的部分的“大小”}}{\mathcal{B}\text{的“大小”}}$$

也就是

$$P(\mathcal{A}) = \frac{P(\mathcal{A}\cap\mathcal{B})}{P(\mathcal{B})}$$

实例 3.16（均匀骰子问题） 均匀的六面体骰子的结果空间为 $\{1,2,3,4,5,6\}$. 骰子是均匀的，所以每种结果的概率相同. 现在投掷两枚均匀的六面体骰子，每个骰子的结果都是相互独立的，得到两个 3 点的概率是多少？

62

解

$$\begin{aligned}&P(\text{第一个骰子为 3 点} \cap \text{第二个骰子为 3 点})\\&= P(\text{第一个骰子为 3 点}) \times P(\text{第二个骰子为 3 点})\\&= (1/6)\times(1/6) = 1/36\end{aligned}$$

实例 3.17（两次找到纸牌 Q） 回顾一下实例 3.1. 假设被选中的牌是公平地被选中的——每一张牌被选中的概率是相同的. 游戏进行两次，并且每次游戏时都要重新洗牌. 出现一张纸牌 Q，然后又出现一张纸牌 Q 的概率是多少？

解 事件相互独立，因此概率为 1/9.

可以使用定义 3.3（即当且仅当 $P(\mathcal{A}\cap\mathcal{B}) = P(\mathcal{A})P(\mathcal{B})$ 时，事件 $\mathcal{A}$ 和 $\mathcal{B}$ 才是独立的）来判断事件是否独立. 对问题进行相当小的更改都会影响事件的独立性，如下例所示：

实例 3.18（扑克牌以及独立性问题） 对一副标准的 52 张牌进行洗牌，然后从中抽一张牌. 事件 $\mathcal{A}$ 表示“这张牌的花色是红色”，事件 $\mathcal{B}$ 表示“这张牌是 10”.（1）事件 $\mathcal{A}$ 和 $\mathcal{B}$ 是独立的吗？现在从一副标准的牌中拿走红桃 10，然后进行洗牌并从中抽取一张牌. 事件 $\mathcal{C}$ 表示

“从拿走 10 后的牌中取出的牌的花色为红色”，事件 $\mathcal{D}$ 表示“从拿走一个 10 后的牌中取出的牌为 10”．（2）事件 $\mathcal{C}$ 和 $\mathcal{D}$ 是独立的吗?

解　（1）$P(\mathcal{A})=1/2$，$P(\mathcal{B})=1/13$，并且从实例 3.44 知道 $P(\mathcal{A}\cap\mathcal{B})=2/52$. 由于 $2/52=1/26=P(\mathcal{A})\times P(\mathcal{B})$，因此两事件独立.

（2）两事件不独立，因为 $P(\mathcal{C})=25/51$，$P(\mathcal{D})=3/51$，$P(\mathcal{C}\cap\mathcal{D})=1/51\neq P(\mathcal{C})\times P(\mathcal{D})=75/(51^2)$.

一系列独立事件发生的概率会变得非常小，这经常会误导人们.

实例 3.19（偶然的 DNA 匹配问题）　在 DNA 数据库中搜索一个样本. 每次尝试将这个样本与数据库中的某个条目进行匹配，其偶然匹配的概率为 10^{-4} . 随机配对是相互独立的. 数据库中有 20 000 人，那么得到至少一次匹配的概率是多少?

解　结果为 $1-P(\text{没有一次匹配成功})$. 但是 $P(\text{没有一次匹配成功})$ 会比想象的还要小.

$$
\begin{aligned}
P(\text{没有一次匹配成功}) &= P(\text{记录 1 中没有匹配成功}\cap\text{记录 2 中没有匹配成功}\\
&\qquad\cap\cdots\cap\text{记录 20 000 中没有匹配成功})\\
&= P(\text{一次记录中没有匹配成功})^{20\,000}\\
&= (1-10^{-4})^{20\,000}\\
&\approx 0.14
\end{aligned}
$$

63

所以得到至少一次匹配的概率是 0.86. 如果数据库变大，概率就会增加. 当数据库为 40 000 时，得到至少一次匹配的概率是 0.98.

人们通常对独立事件的推理能力很差. 最常见的一个问题被称为“赌徒谬论”. 这种问题通常发生在推断已经被之前的结果改变的独立事件的概率时. 例如，假设抛一枚已知是均匀的硬币 20 次，得到 20 次正面结果. 下一次抛出正面的概率仍然是 0.5，但是很多人觉得它已经改变了. 在撰写本书时，维基百科上有一些关于赌徒谬论的有趣故事，这些故事表明，这是一个相当普遍的错误. 比如，人们可能会把连续 20 次正面朝上解释为要么是硬币不均匀、要么抛硬币不独立的证据.

注记　独立性可能会误导你. 有两种常见的情况：第一种情况的发生通常是因为一系列独立事件发生的概率可能会很快变得非常小. 因此将不独立的事件当作独立事件可能会导致麻烦（如实例 3.19 所示）. 第二种情况发生的原因是大多数人都相信，万物都遵照独立事件理论以确保概率计算是有效的（这是赌徒的谬论）.

示例：航空公司超额预订

现在可以很容易地研究航空公司的超额预订问题. 由于乘客通常因随机原因而不能准时到达，航空公司卖出的机票比飞机上的座位要多. 如果航空公司只按座售票，每次航班飞机起飞时很可能会有空座，而这会导致营收损失. 如果有太多乘客选择搭乘某一航班，航空公司希望有人能接受一个合理的价格去搭乘下一班飞机. 超额预订是一种明智的、高效的策略，如果航空公司能够合理地管理，这对乘客来说也有好处. 因为当每架飞机刚好客满时，票价应该是最低的，而且很有可能有些乘客会选择拿钱去乘坐其他时间的航班.

要确定额外售出的机票数量，航空公司需要考虑必须赔付的概率（计算方式会在下面给出）和它们需要赔付的金额. 现在无法讨论航空公司可能需要支付多少钱，因此这很大程度上取决于乘客的行为、下一趟航班的时刻表等. 有时，这种策略对航空公司来说代价可能会很大. 就在修改这本书准备出版的时候，一家航空公司让机场安检人员把一名乘客拖下飞机的事件登上了新闻头条. 和解协议的细节并未公布，但对该航空公司来说，这不可能是一笔小额的交易.

实例 3.20（超额预订问题 I） 设一家航空公司有一趟拥有 6 个座位的定期航班. 它总是卖出 7 张票. 设乘客出现在航班上的概率为 p，并且与其他乘客无关. 这班飞机超额预订的概率有多大?

解 这与抛硬币问题类似. 把每个乘客想象成一枚有偏硬币. 有偏硬币出现 T（意味着出现）的概率为 p，出现 H（意味着不出现）的概率为 $1-p$. 这枚硬币抛了 7 次，我们求的就是得到 7 个 T 的概率. 由于抛掷硬币是相互独立的，因此概率为 p^7.

64

实例 3.21（超额预订问题 II） 设一家航空公司有一趟拥有 6 个座位的定期航班. 它总是卖出 8 张票. 设乘客出现在航班上的概率为 p，并且与其他乘客无关. 这班飞机超额预订的概率有多大?

解 抛掷这枚硬币 8 次，求得到超过 6 个 T 的概率. 这是两个不相容事件（7 个 T 和 8 个 T）的并集. 对于得到 7 个 T 来说，有一次抛掷为 H，而这次抛掷的顺序有 8 种可能. 对于得到 8 个 T 来说，8 次抛掷都是 T，因此只有一种可能. 所以航班超额预订的概率为

$$\begin{aligned} P(\text{超额预订}) &= P(7\text{ 个}T \cup 8\text{ 个}T) \\ &= P(7\text{ 个}T) + P(8\text{ 个}T) \\ &= 8p^7(1-p) + p^8 \end{aligned}$$

实例 3.22（超额预订问题 III） 设一家航空公司有一趟拥有 6 个座位的定期航班. 它总是卖出 8 张票. 设乘客出现在航班上的概率为 p，并且与其他乘客无关. 那么有 6 个乘客到达（即航班没有超额预订或订位不足）的概率是多少?

解 抛掷这枚硬币 8 次，求的是得到 6 个 T 的概率. 一组特定的 6 个乘客到达的概率由得到任何给定的 6 个 T 和 2 个 H 的字符串的概率给出. 因此概率为 $p^6(1-p)^2$. 但一共有 $\frac{8!}{2!6!}$ 个这样的字符串，因此 6 个乘客到达的概率为

$$\frac{8!}{2!6!}p^6(1-p)^2 = 28p^6(1-p)^2$$

实例 3.23（超额预订问题 IV） 设一家航空公司有一趟拥有 s 个座位的定期航班. 它总是卖出 t 张票. 设乘客出现在航班上的概率为 p，并且与其他乘客无关. 那么有 u 个乘客到达的概率是多少?

解 抛掷 t 次硬币，求的是得到 t 个 T 的概率. t 个 T 和 $t-u$ 个 H 的不相容结果共有

$$\frac{t!}{u!(t-u)!}$$

结果间都是相互独立的，并且概率为 $p^u(1-p)^{(t-u)}$. 因此，u 个乘客到达的概率为

65

$$P(u\text{个乘客到达}) = \frac{t!}{u!(t-u)!}p^u(1-p)^{t-u}$$

实例 3.24（超额预订问题 V） 设一家航空公司有一趟拥有 s 个座位的定期航班. 它总是卖出 t 张票. 设乘客出现在航班上的概率为 p，并且与其他乘客无关. 那么这班飞机超额预订的概率有多大?

解 求 $P(\{s+1\text{个预订}\}\cup\{s+2\text{个预订}\}\cup\cdots\cup\{t\text{个预订}\})$. 但是当 $i\neq j$ 时，事件 $\{i\text{个预订}\}$ 和事件 $\{j\text{个预订}\}$ 是不独立的. 因此，从实例 3.23 中，可以求得

$$\begin{aligned}P(\text{超额预订}) &= P(\{s+1\text{个预订}\}) + P(\{s+2\text{个预订}\}) + \cdots + P(\{t\text{个预订}\}) \\ &= \sum_{i=s+1}^{t} P(\{i\text{个预订}\}) \\ &= \sum_{i=s+1}^{t} \frac{t!}{i!(t-i)!}p^i(1-p)^{t-i}\end{aligned}$$

3.4　条件概率

假设有两个事件 $\mathcal{A}$ 和 $\mathcal{B}$. 如果它们是独立的，那么两个事件同时发生的概率就很容易计算. 但是，如果事件 $\mathcal{A}$ 和 $\mathcal{B}$ 不是独立的，那么知道一个事件已经发生，会对另一个事件发生的概率产生重大影响. 这里有两个极端的例子. 如果事件 $\mathcal{A}$ 和 $\mathcal{B}$ 是相同的事件，那么知道 $\mathcal{A}$ 发生就意味着知道 $\mathcal{B}$ 也发生了. 如果 $\mathcal{A}=\mathcal{B}^c$，那么知道 $\mathcal{A}$ 发生就意味着知道 $\mathcal{B}$ 不会发生. 下面是一个不那么极端的例子.

实例 3.25（非独立事件的概率） 掷一个均匀的六面体骰子两次，然后把数字相加. 首先，计算得到一个小于 6 的数字的概率. 其次，假设知道第一个骰子出现了 3，计算总和小于 6 的概率. 第三，假设知道第一个骰子出现了 4，计算总和小于 6 的概率. 最后，假设知道第一个骰子出现了 1，计算总和小于 6 的概率.

解 得到一个小于 6 的数的概率是 10/36 . 如果第一个骰子出现 3，那么第二个骰子出现一个小于 3 的数字的概率是多少，为 1/3. 如果第一个骰子出现 4，那么第二个骰子出现一个小于 2 的数字的概率是多少，为 1/6. 最后，如果第一个骰子出现 1，那么第二个骰子出现一个小于 5 的数字的概率是多少，为 2/3.

注意到在实例 3.25 中，知道第一个骰子出现了什么会对事件的概率产生显著影响.

定义 3.4（条件概率） 假设有一个结果空间和一个事件集合. 以 $\mathcal{A}$ 为条件的 $\mathcal{B}$ 的条件概率是，在 $\mathcal{A}$ 确定发生的前提下 $\mathcal{B}$ 发生的概率，记作 $P(\mathcal{B}|\mathcal{A})$.

从实例中可以清晰地看出，在一些情况下 $P(\mathcal{B}|\mathcal{A})$ 与 $P(\mathcal{B})$ 相等，但有些情况下，二者就不相等.

66

3.4.1 计算条件概率

为得到 $P(\mathcal{B}|\mathcal{A})$ 的计算式，注意到因为已知 $\mathcal{A}$ 已经发生，结果空间或样本空间现在减少为 $\mathcal{A}$. 我们知道结果在 $\mathcal{A}$ 中，$P(\mathcal{B}|\mathcal{A})$ 是结果也在 $\mathcal{B}\cap\mathcal{A}$ 中的概率. 这个结果在 $\mathcal{A}$ 中，所以必须在 $\mathcal{B}\cap\mathcal{A}$ 中或者 $\mathcal{B}^c\cap\mathcal{A}$ 中，但不能同时在两者中. 这意味着

$$P(\mathcal{B}\cap\mathcal{A})+P(\mathcal{B}^c\cap\mathcal{A})=1$$

现在回想一下概率作为相对频率的概念. 如果 $P(\mathcal{C}\cap\mathcal{A})=kP(\mathcal{B}\cap\mathcal{A})$，就说明 $\mathcal{C}\cap\mathcal{A}$ 的结果出现的频率是 $\mathcal{B}\cap\mathcal{A}$ 的 k 倍. 即使事先知道结果在 $\mathcal{A}$ 中，这个也必须适用. 这就说明，如果 $P(\mathcal{C}\cap\mathcal{A})=kP(\mathcal{B}\cap\mathcal{A})$，就有 $P(\mathcal{C}|\mathcal{A})=kP(\mathcal{B}|\mathcal{A})$. 反过来，就有

$$P(\mathcal{B}|\mathcal{A})\propto P(\mathcal{B}\cap\mathcal{A})$$

现在需要确定比例常数，记为 c，有

$$P(\mathcal{B}|\mathcal{A})=cP(\mathcal{B}\cap\mathcal{A})$$

现在有

$$P(\mathcal{B}|\mathcal{A})+P(\mathcal{B}^c|\mathcal{A})=cP(\mathcal{B}\cap\mathcal{A})+cP(\mathcal{B}^c\cap\mathcal{A})=cP(\mathcal{A})=1$$

因此

$$P(\mathcal{B}|\mathcal{A})=\frac{P(\mathcal{B}\cap\mathcal{A})}{P(\mathcal{A})}$$

可以发现“大小”的类比在这里也很有帮助. $P(\mathcal{B}|\mathcal{A})$ 表示的是已知一个结果在 $\mathcal{A}$ 中，这个结果也在 $\mathcal{B}$ 中的概率. 从“大小”的角度来说，$P(\mathcal{B}|\mathcal{A})$ 意味着相对于 $\mathcal{A}$ 来说，$\mathcal{B}\cap\mathcal{A}$ 的“大小”. 所以表达式是有意义的，因为事件 $\mathcal{A}$ 中也是事件 $\mathcal{B}$ 的一部分的这个分数“大小”是由交集的“大小”除以 $\mathcal{A}$ 的“大小”得到的. 此外，对于表达式 $P(\mathcal{B}|\mathcal{A})=P(\mathcal{B}\cap\mathcal{A})/P(\mathcal{A})$ 来说，另一种很有用的表示方式为

$$P(\mathcal{B}|\mathcal{A})P(\mathcal{A})=P(\mathcal{B}\cap\mathcal{A})$$

既然有 $\mathcal{B}\cap\mathcal{A}=\mathcal{A}\cap\mathcal{B}$，则有

$$P(\mathcal{B}|\mathcal{A})=\frac{P(\mathcal{A}|\mathcal{B})P(\mathcal{B})}{P(\mathcal{A})}$$

实例 3.26（汽车工厂问题） 设有两个汽车工厂：A 和 B. A 工厂每年生产 1000 辆汽车，其中 10 辆是柠檬车. B 工厂生产两辆汽车，每一辆都是柠檬车. 所有的汽车都集中在一个地方，它们被彻底地混合在一起. 你现在买了一辆车.

- 它是柠檬车的概率是多少?
- 它来自 B 工厂的概率是多少?

67

- 现在发现这辆车是一辆柠檬车，那么它来自 B 工厂的概率是多少?

解

- 记 $\mathcal{L}$ 表示事件“它是一辆柠檬车”. 总共有 1002 辆车，其中 12 辆是柠檬车. 由于买任意一辆车的概率是一样的，因此 $P(\mathcal{L}) = 12/1002$.
- 同样的思路，有 $P(\mathcal{B}) = 2/1002$.
- 记 $\mathcal{B}$ 表示事件“它是一辆柠檬车”. 需要求解的是 $P(\mathcal{B}|\mathcal{L}) = P(\mathcal{L}\cap\mathcal{B})/P(\mathcal{L}) = P(\mathcal{L}|\mathcal{B})P(\mathcal{B})/P(\mathcal{L})$，同时有 $P(\mathcal{L}|\mathcal{B})P(\mathcal{B})/P(\mathcal{L}) = \dfrac{2/1002}{12/1002} = 1/6$.

实例 3.27（皇家同花顺扑克问题 I） 假设正在玩一种简单的扑克游戏，发了五张牌，正面朝下. 同花顺指的是一手 AKQJ10 的牌. 那么得到同花顺的概率是多少?

解 概率为

$$\frac{\text{忽略牌序下皇家同花顺的数量}}{\text{忽略牌序下不同的五张牌的总数}}$$

有四种手牌是皇家同花顺（每种花色有一种）. 那么忽略排序下有 5 张牌的总数为

$$\binom{52}{5} = 2\ 598\ 960$$

因此，会有

$$\frac{4}{2\ 598\ 960} = \frac{1}{649\ 740}$$

实例 3.28（皇家同花顺扑克问题 II） 假设正在玩一种简单的扑克游戏，发了五张牌，正面朝下. 同花顺指的是一手 AKQJ10 的牌. 如果拿到的第五张牌正面朝上，在这张牌是黑桃 9 的前提下，得到同花顺的概率是多少?

解 包含黑桃 9 的牌不可能是同花顺，所以概率是 0.

实例 3.29（皇家同花顺扑克问题 III） 假设正在玩一种简单的扑克游戏，发了五张牌，正面朝下. 同花顺指的是一手 AKQJ10 的牌. 如果拿到的第五张牌正面朝上，它是黑桃 A . 那么得到同花顺的概率是多少?（例如，在一张牌是黑桃 A 的情况下，获得同花顺的条件概率是多少?）

解 假设 $\mathcal{A}$ 表示事件“得到同花顺，并且最后一张牌是黑桃 A”，$\mathcal{B}$ 表示事件“得到的最后一张牌是黑桃 A ”. 则有

68

$$P(\mathcal{A}|\mathcal{B}) = \frac{P(\mathcal{A}\cap\mathcal{B})}{P(\mathcal{B})}$$

且 $P(\mathcal{B}) = 1/52$. 而

$$P(\mathcal{A}\cap\mathcal{B}) = \frac{\text{五张牌的同花顺，其中第五张牌是黑桃 A}}{\text{不同的五张牌的总数}} = \frac{4\times3\times2\times1}{52\times51\times50\times49\times48}$$

因此

$$P(\mathcal{A}|\mathcal{B})=\frac{1}{249\ 900}$$

可以注意到，这张卡牌真的改变了很多.

实例 3.30（两个骰子问题） 掷两个均匀的六面体骰子. 在第一个骰子出现 5 点的情况下，两个骰子上的点数和大于 6 的条件概率是多少?

解 记 $\mathcal{F}$ 表示事件“第一个骰子出现 5 点”，$\mathcal{S}$ 表示事件“两个骰子上的点数和大于 6”. 第一个骰子出现 5 点且两个骰子上的点数和大于 6 的有 5 种结果，因此 $P(\mathcal{F}\cap\mathcal{S})=5/36$. 从而有

$$P(\mathcal{S}|\mathcal{F})=P(\mathcal{F}\cap\mathcal{S})/P(\mathcal{F})=\frac{5/36}{1/6}=5/6$$

注意到 $\mathcal{A}\cap\mathcal{B}$ 和 $\mathcal{A}\cap\mathcal{B}^c$ 是不相容事件，且有 $\mathcal{A}=(\mathcal{A}\cap\mathcal{B})\cup(\mathcal{A}\cap\mathcal{B}^c)$. 因此有 $P(\mathcal{A})=P(\mathcal{A}\cap\mathcal{B})+P(\mathcal{A}\cap\mathcal{B}^c)$，所以

$$P(\mathcal{A})=P(\mathcal{A}|\mathcal{B})P(\mathcal{B})+P(\mathcal{A}|\mathcal{B}^c)P(\mathcal{B}^c)$$

另一种表示方式也非常有用. 假设有一系列不相容事件 $\mathcal{B}_i$. 同时具备性质：（1）当 $i\neq j$ 时，$\mathcal{B}_i\cap\mathcal{B}_j=\varnothing$.（2）$\mathcal{A}\cap(\bigcup_i\mathcal{B}_i)=\mathcal{A}$. 那么，由 $P(\mathcal{A})=\sum_i P(\mathcal{A}\cap\mathcal{B}_i)$ 可以得到

$$P(\mathcal{A})=\sum_i P(\mathcal{A}|\mathcal{B}_i)P(\mathcal{B}_i)$$

在考虑条件概率问题时，有时候怀疑直觉是明智的. $P(\mathcal{A}|\mathcal{B})$ 与 $P(\mathcal{B}|\mathcal{A})P(\mathcal{A})$ 两者有很大的区别. 如果不考虑这个区别，可能会导致严重的问题（3.4.4 节），而且这种区别似乎很容易被忽略. 表达式

$$P(\mathcal{A}|\mathcal{B})=P(\mathcal{B}|\mathcal{A})P(\mathcal{A})/P(\mathcal{B})$$

中的除号会产生一些影响，所以大多数人对条件概率的直觉都很差.

注记 举个例子，如果买了一张彩票（记为 $\mathcal{L}$），中奖（记为 $\mathcal{W}$）的概率很小，因此 $P(\mathcal{W}|\mathcal{L})$ 也会很小，但是 $P(\mathcal{L}|\mathcal{W})=1$——中奖的总是买了彩票的人.

69

有用的事实 3.3（条件概率公式） 需要记住以下表达式：

- $P(\mathcal{B}|\mathcal{A})=\dfrac{P(\mathcal{A}|\mathcal{B})P(\mathcal{B})}{P(\mathcal{A})}$
- $P(\mathcal{A})=P(\mathcal{A}|\mathcal{B})P(\mathcal{B})+P(\mathcal{A}|\mathcal{B}^c)P(\mathcal{B}^c)$
- 假设：(a) 当 $i\neq j$ 时，$\mathcal{B}_i\cap\mathcal{B}_j=\varnothing$；(b) $\mathcal{A}\cap(\bigcup_i\mathcal{B}_i)=\mathcal{A}$. 有 $P(\mathcal{A})=\sum_i P(\mathcal{A}|\mathcal{B}_i)P(\mathcal{B}_i)$

3.4.2 检测罕见事件是困难的

罕见的事件很难发现，它是通过条件概率推理暴露出来的. 我们可以举一些医学方面的例子，但是几乎任何应用领域都有这类问题. 在疾病筛查的讨论中，这个问题一次又一次地出现.

最近有两个重要的争论筛查性乳腺 X 光检查是否是个好主意，以及筛查前列腺癌是否是个好主意. 这里有一个重要的问题. 当测试错误地给病人贴上“生病”的标签时，就会产生真正的伤害. 首先，病人感到痛苦和害怕. 其次，必要的医疗干预可能是相当不愉快和危险的. 这就意味着需要考虑筛查带来的好处（发现和帮助病人）是否比坏处（惊吓和伤害健康的人）更多.

实例 3.31（假阳性 I）　现需要对一种罕见疾病进行血液检测，这种疾病有十万分之一的概率发生. 如果患有这种疾病，测试报告中患病概率为 0.95（不患病概率为 0.05）. 如果没有疾病，测试报告为假阳性的概率为 10^{-3}. 如果测试报告说患有这种疾病，那么真正患有这种疾病的概率是多少?

解　记 $\mathcal{S}$ 表示事件“真正患有疾病”，$\mathcal{R}$ 表示事件“测试报告说患有这种疾病”. 需要求 $P(\mathcal{S}|\mathcal{R})$.

$$\begin{aligned}P(\mathcal{S}|\mathcal{R}) &= \frac{P(\mathcal{R}|\mathcal{S})P(\mathcal{S})}{P(\mathcal{R})}\\ &= \frac{P(\mathcal{R}|\mathcal{S})P(\mathcal{S})}{P(\mathcal{R}|\mathcal{S})P(\mathcal{S})+P(\mathcal{R}|\mathcal{S}^c)P(\mathcal{S}^c)}\\ &= \frac{0.95\times 10^{-5}}{0.95\times 10^{-5}+10^{-3}\times(1-10^{-5})}\\ &= 0.0094\end{aligned}$$

注意这里发生了什么. 检测结果有两种可能呈阳性：要么确实得了这种疾病，要么检测结果呈假阳性. 但是这种疾病非常罕见，得到假阳性结果的可能性比确实得了这种疾病的可能性大得多.

如果想要非常确信已经检测到一个非常罕见的事件，就需要一个非常精确的检测器. 下一个实例将会展示如何计算检测器所需的精确度. 检测器所需的精确度往往远远超出当前技术所能达到的水平，下次有人说他们的测试有 90% 的准确率时，应该记住这个例子——这样的测试也可能完全没用.

70

实例 3.32（假阳性 II）　现想为一种罕见疾病设计一种血液测试，这种疾病在十万分之一的人身上偶然发生. 如果有这种疾病，测试报告说有这种疾病的概率为 p（而没有的概率 $1-p$）. 如果没有疾病，测试则报告一个错误的阳性概率 q. 现在要选择 p 的值，这样如果测试报告说有疾病，确实有疾病的概率至少有 50%.

解　记 $\mathcal{S}$ 表示事件“真正患有疾病”，$\mathcal{R}$ 表示事件“测试报告说患有这种疾病”. 求 $P(\mathcal{S}|\mathcal{R})$.

$$\begin{aligned}P(\mathcal{S}|\mathcal{R}) &= \frac{P(\mathcal{R}|\mathcal{S})P(\mathcal{S})}{P(\mathcal{R})}\\ &= \frac{P(\mathcal{R}|\mathcal{S})P(\mathcal{S})}{P(\mathcal{R}|\mathcal{S})P(\mathcal{S})+P(\mathcal{R}|\mathcal{S}^c)P(\mathcal{S}^c)}\\ &= \frac{p\times 10^{-5}}{p\times 10^{-5}+q\times(1-10^{-5})}\end{aligned}$$

$$\geqslant 0.5$$

这就意味着 $p \geqslant 99999q$，这可能会使人感到担忧，因为 $p \leqslant 1$，$q \geqslant 0$. 一个近似的结果是 $q = 10^{-5}, p = 1 - 10^{-5}$. 但测试必须非常精确才有用.

3.4.3 条件概率和各种独立形式

如果

$$P(\mathcal{A} \cap \mathcal{B}) = P(\mathcal{A})P(\mathcal{B})$$

则两个事件相互独立. 反过来，如果两事件 $\mathcal{A}$ 和 $\mathcal{B}$ 独立，会有

$$P(\mathcal{A}|\mathcal{B}) = P(\mathcal{A})$$

并且

$$P(\mathcal{B}|\mathcal{A}) = P(\mathcal{B})$$

这意味着，知道 $\mathcal{A}$ 发生了，我们并不能推断出有关 $\mathcal{B}$ 的任何信息——不管 $\mathcal{A}$ 发生与否，$\mathcal{B}$ 发生的概率都是一样的.

有用的事实 3.4（独立事件的条件概率） 如果两事件 $\mathcal{A}$ 和 $\mathcal{B}$ 独立，会有

$$P(\mathcal{A}|\mathcal{B}) = P(\mathcal{A})$$

并且

$$P(\mathcal{B}|\mathcal{A}) = P(\mathcal{B})$$

通常我们不具备证明事件独立所需的信息. 相反，我们通常使用直觉（例如，同一枚硬币的两次抛掷很可能是相互独立的，除非发生了非常有趣的事情）或简单地选择应用一些相互独立的变量的模型. 有些较弱的独立性有时是有用的.

71

定义 3.5（两两独立性） 如果每对事件都是独立的（比如，$\mathcal{A}_1$ 和 $\mathcal{A}_2$ 是独立的，等等）则事件 $\mathcal{A}_1, \cdots, \mathcal{A}_n$ 是两两独立的.

实例 3.33（两两相对的独立性比独立性弱） 现有两两独立的事件，但不是相互独立的. 现从一副适当洗牌的标准牌中抽取三张牌，并进行替换和重新洗牌（例如抽一张牌，做一个标记，再放回去重新洗牌，抽下一张，做一个标记，重新洗牌，再抽第三张）. 设 $\mathcal{A}$ 表示事件“牌 1 与牌 2 的花色相同”，$\mathcal{B}$ 表示事件“牌 2 与牌 3 的花色相同”，$\mathcal{C}$ 表示事件“牌 1 和牌 3 的花色相同”. 这些事件是成对独立的，但相互不独立.

解 通过计算可以得到 $P(\mathcal{A}) = 1/4$，$P(\mathcal{B}) = 1/4$，$P(\mathcal{A} \cap \mathcal{B}) = 1/16$，因此这两个事件是相互独立的. 这个结论同样适用于其他几对. 但是 $P(\mathcal{C} \cap \mathcal{A} \cap \mathcal{B}) = 1/16$，不等于 $1/4^3$，因此事件并不相互独立. 这是因为前两个事件在逻辑上包含了第三个事件.

定义 3.6（有条件的独立） 如果

$$P(\mathcal{A}_1 \cap \cdots \cap \mathcal{A}_n|\mathcal{B}) = P(\mathcal{A}_1|B) \times \cdots \times P(\mathcal{A}_n|\mathcal{B})$$

那么，事件 $\mathcal{A}_1, \cdots, \mathcal{A}_n$ 有条件独立于事件 $\mathcal{B}$.

实例 3.34（扑克牌和条件独立） 现从一副标准的扑克牌中取出一张红 10 和一张红 6，然后对剩下的牌重新洗牌，之后抽一张牌. 记 $\mathcal{A}$ 表示事件“抽到的牌是 10”，$\mathcal{B}$ 表示事件“抽到的牌是红色”，$\mathcal{C}$ 表示事件“抽到的牌是 10 或 6”. 证明：$\mathcal{A}$ 和 $\mathcal{B}$ 不是独立的，但是有条件地独立于 $\mathcal{C}$.

解 知道 $P(\mathcal{A}) = 3/50$，$P(\mathcal{B}) = 24/50$，$P(\mathcal{A} \cap \mathcal{B}) = 1/50$，而

$$P(\mathcal{A}|\mathcal{B}) = \frac{1/50}{24/50} = \frac{1}{24} \neq P(\mathcal{A})$$

因此，$\mathcal{A}$ 和 $\mathcal{B}$ 不是独立的. 同时有 $P(\mathcal{A}|\mathcal{C}) = 1/2$，$P(\mathcal{B}|\mathcal{C}) = 2/6 = 1/3$，那么

$$P(\mathcal{A} \cap \mathcal{B}|\mathcal{C}) = 1/6 = P(\mathcal{A}|\mathcal{C})P(\mathcal{B}|\mathcal{C})$$

因此，$\mathcal{A}$ 和 $\mathcal{B}$ 有条件地独立于 $\mathcal{C}$.

3.4.4 警示例子：检察官的谬论

需要非常小心地对待条件概率，因为它会让很多人感到困惑，甚至是那些认为不会弄混的人. 一个典型的错误是检察官谬论. 人们为它起了这个名字，因为它是一个很常见的错误. 假设检察官有证据 $\mathcal{E}$ 指控犯罪嫌疑人，记 $\mathcal{I}$ 表示犯罪嫌疑人是无辜的. 当 $P(\mathcal{E}|\mathcal{I})$ 很小时，检察官错误地认为犯罪嫌疑人一定是有罪的. 这个论证是不正确的，因为 $P(\mathcal{E}|\mathcal{I})$ 与问题无关. 重要的是 $P(\mathcal{I}|\mathcal{E})$，即根据证据，证明你是清白的概率. 这个区别很重要，因为即使 $P(\mathcal{E}|\mathcal{I})$ 很小，$P(\mathcal{I}|\mathcal{E})$ 可能很大. 从表达式

72

$$\begin{aligned} P(\mathcal{I}|\mathcal{E}) &= \frac{P(\mathcal{E}|\mathcal{I})P(\mathcal{I})}{P(\mathcal{E})} \\ &= \frac{P(\mathcal{E}|\mathcal{I})P(\mathcal{I})}{(P(\mathcal{E}|\mathcal{I})P(\mathcal{I}) + P(\mathcal{E}|\mathcal{I}^c)(1 - P(\mathcal{I})))} \end{aligned}$$

可以看出，如果 $P(\mathcal{I})$ 较大或者 $P(\mathcal{E}|\mathcal{I}^c)$ 比 $P(\mathcal{E}|\mathcal{I})$ 小得多，那么即使 $P(\mathcal{E}|\mathcal{I})$ 很小，$P(\mathcal{I}|\mathcal{E})$ 也可能接近于 1.

这种谬论还可以变得更加错误. 假设检察官错误地采用了一种模型，即证据项是独立的（甚至只是有条件地独立于 $\mathcal{I}$），而事实并非如此. 这个模型可以得到 $P(\mathcal{E}|\mathcal{I})$ 的估计值，但它比它本身的值小得多.

检察官的谬论导致了各种各样的误判，并带来了真实而令人震惊的后果. 英国发生过一起著名的事件，一位名叫 Sally Clark 的母亲被判谋杀了她的两个孩子. 儿科医生 Roy Meadow 提供的专家证据表明，婴儿猝死综合征导致这两例死亡的概率非常小. 她的第一次上诉除其他

理由外，还提到证据中的统计错误. 法院驳回了这一上诉，称这一统计观点是“杂耍”. 这在公共媒体和各种专业期刊上引发了巨大的争议，其中包括一封当时的皇家统计学会主席写给大法官的信，信中指出“统计证据……（应该是）……仅由具有适当资格的人员提供”. 第二次上诉（基于其他理由）随后提出，并获得成功. 法官特别批评了统计证据，尽管这不是一个上诉点. Clark 从未从这一系列可怕的事件中恢复过来，在第二次上诉后不久就悲惨地死去. 随后，Roy Meadow 作为专家证人因严重的职业不当行为被除名，但他上诉成功. 可以在http://en.wikipedia.org.wiki找到关于这个案件的更详细的描述，其中包括指向重要文件及给大法官的信（非常值得一读）的链接，还有更多关于检察官谬论的材料可以在 *fallacyBlog* 中找到.

这个故事不仅仅是关于刑法的问题. $P(\mathcal{E}|\mathcal{I})$ 和 $P(\mathcal{I}|\mathcal{E})$ 的意义有非常显著的差异. 当使用条件概率时，需要确定哪一个更重要.

注记 需要仔细推敲条件概率和独立事件. 这些主题经常误导人的直觉，以至于有些错误都有了名字. 因此，你需要很小心.

3.4.5 警示例子：Monty Hall 问题

现在有三扇门，一扇门的后面是一辆车，其他两扇门的后面各有一只山羊. 汽车和山羊位于哪扇门后是随机而公平的，因此每扇门后面有一辆汽车的概率是相同的. 在游戏结束时，可以得到选择的门后的物品. 山羊是可以互换的，而且由于个人原因，你可能更喜欢汽车而不是山羊. 现选择了一扇门，然后主人打开一扇门，看到一只山羊. 你现在必须做出选择，要么守住你的门，要么切换到另一扇门. 应该怎么做?

这个问题被称为 Monty Hall 问题，是条件概率中一个相对简单的练习. 但是对概率（尤其是条件概率）的思考不周，会引起一些混淆. Monty Hall 问题已经成为各种国家期刊广泛的、生动的、经常性的、相当不准确的通信主题——它似乎引起了人们的注意，这就是这里详细描述它的原因.

注意，不能通过以下参数来判断使用所提供的信息能够做什么. 在游戏一开始在你选择的门上贴上标签 1，其他的门为 2 和 3. 记 C_i 表示汽车在门 i 之后，记 G_m 表示一只山羊在门 m 后被发现，其中 m 是山羊被发现的门的号码（可以是 1，2 或 3）. 我们需要知道的是 $P(C_1|G_m)$. 但是

$$P(C_1|G_m) = \frac{P(G_m|C_1)P(C_1)}{P(G_m|C_1)P(C_1) + P(G_m|C_2)P(C_2) + P(G_m|C_3)P(C_3)}$$

73

而且并不知道 $P(G_m|C_1)$、$P(G_m|C_2)$、$P(G_m|C_3)$，因为不知道主人打开门展示山羊的规则. 不同的规则会导致完全不同的分析. 下面是主人展示山羊的一些可能的规则:

- **规则 1**：随机均匀地选择一扇门.
- **规则 2:** 从后面有山羊的门中进行选择，这些门不是均匀且随机的.
- **规则 3:** 如果车在门 1 后，那么选择门 2；如果在门 2，选择门 3；如果在门 3，选择门 1.
- **规则 4:** 从后面有山羊的门中随机选择.

你可以很容易地想到其他可能的规则. 另外应该跟踪条件作用中的规则，所以用 $P(G_m|C_1, r_1)$ 表示使用规则 1，当汽车在 1 号门后面时，在门 m 后面发现一只山羊的条件概率. 那么

$$P(C_1|G_m, r_n) = \frac{P(G_m|C_1, r_n)P(C_1)}{P(G_m|C_1, r_n)P(C_1) + P(G_m|C_2, r_n)P(C_2) + P(G_m|C_3, r_n)P(C_3)}$$

请注意，这些规则中的每一条都与你的观察相一致——你看到的可能发生在这些规则中的任何一条之下. 你必须知道主人使用哪条规则才能继续. 应该知道，在很多关于这个问题的讨论中，人们不加评论地假设主人使用了规则 2，然后使用这个假设继续下去.

实例 3.35（基于规则 1 的 Monty Hall 问题） 假设主人使用了规则 1，并在 2 号门后面让你看到一只山羊. $P(C_1|G_2, r_1)$ 是多少?

解 为了计算这个概率，需要知道 $P(G_2|C_1, r_1)$、$P(G_2|C_2, r_1)$ 和 $P(G_2|C_3, r_1)$. 现在有 $P(G_2|C_2, r_1) = 0$，因为如果门后有一辆车，主人就不能让山羊进去. 记 O_2 表示主人选择 2 号门，B_2 表示在 2 号门后面碰巧有一只山羊. 这两个事件是相互独立的——主人随机选择一扇门. 可以计算出

$$\begin{aligned} P(G_2|C_1, r_1) &= P(O_2 \cap B_2|C_1, r_1) \\ &= P(O_2|C_1, r_1)P(B_2|C_1, r_1) \\ &= 1/3 \end{aligned}$$

其中 $P(B_2|C_1, r_1) = 1$，由于假设在一扇门后面有一辆车，那么在另外两扇门后面各有一只山羊. 这个推断同时可推出 $P(G_2|C_3, r_1) = 1/3$. 因此有 $P(C_1|G_2, r_1) = 1/2$ ——展示山羊的主人不会激励你去做任何事情，因为如果 $P(C_1|G_2, r_1) = 1/2$，那么 $P(C_3|G_2, r_1) = 1/2$—— 这两扇紧闭的门之间没有什么可选择的.

实例 3.36（基于规则 2 的 Monty Hall 问题） 假设主人使用了规则 2，并在 2 号门后面让你看到一只山羊. $P(C_1|G_2, r_2)$ 是多少?

解 为了计算这个概率，需要知道 $P(G_2|C_1, r_2)$、$P(G_2|C_2, r_2)$ 和 $P(G_2|C_3, r_2)$. 现在有 $P(G_2|C_2, r_2) = 0$，因为主人是从后面有山羊的门里挑选的. $P(G_2|C_1, r_2) = 1/2$ ，因为主人从后面不是门 1 的带有山羊的门中随机地选择；如果汽车在门 1 后面，就会有两个这样的门. $P(G_2|C_3, r_2) = 1$，因为 (a) 只有一扇门后面有一只山羊，(b) 这扇门不是门 1. 把这些数字代入公式，可以得到 $P(C_1|G_2, r_2) = 1/3$. 这就是所有小题大做的原因. 它表明，如果知道主人使用规则 2，那么如果主人在第二扇门后展示出一只山羊，应该换一扇门（因为 $P(C_3|G_2, r_2) = 2/3$ ）.

74

请注意发生了什么：如果汽车在 3 号门后面，那么主人只能选择 2 号门后面的山羊. 所以根据规则 2 选择一扇门，主人是在透露一些信息，这些信息可以被使用. 通过使用规则 3，主人可以精确地告知汽车的位置（留作练习）.

很多人发现实例 3.36 的结果违背直觉. 每次教这门课的时候，我都会与学生和助教进行热烈的讨论. 有些人反对报纸的专栏、给编辑的信、网上的争论等. 有一个一些人认为有帮助的极

端的例子. 想象一下，如果不是三扇门，而是 1002 扇. 主人使用规则 2，并修改如下: 打开除了 1 号门的所有的门，只选择后面有山羊的门. 现你选择 1 号门，主人开了 1000 扇门—— 即除了 1 号门和 1002 号门，其他的都开了. 你会怎么做?

3.5 更多实例

3.5.1 结果和概率

实例 3.37（孩子问题） 一对夫妻决定要孩子，直到他们有一个男孩和一个女孩，或者他们有三个孩子. 结果的集合是什么?

解 记 B 表示男孩，G 表示女孩，并把他们按出生顺序进行书写; 结果空间为 $\{BG, GB, BBG, BBB, GGB, GGG\}$.

实例 3.38（难以分辨山羊的 Monty Hall 问题） 总共有三个箱子. 有两只山羊，和一辆车，它们被随机地放进箱子里. 就我们的目的而言，两只山羊是无法区分的，不需要关心山羊之间的差异. 那么样本空间是什么?

解 记 G 表示山羊，C 表示汽车，有结果空间 $\{CGG, GCG, GGC\}$.

实例 3.39（可区分山羊的 Monty Hall 问题） 总共有三个箱子. 有一只公山羊、一只母山羊和一辆车，它们被随机地放进箱子里. 一只山羊是公的，一只是母的，这个差异很重要. 那么样本空间是什么?

解 记 M 表示公山羊，F 表示母山羊，C 表示汽车，那么样本空间为 $\{CFM, CMF, FCM, MCF, FMC, MFC\}$. 注意结果的数量是如何增加的，因为现在要关心山羊之间的区别.

实例 3.40（找到纸牌 Q 及其概率） 回想一下实例 3.1 的问题. 假设被选中的牌是公平地被选中的，也就是说，每一张牌被选中的概率是相同的. 那么出现纸牌 Q 的概率是多少?

解 有 3 种结果，每一种的概率相同，所以概率是 1/3.

75

实例 3.41（难以分辨山羊的 Monty Hall 问题及其概率） 回想一下实例 3.39 的问题. 每个结果都有相同的概率. 现选择打开第一个箱子. 那么找到一只山羊（任何一只山羊）的概率是多少?

解 有 3 种结果，每一种的概率相同，其中 2 种结果可以找到山羊，所以概率是 2/3.

实例 3.42（Monty Hall 问题） 每个结果的概率相同. 现选择打开第一个箱子. 那么找到一辆汽车的概率是多少?

解 汽车所在位置有 3 种选择，每一种的概率相同，所以概率是 1/3.

实例 3.43（可区分山羊的 Monty Hall 问题） 每个结果的概率相同. 现选择打开第一个箱子. 那么找到一只母山羊的概率是多少?

解 使用前面实例的推理方法，但是用“母山羊”代替“汽车”，概率为 1/3 . 这个实例的要点是样本空间很重要. 如果关心的是山羊的性别，那么记录性别就很重要; 如果不关心性别，最好在样本空间中忽略它.

3.5.2 事件

实例 3.44（抽一张红 10） 对一副牌进行洗牌，然后从中抽一张牌. 这张牌是红 10 的概率是多少?

解 有 52 张牌，每一张都代表一个结果，其中有 2 个结果是红 10，因此概率为 $2/52 = 1/26$.

实例 3.45（连续生日问题） 现随机拦下三个人，问他们是星期几出生的. 他们是连续三天出生 (例如，第一个人是星期一出生，第二个是星期二，第三个是星期三，或者是星期六–星期日–星期一的顺序，等等) 的概率是多少?

解 假设出生在一周中的每一天的概率都一样. 结果空间由三天组成，每个结果的概率相同. 事件是连续 3 天的三元组的集合（它有 7 个元素，每个元素对应一个开始日）. 结果空间有 7^3 个元素，因此概率为

$$\begin{aligned}\frac{\text{事件结果的数目}}{\text{结果总数目}} &= \frac{7}{7^3} \\ &= \frac{1}{49}\end{aligned}$$

76

实例 3.46（相同生日问题） 现随机拦下两个人. 他们是一周的同一天出生的概率是多少?

解 第一个人出生的日子并不重要，第二个人生在那天的概率是 1/7，我们可以明确地计算要得到的结果

$$\begin{aligned}\frac{\text{事件结果的数目}}{\text{结果总数目}} &= \frac{7}{7 \times 7} \\ &= \frac{1}{7}\end{aligned}$$

实例 3.47（孩子 III） 这个例子是 Stirzaker 的 *Elementary Probability* 中例 1.12 的一个版本. 一对夫妇决定要孩子，直到每一种性别都有一个，或者有三个孩子，然后停止. 假设每次生育一个孩子，每次生育时孩子性别的概率是相等的. 设 $\mathcal{B}_i$ 表示有 i 个男孩，$\mathcal{C}$ 表示女孩比男孩多. 计算 $P(\mathcal{B}_1)$ 和 $P(\mathcal{C})$.

解 结果可记为 $\{GB, BG, GGB, GGG, BBG, BBB\}$. 如果像这样去考虑它们，无法简单地计算它们的概率; 所以再一次采用之前的实例中虚构诞生孩子的样本空间. 重要事件为 $\{GBb, GBg\}$、$\{BGb, BGg\}$、$\{GGB\}$、$\{GGG\}$、$\{BBG\}$、$\{BBB\}$. 因此有 $P(\mathcal{B}_1) = 5/8, P(\mathcal{C}) = 1/4$.

3.5.3 独立性

实例 3.48（孩子） 一对夫妇决定要两个孩子，性别在孩子出生时是随机、公平、独立地分配给他们的（模型必须抽象一点!）. 那么先生一个男孩，再生一个女孩的概率是多少?

解

$$P(\text{第一个是男孩} \cap \text{第二个是女孩}) = (1/2) \times (1/2) = 1/4$$

实例 3.49（程序集） 每隔一段时间在计算机上对进程进行取样. 记 $\mathcal{A}$ 表示事件“观察到程序 A 在样本中运行”，$\mathcal{B}$ 表示事件“观察到程序 B 在样本中运行”，$\mathcal{N}$ 表示事件“程序 C 在样本中表现不佳 (恶劣)”，且发现 $P(\mathcal{A}\cap\mathcal{N})=0.07$，$P(\mathcal{B}\cap\mathcal{N})=0.05$，$P(\mathcal{A}\cap\mathcal{B}\cap\mathcal{N})=0.04$，$P(\mathcal{N})=0.1$. 那么 $\mathcal{A}$ 和 $\mathcal{B}$ 有条件地独立于 $\mathcal{N}$ 吗？

解 计算过程很简单，可以得到 $P(\mathcal{A}|\mathcal{N})=0.7$，$P(\mathcal{B}|\mathcal{N})=0.5$，$P(\mathcal{A}\cap\mathcal{B}|\mathcal{N})=0.4$，因此 $P(\mathcal{A}\cap\mathcal{B}|\mathcal{N})\neq P(\mathcal{A}|\mathcal{N})P(\mathcal{B}|\mathcal{N})$，说明不是有条件独立的——有某种形式的相互作用.

77

实例 3.50（独立的测试结果） 现需要对一种罕见的疾病进行血液检查. 我们研究了重复实验的效果. 记 $\mathcal{S}$ 表示“病人生病了”，$\mathcal{D}_i^+$ 表示“第 i 次重复的测试结果呈阳性”，$\mathcal{D}_i^-$ 表示“第 i 次重复的测试结果呈阴性”. 可以发现 $P(\mathcal{D}^+|\mathcal{S})=0.8$，$P(\mathcal{D}^-|\overline{\mathcal{S}})=0.8$，$P(\mathcal{S})=10^{-5}$. 这种血液测试的特征是，如果重复测试，结果是有条件地独立于真实结果的，意味着 $P(\mathcal{D}_1^+\cap\mathcal{D}_2^+|\overline{\mathcal{S}})=P(\mathcal{D}_1^+|\overline{\mathcal{S}})P(\mathcal{D}_2^+|\overline{\mathcal{S}})$. 假设有一次、两次和十次测试呈阳性，那么每种情况下，生病的后验概率是多少？

解 现在要做两次阳性检查. 需要 $P(\mathcal{S}|\mathcal{D}_1^+\cap\mathcal{D}_2^+)$. 有

$$\begin{aligned}P(\mathcal{S}|\mathcal{D}_1^+\cap\mathcal{D}_2^+)&=\frac{P(\mathcal{D}_1^+\cap\mathcal{D}_2^+|\mathcal{S})P(\mathcal{S})}{P(\mathcal{D}_1^+\cap\mathcal{D}_2^+)}\\&=\frac{P(\mathcal{D}_1^+\cap\mathcal{D}_2^+|\mathcal{S})P(\mathcal{S})}{P(\mathcal{D}_1^+\cap\mathcal{D}_2^+|\mathcal{S})P(\mathcal{S})+P(\mathcal{D}_1^+\cap\mathcal{D}_2^+|\overline{\mathcal{S}})P(\overline{\mathcal{S}})}\\&=\frac{0.8\times0.8\times10^{-5}}{0.8\times0.8\times10^{-5}+0.2\times0.2\times(1-10^{-5})}\\&\approx1.6\times10^{-4}\end{aligned}$$

应该检查一下，一旦产生一个约 4×10^{-5} 的后验，十次测试会产生一个约 0.91 的后验. 但这不是重复测试的理由，相反，你应该把它看作测试结果的条件独立假设不合理的一个指示.

3.5.4 条件概率

实例 3.51（扑克牌游戏） 现在有两副 52 张的标准扑克牌. 一副已经均匀地洗牌了，另一副是连续 26 张黑牌和连续 26 张红牌. 从一副牌中抽出一张牌给你，结果是黑色的，那么你手里的牌来自洗好的牌中的后验概率是多少？

解 记 $\mathcal{S}$ 表示事件“扑克牌来自已经洗好的一副扑克牌中”，$\mathcal{B}$ 表示事件“你拿出来的是一张黑牌”. 我们想求解

$$\begin{aligned}P(\mathcal{S}|\mathcal{B})&=\frac{P(\mathcal{B}|\mathcal{S})P(\mathcal{S})}{P(\mathcal{B})}\\&=\frac{P(\mathcal{B}|\mathcal{S})P(\mathcal{S})}{P(\mathcal{B}|\mathcal{S})P(\mathcal{S})+P(\mathcal{B}|\overline{\mathcal{S}})P(\overline{\mathcal{S}})}\\&=\frac{(1/2)\times(1/2)}{(1/2)\times(1/2)+1\times(1/2)}\\&=1/3\end{aligned}$$

78

实例 3.52（发现一种常见疾病） 有一种疾病，其发生的概率为 0.4（即 40 % 的人口存在这种疾病）. 现有一个测试，可检测出疾病的概率为 0.6，并且产生假阳性的概率为 0.1. 如果测试呈阳性，求这种病的后验概率是多少？

解 记 $\mathcal{S}$ 表示事件“得病了”，$\mathcal{P}$ 表示事件“测试报告呈阳性”. 我们有

$$
\begin{aligned}
P(\mathcal{S}|\mathcal{P}) &= \frac{P(\mathcal{P}|\mathcal{S})P(\mathcal{S})}{P(\mathcal{P})} \\
&= \frac{P(\mathcal{P}|\mathcal{S})P(\mathcal{S})}{P(\mathcal{P}|\mathcal{S})P(\mathcal{S}) + P(\mathcal{P}|\overline{\mathcal{S}})P(\overline{\mathcal{S}})} \\
&= \frac{0.6 \times 0.4}{0.6 \times 0.4 + 0.1 \times 0.6} \\
&= 0.8
\end{aligned}
$$

请注意，如果这种疾病相当常见，那么即使是一个相当弱的测试也是有帮助的.

实例 3.53（得了哪种疾病？） 疾病 A 发生的概率为 0.1（即有 20 % 的人存在），疾病 B 发生的概率为 0.2. 注意，人们不可能同时患有两种疾病. 现在只有一个检测，对于疾病 A，结果为阳性的概率为 0.8；对于疾病 B，结果为阳性的概率为 0.5，患者无疾病的概率为 0.01. 如果检测结果是阳性，那么得这两种病或者无疾病的后验概率分别是多少？

解 记 $\mathcal{A}$ 表示事件“得了疾病 A”，$\mathcal{B}$ 表示事件“得了疾病 B”，$\mathcal{W}$ 表示事件“没有患病”，$\mathcal{P}$ 表示事件“测试报告呈阳性”. 现在想求解 $P(\mathcal{A}|\mathcal{P})$、$P(\mathcal{B}|\mathcal{P})$ 和 $P(\mathcal{W}|\mathcal{P}) = 1 - P(\mathcal{A}|\mathcal{P}) - P(\mathcal{B}|\mathcal{P})$. 我们有

$$
\begin{aligned}
P(\mathcal{A}|\mathcal{P}) &= \frac{P(\mathcal{P}|\mathcal{A})P(\mathcal{A})}{P(\mathcal{P})} \\
&= \frac{P(\mathcal{P}|\mathcal{A})P(\mathcal{A})}{P(\mathcal{P}|\mathcal{A})P(\mathcal{A}) + P(\mathcal{P}|\mathcal{B})P(\mathcal{B}) + P(\mathcal{P}|\mathcal{W})P(\mathcal{W})} \\
&= \frac{0.8 \times 0.1}{0.8 \times 0.1 + 0.5 \times 0.2 + 0.01 \times 0.7} \\
&\approx 0.43
\end{aligned}
$$

类似地，可得 $P(\mathcal{B}|\mathcal{P}) \approx 0.53$，$P(\mathcal{W}|\mathcal{P}) \approx 0.04$. 假阳性的低概率意味着阳性结果很可能来自某种疾病. 尽管该检测对疾病 B 并不是特别敏感，但 B 的发病率是 A 的两倍，这意味着阳性结果更有可能来自 B 而不是 A .

实例 3.54（欺骗还是精神力量？） 现在想研究一下精神力量. 首先将一个人蒙住眼睛，然后抛 10 次均匀硬币. 每次被测试的人都能正确地告知它是正面还是反面. 有三种可能的解释：偶然性、欺骗性或精神力量. 每一种解释取决于证据的后验概率是多少？

79

解 现在需要进行建模. 首先，必须选择合理的数字来表示偶然性 ($\mathcal{C}$)、欺骗性 ($\mathcal{F}$) 和精神力量 ($\mathcal{P}$) 的概率. 到目前为止，关于精神力量的可靠证据还很少，所以可以选择 $P(\mathcal{P}) = 2\epsilon$(其

中 ϵ 是一个非常小的数)，在 $\mathcal{C}$ 和 $\mathcal{F}$ 之间平均分配剩余概率. 记 $\mathcal{E}$ 表示测试对象正确地说出了均匀硬币的 10 次抛掷结果. 有 $P(\mathcal{E}|\mathcal{C}) = (1/2)^{10}$. 假设欺骗和精神力量是有效的，有 $P(\mathcal{E}|\mathcal{F}) = P(\mathcal{E}|\mathcal{P}) = 1$. 然后会有

$$\begin{aligned}
P(\mathcal{P}|\mathcal{E}) &= \frac{P(\mathcal{E}|\mathcal{P})P(\mathcal{P})}{P(\mathcal{E}|\mathcal{P})P(\mathcal{P}) + P(\mathcal{E}|\mathcal{C})P(\mathcal{C}) + P(\mathcal{E}|\mathcal{F})P(\mathcal{F})} \\
&= \frac{2\epsilon}{2\epsilon + (1/2)^{10} \times (0.5 - \epsilon) + (0.5 - \epsilon)} \\
&\approx 4\epsilon
\end{aligned}$$

并且 $P(\mathcal{F}|\mathcal{E})$ 接近于 1. 一般会检查眼罩的运作情况，这是此类实验中传统的失败点.

80

问题

结果

3.1 现投掷一个四面体骰子. 结果空间是多少？

3.2 国王 Lear 决定随机分配三个省份（1、2 和 3）给他的女儿（Goneril，Regan 和 Cordelia)，每个人分到一个省份. 结果空间是多少？

3.3 当你随机挥动苍蝇拍击打苍蝇时. 结果空间是多少？

3.4 你读了这本书，所以知道国王 Lear 有家庭问题. 结果他决定将两个省份给一个女儿，一个省份给另一个女儿，而没有省份给第三个女儿. 因为他是一个糟糕的问题解决者，所以他是随机决定的. 结果空间是多少？

结果概率

3.5 投掷一个均匀的四面体骰子，获得 3 的概率是多少？

3.6 现可以从已经进行洗牌的扑克牌中抽出一张纸牌，抽到红桃 K 的概率是多少？

3.7 轮盘赌有 36 个插槽，编号为 1~36. 在这些插槽中，奇数为红色，偶数为黑色. 有两个编号为零的插槽，它们为绿色. 旋转轮子，将球扔到表面上，球反弹并最终进入插槽（该插槽是公平、随机选择的）. 球落在插槽 2 中的概率是多少？

事件

3.8 在一所选定的大学中，1/2 的学生喝酒，1/3 的学生吸烟.

（a） 两者都不做的学生的最大的比例是多少？

（b） 事实证明，实际上有 1/3 的学生两者都不做. 两者都做的学生比例是多少？

81

通过计数来计算概率

3.9 假设 Ω 中的每个结果的概率相同. 在这种情况下，

$$P(\mathcal{E}) = \frac{\mathcal{E}\text{中的结果数目}}{\Omega\text{中的结果总数}}$$

3.10 掷一个均匀的四面体骰子，然后滚动一个均匀的六面体骰子. 将两个骰子上的数字相加，结果是偶数的概率是多少？

3.11 掷一个均匀的 20 面的骰子，得到偶数的概率是多少？

3.12 掷一个均匀的五面体骰子，得到偶数的概率是多少？

3.13 这个练习题要感谢 Amin Sadeghi. 现必须将四个球分到两个桶内. 有两个白色、一个红色和一个绿色的球.

（a） 对于每个球，可以随机、独立地选择一个桶，概率为 1/2. 证明每个桶里有一个彩球的概率是 1/2.

（b） 现在选择对这些球进行排序，以使每个桶中都有两个球. 可以均匀且随机地生成球的排列，然后将前两个球放在第一个桶中，将后两个球放置在第二个桶中. 证明有 16 个排列使得每个桶中只有一个彩球.

（c） 使用上一步的结果证明，使用该步骤的排序过程，每个桶中有彩球的概率为 2/3.

（d） 为什么两种分类过程会产生不同的结果？

事件的概率

3.14 将一枚均匀的硬币抛掷三次，出现 HTH（即正面、反面、正面）的概率是多少？

3.15 现可在已经进行洗牌的扑克牌中抽出一张纸牌.

（a） 抽到纸牌 K 的概率是多少？

（b） 抽到红桃的概率是多少？

（c） 抽到红色牌 (比如红桃、方块) 的概率是多少？

3.16 轮盘赌有 36 个插槽，编号为 1~36. 在这些插槽中，奇数为红色，偶数为黑色. 有两个编号为零的插槽，它们为绿色. 旋转轮子，将球扔到表面上，球反弹并最终进入插槽（该插槽是公平、随机选择的）.

（a） 球最终落入绿色插槽的概率是多少？

（b） 球最终落入偶数红色插槽的概率是多少？

（c） 球最终落入红色槽且数字可被 7 整除的概率是多少？

3.17 抛掷一枚均匀硬币三次，出现两次正面和一次反面的概率是多少？

3.18 从一副牌中拿走红桃 K，然后重新洗牌，再从中抽出一张牌.

（a） 抽到牌 K 的概率是多少？

（b） 抽到红桃的概率是多少？

82

3.19 从已经洗牌的扑克牌中抽出 4 张牌.

（a） 4 张牌都是同一花色的概率是多少？

（b） 4 张牌全是红色的概率是多少？

（c） 4 张牌都是不同花色的概率是多少？

3.20 掷三个均匀的六面体骰子，并且将数字相加. 结果是偶数的概率是多少？

3.21 掷三个均匀的六面体骰子，并且将数字相加. 结果是偶数且不被 20 整除的概率是多少？

3.22 从已经洗牌的扑克牌中抽出 7 张牌，抽出的牌中没有 A 的概率是多少？

3.23 证明 $P(\mathcal{A}-(\mathcal{B}\cup\mathcal{C}))=P(\mathcal{A})-P(\mathcal{A}\cap\mathcal{B})-P(\mathcal{A}\cap\mathcal{C})+P(\mathcal{A}\cap\mathcal{B}\cap\mathcal{C})$.

3.24 从标准的 52 张牌中抽取一张牌，抽到的是红色牌的概率是多少？

3.25 从标准的 52 张牌中拿走所有红桃牌，之后抽取一张牌.

(a) 抽到的是红色 K 的概率是多少？

(b) 抽到的是黑桃的概率是多少？

排列和组合

3.26 将一副标准的扑克牌洗匀，抽一手牌，共 10 张牌. 这一手牌有 5 张红色牌的概率是多少？

3.27 万智牌是一种很受欢迎的纸牌游戏. 牌可以是地牌，也可以是其他牌. 现考虑一个有两名玩家的游戏，每名玩家有 40 张牌，每名玩家各自洗牌，然后发 7 张牌，称为手牌.

(a) 假设一名玩家的牌中有 10 张地牌，第二名玩家的牌中有 20 张地牌. 每位玩家将以多大概率获得 4 张地牌？

(b) 假设一名玩家的牌中有 10 张地牌，第二名玩家的牌中有 20 张地牌. 那么第一名玩家手中有 2 张地牌，第二名玩家手中有 3 张地牌的概率是多少？

(c) 假设一名玩家的牌组中有 10 张地牌，第二名玩家有 20 张地牌. 那么第二名玩家手中拥有的地牌数多于第一名玩家的概率是多少？

3.28 前面的练习题将万智牌分为地牌和其他牌. 现在我们认识四种牌：地牌、法术牌、生物牌和神器牌. 考虑一个有两名玩家的游戏，每名玩家有 40 张牌，每名玩家各自洗牌，然后发 7 张牌，称为手牌.

(a) 假设玩家 1 的牌中有 10 张地牌、10 张法术牌、10 张生物牌和 10 张神器牌. 玩家 1 手中每种纸牌至少有一张的概率是多少？

(b) 假设玩家 2 的牌中有 20 张地牌、5 张法术牌、7 张生物牌和 8 张神器牌. 玩家 2 手中每种纸牌至少有一张的概率是多少？

(c) 假设玩家 1 的牌中有 10 张地牌、10 张法术牌、10 张生物牌和 10 张神器牌. 玩家 2 的牌中有 20 张地牌、5 张法术牌、7 张生物牌和 8 张神器牌. 至少有一名玩家手中每种纸牌至少有一张的概率是多少？

3.29 对一副标准的 52 张扑克牌进行洗牌. 计算至少有一对纸牌以增序（即 2 接着 3，或 3 接着 4，依此类推）依次排列的概率. 这并不是特别容易，但是概率比大多数人想象的要高. 这样可以让朋友大吃一惊，并通过此信息赚钱.

83

独立性

3.30 对于事件 $\mathcal{A}$，有 $P(\mathcal{A}) = 0.5$; 对于事件 $\mathcal{B}$，有 $P(\mathcal{B}) = 0.2$. 同时知道 $P(\mathcal{A} \cup \mathcal{B}) = 0.65$，那么 $\mathcal{A}$ 和 $\mathcal{B}$ 独立吗？

3.31 对于事件 $\mathcal{A}$，有 $P(\mathcal{A}) = 0.5$; 对于事件 $\mathcal{B}$，有 $P(\mathcal{B}) = 0.5$. 同时 $\mathcal{A}$ 和 $\mathcal{B}$ 独立，那么 $P(\mathcal{A} \cup \mathcal{B})$ 是多少？

3.32 将一副标准的扑克牌洗匀，并且拿走两个红色 K. 然后抽取一张牌.

(a) 事件 {抽出的牌为红色牌} 和事件 {抽出的牌为纸牌 Q} 是否独立？

(b) 事件 {抽出的牌为黑色牌} 和事件 {抽出的牌为纸牌 K} 是否独立？

3.33 抛掷一枚均匀硬币 7 次. 出现 3 次正面和 2 次反面的概率是多少？

3.34 一家航空公司对一带有 S 座的航班出售 T 张票，其中 $T > S$. 旅客独立上飞机，有机票的旅客上飞机的概率为 p_t. 飞行员是偏心的，只有在有 E 个乘客正好乘坐 $(E < S)$ 的情况下才会飞行. 写出飞行员起飞的概率表达式.

条件概率

3.35 投掷出两个均匀的六面体骰子. 在第一个骰子为偶数的条件下，两骰子的总和大于 3 的概率是多少？

3.36 假设事件 $\mathcal{B}$ 具有概率 ϵ，同时 $P(\mathcal{A}|\mathcal{B})=1$，$P(\mathcal{B}|\mathcal{A})=\epsilon/2$. 这样的概率分布存在吗？

3.37 将一副纸牌洗牌，拿走一张. 再从中抽出一张纸牌.

(a) 在拿走一张 K 的条件下，抽到红 K 的概率是多少？

(b) 在拿走一张红 K 的条件下，抽到红 K 的概率是多少？

(c) 在拿走一张黑 A 的条件下，抽到红 K 的概率是多少？

3.38 同花顺由五张牌组成，包括 A、K、Q、J 和同种花色的牌 10. 扑克玩家喜欢这手牌，但并不经常看到. 从标准扑克牌中抽出三张纸牌，分别是红桃 A、K、Q. 接下来抽出的两张牌有可能产生同花顺吗？(这是获得同花顺的条件概率，条件是前三张牌是红桃 A、K、Q.)

3.39 投掷一个均匀的五面体骰子和一个均匀的六面体骰子.

(a) 数字之和是偶数的概率是多少？

(b) 在六面体骰子产生奇数的条件下，数字总和为偶数的概率是多少？

3.40 拿起一副标准的扑克牌，洗牌，然后闭眼取出 13 张牌. 然后重洗剩下的 39 张牌，并抽出 3 张牌. 这 3 张中的每张都是红色. 闭眼取出的每张牌都是黑色的条件概率是多少？

3.41 万智牌是一种很受欢迎的纸牌游戏. 牌可以是地牌，也可以是其他牌. 现考虑一副 40 张的套牌，其中包含 10 张地牌和 30 张其他牌. 一名玩家有一副牌（40 张），闭眼取出 7 张牌. 然后随机选择其中一张牌，它是一张地牌.

(a) 7 张牌全部是地牌的条件概率是多少？

(b) 7 张牌只有一张地牌的条件概率是多少？

3.42 万智牌是一种很受欢迎的纸牌游戏. 牌可以是地牌，也可以是其他牌. 现考虑一副 40 张的套牌，其中包含 10 张地牌和 30 张其他牌. 一名玩家洗牌后，闭眼取出 7 张牌. 然后随机选择其中 3 张牌，3 张牌都是地牌.

(a) 7 张牌全部是地牌的条件概率是多少？

(b) 7 张牌中只有 3 张地牌的条件概率是多少？

3.43 从一副标准的扑克牌中随机拿走一张纸牌，再抽取一张纸牌. 记 $\mathcal{S}$ 表示“拿走的纸牌为 6”，$\mathcal{N}$ 表示“拿走的纸牌不为 6”. 记 $\mathcal{R}$ 表示“拿走的纸牌为红色牌”，$\mathcal{B}$ 表示“拿走的纸牌为黑色牌”.

(a) 记 $\mathcal{A}$ 表示“抽取的纸牌为 6”，$P(\mathcal{A}|\mathcal{S})$ 是多少？

(b) 记 $\mathcal{A}$ 表示“抽取的纸牌为 6”，$P(\mathcal{A}|\mathcal{N})$ 是多少？

(c) 记 $\mathcal{A}$ 表示“抽取的纸牌为 6”，$P(\mathcal{A})$ 是多少？

(d) 记 $\mathcal{D}$ 表示“抽取的纸牌为红 6”，$\mathcal{A}$ 与 $\mathcal{D}$ 独立吗？为什么？

(e) 记 $\mathcal{D}$ 表示“抽取的纸牌为红 6”，$P(\mathcal{D})$ 是多少？

3.44 一个学生参加多项选择测验，每个问题有 N 个答案. 如果学生知道问题的答案，则学生会给出正确的答案，否则将进行统一且随机的猜测. 学生知道 70% 的问题的答案. 记 $\mathcal{K}$ 表示“学生知道问题的答案”，$\mathcal{R}$ 表示“学生正确回答问题”.

(a) $P(\mathcal{K})$ 是多少？

(b) $P(\mathcal{R}|\mathcal{K})$ 是多少？

(c) 作为 N 的函数，$P(\mathcal{K}|\mathcal{R})$ 是多少？

(d) N 值取多少时能够确保 $P(\mathcal{K}|\mathcal{R})>99\%$？

3.45 记 $\mathcal{I}$ 表示“病人患病”，记 $\mathcal{R}$ 表示“检查报告病人患病”. 假设 $P(\mathcal{R}|\mathcal{I}^c)=0.1$，则有 $P(\mathcal{I}|\mathcal{R})=0.5$.

（a） 作为 $P(\mathcal{R}|\mathcal{I})$ 的函数，计算 $P(\mathcal{I})$，并作图.

（b） $P(\mathcal{I})$ 的最小可能值是多少？$P(\mathcal{R}|\mathcal{I})$ 是什么值时这种情况会发生？

（c） 现在假设 $P(\mathcal{R}|\mathcal{I})=0.99$，针对不同的 $P(\mathcal{R}|\mathcal{I}^c)$，绘制最小的 $P(\mathcal{I})$ 值.

Monty Hall 问题

3.46 规则 3 下的 Monty Hall 问题 如果主人使用规则 3，那么 $P(C_1|G_2, r_3)$ 是多少？通过条件概率来计算.

3.47 规则 4 下的 Monty Hall 问题 如果主人使用规则 4，并向你展示了 2 号门后面的山羊，那么 $P(C_1|G_2, r_4)$ 是多少？通过条件概率来计算.

85

第 4 章　随机变量与期望

我们有描述随机结果实验的机制，但主要关心随机的数字. 把一个数字与实验结果联系起来是很简单的. 结果是一个随机变量，这是一个有用的新想法. 随机变量随处可见. 例如，你在一次赌博中赢或输的钱是一个随机变量. 如果你反复下注，你可能会想，每次下注总共会转手多少钱. 这产生了一个新的有用的想法，随机变量的期望值.

期望值具有很好的特征. 当你知道一些期望值时，你可以得到各种概率的界. 这一现象与之前看到的数据的性质相似，数据集中并没有很大一部分偏离均值多倍标准差. 对计算机科学家来说，弱大数定律特别重要. 这条定律说明，多次重复下注的价值几乎肯定是期望价值. 除此之外，这一定律使得难以计算的期望值和概率的估计的运用模拟合法化. 结果证明这是非常有用的，因为模拟通常是容易编写的程序，并且通常可以代替相当讨厌的计算.

学习本章内容后，你应该能够做到：

- 解释随机变量的联合概率和条件概率的符号，特别是理解符号，如: $P(\{X\})$、$P(\{X=x\})$、$p(x)$、$p(x,y)$、$p(x|y)$.
- 解释概率密度函数 $p(x)$，例如 $P(\{X \in [x, x+\mathrm{d}x]\})$.
- 解释离散随机变量的期望值.
- 解释连续随机变量的期望值.
- 直接计算随机变量的期望值.
- 记住随机变量的均值、方差和协方差的表达式.
- 写出一个决策树.
- 运用弱大数定律.

4.1　随机变量

我们通常希望处理随机数. 可以把数字和实验结果联系起来. 定义一个随机变量:

定义 4.1（离散随机变量）　*给定一个样本空间 Ω、一个事件的集合 $\mathcal{F}$、一个概率函数 P、一组可数的实数集 $\mathcal{D}$，离散随机变量是一个函数，具有定义域 Ω 和值域 $\mathcal{D}$.*

这意味着无论得到任何结果 ω，都有一个数字 $X(\omega)$. P 将扮演一个重要的角色，首先给出一些例子.

例 4.1（硬币上的数字）　抛掷一枚硬币. 当硬币正面朝上时，将结果记为 1；当硬币反面朝上时，将结果记为 0. 这就是一个随机变量.

例 4.2（硬币上的数字）　抛掷一枚硬币 32 次. 当硬币正面朝上时，将结果记为 1；当硬币反面朝上时，将结果记为 0. 这会产生一个 32 位的随机数，这个随机数就是一个随机变量.

例 4.3（扑克玩家手中的对数） 抽一手五张牌. 这组牌中的对数是一个随机变量，其值为 0，1，2（取决于抽哪组牌）.

将离散随机变量转换为一组数字的函数也是离散随机变量.

例 4.4（抛掷硬币的奇偶校验） 掷硬币 32 次. 正面朝上时记录 1，反面朝上时记录 0. 这会产生一个 32 位随机数，它是一个随机变量. 这个数的奇偶性也是一个随机变量.

与随机变量 X 的任意值 x 相关联的是一系列事件. 最重要的是使得 $X(\omega)=x$ 的结果 ω 的集合，我们可以写作 $\{\omega : X(\omega)=x\}$，也可简写成 $\{X=x\}$，后文将运用这样的简写. 随机变量 X 取 x 值的概率由 $P(\{\omega : X(\omega)=x\})$ 给出，通常被写成 $P(\{X=x\})$. 有时写为 $P(X=x)$，而通常写为 $P(x)$. 你也可能对使得 $X(\omega)\leqslant x(\{\omega : X(\omega)\leqslant x\})$ 的结果 ω 的集合感兴趣，这里将写成 $X\leqslant x$，X 取小于或等于 x 值的概率由 $P=(\{\omega : X(\omega)\leqslant x\})$ 给出，通常被写作 $P(\{X\leqslant x\})$. 同样，你也可能对使得 $\{X(\omega)>x\}$ 的结果 ω 的集合感兴趣，等等.

定义 4.2（离散随机变量的概率分布） 离散随机变量的概率分布是对每个 X 可以取的值 x，满足 $P(\{X=x\})$ 的一组数字集合. 该分布在所有其他数字处取值为 0. 注意分布是非负的. 概率分布有时被称为概率质量函数.

定义 4.3（离散随机变量的累积分布） 离散随机变量的累积分布是对每个 X 可以取的值 x，满足 $P(\{X\leqslant x\})$ 的一组数字集合. 注意，这是 x 的非递减函数.

实例 4.1（硬币上的数字） 将不均匀的硬币抛掷 2 次. 抛掷是独立的. 硬币有两种结果 $P(H)=p$，$P(T)=1-p$. 当硬币正面朝上时记录 1，当硬币反面朝上时记录 0. 这产生了两位随机数字，这个随机变量取值有 0，1，2，3. 这个随机变量的概率分布和累积分布是什么？

解 概率分布: $P(0)=(1-p)^2$，$P(1)=(1-p)p$，$P(2)=p(1-p)$，$P(3)=p^2$. 累积分布: $f(0)=(1-p)^2$，$f(1)=(1-p)$，$f(2)=p(1-p)+(1-p)=1-p^2$，$f(3)=1$.

实例 4.2（投注硬币） 获得随机变量的一种方法是考虑下注的回报. 比如，下面的游戏. 抛硬币一次有两种结果 $P(H)=p$，$P(T)=1-p$. 如果硬币正面朝上，你支付我 q; 如果硬币反面朝上，我支付你 r. 转手的美元数是一个随机变量. 它的概率分布是什么？

解 从我的角度看这个问题. 如果硬币正面朝上，我得到 q; 如果反面朝上，我得到 $-r$. 于是有 $P(X=q)=p$ 和 $P(X=-r)=(1-p)$，其他的概率都是零.

88

4.1.1 随机变量的联合概率与条件概率

对事件所描述的所有概率概念都会转移到随机变量上. 这是应该的，因为随机变量实际上只是从事件中获取数字的一种方式. 但是，术语和符号有所变化.

定义 4.4（两个离散随机变量的联合概率分布） 假设有两个随机变量 X 和 Y. X 取 x 且 Y 取 y 的概率可以写成 $P(\{X=x\}\cap\{Y=y\})$. 通常把它写成

$$P(x,y)$$

称为两个随机变量的联合概率分布（或简称为联合概率分布）. 你可以把它看作一个概率表，每对 x 和 y 对应一个概率值.

我们将进一步简化符号. 通常，我们对随机变量感兴趣，而不是对潜在的任意结果或结果集感兴趣. 用 $P(X)$ 表示随机变量的概率分布，$P(x)$ 或 $P(X=x)$ 表示随机变量取特定值的概率. 这意味着

$$\begin{aligned} & P(\{X=x\} \mid \{Y=y\})P(\{Y=y\}) \\ = \; & P(\{X=x\} \cap \{Y=y\}) \end{aligned}$$

将被写作

$$P(x \mid y)P(y) = P(x,y)$$

回顾 3.4.1 节当中的规则:

$$P(\mathcal{A} \mid \mathcal{B}) = \frac{P(\mathcal{B} \mid \mathcal{A})P(\mathcal{A})}{P(\mathcal{B})}$$

对于随机变量，可以重写此规则. 这是贝叶斯法则最熟悉的一种形式，贝叶斯法则的定义如下:

定义 4.5（贝叶斯法则）

$$P(x \mid y) = \frac{P(y \mid x)P(x)}{P(y)}$$

随机变量有另一个有用的特征. 如果 $x_0 \neq x_1$，那么事件 $\{X=x_0\}$ 必然与事件 $\{X=x_1\}$ 不相容. 这意味着

$$\sum_x P(x) = 1$$

并且，对任意 y，

$$\sum_x P(x \mid y) = 1$$

（如果你对其中任何一点不确定，用事件的语言来检查它们.）

假设有两个随机变量 X 和 Y 的联合概率分布. 我们将 $P(\{X=x\} \cap \{Y=y\})$ 写作 $P(x,y)$. 现在考虑 y 的每个不同值的结果的集合 $\{Y=y\}$. 这些集合必须是不相容的，因为 y 不能同时取两个值. 此外，结果集 $\{X=x\}$ 的每个元素都必须是集合 $\{Y=y\}$ 中的一个. 于是有

89

$$\sum_y P(\{X=x\} \cap \{Y=y\}) = P(\{X=x\})$$

定义 4.6（随机变量的边际概率） $P(x,y)$ 为两个随机变量 X 和 Y 的联合概率分布.

$$P(x) = \sum_y P(x,y) = \sum_y P(\{X=x\} \cap \{Y=y\}) = P(\{X=x\})$$

被称为 X 的边际概率分布.

定义 4.7（独立随机变量） 如果事件 $\{X=x\}$ 和 $\{Y=y\}$ 对于所有值 x 和 y 都是独立的，则随机变量 X 和 Y 是独立的. 这意味着

$$P(\{X=x\} \cap \{Y=y\}) = P(\{X=x\})P(\{Y=y\})$$

也可以写作

$$P(x, y) = P(x)P(y)$$

实例 4.3（骰子的和与差） 投掷两枚骰子. 第一个骰子上的点数是一个随机变量（称之为 X），第二个骰子上的点数（Y）也是. X 和 Y 是相互独立的. 定义 $S = X + Y$ 和 $D = X - Y$. S 和 D 的概率分布是什么？

解 S 取值的范围是 $2, \cdots, 12$. 得到 $S = 2$ 只有一种途径，得到 $S = 3$ 有两种途径，依此类推. 将第 3 章中的方法运用于此，$[2, 3, 4, 5, 6, 7, 8, 9, 10, 11, 12]$ 的概率是 $[1, 2, 3, 4, 5, 6, 5, 4, 3, 2, 1]$ $/36$. 同样，D 取值的范围是 $-5, \cdots, 5$. 然后，我们运用实例 14.13 的方法，可得 $[-5, -4, -3, -2, -1, 0, 1, 2, 3, 4, 5]$ 的概率为 $[1, 2, 3, 4, 5, 6, 5, 4, 3, 2, 1]/36$.

实例 4.4（骰子的和与差） 对于实例 4.3 的情况，S 和 D 的联合概率分布是什么？

解 因为这是一张 11×11 的表格，所以看起来更有趣. 表中每项表示一对 S, D 值. 不能出现许多对 (例如，对于 $S = 2$，D 只能为零. 如果 S 为偶数，则 D 必须为偶数，依此类推). 你可以通过检查每一项来算出这张表，如表 4.1 所示.

表 4.1 实例 4.4 中 S（纵轴：标度 $2, \cdots, 12$）和 D（横轴：标度 $-5, \cdots, 5$）的联合概率分布表

$$\frac{1}{36} \times \begin{pmatrix} 0 & 0 & 0 & 0 & 0 & 1 & 0 & 0 & 0 & 0 & 0 \\ 0 & 0 & 0 & 0 & 1 & 0 & 1 & 0 & 0 & 0 & 0 \\ 0 & 0 & 0 & 1 & 0 & 1 & 0 & 1 & 0 & 0 & 0 \\ 0 & 0 & 1 & 0 & 1 & 0 & 1 & 0 & 1 & 0 & 0 \\ 0 & 1 & 0 & 1 & 0 & 1 & 0 & 1 & 0 & 1 & 0 \\ 1 & 0 & 1 & 0 & 1 & 0 & 1 & 0 & 1 & 0 & 1 \\ 0 & 1 & 0 & 1 & 0 & 1 & 0 & 1 & 0 & 1 & 0 \\ 0 & 0 & 1 & 0 & 1 & 0 & 1 & 0 & 1 & 0 & 0 \\ 0 & 0 & 0 & 1 & 0 & 1 & 0 & 1 & 0 & 0 & 0 \\ 0 & 0 & 0 & 0 & 1 & 0 & 1 & 0 & 0 & 0 & 0 \\ 0 & 0 & 0 & 0 & 0 & 1 & 0 & 0 & 0 & 0 & 0 \end{pmatrix}.$$

实例 4.5（骰子的和与差） 对于实例 4.3 的情况，X 和 Y 独立吗？S 和 D 独立吗？

解 X 和 Y 显然是独立的. 但是 S 和 D 不独立. 有多种方法可以得出此结论. 第一种方法是，如果你知道 $S = 2$，然后你就能精确地知道 D 的值; 但是如果你知道 $S = 3$，那么 D 可能是 1 或者是 -1. 这意味着 $P(S \mid D)$ 取决于 D，所以它们不独立. 另一种方法是，注意到表 4.1 作为矩阵的秩是 6，这意味着它不能是两个向量的外积.

90

实例 4.6（骰子的和与差） 对于实例 4.3 的情况，$P(S \mid D = 0)$ 是多少？$P(D \mid S = 11)$ 是多少？

解 你可以从表 4.1 中，或者根据第一种方法来求解. 如果 $D = 0$，S 可以取值 $2, 4, 6, 8, 10,$

12，每个值的条件概率都是 1/6. 如果 $S = 11$，D 可以取 1，或者 -1，每个值的条件概率为 1/2.

4.1.2 只是一个小的连续概率

随机变量取一组离散的数字 D 的值. 这使得基本的原理的描述更加简单，而且通常（但并不总是）足以进行模型构建. 有些现象更自然地被模拟成连续的——例如，人的身高、人的体重、遥远恒星的质量，等等. 给出连续空间上概率的一个完整的形式化描述是令人惊讶地棘手的，并且会涉及实践中不常遇到的问题.

这些问题是由两个相互关联的事实引起的: 实数有无穷的精度，你不能数实数. 一个连续的随机变量仍然是一个随机变量，并且伴随着随机变量带来的所有东西. 这里不会推测潜在的样本空间是什么，也不会推测潜在的事件. 这一切都可以解决，但需要一定的努力，这并不是特别有启发性. 最有趣的事情是指定概率分布. 不讨论实数取某一特定值的概率（大多数情况下不能有令人满意的结果），而是讨论它在某个区间内的概率. 因此，可以通过给出一组（非常小的）区间来指定一个连续随机变量的概率分布，并为每个区间提供随机变量位于该区间的概率.

最简单的方法是提供一个概率密度函数. 设 $p(x)$ 为连续随机变量 X 的概率密度函数（通常简称为 pdf 或密度）. 用小区间来解释这个函数. 假设 $\mathrm{d}x$ 是无穷小的区间，那么

$$p(x)\mathrm{d}x = P(\{X\text{取}[x, x + \mathrm{d}x]\text{范围内的值的事件}\})$$

91

概率密度函数的重要性质遵循这个定义.

有用的事实 4.1（概率密度函数的性质）

- 概率密度函数是非负的. 这是根据定义得出的. 某个 u 处的负值意味着 $P(\{x \in [u, u + \mathrm{d}u]\})$ 为负值，这是不可能发生的.
- 对于 $a < b$，

$$P(\{X\text{的取值范围是}[a, b]\}) = \int_a^b p(x)\mathrm{d}x$$

  通过求 a 和 b 之间所有无穷小区间上的 $p(x)\mathrm{d}x$ 的和得到.
- 一定有

$$\int_{-\infty}^{\infty} p(x)\mathrm{d}x = 1$$

  因为

$$P(\{X\text{的取值范围是}[-\infty, \infty]\}) = 1 = \int_{-\infty}^{\infty} p(x)\mathrm{d}x$$

性质

$$\int_{-\infty}^{\infty} p(x)\mathrm{d}x = 1$$

是很有用的. 因为当试图确定一个概率密度函数时，可以忽略一个常数因子. 因此，如果 $g(x)$ 是与概率密度函数（通常简称 pdf）成比例的非负函数，可以通过计算以下式子

$$p(x)=\frac{1}{\displaystyle\int_{-\infty}^{\infty}g(x)\mathrm{d}x}g(x)$$

来恢复 pdf，这个过程有时称为归一化，$\int_{-\infty}^{\infty}g(x)\mathrm{d}x$ 是归一化常数.

考虑 pdf 的一个好方法是作为直方图的极限. 假设你收集了任意大项数的数据集，每个数据项都是独立的. 你可以使用任意窄的框来构建该数据集的直方图. 缩放直方图，使框区域的总和为 1，结果就是一个概率密度函数.

pdf 并不表示随机变量取值的概率. 相反，你应该把 $p(x)$ 看作以下比率的极限（这就是为什么它被称为密度）：

$$\frac{\text{随机变量在以}x\text{为中心的小区间内的概率}}{\text{以}x\text{为中心的小区间的长度}}$$

注意，虽然 pdf 必须是非负的，并且必须收敛于 1，但它不必小于 1. 像这样的比率可以比 1 大很多，只要不是对于太多的 x 比 1 大很多（因为积分必须是 1）. 事实上，概率密度函数可以是特殊的函数（留作练习）.

实例 4.7（大于 1 的概率密度函数） 假设有一个能产生随机数的物理系统. 它能产生 $0\sim\epsilon$ 的数字，其中 $\epsilon>0$. 每个数字出现的概率相同. 任何大于或小于 0 的数字都不能出现. 概率密度函数是什么?

92

解 设概率密度函数为 $p(x)$. 于是必然有，当 $x<0$ 时，$p(x)=0$. 当 $x>\epsilon$ 时，$p(x)=0$. 并且当 $p(x)$ 在 $0\sim\epsilon$ 时是个常数并且

$$\int_{-\infty}^{\infty}p(x)\mathrm{d}x=1$$

于是有

$$p(x)=\begin{cases}0 & x<0\\ 0 & x>\epsilon\\ \dfrac{1}{\epsilon} & \text{其他}\end{cases}$$

注意，如果 $\epsilon<1$，对于所有的 x，有 $p(x)>1$.

注记 概率符号可能很奇怪. 通常，我们用 P 表示实际概率，用 p 表示概率密度. 这个论点，或者说上下文，应该告诉你概率分布是什么意思（即 $P(X)$ 可能指的是一个不同于 $P(Y)$ 的概率分布，这应该让一个熟悉虚拟变量的计算机科学家感到奇怪）. 由于离散随机变量的概率分布是概率的集合，遵循这一约定，这种概率分布必须用一个 P 来表示. 然而，对离散随机变量和连续随机变量使用不同的表示法会变得相当烦琐. 在应用领域中，通常为概率分布写一个 p，而密度分布还是分布取决于随机变量是连续的还是离散的. 但是，如果你想强调一个概率是

有意图的，你可以写 P. 本书将遵循这个惯例. 为了增加乐趣，你可能会遇到 $p(x)$，它的意思是"一些概率分布"，或是"概率分布 $P(\{X=x\})$ 在 x 点的值"，或是"概率分布 $P(\{X=x\})$ 作为 x 的函数". 只要稍做考虑，你通常可以弄清楚它的意图（作者的用法往往很不一致），上下文也可以帮助消除不同的意图的歧义. 累积分布通常写成 f，因此 $f(x)$ 可能意味着 $P(\{X=x\})$.

4.2　期望和期望值

实例 4.2 描述了一个简单的游戏. 抛掷一枚硬币，则有 $P(H)=p$，$P(T)=1-p$. 如果硬币正面朝上，你支付我 q；如果硬币反面朝上，我支付给你 r. 假设我们做很多次这个游戏，我们对概率的频数定义是在 N 次博弈中，我们期望看到正面朝上 pN 次和反面朝上 $(1-p)N$ 次. 反过来，这意味着我从这 N 次游戏中获得的总收入应该是 $(pN)q-((1-p)N)r$. 这个表达式中的 N 用起来很不方便，于是，我们可以说，对于任何一次游戏，我的预期收入是

$$pq-(1-p)r$$

这不是一个游戏的实际收入（实际收入可能是 q 或 $-r$，取决于硬币）. 它是对大量游戏中发生的事情的估计，是每场游戏的平均. 这就是一个期望值的例子.

4.2.1　期望值

定义 4.8（期望值）　给定一个取值于集合 $\mathcal{D}$ 的离散随机变量 X，它的概率分布为 P. 我们定义期望值如下：

93

$$E[x]=\sum_{x\in\mathcal{D}} xP(X=x)$$

有时也写作 $E_p[x]$，以此来明确分布.

请注意，期望值可以取随机变量不取的值.

例 4.5（投注硬币）　我们玩下面的游戏. 抛掷一枚分布均匀的硬币（也就是 $P(H)=P(T)=1/2$）. 如果硬币正面朝上，你支付我 1，如果硬币反面朝上，我支付你 1. 我的收入的期望值为 0，即使随机变量从来不会取 0.

实例 4.8（投注硬币）　我们玩下面的游戏. 抛掷一枚分布均匀的硬币（也就是 $P(H)=P(T)=1/2$）. 如果硬币正面朝上，你支付我 2；如果硬币反面朝上，我支付你 1. 这个游戏的期望值是多少?

解　我的收入的期望值是

$$\left(\frac{1}{2}\right)\times 2-\left(\frac{1}{2}\right)\times 1=\frac{1}{2}$$

注意，这甚至不是一个整数，而且任何游戏都不可能产生 1/2 的回报. 但如果我玩了很多次，就会得到这个.

你可能会觉得实例 4.8 中的游戏对我有利而对你不利. 你的想法是对的. 事实证明，一个更有力的说法是: 反复玩这个游戏对我来说是非常好的，对你来说是灾难性的. 要花上几页才能清楚地说出这里的意思以及为什么这是真的.

定义 4.9（期望值）　假设有一个函数 f，它将离散随机变量 X 映射成一组数字 $\mathcal{D}_f$ 的集合. $f(X)$ 也是一个离散随机变量，我们记作 F. 这个随机变量的期望值为

$$E[f]=\sum_{u\in\mathcal{D}_f}uP(F=u)=\sum_{x\in\mathcal{D}}f(x)P(X=x)$$

有时被称为"f 的期望". 计算期望值的过程有时被称为"接受期望". 有时写作 $E_P[f]$ 或 $E_{P(X)}[f]$，以此来明确分布.

也可以计算连续随机变量的期望值，尽管现在所有值的求和都变成了一个积分. 假设有一个概率密度函数是 $p(x)$ 的连续随机变量 X. 记住，将概率密度函数解释为，对于无穷小的区间 $\mathrm{d}x$，$p(x)\mathrm{d}x=P(\{X\in[x,x+\mathrm{d}x]\})$. 将 X 可以取的可能值的集合划分为以 x_i 为中心的宽度为 Δx 的小区间. 可以构造一个取 x_i 值的离散随机变量 $\hat{X}$，有 $P(\{\hat{X}=x_i\})\approx p(x_i)\Delta x$，这里用了近似符号因为 Δx 可能不是无穷小的.

现在把 $\hat{X}$ 的期望值记作 $E[\hat{X}]$. 于是有

$$E[\hat{X}]=\sum_{x_i}x_iP(x_i)\approx\sum_{x_i}x_ip(x_i)\Delta x$$

94

由于区间趋近于无穷小的区间，所以 $\hat{X}$ 趋近于 X（请想象具有无限窄框的直方图的图像）. 然后 $E[\hat{X}]$ 有一个极限，它是一个积分，并且定义了期望值. 于是有以下表达式.

定义 4.10（连续随机变量的期望值）　给定连续随机变量 X，它在集合 $\mathcal{D}$ 中取值，并且概率分布为 P，期望值定义如下：

$$E[X]=\int_{x\in\mathcal{D}}xp(x)\mathrm{d}x$$

有时写作 $E_p[X]$.

连续随机变量的期望值也可以是随机变量不取的值. 注意 $E[X]$ 符号的一个吸引人的特点；我们不需要确定 X 是一个离散的随机变量（在这里我们要写一个和）还是一个连续的随机变量（在这里我们要写一个积分）. 把和变成积分的推理也适用于连续随机变量的函数.

定义 4.11（连续随机变量的期望）　假设有一个函数 f，它将一个连续的随机变量 X 映射到一组数字 $\mathcal{D}_f$ 中. 那么 $f(X)$ 也是一个连续的随机变量，也就是 F. 这个随机变量的期望值是

$$E[f]=\int_{x\in\mathcal{D}}f(x)p(x)\mathrm{d}x$$

有时也被称为 f 的期望. 计算期望值的过程有时被称为"取期望值".

在某些情况下，期望值可能不存在. 积分必须存在并且是有限的，这样才能有意义地解释期望值，而这并不能保证对每个连续随机变量都成立. 如果遇到这个问题我们也无能为力，所以会忽略它.

你可以把期望看成是你对一个随机变量的操作. 随机变量是离散的还是连续的并不重要；这只是改变了计算期望值的方法. 这个运算的关键性质是它是线性的.

有用的事实 4.2（期望是线性的） 设 f，g 表示随机变量函数，则有

- $E[0]=0$.
- 对于任意常数 k，都有 $E[kf]=kE[f]$.
- $E[f+g]=E[f]+E[g]$.

这个概念写得相当紧凑. 这是因为随机变量的期望值的表达式 $E[X]$ 实际上是 $E[f]$ 的一个特例，只使用 f 的恒等式. 所以根据这个概念，也能得到 $E[X+Y]=E[X]+E[Y]$，等等.

4.2.2 均值、方差和协方差

95

有三个非常重要的有特殊名字的期望.

定义 4.12（均值或期望） 随机变量 X 的均值或期望是

$$E[X]$$

实例 4.9（抛硬币的均值） 抛掷一枚有偏硬币，$P(H)=p$. 如果硬币朝上，随机变量 X 的值为 1，否则为 0. 那么 X 的均值（即 $E[X]$）是多少?.

解

$$E[X]=\sum_{x\in D}xP(X=x)=1p+0(1-p)=p$$

定义 4.13（方差） 随机变量 X 的方差是

$$\text{var}[X]=E[(X-E[X])^2]$$

有用的事实 4.3（方差的性质）

- 对于任意实数 k，$\text{var}[k]=0$.
- $\text{var}[X]\geqslant 0$.
- $\text{var}[kX]=k^2\text{var}[X]$.
- 如果 X 和 Y 独立，那么 $\text{var}[X+Y]=\text{var}[X]+\text{var}[Y]$.

前三个很明显，而第四个的证明将留作课后练习.

有用的事实 4.4（方差的表达式）

$$\begin{aligned}\text{var}[X]&=E[(X-E[X])^2]\\&=E[(X^2-2XE[X]+E[X]^2)]\\&=E[X^2]-2E[X]E[X]+(E[X])^2\\&=E[X^2]-(E[X])^2\end{aligned}$$

实例 4.10（抛硬币的方差） 抛掷一枚有偏硬币，$P(H) = p$. 当硬币正面朝上时，随机变量 X 取 1，否则取 0. 那么 X 的方差是多少？

解

$$\text{var}[X] = E[(X - E[X])^2] = E[X^2] - (E[X])^2 = (1p - 0(1-p)) - p^2 = p(1-p)$$

96

实例 4.11（方差） 随机变量会出现 $E[X] > \sqrt{E[X^2]}$ 这种情况吗?

解 不会，因为上式意味着 $E[(X - E[X])^2] < 0$. 但是这是一个非负量的期望值，它必须是非负的.

实例 4.12（更多的方差） 既然随机变量不会出现 $E[X] > \sqrt{E[X^2]}$. 但又很容易出现均值大、方差小的情况，这不是矛盾吗?

解 不,你混淆了概念. 你的问题是你认为 X 的方差是由 $E[X^2]$ 得出的,但实际上 $\text{var}[X] = E[X^2] - E[X]^2$.

假设有一个概率分布 $P(X)$，其定义域为离散数字的集合. 有一个随机变量产生了这个概率分布. 这意味着可以讨论概率分布 P 的均值（而不是概率分布为 $P(X)$ 的随机变量的均值）. 我们通常会讨论概率分布的均值. 此外，可以讨论概率分布 P 的方差（而不是概率分布为 $P(X)$ 的随机变量的方差）.

定义 4.14（协方差） *两个随机变量 X 和 Y 的协方差为*

$$\text{cov}(X, Y) = E[(X - E[X])(Y - E[Y])]$$

有用的事实 4.5（协方差的表达式）

$$\begin{aligned}
\text{cov}(X, Y) &= E[(X - E[X])(Y - E[Y])] \\
&= E[(XY - YE[X] - XE[Y] + E[X]E[Y])] \\
&= E[XY] - 2E[Y]E[X] + E[X]E[Y] \\
&= E[XY] - E[X]E[Y]
\end{aligned}$$

有用的事实 4.6（独立随机变量的协方差为零）

- 如果 X 和 Y 相互独立，则 $E[XY] = E[X]E[Y]$.
- 如果 X 和 Y 相互独立，则 $\text{cov}(X, Y) = 0$.

如果第一个是正确的，那么第二个显然也是正确的（应用有用的事实 4.5 的表达式）.

97

命题 *如果 X 和 Y 是两个相互独立的随机变量，则 $E[XY] = E[X]E[Y]$.*

证明 $E[X]=\sum_{x\in D}xP(X=x)$

$$
\begin{aligned}
\text{于是 } E[XY] &= \sum_{(x,y)\in D_x\times D_y} xyP(X=x,Y=y) \\
&= \sum_{x\in D_x}\sum_{y\in D_y}(xyP(X=x,Y=y)) \\
&= \sum_{x\in D_x}\sum_{y\in D_y}(xyP(X=x)P(Y=y)) \\
&= \sum_{x\in D_x}\sum_{y\in D_y}(xP(X=x))(yP(Y=y)) \\
&= \Big(\sum_{x\in D_x}xP(X=x)\Big)\Big(\sum_{y\in D_y}yP(Y=y)\Big) \\
&= (E[X])(E[Y])
\end{aligned}
$$

当 X 和 Y 不独立时，这肯定不成立（试试 $Y=-X$）.

有用的事实 4.7（方差作为协方差）

$$\text{var}[X]=\text{cov}(X,X)$$

（用定义证明）.

随机变量的方差通常不方便使用，因为它的单位是随机变量单位的平方. 但是，我们可以使用标准差.

定义 4.15（标准差） 随机变量 X 的标准差为

$$\text{std}(\{X\})=\sqrt{\text{var}[X]}$$

计算标准差时需要小心，如果 X 和 Y 是两个相互独立的随机变量，那么 $\text{var}[X+Y]=\text{var}[X]+\text{var}[Y]$，但是 $\text{std}(\{X+Y\})=\sqrt{\text{std}(\{X\})^2+\text{std}(\{Y\})^2}$. 避免混淆的一个方法是记住方差是相加的，并从中导出标准差的表达式.

4.2.3 期望和统计

现在已经分别以两种稍微不同的方式使用了均值、方差、协方差和标准差. 1.3 节中阐述的每个术语的一种含义描述了数据集的一个属性. 这些被称为描述性统计. 另一个意义，如上所述，是概率分布的一个性质. 这就是所谓的期望. 对两个概念使用一个名称的原因是，概念并没有完全不同.

98

这里用一个有用的结构来说明这一点. 假设有一个 N 个项的数据集 $\{x\}$，其中第 i 个项是 x_i. 通过在每个数据项上放置相同的概率，使用此数据集构建一个随机变量 X. 这意味着每个

数据项的概率为 $1/N$. 此分布的期望为 $E[X]$，我们有

$$E[X] = \sum_i x_i P(x_i) = \frac{1}{N}\sum_i x_i = \text{mean}(\{x\})$$

同样，

$$\text{var}[X] = \text{var}(\{x\})$$

这个结构也适用于标准差和协方差. 对于这种特殊分布（有时称为经验分布），期望值与描述性统计值具有相同的值.

在 4.3.4 节中，我们将看到与此事实相反的一种形式. 假设有一个数据集，由来自一个概率分布的独立、相同分布的样本组成（即知道每个数据项都是从分布中独立获得的）. 例如，可能会在一些硬币抛掷实验中对每个硬币的正面出现的次数进行计数. 然后，描述性统计将证明是对预期的准确估计.

4.3 弱大数定律

假设你看到一个随机变量的重复值. 例如，设 X 为随机变量，如果一枚硬币出现正面（概率为 p），则值为 1; 如果出现反面，则值为 -1. 抛掷硬币 N 次，正面记 1，反面记 -1. 凭直觉，通过下面的论证，这些数字的平均值应该是对 $E[X]$ 值的一个很好的估计. 你应该看到 1 约 pN 次，-1 约 $(1-p)N$ 次. 所以平均值应该接近 $p-(1-p)$，也就是 $E[X]$. 此外，凭直觉，随着抛掷次数的增加，这个估计值会更准确.

这些直觉是正确的. 你可以通过实验准确估计期望值. 这非常有用，因为这意味着你可以使用非常简单的程序来估计用任何其他方式可能需要大量工作才能获得的值. 大多数人觉得这类事情应该是很自然的，并且这很容易证明.

4.3.1 独立同分布样本

首先，我们要明白要对什么求均值. 想象一下通过抛一枚硬币得到一个随机变量 X，H 报告为 1，T 报告为 -1. 我们可以讨论这个随机变量的概率分布 $P(X)$，也可以讨论随机变量的期望值，但是随机变量本身没有值. 然而，如果真的抛硬币，要么得到 1，要么得到 -1. 观测值的过程有时被称为实验. 结果值通常称为随机变量（或其概率分布）的样本，有时称为实现. 所以抛硬币是一种实验，得到的数字是一个样本. 如果抛硬币很多次，就会得到一组数字（或样本）. 这些数字将是独立的. 它们的直方图看起来像 $P(X)$. 像这样的数据项集合非常重要，足以拥有自己的名称.

假设有一组数据项 x_i，满足（a）它们是独立的；（b）数据项的一个非常大的集合的直方图，随着数据项数目的增加越来越像概率分布 $P(X)$. 那么就将这些数据项称为 $P(X)$ 的独立同分布样本，简而言之，是 IID 样本，甚至只是样本. 值得一提的是，从给定的概率分布中获取独立同分布样本非常困难. 对于我们将要处理的所有案例，如何获得 IID 样本将是显而易见的.

假设你取了 N 个独立同分布样本，然后对其求均值. 弱大数定律指出，当 N 变大时，这个平均值越来越接近 $E[X]$. 这一事实允许我们通过模拟来估计期望（以及概率）. 此外，它将允许我们对具有随机结果的重复博弈的表现做出强有力的论断. 最后，利用它能够建立一个决策理论.

99

4.3.2 两个不等式

为了更进一步，我们需要两个有用的不等式. 考虑

$$E[|X|] = \sum_{x \in D} |x| P(\{X = x\})$$

现在注意，和式的所有项都是非负的. 那么，$E[|X|]$ 有一个较小值的唯一方法是确保当 $|x|$ 很大时，$P(\{X = x\})$ 很小. 结果证明这是可能的（而且很有用!），更明确地说，随着 $|x|$ 的增长，$P(\{X = x\})$ 下降的速度会有多快，从而导致马尔可夫不等式（我将在下面证明）.

定义 4.16（马尔可夫不等式）　马尔可夫不等式为

$$P(\{|X| \geqslant a\}) \leqslant \frac{E[|X|]}{a}$$

注意，我们以前见过这样的情况（关于标准差的结果，见 1.3.2 节）. 这值得证明的原因是它引出了第二个结果，并且给出了弱大数定律. 很明显，随机变量取某一特定值的概率必须随着该值偏离均值（单位为标准差）而迅速下降. 这是因为一个随机变量的值如果超过均值很多倍标准差，其概率就很低；否则，这些值出现的频率会更高，因此标准差就会更大. 引出的结果是切比雪夫不等式，将在下面证明.

定义 4.17（切比雪夫不等式）　切比雪夫不等式为

$$P(\{|X - E[X]| \geqslant a\}) \leqslant \frac{\mathrm{var}[X]}{a^2}$$

我们通常看到另一种形式，即用 σ 代替 X 的标准差，用 $k\sigma$ 代替 a，然后整理得

$$P(\{|X - E[X]| \geqslant k\sigma\}) \leqslant \frac{1}{k^2}$$

这里需要注意一下切比雪夫不等式，因为它给出了弱大数定律.

4.3.3 不等式的证明

示性函数是当某个条件为真时为 1、否则为零的函数. 示性函数之所以有用，是因为它们的预期值具有有趣的属性.

定义 4.18（示性函数）　事件的示性函数是一个函数，在不发生事件时，x 的值取 0，在发生事件时取 1. 对于事件 ε，记

$$\mathbf{I}_{[\varepsilon]}(x)$$

100

为示性函数.

定义中使用了一个小 x，因为这是一个函数，参数不需要是随机变量. 你应该将示性函数视为测试其参数的值以判断它是否位于事件中，并相应地报告 1 或 0. 例如，

$$\mathbf{I}_{[\{|x|\}\leqslant a]}(x)=\begin{cases}1 & -a<x<a\\ 0 & \text{其他}\end{cases}$$

示性函数有个有用的性质：

$$E_p[\mathbf{I}_{[\varepsilon]}]=P(\varepsilon)$$

你可以通过期望的定义来证明它.

命题 马尔可夫不等式: 对于一个随机变量 X，当 $a>0$ 时，

$$P(\{|X|\geqslant a\})\leqslant\frac{E[|X|]}{a}$$

证明（来自维基百科） 注意，当 $a>0$ 时，

$$a\mathbf{I}_{[\{|X|\geqslant a\}]}(X)\leqslant|X|$$

（因为若 $|X|\geqslant a$，则 LHS 是 a; 否则是 0.）现在有

$$E[a\mathbf{I}_{[\{|X|\geqslant a\}]}]\leqslant E[|X|]$$

但是，由于期望是线性的，因此有

$$E[a\mathbf{I}_{[\{|X|\geqslant a\}]}]=aE[\mathbf{I}_{[\{|X|\geqslant a\}]}]=aP(\{|X|\geqslant a\})$$

于是

$$aP(\{|X|\geqslant a\})\leqslant E[|X|]$$

由于 $a>0$，因此两边同时除以 a 即可得到不等式.

命题 切比雪夫不等式: 对于一个随机变量 X，当 $a>0$ 时，

$$P(\{|X-E[X]|\geqslant a\})\leqslant\frac{\operatorname{var}[X]}{a^2}$$

证明 把随机变量 $(X-E[X])^2$ 记作 U. 由马尔可夫不等式知，

$$P(\{|U|\geqslant w\})\leqslant\frac{E[|U|]}{w}$$

注意到，如果 $w=a^2$，

$$P(\{|U|\geqslant w\})=P(\{|X-E[X]|\geqslant a\})$$

于是有

$$P(\{|U| \geqslant w\}) = P(\{|X - E[X]| \geqslant a\}) \leqslant \frac{E[|U|]}{w} = \frac{\text{var}[X]}{a^2}$$

101

4.3.4 弱大数定律的定义

假设有一组来自概率分布 $P(X)$ 的 N 个独立同分布样本 x_i. 记

$$X_N = \frac{\sum_{i=1}^{N} x_i}{N}$$

是一个随机变量 (x_i 是独立同分布样本，对于不同的样本集，你将得到不同的随机变量 X_N). 注意 $P(X = x_1, X = x_2, \cdots, X = x_n) = P(X = x_1)P(X = x_2)\cdots P(X = x_n)$，因为这些样本是独立的，每个都是 $P(X)$ 的样本. 这意味着

$$E[X_N] = E[X]$$

因为

$$E[X_N] = \left(\frac{1}{N}\right) \sum_{i=1}^{N} E[X]$$

这意味着

$$\frac{\sum_{i=1}^{N} x_i}{N}$$

是 $E[X]$ 的精确估计. 弱大数定律表明，当 N 变大时，估计会变得更精确.

定义 4.19（弱大数定律） 如果 $P(X)$ 具有有限方差，则对于任何正数 ϵ，有

$$\lim_{N \to \infty} P(\{|X_N - E[X]| \geqslant \epsilon\}) = 0$$

同样，有

$$\lim_{N \to \infty} P(\{|X_N - E[X]| < \epsilon\}) = 1$$

命题 弱大数定律

$$\lim_{N \to \infty} P(\{|X_N - E[X]| \geqslant \epsilon\}) = 0$$

证明 记 $\text{var}(\{X\}) = \sigma^2$. 选择 $\epsilon > 0$，有

$$\text{var}(\{X_N\}) = \text{var}\left(\left\{\frac{\sum_{i=1}^{N} x_i}{N}\right\}\right)$$

$$= \left(\frac{1}{N^2}\right)\operatorname{var}\left(\left\{\sum_{i=1}^{N} x_i\right\}\right)$$

$$= \left(\frac{1}{N^2}\right)(N\sigma^2)(x_i\text{是独立的})$$

$$= \frac{\sigma^2}{N}$$

并且

$$E[X_N] = E[X]$$

102

根据切比雪夫不等式有

$$P(\{|X_N - E[X]| \geqslant \epsilon\}) \leqslant \frac{\sigma^2}{N\epsilon^2}$$

于是

$$\lim_{N\to\infty} P(\{|X_N - E[X]| \geqslant \epsilon\}) = \lim_{N\to\infty} \frac{\sigma^2}{N\epsilon^2} = 0$$

弱大数定律给出了一种非常有价值的思考期望的方法. 假设有一个随机变量 X，由弱大数定律知，如果你观察到这个随机变量的大量 IID 样本，那么你观察到的值的均值应该非常接近 $E[X]$. 这个结果非常有用. 下一节将探讨一些应用. 弱大数定律允许通过观察随机行为来估计期望 (以及概率，即示性函数的期望). 弱大数定律可以用来建立决策理论.

4.4　弱大数定律应用

4.4.1　你应该接受下注吗

我们不能把这个问题作为一个道德问题来回答，但可以把它作为一个实际问题，用期望来回答. 一般来说，赌注包括一项协议，即根据实验结果，资金数额将易手. 大多数情况下，你感兴趣的是从下注中得到多少钱，所以很自然地给你得到的钱一个正的符号，给你付出的钱一个负的符号. 弱大数定律说，如果你多次重复下注，则每次下注你会越来越有可能获得预期的下注价值. 根据这一惯例，实际的答案很简单: 如果赌注的预期价值为正，就热情地接受它；否则就拒绝它. 有趣的是，注意到这个建议对人类实际行为的描述是多么糟糕.

实例 4.13（红或黑）　在一个轮盘赌的轮盘上（如果你记不清这些轮盘是如何工作的，请看符号与约定的背景信息部分），你可以（除其他外）赌一个红色的数字或黑色的数字. 如果你在红色上下注 1，出现一个红色数字，你就保留赌注，得到 1; 如果出现一个黑色数字或零，你就得到 -1（即庄家保留你的赌注）. 在一个标记为 1、2 和 3 个零的轮盘上下注 1 的期望值是多少?

解　记 p_r 为一个红色数字出现的概率. 期望值是 $1\times p_r + (-1)(1-p_r)$ 等于 $2p_r - 1$. 对于 1 个零，$p_r =$（红色数字的数目）/（所有数字的总和）18/37. 所以期望值是 $-1/37$（每次下注

1 美元，你会损失大约 3 美分）. 对于 2 个零，$p_r = 18/38$. 因此，预期值是 $-2/38 = -1/19$（每次下注 1 美元，你会损失 5 美分多一点）. 对于 3 个零，$p_r = 18/39$. 因此，预期值是 $-3/39 = -1/13$（每次下注 1 美元，你的损失略低于 8 美分）.

注意，在轮盘赌游戏中，你损失的钱将归庄家所有. 所以庄家的期望值只是你期望值的负值. 你可能不经常转轮盘，但是当有很多玩家的时候，庄家经常转轮盘. 弱大数定律意味着一个有很多玩家的庄家可以依靠每美元赌注收入 3、5 或 8 美分，这取决于轮盘上的 0 的数量. 这部分解释了为什么附近有很多轮盘赌，而且通常提供免费食物. 不过，并不是所有的赌注都是这样的.

实例 4.14（硬币游戏） 在这个游戏中，P1 抛掷一枚硬币，并且 P2 猜“H”或“T”. 如果 P2 说对了，那么 P1 将硬币扔入河中; 否则，P1 继续拿着硬币. 硬币属于 P1，并且得到值 1. 这个游戏中 P2 和 P1 的期望值分别是多少?

103

解 对于 P2，首先这样做，因为这是最简单的: P2 猜对时获取 0，P2 猜错时获取 0，这是唯一的情况，因此期望值为 0. 对于 P1: 如果 P2 猜对，P1 得到 -1，如果 P1 猜错，则得到 0. 硬币是均匀的，所以 P2 说正确的概率是 1/2. 期望值为 $-1/2$. 虽然无法解释为什么人们会玩这样的游戏，但实际上已经看到了这一点.

当期望值为 0 时，称之为公平下注. 以负预期值下注是不明智的，因为平均来说，你会赔钱. 更糟的是，你玩的次数越多，你输的就越多. 同样，反复押注期望值为正的股票是可靠的盈利方式. 但是，确实需要在计算期望值时小心.

实例 4.15（连续生日） P1 和 P2 同意以下打赌. P1 给 P2 一个 1 的赌注. 在街上随机拦住三个人，如果有连续生日（即周一–周二–周三，等等），那么 P2 给 P1 100. 否则，P1 失去赌注. 对 P1 来说，赌局的期望值是多少?

解 设 P1 赢的概率为 p. 那么期望值是 $p \times 100 - (1-p) \times 1$. 我们在例 3.45 中计算过 p（它等于 1/49）. 因此，对 P1，这个赌局是值得的（52/49），或略高于 1 美元. P1 应该很乐意打赌.

P2 同意像实例 4.15 那样下注的原因很可能是 P2 不能准确计算概率. P2 认为这个事件不太可能发生，所以预期值是负的，但它不像 P2 想象的那么不可能，这就是 P1 盈利的方式. 这是你应该小心接受陌生人下注的众多原因之一：他们的计算能力可能比你强.

4.4.2 赔率、期望与博彩：文化转向

赌徒有时使用的术语与我们的有点不同. 特别是，赔率这个词很重要. 这一术语来源于以下想法: P1 付给庄家 b（赌注）下注；如果下注成功，P1 得到 a 并将赌注收回；如果下注没有成功，则失去原始赌注. 这个赌注被称为“a 到 b 的赔率”.

假设赌注是公平的，所以期望值为 0. 设 p 为赢的概率. P1 的净收入为 $ap - b(1-p)$. 如果这是 0，那么 $p = b/(a+b)$. 所以你可以用概率来解释赔率，如果你认为下注是公平的.

庄家设定接受赌徒下注的赔率. 博彩公司不希望在这项业务上亏损，因此必须设定可能盈利的赔率. 这样做并不简单（博彩公司可能（偶尔也会）损失严重，然后倒闭）. 在最简单的情

况下，假设庄家知道某个赌注获胜的概率 p. 然后庄家可以设定 $(1-p)/p$ 的赔率. 在这种情况下，下注的期望值为 0. 这是公平的，但不具有吸引力，因此庄家将设定赔率，假设这个概率比实际情况高一点. 还有其他的博彩公司，所以博彩公司有理由试图设定接近公平的赔率.

在某些情况下，你可以判断出你在与一个可能很快就倒闭的庄家打交道. 例如，假设一场比赛中有两匹马在跑，两匹马的赔率都是 10: 1，不管发生什么，你可以通过在每匹马身上下注 1 来获胜. 这种现象有一个更普遍的说法. 假设下注的是赛马，并且下注只对获胜的马有回报. 同时假设只有一匹马会赢（即比赛不会中断，没有任何平局等），并将第 i 匹马获胜的概率写成 p_i. 那么

$$\sum_{i\in \text{马}} p_i$$

必须为 1. 现在，如果庄家的赔率产生一组小于 1 的概率，他们的生意就应该失败，因为至少有一匹马让他们付出了太多. 博彩公司通过使赔率满足 $\sum_{i\in \text{马}} p_i$ 大于 1 来处理这一可能性.

104

但这并不是博彩公司必须解决的唯一问题. 庄家实际上并不知道某匹马获胜的概率，必须考虑这一估计中的误差一种方法是尽可能多地收集信息（与马夫、骑师等交谈）. 另一种方法是看已经下注的模式. 如果庄家和赌徒就每匹马获胜的概率达成一致，那么选择这一匹马而不是另一匹马就不应该有预期的优势——每匹马给赌徒的赔付略小于零（否则庄家不吃东西）. 但是，如果庄家低估了某匹马获胜的概率，赌徒可以通过赌这匹马而获得预期的正收益. 这意味着，如果某匹马从投注者那里吸引了大量资金，那么庄家最好不要对那匹马提供太多的赔率. 有两个原因：第一，投注者可能知道庄家不知道的事情，并且信号明显；第二，如果这匹马的赌注很大，而且它赢了，则庄家可能没有足够的资本来支付或继续经营. 所有这一切都意味着，真正的博彩业是一项复杂、技术娴熟的行业.

4.4.3　提前结束比赛

想象一下，两个人正在玩一个赌注的游戏，但必须提前停止，每个人应该得到多少赌注？一种做法是给每个玩家他们在开始时下的赌注，但是如果一个玩家比另一个有优势，这就稍显不公平. 另一种选择是给每个玩家在该状态下游戏的期望值. 有时人们可以很容易地计算显出这种期望.

实例 4.16（提前结束比赛）　两个玩家每人付 25 玩下面的游戏. 他们抛一枚均匀硬币. 如果正面朝上，玩家 H 赢；如果反面朝上，玩家 T 赢. 第一个达到 10 胜的玩家将获得 50 的赌注. 但是当达到状态 8:7（H:T）的时候，一个玩家被叫走了——应该如何分配赌注?

解　在这种状态下，每个玩家要么赢了得 50，要么输了得 0. H 的期望是 $50P(\{8{:}7\ \text{下H赢}\}) + 0P(\{8{:}7\ \text{下T赢}\})$，所以我们需要计算 $P(\{8{:}7\ \text{下H赢}\})$. 类似地，T 的期望是 $50P(\{8{:}7\ \text{下T赢}\}) + 0P(\{8{:}7\ \text{下H赢}\})$，所以我们需要计算 $P(\{8{:}7\ \text{下T赢}\})$，但 $P(\{8{:}7\ \text{下T赢}\}) = 1 - P(\{8{:}7\ \text{下H赢}\})$. 现在，计算 $P(\{8{:}7\ \text{下T赢}\})$ 的胜率稍微容易一些，因为 T 只能以两种方式获胜：8:10 或 9:10. 这些都是独立的. 为了让 T 以 8:10 赢，接下来的三次抛掷必须都是 T，所以该事件的概率为 1/8. 为了让 T 以 9:10 赢，接下来的四次抛掷必须有一个 H，但最后一次抛

掷结果可能不是 H（否则 H 获胜）. 所以接下来的四次抛掷可以是 HTTT、THTT 或 TTHT. 概率是 3/16. 这意味着 T 获胜的总概率是 5/16. 所以 T 应该得到 15.625，H 应该得到其余的（尽管他们可能不得不为奇数的半美分抛掷）.

4.4.4 用决策树和期望做决策

假设必须选择一个动作. 一旦做出选择，一系列随机事件就会发生，我们就有可能得到奖励. 应该选择哪种行动? 一个好的答案是选择预期效果最好的行动. 如果我反复遇到这种情况，由弱大数定律知，选择除预期结果最好的行动外的任何其他行动是不明智的. 如果做出的选择仅仅比最好的略差一点，确实会做得更差. 这是一个非常常见的方法，它可以应用于许多情况. 通常，奖励是金钱，但并不总是这样，我们将用金钱来计算前几个例子的奖励.

对于此类问题，绘制决策树是很有用的. 决策树是对决策可能产生的结果的一种绘制，它使成本、收益和随机因素变得明确. 树的每个节点代表一个属性的检验（可以是一个决策，也可以是一个随机变量），每条边代表一个检验的可能结果. 最后的结果是树叶. 通常，决策节点被画成正方形，机会元素被画成圆形，叶子被画成三角形.

105

实例 4.17（接种疫苗） 接种一种常见病的疫苗要花 10 美元. 如果你接种了疫苗，你得这种病的概率是 10^{-7}. 如果没有，概率是 0.1. 这种疾病是令人不快的，0.95 的概率，你将体验到花费 1000 美元的疾病（例如卧床几天），但 0.05 的概率，你将体验到花费 10^6 美元的疾病. 你应该接种疫苗吗?

解 图 4.1 显示了这个问题的决策树. 一些边用代表的选择标出，一些边用概率标出; 离开随机节点的所有向右（向下）边的概率之和是 1. 计算期望值很简单. 该病的预期费用为 $0.95\times1000+0.05\times10^6=50\,950$. 如果你接种了疫苗，你的预期收入将是 $-(10+10^{-7}\times50\,950)\approx -10.01$. 如果你没有接种疫苗，你的预期收入是 -5095. 你应该接种疫苗.

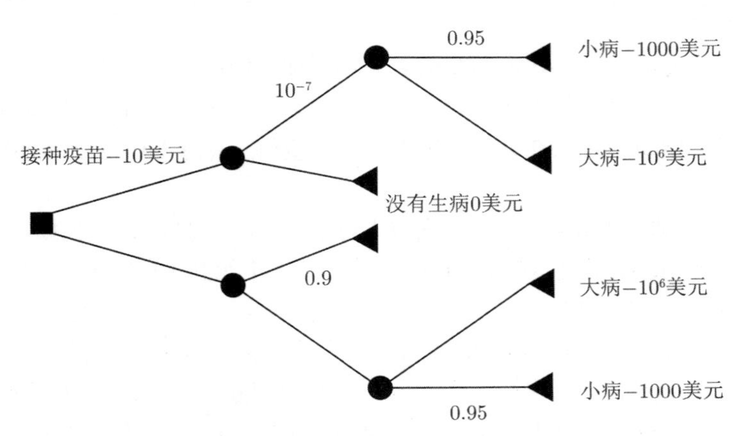

图 4.1 疫苗接种问题的决策树. 唯一的决策是是否接种疫苗（树根的盒子）. 只在必要的地方标注了边，所以我没有用零成本标注“不接种疫苗”的边. 一旦你决定是否接种疫苗，就会有一个圆形，表示一个随机节点（一个随机事件; 你是否感染了疾病），如果你感染了，就出现另一个节点（小病或大病）

实例 4.17 有一些微妙之处. 结论是一个相当不可靠（但非常普遍）的弱大数定律的使用. 这是不稳定的，因为弱大数定律对你只做一次决定的结果没有什么可说的. 对这个例子的正确解释是，如果你在相同的情况下不得不多次选择，你应该选择接种疫苗. 注意，你必须小心地用这个例子来论证每个人都应该接种疫苗，因为如果很多人都接种了疫苗，那么得病的概率就会改变. 虽然这个概率下降了，结论是好的，但是你必须小心你是怎么做到的.

有时不止一个决策. 我们仍然可以做一些简单的例子，尽管绘制决策树现在非常重要，因为它可以让我们跟踪案例，避免遗漏任何东西. 例如，假设我想买一个橱柜. 附近的两个城镇有家具店（现在通常称为古董店）. 一个比另一个远. 如果我去 A 镇，我将有时间去看三家商店中的两家；如果我去 B 镇，我将有时间去看两家商店中的一家. 我可以按图 4.2 列出这一系列的决策（去哪个城镇，到那里后去哪家商店）.

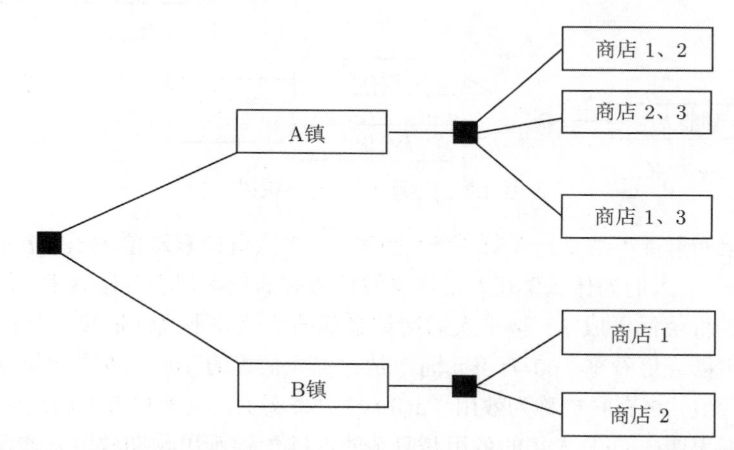

图 4.2 以参观家具店为例的决策树. A 镇比 B 镇近，所以如果我去 A 镇，我可以选择去 A 镇的三家商店中的两家; 如果我去 B 镇，我只能去两家商店中的一家. 为了做决策，我可以写出结果的概率和值，计算每一对决策的期望值，然后选择最好的. 这可能很棘手（我从哪里得到概率?），但提供了一种理性和原则性的方式来做出决定

你应该注意到这个图缺少很多信息. 在商店里找到我要找的东西的概率是多少？找到它有什么价值？去每个城镇的费用是多少？等等. 这些信息并不总是容易获得的. 事实上，可能只需要对这些数字给出我最好的主观猜测. 此外，特别是当存在多个决策时，计算每个可能序列的期望值可能会变得困难. 有一些模型可以很容易地计算期望值，但是一个很好的关于为什么人们不做最优决策的可行假设是最优决策实际上很难计算.

4.4.5 效用

有时用钱决策很难. 例如，对于一种严重的疾病，选择治疗方法通常归结为预期的生存时间，而不是金钱.

106

实例 4.18（激进治疗） 想象一下，你得了一种严重的疾病. 有两种治疗方法: 标准疗法和激进疗法. 激进治疗可能会杀死你（概率为 0.1），也可能会因伤害性大而导致医生停止治疗（概率为 0.3）；否则，你将完成治疗. 如果你做了彻底的治疗，可能有一个严重的反应（概率 0.1）或一个轻微的反应. 如果你遵循标准治疗，可能有一个严重的反应（概率 0.5）或一个轻微的反应，但结果不太好. 所有这些最好在决策树中总结（图 4.3）. 什么能提供最长的预期生存时间?

解　在这种情况下,激进治疗的预期生存时间为 $0.1\times0+0.3\times6+0.6\times(0.1\times60+0.9\times10)=10.8$ 个月; 未经激进治疗的预期生存时间为 $0.5\times10+0.5\times6=8$ 个月.

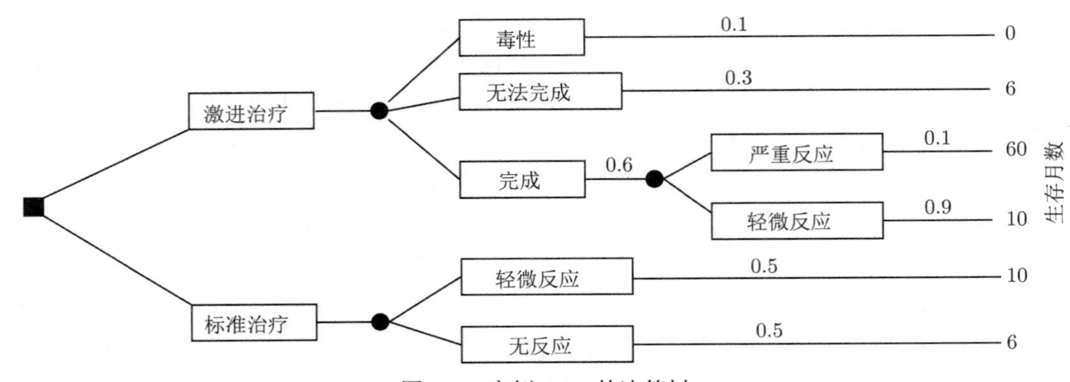

图 4.3　实例 4.18 的决策树

用金钱价值来衡量并不总是一个好主意. 例如，许多人玩国家彩票. 一注赌注为 1 的国家彩票的预期值远低于 1. 人们为什么要玩? 很容易假设所有的玩家都不会做算术，但是很多玩家都很清楚打赌的预期价值低于成本. 似乎人们衡量金钱的价值并不线性依赖于金钱的数目. 因此，举例来说，人们可能会更看重 100 万美元而不是一美元估价的 100 万倍. 如果这是真的，需要其他方法来跟踪价值，这有时被称为**效用**（utility）. 事实上，很难知道人们是如何评价事物的，而且有很好的证据表明: （a）人类的效用是复杂的，（b）很难用预期效用来解释人类的决策.

实例 4.19（人的效用不是期望的回报）　这里有四个游戏:

- **游戏 1**: 玩家得到 1，抛一枚有偏的硬币，并且钱被取回的概率为 p; 否则，玩家保留它.
- **游戏 2**: 玩家下注 1，抛一枚均匀的硬币，如果硬币正面朝上，则玩家得到 r 和赌注；否则，玩家失去原来的赌注.
- **游戏 3**: 玩家不下注; 抛一枚有偏的硬币，如果它出现正面（概率 q），玩家得到 10^6.
- **游戏 4**: 玩家下注 1000，抛一枚均匀的硬币，如果硬币正面朝上，玩家得到 s 和赌注;否则，玩家失去原来的赌注.

特别地，如果 $r=3-2p\ q=(1-p)/10^6$，且 $s=2-2p+1000$ 时，将会发生什么?

解　游戏 1 的期望值为 $(1-p)1$. 游戏 2 的期望值为 $(1/2)(r-1)$. 游戏 3 的期望值为 $q\times10^6$. 游戏 4 的期望值为 $(1/2)s-500$.

在给定的情况下，每个游戏都有相同的期望值. 尽管如此，人们通常还是会选择自己喜欢的游戏. 一般来说，游戏 4 是不吸引人的（玩起来似乎很贵）；游戏 3 是免费的，所以是件好事；游戏 2 是可以的，但通常被认为是无趣的；游戏 1 是不吸引人的. 这应该告诉你，人们对金钱和效用的推理并不是简单的期望所预测的.

107 ~ 108

问题

随机变量的联合概率与条件概率

4.1 轮盘赌有一个零. 记 X 为一个随机变量，表示将出现在轮子上的数字. X 的概率分布是什么?

4.2 通过以下过程定义随机变量 X. 从一副标准的扑克牌中抽出一张牌. 如果牌是 J、Q 或 K，那么 $X = 11$. 如果牌是 A，则 $X = 1$; 否则，X 是牌上的数字（即 2~10）. 现在通过以下步骤定义第二个随机变量 Y. 当计算 X 时，你会看到牌的颜色. 如果牌是红色的，那么 $Y = X - 1$; 否则，$Y = X + 1$.

(a) 求 $P(\{X \leqslant 2\})$.

(b) 求 $P(\{X \geqslant 10\})$.

(c) 求 $P(\{X \geqslant Y\})$.

(d) $Y - X$ 的概率分布是什么?

(e) 求 $P(\{Y \geqslant 12\})$.

4.3 通过以下过程定义随机变量. 抛硬币. 如果是正面朝上，值是 1. 如果反面朝上，掷一个骰子: 如果结果是 2 或 3，则随机变量的值为 2; 否则，值为 3.

(a) 这个随机变量的概率分布是什么?

(b) 这个随机变量的累积分布是什么?

4.4 定义三个随机变量 X、Y 和 Z. 掷一个六面体骰子和一个四面体骰子. 现在抛硬币. 如果硬币是正面朝上，那么 X 取六面体骰子的值，Y 取四面骰子的值. 否则，X 取四面体骰子的值，Y 取六面体骰子的值. Z 总是取骰子的和值.

(a) 这个随机变量的概率分布 $P(X)$ 是什么?

(b) 这两个随机变量的联合概率分布 $P(X,Y)$ 是什么?

(c) X 和 Y 相互独立吗?

(d) X 和 Z 相互独立吗?

4.5 按照以下步骤定义两个随机变量 X 和 Y. 抛均匀硬币，如果正面朝上，那么 $X = 1$; 否则 $X = -1$. 现在掷一个六面体骰子，取值 U. 我们定义 $Y = U + X$.

(a) 求 $P(Y|X = 1)$.

(b) 求 $P(X|Y = 0)$.

(c) 求 $P(X|Y = 7)$.

(d) 求 $P(X|Y = 3)$.

(e) X 和 Y 相互独立吗?

4.6 万智牌是一种流行的纸牌游戏. 牌可以是地牌，也可以是其他牌. 我们考虑一场有两个玩家的游戏. 每个玩家有一副 40 张牌. 每个玩家先洗自己的牌，然后发出 7 张牌，称为他们的手牌. 每个玩家牌堆的其余部分称为他们的牌库. 假设一号玩家的牌堆里有 10 张地牌，二号玩家有 20 张地牌. 记 L_1 代表一号玩家手牌中的地牌数量，记 L_2 代表二号玩家二手中的地牌数量. 记 L_t 代表一号玩家牌库的前 10 张牌中地牌的数量.

(a) 记 $S = L_1 + L_2$. 求 $P(\{S = 0\})$.

(b) 记 $D = L_1 - L_2$. 求 $P(\{D = 0\})$.

(c) 求 L_1 的概率分布.

（d）　求 $P(L_1|L_t = 10)$ 的概率分布.

（e）　求 $P(L_1|L_t = 5)$ 的概率分布.

连续随机变量

4.7　连续随机变量的概率密度函数 $p(x)$ 与 $g(x)$ 成正比，其中

109 ~ 110

$$g(x) = \begin{cases} 0 & x < -\frac{\pi}{2} \\ 0 & x > \frac{\pi}{2} \\ \cos(x) & \text{其他} \end{cases}$$

把比例常数记作 c，于是 $p(x) = cg(x)$.

（a）　c 是多少？（积分可以查.）

（b）　$P(\{X \geqslant 0\})$（观察到大于 0 的值的概率）是多少?（积分可以查.）

（c）　$P(\{|X| \leqslant 1\})$ 是多少?（积分可以查.）

4.8　有一些由噪声（电子在高温中移动并相互碰撞）引起的热电阻端上的电压. 这是连续随机变量的一个很好的例子，我们可以假设它有一些概率密度函数，比如 $p(x)$. 我们假设 $p(x)$ 具有如下性质：

$$\lim_{\epsilon \to 0} \int_{v-\epsilon}^{v+\epsilon} p(x)\mathrm{d}x = 0$$

这是你对任何你可能处理的函数的期望. 现在，假设通过以下过程定义了一个新的随机变量: 抛一枚硬币，如果是正面，报告 0; 如果是反面，报告电阻上的电压. 这个随机变量 u 有 1/2 的概率取 0，1/2 的概率取 $p(x)$ 的值. 记这个随机变量的概率密度函数为 $q(u)$.

（a）　证明：

$$\lim_{\epsilon \to 0} \int_{-\epsilon}^{+\epsilon} q(u)\mathrm{d}u = \frac{1}{2}$$

（b）　解释为什么这是奇怪的行为.

期望值

4.9　万智牌是一种流行的纸牌游戏. 牌可以是地牌，也可以是其他牌. 考虑一场有两个玩家的游戏. 每个玩家有一副 40 张牌. 每个玩家先洗自己的牌，然后发出 7 张牌，称为他们的手牌. 每个玩家牌堆的其余部分称为他们的牌库. 假设一号玩家的牌堆里有 10 张地牌，二号玩家有 20 张地牌. 记 L_1 表示一号玩家手牌中的地牌数量，记 L_2 表示二号玩家手牌中的地牌数量. 记 L_t 表示一号玩家牌库的前 10 张牌中地牌的数量.

（a）　求 $E[L_1]$.

（b）　求 $E[L_2]$.

（c）　求 $\mathrm{var}[L_1]$.

4.10　一个简单的硬币游戏如下: 有一个盒子，开始是空的. P1 抛了一个均匀的硬币. 如果正面朝上，则 P2 得到盒子的内容，游戏结束. 如果反面朝上，则 P1 会在盒子里放一美元，然后再次抛硬币; 不断重复，直到出现正面朝上.

（a）　P2 赢得 10 的概率是多少?

（b） 记 $S_\infty = \sum_{i=0}^{\infty} r^i$. 证明：$(1-r)S_\infty = 1$，于是

$$S_\infty = \frac{1}{1-r}$$

（c） 证明：

$$\sum_{i=0}^{\infty} ir^i = \left(\sum_{i=1}^{\infty} r^i\right) + r\left(\sum_{i=1}^{\infty} r^i\right) + r^2\left(\sum_{i=1}^{\infty} r^i\right) + \cdots$$

（仔细看看和的极限!）所以证明：

$$\sum_{i=0}^{\infty} ir^i = \frac{r}{(1-r)^2}$$

111

（d） 游戏的期望值是多少?（你可能会发现前面两个子练习的结果很有帮助，它们不仅仅是为了证明）.

（e） 为了使得游戏公平，P2 需要支付多少钱来玩游戏?

4.11 一个简单的纸牌游戏如下. P1 支付 1 的赌注. 然后 P1 和 P2 每人抽一张牌. 如果两张牌的颜色相同，P2 将保留赌注，游戏结束. 如果它们是不同的颜色，P2 支付 P1 的赌注和额外的 1（共 2）.

（a） 对 P1 来说，游戏的期望值是多少?

（b） P2 对游戏做了如下调整: 如果两张牌都是宫廷牌（即 J，Q，K），那么 P2 保留赌注，游戏结束; 否则，游戏将一如既往地继续. 现在对于 P1，游戏的期望值是多少?

4.12 一个偶尔玩的硬币游戏是“不同者出局”. 在这个游戏中，有几轮. 在一轮中，每个人抛一枚硬币. 如果所有的人都是 H，只有一个是 T，或者所有的人都是 T，只有一个是 H，那么不同的这个人出局.

（a） 三个人玩一轮. 有一个结果与其他人不同的人出局的概率是多少?

（b） 现在四个人玩一轮. 有一个不同的人出局的概率是多少?

（c） 五个人玩，直到有一个结果与其他人不同的人出局. 他们预计会玩多少轮?（阅读 5.1.3 节可以省大量计算）

均值、方差和协方差

4.13 证明：$\text{var}[kX] = k^2\text{var}[X]$.

4.14 证明：如果 X 和 Y 是两个相互独立的随机变量，那么 $\text{var}[X+Y] = \text{var}[X] + \text{var}[Y]$. 对于两个独立的随机变量 X 和 Y，$E[XY] = E[X]E[Y]$，你会发现记住这个结果很有用.

期望与描述性统计

4.15 有一个 N 个数字的数据集 $\{x\}$，其中第 i 个数是 x_i. 设 X 为随机变量，取第 i 个值的概率为 $1/N$，取其他值的概率为零，设 $P(X)$ 为这个随机变量的概率分布.

（a） 证明：

$$\text{mean}(\{x\}) = E_{P(X)}[X]$$

（b） 证明：

$$\text{var}(\{x\}) = \text{var}[X]$$

（c） 选一些函数 f. 设 $\{f\}$ 为第 i 项为 $f(x_i)$ 的数据集. F 为随机变量 $f(X)$. 证明：

$$\text{mean}(\{f\}) = E[F] = E_{P(X)}[f]$$

马尔可夫和切比雪夫不等式

4.16 随机变量取值 -2，-1，0，1，2，但是不知道它的概率分布. 现在已知 $E[\|X\|] = 0.2$. 根据马尔可夫不等式给出 $P(\{X=0\})$ 的下界. 提示: 注意 $P(\{X=0\}) = 1 - P(\{\|X\|=1\}) - P(\{\|X\|\}=2)$.

112

4.17 随机变量 X 取值 1，2，3，4，5，但是不知道它的概率分布. 已知 $E[X]=2$，$\mathrm{var}(\{X\}) = 0.01$. 根据切比雪夫不等式给出 $P(\{X=2\})$ 的下界.

4.18 有一个有偏随机数生成器. 这个生成器产生一个均值为 -1、标准差为 0.5 的随机数. 记数字生成器生成非负数的事件为 $\mathcal{A}$. 使用切比雪夫不等式来给出 $P(\mathcal{A})$ 的上下界.

4.19 观察一个随机数生成器. 已知它可以产生值 -2，-1，0，1 或 2. 现被告知它已经被调整了，使得:（1）它产生的均值是零;（2）它产生的数字的标准差是 1.

（a） 记数字生成器产生的数字不为 0 的事件为 $\mathcal{A}$. 根据切比雪夫不等式给出 $P(\mathcal{A})$ 的上下界.

（b） 记数字生成器产生的数字为 -2 或 2 的事件为 $\mathcal{B}$. 根据切比雪夫不等式给出 $P(\mathcal{B})$ 的上下界.

期望的运用

4.20 两个玩家 P1 和 P2 同意玩下面的游戏. 每个人都下一个赌注，他们将玩七轮，每轮都要抛一枚硬币. 如果硬币出现 H，则 P1 获胜；否则 P2 获胜. 第一个赢得四轮比赛的选手将获得两个赌注. 四轮过后，P1 赢了三轮，P2 赢了一轮，但他们必须终止游戏. 划分赌注的最公平方式是什么?

4.21 考虑一场有两个玩家的游戏，他们是为了一个赌注而比赛. 没有平局，赢家得到全部赌注，输家什么也得不到. 游戏必须提前结束. 根据结束时的状态，我们决定给每个玩家游戏的期望值. 证明：期望值加起来等于赌注的价值（即赌注中不会有太少或太多的资金）.

编程练习

4.22 一家航空公司经营一架有 6 个座位的航班. 每一位买票的旅客都有可能以概率 p 出现在航班上. 这些事件是独立的.

（a） 这家航空公司卖 6 张票. 如果 $p=0.9$，预期乘客人数是多少?

（b） 如果 $p=0.7$，航空公司应售出多少张机票才能确保预期的乘客人数大于 6 人?
提示: 最简单的方法是编写一个快速程序，计算每售出一张票的乘客期望值，然后搜索售出的票的数量.

4.23 一家航空公司经营一架有 10 个座位的航班. 每一位买票的乘客都有可能出现在该航班上. 乘客的性别直到他们出现在飞机上才知道，而女性购买机票的频率与男性相同. 飞行员很古怪，除非至少有两个女性登机，否则不会飞行.

（a） 航空公司应该卖出多少张机票才能确保预期登机的乘客人数超过 10 人?

（b） 这家航空公司出售 10 张机票. 考虑到飞机的飞行情况，飞机上预期的乘客人数是多少?（即至少有两个女性登记）. 通过模拟估计此值.

4.24 接下来将利用模拟研究弱大数定律. 设 X 为随机变量，这个变量的值是 -1 和 1，概率相等，没有其他值. 显然，$E[X]=0$. 设 $X^{(N)}$ 为从 X 抽取 N 个样本获得的随机变量，然后取其平均值.

113

（a） 对于 $\{1, 10, 20, \cdots, 100\}$ 中的每个 N，模拟出 $X^{(N)}$ 中的 1000 个样本. 对于每个 N，绘出这些样本的箱形图，以 N 为横轴. 你注意到了什么?

（b） 对于 $\{1, 10, 20, \cdots, 100\}$ 中的每个 N，模拟出 $X^{(N)}$ 中的 1000 个样本. 绘出一个图，将这些样本的方差显示为 $1/N$ 的函数. 你注意到了什么?

（c）证明：二项分布的正态近似意味着，约 68% 的 $X^{(N)}$ 的观测值在该范围内：

$$\left[-\frac{1}{2\sqrt{N}}, \frac{1}{2\sqrt{N}}\right]$$

（d）对于 $\{1, 10, 20, \cdots, 100\}$ 中的每个 N，模拟出 $X^{(N)}$ 中的 1000 个样本. 对于每个 N，计算 84% 分位数 ($q_{84\%}$) 和 16% 分位数 ($q_{16\%}$). 现在计算

$$\alpha = \max(|q_{84\%}|, |q_{16\%}|)$$

这个 α 应该具有这样的特征: 大约 68% 的观测值位于区间 $[-\alpha, \alpha]$ 内. 现在将 $1/\alpha^2$ 作为 N 的函数，你注意到了什么？

114

第 5 章　有用的概率分布

使用概率作为工具来解决有关数据的实际问题. 以下是一些重要的示例问题. 我们可能会问是什么程序产生的数据? 例如，我观察到一组独立的硬币抛掷数据. 现在想知道当抛硬币时正面朝上的概率. 未来期待看到什么样的数据? 例如，下一次选举结果如何? 要解决这个问题，需要收集选民、偏好等信息，然后用它来构建一个模型，预测结果. 请问应该在未标记的数据上贴上什么标签? 例如，可能会看到大量的信用卡交易信息，有些是合法的，有些是欺诈的. 现在看到一个新的交易，请问合法吗? 我们可能会问这种效应是很容易被偶然变化解释的，还是真的? 例如，一种药物似乎可以帮助病人. 是真正有效果，还是测试药物的病人偶然感觉好转?

这些问题不适合作"正确"的回答. 相反，需要做出估计，或许还需要度量我们对这些估计的信心. 对这些问题的合理回答具有很大的实用价值. 对这些问题给出合理的答案需要某种形式的概率模型. 在这一章中，将描述一些概率分布的性质，这些分布在模型构建中被反复使用.

5.1　离散分布

5.1.1　均匀分布

假设有一个随机变量，可以取 k 个不同的值中的一个. 可以重新标记这些值为 $1,\cdots,k$，而不会丢失任何重要的值. 如果这些值中的每一个都具有相同的概率（所有其他值的概率都为零），那么概率分布就是离散均匀分布. 以前见过很多次这种分布. 例如，定义了一个随机变量，它是由在掷骰子时正面朝上的数字定义的. 这是均匀分布的. 再举一个例子，在一副标准扑克牌的每张牌的正面写上数字 1～52. 从洗好的牌中抽出的第一张牌面上的数字是一个均匀分布的随机变量.

定义 5.1（离散均匀随机变量）　*如果随机变量以相同的概率 $1/k$ 取 k 值，取其他值的概率为 0，则随机变量具有离散的均匀分布.*

人们可以为离散均匀分布的均值和方差构造表达式，但它们通常不常用（太多术语，不常用）. 请记住，如果两个随机变量的分布是均匀的，那么它们的和与差就不会是均匀分布的（回想实例 4.3）.

5.1.2　伯努利随机变量

抛一枚有偏硬币，正面朝上的概率为 p，这就建立了伯努利随机变量模型.

定义 5.2（伯努利随机变量）　*伯努利随机变量以概率 p 取值为 1，以概率 $1-p$ 取值为 0. 这是抛硬币的模型.*

有用的事实 5.1（伯努利随机变量的均值与方差） 伯努利随机变量以概率 p 取值为 1，有

- 均值为 p.
- 方差为 $p(1-p)$.

5.1.3 几何分布

有一枚有偏的硬币. 它出现正面的概率为 $P(\{H\})$，由 p 给出. 抛这枚硬币，直到第一次出现正面. 所需的抛掷次数是一个离散随机变量，取大于或等于 1 的整数值，称之为 X. 要达到 n 次抛掷，必须有 $n-1$ 次反面和 1 次正面. 这个事件的概率为 $(1-p)^{(n-1)}p$. 现在可以写出 n 次抛掷的概率分布.

定义 5.3（几何分布） *几何分布是正整数 n（即 $n>0$）上的概率分布. 对 $0\leqslant p\leqslant 1$ 和 $n\geqslant 1$（对于其他 n，分布为 0），它有形式*

$$P(\{X=n\})=(1-p)^{(n-1)}p$$

p 被称为分布的参数.

注意，几何分布在任何地方都是非负的. 很容易证明它的和为 1，概率分布也是如此（留作练习）.

有用的事实 5.2（几何分布的均值与方差） 一个几何分布的参数为 p，于是

- 均值为 $\dfrac{1}{p}$.
- 方差为 $\dfrac{1-p}{p^2}$.

应该清楚的是，这种模式的重点并不是抛硬币，而是重复实验. 实验可能是任何有可能失败的事情. 每一次实验都是独立的，重复的原则是你要一直尝试直到第一次成功. 课本上经常有关于导弹和飞机的练习题，我会根据偏好略去这些.

5.1.4 二项分布

假设有一枚有偏的硬币，在任何一次抛掷中出现正面的概率为 p. 二项式概率分布给出了它在 N 次抛掷中出现正面 h 次的概率. 回想一下

$$\binom{N}{h}=\frac{N!}{h!(N-h)!}$$

116

这是 N 次硬币抛掷中有 h 次正面朝上的结果. 这些结果是不相容的，每个结果的概率为 $p^h(1-p)^{(N-h)}$. 因此，得到下面的概率分布.

定义 5.4（二项分布） 一个具有二元结果（即正面或反面，0 或 1，等等）的实验，具有 $P(H)=p$ 和 $P(T)=1-p$，对它进行 N 次独立重复时，观察到 h 次 H 和 $(N-h)$ 次 T 的概率是

$$P_b(h;N,p)=\binom{N}{h}p^h(1-p)^{(N-h)}$$

当 $0\leqslant h\leqslant N$ 时；对于其他情况，概率为 0.

二项分布实际上是一个概率分布. 当 $0\leqslant p\leqslant 1$ 时，显然对任意 i，它都是非负的. 它的和为 1. 设 $P_b(i;N,p)$ 为在 N 次实验中观察到 i 次 H 的二项分布. 然后，根据二项式定理，得到

$$(p+(1-p))^N=\sum_{i=0}^{N}P_b(i;N,p)=1$$

二项分布满足递推关系. 你可以在 N 次抛掷中得到 h 次正面朝上，或者在 $N-1$ 次抛掷中得到 $h-1$ 次正面朝上，然后再抛掷一次正面朝上，或者在 N 次抛掷中得到 h 次正面. 这意味着

$$P_b(h;N,p)=pP_b(h-1;N-1\ p)+(1-p)P_b(h;N-1\ p)$$

（留作练习.）

有用的事实 5.3（二项分布的均值与方差） 二项分布

$$P_b(h;N,p)=\binom{N}{h}p^h(1-p)^{(N-h)}$$

具有

- 均值为 Np.
- 方差为 $Np(1-p)$.

证明过程信息量丰富，因此留作练习.

性质 5.1 二项分布的均值与方差.

命题 二项分布 $P_b(h;N,p)$ 的均值为 Np，方差为 $Np(1-p)$.

证明 设随机变量 X 的概率分布为 $P_b(h;N,p)$. 注意，N 次抛硬币中的硬币正面次数可以通过每次抛硬币中的硬币正面次数相加来获得. 设 Y_i 为第 i 次抛掷的伯努利随机变量. 如果硬币正面朝上，则 $Y_i=1$，否则 $Y_i=0$. Y_i 是独立的. 有

117

$$E[X]=E\left[\sum_{j=1}^{N}Y_i\right]$$

$$= \sum_{j=1}^{N} E[Y_i]$$
$$= NE[Y_1]$$
$$= Np$$

方差也很容易计算. 每次硬币抛掷都是独立的，所以抛硬币总数的方差就是方差的总和. 于是有

$$\text{var}[X] = \text{var}\left[\sum_{j=1}^{N} Y_i\right]$$
$$= N\text{var}[Y_1]$$
$$= Np(1-p)$$

5.1.5 多项分布

二项分布描述了硬币被多次抛掷时的情况. 但也可以多次掷骰子. 假设骰子有 k 个面，我们掷 N 次. 结果的分布称为多项分布.

可以相当直接地猜测多项分布的形式. 骰子有 k 个面. 我们掷骰子 N 次. 这给出一个 N 个数字的序列. 每次掷骰子都是独立的. 假设面 1 出现 n_1 次，面 2 出现 n_2 次，$\cdots$，面 k 出现 n_k 次. 任何具有此属性的序列都将以概率 $p_1^{n_1}$，$p_2^{n_2}$，$\cdots$，$p_k^{n_k}$ 出现，因为投掷是独立的. 但是，有

$$\frac{N!}{n_1!n_2!\cdots n_k!}$$

这样的序列. 通过这个推理，得到了下面的分布.

定义 5.5（多项分布） 用 k 个可能结果的实验进行 N 次独立的重复. 第 i 项出现的概率为 p_i. 观察到结果 1 有 n_1 次，结果 2 有 n_2 次 $\cdots\cdots$（其中 $n_1+n_2+n_3+\cdots+n_k=N$）的概率为

$$P_m(n_1,\cdots,n_k;N,p_1,\cdots,p_k) = \frac{N!}{n_1!n_2!\cdots n_k!}p_1^{n_1}p_2^{n_2}\cdots p_k^{n_k}$$

我不记得用过多项分布的均值和方差，所以它们不在上文的概念中. 如果你碰巧需要这些信息，你可以用证明 5.1 的推理过程来推导.

5.1.6 泊松分布

假设对在一段时间内（例如，在特定一小时内）发生的计数感兴趣. 因为它们是计数，所以它们是非负整数值. 我们知道这些计数有两个重要的性质. 首先，它们以一些固定平均速率出现. 其次，一次观察的出现与上次观察的间隔无关. 泊松分布是一个合适的模型. 118

这样的案例不胜枚举. 例如，你在白天接到的营销电话很可能被泊松分布很好地模拟. 电话以某个平均速率打来——在选举年的最后阶段，如我所写的，大概以平均每天 5 次的速度出现，显然，接到一个的概率与上一个接到的时间无关. 典型的例子包括每年被马踢死的普鲁士士兵的数量、每分钟到达呼叫中心的呼叫数量、在给定时间间隔内（在飓风等特殊事件之外）发生的保险索赔数量.

定义 5.6（泊松分布） 一个非负整数值的随机变量 X 服从泊松分布，当它的概率分布有以下形式时:

$$P(\{X=k\})=\frac{\lambda^k \mathrm{e}^{-\lambda}}{k!}$$

其中，参数 $\lambda>0$ 称为概率分布强度（intensity）.

注意，泊松分布是概率分布，因为它是非负的，并且

$$\sum_{i=0}^{\infty}\frac{\lambda^i}{i!}=\mathrm{e}^{\lambda}$$

使得

$$\sum_{k=0}^{\infty}\frac{\lambda^k \mathrm{e}^{-\lambda}}{k!}=1$$

有用的事实 5.4（泊松分布的均值与方差） 强度为 λ 的泊松分布有:

- 均值为 λ.
- 方差为 λ.

将泊松分布描述为沿时间轴随机分布点计数的自然模型. 但是这不是时间轴，而是空间轴. 例如，你可以走一段路，把它分成偶数段，然后计算每段路中出现的动物的数量. 如果每只动物的位置独立于任何其他动物的位置，那么你可以期望泊松模型应用于计数数据. 假设最能描述数据的泊松模型有参数 λ. 此类模型的一个特征是，如果将间隔的长度加倍，则生成的数据集将由具有参数 2λ 的泊松模型描述; 类似地，如果将间隔的长度减半，则最佳模型的参数为 $\lambda/2$. 这与大家对这些数据的直觉相符; 粗略地说，在 2 英里的道路上出现的动物数量应该是在 1 英里的道路上出现的动物数量的两倍. 这个属性意味着没有一条路是“特殊的”——每一条路的行为都是一样的.

可以通过观察这一事实并稍加概括，建立一个真正有用的空间随机性模型. 强度为 λ 的**泊松点过程**是一组随机点，其特征是在长度 s 的区间内点的数量是具有参数 λs 的泊松随机变量. 请注意，这如何捕捉我们的直觉，即如果点是“非常随机”分布的，在两倍长的时间间隔内，应该有两倍的数量.

这个模型扩展到平面上、曲面上和三维中的点是很容易而且非常有用的. 在每种情况下，过程都是在一个域 D 上定义的（它必须满足一些我们不感兴趣的非常小的条件）. D 的任何子集 s 中的点数是泊松随机变量，强度为 $\lambda m(s)$，其中 $m(s)$ 是面积. 这些模型是有用的，因为它们

119

捕捉到：（a）点是随机的；（b）你找到一个点的概率并不取决于你在哪里. 你有理由相信，这样的模型适用于撞死在挡风玻璃上的苍蝇; 在橡树下找到橡子的地方; 田野里的牛蒡分布; 水果蛋糕里的樱桃分布; 等等.

5.2 连续分布

5.2.1 均匀分布

一些连续的随机变量有一个自然的上界和一个自然的下界，否则，我们对它们一无所知. 举个例子，假设我们得到了一枚特性不明的硬币，这个人是一个熟练制造不均匀硬币的人. 制造商对硬币的特性不作任何说明. 这枚硬币正面出现的概率是一个随机变量，我们只知道它的下界是 0，上界是 1. 如果我们除了知道随机变量有上、下界之外，对它一无所知，那么均匀分布就是一个自然模型. 概率分布为均匀分布的连续随机变量通常称为**均匀随机变量**.

定义 5.7（连续均匀分布） 设 l 为下界，u 为上界. 均匀分布的概率密度函数为

$$p(x)=\begin{cases}0 & x<l\\ 1/(u-l) & l\leqslant x\leqslant u\\ 0 & x>u\end{cases}$$

5.2.2 贝塔分布

现在很难解释为什么贝塔（或 β）分布是有用的，但稍后会用到它（9.2.1 节）. 贝塔分布是 $0\leqslant x\leqslant 1$ 范围内连续随机变量 x 的概率分布. 有两个参数，$\alpha>0$ 和 $\beta>0$. 参照 15.2 节中对 Γ 函数的定义.

定义 5.8（贝塔分布） 如果在 $0\leqslant x\leqslant 1$ 范围内的连续随机变量 x 的概率密度函数形式为

$$P_\beta(x|\alpha,\beta)=\frac{\Gamma(\alpha+\beta)}{\Gamma(\alpha)\Gamma(\beta)}x^{(\alpha-1)}(1-x)^{(\beta-1)}$$

其中 $\alpha>0$ 和 $\beta>0$，那么称其服从贝塔分布.

从贝塔分布的表达式中可以看到:

- $P_\beta(x|1,1)$ 是单位间隔上的均匀分布.
- 对于 $\alpha>1\ \beta>1$，$P_\beta(x|\alpha\ \beta)$ 只有一个最大值，在 $x=(\alpha-1)/(\alpha+\beta-2)$ 处取微分，并求零点.
- 通常，当 α 和 β 变大时，这个峰越来越窄了.
- 对于 $\alpha=1\ \beta>1$，$P_\beta(x|\alpha\ \beta)$ 的最大值在 $x=0$ 处取到.
- 对于 $\alpha>1\ \beta=1$，$P_\beta(x|\alpha\ \beta)$ 的最大值在 $x=1$ 处取到.

图 5.1 显示了各种不同 α 和 β 值的贝塔分布的概率密度函数图. 120

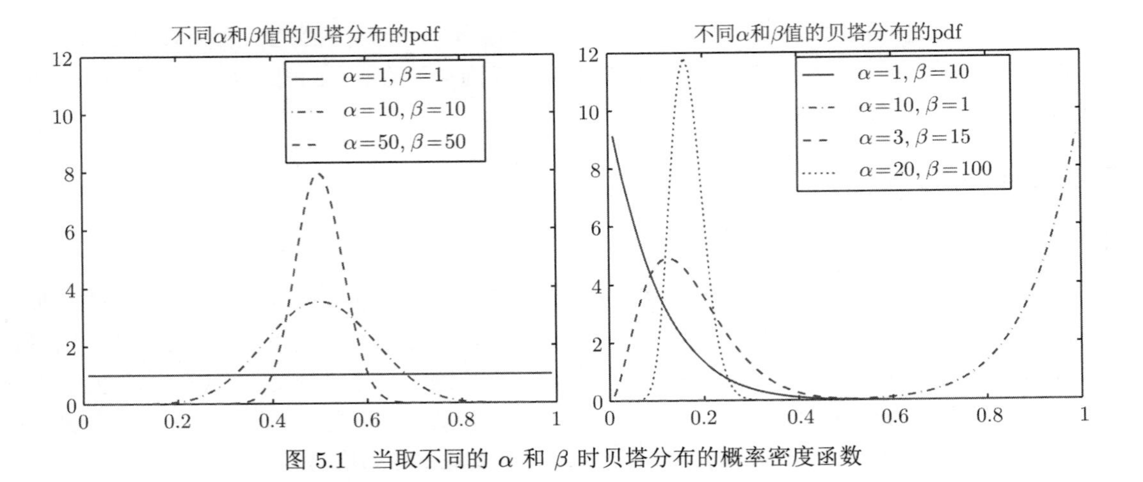

图 5.1　当取不同的 α 和 β 时贝塔分布的概率密度函数

> **有用的事实 5.5（贝塔分布的均值和方差）**　参数为 α 和 β 的贝塔分布有:
>
> - 均值为 $\dfrac{\alpha}{\alpha+\beta}$.
> - 方差为 $\dfrac{\alpha\beta}{(\alpha+\beta)^2(\alpha+\beta+1)}$.

5.2.3　伽马分布

伽马（或 γ）分布稍后也会用到（9.2.1 节）. 伽马分布是非负连续随机变量 $x \geqslant 0$ 的概率分布，它有两个参数，即 $\alpha > 0$ 和 $\beta > 0$.

定义 5.9（伽马分布）　非负连续随机变量 x 的概率密度函数为

$$P_\gamma(x|\alpha,\beta) = \frac{\beta^\alpha}{\Gamma(\alpha)} x^{(\alpha-1)} \mathrm{e}^{-\beta x}$$

其中 $\alpha > 0$ 和 $\beta > 0$.

图 5.2 显示了 α 和 β 取不同值的伽马分布的概率密度函数图.

> **有用的事实 5.6（伽马分布的均值和方差）**　参数为 α 和 β 的伽马分布有:
>
> - 均值为 $\dfrac{\alpha}{\beta}$;
> - 方差为 $\dfrac{\alpha}{\beta^2}$.

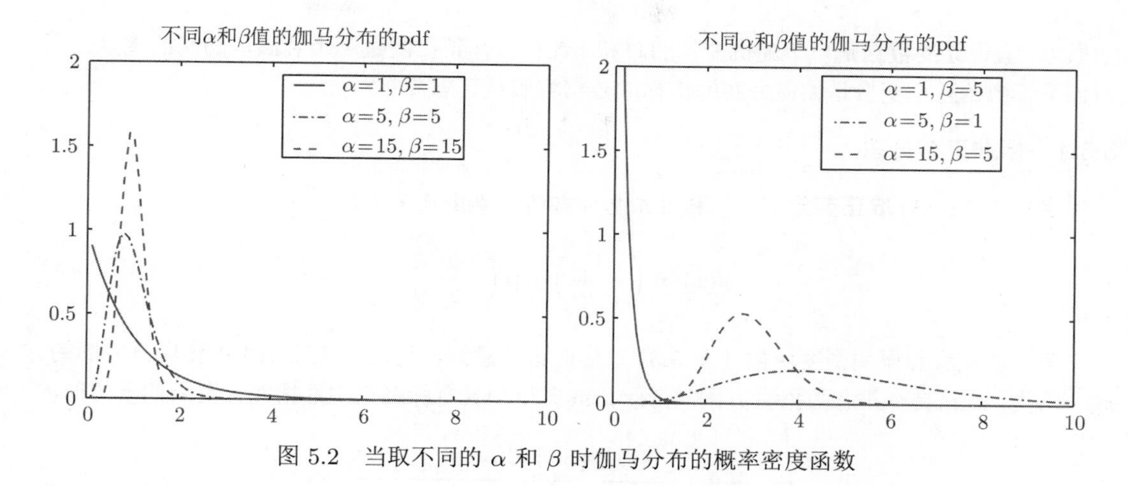

图 5.2 当取不同的 α 和 β 时伽马分布的概率密度函数

5.2.4 指数分布

假设有一个无限的时间或空间间隔，其上有点分布. 假设这些点形成泊松点过程，如上所述. 例如，可以考虑电子邮件到达的时间，电话到达大型电话交换机的时间，或者道路上发生交通事故的地点. 两个连续点之间的距离（或时间跨度）是一个随机变量 X. 此随机变量服从指数分布. 这种分布只有一个参数 λ，且 $\lambda > 0$，在模拟物体的失效时通常是有用的. 假设故障在时间上形成一个泊松过程，然后到下一个故障的时间呈指数分布.

定义 5.10（指数分布） 连续随机变量 x 的概率密度函数为

$$P_{\exp}(x|\lambda) = \begin{cases} \lambda \mathrm{e}^{-\lambda x} & x \geqslant 0 \\ 0 & \text{其他} \end{cases}$$

其中 $\lambda > 0$，λ 是一个参数.

有用的事实 5.7（指数分布的均值和方差） 参数为 λ 的指数分布有：

- 均值为 $\dfrac{1}{\lambda}$.
- 方差为 $\dfrac{1}{\lambda^2}$.

注意，这个参数和泊松分布参数之间的关系. 假如电话呼叫次数的分布是泊松分布，强度为 λ（每小时），那么你每小时的预期通话次数为 λ. 两次电话之间的时间将服从参数为 λ 的指数分布，下一次电话到来的预期时间为 $1/\lambda$（以小时为单位）.

122

5.3 正态分布

许多真实数据集的直方图看起来像一个“凸起”，正态分布的概率密度函数看起来也像一个“凸起”. 其中一些只是生活中的一个实验事实. 但正态分布应该是比较普遍的，这有重要的数学原因. 假设你的数据是一个随机变量的总和（比如，你正在测量一个装满鱼的网的重量）. 然后，不管原始随机变量是如何分布的，你的数据将服从正态分布.

5.3.1 标准正态分布

定义 5.11（标准正态分布） 标准正态分布的概率密度函数为

$$p(x) = \left(\frac{1}{\sqrt{2\pi}}\right)\exp\left(\frac{-x^2}{2}\right)$$

第一步是绘制概率密度函数（图 5.3）. 你应该注意到，这与实例 14.13 中使用直方图的方式非常类似. 它具有正态数据直方图的形状，或者至少具有标准正态数据直方图所期望的形状.

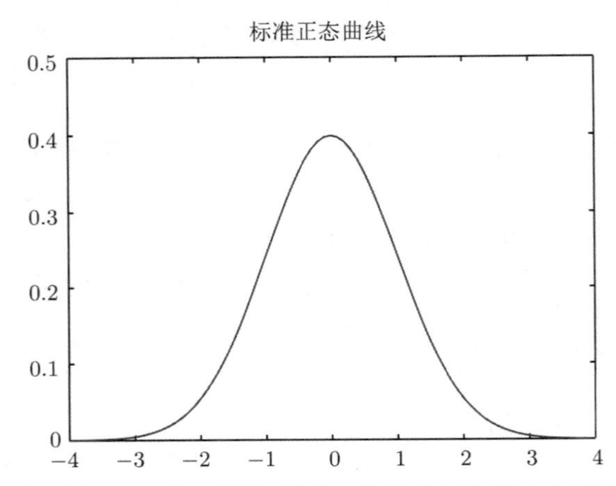

图 5.3　标准正态分布的概率密度函数图. 注意，概率是如何集中在零附近的，以及对于绝对值较大的数，概率密度是如何相对较小的

有用的事实 5.8（标准正态分布的均值与方差） 正态分布有:

- 均值为 0.
- 方差为 1.

这些结果很容易通过查找（或做）相关的积分得到，所以将它们留作练习.

123

如果连续随机变量的概率密度函数服从标准正态分布，则它是标准正态随机变量.

5.3.2 正态分布

任何在标准坐标系中为标准正态分布的概率密度函数都是正态分布. 现在用 μ 表示随机变量的均值，用 σ 表示它的标准差. 如果

$$\frac{x-\mu}{\sigma}$$

是一个标准正态分布，那么 $p(x)$ 为一个正态分布. 可以分两步计算一般正态分布的概率密度函数的形式. 首先，注意到对于任何正态分布，有

$$p(x) \propto \exp\left[-\frac{(x-\mu)^2}{2\sigma^2}\right]$$

但是，为了使它成为概率密度函数，必须有 $\int_{-\infty}^{\infty} p(x)\mathrm{d}x = 1$. 这就得到了比例常数.

定义 5.12（正态分布） 正态分布的概率密度函数为

$$p(x) = \left(\frac{1}{\sqrt{2\pi}\sigma}\right)\exp\left(\frac{-(x-\mu)^2}{2\sigma^2}\right)$$

有用的事实 5.9（正态分布的均值和方差） 概率密度函数

$$p(x) = \left(\frac{1}{\sqrt{2\pi}\sigma}\right)\exp\left(\frac{-(x-\mu)^2}{2\sigma^2}\right)$$

有

- 均值为 μ.
- 方差为 σ^2.

这些结果很容易通过查找相关积分来建立，所以将它们留作练习.

如果连续随机变量的概率密度函数是正态分布，则它是正态随机变量. 注意，通常称正态分布为高斯分布.

5.3.3　正态分布的特征

正态分布很重要，因为人们经常遇到用正态分布描述的数据. 结果发现，任何很多次实验表现得像二项分布的行为，都应该服从一个正态分布（5.4 节）. 例如，抛掷硬币时正面朝上的次数; 再如，在许多次模拟中获得你感兴趣的结果的次数百分比. 因此，几乎任何一个你进行的模拟实验，通过计数来估计概率或期望，其结果都应该服从正态分布.

一个显著而深刻的事实是，无论这些随机变量的分布如何，许多独立随机变量相加都会产生一个正态分布. 因为它是重要的、令人兴奋的，并且也是不明显的，这已经被许多知名的数学家以各种形式证明了. 这是 1934 年艾伦 • 图灵的获奖论文的主题，在该论文中，考官们不知道该如何应对: 是称赞其新颖而精彩的证明形式，还是因为他还不知道定理而恼怒.

124

这里没有详细说明，因为详细陈述和证明是件麻烦事. 但是，你应该记住，如果你把许多随机变量加在一起，每个随机变量几乎都是任意分布的，那么答案的分布接近正态分布. 结果发现，观察到的许多过程都是将子随机变量加起来. 这意味着你将在实践中经常看到正态分布.

注记 中心极限定理表明，在一些不太令人担忧的技术条件下，大量独立随机变量的和将非常接近于正态. 从技术上讲，细节是我们无法企及的，结果是极其重要的.

一个正态随机变量倾向于取非常接近均值的值，用标准差单位来测量. 可以通过计算标准正态随机变量位于 u 和 v 之间的概率来证明这一重要事实. 我们有

$$\int_u^v \frac{1}{\sqrt{2\pi}} \exp\left(-\frac{u^2}{2}\right) \mathrm{d}u$$

结果表明，用一个特殊的函数可以相对容易地求出这个积分. 错误函数由下式定义

$$\operatorname{erf}(x) = \frac{2}{\sqrt{\pi}} \int_0^x \exp(-t^2) \mathrm{d}t$$

于是

$$\frac{1}{2}\operatorname{erf}\left(\left(\frac{x}{\sqrt{2}}\right)\right) = \int_0^x \frac{1}{\sqrt{2\pi}} \exp\left(-\frac{u^2}{2}\right) \mathrm{d}u$$

注意，$\operatorname{erf}(x)$ 是一个奇函数（即 $\operatorname{erf}(-x) = \operatorname{erf}(x)$）. 由此（误差函数的表格或任何你喜欢的数学包）可得，对标准正态随机变量，有

$$\frac{1}{\sqrt{2\pi}} \int_{-1}^1 \exp\left(-\frac{x^2}{2}\right) \mathrm{d}x \approx 0.68$$

且

$$\frac{1}{\sqrt{2\pi}} \int_{-2}^2 \exp\left(-\frac{x^2}{2}\right) \mathrm{d}x \approx 0.95$$

且

$$\frac{1}{\sqrt{2\pi}} \int_{-3}^3 \exp\left(-\frac{x^2}{2}\right) \mathrm{d}x \approx 0.99$$

这些都是非常有力的声明. 它们测量标准正态随机变量的值分别在 -1，1，-2，2 和 -3，3 范围内的频率. 但若认为它们是正态随机变量与均值的距离超过若干倍标准差的频率，则这些方法可用于正态随机变量，特别值得一提的是:

125

有用的事实 5.10（正态随机变量以多少频率偏离均值有多远）

- 在大约 68% 的时间里，正态随机变量的值在均值的一个标准差内.
- 在大约 95% 的时间里，正态随机变量的值在均值的两个标准差内.
- 在大约 99% 的时间里，正态随机变量的值在均值的两个标准差内.

5.4　逼近参数为 N 的二项式

二项分布看起来很简单. 假设抛一枚硬币 N 次，其中 N 是一个非常大的数. 硬币正面朝上的概率为 p，反面朝上的概率为 $q = 1 - p$. 正面朝上的次数 h 服从二项分布，所以

$$P(h) = \frac{N!}{h!(N-h)!} p^h q^{(N-h)}$$

这个分布的均值是 Np，方差是 Npq, 并且标准差为 $\sqrt{Npq}$.

因为阶乘增长得非常快，当 N 取值较大时，这个概率的计算是非常困难的. 构造一个 N 取值较大时的二项分布的近似，使得我们可以计算 h 在某个范围内的概率. 注意，h/N 特别有趣，这是正面朝上的概率. 除以一个常数，所以 h/N 的期望值是 p, 标准差是 $pq/\sqrt{N}$. 这个近似将说明，h/N 在均值的一个标准差内的概率约为 68%. 注意，当 N 增大时，均值的标准差减小. 这点很重要，因为这说明我们将概率看作频率的模型是一致的. 当 $N \to \infty$ 时，

$$\frac{h}{N} \to p$$

因为 h/N 将会落在 p 周围的一个区间里，这个区间随着 N 的增大而减小.

图 5.4（以及上面的论点）的主要困难在于，当抛硬币的次数趋近于无穷时，二项分布的均值和标准差趋近于无穷大. 这可能会使问题更难以理解. 例如，图 5.4 中的图表表示缩小的概率分布——但这是因为尺寸被压缩了，还是有实际的影响呢？答案是有实际的影响，一个好办法是考虑正面朝上的归一化次数.

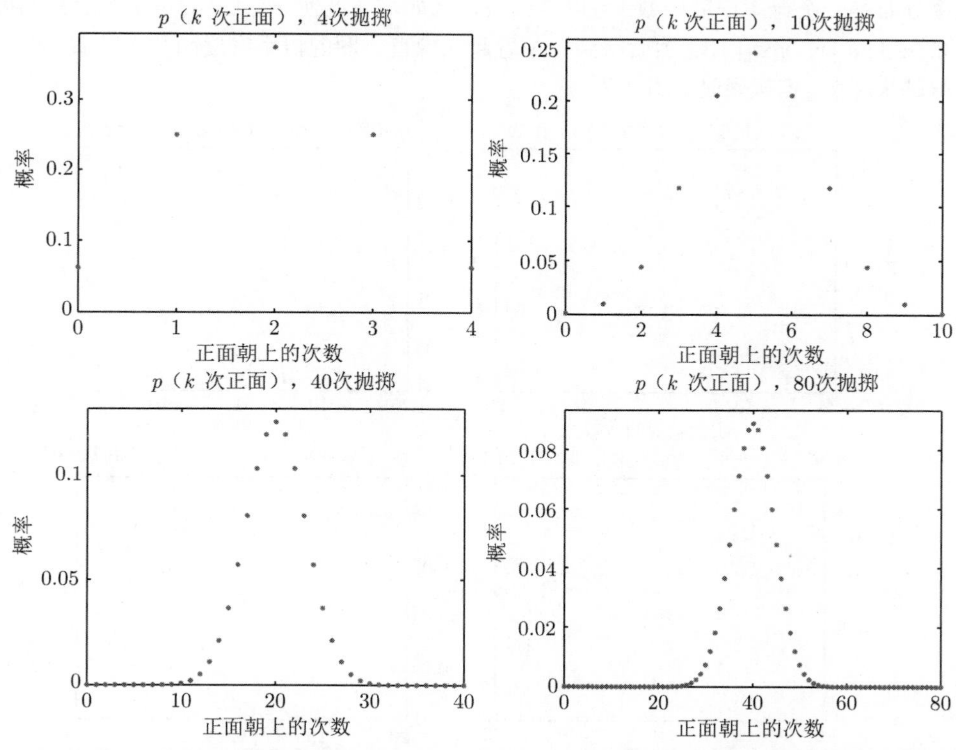

图 5.4 对于不同的 N 值的二项分布图，其中 $p = q = 0.5$. 与可能取值的范围相比，高概率的 h 值（正面朝上的次数）的集合很窄. 随着抛掷次数的增加，这个集合变得越来越窄. 这是因为均值是 Np，标准差是 $\sqrt{Npq}$，所以在均值的一个标准差内的值的部分是 $O(\frac{1}{\sqrt{N}})$

126

5.4.1　当 N 取值很大时

回想一下，要归一化数据集，需要减去均值，然后除以标准差. 对于随机变量也可以这么做. 考虑

$$x = \frac{h - Np}{\sqrt{Npq}}$$

x 的概率分布可以由 h 的概率分布获得，因为 $h = Np + x\sqrt{Npq}$，所以

$$P(x) = \left(\frac{N!}{(Np + x\sqrt{Npq})!(Np - x\sqrt{Npq})!} p^{(Np+x\sqrt{Npq})} q^{(Np-x\sqrt{Npq})} \right)$$

图 5.5 中绘制了 N 取不同值时这个分布的概率分布图.

但是对于非常大的 N，很难使用这个分布. 阶乘很难计算. 其次，它是 N 个点上的离散分布，间距为 $\frac{1}{\sqrt{Npq}}$. 当 N 变得非常大时，非 0 概率的点的数目变得非常大，并且 x 可能非常大或者非常小. 比如，有可能在点 $h = N$，或者等价地，$x = N(p + \sqrt{Npq})$. 对于充分大的 N，认为这个概率分布是一个概率密度函数. 可以这么做，比如，通过使 x_i（x 的第 i 个值）的概率均匀地分布在区间 $[x_i, x_{i+1}]$ 中. 然后得到一个看起来像直方图的概率密度函数，随着 N 的增大，条形变得越来越窄. 但极限是什么呢？

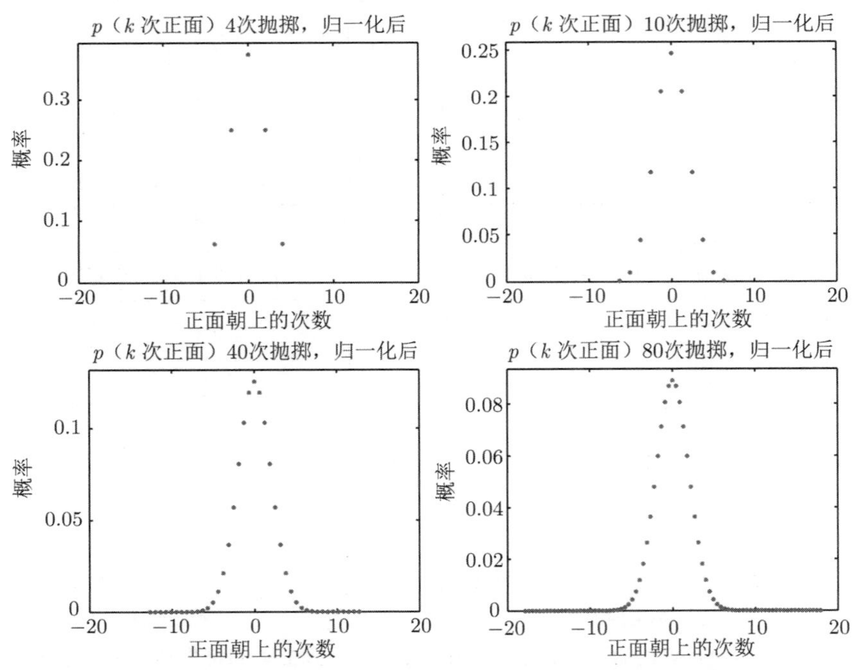

图 5.5　不同 N 值下，归一化变量 x（在 $p = q = 0.5$ 的二项分布中获得）的分布图，$P(x)$ 在文中给出. 这些分布是归一化后的（均值 0，方差为 1）. 它们看起来像标准正态分布，除了它们模型中的值随着 N 的增大而变小（观察纵轴，这是因为有更多可能的结果）. 在本文中，将确定标准正态分布在某种意义上是一个极限

5.4.2 正态化

使用 Stirling 近似，也就是说，对于足够大的 N，

$$N! \approx \sqrt{2\pi}\sqrt{N}\left(\frac{N}{\mathrm{e}}\right)^N$$

因此

$$P(h) \approx \left(\frac{Np}{h}\right)^h \left(\frac{Nq}{N-h}\right)^{(N-h)} \sqrt{\frac{N}{2\pi h(N-h)}}$$

使用归一化变量

$$x = \frac{h - Np}{\sqrt{Npq}}$$

记 $\sigma = \sqrt{Npq}$. 通过下列等式计算 h 和 $N-h$

$$h = Np + \sigma x$$
$$N - h = Nq - \sigma x$$

所以新变量 x 的概率分布是

$$P(x) \approx \left(\frac{Np}{Np+\sigma x}\right)^{(Np+\sigma x)} \left(\frac{Nq}{Nq-\sigma x}\right)^{(Nq-\sigma x)} \sqrt{\frac{N}{2\pi(Np+\sigma x)(Nq-\sigma x)}}$$

这里可以用三种表示方法来处理. 使用 $\log P$ 最简单. 令

$$\log(1+x) = x - \frac{1}{2}x^2 + O(x^3)$$

所以有

$$\begin{aligned}\log\left(\frac{Np}{Np+\sigma x}\right) &= -\log\left(1+\frac{\sigma x}{Np}\right) \\ &\approx -\frac{\sigma x}{Np} + \left(\frac{1}{2}\right)\left(\frac{\sigma x}{Np}\right)^2\end{aligned}$$

127 ~ 128

并且

$$\log\left(\frac{Nq}{Nq-\sigma x}\right) \approx \frac{\sigma x}{Nq} + \left(\frac{1}{2}\right)\left(\frac{\sigma x}{Nq}\right)^2$$

于是，得到

$$\log\Big[\Big(\frac{Np}{Np+\sigma x}\Big)^{(Np+\sigma x)}\Big(\frac{Nq}{Nq-\sigma x}\Big)^{(Nq-\sigma x)}\Big]$$

$$\approx [Np+\sigma x]\Big[-\frac{\sigma x}{Np}+\left(\frac{1}{2}\right)\left(\frac{\sigma x}{Np}\right)^2\Big]+[Nq-\sigma x]\Big[\frac{\sigma x}{Nq}+\left(\frac{1}{2}\right)\left(\frac{\sigma x}{Nq}\right)^2\Big]$$

即

$$-\left(\frac{1}{2}\right)x^2+O((\sigma x)^3)$$

（如果对最后一步有疑问，请回忆一下 $\sigma=\sqrt{Npq}$）. 现在来看平方根方法. 有

$$\log\sqrt{\frac{N}{2\pi(Np+\sigma x)(Nq-\sigma x)}}=-\frac{1}{2}\begin{pmatrix}\log[Nq+\sigma x]\\+\log[Nq-\sigma x]\\-\log N\\+\log 2\pi\end{pmatrix}$$

$$=-\frac{1}{2}\begin{pmatrix}\log Np+O((\frac{\sigma x}{Np}))\\+\log Nq-O((\frac{\sigma x}{Nq}))\\-\log N\\+\log 2\pi\end{pmatrix}$$

但是，因为 N 相对于 σx 来说非常大，可以忽略 $O((\frac{\sigma x}{Np}))$ 项. 那么这项就不再是一个 x 的函数，于是得到

$$\log P(x)\approx\frac{-x^2}{2}+\text{常数}$$

现在因为 N 非常大，概率分布 P 逼近于一个概率密度函数 p，

$$p(x)\propto\exp\Big(\frac{-x^2}{2}\Big)$$

可以由积分得到比例常数，

$$p(x)=\Big(\frac{1}{\sqrt{2\pi}}\Big)\exp\Big(\frac{-x^2}{2}\Big)$$

这个比例常数解决了图 5.5 中的影响，其中分布模型随着 N 的增大而变小. 这样做是因为有更多的非 0 概率点需要考虑. 但我们要得到的是 N 趋于无穷大的极限. 这一定是一个概率密度函数，所以它的积分必须为 1.

回顾该复杂计算过程. 从二项分布开始，但是归一化变量，使均值为 0，标准差为 1. 然后假设抛硬币的次数非常多，以至于硬币的分布看起来像是一个连续的函数，得到的函数是标准正态分布.

129

5.4.3 二项分布的正态逼近

有用的事实 5.11（关于大 N 的二项分布） 假设 h 服从参数为 p 和 q 的二项分布，记作

$$x = \frac{h - Np}{\sqrt{Npq}}$$

然后，对于足够大的 N，概率分布 $P(x)$ 可以用概率密度函数

$$\left(\frac{1}{\sqrt{2\pi}}\right)\exp\left(\frac{-x^2}{2}\right)$$

来近似, 从这个意义上说，

$$P(\{x \in [a, b]\}) \approx \int_a^b \left(\frac{1}{\sqrt{2\pi}}\right)\exp\left(\frac{-u^2}{2}\right)\mathrm{d}u$$

这证明了概率的模型是频率. 解释了概率为 p 的事件意味着，如果做 N（非常大）个独立的重复实验，那么产生该事件的次数将接近 Np，并且随着 N 的增大而变得更接近. 例如，标准正态随机变量在 68% 的时间中取 1 到 -1 之间的值. 在这种情况下，标准正态随机变量是

$$\frac{h - Np}{\sqrt{Npq}}$$

因此 68% 的时间，h 必须在区间 $[Np - \sqrt{Npq}, Np + \sqrt{Npq}]$ 内取值. 等价地，相对频率 h/N 必须在范围

$$\left[p - \frac{pq}{\sqrt{N}}, p + \frac{pq}{\sqrt{N}}\right]$$

内取值. 但是当 $N \to \infty$ 时，这个区间变得越来越小，并且 h/N 极限为 p. 所以把概率看作频率的观点是没问题的.

130

问题

离散随机变量的和与差

5.1 假设 X 和 Y 是离散随机变量，其取值范围为 $1, \cdots, 100$（含）. 记 $S = X + Y$.

（a） 证明：

$$P(S = k) = \sum_{u=1}^{u=100} P(\{\{X = k - u\} \cap \{Y = u\}\})$$

（b） 假设 X 和 Y 都是均匀随机变量. 证明：S 是不均匀的，给出 $P(S = 2)$，$P(S = 3)$ 和 $P(S = 100)$ 来证明.

5.2 假设 X 和 Y 是离散随机变量，其取值范围为 $1,\cdots,100$（含）. 记 $D=X-Y$.

（a） 证明：

$$P(D=k)=\sum_{u=1}^{u=100}P(\{X=k+u\})P(\{Y=u\})$$

（b） 假设 X 和 Y 都是均匀随机变量. 证明：D 是不均匀的，给出 $P(D=-99)$，$P(D=99)$ 和 $P(D=0)$ 来证明.

131

几何分布

5.3 记 $S_\infty=\sum_{i=0}^{\infty}r^i$. 证明：$(1-r)S_\infty=1$, 因此

$$S_\infty=\frac{1}{1-r}$$

5.4 在一个几何分布中，一次实验中成功的概率为 p，记 $P(X=n)$ 为 n 次重复实验成功的概率. 使用前面练习的结果来证明：

$$\begin{aligned}\sum_{n=1}^{\infty}P(\{X=n\})&=p\sum_{n=1}^{\infty}(1-p)^{(n-1)}\\&=1\end{aligned}$$

5.5 证明：

$$\sum_{i=0}^{\infty}ir^i=(\sum_{i=1}^{\infty}r^i)+r(\sum_{i=1}^{\infty}r^i)+r^2(\sum_{i=1}^{\infty}r^i)+\cdots$$

（注意和的极限）并且证明：

$$\sum_{i=0}^{\infty}ir^i=\frac{r}{(1-r)^2}$$

5.6 记 $S_\infty=\sum_{i=0}^{\infty}r^i$. 证明：

$$\sum_{i=0}^{\infty}i^2r^i=(S_\infty-1)+3r(S_\infty-1)+5r^2(S_\infty-1)+7r^3(S_\infty-1)+\cdots$$

因此，

$$\sum_{i=0}^{\infty}i^2r^i=\frac{r(1+r)}{(1-r)^3}$$

5.7 证明：对于参数为 p 的几何分布，均值为

$$\sum_{i=0}^{\infty}i(1-p)^{(i-1)}p=\sum_{u=0}^{\infty}(u+1)(1-p)^u p$$

现在通过重新整理和使用前面的结果，证明：均值为

$$\sum_{i=0}^{\infty}i(1-p)^{(i-1)}p=\frac{1}{p}$$

5.8 证明：参数为 p 的几何分布的方差为 $(1-p)/p^2$. 为了证明，记方差为 $E[X^2]-E[X]^2$. 现在使用前面练习的结果来证明：

$$E[X^2]=\sum_{i=0}^{\infty} i^2(1-p)^{(i-1)}p=\frac{p}{1-p}\frac{(1-p)(2-p)}{p^3}$$

然后重新整理得到方差的表达式.

5.9 你有一枚硬币，它的正面出现的概率 p 是未知的. 你希望生成一个随机变量，取值为 0 和 1，每个值的概率为 1/2. 假设 $0<p<1$. 步骤如下：先抛两次硬币. 如果两次都是硬币的同一面，则重新开始. 如果第一次抛的结果与第二次抛的结果不同，则报告第一次的结果并结束（这是 John von Neumann 设计的）.

132

（a） 证明：在这种情况下，报告正面的概率为 1/2.

（b） 在报告一个结果前，预计要抛多少次呢？

伯努利随机变量

5.10 记伯努利随机变量为 X，它取值为 1 的概率为 p（取值为 0 的概率为 $(1-p)$）.

（a） 证明：$E[X]=p$.

（b） 证明：X 的方差为 $p(1-p)$.

5.11 记 $X^{(N)}$ 为

$$\frac{1}{N}(X_1+X_2+\cdots X_N)$$

其中，X_i 是独立的伯努利随机变量. 每一个取值为 1 的概率都是 p（取值为 0 的概率为 $(1-p)$）.

（a） 证明：$E[X^{(N)}]=p$.

（b） 证明：$X^{(N)}$ 的方差为 $p(1-p)$.

5.12 记 $S^{(N)}$ 为

$$(X_1+X_2+\cdots X_N)$$

其中，X_i 是独立的伯努利随机变量. 每一个取值为 1 的概率都是 p（取值为 0 的概率为 $(1-p)$）.

（a） 证明：对于 $0\leqslant k\leqslant N, P(\{X=k\})$ 等于

$$\binom{N}{k}p^k(1-p)^{(N-k)}$$

（b） 证明：$E[S^{(N)}]=Np$.

（c） 证明：$S^{(N)}$ 的方差为 $Np(1-p)$.

二项分布

5.13 证明：对于所有的 i，都有 $P_b(N-i;N,p)=P_b(i;N,(1-p))$ 成立.

5.14 证明：

$$P_b(i;N,p)=pP_b(i-1;N-1,p)+(1-p)P_b(i;N-1,p)$$

5.15 记一枚硬币在 r 次抛掷中正面朝上的次数为 h_r，其中该硬币每次正面朝上的概率为 p. 比较以下两种方法，抛 5 次硬币计算 i 次正面朝上的概率：

- 抛硬币 3 次，计数 h_3，然后再抛硬币 2 次，计数 h_2，则 $w = h_3 + h_2$.
- 抛硬币 5 次，计数 h_5.

133

证明：w 的概率分布与 h_5 的概率分布相同. 这可以通过证明下式得到：

$$P(\{w=i\}) = \left[\sum_{j=0}^{5} P(\{h_3=j\} \cap \{h_2=i-j\})\right] = P(\{h_5=i\})$$

5.16 现在将以更一般的形式做上一个练习. 记一枚硬币在 r 次抛掷中正面朝上的次数为 h_r，其中该硬币每次正面朝上的概率为 p. 比较以下两种方法，抛 N 次硬币计算 i 次正面朝上的概率：

- 抛硬币 t 次，计数 h_t，然后再抛硬币 $N-t$ 次，计数 h_{N-t}，则 $w = h_t + h_{N-t}$.
- 抛硬币 N 次，计数 h_N.

证明：w 的概率分布与 h_N 的概率分布相同. 这可以通过证明下式得到：

$$P(\{w=i\}) = \left[\sum_{j=0}^{N} P(\{h_t=j\} \cap \{h_{N-t}=i-j\})\right] = P(\{h_N=i\})$$

5.17 一家航空公司经营一个有 6 个座位的定期航班. 这家航空公司卖 6 张票. 乘客的性别在出售时是未知的，女性和男性在这个群体中一样多. 所有的乘客都来乘飞机. 飞行员很古怪，除非至少有一名乘客是女性，否则不会起飞. 飞行员起飞的概率有多大?

5.18 一家航空公司经营一个有 s 座的定期航班. 这家航空公司总是出售这趟航班的 t 张机票. 乘客出现的概率是 p，乘客是独立的. 这架飞机起飞时有三个空位的概率是多少?

5.19 一家航空公司经营一个有 s 座的定期航班. 这家航空公司总是出售 t 张这趟航班的机票. 乘客出现的概率是 p，乘客是独立的. 飞机在飞行时有一个或多个空座位的概率是多少?

多项分布

5.20 证明：多项分布

$$P_m(n_1, \cdots, n_k; N, p_1, \cdots, p_k) = \frac{N!}{n_1!n_2!\cdots n_k!} p_1^{n_1} p_2^{n_2} \cdots p_k^{n_k}$$

必须满足递归关系

$$\begin{aligned} P_m(n_1, \cdots, n_k; N, p_1, \cdots, p_k) = {} & p_1 P_m(n_1-1, \cdots, n_k; N-1, p_1, \cdots, p_k) + \\ & p_2 P_m(n_1, n_2-1, \cdots, n_k; N-1, p_1, \cdots, p_k) + \cdots \\ & p_k P_m(n_1, n_2, \cdots, n_k-1; N-1, p_1, \cdots, p_k) \end{aligned}$$

134

泊松分布

5.21 指数函数 e^x 可以用级数

$$\sum_{i=0}^{\infty} \frac{x^i}{i!}$$

表示（上述级数绝对收敛；试试比值判别法）. 使用此信息证明泊松分布和为 1.

5.22 证明强度参数为 λ 的泊松分布的均值为 λ.

（a） 证明：xe^x 在 $x=0$ 附近的泰勒级数为

$$\sum_{i=0}^{\infty}\frac{ix^i}{i!}$$

并用比值判别法证明该级数绝对收敛.

（b） 使用这个级数和相关模式证明强度参数为 λ 的泊松分布的均值为 λ.

5.23 计算 $(x^2+x)e^x$ 在 $x=0$ 附近的泰勒级数. 并用比值判别法证明该级数绝对收敛. 使用这个级数和相关模式证明强度参数为 λ 的泊松分布的均值为 λ.

连续随机变量的和

5.24 记连续随机变量 X 的概率密度函数为 p_x，对于连续随机变量 Y，概率密度函数为 p_y. 证明：$S=X+Y$ 的概率密度函数是

$$p(s)=\int_{-\infty}^{\infty}p_x(s-u)p_y(u)\mathrm{d}u=\int_{-\infty}^{\infty}p_x(u)p_y(s-u)\mathrm{d}u$$

正态分布

5.25 记

$$f(x)=\left(\frac{1}{\sqrt{2\pi}}\right)\exp\left(\frac{-x^2}{2}\right)$$

（a） 证明：对任意 x，$f(x)$ 是非负的.

（b） 通过积分证明：

$$\int_{-\infty}^{\infty}f(x)\mathrm{d}x=1$$

所以 $f(x)$ 是概率密度函数（你可以通过查看积分得到）.

（c） 证明：

$$\int_{-\infty}^{\infty}xf(x)\mathrm{d}x=0$$

最简单的方法是使用 $f(x)=f(-x)$ 特性.

（d） 证明：

$$\int_{-\infty}^{\infty}xf(x-\mu)\mathrm{d}x=\mu$$

最简单的方法是变量替换，并使用前两个练习的结果.

135

（e） 证明：

$$\int_{-\infty}^{\infty}x^2f(x)\mathrm{d}x=1$$

你要么做积分，要么查积分来做这个练习.

5.26 记

$$g(x)=\exp\left[\frac{-(x-\mu)^2}{2\sigma^2}\right]$$

证明：

$$\int_{-\infty}^{\infty} g(x)\mathrm{d}x=\sqrt{2\pi}\sigma$$

你可以通过变量替换和先前练习的结果来做.

5.27 记

$$p(x)=\left(\frac{1}{\sqrt{2\pi}\sigma}\right)\exp\left(\frac{-(x-\mu)^2}{2\sigma^2}\right)$$

（a） 使用前面练习的结果，证明：

$$\int_{-\infty}^{\infty} xp(x)\mathrm{d}x=\mu$$

（b） 使用前面练习的结果，证明：

$$\int_{-\infty}^{\infty} (x-\mu)^2p(x)\mathrm{d}x=\sigma^2$$

参数 N 取值很大的二项分布

5.28 抛硬币 N 次，记下正面朝上的次数. 考虑在一定数值（记为 h）范围内正面朝上的概率. 对于每一个问题，只需写出表达式，无须求出积分. 提示：如果知道 h 的取值范围，就知道 h/N 的范围.

（a） $N=10^6$，使用正态逼近来估计

$$P(\{h\in[49,500,50,500]\})$$

（b） $N=10^4$，使用正态逼近来估计

$$P(\{h>9000\})$$

（c） $N=100$，使用正态逼近来估计

$$P(\{h>60\}\cup\{h<40\})$$

编程练习

5.29 一家航空公司经营一个有 10 个座位的定期航班. 一名乘客出现在航班上的概率是 0.95. 航空公司应该出售的最少座位数量是多少，才能确保航班满员（即 10 个或更多乘客出现）的概率大于 0.99? 写出简单的模拟过程，通过计数来估计概率.

136

5.30 你要画出一系列的图，演示大 N 的二项分布如何越来越像正态分布. 要考虑一枚无偏硬币 N 次抛掷中正面朝上的次数 h.（所以 $P(H)=P(T)=1/2=p$，并且 $q=1-p=1/2$.）记 $x=\dfrac{h-Np}{\sqrt{Npq}}$.

（a） 画出 $N=10, N=30, N=60$ 和 $N=100$ 时，x 的概率分布. 把这些放在同一个坐标轴上，再在同一坐标轴上，绘制正态概率分布.

（b） 通过对二项分布中的适当项求和计算每种情况下的 $P(\{x \geqslant 2\})$. 现在将其与预测的近似值进行比较，近似值即

$$\int_{2}^{\infty} \frac{1}{\sqrt{2\pi}} \mathrm{e}^{(-u^2/2)} \mathrm{d}u$$

你可以通过误差函数的适当估计来得到这个数.

（c） 现在，编写一个程序来模拟硬币抛掷，并计算不同抛掷次数下模拟值 x 的方差. 同样，硬币应该是均匀的. N 的取值为 10、40、90、160、250、490、640、810、1000，通过模拟抛掷次数来估计 x 的值. 你应该运行每个模拟 100 次，并使用这组估计值来计算 x 的估计值的方差. 画出 N 和 $1/\sqrt{N}$ 下的方差，并做比较，发现了什么？

137

第三部分

推　断

第 6 章　样本和总体

通常看到的数据只是能看到的数据的一小部分. 如果能看到一切, 观察到的数据就是**总体**. 像随机变量这样用大写字母表示总体来强调我们实际上并不了解整个总体. 实际拥有的数据是**样本**. 想知道**总体均值**（population mean）, 记作 popmean($\{X\}$), 必须用样本来估计.

这种情况经常发生. 例如, 假设想知道老鼠的平均体重. 这不是随机的, 你可以称地球上所有老鼠的体重, 然后求平均. 但这样做很荒谬（除此之外, 还必须同时给它们称重, 而这会很棘手）. 相反, 称一小组老鼠, 随机挑选, 但相当谨慎. 如果选择得足够仔细, 那么就可以从样本中得出很多信息.

学习本章内容后, 你应该能够做到:

- 计算样本均值的标准误差.
- 画出和解释误差线.
- 使用样本计算总体均值的置信区间.
- 使用 bootstrap 样本计算总体中位数的置信区间.

6.1　样本均值

假设有一个总体 $\{X\}$, $i = 1, \cdots, N_p$. 注意这里的下标——总体中元素的数目. 总体可能大得离谱, 例如, 它可以由世界上所有的人组成. 我们想知道总体的均值, 但无法得到全部数据. 但是, 得到了一个样本.

如何获得样本是描述总体的关键. 我们只关注一种模型（还有很多其他模型）. 在模型中, 样本是通过选择固定数量的数据项获得的. 记样本中的数据项数为 N. 使用 N 来提醒数据集的大小, 因为大多数数据集都是样本. N 比 N_p 小得多. 每一项都是独立、公平选择的. 这意味着每次选择时, 从 N_p 个数据项的整体集合中选择一个, 并且每项被选择的概率相同. 这有时被称为"有放回抽样".

考虑有放回抽样的一种原始方法是, 假设将数据写在票上, 而票被放在一个罐中. 你可以重复下面的实验 N 次来获得样本——摇动罐子, 从罐子中取出一张票并记下票上的数据, 然后将其放回罐中. 注意, 在这种情况下, 每个样本都是从同一个罐子中抽取的. 这一点很重要, 也使分析变得更容易. 如果不把票放回去, 不同样本之间的罐子就是变化的.

6.1.1　样本均值是对总体均值的估计

我们希望根据实际看到的元素估计整个数据集的均值. 假设像上面那样从罐子中抽取 N 张票, 并取其平均值. 结果是一个随机变量, 因为抽取不同的 N 张票会给出不同的值. 记这个随

141

机变量为 $X^{(N)}$，称为**样本均值**. 因为期望是线性的，所以有

$$E[X^{(N)}] = \frac{1}{N}(E[X^{(1)}] + \cdots + E[X^{(1)}]) = E[X^{(1)}]$$

（其中随机变量 $E[X^{(1)}]$ 是从罐子里抽取一张票得到的.）

$$\begin{aligned} E[X^{(1)}] &= \sum_{i\in 1,\cdots,N_p} x_i p(i) \\ &= \sum_{i\in 1,\cdots,N_p} x_i \frac{1}{N_p} \quad \text{（因为是从罐子中均匀抽取的）} \\ &= \frac{\sum_{i\in 1,\cdots,N_p} x_i}{N_p} \\ &= \text{popmean}(\{X\}) \end{aligned}$$

就是罐子中数据项的均值. 这说明

$$E[X^{(N)}] = \text{popmean}(\{X\})$$

在抽样模型下，样本均值的期望值是总体均值.

有用的事实 6.1（样本均值和总体均值的性质）

样本均值是一个随机变量. 它是随机的，因为来自总体的不同样本的均值不同. 这个随机变量的期望值就是总体均值.

6.1.2 样本均值的方差

因为在每个样本中会看到不同的数据项，所以每次做实验时不会得到相同的 $X^{(N)}$ 值. 所以 $X^{(N)}$ 有方差，而且这个方差很重要. 如果它很大，那么来自每个不同样本的估计值差别会很大. 如果它很小，那么估计值会很相似. 知道了 $X^{(N)}$ 的方差，可以得知对总体均值的估计有多准确.

popsd($\{X\}$) 记作总体 $\{X\}$ 的标准差. 同样，这样写是为了记录以下事实：(a) 这是总体的；(b) 通常它是未知的. 可以很容易地计算出 $X^{(N)}$（样本均值）的方差. 有

$$\text{var}[X^{(N)}] = E[(X^{(N)})^2] - E[X^{(N)}]^2 = E[(X^{(N)})^2] - (\text{popmean}(\{X\}))^2$$

所以需要知道 $E[(X^{(N)})^2]$.

$$X^{(N)} = \frac{1}{N}(X_1 + X_2 + \cdots + X_N)$$

其中，X_1 是从罐子里取出的第一张票的值，等等. 有

142

$$X^{(N)^2} = \left(\frac{1}{N}\right)^2 \begin{pmatrix} X_1^2 + X_2^2 + \cdots X_N^2 + X_1X_2 + \cdots \\ X_1X_k + X_2X_1 + \cdots X_2X_N + \cdots X_{N-1}X_N \end{pmatrix}$$

期望是线性的，所以有

$$E\left[(X^{(N)})^2\right] = \left(\frac{1}{N}\right)^2 \begin{pmatrix} E[X_1^2] + E[X_2^2] + \cdots E[X_N^2] + E[X_1X_2] + \cdots \\ E[X_1X_N] + E[X_2X_1] + \cdots E[X_{N-1}X_N] \end{pmatrix}$$

从罐子中取票的顺序无关紧要，因为每次从同一罐子中取票. 那意味着 $E[X_1^2] = E[X_2^2] = \cdots = E[X_N^2]$. 你可以把这项看作随机变量的期望值，这个随机变量是这样生成的：从罐子中抽出一个数字，将该数字平方并取平方值. 注意，$E[X_1^2] = E[(X^{(1)})^2]$.

因为顺序无关紧要，有 $E[X_1X_2] = E[X_1X_3] = \cdots = E[X_{N-1}X_N]$. 你可以把这项看作随机变量的期望值，这个随机变量是这样生成的：从罐子中抽出一个数字，写下来，然后放回罐子，再从罐子中抽出第二个数字，并取这两个数字的乘积. 所以有

$$E[(X^{(N)})^2] = \left(\frac{1}{N}\right)^2 (NE[(X^{(1)})^2] + N(N-1)E[X_1X_2])$$

这两项都很容易计算.

实例 6.1（罐子方差） 证明

$$E[(X^{(1)})^2] = \frac{\sum_{i=1}^{N_p} x_i^2}{N_p} = \text{popsd}(\{X\})^2 + \text{popmean}(\{X\})^2$$

解 首先，均匀随机地在罐子里取出一张票，平方上面的数据项，记为 $(X^{(1)})^2$. 现在

$$\begin{aligned} \text{popsd}(\{X\})^2 &= E[(X^{(1)})^2] - E[X^{(1)}]^2 \\ &= E[(X^{(1)})^2] - \text{popmean}(\{X\})^2 \end{aligned}$$

所以

$$E[(X^{(1)})^2] = \text{popsd}(\{X\})^2 + \text{popmean}(\{X\})^2$$

实例 6.2（罐子方差） 证明

$$E[X_1X_2] = \text{popmean}(\{X\})^2$$

解 这看起来很难，但其实并不难. 回顾第 4 章（有用的事实 4.6）中的事实：如果 X 和 Y 是独立随机变量，则 $E[XY] = E[X]E[Y]$. 但是 X_1 和 X_2 是独立的——它们是从同一个罐子中随机抽取的. 所以

$$E[X_1X_2] = E[X_1]E[X_2]$$

但是，$E[X_1]=E[X_2]$（它们抽取自同一个罐子）并且 $E[X]=\text{popmean}(\{X\})$. 所以

$$E[X_1X_2]=\text{popmean}(\{X\})^2$$

现在

$$\begin{aligned}E[(X^{(N)})^2]&=\frac{NE[(X^{(1)})^2]+N(N-1)E[X_1X_2]}{N^2}\\&=\frac{E[(X^{(1)})^2]+(N-1)E[X_1X_2]}{N}\\&=\frac{(\text{popsd}(\{X\})^2+\text{popmean}(\{X\})^2)+(N-1)\text{popmean}(\{X\})^2}{N}\\&=\frac{\text{popsd}(\{X\})^2}{N}+\text{popmean}(\{X\})^2\end{aligned}$$

143

所以

$$\begin{aligned}\text{var}[X^{(N)}]&=E[(X^{(N)})^2]-E[X^{(N)}]^2\\&=\frac{\text{popsd}(\{X\})^2}{N}+\text{popmean}(\{X\})^2-\text{popmean}(\{X\})^2\\&=\frac{\text{popsd}(\{X\})^2}{N}\end{aligned}$$

这是一个非常有用的结果，它应当与样本均值的结果一起被记住，所以将它们放在一起.

有用的事实 6.2（样本均值的均值和方差的表达式） 样本均值是一个随机变量. 把 N 个样本的均值记作 $X^{(N)}$. 有：

$$\begin{aligned}E[X^{(N)}]&=\text{popmean}(\{X\})\\\text{var}[X^{(N)}]&=\frac{\text{popsd}(\{X\})^2}{N}\\\text{std}(X^{(N)})&=\frac{\text{popsd}(\{X\})}{\sqrt{N}}\end{aligned}$$

其结果是，如果你抽取 N 个样本，均值的估计值的标准差是

$$\frac{\text{popsd}(\{X\})}{\sqrt{N}}$$

这意味着：（a）抽取的样本越多，估计值就越准确；（b）估计值改进的速度非常慢. 例如，要将估计值的标准差减半，需要抽取四倍的样本.

6.1.3　罐子模型的应用

在模型中，总体有 N_p 个数据项 x_i，我们只能观察到随机挑选的 N 个. 特别是，每次选择都是公平（即每个数据项被选择的概率相同）、独立的. 这些假设对于分析非常重要. 如果数据没有这些性质，就可能发生坏事. 例如，假设希望估计有胡子的人口的百分比. 这是一个均值（对于有胡子的人，数据项取 1，对于没有胡子的人，取 0）. 如果根据我们的模型选择人，然后问他们是否有胡子，那么对有胡子的人所占百分比的估计应该如上所述.

第一个问题是，按照这种模型挑选人一点都不容易. 例如，你可能会随机选择一个电话号码，然后问第一个接电话的人，他是否留了胡子；但许多孩子因为太小而不能接电话. 第二个问题是，在选择人群上的错误，可能会导致估计值出现巨大误差. 例如，假设你决定在某一天调查幼儿园里的所有人，或者调查女装店里的所有人，或者调查参加胡须生长比赛的所有人. 在每种情况下，你都会得到一个与正确答案相比非常差的估计结果，而这个估计结果的标准差可能看起来很小. 当然，我们很容易看出这些情况是一个糟糕的选择.

144

判断什么是好的选择可能并不容易. 注意估计留胡子的人口比例和估计投票给某个候选人的比例之间的相似性. 一个著名的例子是，一项调查错误地预测了 1948 年杜威–杜鲁门总统选举的结果——调查者随机拨打电话，征求意见. 但在那个时候，往往只有一小部分相当舒适的家庭才拥有电话机，而他们倾向于选择一位候选人，因此民调对结果的预测失误得相当严重.

有时候，我们根本无法选择样本. 例如，可能会看到一个人体温度的小数据集. 如果确认这些人是被随机选择的，也许可以使用这个数据集来预测体温的期望. 但如果知道，受试者之所以量体温是因为他们疑似发烧去看医生，那么我们很可能无法直接用它来预测体温的期望，而要做许多其他工作.

这个模型的一个重要且有价值的应用场合是模拟. 如果你能保证你的模拟是独立的（这并不总是容易的），这个模型适用于从模拟中获得估算值. 注意，构建模拟通常很简单，这样第 i 次模拟报告一个 x_i，其中 $\text{popmean}(\{X\})$ 就是你想估计的值. 假设你希望预测赢得某个游戏的概率，那么模拟应该在游戏获胜时取值 1，在游戏失败时取值 0. 另一个例子是，假设你希望在赢得游戏之前预测期望的回合，那么模拟应该报告在赢得游戏之前经过的回合数.

6.1.4　分布就像总体

到目前为止，我们假设有大量的数据项，并从中抽取样本. 样本是从总体中随机、均匀抽取的，并采取有放回抽样. 用这个样本来推断总体. 但是，这需要保证总体满足以下条件：(a) 总体很大；(b) 存在一个总体均值；(c) 随机、均匀在总体中有放回抽样. 这表明可以用概率分布代替总体，用 IID 样本代替总体抽样过程.

假设有一个 N 个数据项 x_i 的集合，作为从某个分布 $P(X)$ 抽取的 IID 样本. 要求这个分布的均值和方差存在（有些分布不适用这个标准，因此不考虑它们）. 6.1.1 节和 6.1.2 节的推导适用于这种情况. 因此

$$X^{(N)} = \frac{\sum_i x_i}{N}$$

是随机变量，因为不同的 IID 样本集合将会有不同的值. 有

$$E[X^{(N)}] = E_{P(X)}[X]$$

（即 $P(X)$ 的均值是 $X^{(N)}$ 的期望值）和

$$\text{var}[X^{(N)}] = \frac{\text{var}[P(X)]}{N}$$

（即均值的估计值的方差等于 $P(X)$ 的方差除以 N）. 注意到均值的估计值的方差与原始概率分布方差之间的差异很重要，前者描述了不同样本的均值的估计将如何不同.

145

6.2　置信区间

知道参数的取值范围，并与数据保持一致很重要. 当涉及安全或法律问题时，这一点尤其重要. 想象一下你有一台往盒子里装谷物的机器. 每个盒子里都有一定数量的谷物，这些谷物是随机的，但方差很小. 如果任何盒子里的谷物的重量低于印在标签上的量，你可能会有麻烦. 当你选择要在标签上打印的数量时，估计谷物的平均重量作为显示的数字可能不是特别好. 如果估计值偏低，你可能遇到问题. 相反，你想知道的是具有高概率的均值的区间. 然后，你可以把小于区间最小值的值作为标签显示量，并确信盒子里的重量大于标签上显示的量.

6.2.1　构造置信区间

统计量是数据集的函数. 统计量的一个例子是数据集的均值. 你应该注意到你不需要实际抽样本，就可以写出这个函数. 通过将函数应用于（抽取样本获得的）数据集来观察统计量的值. 数据集是随机的，因为它要么是来自总体的样本，要么是来自分布模型的 IID 样本. 这意味着，应该把统计量的值看作随机变量的观测值——如果有来自同一整体的不同样本（或来自同一分布的不同 IID 样本），将会计算出统计量的不同的值. 我们感兴趣的是这个随机变量的期望值，而不是观测值. 因此，我们希望使用统计量的观测值来构造一个区间，让这个区间有一个特定的置信度，即期望值位于区间内的置信度.

这些区间的意义可能有点微妙（结构也是如此）. 我们将在总体均值的案例中展示如何构造这些区间. 在这里，希望使用样本均值的值来构造总体均值的区间. 需要注意区间的意义，因为一旦抽取样本，就没有随机性了. 不能讨论总体均值在区间内的概率，因为总体均值不是随机的. 区间取决于样本均值的值，因此会因样本而有所不同. 选择某个小数 f，我们将构造一个区间, 对于那部分样本，总体均值将位于由样本均值构造的区间内. 要进行这种构造，需要对样本均值的分布进行一些详细的研究.

定义 6.1（**总体均值的置信区间**）　*选择某个小数 f. 总体均值的 f 置信区间是使用样本均值构造的区间. 它的性质是, 对于所有样本中的 f 部分，总体均值将落于由每个样本的均值构造的区间内.*

定义 6.2（**总体均值的中心置信区间**）　*选择 α，$0 < \alpha < 0.5$. 总体均值的 $1 - 2\alpha$ 中心置信区间是使用样本均值构造的区间 $[a, b]$. 它的性质是，对于全部样本中的 α 部分，总体均值大于 b；对于全部样本的另一 α 部分，总体均值小于 a. 其余的所有样本，总体均值将落在区间内.*

6.2.2 估计样本均值的方差

回忆一下，样本均值的方差是

$$\frac{\text{popsd}(\{X\})^2}{N}$$

现在这没什么用，因为不知道 popsd($\{X\}$). 但是可以通过计算已有的样本的标准差来估计 popsd($\{X\}$). 使用数据集的符号表示样本，并使用

$$\text{mean}(\{x\}) = \frac{\sum_i x_i}{N}$$

146

表示样本的均值——即实际看到的数据的平均值. 同样，用

$$\text{std}(\{x\}) = \sqrt{\frac{\sum_{i \in \text{样本}} (x_i - \text{mean}(\{x\}))^2}{N}}$$

表示样本标准差. 它是实际看到的数据的标准差，与以前的表示符号一致. 可以估计

$$\text{popsd}(\{X\}) \approx \text{std}(\{x\})$$

只要有足够的样本，这个估计就是准确的. 结果表明，如果样本数 N 较小，则最好使用

$$\text{popsd}(\{x\}) \approx \sqrt{\frac{\sum_i (x_i - \text{mean}(\{x\}))^2}{N-1}}$$

习题表明

$$E[\text{popsd}(\{X\})] = \text{std}(\{x\})\sqrt{\left(\frac{N}{N-1}\right)}$$

这意味着使用 std($\{x\}$) 估计 popsd($\{X\}$) 会产生一个稍稍偏小的数. 这个估计被称为有偏估计，因为估计的期望值不是我们希望的那样. 在这种情况下，很容易得出无偏估计，并且 popsd($\{X\}$) 的无偏估计是

$$\text{stdunbiased}(\{x\}) = \sqrt{\frac{\sum_i (x_i - \text{mean}(\{x\}))^2}{N-1}}$$

均值估计的标准差通常被称为均值的标准误差，记作

$$\text{stderr}(\{x\}) = \frac{\text{stdunbiased}(\{x\})}{\sqrt{N}}$$

通过这项发现一个区别：总体有一个标准差，并且对其均值的估计有一个标准误差.

定义 6.3（标准误差） 用 $X^{(N)}$ 表示 N 个样本 x_i 的均值. $X^{(N)}$ 是一个随机变量. $X^{(N)}$ 的标准差的估计是

$$\frac{\text{stdunbiased}(\{x\})}{\sqrt{N}}$$

这个估计是均值的标准误差.

这是在 σ^2 估计中引起偏差的原因. S^2 的分子是 N 个数的和，但是这些数不独立，因为

$$\sum_i (x_i - \text{mean}(\{x\})) = 0$$

这意味着只有 $N-1$ 个相互独立的数. 另一个看法是，如果你知道和式中的 $N-1$ 项，那么就可以推断出第 N 项；反过来说，将第 N 项计入均值是不明智的. 统计学家说这个平均数有 $N-1$ 个自由度.

147

实例 6.3（模拟验证标准误差估计） 将均值估计值的标准误差与使用抽样总体预测的标准差进行比较.

解 使用来自 bodyfat 数据集（http://www2.stetson.edu/~jrasp/data.htm，找到 bodyfat.xls）的 height 列. 删除了身高异常值. 使用整个数据集（251 项）模拟总体，然后有放回地抽样大量不同大小的样本. 计算每一组样本的均值. 图 6.1 展示了不同大小（9，16，···，81）样本的样本均值箱形图. 还绘制了每个样本大小对应的总体均值和真实的 1 个标准误差线（即使用总体标准差）. 请注意，大多数样本的均值在 1 个标准误差线内（本来也应该如此）.

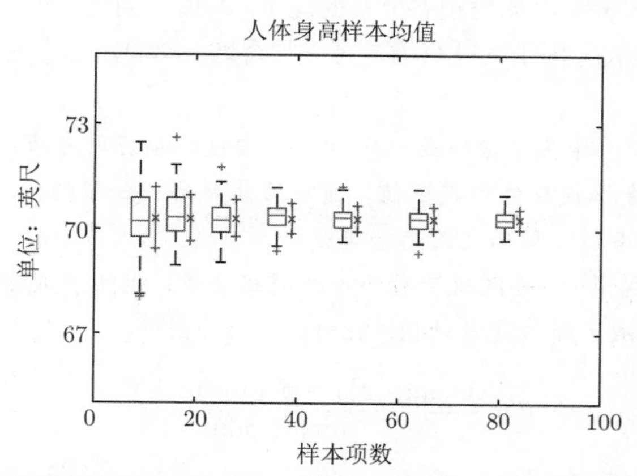

图 6.1 计算来自身高数据集的样本均值，如图所示. 有放回抽样以形成大小为 9，16，···，81 的随机子集. 对于每个大小的 100 个子集中的每一个子集，计算样本均值. 这意味着每个样本大小有 100 个样本均值. 用箱形图来表示这些均值，然后计算总体均值，以及由总体标准差衡量的标准误差. 每列边上的 × 表示总体均值，竖线表示总体均值上下一个标准误差的范围. 注意：(a) 样本均值随样本变大而变化较小；(b) 样本均值基本上位于误差线内

6.2.3　样本均值的概率分布

样本均值是一个随机变量. 我们知道它的均值和方差与总体均值和方差的关系，并且知道，对于足够大的样本，样本均值是一个正态随机变量. 有

$$\frac{\text{mean}(\{x\}) - \text{popmean}(\{X\})}{\text{popsd}(\{X\})/\sqrt{N}}$$

是标准正态随机变量. 但必须估计样本均值的方差，这个估计值会有点错误. 回顾表达式

$$\text{stderr}(\{x\}) = \frac{\text{stdunbiased}(\{x\})}{\sqrt{N}}$$

我们感兴趣的是随机变量（因为样本是随机的）

$$T = \frac{\text{mean}(\{x\}) - \text{popmean}(\{X\})}{\text{stderr}(\{x\})}$$

148

的分布.

当 N 很小时，使用样本标准差估计的总体标准差可能比实际的要小，因为选择的样本的方差很可能小于总体方差. 反过来，标准误差单位的总体均值和样本均值之间的距离可能大于正态分布预测值. 这意味着 T 的分布一定依赖于 N. 它是通过样本均值的方差估计的自由度（即 $N-1$）实现的. 这意味着 T 有一个以自由度为指标的分布族. 该族形式已知，被称为 t **分布**. 分布为 t 分布的随机变量称为 $\boldsymbol{t}$ **随机变量**. 你经常会看到这被称为学生 t 分布，起源于这位数学家因担心他的雇主不喜欢，用笔名写了这个非常重要的统计论文（这个故事值得一看）.

当自由度较小时，t 分布的尾比正态分布的尾重. 然而，当自由度较大时，t 分布与正态分布非常相似. 如果 N 很大（出于某种原因，可以神奇地取 30），那么通常认为 t 分布与正态分布相同.

定义 6.4（$\boldsymbol{t}$ 分布）　*学生 t 分布是一个从以自由度为指标的分布族中获得的概率分布. 分布的形式不重要. 将从表格或软件中获取值，通常只需要累积分布的值. 当自由度较大时，分布与正态分布非常相似；否则，尾部比正态分布稍重.*

定义 6.5（$\boldsymbol{t}$ 随机变量）　*t 随机变量是一个随机变量，其分布是学生 t 分布.*

注记　*样本均值生成 t 随机变量的值. 特别是，*

$$T = \frac{\text{mean}(\{x\}) - \text{popmean}(\{X\})}{\text{stderr}(\{x\})}$$

是自由度为 $N-1$ 的 t 分布.

注记　*如果 N 足够大，则样本均值产生标准正态随机变量的值. 特别是，如果 N 足够大*

$$Z = \frac{\text{mean}(\{x\}) - \text{popmean}(\{X\})}{\text{stderr}(\{x\})}$$

是标准正态随机变量.

6.2.4 总体均值的置信区间

这里是总体均值置信区间的构造. 随机有放回地抽取一个有 N 项的样本（记样本为 $\{x\}$），并计算样本均值. 样本均值是随机变量（其概率分布已知）的值，随机是因为它取决于随机抽取的样本. 未知数 popmean($\{X\}$) 的估计值是已有样本的均值，样本均值写作 mean($\{x\}$). 已知

$$T = \frac{\text{mean}(\{x\}) - \text{popmean}(\{X\})}{\text{stderr}(\{x\})}$$

149

服从 t 分布. 现在假设 N 很大，所以 t 分布类似于标准正态分布. 正态分布大家都很了解. 对于大约 68% 的样本，t（T 的值）会介于 -1 和 1 之间, 以此类推. 反过来，这意味着对于大约 68% 的样本, popmean($\{X\}$) 落在 mean($\{x\}$) $-$ stderr($\{x\}$) 和 mean($\{x\}$) $+$ stderr($\{x\}$) 之间，等等.

有用的事实 6.3（大样本的简单置信区间）

假设样本很大，使 (mean($\{x\}$) $-$ popmean($\{X\}$))/stderr($\{x\}$) 成为一个标准正态变量. 回顾事实 5.10. 因此，对于 68% 的样本

$$\text{mean}(\{x\}) - \text{stderr}(\{x\}) \leqslant \text{popmean}(\{X\}) \leqslant \text{mean}(\{x\}) + \text{stderr}(\{x\})$$

对于 95% 的样本

$$\text{mean}(\{x\}) - 2\text{stderr}(\{x\}) \leqslant \text{popmean}(\{X\}) \leqslant \text{mean}(\{x\}) + 2\text{stderr}(\{x\})$$

对于 99% 的样本

$$\text{mean}(\{x\}) - 3\text{stderr}(\{x\}) \leqslant \text{popmean}(\{X\}) \leqslant \text{mean}(\{x\}) + 3\text{stderr}(\{x\})$$

实例 6.4（进食食物的雌鼠体重） 基于数据集 http://cgd.jax.org/datasets/phenotype/SvensonDO.shtml，设吃了普通食物的雌鼠的体重有一个 95% 的置信区间.

解 该网址上有大量关于老鼠的基因型和表型变化的数据集. 在 Churchill.Mamm. Gen. 2012.phenotypes.csv 中，有 150 只老鼠的信息. 100 只被喂食普通食物，50 只被喂食高脂肪食物. 看下 Weight2，它似乎是老鼠被处死时的体重. 如果关注那些吃了普通食物并且已知体重的雌鼠（据统计是 48 只），会发现平均体重为 27.78g，标准误差为 0.70g（记得除以 $\sqrt{48}$）. 这意味着想要的区间是从 26.38g 到 29.18g.

作者要求任何使用这些数据的人都应该引用这些论文：“High-Resolution Genetic Mapping Using the Mouse Diversity Outbred Population”（Svenson KL, Gatti DM, Valdar W, Welsh CE, Cheng R, Chesler EJ, Palmer AA, McMillan L, Churchill GA. Genetics. 2012 Feb; 190(2):

437-47）以及“The Diversity Outbred Mouse Population”（Churchill GA, Gatti DM, Munger SC, Svenson KL Mammalian Genome 2012, Aug 15）.

可以通过绘制**误差线**来绘制置信区间. 误差线的画法是：在估计值的上下一个（或两个，或三个）标准误差之间画一条线. 将此区间解释为抽样不确定性对估计的影响. 如果罐子模型确实适用，那么置信区间有性质：对于大约 68% 的可能样本，真实均值在区间内（对应于一个标准误差线；两个标准误差线对应 95%，等等）.

流程 6.1（**在大量样本条件下，构造总体均值的** $1-2\alpha$ **中心置信区间**）

从总体中抽取一个含有 N 项的样本 $\{x\}$. 回顾

$$\text{stdunbiased}(\{x\}) = \sqrt{\frac{\sum_i (x_i - \text{mean}(\{x\}))^2}{N-1}}$$

使用

150

$$\text{stderr}(\{x\}) = \frac{\text{stdunbiased}(\{x\})}{\sqrt{N}}$$

估计标准误差，如果 N 足够大，变量

$$T = \frac{\text{mean}(\{x\}) - \text{popmean}(\{X\})}{\text{stderr}(\{x\})}$$

是一个标准正态随机变量.

计算 b，使得标准正态随机变量满足 $P(\{T \geqslant b\}) = \alpha$. 你可以用表格或软件来计算. 那么置信区间是

$$[\text{mean}(\{x\}) - b \times \text{stderr}(\{x\}), \text{mean}(\{x\}) + b \times \text{stderr}(\{x\})]$$

假设 N 足够小，所以 T 是一个 t 随机变量（它有 $N-1$ 个自由度）. 假设希望有一个 $1-2\alpha$ 中心置信区间. 可以使用表格或软件选择值 a 和 b，满足 $P(\{T \leqslant a\}) = \alpha$ 并且 $P(\{T \geqslant b\}) = \alpha$. 实际上有 $a = -b$. 这是因为 t 随机变量具有性质：$P(\{T \geqslant b\}) = P(\{T \leqslant -b\})$（就像标准正态随机变量一样）. 对于所有样本中的 $1-2\alpha$ 部分，有

$$-b \leqslant T \leqslant b$$

这意味着对于 $1-2\alpha$ 的样本

$$\text{mean}(\{x\}) - b \times \text{stderr}(\{x\}) \leqslant \text{popmean}(\{X\}) \leqslant \text{mean}(\{x\}) + b \times \text{stderr}(\{x\})$$

所以这就是 $1-2\alpha$ 中心置信区间.

流程 6.2（**在少量样本条件下，构造总体均值的** $1-2\alpha$ **中心置信区间**）

从总体中抽取含有 N 项的样本. 回顾

$$\text{stdunbiased}(\{x\}) = \sqrt{\frac{\sum_i (x_i - \text{mean}(\{x\}))^2}{N-1}}$$

使用

$$\text{stderr}(\{x\}) = \frac{\text{stdunbiased}(\{x\})}{\sqrt{N}}$$

估计标准误差，如果 N 很小，变量

$$T = \frac{\text{mean}(\{x\}) - \text{popmean}(\{X\})}{\text{stderr}(\{x\})}$$

是一个 t 随机变量.

计算 b，使得 t 随机变量满足 $P(\{T \geqslant b\}) = \alpha$. 你可以用表格或软件来计算. 那么置信区间是

$$[\text{mean}(\{x\}) - b \times \text{stderr}(\{x\}), \text{mean}(\{x\}) + b \times \text{stderr}(\{x\})]$$

151

6.2.5 模拟的标准误差估计

我们能够对样本均值的标准误差作出方便和有用的估计. 但是，如果想推测（比如）总体的中位数，会发生什么呢？估计中位数的标准误差在数学上很困难，估计其他感兴趣的统计数据的标准误差可能也很困难. 这是一个重要的问题，因为建立置信区间和检验假设的方法依赖于构造标准误差估计. 简单的模拟方法可以很好地估计标准误差.

通过简单的检验，总体的不同样本的中位数分布看起来像正态分布. 对于图 6.2，假设所有 253 个重量测量值代表总体，然后模拟不同大小的不同随机样本（有放回）的情况. 图 6.2 表明，随着随机样本的变化，样本中位数的表现与样本均值非常相似. 不同的样本有不同的中位数，但是值的分布看起来像正态分布. 当样本中元素较多时，中位数的值的标准差较小，但无法给出这个样本的标准差的表达式.

有一种称为**自助抽样（bootstrap）**的方法，它可以很好地估计任何统计数据的标准误差. 假设希望估计统计数据 $S(\{x\})$ 的标准误差，$S(\{x\})$ 是 N 个数据项的数据集 $\{x\}$ 的函数. 计算这个样本的 r 个 **bootstrap 副本**. 每个副本都是通过对数据集进行有放回均匀抽样获得的. 理解这一点的一个有用方法是，将数据集建模为概率分布的样本. 对于这种分布（有时称为**经验分布**），我们看到的每个数据项的概率为 $1/N$，其他项的概率为零. 为了获得副本，只需从概率分布中抽取新的 IID 样本集. 注意，bootstrap 副本不是数据集的随机排列，而是等概率随机地从整个数据集中选择一个数据项 N 次. 这意味着想要的特定 bootstrap 副本具有某些数据项的多个副本，而没有某些数据项副本.

记 $\{x\}_i$ 是数据集的第 i 个 bootstrap 副本. 计算

$$\bar{S} = \frac{\sum_i S(\{x\}_i)}{r}$$

S 的标准误差估计定义为

$$\text{stderr}(\{S\}) = \sqrt{\frac{\sum_i [S(\{x\}_i) - \bar{S}]^2}{r - 1}}$$

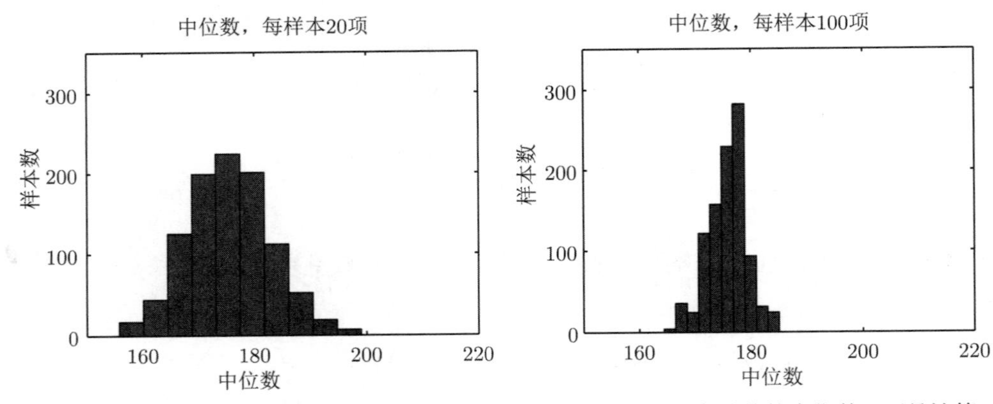

图 6.2　用 253 个重量测量值的数据集来表示总体. 不是计算整个总体的中位数，而是计算随机选择的样本的中位数. 图中显示的是 1000 个不同中位数值的直方图，是针对 1000 个不同的样本（左边的样本大小为 20，右边的样本大小是 100）计算得出的. 注意：(a) 样本的中位数有中等程度的变化；(b) 这些直方图看起来像正态分布图，并且具有大致相同的均值；(c) 增加样本的大小减小了直方图的宽度

152

实例 6.5（中位数的 bootstrap 标准误差）　你在网站 http://lib.stat.cmu.edu/DASL/Datafiles/ceodat.html 可以找到一个数据集，它给出了 1993 年小公司首席执行官的薪水. 为中位数薪水构建一个 90% 的置信区间.

解　薪水是以 1000 美元计的，其中一项薪水没有给出（下面忽略该值）. 图 6.3 显示了薪水的直方图. 注意，有些值看起来像异常值. 这就证明使用中位数是正确的. 数据集的中位数为 350（即 350 000 美元）. 构建 10 000 个 bootstrap 副本. 图 6.3 显示了副本中位数的直方图. 用 matlab 的 prctile 函数提取这些中位数的 5% 和 95% 分位数，得到了 298 到 390 之间的区间. 这意味着，可以预期，对于 90% 的小公司 CEO 薪水样本而言，薪水中位数将在给定范围内.

流程 6.3（自助抽样）　估计在 N 项数据集 $\{x\}$ 上计算的统计数据 S 的标准误差.

1. 计算数据集的 r 个 bootstrap 副本. 记第 i 个副本为 $\{x\}_i$，通过以下步骤获得每个副本:

(a) 在数字 $1\cdots N$ 上构建一个均匀概率分布.

(b) 从这个分布中抽取 N 个独立的样本. 记第 i 个样本为 $s(i)$.

(c) 构建一个新的数据集 $\{x_{s(1)},\cdots,x_{s(N)}\}$.

2. 对每一个副本，计算 $S(\{x\}_i)$.

3. 计算

$$\bar{S}=\frac{\sum\limits_i S(\{x\}_i)}{r}$$

4. S 的标准误差估计定义为

$$\text{stderr}(\{S\}) = \sqrt{\frac{\sum_i [S(\{x\}_i) - \bar{S}]^2}{r-1}}$$

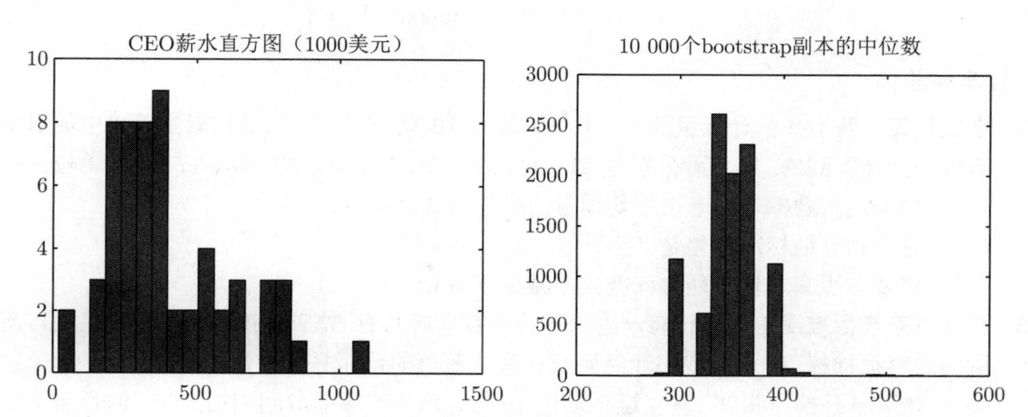

图 6.3　左图是 1993 年小公司 CEO 的薪水直方图，来源于网站 http://lib.stat.cmu .edu/DASL/Datafiles/ceodat.html. 右图是这些数据的 10 000 个 bootstrap 副本的中位数的直方图. 这模拟了抽样差异对中位数的影响，参见实例 6.5

153

问题

估计总体标准差

6.1 我们有一个总体 $\{X\}$，并且研究包含 N 项的随机样本（有放回抽样）. 记任何特定的样本为 $\{x\}$. 现在考虑 $\text{std}(\{x\})^2$. 这是一个随机变量（因为不同的随机数据样本会随机产生不同的值）.

（a） 证明：$E\left[\text{std}(\{x\})^2\right]$

$$= E\left[\sum_i (x_i - \text{popmean}(\{X\}))^2/N\right] -$$

$$(2/N)E\left[(\text{mean}(\{x\}) - \text{popmean}(\{X\}))\sum_i (x_i - \text{popmean}(\{X\}))\right] +$$

$$E\left[(\text{mean}(\{x\}) - \text{popmean}(\{X\}))^2\right]$$

（这里的期望是过抽样，尽管与这点无关.）

（b） 证明：对任意样本，

$$\sum_i (x_i - \text{popmean}(\{X\})) = N(\text{mean}(\{x\}) - \text{popmean}(\{X\}))$$

（c） 使用 6.1.1 节的方法来证明：

$$E\Big[(\text{mean}(\{x\}) - \text{popmean}(\{X\}))^2\Big] = \frac{\text{popsd}(\{X\})^2}{N}$$

（d） 证明：

$$E\Big[\text{std}(\{X\})^2\Big] = \text{popsd}(\{X\})^2\Big(\frac{N-1}{N}\Big)$$

样本和总体

6.2 老鼠均值 我们想估计老鼠的平均体重. 现有 10 只小鼠，它们是从老鼠总体中随机均匀有放回抽样得到的. 其体量分别是 21、23、27、19、17、18、20、15、17、22（单位：克）.

（a） 根据这些数据，对老鼠平均体量的最佳估计是多少?

（b） 这个估计的标准误差是多少?

（c） 需要多少只老鼠才能将标准误差减少到 0.1?

6.3 样本方差与标准误差 假设有一副火星扑克牌，牌共有 87 张. 我们读不懂火星文，所以牌的内容很神秘. 但是，我们注意到有些牌是蓝色的，而另一些是黄色的.

（a） 洗牌，并抽一张牌. 重复这个动作 10 次，每次洗牌前放回刚抽的牌. 你看到 7 张黄色和 3 张蓝色的牌在牌堆里. 如你所知，对牌组中蓝色牌的比例的最大似然估计是 0.3. 这个估计的标准误差是多少?

155

（b） 为了将标准误差降低到 0.05，需要重复这个动作多少次?

总体均值的置信区间

6.4 大鼠的体重 我们想估计一只宠物鼠的平均体重. 在宠物老鼠总体中随机均匀、有放回地抽取 40 只老鼠（简单而廉价，因为它们是很好的宠物，所以要留着它们）. 平均体重为 340 克，标准差为 75 克.

（a） 根据这些数据，给出宠物鼠的体重的 68% 置信区间.

（b） 根据这些数据，给出宠物鼠的体重的 99% 置信区间.

6.5 老鼠的体重 我们想估计一只老鼠的平均体重. 在老鼠总体中随机均匀、有放回地抽取 10 只老鼠. 它们的体量分别为 21、23、27、19、17、18、20、15、17、22（单位：克）. 注意，老鼠太少了，不能用正态模型.

（a） 根据这些数据，给出老鼠的体重的 80% 置信区间.

（b） 根据这些数据，给出老鼠的体重的 95% 置信区间.

6.6 生女孩的概率 在 18 世纪末的卡塞尔 • 勒格里尼翁，有 2009 个婴儿出生，983 个男孩和 1026 个女孩. 我们可以把这看作一个婴儿的等概率的随机抽样（有放回，请不要太在意这意味着什么）. 如果将每个女孩的出生映射为 1，将每个男孩的出生映射为 0，则生女孩的概率就是此随机变量的总体均值. 我们有一个 2009 个婴儿的样本.

（a） 利用上述推理和数据，为生女孩的概率构建 99% 置信区间.

（b） 利用上述推理和数据，为生男孩的概率构建 99% 置信区间.

（c） 这些区间重叠吗？这说明什么？

6.7　癌与脂肪组织　UC-Irvine 机器学习数据存储库拥有一个数据集，里面有不同类型的乳腺组织的各种电磁测量结果. 你可以在 http://archive.ics.uci.edu/ml/datasets/Breast+Tissue 找到数据. 它是由 JP. Marques de Sá 和 J.Jossinet 提交的.

（a） 利用这些数据，为癌组织的 I0 变量的均值构建 99% 置信区间.

（b） 利用这些数据，为脂肪组织 I0 变量的均值构建 99% 置信区间.

（c） 这些区间重叠吗？这说明什么？

6.8　葡萄酒　UC-Irvine 机器学习数据存储库拥有一个数据集，里面有意大利三个不同地区的葡萄酒的各种测量数据. 你可以在网站 http://archive.ics.uci.edu/ml/datasets/Wine 找到这些数据. 这些数据是由 S.Aeberhard 提交的，似乎最初由 M.Forina 拥有.

（a） 利用这些数据，为地区 1 葡萄酒的黄烷醇类变量的均值构建 99% 置信区间.

（b） 利用这些数据，为地区 3 葡萄酒的黄烷醇类变量的均值构建 99% 置信区间.

（c） 这些区间重叠吗？这说明什么？

编程练习

6.9　研究置信区间的构造　UC-Irvine 机器学习数据存储库拥有一个数据集，里面有鲍鱼的各种测量数据. 这些数据在网站 https://archive.ics.uci.edu/ml/datasets/Abalone. 这些数据来源于 W.J. Nash、T.L. Sellers、S.R. Talbot、A.J. Cawthorn 和 W. B. Ford 做的一项研究，叫作“The Population Biology of Abalone（Haliotis species）in Tasmania. I. Blacklip Abalone （H. rubra）from the North Coast and Islands of Bass Strait”（Sea Fisheries Division, Technical Report No. 48，ISSN 1034-3288，1994）. 这些数据是 S.Waugh 捐赠的，有 4177 条记录. 我们将使用长度测量数据. 假设 4177 条记录是全部总体. 计算总体均值.

156

（a） 随机有放回地抽取 20 条记录的 10 000 个样本. 使用 t 分布，使用每个样本计算总体均值的 90% 中心置信区间. 对于多大比例的样本，真正的总体均值落在区间内？

（b） 随机有放回地抽取 10 条记录的 10 000 个样本. 使用 t 分布，使用每个样本计算总体均值的 90% 中心置信区间. 对于多大比例的样本，真正的总体均值落在区间内？

（c） 随机有放回地抽取 10 条记录的 10 000 个样本. 使用正态分布（实际中不应该这样做，因为样本太小），使用每个样本计算总体均值的 90% 中心置信区间. 对于多大比例的样本，真正的总体均值落在区间内？

（d） 重复最后两项，但只使用三条记录. 能得出什么结论？

6.10　研究自助抽样置信区间的构造　UC-Irvine 机器学习数据存储库拥有一个数据集，里面有鲍鱼的各种测量数据. 这些数据在网站 https://archive.ics.uci.edu/ml/datasets/Abalone. 这些数据来源于 W.J. Nash、T.L. Sellers、S.R. Talbot、A.J. Cawthorn 和 W. B. Ford 做的一项研究，叫作“The Population Biology of Abalone （Haliotis species）in Tasmania.

I. Blacklip Abalone （H. rubra）from the North Coast and Islands of Bass Strait”（Sea Fisheries Division, Technical Report No. 48，ISSN 1034-3288，1994）．这些数据是 S.Waugh 捐赠的，有 4177 条记录．我们将使用长度测量数据．假设 4177 条记录是全部总体．计算总体中位数．

（a） 有放回地随机抽取 100 条记录的 10 000 个样本．使用每个样本生成总体中位数的 90% 中心置信区间的 bootstrap 估计．对于多大比例的样本，真正的总体中位数在区间内？

（b） 有放回地随机抽取 30 条记录的 10 000 个样本．使用每个样本生成总体中位数的 90% 中心置信区间的 bootstrap 估计．对于多大比例的样本，真正的总体中位数在区间内？

（c） 有放回地随机抽取 10 条记录的 10 000 个样本．使用每个样本生成总体中位数的 90% 中心置信区间的 bootstrap 估计．对于多大比例的样本，真正的总体中位数在区间内？

157

（d） 得出什么结论？

第 7 章 显著性检验

假设你们已经相信了人类的平均体重是 72kg. 虽然人类平均体重不是随机变量，但却很难直接测量. 所以你不得不获取很多样本，然后计算样本均值. 样本均值是随机变量，不同的样本会有不同的样本均值. 你需要知道怎样去解释观测值与 72kg 之间的差值仅仅是由样本方差引起的，还是因为平均体重实际上就不是 72kg. 有一种策略是在样本均值附近构造一个区间，对于 99%（例如）的可能样本，真实值将在该区间内. 如果 72kg 落在了区间外，那么将几乎没有样本会支持平均体重是 72kg 这一说法. 此时，如果你想相信人类平均体重是 72kg，那么你就必须认为你收集到的样本数据是不正常的.

你应该思考一下上文所描述的过程，即评估所拥有的证据违背原假设的程度. 乍一看，这对你来说是一件很奇怪但事实上却很自然的事情. 当然了人们都是想要评估其样本数据对假设的支持程度. 就像你不能证明一个科学假设是正确的，你能做的仅仅是不能证明它是错误的. 仅仅一个证据就可以推翻一个科学假设，但是再多的证据也不能消除所有猜疑.

有一个重要且相当常见的解释方法. 尝试使用使你观察到的数据成为罕见事件的假设来解释数据是一个坏主意. 可以使用 6.2 节中的推理去评价所得到的观测数据是多么的稀有. 根据那一节，我们可以根据样本均值可能服从的分布来构造置信区间. 这意味着可以给出一个区间，有 95% 的置信度，总体均值将在此区间. 为了评估样本的代表性，可能会问有关假设的均值，我们绘制多大的置信区间才能覆盖观察到的样本均值. 如果那个区间相对而言比较小（例如 50%），那就是说很有可能总体的均值就可以取所假设的那个数值. 更明确地说，就是我们没有足够证据拒绝这个假设. 如果那个区间要求覆盖（例如）99% 的可能样本值，这就强烈暗示样本值是极端异常的. 使用此类方法来评价样本代表程度，通常被描述为某假设下对样本显著性的检验.

例 7.1（爱国者导弹） 本例来源于 P.J. Nahin 的一本好书 *Dueling idiots*，由普林斯顿大学出版. 大约在 1992 年，《波士顿环球报》报道了这一争议. 五角大楼声称，爱国者导弹在 80% 的遭遇战中成功地将飞毛腿导弹击中. 麻省理工学院的物理学家 Theodore Postol 指出了一个问题. 他观看了 14 次爱国者与飞毛腿遭遇战的录像带，其中 1 次击中，13 次未击中. 因此可以合理假设每次遭遇战都是独立的. 如果是二项式模型，击中概率为 P（击中）$= 0.8$，则可以大概得到 1 次击中 13 次未击中的概率为 10^{-8}. 现在根据这些信息提出如下疑问：(a) 五角大楼所说的是对的，即概率就是 0.8，只是 Postol 看到了一个非常不幸的录像带集合；(b) 概率不是 0.8，因为你需要向 14 枚飞毛腿导弹发射 14 枚爱国者 10^8 次才能看到一组这样的录像带；(c) 出于某些原因，这些录像带并不是独立的，也许只有失败案例被记录下来了. 如果 Postol 随机地观看录像带（换句话说，他不能只选择不成功的录像带），那么争议就很容易被驳回，因为五角大楼必须异常地不幸——尝试用一种使数据变得非常不可能的假设来解释数据是糟糕的想法.

该解释过程也可以延伸到总体的比较. 假设想要知道小鼠的体重是否大于大鼠. 在实际操作中，我们会使用样本来估计体重. 但是，这就意味着两次不同的估计会有不同的结果完全是因为使用了不同的样本. 此时就会陷入这样的困境，样本值的随机变化也许会导致所观察的样本中大鼠的平均体重值小于小鼠的平均体重值. 但是，如果对每个均值都画出一个（例如）95% 的置信区间，若这些区间没有重叠，则说明这些总体的均值很大概率是不一样的. 如果你做过上一章的练习，你可能已经注意到前文就是在传达这个意思. 这里的原理是，除非你愿意相信特别奇怪的样本，否则很难用随机变化来解释这个巨大的差异. 这就产生了一个流程——一个可用于判定（例如）小鼠体重是否大于大鼠体重的流程.

学习本章内容后，你应该能够做到：

- 如果总体有一个给定的均值，计算样本均值比这个数值更极端的概率.
- 使用正态分布模型（对于大样本）来评估证据对于总体具有给定均值这一假设的显著性.
- 使用 t 分布模型（当样本数量不够多时）来评估证据对于总体具有给定均值这一假设的显著性.
- 使用 t 分布模型（当样本数量不够多时）来评估证据对于两个总体具有相同均值这一假设的显著性.
- 使用 F 检验来评估证据对于两个总体有相同标准差这一假设的显著性.
- 使用 χ^2 检验来评估证据对于模型拟合的显著性.
- 避免把证据显著性视同为一些科学的显著性.
- 避免调整实验数据来获得想要的 p 值，同时避免 p 值操控.

7.1　显著性

假设人类的平均体温是 95°. 从包含 N 个人的随机样本中收集体温测量值 x_i. 但是这个样本的均值不太可能是 95°. 样本中可能有太多人跑得太热或太冷，以致无法获得所期望的确切体温. 因此，必须要找出是什么导致了样本均值与所假设数值之间的差异，但是可能会错误估计平均体温. 当然，也有可能是对的，而这之间的差别仅仅是因为样本是随机选择的. 为此可以通过找出如果在假设成立的条件下，会产生我们观察到的样本均值的样本比例，从而评估该假设下这些结果的**显著性**.

7.1.1　评估显著性

假设总体均值有某个值 $\text{popmean}(\{X\})$（用大写字母表示，因为无法观测到整个总体）. 设 S 是代表样本均值的随机变量. 该随机变量的均值就是总体均值，并且可以用标准误差来估计该随机变量的标准差，用 $\text{stedrr}(\{x\})$（用小写字母是因为这个值是从样本中获得的）表示该标准误差. 考虑随机变量

$$T = \frac{(S - \text{popmean}(\{X\}))}{\text{stedrr}(\{x\})}$$

该随机变量服从自由度为 $N-1$ 的 t 分布（如果 N 足够大，则可以把它看作标准正态分布）. 现在有一种方式可以证明所收集到的证据是否可以支持原假设. 如果假设是正确的，则将评估要

产生实际所看到的值，样本有多奇怪. 之所以可以这么做，是因为可以计算出拥有非极端值的样本比例. 设定 s 是 S 的观测值，t 是 T 的观测值（通常被看作检验统计量）. 设定 $p_t(u;N-1)$ 为自由度 $N-1$ 的 t 分布的概率密度函数. 如果总体均值就是 popmean($\{X\}$)，那么 s 中含有非极端值的样本比例为

$$f=\frac{1}{\sqrt{2\pi}}\int_{-|s|}^{|s|}p_t(u;N-1)\,\mathrm{d}u$$

如果 N 足够大，则可以使用标准正态分布来代替 $p_t(u;N-1)$. 假设拥有一个非常大（或者非常小）的 v 值. f 值非常接近 1 意味着，如果假设为真，则来自总体的大多数样本的 v 值将接近 0. 同样，这表示如果假设为真，则所获取的样本是极不寻常的，即数据无法支持该假设. 160

实例 7.1（44 只普通饮食的雄性小鼠样本） 假定一只普通饮食雄性小鼠的体重是 35 g，且 44 只小鼠的样本的标准误差为 0.827 g. 这 44 只样本小鼠的样本均值在 33~37 g 范围内的比例是多少.

解 应该使用网站 http://cgd.jax.org/datasets/phenotype/SvensonDO.shtml 中的数据，但是你并不需要真正地回答该问题. 设定 S 是 44 只普通饮食的雄性小鼠样本的样本均值. 假设真实的均值为 35 g，则有

$$T=\frac{S-35}{0.827}$$

这是一个服从 t 分布的随机变量，自由度为 43. 现在问题就是 T 在 $[(33-35)/0.827,(37-35)/0.827]$（$[-2.41,2.41]$）区间内的概率. 此时自由度足够大，可以认为 S 是正态分布，所以概率值为

$$\int_{-2.41}^{2.41}\frac{1}{\sqrt{2\pi}}\exp(-u^2/2)\,\mathrm{d}u\approx 0.984$$

该数值可从表中查到. 也就是说，如果总体的均值真的是 35 g，那么对于 44 只普通饮食雄性小鼠形成的样本，约 98.4% 的平均体重将在这个范围内.

实例 7.2（48 只普通饮食雌性小鼠样本） 假定普通饮食雌性小鼠总体的平均体重为 27.8 g. 使用网站 http://cgd.jax.org/datasets/phenotype/SvensonDO.shtml 内的数据来估计平均体重大于 29 g 的样本比例.

解 从实例 6.4 中可以看出，48 只普通饮食雌性小鼠的样本的标准误差为 0.7 g. 设 S 为 48 只普通饮食雌性小鼠样本的样本均值. 因为假定真实均值为 27.8 g，所以

$$T=\frac{S-27.8}{0.70}$$

是服从 t 分布的随机变量，其自由度为 47. 此时，问题是 T 取值大于 $(29-27.8)/0.7=1.7143$ 的概率是多少. 因为自由度足够大，可以认为 T 是正态变量，于是该概率为

$$\int_{1.7143}^{\infty}\frac{1}{\sqrt{2\pi}}\exp(-x^2/2)\,\mathrm{d}x\approx 0.043$$

该数值可从表中查得. 这意味着如果总体均值确实为 27.8 g，那么对于 48 只普通饮食的雌性小鼠形成的样本，约 4%的平均体重将大于 29 g.

7.1.2 p 值

上一节的流程可以算出在假设为真的条件下，T 的绝对值小于所观察到的样本的样本比例，该样本比例称为 f. 考虑 $p = 1 - f$ 会比考虑 f 更简单（或者说更加传统）. 你应该理解为 p 代表的是，在假设为真的条件下，T 的绝对值大于观测值所算出的统计量值的比例. 如果这个比例很小，则有显著的证据来拒绝假设. 这个比例有时候被称为 **p 值**.

161

定义 7.1（p 值） p 值代表的是，在假设为真的条件下，检验统计量比观测值计算出的统计量出现更极端数值的比例.

以下是对 p 值的有效解释. 假定当 p 值是 α 或者更小时，你会选择接受假设，否则就拒绝假设. 然而，接受错误假设（假阳性或第一类错误）的概率是在假设为真的条件下对应于该 p 值（或者更小）的样本比例. 但这是 α——你可以把 p 值解释为接受错误假设的概率. 用这样的方式定义显著性是非常精妙的.

定义 7.2（统计显著性） 统计显著性是一个被广泛使用的术语. 它可以是一组测量值的显著性. 在本书中，指的就是这些测量值的相关统计检验的 p 值. 它也可以是一项研究的显著性，在这种情况下，就是指将要检验的检验统计量的 p 值的值. 这个值是按照预想提前选择好的. 这应该被解释为，在已知原假设为真的条件下，研究过程中所有可能遇到的样本中，会导致所做判断为拒绝原假设的样本比例.

前文所描述的对假设的总体均值来评估证据的流程称为 T 检验. 其细节见流程 7.1，该流程值得学习，因为它很有用且被广泛使用. 它还描述了检验显著性的一般方法. 你可以确定一个统计量用于检验你想到的特定命题. 同时，此统计量：(a) 取决于你的数据；(b) 取决于你的假设；(c) 在采样条件下分布已知. 你可以计算该统计量的值. 然后，查看分布以确定具有更极端值的样本比例. 如果这一比例很小，则表明你的假设不正确.

流程 7.1（假设均值已知的显著性的 T 检验） 原假设为总体均值已知，并设定为 μ. 令 $\{x\}$ 为样本，N 为样本大小.

- 计算样本均值并记为 $\text{mean}(\{x\})$.
- 使用如下公式来估计标准误差 $\text{stderr}(\{x\})$：

$$\text{stderr}(\{x\}) = \frac{\text{stdunbiased}(\{x\})}{\sqrt{N}}$$

- 计算检验统计量：

$$v = \frac{(\mu - \text{mean}(\{x\}))}{\text{stderr}(\{x\})}$$

- 使用下文中的一种方法计算 p 值.
- p 值概括了数据与假设相矛盾的程度. 如果假设为真，则 p 值越小表示所收集的样本越奇怪. p 值越小，对原假设的拒绝就越强烈.

通常认为 p 值小于 5%（也可以是其他数值）时，拒绝原假设. p 值概括了数据与假设矛盾的程度，你所使用的特定应用逻辑会影响你如何解释它.

计算 p 值的方法不止一种. 其中一种方法可以计算 t 的绝对值大于观测值的样本比例. 162

$$p=(1-f)=1-\int_{-|s|}^{|s|} p_t(u;N-1)\,\mathrm{d}u$$

这里所使用的概率分布是自由度为 $N-1$ 的 t 分布，或者 N 足够大时使用正态分布. 回想之前设定 S 是表示样本均值的随机变量（在真正获得样本之前），s 是该随机变量的值. 此时，应该用如下公式来解释 p 值:

$$p=P(\{S>|s|\})\cup P(\{S<-|s|\})$$

一般都可以在表格中查到该数值，使用恰当的计算方法也可以获得该数值. 这通常被称为双边 p 值（因为同时计算了 $\{S>|s|\}$ 和 $\{S<|s|\}$ 的概率）.

流程 7.2（计算双边 T 检验的 p 值）

$$p=(1-f)=1-\int_{-|s|}^{|s|} p_t(u;N-1)\,\mathrm{d}u=P(\{S>|s|\})\cup P(\{S<-|s|\})$$

其中 $p_t(u;N-1)$ 是 t 分布的概率密度. 如果 $N>30$，则可以用标准正态分布的密度函数来代替 p_t.

在有些情况下，需要计算单边检验的 p 值

$$p=P(\{S>|s|\})$$

或者

$$p=P(\{S<-|s|\})$$

一般情况下，使用双边检验比较保守，除非有很好的不做的理由，否则都应该使用双边检验. 可以看到很多文章里面经常使用单边检验，因为单边检验可以得到更小的 p 值，但是这不是一种明智的行为.

流程 7.3（计算单边 T 检验的 p 值） 首先，除非有充分的理由（想要得到一个小于 0.05 的 p 值不算），否则不建议进行单边检验. 应该确定哪一边对你而言更重要，你是更倾向于研究 $P(\{S>|s|\})$ 还是 $P(\{S<|s|\})$，为什么要研究它? 如果这个问题对你不造成困扰，那么可以使用 t 分布的概率密度函数计算

$$p=P(\{S>|s|\})$$

或者

$$p=P(\{S<-|s|\})$$

如果 $N>30$，则可以使用标准正态分布的密度函数代替 p_t.

只要拥有了 p 值，就可以直接评价显著性了. 非常小的 p 值表示，在原假设成立的条件下，有非常少的样本会出现比观测值更极端的值. 反过来，小的 p 值表示，如果想要接受原假设，则

必须认为所取得的样本是极其奇怪的. 在更加正式的场合下，计算 p 值是为了评估证据违背原假设的显著性. p 值越小，代表证据越违背原假设. 我们需要确定 p 值多小时就可以拒绝原假设.

163

实例 7.3（**如果成年雄性老鼠的平均长度为 10cm，则老鼠数据集中的样本有多不寻常?**）老鼠数据集来自网站 http://cgd.jax.org/datasets/phenotype/SvensonDO.shtml. 我们应该关注的变量是 Length2 （长度，指老鼠牺牲时的长度）. 需要计算 p 值.

解　该样本数据中雄性老鼠的平均长度为 9.5cm，标准误差为 0.045cm. 设 S 表示雄性老鼠样本的样本平均长度，这个（未知）值是随机变量. 现假定真实的平均长度就是 10cm，则有

$$T = \frac{S - 10}{0.045}$$

并且有足够多的老鼠,可以认定统计量是正态随机变量,则所观测到的值为 $t = (9.5-10)/0.045 = -11.1$. 现在，我们想要计算 $T \leqslant -|t|$ 或者 $T \geqslant |t|$ 的概率. 这个值太接近于 0 了，以至于和 0 的差值已经没有什么意义了. 这就是说，如果成年老鼠的平均长度为 10cm，则该老鼠数据集中的样本几乎不太可能存在，因此可以将其看作表明平均长度不是 10cm 的压倒性证据.

通常情况下，当 p 值小于 5% 时，拒绝原假设，有时也被称为 5% 的显著性水平. “显著性”一词有时会被误解为用来表示结果是重要且有意义的. 相反，你应该将 0.05 的 p 值解释为：如果原假设为真，则 20 次实验中你可以获得 1 次不正常的样本. 通常意义上，这都意味着原假设不太可能为真.

有时 p 值可能会更小，这应该被解释为有强有力的证据表明原假设是错误的. p 值小于 0.01 时，则表明可以拒绝显著性水平为 1% 的原假设. 类似地，应该将 0.01 的 p 值解释为：如果原假设为真，则在 100 次实验中才会得到 1 次不寻常的样本.

实例 7.4（**人类平均体重**）　使用来自网站 http://www2.stetson.edu/~jrasp/data.htm 中的身高及体重数据（见表格 bodyfat.xls），评估在假设“人类平均体重为 175 磅[㊀]”的条件下证据的显著性.

解　数据集中含有 252 个样本，所以可以使用正态模型. 样本的平均体重为 178.9 磅，其双边检验的 p 值为 0.02. 这可以解释为，有强有力的证据表明人类的平均体重事实上并不是 175 磅. 该 p 值表示，如果人类的平均体重就是 175 磅，并且重复该实验（测量 252 个人的体重并计算平均值）50 次，才有可能得到 1 次远离 175 磅的数值.

实例 7.5（**心脏病发作后的胆固醇水平**）　在网站 http://www.statsci.org/data/general/cholest.h tml 中，可以找到 28 位患者多次记录的心脏病后的胆固醇水平. 该数据来源于美国东北部一家医疗中心的一项研究. 评估在第二天时平均的胆固醇水平为 240mg/dL 的显著性.

解　N 很小，故使用 t 分布. 计算得到的样本均值为 253.9，且其标准误差为 9.02，所以检验统计量的数值为 1.54. 使用自由度为 27 的 t 分布，其双边检验的 p 值为 0.135，这个数值太大了，以至于不能拒绝原假设.

164

㊀ 1 磅 = 0.453 59 千克. ——编辑注

7.2 比较两个总体的均值

假设我们有两个样本，现在需要知道这两个样本是否来自同均值的总体. 例如，我们可能观察到人们使用两个不同的指标来测量他们执行任务的速度以查看他们的表现是否不同. 另一个例子是在没有其他程序运行时运行某个程序，并测试它们执行标准任务所花的时间. 因为并不知道操作系统和缓存等是用于哪一个的，所以运行时间这个量就有点像是随机变量，故非常值得做一些实验，得到一个样本集. 现在再在其他程序运行的条件下重复上面的实验，得到另一个样本集. 该样本集与第一个会是不一样的吗? 对于真实的数据集而言，答案是肯定的，毕竟它们都是随机样本. 一个更好的问题是，样本之间的不同是因为结果的偶然性还是因为它们根本就是来自不同总体的样本?

实例 7.6（普通饮食的雄鼠和雌鼠） 基于网站 http://cgd.jax.org/datasets/phenotype/SvensonDO.shtml 中的数据集，分别给出普通饮食雌鼠和雄鼠体重的 95% 置信区间，并比较这些区间.

解 从实例 6.4 中可知，区间范围是 26.38~29.18g. 对于雄鼠而言，同样的置信区间为 34.75~38.06g. 现在看来，这两个区间明显是不一样的. 这就意味着，如果要选择相信这两个总体是一样的，必须得认为至少其中一个总体的样本是奇怪的. 这里有相当令人信服的证据表明普通饮食的雄鼠和雌鼠的平均体重并不相同.

如实例 7.6 中所展示的，可以使用均值置信区间的方法来推断总体. 另一种方法是研究均值之间差异的显著性水平. 我们令 $\{X\}$ 表示第一个总体，$\{Y\}$ 表示第二个总体，$\{x\}$ 表示大小为 k_x 的第一个总体的样本数据集，$\{y\}$ 表示第二个总体的样本数据集，其大小为 k_y. 这两个数据集的大小不需要相同.

7.2.1 假定总体的标准差已知

最简单的情形是假定两个总体都各自有已知的标准差，换言之 $\text{popsd}(\{X\})$ 和 $\text{popsd}(\{Y\})$ 已知. 在此情形下，样本均值的分布是正态分布，可以使用正态随机变量的简单性质来完成显著性测量.

有用的事实 7.1（正态随机变量的和与差） 设 X_1 是均值为 μ_1，标准差为 σ_1 的正态随机变量，X_2 是均值为 μ_2，标准差为 σ_2 的正态随机变量，且 X_1 和 X_2 相互独立，则有:

- 对于任意常数 $c_1(c_1 \neq 0)$，c_1X_1 是均值为 $c_1\mu_1$，标准差为 $c_1\sigma_1$ 的正态随机变量.
- 对于任意常数 c_2，$X_1 + c_2$ 是均值为 $\mu_1 + c_1$，标准差为 σ_1 的正态随机变量.
- $X_1 + X_2$ 是均值为 $\mu_1 + \mu_2$，标准差为 $\sqrt{\sigma_1^2 + \sigma_2^2}$ 的正态随机变量.

这里不对上述性质进行证明，我们早已知道结果中均值和标准差的表达式. 唯一的问题就是如何证明分布是正态分布，其中前两项非常容易证明. 第三项则需要进行一些简单的积分运算，你可以参考实例 14.13 中对随机变量求和的内容及积分表进行证明.

设 $X^{(k_x)}$ 为随机变量，该变量表示从第一个总体中获取的包含 k_x 个元素的随机样本的均值. 同理，设 $Y^{(k_y)}$ 表示从第二个总体中获取的包含 k_y 个元素的样本的均值的随机变量. 两个随机变量都是正态的，因为其总体的标准差是已知的，这也意味着 $X^{(k_x)}-Y^{(k_y)}$ 是正态随机变量.

用 D 来表示 $X^{(k_x)}-Y^{(k_y)}$，如果这两个总体有相同的均值，则有

$$E[D]=0$$

标准差为

$$\begin{aligned}\operatorname{std}(D)&=\sqrt{\operatorname{std}(X^{(k_x)})^2+\operatorname{std}(Y^{(k_y)})^2}\\&=\sqrt{\frac{\operatorname{popsd}(\{X\})^2}{k_x}+\frac{\operatorname{popsd}(\{Y\})^2}{k_y}}\end{aligned}$$

假设 popsd($\{X\}$) 和 popsd($\{Y\}$) 已知，则可以计算上式. 现在可以使用之前使用的在特定、已知均值条件下检验显著性的方法. 现在已经确认了一个可以从样本中计算得到的数据，并且知道该数据会因为样本的随机选择而发生什么样的变化. 如果观测的数据与均值相差太远，则证据是与原假设相违背的. 如果想要接受原假设，则必须相信收集的样本是非常奇怪的. 本章在流程 7.4 中对此进行了总结.

流程 7.4（已知总体标准差，检验两个总体是否有同样的均值） 原假设为两个总体具有相同的均值，但是该均值未知. 设 $\{x\}$ 表示来自第一个总体的样本，$\{y\}$ 表示来自第二个总体的样本，k_x、k_y 分别表示两个样本大小.

- 计算两个总体的样本均值，并记为 mean($\{x\}$) 和 mean($\{y\}$).
- 计算均值差的标准误差：

$$s_{\mathrm{ed}}=\sqrt{\frac{\operatorname{popsd}(\{X\})}{k_x}+\frac{\operatorname{popsd}(\{Y\})}{k_y}}$$

- 计算检验统计量的值：

$$s=\frac{(\operatorname{mean}(\{x\}))-(\operatorname{mean}(\{y\}))}{s_{\mathrm{ed}}}$$

- 计算 p 值：

$$p=(1-f)=\left(1-\int_{-|s|}^{|s|}\exp\left(\frac{-u^2}{2}\right)\mathrm{d}u\right)$$

- p 值总结了数据违背原假设的程度，小的 p 值说明如果原假设为真，则样本是非常奇怪的. p 值越小，对原假设的拒绝越强烈.

通常情况下，仅当 p 值小于 5%（或其他数值）时，才会拒绝原假设. p 值代表了数据违背原假设的程度，你不应该认为你使用的特定应用逻辑会影响你如何解释 p 值.

166

7.2.2 假定总体有相同但未知的标准差

假设两个总体有相同却未知的标准差，换言之，popsd($\{X\}$) = popsd($\{Y\}$) = σ，σ 未知. 如果 popmean($\{X\}$) = popmean($\{Y\}$)，则有 mean($\{x\}$) − mean($\{y\}$) 是均值为 0 的随机变量，且其方差为

$$\frac{\sigma^2}{k_x}+\frac{\sigma^2}{k_y}=\sigma^2\frac{k_xk_y}{k_x+k_y}$$

如果不知道该方差，则必须要估计该方差. 由于两个总体的方差相同，所以可以在估计方差时将样本集中起来. 于是对标准误差的估计为

$$s_{\mathrm{ed}}^2=\left(\frac{\operatorname{std}(\{x\})^2(k_x-1)+\operatorname{std}(\{y\})^2(k_y-1)}{k_x+k_y-2}\right)\left(\frac{k_xk_y}{k_x+k_y}\right)$$

使用之前的方法，有

$$\frac{\operatorname{mean}(\{x\})-\operatorname{mean}(\{y\})}{s_{\mathrm{ed}}}$$

它是服从 t 分布且自由度为 k_x+k_y-2 的随机变量. 该推理过程在流程 7.5 中进行了总结.

流程 7.5（检验具有相同但未知标准差的总体是否具有相同的均值） 原假设为两个总体具有相同但未知的均值，设 $\{x\}$ 表示来自第一个总体的样本，$\{y\}$ 表示来自第二个总体的样本，k_x、k_y 分别是两个样本大小.

- 计算两个总体的样本均值，并记为 mean($\{x\}$) 和 mean($\{y\}$).
- 计算均值差的标准误差：

$$s_{\mathrm{ed}}^2=\left(\frac{\operatorname{std}(\{x\})^2(k_x-1)+\operatorname{std}(\{y\})^2(k_y-1)}{k_x+k_y-2}\right)\left(\frac{k_xk_y}{k_x+k_y}\right)$$

- 计算检验统计量的值：

$$s=\frac{(\operatorname{mean}(\{x\}))-(\operatorname{mean}(\{y\}))}{S_{\mathrm{ed}}}$$

- 用流程 7.2 中的方法计算 p 值，其中自由度为 k_x+k_y-2.
- p 值总结了数据违背原假设的程度，小的 p 值说明如果原假设为真，则样本是非常奇怪的. p 值越小，对原假设的拒绝越强烈.

通常情况下，仅当 p 值小于 5%（或其他数值）时，才会拒绝原假设. p 值代表了数据违背原假设的程度，你不应该认为你使用的特定应用逻辑会影响你如何解释 p 值.

167

7.2.3 假定总体的标准差未知且不同

假设两个总体有不同且未知的标准差. 如果 popmean($\{X\}$)=popmean($\{Y\}$)，则 mean($\{x\}$)−mean($\{y\}$) 是均值为 0 的随机变量，其方差为

$$\frac{\operatorname{popsd}(\{X\})^2}{k_x}+\frac{\operatorname{popsd}(\{Y\})^2}{k_y}$$

并且该方差未知，因此需要对其进行估计. 因为两个总体具有不同的标准差，故不能进行合并估计，其估计值为

$$s_{\text{ed}}^2=\frac{\text{stdunbiased}(\{x\})^2}{k_x}+\frac{\text{stdunbiased}(\{y\})^2}{k_y}$$

因此可以得到如下检验统计量：

$$\frac{\text{mean}(\{x\})-\text{mean}(\{y\})}{s_{\text{ed}}}$$

但这就存在一个问题，该统计量并不服从 t 分布，且其分布的形式十分复杂. 但可以用 t 分布来近似，形式为

$$W=\left(\frac{[\text{stdunbiased}(\{x\})^2/k_x]^2}{k_x-1}+\frac{[\text{stdunbiased}(\{y\})^2/k_y]^2}{k_y-1}\right)$$

该近似 t 分布的自由度为

$$\frac{\left[\left(\text{stdunbiased}(\{x\})^2/k_x\right)+\left(\text{stdunbiased}(\{x\})^2/k_x\right)\right]^2}{W}$$

有了这些，剩下的过程跟之前是一样的.

流程 7.6（检验具有不同标准差的总体是否具有相同的均值） 原假设为总体具有相同但未知的均值，设 $\{x\}$ 表示来自第一个总体的样本，$\{y\}$ 表示来自第二个总体的样本，k_x、k_y 分别是两个样本大小.

- 计算两个总体的样本均值，并记为 $\text{mean}(\{x\})$ 和 $\text{mean}(\{y\})$.
- 计算均值差的标准误差：

$$s_{\text{ed}}^2=\frac{\text{stdunbiased}(\{x\})^2}{k_x}+\frac{\text{stdunbiased}(\{y\})^2}{k_y}$$

- 计算检验统计量的值：

$$s=\frac{(\text{mean}(\{x\}))-(\text{mean}(\{y\}))}{s_{\text{ed}}}$$

168

- 用流程 7.2 中的方法计算 p 值，其中自由度为

$$\frac{\left(\text{stdunbiased}(\{x\})^2/k_x+\text{stdunbiased}(\{y\})^2/k_y\right)^2}{\left(\frac{[\text{stdunbiased}(\{x\})^2/k_x]^2}{k_x-1}+\frac{[\text{stdunbiased}(\{y\})^2/k_y]^2}{k_y-1}\right)}$$

- p 值总结了数据违背原假设的程度，小的 p 值说明如果原假设为真，则样本是非常奇怪的. p 值越小，对原假设的拒绝越强烈.

通常情况下，仅当 p 值小于 5%（或其他数值）时，才会拒绝原假设. p 值代表了数据违背原假设的程度，你不应该认为你使用的特定应用逻辑会影响你如何解释 p 值.

实例 7.7（日系车与美系车是否不同） 可以在网站 http://www.itl.nist.gov/div898/handbook /eda/section3/eda3531.htm 中找到数据，该数据集由美国国家标准技术研究所发布，给出了日系车和美系车消耗每加仑[㊀]的油可行驶的里程（单位为英里[㊁]）．检验两个总体拥有相同的 MPG（miles per gallon）均值.

解 测量了 249 辆日系车和 79 辆美系车，其中日系车的均值为 20.14，美系车的均值为 30.48. 样本标准误差为 0.798，故检验统计量的值为

$$\frac{(\text{mean}(\{x\})) - (\text{mean}(\{y\}))}{s_{\text{ed}}} = 12.95$$

自由度为 214. 自由度足够大，可以用正态分布来近似 t 分布，所以 p 值合理近似为标准正态变量大于等于该值的概率. p 值十分接近于 0，以至于很难算出精确数值，所以强烈地拒绝原假设. 该例子的一个版本被记录在 2017 年 NIST/SEMATECH 统计方法电子手册中，网址为 http://www.itl.nist.gov/div898/handbook/.

7.3 其他有用的显著性检验

显著性检验有非常多形式. 显著性检验可能变得非常复杂，因为在抽样变化下确定分布是很棘手的. 除此之外，显著性究竟意味着什么（或者应该意味着什么）仍存在争议. 大多情况下可以忽略这些困难，在众多可用的方法中还有两种是十分有用的.

7.3.1 F 检验和标准差

假定拥有两个数据集，$\{x\}$ 中包含 N_x 项，$\{y\}$ 中包含 N_y 项. 数据集是服从正态分布的（换句话说，这些数据是服从正态分布的独立同分布样本）. 要想评估反对两个数据集拥有相同方差的证据的显著性. 在实验的讨论中（第 8 章），该检验将证明十分有效.

仿照 T 检验来完成该检验，假定数据集是两个来自同一总体的样本，用计算出的统计量来代替观测数据，该统计量在抽样条件下具有已知分布. 如果两个数据集拥有相同的方差，则计算观测到比观测值更加不寻常的统计量值的概率. 如果这个概率很小，那么若想接受原假设（两个数据集拥有相同的方差），则不得不认为所获得的是一个非常奇怪的样本.

169

统计量：在将要处理的情况下，如果两个总体的方差不相同，则哪一个样本的方差更大是显然的. 假定 X 拥有更大的方差. 如果两个总体拥有相同的方差，则期望

$$F = \frac{\text{stdunbiased}(\{x\})^2}{\text{stdunbiased}(\{y\})^2}$$

是接近于 1 的. 该统计量就是熟知的 **F 统计量**，此刻应当关注该数值是大于还是等于 1，使用调整后的单边 p 值.

㊀ 1 加仑（美）= 3.785 412 升. ——编辑注

㊁ 1 英里 = 1609.344 米. ——编辑注

分布：假定 $\{x\}$ 和 $\{y\}$ 是来自正态分布的独立同分布的样本，则 F 统计量的分布是已知的（通常称为 **F 分布**）. 分布的形式实际上没有那么重要，其近似值可以从表格中查到，或者利用计算机来进行计算. 然而，此时应该关注其中一个很重要的细节，当各自数据集中的样本数增加时，通过样本估计而得的方差会更加准确. 这意味着该分布要取决于各数据集自由度的大小（即 N_x-1 和 N_y-1）. 记 $p_f(u;N_x-1,N_y-1)$ 为 F 统计量的概率密度，选择该比例大于等于值 1 的作为评价指标. 记 r 为所观察到的比例. 则该统计量的数值大于观测值算出的统计量的概率为

$$\int_r^{\infty} p_f(u;N_x-1,N_y-1)\,\mathrm{d}u$$

写这个积分是为了完整，而不是因为你需要用到它. 在实践中，可以使用表，也可以使用软件包中的函数.

流程 7.7（方差相等的显著性的 F 检验）　给定两个数据集，$\{x\}$ 含有 N_x 个元素，$\{y\}$ 含有 N_y 个元素. 原假设为两总体拥有相同方差，想要探究反对原假设的证据的显著性. 假定备择假设为 $\{x\}$ 样本代表的总体有更大的方差，计算

$$F=\frac{\mathrm{stdunbiased}(\{x\})^2}{\mathrm{stdunbiased}(\{y\})^2}$$

并通过查表或者是利用软件来获得 p 值，积分

$$\int_r^{\infty} p_f(u;N_x-1,N_y-1)\,\mathrm{d}u$$

其中，p_f 为 F 统计量的概率分布.

实例 7.8（更多的雄性和雌性普通饮食小鼠）　数据是否会支持这样的猜想，即普通饮食的雌性小鼠体重的方差和普通饮食雄性小鼠的体重方差相同. 使用网站 http://cgd.jax.org/datasets/phenotype/SvensonDO.shtml 中的数据集和 F 检验.

解　F 统计量的值为 1.686（雄性鼠有更大的方差）. F 统计量的 p 值为 0.035，可以将此解释为证据显示如果两个总体实际上有相同的方差，则只有 3.5% 的样本具有不寻常的 F 统计值. 相反，这意味着证据强烈反对了两总体有相同方差的原假设. 细心的读者会发现，当数据不服从正态分布时，F 检验就不是特别可靠. 好消息是可以在向报社透露该结果之前检验小鼠的体重是否服从正态分布. 幸运的是，实例 7.10 中显示小鼠的体重是服从正态分布的，所以不用担心这一点.

170

7.3.2　模型拟合的 χ^2 检验

有时有一个模型，我们想知道数据是否与该模型一致. 例如，假设有一个六面体骰子，掷很多次，并且每次都记录朝上的数字，我们想要知道这个骰子是不是均匀的（换句话说，数据是否表现得与均匀骰子模型一致）. 实际情况下，即使骰子是均匀的，也极不可能每一面朝上的次数是一样的. 相反，所观察到的频率是存在变化的，这个变化的概率是多少，还是更大，都是随机效应的结果.

作为另一个例子，我们认为一个电话营销员每小时拨打的电话次数服从泊松分布，但并不知道其强度. 则可以收集数据，然后利用极大似然估计来决定该强度. 虽然获得了强度的最佳估计，但是我们仍然想知道该模型是否与数据保持一致.

在每个例子中，模型都用来预测事件的频率. 对于六面体骰子，模型可以算出每一面的期望频率. 对于打电话案例，模型预测营销员在一个小时内拨打 1 个、2 个、3 个等电话的频率. 要想研究模型是否拟合了数据，则需要比较所观测到的频率与理论频率.

可以采用前面所熟知的一种方法. 假定数据集是从一个总体中选出来的样本，计算一个代表实际看到的数据的统计量. 该统计量在抽样条件下有已知的分布. 如果模型正确预测了事件频率，则计算观测到的该统计量值完全不同于所观测数据值的概率. 如果那个概率很小，那么要想相信模型正确预测了事件的频率，则必须要认为我们所获得的是一个极小的样本.

统计量：该近似统计量的计算过程如下. 假定拥有一系列不相容的事件 $\varepsilon_1, \cdots, \varepsilon_k$，这些事件完全涵盖了所有可能的结果（换句话说，任何一个结果都会是其中的一个事件）. 假定进行 N 次实验，并记录每个事件出现的次数. 有一个关于事件概率的假设，可以用 N 乘以该概率来获得该假设下事件发生的频数. 现记 $f_0(\varepsilon_i)$ 为事件 i 的观测频数，$f_t(\varepsilon_i)$ 为事件 i 在原假设下的理论频数，由此可生成统计量

$$C = \sum_i \frac{(f_0(\varepsilon_i) - f_t(\varepsilon_i))^2}{f_t(\varepsilon_i)}$$

该统计量比较了事件的实际频数和观测频数，通常被称为 χ^2 统计量（也叫“卡方”）.

分布：上式表明统计量 C 非常接近于 χ^2 分布的形式，只要每个计数的数值大于等于 5. 该分布有两个参数：统计量和自由度的大小，自由度将取决于测量值空间的维数. 首先要固定一些数值，需要进行固定的数值必须根据你将要进行的检验类型来决定. 大多数情况下，我们想要检验 k 个事件中每一个事件的计数情况，来判断它是否与一些分布保持一致. 总的计数次数为 N. 这也就是说应该使用相同的 N 来比较所观察到的结果. 在此情形下，测量值空间的维度为 $k-1$，因为有 k 个数值，且和为 N. 现假定要估计模型的 p 个参数. 例如，与其问这些数据是否服从标准正态分布，不如使用数据去估计均值. 然后再使用估计出来的均值和单位方差来检验数据是否服从正态分布. 另一个例子，我们可以同时估计数据的均值和标准差. 如果估计数据的 p 个参数，则自由度就变成了 $k-p-1$（因为有 k 个计数，所以必须要导出 p 个参数值，且这些参数和为 1）.

在这之后，事情就回到了常规计算过程. 计算统计量的数值，然后查表或者是利用计算机，计算统计量大于等于该数值的概率. 如果这个概率很小，则拒绝原假设.

流程 7.8（模型拟合显著性的 χ^2 检验） 模型包含了 k 个不相容的事件 $\varepsilon_1, \cdots, \varepsilon_k$，覆盖了结果空间和每个事件的概率 $P(\varepsilon)$. 模型有 p 个未知的参数. 进行 N 次实验，并且记录实验中每个事件出现的次数. 每个事件在实验中的理论频数为 $NP(\varepsilon)$. 记 $f_0(\varepsilon_i)$ 为事件 i 的观测频数，$f_t(\varepsilon_i)$ 为在原假设条件下事件 i 的理论频数. 则可形成统计量

$$C = \sum_i \frac{(f_0(\varepsilon_i) - f_t(\varepsilon_i))^2}{f_t(\varepsilon_i)}$$

其自由度为 $k-p-1$，然后查表或者使用软件来计算 p 值

$$\int_C^{\infty} p_{\chi^2}(u; k-p-1)\,\mathrm{d}u$$

其中 $p_{\chi^2}(u; k-p-1)$ 为自由度为 $k-p-1$ 的 χ^2 分布的密度函数. 当每个事件都至少出现 5 次时，该检验是最安全的. 这个检验是非常灵活的，可以用如实例中概述的，以各种不明显的方式使用.

实例 7.9（掷骰子游戏的 χ^2 检验） 掷一个骰子 100 次，并记录结果，检验该骰子是均匀的吗?

结果	1	2	3	4	5	6
计数	46	13	12	11	9	9

解 每一面的期望频数是 100/6. χ^2 统计量的数值为 62.7，且自由度为 5. 由此算得 p 值为 3×10^{-12}，也就是说必须要进行 3×10^{11} 次实验才有可能获得一次如上展示的样本数据. 认为该骰子均匀是非常不合理的，或者至少，如果你想认定该骰子是均匀的，则你必须相信刚才所获得的样本是极端不寻常的.

实例 7.10（老鼠的体重服从正态分布吗?） 原假设为所有老鼠的体重服从正态分布，评估证据否认原假设的显著性，基于网站 http://cgd.jax.org/datasets/phenotype/SvensonDO.shtml 中的数据集.

解 该案例需要进行一些思考，检测一个数据集是否服从 (或严格服从) 正态分布的方法是把这些数值划分为很多个区间，并且计算落入每个区间内数据的个数，这个便是观测到的频数，然后可以根据正态（或近似正态）来计算理论上落入每个区间的数据个数，然后利用 χ^2 检验来检验两组数据是否一致. 区间的选择是非常重要的，自然的想法是以均值为中心，以标准差的倍数向两边展开，一边要趋于正无穷，另一边要趋于负无穷. 最好是拥有足够多的数据来确保可以捕捉到与正态分布之间的每一个不同点，但同时要保证每个区间内至少有 5 个数据. 这里有 92 个老鼠的体重数据，但不知道是何时测量的（应该是死亡时）. 该组数据的均值为 31.91，标准差为 6.72. 将这些数据分进 10 个区间，分割点为 $[-\infty, -1.2, -0.9, -0.6, -0.3, 0, 0.3, 0.6, 1.2, \infty] * 6.72 + 31.91$, 这个分割可得到各个区间内的计数向量 $[10, 9, 12, 9, 7, 11, 7, 9, 8, 10]$. 利用给定的均值和标准差进行正态分布模拟，并得到 2000 个数据，将它们分进上面的 10 个区间中，可得计数向量为 $[250, 129, 193, 191, 255, 240, 192, 192, 137, 221]$（如果你没有这么多的精力, 你可以评估它们的积分，效果是一样的）. 计算可得统计量的大小为 5.6338, 自由度为 7（有 10 组数据，但是有两个已估参数）. p 值为 0.583 097 9，也就是说，并没有理由拒绝体重为正态分布的原假设.

实例 7.11（脏话数量呈泊松分布吗?） 一位著名的政治家正在发表演讲. 你在听演讲，每一分钟记录一次脏话的数量，用直方图的形式记录下来（换句话说，你算出有 0 个脏话、1 个脏话等的区间数量）即可得到下面的表格.

脏话数量	0	1	2	3	4
区间数量	13	9	8	5	5

原假设为政治家的脏话数量服从泊松分布，且强度为 λ，你能够拒绝原假设吗?

解 如果原假设为真，那么在一个固定长度的区间内获得 n 句脏话的概率为 $\dfrac{\lambda^n e^{-\lambda}}{n!}$. 有 10 区间，理论频数是下面概率的 10 倍.

脏话数量	0	1	2	3	4
区间数量	0.368	0.368	0.184	0.061	0.015

所以 χ^2 统计量的值为 243.1 且自由度为 4. 在我的编程环境中，显著性与零没有什么区别，所以可以坚决拒绝原假设，但也有可能仅仅是因为那个强度是错误的.

实例 7.12（目标与性别无关吗?） 在 Chase 和 Dunner 的数据集中，评估学生目标独立于学生性别的证据，这些数据可以在网站 http://lib.stat.cmu.edu/DASL/Datafiles /PopularKids.html 中找到.

解 这个是 χ^2 检验的常见案例，下表按性别和目标列出了本次研究的学生人数. 为了方便，特插入了行和列总计，一共有 478 个学生参与调查.

	男生	女生	总计
成绩好	117	130	247
受欢迎	50	91	141
运动好	60	30	90
总计	227	251	478

如果性别与目标是独立的，检验所观测的数据是否与预测数据完全不同. 如果是独立的，则 P（男生）$= 227/478 = 0.47$，P（成绩好）$= 247/478 = 0.52$，等等，这意味着可以根据模型预测出一些理论计数值，如下表所示.

	男生	女生
成绩好	117.299 16	129.700 84
受欢迎	66.960 25	74.039 75
运动好	42.740 59	47.259 41

表中一共有六个单元格，一个自由度被用来表示一共有 478 个学生，坚持认为“成绩好/受欢迎/运动好”的计数会生成所观测到数据的分布，从而又消耗了两个自由度. 另一个自由度被占用是因为性别的计数会生成所观测到数据的分布. 这就意味总体的自由度为 2. 计算可得 χ^2 统计量的数值大小为 21.46，p 值为 2×10^{-5}. 也就是说，如果这两个因素是独立的，则可能在 100 000 次实验中才会看到两次如上记录的数据，所以很难相信它们是独立的.

173

7.4　p 值操控和其他危险行为

显著性是一个非常好的方式来告诉你实验的观测结果是否是偶然因素造成的. 但是在使用时一定要非常小心地遵循这种方法的逻辑，如果不遵守的话，很容易得到错误的结果.

这里有一个非常重要的危险情形.

移除一些数据然后重新计算 p 值是一个很严肃的问题. 在评估医疗流程时这就会发生. 例如，检验假设“受治疗总体的样本均值和未接受治疗总体的样本均值是相同的”. 如果这个假设不成立，则该检验起到了一定的作用. 然而很容易会发现数据集中存在一些异常值，如果删除这些异常值，则 p 值会发生改变. 这样做很容易去除将 p 值沿某个所需方向移动的异常值. 当然，有意识地这样做是欺诈，但是很容易愚弄自己去掉那些没有帮助的数据点.

另一个愚弄自己的方法是选取大量的样本，选择 p 值最小的那一个，然后得出证据拒绝原假设的结论. 观察的数据越多，越有机会获得小 p 值的样本 (这也是 p 值所代表的含义). 如果选取大量样本或者重复非常多次实验，找到一个有小 p 值的，并以此来证明原假设是错误的那么你就在欺骗自己. 由于欺骗他人可以带来丰厚的利润，因此这种做法很常见，因此有个名字：这就是 **p 值操控**（p-value hacking）.

显然，寻找具有小 p 值的样本并不是一个好的做法，但这种错误的一个隐晦版本为：将收集数据和计算 p 值混合在一起，直到获得所需要的那个 p 值才停止，这是很常见的行为. 当你这样做的时候，事情会变得非常糟糕. J.P Simmons、L.D. Nelson 和 U. Simonsohn 的“False-Positive Psychology: Undisclosed Flexibility in Data Collection and Analysis Allows Presenting Anything as Significant”（Psychological Science，2011）这篇论文中描述了一个很好的例子. 作者使用该策略去收集数据，这些数据显示听特定的歌曲会使实际年龄变小，我建议你去读一下这篇优秀、易读且高信息量的文章.

另一个欺骗自己的方法就是进行一次实验而中途改变原假设. 假定想要检验某个医疗过程的效果，并决定查看某一个特定的样本均值，但中途通过收集数据发现研究均值并没有什么意义，于是准备改变测量方法继而研究另一个统计量. 如果这样做了，则这里所描述的过程背后的逻辑就会失效. 本质上，你会使检验产生偏差，从而在某种程度上拒绝我们无法深入的假设.

另一个欺骗自己的方法为：同时检验多个假设，然后拒绝有最小 p 值的那个假设. 这里的问题就是没有考虑到你正在做多个检验，如果你使用相同的数据集反复检验不同的假设，那么你观察到的数据与假设不一致的概率就会上升，这纯粹是抽样的结果. 这种情况需要一些特别的流程.

解决这些问题的一个办法是严格的协议，在做实验之前，你要描述你要做的每一件事以及你要检验的每一件事，然后不要改变计划. 但是这样的协议在实践中是昂贵且笨拙的.

你不应该对检验的意义感到困惑. 我所介绍的检验是用来检验统计量显著性的. 我使用该方法是因为其他人都在用，因为有一种潜在的说法，认为统计上的显著差异实际上很重要，即显著性差异，而我个人并没有发现它很有用. 显著性检验流程告诉你的是你观察到的随机样本中有多少比例的数据具有你所观察到的均值，并且如果你的假设是正确的，并且如果你正确地收集了数据，正确地检验，等等. 这个检验流程不会显示你完成了一个重要或者说是有趣的科学实践.

174

问题

样本比例

7.1 1998 年南非的成年男性平均身高被估计为 169cm. 假定该估计是正确的，同时假定总体的标准差为 10cm，则来自南非的 50 名成年男性（随机挑选，并有放回）组成的样本中，平均身高超过 200cm 的比例有多大?

7.2 假设一只成年雄性短毛家猫的平均体重为 5kg，标准差为 0.7kg（这些数字是合理的，但爱猫人士对真实数字的争论相当激烈）.

（a） 30 只成年雄性短毛家猫（随机挑选，并有放回）组成的样本中，平均体重小于 4kg 的比例是多少?

（b） 300 只成年雄性短毛家猫（随机挑选，并有放回）组成的样本中，平均体重小于 4kg 的比例是多少?

（c） 为什么这两个数字不一样?

显著性

7.3 **更多关于小鼠体重**　我认为小鼠的平均体重为 25g，你决定评估支持该假设的证据的显著性. 你获得一个从小鼠总体中有放回随机均匀抽样的 10 个样本. 它们的重量分别为 21，23，27，19，17，18，20，15，17，22g. 这些证据能够支持我的假设吗? 支持程度如何? 为什么?

7.4 **帕克敦对虾有多大**　帕克敦对虾是一种令人印象深刻的大型昆虫，在约翰内斯堡很常见（可以在网上查找）. 我认为它们的平均长度为 10cm. 你收集了 100 只帕克敦对虾（在约翰内斯堡正确的地方需要花上十分钟，在美国则更难收集）. 这些对虾的平均长度为 7cm，标准差为 1cm，评估这些证据反对我的假设的显著性.

7.5 **两个老鼠总体**　Zucker 老鼠是专门培育出来的，具有奇怪的重量特征，这与它们的遗传有关（可以在网上查询）. 你测量了 30 只瘦的 Zucker 老鼠，它们的平均体重为 500g，标准差为 50g. 测量 20 只肥的 Zucker 老鼠，得到平均体重为 1000g，标准差为 100g. 评估这些证据反对两个总体拥有相同体重这一假设的显著性.

7.6 雄性和雌性宠物鼠 测量 35 只雌性宠物鼠，得到平均体重为 300g，标准差为 30g. 测量 30 只雄性宠物鼠，其平均体重和标准差分别为 400g 和 100g. 评估这些证据反对两个总体拥有相同体重这一假设的显著性.

7.7 瘦和肥的 Zucker 老鼠 Zucker 老鼠是专门培育出来的，具有奇怪的重量特征，这与它们的遗传有关（可以在网上查询）. 你测量了 35 只瘦的 Zucker 老鼠，它们的平均体重为 500g，标准差为 50g. 测量 35 只肥的 Zucker 老鼠，得到平均体重为 1000g，标准差为 100g. 紧接着，你将检验证据反对肥 Zucker 老鼠体重是瘦 Zucker 老鼠体重两倍的显著性. 一个随机变量和一个常数的乘积仍是一个随机变量，同时应该假定（并接受这一性质，因为我不会给出证明）两个正态随机变量的和仍是正态随机变量.

（a） 记 $L^{(k)}$ 是一个随机变量，它代表取得的 k 只瘦鼠均匀样本，然后对它们的体重取平均. 可以假设 k 是足够大的，以至于该随机变量服从正态分布.

- $E[L^{(k)}]$ 是多少（只需要写表达式，不用证明）？
- $\text{std}(L^{(k)})$ 是多少（只需要写表达式，不用证明）？

176

（b） 记 $F^{(s)}$ 是一个随机变量，它代表取得的 s 只肥鼠均匀样本，然后对它们的体重取平均. 可以假设 s 是足够大的，以至于该随机变量服从正态分布.

- $E[F^{(s)}]$ 是多少（只需要写表达式，不用证明）？
- $\text{std}(F^{(s)})$ 是多少（只需要写表达式，不用证明）？

（c） 记 $\text{popmean}(\{L\})$ 是瘦鼠总体的平均体重，$\text{popmean}(\{F\})$ 是肥鼠总体的平均体重. 假设 $\text{popmean}(\{F\}) = 2\text{popmean}(\{L\})$.

- 在该情形下，$E[F^{(s)} - 2L^{(k)}]$ 是多少?
- 在该情形下，$\text{std}(F^{(s)} - 2L^{(k)})$ 是多少?
- $\text{std}(F^{(s)} - 2L^{(k)})$ 的表达式中会包含两个总体各自的标准差 F 和 L. $F^{(s)} - 2L^{(k)}$ 的标准误差是多少?

（d） 现评估证据反对肥鼠体重是瘦鼠体重两倍这一假设的显著性.

7.8 男孩和女孩的出生概率相同吗 在 18 世纪末的 Carcelle-le-Grignon，有 2009 名新生儿诞生，其中男孩 983 名，女孩 1026 名. 你可以把这看作一个相当随机的出生率样本（有放回，不过不要太认真地去想这意味着什么）. 评估证据反对男孩出生的概率正好为 0.5 这一假设的显著性.

卡方检验

7.9 你可以在网站 http://www.statsci.org/data/general/titanic.html 中找到泰坦尼克号的乘客名单.

（a） 评估生存与客票等级无关的证据显著性.

（b） 评估生存与性别无关的证据显著性.

7.10 你可以在加州大学欧文分校（UC Irvine）的机器学习数据档案库（Machine Learning data archive）找到一个提供美国公民收入数据的数据集 http://archive.ics.uci.edu/ml/

datasets/Adult. 每个条目由一组数字和分类特征组成，这些特征描述了一个人，以及他们的年收入是大于还是小于 50 000 美元.

（a） 评估收入等级与性别无关的证据显著性.

（b） 评估收入等级与教育水平无关的证据显著性.

7.11 评估实例 7.11 中政治家脏话行为服从泊松分布的证据显著性. 提示：一旦估计了强度，剩下的操作就和实例中的一样，但是要注意自由度大小.

177

第 8 章　实　　验

实验是尝试去评价一种或者多种处理方法（treatment）的效果. 假定你想去评价一些处理方法的效果，非常自然的想法是：选择多个实验组，在不同的组使用不同程度的该种处理方法，然后看各组在接受处理之后会不会不同. 例如，你想要调查服用止疼片是否会影响头痛，不同水平的处理方法就是使用不同数量的止疼片（比如，不吃，吃一片，或者吃两片等）. 不同的目标是不一样的人，首先会将这些人分成几组，然后使用不同水平的处理方法（换句话说就是给不同数量的药片）并记录结果. 现在只需要解释这些组的结果是否不同.

阐述这些组是否不同需要十分小心，因为这些结果会被很多不相关的因素影响（体重，对药物的敏感性，等等），因此当各组之间出现不同时，需要解释这些不同是因为处理方法，还是因为这些不相关的因素. 一个非常有用的策略就是在随机处理之前，将实验对象随机分组，这样每一组看起来都是相似的（换句话说，每一组在体重等方面有相同的变化）. 此时可以使用前面章节中介绍的显著性检验方法，来说明组别之间的差别是否是因为处理方法而引起的.

该方法可以拓展到多种处理方法的情形. 首先处理有两种处理方法的情况，因为这个代表了很重要的情况. 同时观察不同水平两种方法的结果，而不是分别对两种方法分别做实验，这是非常好的思路，因为这样做可以允许辨别出可能存在的内联性，然后总体上处理更少的目标对象. 将该方法拓展到不止两种方式的时候，整体过程不会发生改变（尽管有很多种方式）.

学习本章内容后，你应该能够做到：

- 设计简单随机平衡单因素实验.
- 针对实验结果构造 ANOVA 表，并使用它来解释某个因素是否会产生影响.
- 估计不同因素水平之间差异的显著性.
- 设计简单的随机平衡双因素实验.
- 针对实验结果构造 ANOVA 表，并使用它来解释是否存在交互效应，以及各因素是否会产生影响.
- 估计不同因素水平之间差异的显著性.
- 解释非平衡单因素实验的结果.

8.1　简单实验：一种处理方法的影响

在这里广泛使用“处理方法”（treatment）这个术语. 实验设计的主题是围绕着如何评价化肥效用这一问题而展开的，很自然会联想到药物处理方法，但其实很多其他事都可以用处理方法“（treatment）”描述. 例如，电脑内存的大小，不同的设计界面决策，不同渲染图片算法的选择，等等. 将通过对目标对象进行分组并对不同组别使用不同程度的处理方法，然后看这些组别在使用了这些方法之后是否会产生不同，来研究这些方法的影响. 为了使这一过程起作用，需要：(a) 应用方法前的组是相同的，以及 (b) 有一种明智的方式来判断这些方法应用之后组是否不同.

随机化　它是将实验对象分为不同组的非常好的方法，随机化会让不同组别之间看起来非常相似. 组别之间的不同是因为抽样的变化还是因为所用方法的不同，需要知道如何去评估抽样影响. 例如，设想一种处理方法涉及在特定设置下使用特定的机器，一次又一次地改变机器设置会是一个很大的问题. 此外，如果机器过热，你做实验的顺序可能会受影响. 例如，在某种设置下处理一个目标对象，你可能会发现下一个目标对象的结果会受到影响. 于是要假定实验是无记忆性的，并且改变设置等不会产生很大影响.

179

8.1.1　随机平衡实验

假定要使用有 L 个水平的处理方法（因此有 L 个组别，空白对照组对应的是第一个水平的处理方法）. 将通过比较每一组研究对象的结果来评价实验结果. 这意味着每一组里面有相同数量的研究对象，称实验是**平衡的**，这样每一组因为偶然因素而造成的误差都是一样的. 在每组中设置 G 个实验对象，则一共有 LG 个对象参与实验. 此时必须要决定每一个实验对象会接收哪种处理方法. 所以将所有实验对象随机分组，并确保每组里面含有 G 个成员. 你可以这样做，例如，随机地对实验对象进行排序，然后将前 G 个分配给第一组，等等.

现在进行实验，在规定的水平上对每组实验对象进行处理，并记录结果. 对于每一个实验对象会观察到一个测量值，记 x_{ij} 为第 i 组第 j 个实验对象的观测结果. 想要知道每组之间是不是不同的，假定每组观测值之间的不同完全是因为“噪声（随机不确定因素）”的影响. 由此可建立模型

$$x_{ij} = \mu_i + \epsilon_{ij}$$

其中 ϵ_{ij} 代表噪声项，不可被建模的因素，具有 0 均值且不依赖于处理方法. 如果该处理方法没有影响的话，每一个 μ_i 都是一样的，则可以认为 i 水平的处理方法有一个影响 t_i 来进行建模，即为

$$\mu_i = \mu + t_i$$

其中 μ 为 μ_i 的均值，则必有

$$\sum_u t_u = 0$$

以上便组成了一个模型

$$x_{ij} = \mu + t_i + \epsilon_{ij}$$

假定噪声影响独立于处理方法的水平，随机将实验对象分配到实验组则满足了该假设. 假定噪声项服从正态分布，且方差为 σ^2. 这样就可以直接用最小二乘法去估计 μ 和 μ_i，并记 $\hat{\mu}$ 为 μ 的估计值，等等. 然后选择 $\hat{\mu}$ 为使得差值平方和

$$\hat{\mu} = \overset{\text{argmin}}{\mu} \sum_{ij} (x_{ij} - \mu)^2$$

最小的 μ 值，记 $\hat{\mu}_i$ 为使第 i 组差值平方和

$$\hat{\mu}_i = \underset{\mu}{\operatorname{argmin}} \sum_{ij} (x_{ij} - \mu_i)^2$$

最小的 μ_i 值，因此

$$\hat{\mu} = \frac{\sum_{ij} x_{ij}}{GL}, \ \hat{\mu}_i = \frac{\sum_j x_{ij}}{G}$$

8.1.2 分解预测中的误差

结果有 L 组，对应每一水平的处理方法，与估计均值 $\hat{\mu}$ 之间的误差平方和为

$$\mathrm{SS_T} = \sum_{ij} (x_{ij} - \hat{\mu})^2$$

这可以如练习中所示的那样被分解为两个部分，有

180

$$\sum_{ij} (x_{ij} - \hat{\mu})^2 = \left[\sum_{ij} (x_{ij} - \hat{\mu}_i)^2\right] + G\left[\sum_i (\hat{\mu} - \hat{\mu}_i)^2\right]$$

这个表达式将总的误差平方和 $\mathrm{SS_T}$ 分解为两部分，第一部分为

$$\mathrm{SS_W} = \sum_{ij} (x_{ij} - \hat{\mu}_i)^2$$

代表的是组内方差，第二部分为

$$\mathrm{SS_B} = G\left[\sum_i (\hat{\mu} - \hat{\mu}_i)^2\right]$$

代表的是组间方差. 这两部分的相对大小则可说明处理方法是否会产生影响. 例如，假设会产生很大影响，则 $\mathrm{SS_B}$ 应该很大，因为每一个 $\hat{\mu}_i$ 都应该不相同，而 $\mathrm{SS_W}$ 应该是很小的，因为测量值应该更接近小组均值而不是总体均值（因为 $\mathrm{SS_T} = \mathrm{SS_W} + \mathrm{SS_B}$，所以当其中一项变大时另一个则必须减小）. 现假定不会产生影响，则 $\hat{\mu}_i$ 应该相当接近 $\hat{\mu}$，同时它们相互之间也是很接近的，这意味着 $\mathrm{SS_B}$ 应该很小，等等. 使用这种解释方式则需要说明什么是“大”，什么是“小”.

8.1.3 估计噪声的方差

判定 $\mathrm{SS_B}$ 大小的方法如下. 如果不产生影响，则 $\mathrm{SS_B}$ 和 $\mathrm{SS_W}$ 都可以被用来估计噪声项方差. 得到方差之后决定能否用抽样的变化来解释估计值之间的差. 如果不能这样解释，则该处理方法是有一定作用的.

使用第 i 个实验组来估计方差

$$\hat{\sigma}^2 = \frac{\sum_j (x_{ij} - \hat{\mu}_i)^2}{G-1}$$

更好的方式就是对这些组的估计值取平均，可得

$$\hat{\sigma}^2 = \frac{1}{L}\sum_i \left[\frac{\sum_j (x_{ij} - \hat{\mu}_i)^2}{G-1}\right]$$

该估计值又被认知为**组内均方**或者**残差**. 记

$$\begin{aligned} \mathrm{MS_W} &= \frac{1}{L}\sum_i \left[\frac{\sum_j (x_{ij} - \hat{\mu}_i)^2}{G-1}\right] \\ &= \left(\frac{1}{L(G-1)}\right)\mathrm{SS_W} \end{aligned}$$

该估计值自由度为 $L(G-1)$，因为共有 LG 个数据项，但是估计的实验组均值会使每组都丢失一个自由度.

假定处理方法不会产生影响，期望 $t_i = \mu_i - \mu$ 是 0. 也就是说，每个 $\hat{\mu}_i$ 都是 μ 的估计值. 这些估计值都是期望为 μ，方差为 σ^2/G 的随机变量的值. 这意味着

$$\frac{\sum_i (\hat{\mu}_i - \hat{\mu})^2}{L-1} \approx \frac{\sigma^2}{G}$$

同样，可以用该方法来估计另一个 σ^2，其中

$$\hat{\sigma}^2 = G\frac{\sum_j (\hat{\mu}_j - \hat{\mu})^2}{L-1}$$

181

该估计值常被认为组间均方或者处理方法差异. 记

$$\mathrm{MS_B} = G\frac{\sum_j (\hat{\mu}_j - \hat{\mu})^2}{L-1} = \left(\frac{1}{L-1}\right)\mathrm{SS_B}$$

该估计值的自由度为 $L-1$，因为共有 L 项数据（指 $\hat{\mu}_i$），但是已经估计了一个均值（指 $\hat{\mu}$）.

如果处理方法并不起作用，则这些估计值之间的差异完全是抽样引起的. 可以对估计值的比值使用 F 检验（详见 7.3.1 节）. 假定至少有一种处理方法会起作用，也就是说，其中一个 $\hat{\mu}_j$ 与处理方法不起作用时的均值 $\hat{\mu}$ 完全不同，这意味着 $\mathrm{MS_B}$ 要比处理方法不起作用时的大. 如果处理方法不起作用，则统计量

$$F = \frac{\mathrm{MS_B}}{\mathrm{MS_W}}$$

的值接近于 1，且分布已知（F 分布，7.3.1 节中介绍过）. 如果处理方法有作用，则期望 F 是大于 1 的. 最后，需要计算自由度，其中估计值 $\mathrm{MS_W}$ 的自由度为 $L(G-1)$，估计值 $\mathrm{MS_B}$ 的自

由度为 $L-1$. 可使用 F 检验来计算自由度为 $(L-1, L(G-1))$ 的 F 统计量的 p 值. 换句话说，通过查表或者利用数学软件来计算

$$\int_F^{\infty} p_f(u; L-1\ L(G-1))\,\mathrm{d}u$$

（其中 p_f 是 F 统计量的概率密度函数，见 7.3.1 节.）

8.1.4 方差分析表

下面将介绍一个非常强大且有用的流程. 通过比较方差来分析数据常常被称为**方差分析**或者 **ANOVA**. 通常将结果放在一个表格中，有时被称为 **ANOVA** 表. 因为实验中只有一种处理方法，所以被称为单因素实验. 表格的形式见流程 8.1.

流程 8.1（用单因素方差分析来评估平衡实验条件下某种处理方法效果的显著性） 进行一个随机实验：选择 L 个水平的处理方法，随机分配 LG 个受试者到 L 个处理组中，每组中含有 G 个受试者. 对每一个受试者进行实验，并记录结果.

参数

x_{ij}	第 i 组第 j 个受试者的记录数据	
$\hat{\mu}$	总体均值	$(\sum_{ij} x_{ij})/(GL)$
$\hat{\mu}_i$	第 i 组的均值	$(\sum_j x_{ij})/G$
$\mathrm{SS_W}$	组内离差平方和	$\sum_{ij}(x_{ij}-\hat{\mu}_i)^2$
$\mathrm{SS_B}$	组间离差平方和	$G[\sum_i(\hat{\mu}-\hat{\mu}_i)^2]$
$\mathrm{MS_W}$	组内均方	$\mathrm{SS_W}/(L(G-1))$
$\mathrm{MS_B}$	组间均方	$\mathrm{SS_B}/(L-1)$
F	F 统计量的值	$\mathrm{MS_B}/\mathrm{MS_W}$
p 值	查表或者用软件计算	$\int_F^{\infty} p_f(u; L-1, L(G-1))\,\mathrm{d}u$

182

制作 ANOVA 表

	自由度	离差平方和	均方	F 值	$P_r(>F)$
组间	$L-1$	$\mathrm{SS_B}$	$\mathrm{MS_B}$	$\mathrm{MS_B}/\mathrm{MS_W}$	p 值
组内	$L(G-1)$	$\mathrm{SS_W}$	$\mathrm{MS_W}$		

说明　若 p 值足够小，那么极不可能有一组样本可以将处理水平间的差异解释为抽样误差，更有可能是处理效果.

实例 8.1（深度会影响艾氏剂（一种杀虫剂）的浓度吗？） Jaffe 等人测量了沃尔夫河中各种污染物的浓度. 评估支持艾氏剂浓度不依赖于深度这一观点的证据显著性. 可在网站 http://www.statsci.org/data/general/wolfrive.html 中找到数据集.

解　原始的测量值被记录在 P. R. Jaffe、F. L. Parker 和 D. J. Wilson 1982 年写的论文 "Distribution of toxic substances in rivers"（*Journal of the Environmental Engineering Division*, 108，639-649）中. 截取其中的 ANOVA 表如下：

	自由度	离差平方和	均方	F 值	p 值
组间（深度）	2	16.83	8.415	6.051	0.006 74
组内	27	37.55	1.391		

p 值极小，说明证据强烈拒绝浓度不依赖深度的观点.

8.1.5 非平衡实验

理想的实验中，每组都含有相同数量的受试者，这通常被称为**平衡实验**. 但是这种实验通常都很难实现，要么是没有办法进行测量，要么就是样本丢失，也就是说，有些实验组收集到的数据会比其他组少. 这就导致了**不平衡实验**，虽然会出现一些细微的变化，但这并不影响上面的分析过程，不过的确需要注意自由度的大小.

假定第 i 组中含有 G_i 个数据项，则对组内差异的方差估计变为

$$\mathrm{MS_W} = \frac{1}{L}\sum_j \left[\frac{\sum_i (x_{ij} - \hat{\mu}_i)^2}{G_i - 1}\right]$$

该估计值的自由度为 $\sum_i G_i - L$，因为共有 $\sum_i G_i$ 个数据项且已经估计了 L 个均值，每个均值对应一个水平的处理方式.

基于组间差异而估计的 σ^2 更有趣，对于第 i 组，估计值 $\hat{\mu}$ 的标准误差为

$$\sqrt{\frac{\sigma^2}{G_i}}$$

这意味着 $\sqrt{G_j}(\hat{\mu}_j - \hat{\mu})$ 是均值为 0，方差为 σ^2 的正态随机变量的值. 相对应的

$$\mathrm{MS_B} = \frac{\sum_i \left[G_i(\hat{\mu}_i - \hat{\mu})^2\right]}{L - 1}$$

是 σ^2 的估计值. 该估计值的自由度为 $L-1$，因为有 L 组数据，但是已经估计了一个均值. 183

在平衡实验中，离差平方和是有意义的，因为对它缩放可以得到 σ^2 的估计值. 在方差分析表中提供它们是一个既定的传统. 在不平衡实验中，很难用直观从平方和中看出有用的结果，它们是均方误差表达式中的加权项. 下面示例中的 ANOVA 表中省略了它们.

实例 8.2（薯片中的人造脂肪会引起胃肠道症状吗?） 人造脂肪是一种可食用但不能消化的脂肪. 这意味着含有人造脂肪的薯片的有效卡路里含量降低了，但可能会对胃肠道产生影响. 论文 “Gastrointestinal Symptoms Following Consumption of Olestra or Regular Triglyceride Potato Chips”,（JAMA，279: 150-152，L. Cheskin、R. Miday. N、Zorich 和 T. Filloon（1998））中进行了双盲随机实验. 观察的受试者中，吃了含有人造脂肪薯片的受试者有 89 个出现了胃肠道症状，474 个并没有该症状. 吃了不含人造脂肪的受试者，有 93 个出现了胃肠道症状，436 个

没有出现症状. 受试者随意吃薯片（即直到他们想停下来为止）. 使用方差分析在这些条件下评估人造脂肪会引起胃肠道症状的显著性.

解 受试者如果出现胃肠道症状，则记为 1，否则记为 0，由此可得方差分析表如下

	自由度	均方	F 值	p 值
组间（脂肪）	1	0.086	0.63	0.43
组内	1090	0.14		

这说明，没有理由认为随意吃含有人造脂肪的薯片会导致胃肠道症状.

实例 8.2 应该让你暂停一下，仔细思考实验到底表达了什么？它不应该被解释为吃大量的难以消化的脂肪不会对胃肠道造成影响，作者也没有这样说. 这种说法也许是正确的，但是实验并没有对此进行说明. 解释实验通常需要非常精准. 这个实验说的是，没有理由得出这样的结论：随意吃含一种特殊的难以消化的脂肪的薯片会导致肠胃问题. 人们很想知道每组受试者摄入了多少相关脂肪. 举个极端的例子，想想在车轴油中炸出的薯片. 这些很可能不会引起胃肠道症状，因为你根本不会吃.

实例 8.2 并没有那么有趣，因为只有两种处理方法. 你可以用 7.2 节的方法来分析这些实验. 这里有一个更有趣的例子.

实例 8.3（头发颜色会影响忍受疼痛阈值吗？） 墨尔本大学的一项实验测试了人类受试者忍受疼痛的阈值与头发颜色的关系，你可以在网站 http://www.statsci.org/data/oz/blonds.html 中找到数据. 评估忍受疼痛阈值依赖于头发颜色的证据.

解 如果你下载了数据，会发现一共有 4 种头发颜色和 19 组实验数据. 对每一个受试者，都有一个对应的数值. 该数值越大，说明对疼痛的忍受程度越高. 计算可得 ANOVA 表如下

	自由度	均方	F 值	p 值
组间（头发颜色）	3	454.0	7.04	0.0035
组内	15	64.5		

这个数据集在网上很多地方出现过，但是作为一个“真实”数据集出现的地点有点边缘化. 我无法知道是谁进行了这个实验，在哪里发表了实验结果，以及在实验进行时是否符合人体实验的要求.

184

8.1.6 显著性差异

通过 ANOVA 计算的 p 值来拒绝处理方法不起作用的原假设. 除此之外，需要了解更多. 通常，在实验产生的数据中进行探索，研究是否有吻合的地方是非常危险的；如果有足够多的数据，其对应的 p 值会很低. 如果想要正确地解读实验结果，那么避免这种危险是很重要的. 第一步就是画每个处理水平的箱形图（图 8.1）. 幸运的话，处理效果会非常好，显著性检验只是一种形式.

避免这种危险的一种方法是在实验之前申明一组假设，然后研究它们. 这个流程对假设来说非常直接，被称为对照，是关于处理方法均值的线性方程. 回想之前，记 μ_i 为处理方法的均值，作为对照，有如下形式的变量

$$\sum_i c_i \mu_i$$

c_i 是一组常数. 有两个相对简单的流程，可以计算置信区间作为对照，或者可以评价对照为 0 的证据的显著性. 每一个流程都依赖于我们已经知道处理方法的均值的估计值 $\hat{\mu}_i$ 的分布这个事实. 实际上，$\hat{\mu}_i$ 是正态随机变量（假定 ϵ_{ij} 服从正态分布）M_j 的值，其均值为 μ_i. 记第 i 组中有 G_i 个受试者，则方差为

$$\frac{\sigma^2}{G_i}$$

也就是说，这意味着

$$\sum_i c_i \hat{\mu}_i$$

是正态随机变量 C 的值，其均值为 $\sum_i c_i \mu_i$，方差为

$$\sigma^2 \sum_i \frac{c_i^2}{G_i}$$

现在，使用 6.2 节中的方法生成对照的一个置信区间. 利用 7.2 节中的方法来评估拒绝假设为零的对照的证据的显著性. 注意到 σ^2 是未知的，所以要进行估计，这意味着需要使用 T 检验. 将 σ^2 估计为 $\mathrm{MS_W}$（见 8.1.3 节），其自由度为 $\sum_i (G_i - 1)$.

一些常规对照是处理方法均值之间的差值. 应该注意到，如果有 L 个不同水平的处理方法，则会有 $L(L-1)/2$ 个差值，如果有太多均值的话就会变得很不方便. 考虑该因素，一般情况下都是研究处理方法均值之间的显著性差异. 此方法最简单的流程是遵循上面的对照方法.

实例 8.4（不同深度的艾氏剂浓度差异有多大?） Jaffe 等人测量了沃尔夫河中各种污染物的浓度（见图 8.1）. 评估每个深度平均艾氏剂浓度的差异有多大. 可在网站 http://www.statsci.org/data/general/wolfrive.html 中找到数据集.

解　三种不同的深度分别为: 表面、中间和底部. 计算得

$$\hat{\mu}_{\text{Middepth}} - \hat{\mu}_{\text{Surface}} = 0.83$$
$$\hat{\mu}_{\text{Bottom}} - \hat{\mu}_{\text{Middepth}} = 1.00$$
$$\hat{\mu}_{\text{Bottom}} - \hat{\mu}_{\text{Surface}} = 1.83$$

且每个的标准误差都是 0.56. 这意味着中间和表面浓度均值的差是 1.5 倍的标准误差，这很有可能是由抽样导致的（使用单边 t 检验，自由度为 9，计算的 p 值为 0.086）. 底部和中间浓度之间差异就不大可能是由抽样引起的（p 值为 0.053）. 底部和表面浓度差异则更不可能是由抽

样引起的（p 值为 0.0049）. 这里使用的是单边检验，因为想要知道较观测值有更大差异的样本比例.

你需要谨慎来处理这个过程. 如果 L 很大，你可能会认为差异比实际情况要大，因为你看到的是多个差异和样本. 显著性检验没有考虑到这一点，需要用更高级的方法来处理此问题.

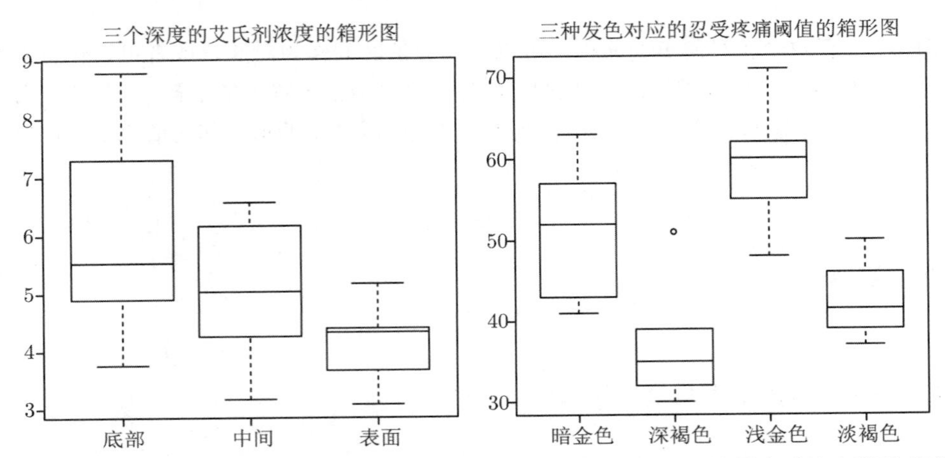

图 8.1　左图是三个深度的艾氏剂浓度的箱形图（详见实例 8.1）. 结果表明浓度强烈受到深度影响，其中不同深度就是该实验的“处理方法”. 注意，箱形图中“表面”的测量结果和“底部”测量结果不相交. 右图是用实例 8.3 中的数据，根据头发颜色绘制的疼痛忍受水平的箱形图. 结果表明，头发颜色会影响疼痛忍受阈值，虽然你应该小心地使用该结论. 正如实例中指出的，目前还不清楚这些数据来自哪里，也不清楚它们意味着什么

8.2　双因素实验

假定有两个因素可能会影响实验结果. 例如，想要检测更大的内存和更快的时钟频率对程序运行速度的影响. 这里的处理方式就非常明显了，分别对应不同大小的内存和不同的时钟速度（小、中、大的内存和慢、中、快的时钟速度）. 一种可能的方法是建立两个实验，一个测试内存的作用，另一个检测时钟速度的作用，但这并不是个好主意.

首先，这些影响因素可能会以某种方式发生交互作用，所建立的实验应该能够识别这种情况是否发生. 其次，事实证明，同时考虑两个因素的实验设计要比单独分析更加简便.

建立双因素实验时，这一点就会变得很明显. 这里只考虑平衡实验，因为它们更容易解释. 假定第一个因素有 L_1 个水平，第二个因素有 L_2 个水平. 将本次实验可视化为 $L_1 \times L_2$ 的表格，每一格包含对应水平的实验对象（见图 8.2）. 每一格含有 G 个实验对象，则本次实验会涉及 $L_1 \times L_2 \times G$ 个测量值.

现假定各因素之间不发生交互作用，则可以利用每一行来估计因素 1 在 L_1 个不同水平的影响，每一行有 $G \times L_2$ 个测量值. 类似地，可以利用列来估计因素 2 在 L_2 个不同水平的影响，

共有 $G \times L_1$ 个测量值. 为了获得每一格中相同数量的测量值，如果分开进行实验，则需要进行更多次实验，可能需要对因素 1 进行 $L_1 \times (G \times L_2)$ 次实验，对因素 2 再进行 $L_2 \times (G \times L_1)$ 次实验.

185 ≀ 186

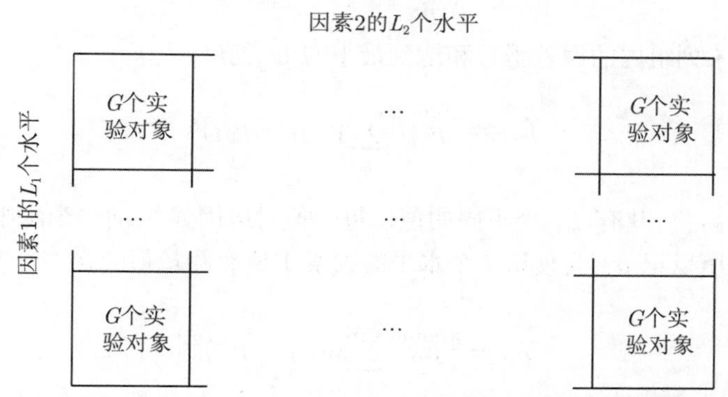

图 8.2 将双因素实验以 $L_1 \times L_2$ 的表格展示出来，每一格都含有 G 个实验对象. 每一格收到的处理水平，取决于其所在行和列. 记 x_{ijk} 为第 i 行第 j 列格子中第 k 个实验对象的实验结果

随机化仍然是向每个单元格分配实验对象的好方法. 假设实验是无记忆性的，且改变实验设置的影响是微不足道的. 随机将实验对象分配到各组中，并确保每组都含有 G 个对象. 例如，你可以对实验对象进行随机排序，然后将前 G 个分配到第 1 行第 1 列的格子中.

然后，按照规定好的水平对每一组的实验对象进行实验，并记录结果. 对于每一个实验对象，都会观测到一个测量值. 我们想要知道不同因素之间是否发生了交互作用，且交互作用是否会对结果产生影响. 这可以使用类似单因素实验的方法来研究.

假定每组观测值之间的差异完全是噪声（随机因素）引起的. 记 x_{ijk} 为第 i 行第 j 列中第 k 个实验对象的观测结果，这意味着可以建立模型

$$x_{ijk} = \mu_{ij} + \epsilon_{ij}$$

其中 ϵ_{ij} 是噪声项（不可被建模，且均值为 0）. 有 3 个可能的因素会造成差值 m_{ij}，因素 1 可能会造成影响，因素 2 可能造成影响，它们之间的交互作用也可能会造成影响. 记 a_i 为因素 1 造成的影响，b_j 为因素 2 造成的影响，c_{ij} 为交互作用造成的影响. 可建立模型

$$\mu_{ij} = \mu + a_i + b_j + c_{ij}$$

就像在单因素实验中一样，可以对 a_i、b_j、c_{ij} 进行约束，使 μ_{ij} 的均值为 μ. 这意味着 $\sum_u a_u = 0$, $\sum_v b_v = 0$, $\sum_u c_{uv} = 0$, $\sum_v c_{uv} = 0$（即 $\sum_{uv} c_{uv} = 0$）.

和单因素实验中一样，假定噪声项与不同水平的因素独立，将实验对象随机分配到各实验组中可满足该假设. 同时，假定噪声项是方差为 σ^2 的正态分布，使用传统的写法，记 $\mu_{i\cdot} =$

$\mu + a_i$, $\mu_{\cdot j} = \mu + b_j$. 此时，使用最小二乘法估计 μ、$\mu_{i\cdot}$、$\mu_{\cdot j}$ 和 μ_{ij} 很简单. 和前文一样, 用 $\hat{\mu}$ 表示 μ 的估计值, 等等. 则 $\hat{\mu}$ 为使误差平方和达到最小的 μ 值：

$$\sum_{ijk}(x_{ijk} - \mu)^2$$

$\hat{\mu}_{ij}$ 为令第 i 行第 j 列组内的误差平方和达到最小的 μ_{ij} 值：

187

$$\hat{\mu}_{ij} = \underset{\mu_{ij}}{\operatorname{argmin}} \sum_{k}(x_{ijk} - \mu_{ij})^2$$

现在来考虑 $\hat{\mu}_{i\cdot}$，一共有 L_1 个不同的值，每个值对应因素 1 的一个水平. 这些都解释了因素 1 的单独影响，所以记 $\hat{\mu}_{i\cdot}$ 为使第 i 个水平的因素 1 所有测量值的误差平方和达到最小的 $\mu_{i\cdot}$ 值，表达式为

$$\hat{\mu}_{i\cdot} = \underset{\mu_{i\cdot}}{\operatorname{argmin}} \sum_{jk}(x_{ijk} - \mu_{i\cdot})^2$$

同理，$\hat{\mu}_{\cdot j}$ 也一样，有 L_2 个不同的值，每一个对应因素 2 的一个水平. 这些都解释了因素 2 的单独影响，所以记 $\hat{\mu}_{\cdot j}$ 为使第 j 个水平的因素 2 所有测量值的误差平方和达到最小的 $\mu_{\cdot j}$ 值，表达式为

$$\hat{\mu}_{\cdot j} = \underset{\mu_{\cdot j}}{\operatorname{argmin}} \sum_{ik}(x_{ijk} - \mu_{\cdot j})^2$$

所有这些就形成了下列公式

$$\hat{\mu} = \frac{\sum_{ijk} x_{ijk}}{GL_1L_2}$$

$$\hat{\mu}_{ij} = \frac{\sum_{k} x_{ijk}}{G}$$

$$\hat{\mu}_{i\cdot} = \frac{\sum_{jk} x_{ijk}}{GL_2}$$

$$\hat{\mu}_{\cdot j} = \frac{\sum_{ik} x_{ijk}}{GL_1}$$

8.2.1 误差分解

考虑 $L_1 \times L_2$ 的表格，每一格对应一对因素水平，与估计值 $\hat{\mu}$ 之间的误差平方和为

$$\mathrm{SS_T} = \sum_{ijk}(x_{ijk} - \hat{\mu})^2$$

该误差平方和可以分解为四项，与 8.1.2 节中所展示的形式类似，具体如下：

$$\sum_{ijk}(x_{ijk}-\hat{\mu})^2=\sum_{ijk}\begin{bmatrix}(x_{ijk}-\hat{\mu}_{ij})+\\(\hat{\mu}_{i.}-\hat{\mu})+\\(\hat{\mu}_{.j}-\hat{\mu})+\\(\hat{\mu}_{ij}-\hat{\mu}_{i.}-\hat{\mu}_{.j}+\hat{\mu})\end{bmatrix}^2$$

$$=\begin{bmatrix}\sum_{ijk}(x_{ijk}-\hat{\mu}_{ij})^2+\\GL_2\sum_{i}(\hat{\mu}_{i.}-\hat{\mu})^2+\\GL_1\sum_{j}(\hat{\mu}_{.j}-\hat{\mu})^2+\\G\sum_{ij}(\hat{\mu}_{ij}-\hat{\mu}_{i.}-\hat{\mu}_{.j}+\hat{\mu})^2\end{bmatrix}$$

接着可以使用 8.1.2 节中的方法来构造下面这些变量，记为 188

$$\mathrm{SS_T}=\sum_{ijk}(x_{ijk}-\hat{\mu})^2$$

$$\mathrm{SS_W}=\sum_{ijk}(x_{ijk}-\hat{\mu}_{ij})^2$$

$$\mathrm{SS_{Tr1}}=GL_2\sum_{i}(\hat{\mu}_{i.}-\hat{\mu})^2$$

$$\mathrm{SS_{Tr2}}=GL_1\sum_{j}(\hat{\mu}_{.j}-\hat{\mu})^2$$

$$\mathrm{SS_I}=G\sum_{ij}(\hat{\mu}_{ij}-\hat{\mu}_{i.}-\hat{\mu}_{.j}+\hat{\mu})^2$$

这些项的解释与 8.1.2 节中的相同. 假定两种处理方式都不会产生影响，且它们之间没有交互作用，则每个 $\hat{\mu}_{ij}$、$\hat{\mu}_{i.}$ 和 $\hat{\mu}_{.j}$ 都应该是相似的，这意味着 $\mathrm{SS_W}$ 相对于其他项而言是更大的. 假定各因素之间有强烈的交互作用，这意味着 c_{ij} 是“大”的，又因为 $\hat{\mu}_{ij}-\hat{\mu}_{i.}-\hat{\mu}_{.j}+\hat{\mu}$ 是 c_{ij} 的估计值，所以认为 $\mathrm{SS_I}$ 也是“大”的. 再次声明，必须要解释清楚什么是“大”，这可以借助显著性的思想.

和之前一样，通过估计噪声项的方差来度量显著性. 我们可以使用任意单元格的内容来估计噪声项的方差. 更好的方法是对所有单元格的估计值取平均，这样就得到了噪声项方差的估计值，有时候称之为组内均方，记为

$$\hat{\sigma}^2_{\mathrm{cellave}}=\left(\frac{1}{L_1L_2}\right)\sum_{ijk}\frac{(x_{ijk}-\hat{\mu}_{ij})^2}{G-1}$$

$$=\mathrm{SS_W}\left(\frac{1}{L_1L_2(G-1)}\right)=\mathrm{MS_W}$$

该估计值的自由度为 $L_1L_2(G-1)$，因为一共有 L_1L_2G 个数据项，且已估计了 L_1L_2 个均值.

8.2.2　交互效应

假定各因素之间没有交互效应，那么 c_{ij} 的真实值应该是 0，则有下列估计值

$$\begin{aligned}&\mu + a_i + b_j + c_{ij} \approx \hat{\mu}_{ij}\\&\mu + a_i \approx \hat{\mu}_{i\cdot}\\&\mu + b_j \approx \hat{\mu}_{\cdot j}\\&\mu \approx \hat{\mu}\end{aligned}$$

因此，可以将 c_{ij} 估计为 $\hat{\mu}_{ij} - \hat{\mu}_{i\cdot} - \hat{\mu}_{\cdot j} + \hat{\mu}$. 每个实验对象的结果都包含了噪声项，其方差 σ^2 未知，但对所有实验对象和因素水平其大小都一样. 这意味着 $\hat{\mu}_{ij} - \hat{\mu}_{i\cdot} - \hat{\mu}_{\cdot j} + \hat{\mu}$ 是均值为 0 的随机变量的值. 该估计值是 G 个实验对象的结果的平均值，所以随机变量的方差为 σ^2/G，因此可估计

$$\begin{aligned}\hat{\sigma}^2_{\text{inter}} &= G\frac{\sum_{ij}(\hat{\mu}_{ij} - \hat{\mu}_{i\cdot} - \hat{\mu}_{\cdot j} + \hat{\mu})^2}{(L_1-1)(L_2-1)}\\&= \left(\frac{1}{(L_1-1)(L_2-1)}\right)\text{SS}_\text{I} = \text{MS}_\text{I}\end{aligned}$$

189 该估计值一般被称为交互均方，记为 MS_I.

如果各因素间没有交互效应，则 MS_I 和 MS_W 之间的任何差异都是由抽样引起的. 此时可应用显著性的 F 检验（见 7.3.1 节），应用到估计值的比值上. 这意味着

$$F = \frac{\text{MS}_\text{I}}{\text{MS}_\text{W}}$$

接近于 1，且分布已知（7.3.1 节中提过的 F 分布）. 假定存在一定的交互效应，则认为 MS_I 要大于 MS_W，因为 $\hat{\mu}_{ij}$ 不同于假设没有交互效应时的预测值，所以预计 F 大于 1. 最后，算出统计量的自由度，估计值 MS_I 的自由度为 (L_1L_2-1)，估计值 MS_W 的自由度为 $L_1L_2(G-1)$. 可使用 F 检验来获得自由度为 $((L_1L_2-1), L_1L_2(G-1))$ 的 F 统计量的 p 值. 换句话说，可以通过查表或者软件来计算

$$\int_F^\infty p_f(u;(L_1L_2-1), L_1L_2(G-1))\,\mathrm{d}u$$

其中 p_f 是 F 统计量的概率密度函数，详见 7.3.1 节.

8.2.3　单个因素的影响

假定两种因素之间没有交互作用，我们来研究因素 1 的影响. 如果因素 1 并不起作用的话，则 a_i 的真实值应该是 0. a_i 可被估计为 $\hat{\mu}_{i\cdot} - \hat{\mu}$. 每一个实验对象的结果中都包含了噪声，且噪声方差 σ^2 未知，但对各个因素水平和实验对象都是一样的. 这就意味着，对每一个 i，$\hat{\mu}_{i\cdot} - \hat{\mu}$ 是均值为 0 的随机变量的值. a_i 的估计值是通过对 GL_2 个实验对象取均值得到的（这些实验

对象接收到的均为第 i 水平的因素 1)，因此它的方差为 $\sigma^2/(GL_2)$. 可以用因素 1 的均值来估计方差 σ^2，该估计值常被称为**因素 1 的均方**，记为 $\mathrm{MS}_{\mathrm{T1}}$.

$$\sigma^2_{\mathrm{T1}} = GL_2\frac{\sum_i(\hat{\mu}_{i\cdot} - \hat{\mu})^2}{L_1 - 1} = \mathrm{SS}_{\mathrm{Tr1}}\left(\frac{1}{L_1 - 1}\right) = \mathrm{MS}_{\mathrm{T1}}$$

如果因素 1 并没有影响，则 $\mathrm{MS}_{\mathrm{T1}}$ 和 MS_{W} 之间的任何差异都是由抽样引起的. 则可以显著性的 F 检验（详见 7.3.1 节）应用于估计值的比值上. 假定因素并没有影响，则意味着

$$F = \frac{\mathrm{MS}_{\mathrm{T1}}}{\mathrm{MS}_{\mathrm{W}}}$$

接近于 1，且分布已知（7.3.1 节中介绍的 F 分布）. 如果因素 1 有影响，则预计 F 大于 1. 最后，需要计算自由度，估计值 $\mathrm{MS}_{\mathrm{T1}}$ 的自由度为 $(L_1 - 1)$，MS_{W} 的自由度为 $L_1L_2(G-1)$. 使用 F 检验来计算自由度为 $((L_1-1), L_1L_2(G-1))$ 的 F 统计量的 p 值. 如果 p 值足够小，则只有极其奇怪的样本才可以把因素 1 不同水平下的差异解释为抽样误差，所以更应该解释为因素 1 是有影响的.

因素 2 与因素 1 类似. 用因素 2 的均值估计的方差 σ^2 常被称为**因素 2 的均方**，记为 $\mathrm{MS}_{\mathrm{T2}}$.

$$\hat{\sigma}^2_{\mathrm{T2}} = GL_1\frac{\sum_j(\hat{\mu}_{\cdot j} - \hat{\mu})^2}{L_2 - 1}$$

$$= \mathrm{SS}_{\mathrm{Tr2}}\left(\frac{1}{L_2 - 1}\right) = \mathrm{MS}_{\mathrm{T2}}$$

最后，使用 F 检验来计算自由度为 $((L_2-1), L_1L_2(G-1))$ 的 F 统计量的 p 值

$$F = \frac{\mathrm{MS}_{\mathrm{T2}}}{\mathrm{MS}_{\mathrm{W}}}$$

190

8.2.4 建立方差分析表

现在命名这个强大且有用的流程，该分析常被称为双因素方差分析（或双向方差分析）. 因为有太多项了，很难把它们都放到一个模块中，所以下面将用两个模块进行解释. 计算一系列参数值，然后把它们放在高度信息化的表格中，最后通过分析表格来得出结论.

流程 8.2（建立双向方差分析） **进行随机实验：** 选择有 L_1 个水平的因素 1 和 L_2 个水平的因素 2，将 L_1L_2G 个实验对象分配到 $L_1 \times L_2$ 个实验组中. 对每个实验对象进行实验，并记录结果.

参数:

x_{ijk}	第 i 行（因素 1）第 j 列（因素 2）的第 k 个实验对象的记录值	
$\hat{\mu}$	总体均值	$\sum_{ijk} x_{ijk}/(GL_1L_2)$
$\hat{\mu}_{ij}$	小组均值	$\sum_{k} x_{ijk}/(G)$
$\hat{\mu}_{i\cdot}$	因素 1 的均值	$\sum_{jk} x_{ijk}/(GL_2)$
$\hat{\mu}_{\cdot j}$	因素 2 的均值	$\sum_{ik} x_{ijk}/(GL_1)$
$\mathrm{SS_W}$	组内误差平方和	$\sum_{ijk}(x_{ijk}-\hat{\mu}_{ij})^2$
$\mathrm{SS_I}$	交互误差平方和	$G\sum_{ij}(\hat{\mu}_{ij}-\hat{\mu}_{i\cdot}-\hat{\mu}_{\cdot j}+\hat{\mu})^2$
$\mathrm{SS_{Tr1}}$	因素 1 的误差平方和	$GL_2\sum_{i}(\hat{\mu}_{i\cdot}-\hat{\mu})^2$
$\mathrm{SS_{Tr2}}$	因素 2 的误差平方和	$GL_1\sum_{j}(\hat{\mu}_{\cdot j}-\hat{\mu})^2$
$\mathrm{MS_W}$	组内均方	$(1/(L_1L_2(G-1)))\mathrm{SS_W}$
$\mathrm{MS_I}$	交互均方	$(1/[(L_1-1)(L_2-1)])\mathrm{SS_I}$
$\mathrm{MS_{T1}}$	因素 1 均方	$(1/(L_1-1))\mathrm{SS_{Tr1}}$
$\mathrm{MS_{T2}}$	因素 2 均方	$(1/(L_2-1))\mathrm{SS_{Tr2}}$
F_i	交互 F 统计量	$\mathrm{MS_I/MS_W}$
F_1	因素 1 的 F 统计量	$\mathrm{MS_{T1}/MS_W}$
F_2	因素 2 的 F 统计量	$\mathrm{MS_{T2}/MS_W}$

p 值	统计量	自由度
交互项	F_i	$(L_1L_2-1, L_1L_2(G-1))$
因素 1	F_1	$(L_1-1, L_1L_2(G-1))$
因素 2	F_2	$(L_2-1, L_1L_2(G-1))$

流程 8.3（生成并解释双向方差分析表）　制作方差分析表:

	自由度	误差平方和	均方	F 值	p 值
因素 1	L_1-1	$\mathrm{SS_{Tr1}}$	$\mathrm{MS_{T1}}$	$\mathrm{MS_{T1}/MS_W}$	因素 1 的 p 值
因素 2	L_2-1	$\mathrm{SS_{Tr2}}$	$\mathrm{MS_{T2}}$	$\mathrm{MS_{T2}/MS_W}$	因素 2 的 p 值
因素 1：因素 2	L_1L_2-1	$\mathrm{SS_I}$	$\mathrm{MS_I}$	$\mathrm{MS_I/MS_W}$	交互 p 值
误差	$L_1L_2(G-1)$	$\mathrm{SS_W}$	$\mathrm{MS_W}$		

解　如果交互 p 值足够小，说明各因素之间存在交互作用. 如果存在交互作用，则各因素一定都会有一定的作用. 如果不存在交互作用，且有某一因素的 p 值很小，则表明只有极其不寻常的样本才能够将各实验组间的差异解释为是由抽样引起的.

191

实例 8.5（毒药和解药）　使用网站 http://www.statsci.org/data /general/poison.html 中的数据，研究毒药和解药的作用.

解 该数据集记录了注射三种毒药中的某一种和四种解药中的某一种后动物的存活时间，计算可得 ANOVA 表为

	自由度	误差平方和	均方	F 值	p 值
毒药	2	1.033 01	0.516 51	23.2217	3.33×10^{-7}
解药	3	0.921 21	0.307 07	13.8056	3.777×10^{-6}
毒药：解药	6	0.250 14	0.041 69	1.8743	0.1123
误差	36	0.800 73	0.022 24		

从表中可以看出，各因素之间并不存在交互作用，但是毒药和解药都对存活时间产生了影响. 图 8.3 清楚地展示了这些结论.

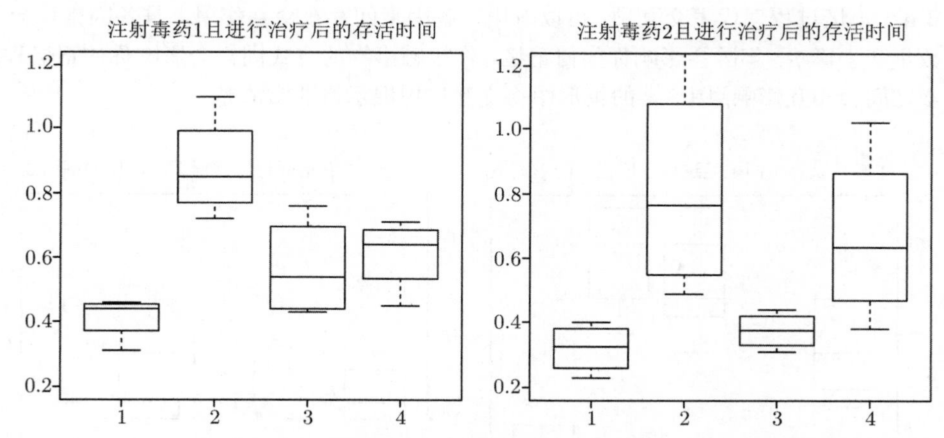

图 8.3 左图为注射了毒药 1 的实验对象（未记录物种的动物）存活时间的箱形图，按照解药进行分组，见实例 8.5 的实验. 右图为注射了毒药 2 的箱形图. 一般来说，如果解药不起作用，图中的箱形应该看起来是一样的. 如果不存在交互作用，则箱形图的形式看起来应该是一样的，所有的箱形应该都有上升或者下降的趋势. 很明显，毒药是有一定作用的，解药也是有作用的（尽管箱形看起来有一点区别），但是并没有证据表明有交互作用

实例 8.6（老人和记忆力） 使用 Eysenck 的数据（见 http://www.statsci.org/data/general/eysenck.html）来探究年龄和记忆过程是否有交互效应，以及年龄或者记忆过程是否会影响记忆单词的数量.

解 1974 年，Eysenck 研究了人类的记忆力，认为存在两种可能的影响因素，即年龄和记忆过程. Eysenck 使用 2 个对照组，一组受试者的年龄在 55 到 65 之间，另一组受试者则更年轻. Eysenck 使用 5 个对照组，每一组都给一个单词清单，要求受试者去完成任务，然后让每一个受试者写下他们所能记住的单词，所记忆单词的数量即是实验结果. 记忆组被告知要去记忆单词，剩下四组则是要用这些单词来完成任务，分别为形容组（每个单词都给出一个形容词）、计数组（数每个单词中包含的字母数）、想象组（对每个单词形成生动的想象）和押韵组（对每

192

个单词都想出一个与之押韵的单词）. 每组都有 10 个受试者，原始研究结果于 1974 年被发表在 M. W. Eysenck 的论文“Age differences in incidental learning”（*Developmental Psychology*, 10，936-941）中.

计算可得 ANOVA 表为

	自由度	误差平方和	均方	F 值	p 值
年龄	1	240.25	240.25	29.9356	3.981×10^{-7}
记忆过程	4	1514.94	378.74	47.1911	$< 2.2 \times 10^{-16}$
年龄：记忆过程	4	190.30	47.58	5.9279	0.000 279 3
误差	90	722.30	8.03		

其中“年龄: 记忆过程”代表交互项. 可以看出，各因素间存在交互作用，且各因素均会对记忆的单词数量产生影响. 年龄会影响你如何记忆，你接触事物的方式同样会影响你的记忆程度，且两个因素之间会相互影响. 图 8.4 的箱形图将交互作用展示得非常清楚.

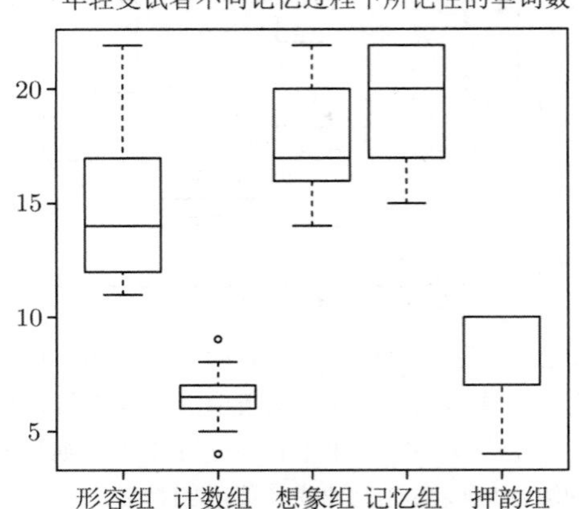

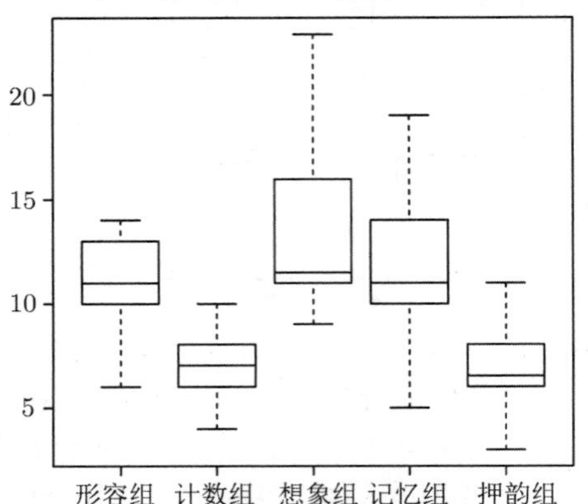

图 8.4 左图是实例 8.6 中在不同记忆方式下年轻受试者所记住单词数的箱形图. 右图则是年老受试者的箱形图. 一般来说，如果不同记忆方式不产生影响的话，则图中的箱形图应该看起来是一样的，如果没有交互效应，则各箱形的趋势应该都是一样的，集体上升或者下降. 很显然年龄和记忆方式之间存在交互效应. 两个年龄段下，计数组和押韵组都表现不好，且在年轻受试者中更加明显

193

问题

分解误差平方和

8.1 像 8.1.2 节中那样将单因素实验的误差平方和分解为两项，记误差平方和为

$$\sum_{ij}(x_{ij}-\hat{\mu})^2=\sum_{ij}((x_{ij}-\hat{\mu}_i)+(\hat{\mu}_i-\hat{\mu}))^2$$

（a） 如何分解并重新排列平方项以获得下列公式

$$\left[\sum_{ij}(x_{ij}-\hat{\mu}_i)^2\right]+G\left[\sum_{i}(\hat{\mu}-\hat{\mu}_i)^2\right]+2\sum_{i}\left[\left(\sum_{j}(x_{ij}-\hat{\mu}_i)\right)(\hat{\mu}-\hat{\mu}_i)\right]$$

（b） 解释为什么 $\hat{\mu}_i$ 使 $\sum_j (x_{ij}-\mu_i)^2$ 取得最小值时有

$$\left(\sum_{j}(x_{ij}-\hat{\mu}_i)\right)=0$$

（c） 推导出下列公式

$$\sum_{ij}(x_{ij}-\hat{\mu})^2=\left[\sum_{ij}(x_{ij}-\hat{\mu}_i)^2\right]+G\left[\sum_{i}(\hat{\mu}-\hat{\mu}_i)^2\right]$$

8.2 如何将双因素实验的误差平方和分解为四项，参考上一个练习.

（a） 分解

$$\sum_{ijk}(x_{ijk}-\hat{\mu})^2=\sum_{ijk}\begin{bmatrix}(x_{ijk}-\hat{\mu}_{ij})+\\(\hat{\mu}_{i\cdot}-\hat{\mu})+\\(\hat{\mu}_{\cdot j}-\hat{\mu})+\\(\hat{\mu}_{ij}-\hat{\mu}_{i\cdot}-\hat{\mu}_{\cdot j}+\hat{\mu})\end{bmatrix}^2$$

（b） 根据 $\hat{\mu}_{ij}$ 的定义，证明：对任意的 i,j，有

$$\sum_{k}(x_{ijk}-\hat{\mu}_{ij})=0$$

（c） 根据 $\hat{\mu}_{i\cdot}$ 和 $\hat{\mu}$ 的定义，证明：对任意的 i，有

$$\sum_{i}(\hat{\mu}_{i\cdot}-\hat{\mu})=0$$

（d） 根据 $\hat{\mu}_{\cdot j}$ 和 $\hat{\mu}$ 的定义，证明：对任意的 j，有

$$\sum_{j}(\hat{\mu}_{\cdot j}-\hat{\mu})=0$$

195

（e） 分解

$$\sum_{ijk}(x_{ijk}-\hat{\mu})^2=\begin{bmatrix}\sum_{ijk}(x_{ijk}-\hat{\mu}_{ij})^2+\\GL_2\sum_{i}(\hat{\mu}_{i\cdot}-\hat{\mu})^2+\\GL_1\sum_{j}(\hat{\mu}_{\cdot j}-\hat{\mu})^2+\\G\sum_{ij}(\hat{\mu}_{ij}-\hat{\mu}_{i\cdot}-\hat{\mu}_{\cdot j}+\hat{\mu})^2\end{bmatrix}$$

非平衡单因素实验

8.3 英式橄榄球的规则 可以在网站 http://www.statsci.org/data/oz/rugby.html 中找到给出了橄榄球比赛的比赛时间的数据集，这些数据是由 Hollings 和 Triggs 于 1993 年收集的. 前五局按旧规则进行，后五局按新规则进行. 使用非平衡单因素方差分析判断规则的改变是否会影响比赛时间.

8.4 眼球颜色和眨眼频率 可以在网站 http://www.statsci.org/data/general/flicker.html 中找到记录了 19 个独立个体的眼球颜色和准确眨眼频率的数据集，这些数据是由 Devore 和 Peck 在 1973 年收集的. 使用非平衡单因素方差分析判断不同的眼球颜色是否会有不同的眨眼频率.

8.5 泰坦尼克上的存活率 可以在网站 http://www.statsci.org/data/general/titanic.html 中找到记录了泰坦尼克号乘客生存状态的数据集，这些数据最初来源于 Philip Hinde 的 *Encyclopedia Titanica*. 使用非平衡单因素方差分析判断乘客票的类型是否会影响他们的存活状态.

双因素实验

8.6 纸飞机 可以在网站 http://www.statsci.org/data/oz/planes.html 中找到记录了纸飞机表现情况的数据集，这些数据最初来源于 M. S. Macki-sack 发表在 1994 年的《统计教育杂志》（*Journal of Statistics Education*）上的论文“What is the use of experiments conducted by statistics students?”. 使用双因素方差分析判断折飞机的纸和角度对飞行距离的影响. 这些变量之间有交互效应吗?

196

第 9 章　基于数据推断概率模型

基于数据集推断结论的一个有效方法是在它基础上建立合适的概率模型. 只要建立了概率模型，就可以通过概率模型做预测，比如预报新样本或者估计后续数据的性质. 例如，抛掷了 10 次硬币得到 5 次正面和 5 次反面，如果要估计下一次抛掷硬币时出现正面的概率，需要建立一个概率模型. 如果建立了概率模型，除了估计下一次抛掷出现正面的概率，还可以估计接下来的 5 次抛掷中出现 3 次正面 2 次反面的概率，等等.

基于数据观测值进行推断的第一步就是选择一个概率模型. 前文中已经描述了一小部分可用的概率模型，可以看到概率模型的选择是相对容易的. 例如，在硬币的抛掷实验中，可以选择二项分布和几何分布等. 然而，上述模型中的计算处理很普通，原则上可以推广到任意概率模型中，而且并不要求概率模型一定是恰如其分的. 令人惊讶的是，通过拟合不生成数据集的概率模型，通常可以从数据集中提取非常有用的信息.

一旦选择了概率模型，就需要估计模型的参数. 例如，如果给硬币抛掷实验选择二项分布概率模型，需要估计一次抛掷中出现正面的概率. 估计模型参数有两种方法，一种是极大似然估计，估计的参数值使得观测数据发生的可能性最大；另一种是贝叶斯推断，得到待估计参数的后验概率分布，然后在此基础上获取进一步的信息. 多数情况下，计算方法的描述是简单而直接的，但实际上要使用它们还需要一点训练，所以本章中的各节大部分都是计算过的实例.

学习本章内容后，你应该能够做到：

- 写出第 5 章中模型（至少有正态分布、二项分布、多项分布、泊松分布、贝塔分布、伽马分布、指数分布）产生的一组独立数据项的似然函数.
- 写出第 5 章中模型（至少有正态分布、二项分布、多项分布、泊松分布、贝塔分布、伽马分布、指数分布）产生的一组独立数据项的对数似然函数.
- 根据一组独立的数据项找到这些模型的参数的极大似然解（忽略贝塔分布和伽马分布；找到这些极大似然估计可能很棘手，并且对我们来说并不重要）.
- 描述极大似然估计可能不可靠的情况.
- 描述极大似然估计和贝叶斯推断之间的差异.
- 在给定一组独立数据项的情况下，写出模型参数的后验或对数后验的表达式.
- 计算实例中所示情况的 MAP 估计值.
- 计算正态模型均值和标准差极大似然估计的在线估计.
- 在正态先验和正态似然的情况下，计算均值和标准差 MAP 估计的在线估计.

9.1 用极大似然估计模型参数

假设数据集为 $\mathcal{D} = \{\boldsymbol{x}\}$，且在此数据集上已经建立了相应的概率模型. 一般来说，实际应用逻辑会表明概率模型的类型（即正态分布概率密度、泊松分布、几何分布等）. 但是，通常我们不知道这些分布的参数值，比如正态分布的均值和标准差，泊松分布的强度参数等. 这和我们之前看到的不一样. 在第 5 章，我们假设模型参数已知，并且可以用概率模型得到一些数据 $\mathcal{D}$ 出现的概率. 现在数据集 $\mathcal{D}$ 已知，但模型中参数未知，模型的好坏依赖于参数选择的好坏. 这就需要些方法以通过数据集来估计模型参数. 请注意下面的每个示例是如何解释这一方法的. 在介绍这些示例之前，首先给出一个重要的约定：用 θ 表示模型中的未知参数（θ 可以是标量，也可以是向量，视情况而定）.

例 9.1 抛硬币实验中的参数 p 的推断——二项分布　假设抛硬币 N 次，然后统计正面向上的次数 h. 描述一组独立抛硬币事件的适当的概率模型是二项分布模型 $P_b(h;N,\theta)$，其中 θ 是抛硬币时正面向上的概率（在二项分布模型中被写为 $p(H)$ 或者 p）. 但是参数 $p(H)$ 未知，所以这里用 θ 表示. 需要想办法从数据中获取 θ 的值.

197

例 9.2 抛硬币实验中的参数 p 的推断——几何分布　假设不断地抛硬币，直到看到正面向上. 抛掷次数具有参数为 $p(H)$ 的几何分布. 在这种情况下，抛掷硬币实验的数据是一个序列，前面的项全是 T，最后一项是 H. 实验中共有 N 次抛掷（或项）且最后一次的结果是正面向上，因此合适的概率模型是几何分布 $P_g(N;\theta)$. 我们不知道参数 $p(H)$，所以这里记作 θ.

例 9.3 推断垃圾邮件的强度——泊松分布　做一个合理的假设，某人一小时内收到垃圾邮件的数量符合泊松分布. 但是泊松分布中的强度参数（记作 λ）是多少？给定一个数据集，可以数出在一组不同的时间内到达的垃圾邮件的数量. 因为强度参数未知，记作 θ. 需要想办法来估计它.

例 9.4 推断正态分布的均值和标准差　假设由于某种原因已知数据服从正态分布，但是最能解释数据的正态分布的均值和标准差未知.

9.1.1 极大似然原理

给定一个数据集 $\mathcal{D}$ 和一个概率模型族 $P(\mathcal{D}|\theta)$. 我们需要用合理的办法来估计参数 θ 的值，使对应该参数值的模型能更好地解释数据. 我们很自然地选择使得观测数据最有可能发生的参数值 θ. 如果 θ 已知，得到观测数据 $\mathcal{D}$ 的概率是 $P(\mathcal{D}|\theta)$. 我可以用模型构造一个 $P(\mathcal{D}|\theta)$ 的表达式. 现在 $\mathcal{D}$ 已知而 θ 未知，那么 $P(\mathcal{D}|\theta)$ 是 θ 的函数. 这个函数叫作似然函数.

定义 9.1 似然函数　*关于 θ 的函数 $P(\mathcal{D}|\theta)$ 被称作数据观测集 $\mathcal{D}$ 的**似然函数**，常记作 $\mathcal{L}(\theta)$（或者记作 $\mathcal{L}(\theta;\mathcal{D})$ 以强调函数牵涉到了数据）.*

极大似然原理要求选择的 θ 使实际看到的数据观测值的概率最大. 这应该是一个合理的选择方式.

定义 9.2 极大似然原理　*极大似然原理选择 θ，使得 θ 的函数 $\mathcal{L}(\theta) = P(\mathcal{D}|\theta)$ 被最大化.*

对于我们所举的示例，数据是**独立同分布的**（或 **IID**）. 这意味着每个数据项都是独立获取的来自同一概率分布的样本（见 4.3.1 节）. 这意味着似然函数是多项的乘积，每个数据项对

应一项，可以写成

$$\mathcal{L}(\theta) = P(\mathcal{D}|\theta) = \prod_{i \in \text{数据集}} P(\boldsymbol{x}_i|\theta)$$

198

必须分清两个截然不同的重要概念. 一个是未知参数，记为 θ. 另一个是参数的估计值，记为 $\hat{\theta}$. 人们能做的也就是对参数进行估计，它可能不是参数的“真实”值，因为可能人们永远不会知道真实值.

流程 9.1（极大似然估计） 给定数据集 $\{\mathcal{D}\}$ 及带有未知参数 θ 的概率模型，由此构造下面的似然函数来估计参数值 $\hat{\theta}$

$$\mathcal{L}(\theta) = P(\mathcal{D}|\theta)$$

该似然函数总能写为

$$\mathcal{L}(\theta) = \prod_{i \in \text{数据集}} P(\boldsymbol{x}_i|\theta)$$

估计值 $\hat{\theta}$ 为

$$\hat{\theta} = \underset{\theta}{\operatorname{argmax}}\, \mathcal{L}(\theta)$$

流程 9.1 是一个非常直接的方法，也是一个非常成功的方案. 这一流程在应用中的主要困难在于寻找最大值. 以下各节介绍了一些重要模型下的例子.

9.1.2 二项分布、几何分布和多项分布

实例 9.1 用二项分布推断抛硬币实验中的 $p(H)$ 在 N 次独立抛掷实验中，观测到 k 次正面向上. 用极大似然原理推断 $p(H)$.

解 模型中未知参数 $\theta = p(H)$. 合适的概率模型是二项分布模型 $P_b(k; N, \theta)$.

$$\begin{aligned}\mathcal{L}(\theta) &= P(\mathcal{D}|\theta) = P_b(k; N, \theta) \\ &= \binom{N}{k} \theta^k (1-\theta)^{(N-k)}\end{aligned}$$

是 θ 的函数，表示了 N 次抛掷中 k 次正面向上的概率. 我们必须找到，使得这一概率最大化的 θ 值. 最大概率在 θ 满足下式时得到

$$\frac{\partial \mathcal{L}(\theta)}{\partial \theta} = 0$$

于是有

$$\frac{\partial \mathcal{L}(\theta)}{\partial \theta} = \binom{N}{k} (k\theta^{k-1}(1-\theta)^{(N-k)} - \theta^k (N-k)(1-\theta)^{(N-k-1)})$$

令上式等于 0，可得

$$k\theta^{k-1}(1-\theta)^{(N-k)} = \theta^k (N-k)(1-\theta)^{(N-k-1)}$$

则 θ 满足

$$k(1-\theta) = \theta(N-k)$$

199

这意味着极大似然估计是

$$\hat{\theta} = \frac{k}{N}$$

实例 9.1 得出的结果对大多数人来说都是自然而然的，人们在不知道极大似然原理的情况下都很可能猜到这种形式. 但现在有了明确的流程，它还可以应用于其他问题. 注意这个例子所揭示的这种方法的一个怪象. 一般来说，数据量越多，该方法越可靠. 如果抛硬币一次，得到一个 T，该流程会估计 $\hat{\theta} = 0$，让人觉得这是一个糟糕的估计.

实例 9.2 用几何分布推断抛硬币实验中的 $p(H)$　抛硬币 N 次，直到观测到正面向上为止. 用极大似然原理推断 $p(H)$.

解　模型中未知参数 $\theta = p(H)$. 若合适的概率模型是几何分布模型 $P_g(N;\theta)$，则

$$\mathcal{L}(\theta) = P(\mathcal{D}|\theta) = P_g(N;\theta) = (1-\theta)^{(N-1)}\theta$$

是 θ 的函数，表示了 N 次抛掷中只有最后一次正面向上的概率，N 已知. 要找到使得这一概率最大化的 θ 值. 最大值在 θ 满足下式时得到

$$\frac{\partial \mathcal{L}(\theta)}{\partial \theta} = 0 = (1-\theta)^{(N-1)} - (N-1)(1-\theta)^{(N-2)}\theta$$

所以极大似然估计是

$$\hat{\theta} = \frac{1}{N}$$

大多数人不会猜到实例 9.2 的估计值，尽管回想起来它通常是合理的. 获得似然函数最大值可能会很有趣，来看看下面的实例.

实例 9.3 用多次掷骰子和多项分布推断骰子概率　掷一粒骰子 N 次，观测到 n_1 次 1 点，……，n_6 次 6 点. 用 $p_1, \cdots, p_6$ 表示掷骰子的结果为 $1, \cdots, 6$ 的概率. 用极大似然原理来估计多项分布中的 $p_1, \cdots, p_6$.

解　已知数据是 $N, n_1, \cdots, n_6$. 未知参数 $\theta = (p_1, \cdots, p_6)$. 用多项分布来计算 $P(\mathcal{D}|\theta)$. 具体来说

$$\mathcal{L}(\theta) = P(\mathcal{D}|\theta) = \frac{n!}{n_1! \cdots n_6!} p_1^{n_1} p_2^{n_2} \cdots p_6^{n_6}$$

是 $\theta = (p_1, \cdots, p_6)$ 的函数. 下面选择 θ 的取值，使得似然函数最大. 注意，我们可以简单地通过取 p_i 很大使似然函数最大，但是这会忽略事实：$p_1 + p_2 + p_3 + p_4 + p_5 + p_6 = 1$. $p_6 = 1 - p_1 - p_2 - p_3 - p_4 - p_5$（处理这个问题有其他更简洁的方法，但是需要更多背景知识）. 要取得最大值，对所有的 i，有

$$\frac{\partial \mathcal{L}(\theta)}{\partial p_i} = 0$$

200

这意味着对每个 p_i 而言，

$$n_i p_i^{(n_i-1)}(1-p_1-p_2-p_3-p_4-p_5)^{n_6} - p_i^{n_i} n_6 (1-p_1-p_2-p_3-p_4-p_5)^{(n_6-1)} = 0$$

有

$$n_i(1-p_1-p_2-p_3-p_4-p_5)-n_6p_i=0$$

或者

$$\frac{p_i}{1-p_1-p_2-p_3-p_4-p_5}=\frac{n_i}{n_6}$$

解之（可用下式验证）得估计值

$$\hat{\theta}=\frac{1}{n_1+n_2+n_3+n_4+n_5+n_6}(n_1,n_2,n_3,n_4,n_5,n_6)$$

9.1.3　泊松分布和正态分布

最大化似然函数会遇到这样的问题. 对似然函数乘积形式求导数，通常会得到一个不太容易计算的表达式. 有一种简单的方法. 对数函数是非负实数域上的单调函数（即如果 $x>0$，$y>0$，$x>y$，则 $\log x>\log y$）. 这意味着最大化对数似然函数的参数 θ 值也能最大化似然函数. 对数运算能够把求积形式转换成求和形式，求和的导数则很容易.

定义 9.3（对数似然函数） 概率模型下数据集的对数似然函数是未知参数的函数，通常被写成

$$\begin{aligned}\log\mathcal{L}(\theta)&=\log P(\mathcal{D}|\theta)\\&=\sum_{i\in\text{数据集}}\log P(d_i|\theta)\end{aligned}$$

实例 9.4（泊松分布） 观察到 N 个区间，每个区间相同，即有固定的长度（在时间或空间上）. 在这些区间内，事件按照泊松分布发生（例如，可能观察到普鲁士军官被马踢，或收到电话推销员呼叫 ……）. 每次观测的泊松分布强度都是一样的. 在第 i 个区间观测到的事件数是 n_i. 泊松分布的强度是多少？

解 用 θ 表示强度. 似然函数为

$$\begin{aligned}\mathcal{L}(\theta)&=\prod_{i\in\text{所有区间}}P(n_i\text{次事件发生}|\theta)\\&=\prod_{i\in\text{所有区间}}\frac{\theta^{n_i}\mathrm{e}^{-\theta}}{n_i!}\end{aligned}$$

201

采用对数似然函数容易处理它. 对数似然函数为

$$\log\mathcal{L}(\theta)=\sum_i(n_i\log\theta-\theta-\log n_i!)$$

解如下方程：

$$\frac{\partial\log\mathcal{L}(\theta)}{\partial\theta}=\sum_i\left(\frac{n_i}{\theta}-1\right)=0$$

可得极大似然估计

$$\hat{\theta} = \frac{\sum_i n_i}{N}$$

实例 9.5（脏话的强度） 一位著名的爱说脏话的政客做演讲. 听他演讲，把 1 分钟分为 30 个时间区间，记录下每个时间区间内脏话的数量. 做如下表格（即按照，每个区间内 0 句脏话、1 句脏话等来统计对应的区间数）. 前 10 个时间区间如下：

脏话数量	0	1	2	3	4
区间数量	5	2	2	1	0

随后 20 个时间区间如下：

脏话数量	0	1	2	3	4
区间数量	9	5	3	2	1

假设政客使用的脏话数量服从泊松分布，前 10 个时间区间中的强度是多少？第二段 20 个区间、所有的区间上的强度又如何？它们为什么不同？

解 用实例 9.4 中的表达式可得

$$\begin{aligned}
\hat{\theta}_{10} &= \frac{\text{脏话总数}}{\text{时间区间总数}} \\
&= \frac{9}{10} \\
\hat{\theta}_{20} &= \frac{\text{脏话总数}}{\text{时间区间总数}} \\
&= \frac{21}{20} \\
\hat{\theta}_{30} &= \frac{\text{脏话总数}}{\text{时间区间总数}} \\
&= \frac{30}{30}
\end{aligned}$$

这些估计是不同的，因为极大似然估计就是个估计值，我们不能期望从数据集中解读出参数的精确值. 不过，值得注意的是，这些估计值非常接近.

202

实例 9.6（正态分布的均值） 假设数据 $x_1, \cdots, x_N$ 是可以用正态分布来模拟的数据，利用极大似然原理估计正态分布的均值.

解 在带有未知均值参数 θ、标准差 σ 的正态分布模型下，样本数据的似然函数是

$$\begin{aligned}
\mathcal{L}(\theta) &= P(x_1, \cdots, x_N|\theta, \sigma) \\
&= P(x_1|\theta, \sigma)P(x_2|\theta, \sigma)\cdots P(x_N|\theta, \sigma)
\end{aligned}$$

$$= \prod_{i=1}^{N} \frac{1}{\sqrt{2\pi}\sigma} \exp\left(-\frac{(x_i-\theta)^2}{2\sigma^2}\right)$$

这个表达式处理起来有点麻烦，对数似然函数为

$$\log \mathcal{L}(\theta) = \left(\sum_{i=1}^{N} -\frac{(x_i-\theta)^2}{2\sigma^2}\right) + \text{不依赖于 } \theta \text{ 的项}$$

对 θ 求导数，并令其为 0 以找到极大值，可得

$$\begin{aligned}\frac{\partial \log \mathcal{L}(\theta)}{\partial \theta} &= \sum_{i=1}^{N} \frac{2(x_i-\theta)}{2\sigma^2} \\ &= 0 \\ &= \frac{1}{\sigma^2}\left(\sum_{i=1}^{N} x_i - N\theta\right)\end{aligned}$$

因此，极大似然估计为

$$\hat{\theta} = \frac{\sum_{i=1}^{N} x_i}{N}$$

这个结果看上去并不奇怪，注意，推导过程中不需要关注 σ，我们没有假设它是已知的，只是不对它做任何处理.

注记　数据集的均值是适合该数据集的正态模型均值的极大似然估计.

实例 9.7（正态分布的标准差）　假设 $x_1, \cdots, x_N$ 是可以用正态分布模拟的数据，利用极大似然原理估计正态分布的标准差.

解　现在必须更详细地写出对数似然函数，用 μ 表示正态分布的均值，用 θ 表示正态分布的标准差. 我们得到

203

$$\log \mathcal{L}(\theta) = \left(\sum_{i=1}^{N} -\frac{(x_i-\mu)^2}{2\theta^2}\right) - N\log\theta + \text{不依赖于 } \theta \text{ 的项}$$

对 θ 求导数，并令其为 0 以找到极大值，可得

$$\frac{\partial \log \mathcal{L}(\theta)}{\partial \theta} = \frac{-2}{\theta^3}\sum_{i=1}^{N} \frac{-(x_i-\mu)^2}{2} - \frac{N}{\theta} = 0.$$

因此，极大似然估计为

$$\hat{\theta} = \sqrt{\frac{\sum_{i=1}^{N}(x_i - \mu)^2}{N}}$$

这个结果看上去也不奇怪.

注记　数据集的标准差是适合该数据集的正态模型标准差的极大似然估计.

你应该注意到，求似然函数的最大值时，可以一次性解决均值和标准差的估计（也就是说，可以在一个例子中完成实例 9.6 和实例 9.7）. 这里之所以把这个实例分成两部分是因为这样更方便理解；当然，你也可以很容易自己把细节补充完整.

注记　如果已知很多数据项和概率模型，就应该使用极大似然原理来估计模型的参数.

9.1.4　模型参数的置信区间

假设有一个数据集 $\mathcal{D} = \{\boldsymbol{x}\}$ 和适用于该数据集的一个概率模型. 已知如何通过最大化似然函数 $L(\theta)$ 来估计参数值，但还没有办法考虑数据确定的最佳参数值有多准确. 特别是，人们希望能够为参数构造一个置信区间. 这个区间应该捕捉到参数取值的确定程度. 如果数据集的小改变会导致估计的参数发生大的改变，那么这个区间应该大一些. 但是，如果数据集的大的改变将导致大约相同的估计的参数值的改变，那么这个区间应该小一些.

对于极大似然问题，很难直接应用 6.2 节中的推理. 然而，置信区间这一基本概念代表了一个区间，在这个区间内，总体的均值可以代表大多数样本，它与重复实验自然相关. 当数据由参数化的概率模型解释时，可以使用该模型生成其他可能的数据集. 如果要计算参数的极大似然估计，可以从模型中提取 IID 样本. 然后，从新的数据集中查看估计值，估计值的分布产生了置信区间.

$[c_\alpha, c_{(1-\alpha)}]$ 是一个 $(1-2\alpha)$ 参数的置信区间. 这样构造置信区间：如果对原来的实验进行大量的重复，然后为每个实验估计参数值，c_α 将是这些参数值的 α 分位数，$c_{(1-\alpha)}$ 将是这些参数值的 $1-\alpha$ 分位数. 这里将其解释为，在置信度为 $(1-2\alpha)$ 的情况下，参数的正确值就在这个区间内. 这个定义并不是很严密. 如何进行大量的重复实验？如果不能，怎么知道置信区间有多好？尽管如此，还是可以构造区间来说明最初的推断对所拥有的数据有多敏感.

204

有一个自然的且基于模拟的估计置信区间的流程. 想必大家可能已经猜到该怎么做了. 首先，计算参数的极大似然估计 $\hat{\theta}$. 假设这个估计是正确的，但是需要看看对 $\hat{\theta}$ 的估计是如何随着不同数据集合而变化的. 通过模拟 $P(\mathcal{D}|\hat{\theta})$ 获得一组模拟数据集 $\mathcal{D}_i$，每个的元素数都与原始数据集相同. 其次，对每个模拟数据集计算极大似然估计 $\hat{\theta}_i$. 最后，计算这些数据集的相关的分位数. 结果就是想要得到的置信区间.

流程 9.2（用模拟的办法估计极大似然估计的置信区间）　假定数据集 $\mathcal{D} = \{\boldsymbol{x}\}$ 有 N 个元素. 对应的参数化概率模型为 $p(x|\theta)$，似然函数为 $\mathcal{L}(\theta; \mathcal{D}) = P(\mathcal{D}|\theta)$. 用下列步骤来构造置信度为 $(1-2\alpha)$ 的置信区间：

- 计算参数的极大似然估计，$\hat{\theta} = \underset{\theta}{\operatorname{argmax}}\, \mathcal{L}(\theta; \mathcal{D})$.

- 用 R 语言模拟数据集 $\mathcal{D}_i$，每个数据集都有 N 个从 $p(x|\hat{\theta})$ 抽取的 IID 样本.
- 对每个数据集计算 $\hat{\theta}_i = \underset{\theta}{\operatorname{argmax}}\, \mathcal{L}(\theta; \mathcal{D}_i)$.
- 计算 $\hat{\theta}_i$ 的 α 分位数 $c_\alpha(\hat{\theta}_i)$ 以及 $1-\alpha$ 分位数 $c_{(1-\alpha)}(\hat{\theta}_i)$.

置信区间为 $[c_\alpha, c_{(1-\alpha)}]$.

图 9.1 显示了一个示例. 在本例中，我们使用的是来自正态分布的模拟数据. 在每种情况下，正态分布均值都是 0，但存在两种不同的标准差（分别为 1 和 10）. 对每个分布各模拟了 10 组不同的数据集，其中包含 10，40，90，$\cdots$，810，1000 个数据项. 对于每一个数据集，计算均值的极大似然估计. 即使数据是从零均值的正态分布中提取的，它们也不是零，因为数据集是有限的. 然后，使用 10 000 个相同大小的模拟数据集估计每个数据集对应参数的置信区间. 图像显示，这两种情况的 95% 置信区间的大小，与用于估计的数据集大小相对照. 请注意，这些区间不关于零对称，因为极大似然估计不为零. 它们的长度随着数据集的增长而缩小，但速度缓慢. 标准差越大，它们越大. 这似乎是合理的，因为不可能只使用几个数据点就得到具有很大标准差的正态分布均值的准确估计. 如果认为一个概率模型就像一个总体（它是一个非常大的数据集，是隐藏的，可以有放回地从中提取样本），那么区间随着 N 的增加而缩小也是合理的，因为这就是 6.2.2 节推理的结论.

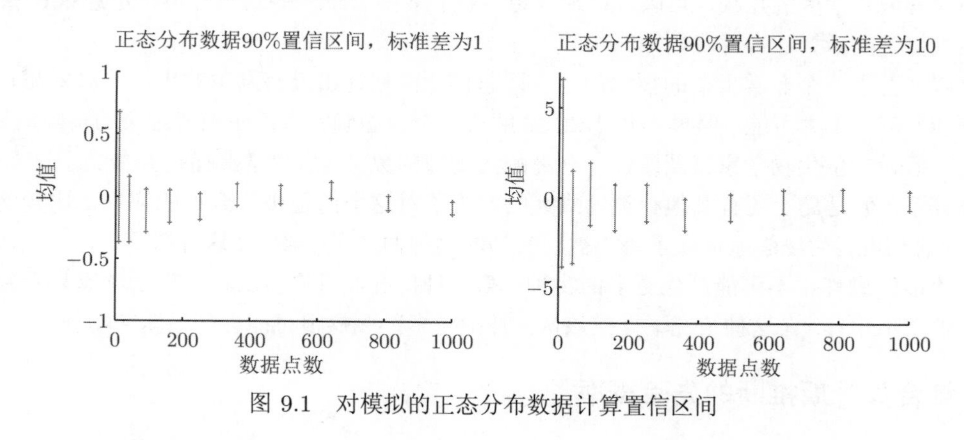

图 9.1　对模拟的正态分布数据计算置信区间

205

实例 9.8（模拟置信区间 II）　对实例 9.5 中数据的强度估计，分 10 个观测值、20 个观测值和 30 个观测值三种情况，构建置信度为 90% 的置信区间.

解　在实例 9.5 中的三种情况下，强度的极大似然估计是 9/10、21/20 和 30/30. 用 Matlab 函数 poissrnd 得到了有 10 项（20 项，30 项）数据的数据集的 10 000 个副本. 这些副本数据均来自有相关强度的泊松分布. 然后用 prctile 得到 5% 和 95% 的百分位数，得到了如下置信区间：

区间	观测值数
$[0.3, 1.2]$	10 个观测值
$[0.75, 1.5]$	20 个观测值
$[0.6667, 1.2667]$	30 个观测值

注意观察次数越多，置信区间越小.

9.1.5 关于极大似然的注意事项

极大似然原理有许多我们无法阐明的简洁性质. 一个值得注意的性质是**一致性**（consistency）. 对于我们而言，这意味着可以通过足够大的数据集来任意地逼近正确的参数的极大似然估计. 假设数据实际上不是来自潜在的模型. 这是常见的情况，因为人们通常不能确定，比如，数据是否真的是正态的，或者真的服从泊松分布. 相反，人们选择一个自认为有用的模型. 当数据不是来自该模型时，极大似然函数根据模型（在相当强的直观意义上，没办法进一步解释）计算了参数的估计值，该模型是最接近数据源的模型. 极大似然原理因为其简洁的性质而被非常广泛地使用. 但也有一些问题. 一个重要的问题是，很难精确地找到似然函数的最大值. 有一些强大的数值方法可以使函数最大化，这些方法非常有用，但即使在今天也有一些似然函数很难找到最大值.

另外，数据量太少会带来严重的问题. 例如，在二项分布情形下，如果只抛掷一次硬币，将把 p 估计为 1 或 0. 这样的结果没有说服力. 在几何分布情况下，对于均匀的硬币，抛掷时每个面向上的概率是 0.5，做参数估计后得到概率是 $p=1$. 这也会让人担心. 另一个例子是，如果我们只掷骰子很少的几次，可以合理地设想，对于某些 i，$n_i=0$. 这并不一定意味着 $p_i=0$，尽管极大似然推断算法告诉我们 $p_i=0$.

这就产生了一个非常重要的技术问题，即怎样才能估计出没有发生的事件的概率呢？这个问题可能看起来不太可能，但事实并非如此. 解决这个问题确实会产生很有意义的实际后果. 举个例子，假设一位生物学家试图统计一个岛屿上蝴蝶的数量. 生物学家捕捉并分类了许多蝴蝶，然后离开了. 但是岛上还有其他种类的蝴蝶吗？为了对这个问题进行合理的解释，比较两个情况. 第一种情况，生物学家捕获了每个被观察到的物种的许多个体. 在这种情况下，应该认为即使捕捉更多的蝴蝶也不可能产生更多的物种. 第二种情况，有许多物种，生物学家只看到了这些物种的一个个体. 在这种情况下，应该认为捕捉更多的蝴蝶很可能会产生新的物种.

9.2 结合贝叶斯推断的先验概率

极大似然的另一个重要问题是，没有机制将先验概率结合起来. 例如，假设从一家可靠的商店买了一个新骰子，投掷六次，然后观察到 1 次 1 点. 人们会很愿意相信对这个骰子来说，$p(1)=1/6$. 现在想象一下，向一个长时间制作偏重骰子的朋友借了一个骰子. 这位朋友告诉你这个骰子是偏重的，所以 $p(1)=1/2$. 将这个骰子投掷 6 次，然后观察到 1 次 1 点. 在这种情况下，你可能会担心 $p(1)$ 不是 1/6，而你恰好得到了一组稍微不寻常的投掷结果. 你之所以担心，是因为有理由相信这个骰子是不均匀的，你想要获得更多的证据以相信 $p(1)=1/6$. 而极大似然估计无法区分这两种情形.

206

上述两种情形的区别在于看数据之前所拥有的先验信息. 人们希望在估计模型时考虑到这些信息. 一种方法是给出参数 θ 的一个**先验概率分布**（**prior probability distribution**）$p(\theta)$. 然后，可以应用贝叶斯公式，而不是使用似然函数 $p(\mathcal{D}|\theta)$，得出**后验概率**（**posterior**）$P(\mathcal{D}|\theta)$.

给定了数据 $\mathcal{D}$，后验概率表示了 θ 取不同值的概率. 贝叶斯公式告诉我们

$$P(\theta|\mathcal{D}) = \frac{P(\mathcal{D}|\theta) \times P(\theta)}{P(\mathcal{D})}$$
$$= \frac{\text{似然函数} \times \text{先验概率}}{\text{归一化常数}}$$

请注意，先验分布通常用 π 而不是 P 或 p 来表示.

定义 9.4（贝叶斯推断）　*从后验概率 $P(\theta|\mathcal{D})$ 中提取信息通常称为贝叶斯推断.*

有了后验概率分布，可以立即回答相当复杂的问题. 例如，可以用很直接的方式立即算出

$$P(\{\theta \in [0.2, 0.4]|\mathcal{D}\})$$

很多时候，人们只是想获得 θ 的估计. 为此，可以使用最大化后验概率的 θ.

定义 9.5（MAP 估计）　*θ 的一个自然的估计是最大化后验概率 $P(\theta|\mathcal{D})$. 这个估计被称为**最大后验估计**或 **MAP 估计**.*

要得到 θ 的估计，不需要知道后验概率的值，只要处理下式就足够了：

$$P(\theta|\mathcal{D}) \propto P(\mathcal{D}|\theta)P(\theta)$$
$$P(\theta|\mathcal{D}) \propto P(\mathcal{D}|\theta)P(\theta)$$
$$\propto \text{似然函数} \times \text{先验概率}$$

这种形式揭示了贝叶斯和极大似然推断之间的相似性和差异性. 为了解释后验概率，需要有一个先验概率 $P(\theta)$. 如果假设这个先验概率对于每个 θ 值都相同，那就可以做极大似然估计，因为 $P(\theta)$ 是一些常数. 使用非常量先验概率意味着 MAP 估计可能不同于极大似然估计. 之所以有这种差异，是因为先入为主的信念，即有些 θ 比其他的更容易发生. 提供这些先验信念是建模过程的一部分.

实例 9.9（抛硬币）　有一枚硬币，抛硬币的时候，出现正面的概率是 θ. 开始时，我们并不知道 θ 的值. 然后将硬币抛 10 次，看到 7 次正面（3 次反面）. 绘制与 $p(\theta|\{7\text{ 次正面和 }3\text{ 次反面}\})$ 成比例的函数. 如果是 3 次正面和 7 次反面，会怎样呢？

解　除了 $0 \leqslant \theta \leqslant 1$，我们不知道 p 的任何信息，因此为 p 选择均匀分布作为先验分布. 所以 $p(\{7\text{ 次正面和 }3\text{ 次反面}\}|\theta)$ 服从二项分布. 联合分布为 $p(\{7\text{次正面和 }3\text{ 次反面}\}|\theta) \times p(\theta)$，而 $p(\theta)$ 服从是均匀分布，不依赖于 θ. 所以后验分布与 $\theta^7(1-\theta)^3$ 成比例，见图 9.2. 图像也显示 $\theta^3(1-\theta)^7$ 与 3 次正面和 7 次反面的后验概率成比例. 在每种情况下，并不排除 $\theta = 0.5$ 的可能性，但往往会不支持结论. 极大似然分别给出 $\theta = 0.7$ 或 $\theta = 0.3$. 207

图 9.2 显示了与后验概率成比例的曲线. 这些函数不是真正的后验概率，因为它们的积分不是 1. 缺省这个比例常数意味着，不能计算 $P(\{\theta \in [0.3, 0.6]\}|\mathcal{D})$. 比例常数可以通过下式计算

$$P(\mathcal{D}) = \int_\theta P(\mathcal{D}|\theta)P(\theta)\mathrm{d}\theta$$

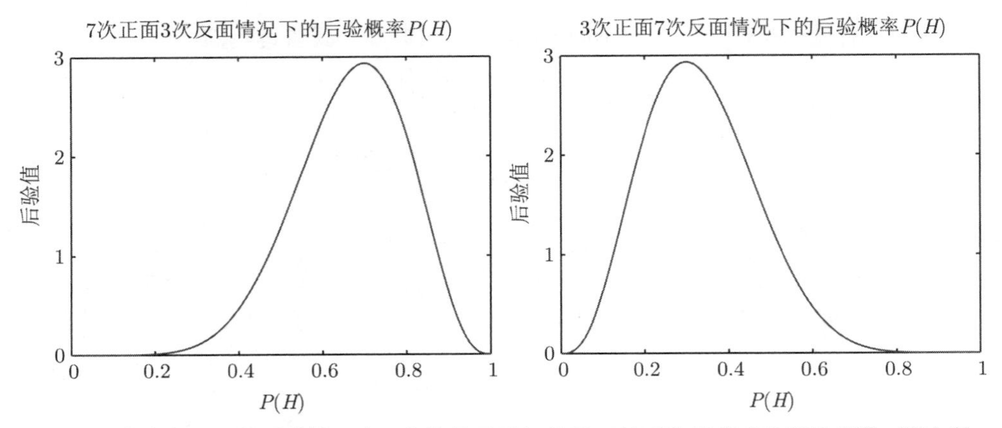

图 9.2　在实例 9.9 的两种情况中，曲线显示了与关于 θ 的后验概率成比例的函数. 请注意，图中信息比从极大似然推断中得到的单个值要丰富得多

通常不可能得到积分的具体解，因而不得不使用数值积分或技巧. 对于图 9.2 的情况，很容易估计比例常数（使用数值积分或它们与二项分布成比例的事实）. 图 9.3 显示了均匀分布作为先验分布的不同数据集的一组真实后验值. 对于更复杂的问题，积分将变得更加困难.

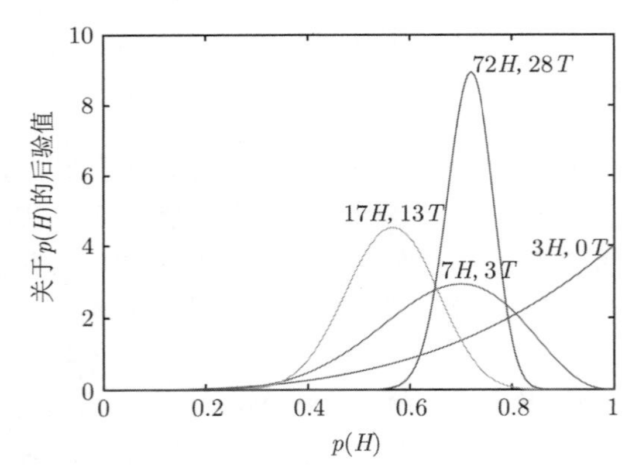

图 9.3　一枚未知硬币在抛掷时出现正面的概率为 $p(H)$. 这些图像模拟了 $p = 0.75$ 的硬币抛掷结果. 然后绘制了各种数据的后验图. 注意，看到更多的结果时，我们对 p 更有信心. 因为后验概率的积分必须为 1，所以随着图像变窄，高度就会更高

208

9.2.1　共轭

这里有一个非常有用的技巧，可以计算归一化常数. 在某些情况下，当 $P(\theta)$ 和 $P(\mathcal{D}|\theta)$ 相乘时，它们采用类似的形式. 当 $P(\mathcal{D}|\theta)$ 和 $P(\theta)$ 都属于相互之间存在特殊关系的参数族时就会发生这种情况. 这个性质被称为**共轭**（**conjugacy**），当先验具有这个性质时，就被称为 **共轭先验**（**conjugate prior**）. 该属性在实例中被很好地解释了；这两个属性在本节中偶尔被提及，最重要的实例在另一节（实例 14.13）.

实例 9.10（抛硬币 II） 有一枚硬币，抛掷后正面向上的概率为 θ. 用贝塔分布来模拟关于参数的先验. 贝塔分布的两个参数 $\alpha>0$，$\beta>0$. 然后抛硬币 N 次，看到 h 次正面. $P(\theta|N,h,\alpha,\beta)$ 是多少？

解 $P(N,h|\theta)$ 是二项分布，并且 $P(\theta|N,h,\alpha,\beta)\propto P(N,h|\theta)P(\theta|\alpha,\beta)$. 这意味着

$$P(\theta|N,h,\alpha,\beta)\propto\binom{N}{h}\theta^h(1-\theta)^{(N-h)}\frac{\Gamma(\alpha+\beta)}{\Gamma(\alpha)\Gamma(\beta)}\theta^{(\alpha-1)}(1-\theta)^{(\beta-1)}$$

上式也可以写作

$$P(\theta|N,h,\alpha,\beta)\propto\theta^{(\alpha+h-1)}(1-\theta)^{(\beta+N-h-1)}$$

可以看到这个形式类似于贝塔分布，所以很容易复原比例常数

$$P(\theta|N,h,\alpha,\beta)=\frac{\Gamma(\alpha+\beta+N)}{\Gamma(\alpha+h)\Gamma(\beta+N-h)}\theta^{(\alpha+h-1)}(1-\theta)^{(\beta+N-h-1)}$$

$P(\theta|N,h,\alpha,\beta)$ 的归一化常数容易复原，因为贝塔分布是二项分布的共轭先验.

注记 贝塔分布是二项分布的共轭先验.

实例 9.11（脏话更多的政客） 实例 9.5 给出了一位说脏话的政客的一些数据. 假设只有前 10 个观测区间，用泊松模型估计强度. 强度参数记作 θ. 使用伽马分布作为先验，写出后验.

解 由题意可得

$$\begin{aligned}P(\mathcal{D}|\theta)=&\left(\frac{\theta^0\mathrm{e}^{-\theta}}{0!}\right)^5\left(\frac{\theta^1\mathrm{e}^{-\theta}}{1!}\right)^2\times\\&\left(\frac{\theta^2\mathrm{e}^{-\theta}}{2!}\right)^2\left(\frac{\theta^3\mathrm{e}^{-\theta}}{3!}\right)^1\\=&\frac{\theta^9\mathrm{e}^{-10\theta}}{12}\end{aligned}$$

209

且

$$P(\theta|\alpha,\beta)=\frac{\beta^\alpha}{\Gamma(\alpha)}\theta^{(\alpha-1)}\mathrm{e}^{-\beta\theta}$$

因此，

$$P(\theta|\mathcal{D},\alpha,\beta)\propto\theta^{(\alpha-1+9)}\mathrm{e}^{-(\beta+10)\theta}$$

这又是一个伽马分布形式，所以

$$P(\theta|\mathcal{D},\alpha,\beta)=\frac{(\beta+10)^{(\alpha+9)}}{\Gamma(\alpha+9)}\theta^{(\alpha-1+9)}\mathrm{e}^{-(\beta+10)\theta}$$

$P(\theta|\mathcal{D},\alpha,\beta)$ 的归一化常数容易找到是因为伽马分布是泊松分布的共轭先验.

注记 伽马分布是泊松分布的共轭先验.

9.2.2 MAP 推断

例子 9.1 估计了一个硬币出现正面的最大似然概率. 不能仅仅因为知道硬币是均匀的来改变得到的估计值，但是我们可以得出 $\theta = p(H)$（而不是，后验分布）. 得到包含先验信息的 θ 的点估计的一种自然方法是选择 $\hat{\theta}$，使得

$$\hat{\theta} = \underset{\theta}{\operatorname{argmax}} P(\theta|\mathcal{D}) = \underset{\theta}{\operatorname{argmax}} \frac{P(\theta, \mathcal{D})}{P(\mathcal{D})}$$

这就是 MAP 估计. 如果执行 MAP 推断，$P(\mathcal{D})$ 不重要（它改变了值，但不改变取得最大值的位置）. 这意味着人们可以使用**联合**分布 $P(\theta, \mathcal{D})$.

实例 9.12（抛硬币 II） 有一枚硬币，抛掷后正面向上的概率为 θ. 用贝塔分布来模拟关于参数的先验. 贝塔分布的两个参数 $\alpha > 0$，$\beta > 0$. 然后抛硬币 N 次，看到 h 次正面. θ 的 MAP 估计是多少？

解 已知

$$P(\theta|N, h, \alpha, \beta) = \frac{\Gamma(\alpha+\beta+N)}{\Gamma(\alpha+h)\Gamma(\beta+N-h)} \theta^{(\alpha+h-1)}(1-\theta)^{(\beta+N-h-1)}$$

求导并令导数为 0 以得到 MAP 估计值：

$$\hat{\theta} = \frac{\alpha - 1 + h}{\alpha + \beta - 2 + N}$$

这个估计值有一个相当好的解释. 可以把 α 和 β 看作额外的正面（尾部）向上的次数，计入观察到的计数中. 举个例子，如果确信硬币是均匀的，可能会令 α 和 β 取值大且相等. 当 $\alpha = 1$ 和 $\beta = 1$ 时，这里又得到一个和前面的例子一样的均匀先验分布.

210

实例 9.13（脏话更多的政客） 观察说脏话政客的 N 个区间，观察到在第 i 个区间脏话数是 n_i. 用泊松模型来模拟，估计其强度 θ. 用伽马分布表示关于 θ 的先验. θ 的 MAP 估计是多少？

解 记 $T = \sum_{i=1}^{N} n_i$，我们有

$$P(\theta|\mathcal{D}, \alpha, \beta) = \frac{(\beta+N)^{(\alpha+T)}}{\Gamma(\alpha+T)} \theta^{(\alpha-1+T)} \mathrm{e}^{-(\beta+N)\theta}$$

且 MAP 估计为

$$\hat{\theta} = \frac{\alpha - 1 + T}{\beta + N}$$

（上式通过对 θ 求导并令其为 0 得到.）请注意，如果 β 接近于 0，则可以将 α 解释为额外计数；如果 β 很大，则它强烈阻止 $\hat{\theta}$ 取较大的值，即使脏话次数计数很大.

有用的事实 9.1（贝叶斯推断在数据很少的情况下尤其有效）
当你有很少的数据项和概率模型，以及合理的先验选择的时候，应该使用贝叶斯推断.

9.2.3　贝叶斯推断的注意事项

就像极大似然推断一样，贝叶斯推断也不是一个可以不假思索地应用的公式. 结果表明，当存在大量的数据时，先验对推断结果的影响很小，MAP 解看起来很像极大似然解. 而当数据很少时，这两种方法之间的区别是最有趣的，这时候先验很重要. 困难之处在于可能很难知道该用什么作为先验比较好. 前面这些例子强调了数学上的便利性，选择了能得出简洁后验的先验分布. 没有理由相信就应该使用共轭先验（尽管共轭是一个简洁的性质）. 对于实际的问题，应该如何选择先验？

这不是一个容易的问题. 如果没有太多数据，那么先验选择可能会真正影响推断. 有时是幸运的，问题的逻辑决定了先验选择. 大多数情况下，人们必须做出选择，并承担相应后果. 通常，这种做法在应用中是成功的.

我们不一定能验证所选择先验的合理性，但这代表着一个重大的哲学问题. 这是关于统计哲学基础的一系列的争论的核心. 我还没有对这些论点进行足够深入的总结，在没有达成共识的情况下，它们似乎在很大程度上已经消失了.

9.3　正态分布的贝叶斯推断

正态分布模型有各种特殊的技巧. 一些代数方法会确立正态先验和正态似然，从而产生一个正态后验. 这是非常有用的，因为表示正态分布很容易，而且可以在给定先验和似然的情况下直接写出后验均值和标准差. 如果一次只看到一个元素，根据 1.3.3 节，可以计算数据集的均值和标准差. 值得注意的是，这也意味着对某些时间信号，贝叶斯推断是非常直接的.

211

9.3.1　示例：测量钻孔深度

假设把一个测量装置下放到一个钻孔里. 刹车系统在测量装置下降 μ_π 后将停止它的下降，并抓住洞的侧面. 然后测量深度的装置登场. 这个测量装置测量单位是英尺（而不是米，在后面的例子中使用米为单位，只是出于我个人喜好），同时在装置报告正确的深度（英尺[⊖]）加上一个零均值的正态随机变量，称之为“噪声”. 该设备通过无线方式报告每秒的深度.

首先要问的问题是，在接收任何测量之前，我们认为这个装置的深度是多少？设计的刹车系统是在 μ_π 米处停车，所以我们不是完全不知道它的位置. 然而，它可能并没有完全正确地工作. 我们选择将其停止的深度建模为 μ_π 米加上一个零均值正态随机变量（“噪声”）. 噪声项可能是由制动系统中的误差等引起的. 可以通过将装置放入孔中然后用卷尺测量，或通过分析制动系统中可能的误差来估计噪声项的标准差（写为 σ_π）. 测量对象的深度是模型的未知参数，深度记为 θ. 那么这个模型描述的是一个具有均值为 μ_π 和标准差为 σ_π 的正态随机变量.

⊖ 1 英尺 = 0.3048 米.——编辑注

现在假设我们收到一个测量数据，现在对设备的深度知道多少？首先要注意的是这里有些事情要做. 忽略先验并进行测量可能并不明智. 例如，假设无线系统中的噪声很大，以至于测量经常被破坏. 在这种情况下，最初对设备位置的猜测可能比测量结果要好. 同样地，忽略测量值而仅仅采用先验值也是不明智的. 测量结果告诉我们一些关于钻孔的信息，而这些信息先验中没有描述过并且应该使用它.

使用这种测量方法的另一个原因是，我们将在一秒钟内收到另一个测量值，每次测量都是真实深度（英尺）加上零均值噪音. 平均多次测量将产生一个深度估计值，该估计值随着测量次数的增加而准确度提升（由 6.2.2 节的标准误差推理）. 由于测量值会不断被接收，希望有一个在线程序，可以根据当前测量值对深度进行最佳估计，然后在新测量值到达时更新该估计值. 事实证明，这样的程序很容易构造.

9.3.2 通过正态先验分布和正态似然函数得出正态后验分布

当 $P(\mathcal{D}|\theta)$ 和 $P(\theta)$ 均为正态且标准差已知时，后验也是正态的. 后验的均值和标准差是一种简单的形式. 假设 $P(\theta)$ 是正态的，均值为 μ_π，标准差为 σ_π（记住，先验通常写作 π）. 于是

$$\log P(\theta) = -\frac{(\theta-\mu_\pi)^2}{2\sigma_\pi^2} + \text{不依赖于}\theta\text{的常数项}$$

首先假设 $\mathcal{D}$ 是单个测量值 x_1. 测量值 x_1 可以采用与 θ 不同的单位，假设相关的缩放比例常数 c_1 是已知的. 假设 $P(x_1|\theta)$ 是已知标准差为 $\sigma_{m,1}$ 的正态分布，均值为 $c_1\theta$. 等价地，x_1 是通过向 $c_1\theta$ 添加噪声来获得的. 噪声的均值为零，标准差为 $\sigma_{m,1}$，这意味着

$$\log P(\mathcal{D}|\theta) = \log P(x_1|\theta) = -\frac{(x_1-c_1\theta)^2}{2\sigma_{m,1}^2} + \text{不依赖于}x_1\text{或}\theta\text{的常数项}$$

下面计算 $P(\theta|x)$，有

212

$$\begin{aligned}\log P(\theta|x_1) &= \log P(x_1|\theta) + \log P(\theta) + \text{不依赖于}\theta\text{的项}\\ &= -\frac{(x_1-c_1\theta)^2}{2\sigma_{m,1}^2} - \frac{(\theta-\mu_\pi)^2}{2\sigma_\pi^2} + \text{不依赖于}\theta\text{的项}\\ &= -\left[\theta^2\left(\frac{c_1^2}{2\sigma_{m,1}^2}+\frac{1}{2\sigma_\pi^2}\right) - \theta\left(\frac{c_1x_1}{2\sigma_{m,1}^2}+\frac{\mu_\pi}{2\sigma_\pi^2}\right)\right] + \text{不依赖于}\theta\text{的项}\end{aligned}$$

现在，利用一些技巧可以得到 $P(\theta|x_1)$ 的表达式. 首先注意 $\log P(\theta|x_1)$ 关于 θ 是 2 阶的（即它有 θ^2 项、θ 项和不依赖 θ 的项）. 这意味着 $P(\theta|x_1)$ 必定是正态分布，因为可以将其对数函数重新整理为正态分布的对数形式.

现在可以证明 $P(\theta|\mathcal{D})$ 在有更多测量值时是正态的. 假设有 N 个测量值，$x_1,\cdots,x_N$. 测量值是来自给定 θ 条件下的正态分布的 IID 样本. 假设每个测量值都有自己的单位（由常数 c_i 来

统一标准），并且每个测量值都包含不同标准差的噪声（标准差为 $\sigma_{m,i}$）. 所以

$$\log P(x_i|\theta) = -\frac{(x_i - c_i\theta)^2}{2\sigma_{m,i}^2} + \text{不依赖于}x_i\text{或}\theta\text{的常数项}$$

而

$$\log P(\mathcal{D}|\theta) = \sum_i \log P(x_i|\theta)$$

故可得

$$\begin{aligned}\log P(\theta|\mathcal{D}) =& \log P(x_N|\theta) + \cdots + \log P(x_2|\theta)\\ &+ \log P(x_1|\theta) + \log P(\theta)\\ &+ \text{不依赖于}\theta\text{的项}\\ =& \log P(x_N|\theta) + \cdots + \log P(x_2|\theta)\\ &+ \log P(\theta|x_1)\\ &+ \text{不依赖于}\theta\text{的项}\\ =& \log P(x_N|\theta) + \cdots + \log P(\theta|x_1, x_2)\\ &+ \text{不依赖于}\theta\text{的项}\end{aligned}$$

上式适用于归纳法. $P(\theta|x_1)$ 是正态的，标准差已知. 现在把它当作先验，把 $P(x_2|\theta)$ 当作似然函数，得到 $P(\theta|x_1, x_2)$ 是正态的，依此类推. 所以在上述假设下，$P(\theta|\mathcal{D})$ 是正态的. 现在有了一个非常有用的事实.

注记 *当标准差都已知时，正态的先验和正态的似然得到正态的后验.*

经过简单的代数运算，可以得到后验的均值和标准差的表达式. 这些在下面的公式中给出. 213

有用的事实 9.2（只有单个测量值的正态后验参数） 估计参数 θ，其先验分布是正态分布，已知均值为 μ_π，标准差为 σ_π. 收到一个单独的数据项 x_1 和一个度量调整系数 c_1. x_1 的似然函数是正态的，均值为 $c_1\theta$，标准差为 $\sigma_{m,1}$，其中 $\sigma_{m,1}$ 已知. 则后验 $P(\theta|x_1, c_1, \sigma_{m,1}, \mu_\pi, \sigma_\pi)$ 是正态的，均值为

$$\mu_1 = \frac{c_1 x_1 \sigma_\pi^2 + \mu_\pi \sigma_{m,1}^2}{\sigma_{m,1}^2 + c_1^2 \sigma_\pi^2}$$

标准差为

$$\sigma_1 = \sqrt{\frac{\sigma_{m,1}^2 \sigma_\pi^2}{\sigma_{m,1}^2 + c_1^2 \sigma_\pi^2}}$$

有用的事实 9.2 的方程式“有意义”. 回想一下将深度测量设备放入钻孔的实例. 假设制动系统的机械设计非常好，但测量系统不准确. 那么 σ_π 很小，但是 $\sigma_{m,1}$ 很大. 反过来，$P(\theta|x_1)$ 的均值为 μ_π. 同样，因为先验是非常精确的，而测量是不可靠的，所以后验均值是基于先验均值的. 类似地，如果测量是可靠的（即 $\sigma_{m,1}$ 是小的），先验方差大（即 σ_π 大），$P(\theta|x_1)$ 的均值为 x_1/c_1，即测量值与 θ 统一单位.

实例 9.14（具有已知标准差的正态先验和似然函数的 MAP）　估计参数 θ，其先验分布是正态分布，已知均值为 μ_π，标准差为 σ_π. 只有一个数据项 x_1. 似然函数 $P(x_1|\theta)$ 是正态的，均值为 $c_1\theta$，标准差 $\sigma_{m,1}$. θ 的 MAP 估计是多少？

解　公式见有用的事实 9.2. 正态分布在均值处取得最大值，所以

$$\hat{\theta}=\frac{c_1x_1\sigma_\pi^2+\mu_\pi\sigma_{m,1}^2}{\sigma_{m,1}^2+c_1^2\sigma_\pi^2}$$

9.3.3　过滤

回想一下往钻孔里放的那个装置，它每秒产生一次测量值. 等待一整天，然后用一天的测量值来产生单一的深度估计值是没有意义的. 相反，应该在每次测量时更新估计. 9.3.2 节中的归纳法简略地给出了执行此操作的流程.

换句话说，要估计参数的初始表示是先验的，服从正态分布. 收到一个测量值，它有正态似然函数，所以后验也是正态的. 可以将此后验作为基于下一次测量值的参数估计的先验. 但是我们知道如何处理正态的先验、正态的似然以及测量值，所以可以利用测量值，然后再继续. 这意味着可以利用我们的后验均值和标准差表达式来处理多次测量值. 这种在新数据到达时更新数据集表示的过程称为**过滤**（filtering）.

为了使用数学符号来重申，下面将使用那一节中的符号和假设（所以有必要读一下那一节）. 假设先验 $P(\theta)$ 是正态的，第一次测量的似然 $P(x_1|\theta)$ 是正态的. 这意味着第一次测量后的后验 $P(\theta|x_1)$ 也正态的. 现在把 $P(\theta|x_1,\cdots,x_{i-1})$（是正态的）作为似然函数 $P(x_i|\theta)$ 的先验（也是正态的）. 产生的后验 $P(\theta|x_1,\cdots,x_i)$ 也将是正态的. 这可以作为似然函数 $P(x_{i+1}|\theta)$ 的先验，按此步骤继续下去. 最终，这给出了一次使用一个测量值的模式.

214

有用的事实 9.3（正态后验可以实时更新）　估计参数 θ，其先验分布是正态的，具有已知的均值 μ_π 和已知的标准差 σ_π. x_i 记为第 i 个数据项. 每个单独数据项的似然函数是正态的，均值为 $c_i\theta$，标准差为 $\sigma_{m,i}$. 已经收到了 k 个数据项. 后验概率分布 $P(\theta|x_1,\cdots,x_k,c_1,\cdots,c_k,\sigma_{m,1},\cdots,\sigma_{m,k},\mu_\pi,\sigma_\pi)$ 是正态的，均值为 μ_k，标准差为 σ_k. 收到一个新的数据项 x_{k+1}. 此数据项的似然函数是正态的，均值为 $c_{k+1}\theta$，标准差为 $\sigma_{m,(k+1)}$，其中 $c_{k+1}\theta$ 和 $\sigma_{m,(k+1)}$ 已知. 那么后验概率 $P(\theta|x_1,\cdots,x_{k+1},c_1,\cdots,c_k,c_{k+1},\sigma_{m,1},\cdots,\sigma_{m,(k+1)},\mu_\pi,\sigma_\pi)$ 是正态的，均值为

$$\mu_{k+1} = \frac{c_{k+1}x_{k+1}\sigma_k^2 + \mu_k\sigma_{m,(k+1)}^2}{\sigma_{m,(k+1)}^2 + c_{k+1}^2\sigma_k^2}$$

方差为

$$\sigma_{(k+1)}^2 = \frac{\sigma_{m,(k+1)}^2\sigma_k^2}{\sigma_{m,(k+1)}^2 + c_{k+1}^2\sigma_k^2}$$

请再次注意一个非常有用的事实，如果先验、似然都是正态的，可以使用非常简单的递归形式在新数据到达时更新后验表示.

实例 9.15（估计股票价格的周增长率） 假设 MSFT 价格的周增长率是一个（未知的）常数. 使用位于 http://archive.ics.uci.edu/ml/datasets/Dow+Jones+Index 的股票价格数据，在每个周末估计这个常数. 假设对于每个 i，$\sigma_{m,i} = 1.9, c_i = 1$. 在每周末画出当前后验的均值和标准差. 随着观测量的增加，后验的标准差如何变化？

解 这个数据集是 UC Irvine 机器学习档案的一部分. 是由 Michael Brown 收集的. 它给出了各种股票在每 25 周结束时的各种数据. 这个练习需要几行代码来实现 9.3 的递归，同时需要代码来生成一个图形. 简单的代数运算表明第 k 个标准差应该与 $1/k$ 成比例（快速实验表明相关常数接近 1.7）. 图 9.4 显示了这一结果.

215

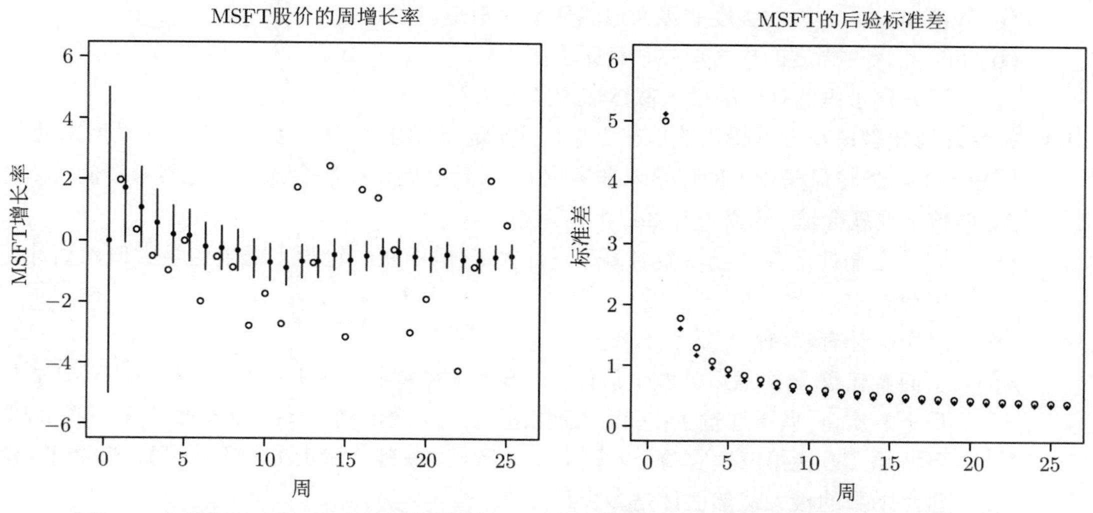

图 9.4　左图是 MSFT 股价周增长率的后验图. 圆圈是观察到的价格. 实心圆表示分布的均值，竖线表示标准差（上下一个后验标准差）. 第一个分布是先验分布；然后，在每次测量之后，有一个基于该次观测和所有先前观测的后验分布. 右图是第 k 次观测后的后验标准差（圆圈）图和 $1.7/(k+0.11)$（实心菱形）；0.11 是为了避免先验被 0 除. 很接近的圆圈和菱形表明第 k 个标准差应该与 $1/k$ 成正比，简单的代数计算能够证实

216

问题

极大似然方法

9.1 拟合正态分布：给定一有 N 项数据的数据集. x_i 为第 i 项数据. 使用正态分布模拟该数据集.

(a) 证明：该分布均值的极大似然估计是 $\text{mean}(\{x\})$.

(b) 证明：该分布标准差的极大似然估计是 $\text{std}(x)$.

(c) 假设所有这些数据都取相同的值，标准差的估计值会发生什么变化？

9.2 拟合指数分布：给定一有 N 项非负数据的数据集. x_i 为第 i 项数据. 使用指数分布概率密度函数 ($P(x|\theta) = \theta \mathrm{e}^{-\theta x}$)，来模拟该数据集. 证明：$\theta$ 的极大似然估计是

$$\frac{N}{\sum_i x_i}$$

9.3 拟合泊松分布：计算在上网时每小时出现恼人的"MacSweeper"弹出窗口的次数. 使用泊松分布对这些计数进行建模. 第一天，上网 4 小时，观测到计数 3、1、4、2（分别在 1 到 4 小时）. 第二天，上网 3 小时，观察到计数 2、1、2. 第三天，上网 5 小时，观察到计数 3、2、2、1、4. 第四天，上网 6 小时，但只记录了 6 小时，一共有 13 次. 以每小时计数为单位模拟强度.

(a) 第 1，2，3 天的强度的极大似然估计分别是多少？

(b) 第 4 天的强度的极大似然估计是多少？

217

(c) 所有日子里的强度的极大似然估计是多少？

9.4 拟合几何模型：在不看轮盘的情况下来确定轮盘上零的个数. 这里使用几何模型来处理. 回想一下，当轮盘赌轮上的球落入非零位时，奇数/偶数下注会赢；当它落入零位时，奇数/偶数下注就会输. 轮盘上有 36 个非零位.

(a) 假设在输掉之前，已观察到赢了 r_1 次奇/偶下注. 轮盘上槽数的极大似然估计是多少？

(b) 这个估计有多可靠？为什么？

(c) 下面看轮盘 k 次然后来做个估计. 在第一次实验中，观察到 r_1 次奇/偶下注获胜然后下一次奇/偶下注输了；在第二次实验中，r_2 次奇/偶下注获胜，然后下一次奇/偶下注输了；在第三次实验中，r_3 次奇/偶下注获胜，然后下一次奇/偶下注输了. 轮盘上槽数的极大似然估计是多少？

9.5 拟合二项式模型：假设有一副火星扑克牌. 一副牌里有 87 张. 你看不懂火星文，所以牌的意思很神秘. 但是，注意到有些牌是蓝色的，而另一些是黄色的.

(a) 先洗牌，然后抽一张牌. 这张牌是黄色的. 这副牌里蓝色牌数的极大似然估计是多少？

(b) 重复上一个实验 10 次，每次先把抽出的牌放回去再洗牌. 观察到抽出了 7 张黄色和 3 张蓝色的牌. 这副牌里蓝色牌数的极大似然估计是多少？

9.6 **拟合最小二乘模型**：观察到 N 个数据项. 第 i 个数据项由向量 $\boldsymbol{x}_i$ 和数字 y_i 组成. 我们相信，这个数据是用这样一个模型来解释的：其中 $P(y|\boldsymbol{x},\boldsymbol{\theta})$ 是正态的，具有均值 $\boldsymbol{x}^{\mathrm{T}}\boldsymbol{\theta}$ 和（已知）标准差 σ. 这里 $\boldsymbol{\theta}$ 是一个有未知参数的向量. 乍一看，这个模型可能会让人觉得有点奇怪，不过以后关于这个模型会做很多. 可以通过下面这个办法来具体化这个模型. y 是这样生成的：首先形成 $\boldsymbol{x}^{\mathrm{T}}\boldsymbol{\theta}$，然后加上一个具有标准差为 σ 的零均值正态分布随机变量.

（a） 证明：θ 的极大似然估计 $\hat{\theta}$ 可由解如下方程获得：

$$\sum_i (y_i - \boldsymbol{x}_i^{\mathrm{T}}\hat{\boldsymbol{\theta}})^2 = 0$$

（b） 按照如下方式把 y_i 组成向量 $\boldsymbol{y}$，把 $\boldsymbol{x}_i$ 组成 $\boldsymbol{\mathcal{X}}$:

$$\boldsymbol{y} = \begin{bmatrix} y_1 \\ y_2 \\ \cdots \\ y_N \end{bmatrix} \qquad \boldsymbol{\mathcal{X}} = \begin{bmatrix} \boldsymbol{x}_1^{\mathrm{T}} \\ \boldsymbol{x}_2^{\mathrm{T}} \\ \cdots \\ \boldsymbol{x}_N^{\mathrm{T}} \end{bmatrix}.$$

证明：θ 的极大似然估计 $\hat{\theta}$ 可由解如下方程获得：$\boldsymbol{\mathcal{X}}^{\mathrm{T}}\boldsymbol{\mathcal{X}}\hat{\theta} = \boldsymbol{\mathcal{X}}^{\mathrm{T}}\boldsymbol{y}$.

9.7 **Logistic 回归**：观察到 N 个数据项. 第 i 个数据项由向量 $\boldsymbol{x}_i$ 和离散的 y_i 组成，其中 y_i 可以取值 0 或 1. 我们相信这组数据可以用这样一个模型解释：y_i 是一个从伯努利分布的总体中抽取的样本. 伯努利分布的性质是

$$\log \frac{P(y=1|\boldsymbol{x},\boldsymbol{\theta})}{P(y=0|\boldsymbol{x},\boldsymbol{\theta})} = \boldsymbol{x}^{\mathrm{T}}\boldsymbol{\theta}$$

这就是所谓的 Logistic 模型. 这里 $\boldsymbol{\theta}$ 是具有未知参数的向量.

（a） 证明：

$$P(y=1|\boldsymbol{x},\boldsymbol{\theta}) = \frac{\exp(\boldsymbol{x}^{\mathrm{T}}\boldsymbol{\theta})}{1+\exp(\boldsymbol{x}^{\mathrm{T}}\boldsymbol{\theta})}$$

218

（b） 证明对数似然函数由下式给出：

$$\sum_i [y_i\boldsymbol{x}_i^{\mathrm{T}}\boldsymbol{\theta} - \log(1+\exp(\boldsymbol{x}_i^{\mathrm{T}}\boldsymbol{\theta}))]$$

（c） 证明 $\boldsymbol{\theta}$ 的极大似然估计 $\hat{\boldsymbol{\theta}}$ 可由解如下方程获得：

$$\sum_i \left[y_i - \frac{\exp(\boldsymbol{x}_i^{\mathrm{T}}\boldsymbol{\theta})}{1+\exp(\boldsymbol{x}_i^{\mathrm{T}}\boldsymbol{\theta})} \right] = 0$$

似然函数

9.8 有 N 个一维数据项 x_i. 每个数据项都是一个物体长度的测量值，以厘米为单位. 希望使用正态分布对这些项进行建模，均值为 μ_c，标准差为 σ_c.

（a） 证明：似然函数（作为 μ_c 和 σ_c 的函数）是

$$\mathcal{L}_c(\mu_c,\sigma_c)^{11} = \frac{1}{\sqrt{2\pi}\sigma_c}\prod_i \exp\left(-\frac{(x_i-\mu_c)^2}{2\sigma_c^2}\right)$$

（b） 现在假设通过以米为测量单位来重新缩放每个长度. 数据集现在由 $y_i = 100x_i$ 组成. 证明：

$$\mathcal{L}_m(\mu_m,\sigma_m) = \frac{1}{\sqrt{2\pi}\sigma_m}\prod_i \exp\left(-\frac{(y_i-\mu_m)^2}{2\sigma_m^2}\right) = (1/100)\mathcal{L}_c(\mu_c,\sigma_c)$$

（c） 用上述结论来论证似然函数的值是没有直接意义的.

贝叶斯方法

9.9 **轮盘上赌轮的零点：**现在希望在不看轮盘赌轮的情况下，对轮盘上零点的数量做出更精确的估计. 下面将通过贝叶斯推断来实现这一点. 回想一下，当轮盘赌轮上的球落入非零位时，奇数/偶数下注将获胜；当轮盘赌轮上的球落入零位时，奇数/偶数下注就输了. 轮盘上有 36 个非零槽. 假设零的个数是 $\{0,1,2,3\}$ 中的一个. 假设这些情况具有先验概率 $\{0.1,0.2,0.4,0.3\}$.

（a） 如果在轮盘的一次旋转中，奇数/偶数下注输了（相当于，球落在 0 中的一个），用 n 表示这个事件. 用 z 表示轮盘上的零个数. 对于 z 的每个可能值（即 $\{0,1,2,3\}$ 中的每个值），$P(n|z)$ 是多少？

（b） 在什么情况下 $P(z=0|\text{观察结果})$ 不是 0？

（c） 你观察到同一个轮盘的 36 次独立的旋转. 一个 0 在两个旋转中出现. $P(z|\text{观察结果})$ 是多少？

9.10 **哪个随机数生成器？**有两个随机数生成器. R1 生成的数字是随机地在 -1 到 1 范围内均匀分布. R2 生成标准正态分布随机变量. 某个程序均匀且随机地选择这两个随机数生成器中的一个，然后使用该生成器生成三个数字 x_1，x_2 和 x_3.

（a） 用 $R1$ 来记程序选择 R1 这个事件. 什么时候 $P(R1|x_1,x_2,x_3)=0$？

219

（b） 观察到 $x_1=-0.1$，$x_2=0.4$，$x_3=-0.9$. $P(R1|x_1,x_2,x_3)$ 是多少？

9.11 **又问，哪个随机数生成器？**你有 $r>1$ 个随机数生成器. 第 i 个随机数生成器生成数，服从均值为 0、标准差为 i 的正态分布. 一个程序会均匀随机地从这些随机数生成器中选择一个，然后使用该生成器生成 N 个数字 $x_1,\cdots,x_N$. 如果程序选择了第 i 个随机数生成器，我们用 R_i 来表示此事件. 那么何时有 $P(R_i\mid x_1,\cdots,x_N)=0$？

9.12 **再问，哪个随机数生成器？**你有 $r>1$ 个随机数生成器. 第 i 个随机数生成器生成数，服从均值为 i、标准差为 2 的正态分布. 一个程序会均匀随机地从这些随机数生成器中选择一个，然后使用该生成器生成 N 个数字 $x_1,\cdots,x_N$. 如果程序选择了第 i 个随机数生成器，我们用 R_i 来表示此事件. 那么何时有 $P(R_i\mid x_1,\cdots,x_N)=0$？

9.13 一个正态分布：你有三个数字组成的数据集：$-1, 0, 20$. 你希望用未知均值为 μ 和标准差为 1 的正态分布对这个数据集建模. 对 μ 进行 MAP 估计，μ 的先验是正态分布，均值为 0，标准差为 10.

（a） μ 的 MAP 估计值是多少？

（b） 如果增加一个新的数据点 1，μ 的新的 MAP 估计值是多少？

贝叶斯置信区间

9.14 在实例 7.10 中，使用 http://cgd.jax.org/datasets/phenotype/SvensonDO.shtml 中所给的数据集，我们发现老鼠的体重是服从正态分布的.

（a） 使用这些数据，为一只普通饮食的老鼠的体重构建一个置信度为 75% 的置信区间. 请使用标准误差来计算这个区间. 这个置信区间不是贝叶斯置信区间.

（b） 现在用这些数据为普通饮食的老鼠的体重构造一个置信度为 75% 的贝叶斯置信区间. 假设这只老鼠的体重先验服从正态分布，均值为 32，标准差为 10. 回顾 9.3.2 节，正态的先验和正态的似然会导致正态的后验.

（c） 将（a）中构造的区间与（b）中构造的普通饮食的老鼠体重的置信度为 75% 的贝叶斯置信区间进行比较，使用该数据并假设关于这只老鼠体重的先验服从正态分布，均值为 32，标准差为 1. 能否体现先验的重要性？

编程练习

模拟和极大似然

9.15 有一种评估极大似然估计的有趣的方法，就是模拟. 我们在此将比较正态分布的极大似然估计和真实参数值. 现在我们编写一个程序，从均值为 0、标准差为 1 的正态分布中抽取 s 组样本，每组含有 k 个样本. 现在计算每组样本均值分布的最大似然估计值. 根据 s 个不同的估计值，分析这些估计值的方差随着 k 如何变化.

9.16 编写一个程序，其中有一个伯努利随机变量 δ 的样本，满足 $P(\delta = 1) = 0.5$. 如果该样本取值为 1，则程序应该从均值为 0、标准差为 1 的正态分布中提取样本；否则，程序应该从均值为 1、标准差为 1 的正态分布中抽取样本. 样本的取值记为 x_1，我们用 x_1 来决定 δ_1 的取值.

（a） 证明：

$$\delta = \begin{cases} 1 & x_1 < 0.5 \\ 0 & \text{其他} \end{cases}$$

是 δ_1 的一个最大似然估计.

220

（b） 现在通过该程序取 100 组样本来推断 δ_1 的值，你获取真实值的概率有多大？

（c） 证明：真实误差率等于

$$2\int_{0.5}^{\infty} \frac{1}{\sqrt{2\pi}} \exp\left[\frac{(u-1)^2}{2}\right] \mathrm{d}u$$

（提示：为了得到前面的系数 2，我做了一个变量变换）. 将程序模拟出的数字与使用误差函数估计的积分进行比较.

9.17 **Logistic 回归**：我们观察一个包含 N 个数据的集合. 第 i 个数据项包含一个向量 $\boldsymbol{x}_i$ 和一个离散变量 y_i，y_i 的取值只能是 0 和 1，我们假定 y_i 是服从伯努利分布的，伯努利分布满足

$$\log \frac{P(y=1 \mid \boldsymbol{x}, \boldsymbol{\theta})}{P(y=0 \mid \boldsymbol{x}, \boldsymbol{\theta})} = \boldsymbol{x}^{\mathrm{T}} \boldsymbol{\theta}$$

这就是所谓的 Logistic 回归模型. 在这里我们是用模拟来研究 Logistic 回归.

(a) 编写一个程序，使其能够通过输入一个 10 维向量 $\boldsymbol{\theta}$，然后生成 1000 个样本 $\boldsymbol{x}_i$，每个样本 $\boldsymbol{x}_i$ 是正态分布的 IID 样本，其均值矩阵为零，协方差矩阵为单位矩阵；对于每个 $\boldsymbol{x}_i$，都能生成一个服从伯努利分布的样本 y_i，并且满足

$$P\left(y_i=1 \mid \boldsymbol{x}_i, \boldsymbol{\theta}\right) = \frac{\exp \boldsymbol{x}_i^{\mathrm{T}} \boldsymbol{\theta}}{1+\exp \boldsymbol{x}_i^{\mathrm{T}} \boldsymbol{\theta}}$$

这是一个样本数据集，这样的程序我们称之为数据集生成者（the dataset maker）.

(b) 编写一个程序，输入样本数据集，并使用最大似然估计方法估算 $\hat{\theta}$（用于生成样本数据集的 θ 的值）. 这将要求你使用一些最优化的代码，或者编写自己的优化代码. 我们将该程序称为推理引擎（inference engine）.

(c) 选择一个 θ（比如，服从均值为 0 且协方差矩阵为单位矩阵的正态分布的样本），并且创建 100 个样本数据集. 对于每个样本数据集，我们使用推理引擎，获得 $\hat{\theta}$，θ 的这些估计值的均值与真实值相比如何? 这些估计的协方差矩阵的特征值是什么?

(d) 选择一个 θ（比如，服从均值为 0 且协方差矩阵为单位矩阵的正态分布的样本），并且创建两个样本数据集. 首先使用推理引擎，生成一个 $\hat{\theta}$，然后使用 $\hat{\theta}$ 来预测第二个 y_i 的值. 你的估计值和真实值相比如何？有无可能相差为 0？为什么？

基于模拟的置信区间

9.18 在 http://cgd.jax.org/datasets/phenotype/SvensonDO.shtml 中提供的小鼠数据集中，有 92 只小鼠进行普通饮食（“chow” 在相关栏中），其死亡时的重量是已知的（Weight2 的值）.

(a) 随机抽取 30 只普通饮食的小鼠样本，并计算这些小鼠的平均体重. 现在，使用 9.1.4 节中提到的模拟方法，用 30 只小鼠样本，估计一个置信度为 75% 的普通饮食的小鼠的平均体重置信区间.

(b) 随机抽取 1000 组普通饮食的小鼠样本，每组 30 只. 然后，使用这些样本来估计一个 30 只普通饮食的小鼠的平均体重置信区间，其置信度为 75%. 这个估计与 (a) 中估计的结果相比如何？

221

贝叶斯置信区间

9.19 实例 9.5 中给出的数据，是一个政客的脏话数据（为方便起见，我把数据展示了出来）.

脏话次数	0	1	2	3	4
区间数量	5	2	2	1	0

随后 20 个时间区间是这样的：

脏话次数	0	1	2	3	4
区间数量	9	5	3	2	1

实例 9.13 展示了如何使用先验伽马分布来获得伽马后验. 请编写一个程序，计算政客在不同的先验参数值的情况下脏话的强度中心，90% 贝叶斯置信区间. 那么对这个先验参数的不同值的情况下，置信区间有什么不同？

222

第四部分

工　具

第 10 章　高维状态下的相关性分析

第 2 章介绍了探索数据集中两个元素之间相关性的方法. 我们可以提取一对元素并构建相应的图. 对于向量数据，我们还可以计算不同元素对之间的相关性. 但是，如果每个数据项都是更高维的（三维及以上），则可能有很多对要处理，并且我们很难绘制大于三维的向量.

为了真正了解数据所反映的内容，我们需要一种可以一次性表示数据集中所有数据之间关系的方法. 这些方法将数据集可视化为 d 维空间中的“数据点”. 如果许多数据点形成的团（blob）在某个或某些方向上是扁平的，我们就可以说此数据的这几个分量是高度相关的. 如果我们找到团（blob）扁平的方向，就可以借用低维数据表示高维数据. 该分析方法也衍生出一个结论：大多数高维数据集都是由高维空间中的低维数据组成（例如三维空间中的一条直线）. 这样的数据集可以用少量方向的数据表示. 找到这些方向，可以让我们更深入地分析高维数据集的结构.

学习本章内容后，你应该能够做到：

- 创建、绘制并解释数据集前几个主成分.
- 计算因忽略某些主成分而产生的误差.

10.1　数据汇总与简单的统计图

在本章中，假设所有的数据项都是向量. 可以对向量进行加或减，以及乘以一个标量，而不会产生麻烦. 这是一个重要的假设，但它并不一定意味着数据是连续的 (例如，将一个家庭的子女数量与另一个家庭的子女数量相加也是有意义的，但是这个数据不是连续的). 它也排除了很多离散数据. 例如，“成绩”数据加上“运动”数据得到的结果并不合理.

当绘制直方图时，均值和方差是对单峰直方图的数据非常有用的描述指标. 如果直方图有不止一种模式，那么在解释其均值和方差时就需要谨慎一些；在比萨实例中，不同的数据有不同的直径，这样数据被视为单峰直方图的集合. 在更高维度中，类似于单峰直方图的是一个“团”——一组很好地聚集在一起的数据点应该一起理解.

你也许不认为“团”（blob）是一个技术词汇，但实际上它的应用非常广泛. 因为理解单个数据团相对来说并不难，也有很多比较好的总结表述（均值和协方差，下面我会详细描述）. 如果一个数据集形成了多个团，我们通常把它看作一个团的集合（用第 12 章的方法）. 但是许多数据集实际上是单一的团，我们在这里只关注这样的数据. 可以用一些技巧通过绘图来理解低维的团，具体会在下文中讲解. 为了研究高维的数据集，坐标变换可以将它转换成一种方便研究的形式.

注释：我们研究的数据项都是向量，我们将之表示为 $\boldsymbol{x}$. 数据项为 d 维，总共有 N 项. 整个数据集是 $\{\boldsymbol{x}\}$. 当我们需要讨论第 i 个数据项的时候，则将之表示为 $\boldsymbol{x}_i$. 如果我们需要研究

$\boldsymbol{x}_i$ 的第 j 个分量，则将之表示为 $x_i^{(j)}$（注意，这里并非粗斜体，因为研究的是一个分量，而并非一个向量. j 在括号中，因为它并不是指数）. 这里的向量都是列向量.

225

10.1.1 均值

对于一维数据，我们有

$$\text{mean}(\{x\}) = \frac{\sum_i x_i}{N}$$

这个表达式对于向量也一样有意义，因为可以将向量形式的数据相加然后除以标量. 对于向量形式的数据，我们有

$$\text{mean}(\{\boldsymbol{x}\}) = \frac{\sum_i \boldsymbol{x}_i}{N}$$

这个就是向量形式数据的均值. 请注意，$\text{mean}(\{\boldsymbol{x}\})$ 的每个分量是整体数据的每个分量的均值. 但是有个很麻烦的事情，就是这组数据是没有中位数的（高维数据难以排序）. 并且值得注意的是，跟一维均值一样，我们可以得到：

$$\text{mean}(\{\boldsymbol{x} - \text{mean}(\{\boldsymbol{x}\})\}) = 0$$

（换句话说，如果把数据集中的每个数字都减去均值，得到的新数据的均值是 0）.

10.1.2 茎叶图和散点图矩阵

将高维数据图像化是一件很棘手的事情. 如果维数相对较低，我们可以选择其中两个或三个作二维（或三维）散点图. 图 10.1 展示了一组原始数据为四维数据的散点图. 这是著名的鸢尾花数据，这组数据由 Edgar Anderson 于 1936 年收集，并且当年在 Ronald Fisher 的处理下，吸引了众多统计学家. 有关这个问题，我在加州大学欧文分校的机器学习数据库中找到了一个副本，该副本对机器学习很重要. 你可以在链接 http://archive.ics.uci.edu/ml/index.html 上查询到.

另一种简单有效的图是茎叶图. 这是绘制一些高维数据点的有效方法. 一种思路是将向量的每个分量画成垂直线，通常在末端画一个圆（图像比叙述更直观，如图 10.2 所示）. 我使用的数据集是葡萄酒的数据集，同样来自加州大学欧文分校的机器学习数据库（在 http://archive.ics.uci.edu/ml/datasets/Wine 上可以找到这个数据集）. 对于三种类型的葡萄酒，数据记录了 13 个不同属性的值. 在图中，我显示了数据集的总体均值，以及每种葡萄酒的均值（也称为类均值或类条件均值）. 比较类均值的常用方法是在一个茎图中把它们重叠画出来（如图 10.2 所示）.

如果维度不高时，另一种实用性较强的处理方法是使用散点图矩阵. 在构建它的过程中，我们需要为矩阵中的每对变量布置散点图. 在对角线上，将变量命名为该行中每个图的垂直轴，并在列中命名为水平轴. 这种方法叙述起来相对复杂，所以请看图 10.3 的示例，该示例显示了同一数据集的三维散点图和散点图矩阵.

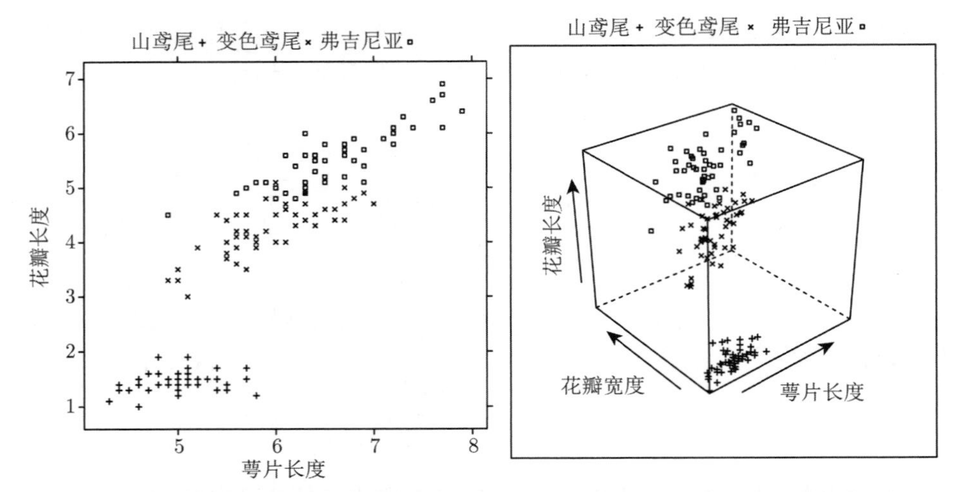

图 10.1 左图：这是著名的鸢尾花数据的二维散点图. 我从四个变量中选取了两个，并用不同标记来区分不同的物种. 右图：这是和左图相同数据的三维散点图，由数据点分布情况可以看出，同物种聚集得很紧密，并且能够区分开. 我们比较两张图，可以看出一个变量是如何影响图像结构缺失的. 注意在左图中，一些小叉在方块上方，但是在三维图中，就可以看出这是一种投影效果（因为对于每个数据点，花瓣宽度的数据都是不同的）. 所以应当担心遗漏最后一个变量可能会遗漏一些像这样的重要的信息

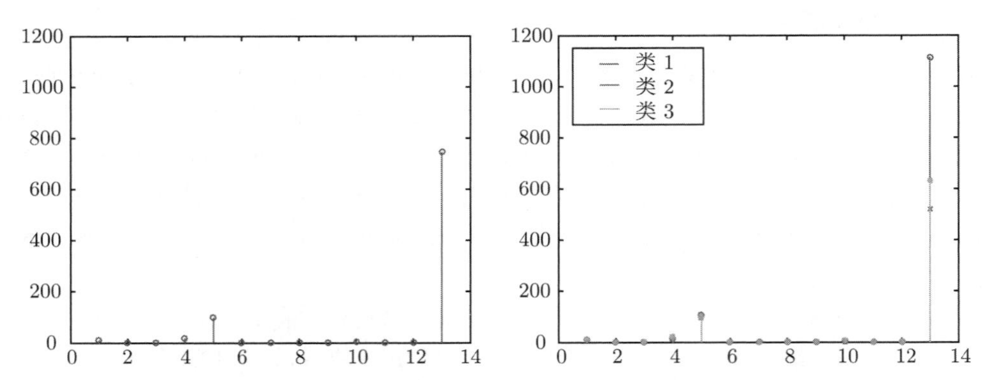

图 10.2 左图是来自 http://archive.ics.uci.edu/ml/datasets/Wine 的葡萄酒数据集中所有数据项的均值的茎叶图. 右图将从 http://archive.ics.uci.edu/ml/datasets/Wine 提取的葡萄酒数据集中每类数据的均值的茎叶图叠加在一起，这样你就可以看到不同数据均值之间的差异

图 10.4 显示了一个由四个变量组成的散点图矩阵，四个变量是从链接 http://www2.stetson.edu/~jrasp/data.htm 中的身高–体重数据集中得到的（在该 URL 中查找 bodyfat.xls）. 这最初是一个 16 维数据集，但 16×16 散点图矩阵易被压缩且难以讲解. 对于图 10.4，你可以看到体重和肥胖之间显示出很强的相关性，而体重和年龄之间的相关性却很弱. 身高和

年龄似乎没有什么关系. 而对于异常数据点，在视觉上也很容易分辨. 我们通常能够使用画图工具来改变数据点的颜色.

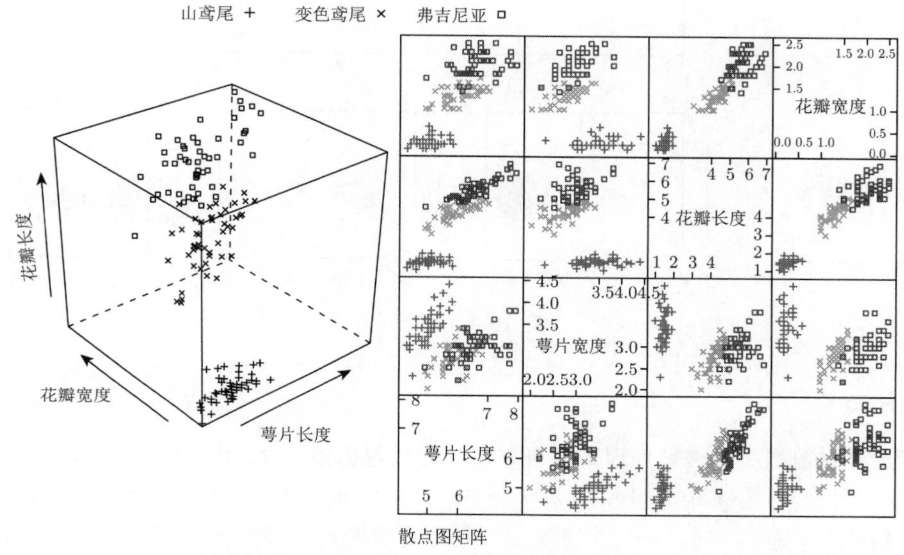

图 10.3 左图：这是用于和图 10.1 做比较的鸢尾花数据三维散点图. 右图：是鸢尾花数据的散点图矩阵. 本数据总共有四组变量，分别对三种鸢尾花进行测量. 我们用不同的标记了不同种类的鸢尾花. 从这个图中可以看出，同种鸢尾花的数据点聚集性较强，彼此又比较分明

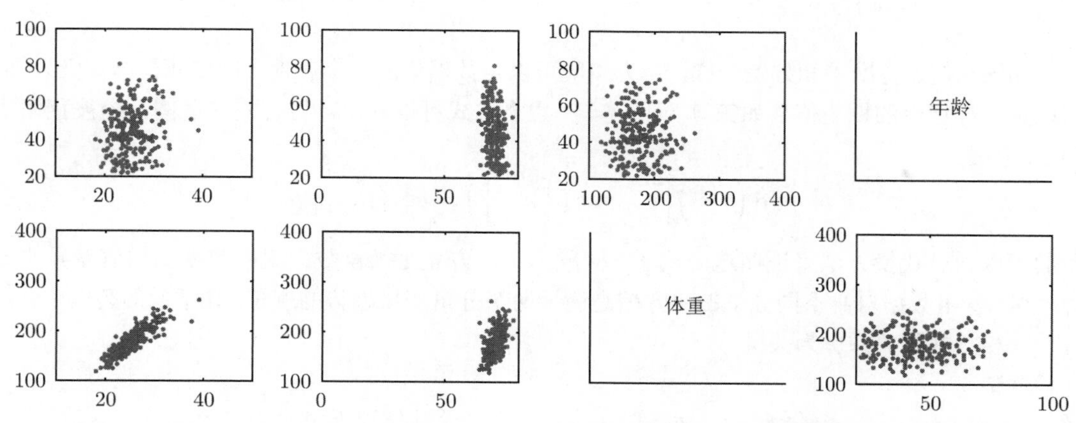

图 10.4 这是 http://www2.stetson.edu/~jrasp/data.htm 处身高体重数据集中四个变量的散点图矩阵. 每个图都是一对变量的散点图，横轴变量的名称通过观察纵列得到，而纵轴的变量名称是观察横行得到的. 尽管该图有冗余（图的一半只是另一半的镜像），但是这种冗余使得按点跟踪变得更容易. 我们可以根据列来查找行，根据行来查找列，等等. 请注意，如何识别变量和异常值之间的相关性（箭头）

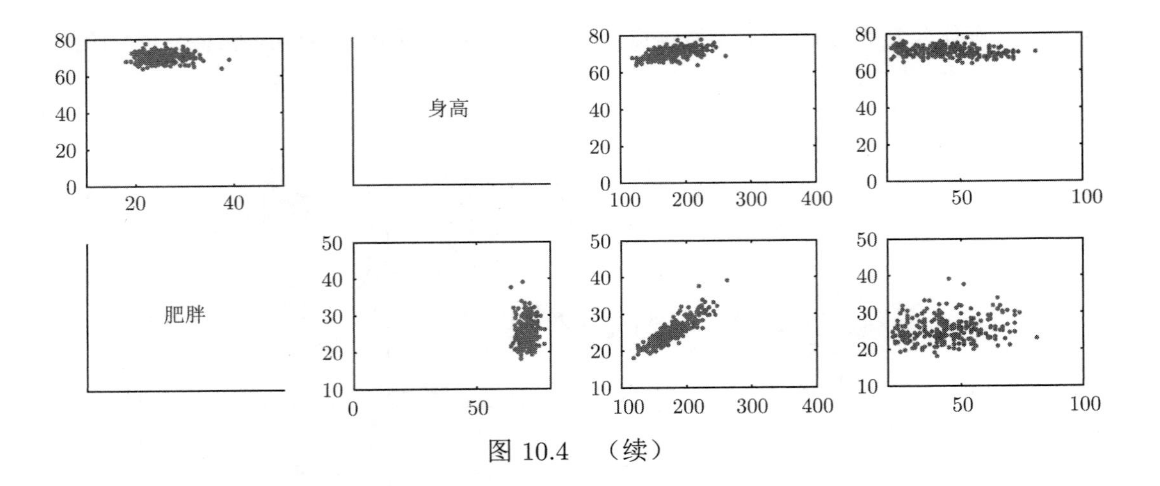

图 10.4 （续）

10.1.3 协方差

可以通过对数据执行常见处理来算得方差、标准差和相关性. 我们有包含 N 个向量 $\boldsymbol{x}_i$ 的数据集 $\{\boldsymbol{x}\}$，我们对第 j 个分量和第 k 个分量之间的关系感兴趣. 与相关性一样，我们想知道当一个分量增大（缩小）时，另一个分量是不是也趋于增大（缩小）. 请记住，$x_i^{(j)}$ 是第 i 个向量的第 j 个分量.

定义 10.1（协方差） 我们用下式计算协方差：

$$\operatorname{cov}(\{\boldsymbol{x}\};j,k)=\frac{\sum_i\left(x_i^{(j)}-\operatorname{mean}\left(\left\{x^{(j)}\right\}\right)\right)\left(x_i^{(k)}-\operatorname{mean}\left(\left\{x^{(k)}\right\}\right)\right)}{N}$$

如同均值、标准差和方差一样，协方差既可以是数据集的一个属性（例如此处的定义），也可以是一种特定的期望值（如第 4 章所述）. 由表达式可以看出，协方差的示例已经被我们找到了. 注意

$$\left[\operatorname{std}\left(x^{(j)}\right)\right]^2=\operatorname{var}\left(\left\{x^{(j)}\right\}\right)=\operatorname{cov}(\{\boldsymbol{x}\};j,j)$$

我们可以通过代换方法来证明这个式子. 回顾一下，方差是衡量数据集中数据和均值差异的一种度量. 一组数据自身不同分量的协方差是衡量两个分量变化趋势的度量. 在下面的公式中，协方差和相关性的关系更为关键.

注记

$$\operatorname{corr}\left(\left\{\left(x^{(j)},x^{(k)}\right)\right\}\right)=\frac{\operatorname{cov}(\{\boldsymbol{x}\};j,k)}{\sqrt{\operatorname{cov}(\{\boldsymbol{x}\};j,j)}\sqrt{\operatorname{cov}(\{\boldsymbol{x}\};k,k)}}$$

这里的 $\operatorname{corr}\left(\left\{\left(x^{(j)},x^{(k)}\right)\right\}\right)$ 是 $x^{(j)}$ 和 $x^{(k)}$ 的相关系数. 有时，相关系数是衡量相关性的一种有效数字特征. 它表明，相关性衡量的是 $\{x\}$ 和 $\{y\}$ 是否会同时增大（或减小），而不是它们自己变化了多少.

10.1.4 协方差矩阵

使用协方差（而非相关系数）时，面对多维向量的数据项，我们可以直接构建一个可捕获所有成对分量之间的协方差的矩阵——这就是协方差矩阵.

定义 10.2（协方差矩阵） 协方差矩阵是

$$\operatorname{Covmat}(\{\boldsymbol{x}\})=\frac{\sum_i(\boldsymbol{x}_i-\operatorname{mean}(\{\boldsymbol{x}\}))(\boldsymbol{x}_i-\operatorname{mean}(\{\boldsymbol{x}\}))^{\mathrm{T}}}{N}$$

这里，我们通常用 $\boldsymbol{\Sigma}$ 表示协方差矩阵.

我们通常用 $\boldsymbol{\Sigma}$ 表示协方差矩阵，无论数据集中哪两组分量，我们都可以通过查询协方差矩阵的数字来找到它们的协方差. 通常，我们把矩阵 $\boldsymbol{\mathcal{A}}$ 的第 j 行第 k 列的项表示为 $\mathcal{A}_{jk}$，那么 Σ_{jk} 就是这组数据中第 j 和第 k 个分量之间的协方差.

226
~
229

有用的事实 10.1（协方差矩阵的性质）

- 向量 $\boldsymbol{x}$ 的第 j 和第 k 个分量的协方差就是协方差矩阵第 j 行第 k 列的值，我们可以将之表示成 $\operatorname{cov}(\{\boldsymbol{x}\};j,k)$.
- 协方差矩阵的第 j 行第 j 列数据，是 $\boldsymbol{x}$ 中第 j 个分量的方差.
- 协方差矩阵是对称矩阵.
- 协方差矩阵总是半正定的. 除非存在一个向量 $\boldsymbol{a}$，使得对于任意 i，都有 $\boldsymbol{a}^{\mathrm{T}}(\boldsymbol{x}_i-\operatorname{mean}(\{\boldsymbol{x}_i\}))=0$，否则我们称该矩阵是正定的.

命题

$$\operatorname{Covmat}(\{\boldsymbol{x}\})_{jk}=\operatorname{cov}(\{\boldsymbol{x}\};j,k)$$

证明 由于

$$\operatorname{Covmat}(\{\boldsymbol{x}\})=\frac{\sum_i(\boldsymbol{x}_i-\operatorname{mean}(\{\boldsymbol{x}\}))(\boldsymbol{x}_i-\operatorname{mean}(\{\boldsymbol{x}\}))^{\mathrm{T}}}{N}$$

并且第 j,k 个分量在这个矩阵中可以表示为

$$\frac{\sum_i\left(x_i^{(j)}-\operatorname{mean}\left(\left\{x^{(j)}\right\}\right)\right)\left(x_i^{(k)}-\operatorname{mean}\left(\left\{x^{(k)}\right\}\right)\right)^{\mathrm{T}}}{N}$$

而上式就是 $\operatorname{cov}(\{\boldsymbol{x}\};j,k)$.

命题

$$\operatorname{Covmat}(\{\boldsymbol{x}\})_{jj}=\Sigma_{jj}=\operatorname{var}\left(\left\{x^{(j)}\right\}\right)$$

证明

$$\begin{aligned}\text{Covmat}\ (\{\boldsymbol{x}\})_{jj} &= \text{cov}(\{\boldsymbol{x}\};j,j)\\ &= \text{var}\left(\left\{x^{(j)}\right\}\right)\end{aligned}$$

命题

$$\text{Covmat}\ (\{\boldsymbol{x}\}) = \text{Covmat}\ (\{\boldsymbol{x}\})^{\mathrm{T}}$$

证明 我们有

$$\begin{aligned}\text{Covmat}\ (\{\boldsymbol{x}\})_{jk} &= \text{cov}(\{\boldsymbol{x}\};j,k)\\ &= \text{cov}(\{\boldsymbol{x}\};k,j)\\ &= \text{Covmat}(\{\boldsymbol{x}\})_{kj}\end{aligned}$$

230

命题 我们记 $\Sigma = \text{Covmat}\ (\{\boldsymbol{x}\})$，如果不存在向量 $\boldsymbol{a}$，使得对于任意 i，都有 $\boldsymbol{a}^{\mathrm{T}}(\boldsymbol{x}_i - \text{mean}\,(\{\boldsymbol{x}\})) = 0$，那么对于任意向量 $\boldsymbol{u}$，满足 $\|\boldsymbol{u}\| > 0$，则有

$$\boldsymbol{u}^{\mathrm{T}}\boldsymbol{\Sigma}\boldsymbol{u} > 0$$

如果存在满足 $\boldsymbol{a}^{\mathrm{T}}(\boldsymbol{x}_i - \text{mean}\,(\{\boldsymbol{x}_i\}) = 0$ 的向量 $\boldsymbol{a}$，那么有

$$\boldsymbol{u}^{\mathrm{T}}\boldsymbol{\Sigma}\boldsymbol{u} \geqslant 0$$

证明 我们有

$$\begin{aligned}\boldsymbol{u}^{\mathrm{T}}\boldsymbol{\Sigma}\boldsymbol{u} &= \frac{1}{N}\sum_i \left[\boldsymbol{u}^{\mathrm{T}}(\boldsymbol{x}_i - \text{mean}(\{\boldsymbol{x}\}))\right]\left[(\boldsymbol{x}_i - \text{mean}(\{\boldsymbol{x}\}))^{\mathrm{T}}\boldsymbol{u}\right]\\ &= \frac{1}{N}\sum_i \left[\boldsymbol{u}^{\mathrm{T}}(\boldsymbol{x}_i - \text{mean}(\{\boldsymbol{x}\}))\right]^2\end{aligned}$$

它便是成了平方和的形式，所以必然非负. 如果存在向量 $\boldsymbol{a}$，满足 $\boldsymbol{a}^{\mathrm{T}}(\boldsymbol{x}_i - \text{mean}\,(\{\boldsymbol{x}\})) = 0$，那么这个矩阵就是半正定的（因为这个平方和可能为 0）. 如果不存在满足 $\boldsymbol{a}^{\mathrm{T}}(\boldsymbol{x}_i - \text{mean}\,(\{\boldsymbol{x}\})) = 0$ 的向量，那么它就是正定的，因为这个平方和不为 0 就一定是正数.

10.2 通过均值和协方差来理解高维数据

解释高维数据的一个重要技巧就是利用均值和方差来理解团. 图 10.5 展示了一个二维数据集，这里 x 坐标和 y 坐标之间存在某种相关性（它是一个对角团分布），而 x 和 y 的均值都不是 0. 我们可以很容易地计算出它们的均值，并从数据点中减去它，这样就将数据进行了转换，使原点在均值上（如图 10.5 所示）. 而新得到的处理过的数据，均值是 0.

我们可以注意到，这个团是对角的. 我们从对变量之间相关性的研究中可以知道它的意义——这两个量是相关的. 现在我们考虑关于原点*旋转*数据团. 这不会改变任意两点之间的距

离，但会改变整体数据团图像的外观. 我们可以选择旋转的角度，让整体看起来大致像一个轴对称的椭圆. 在这些坐标中，水平分量与垂直分量可能并没有直接的关联性. 但是一个方向比另一个方向有更大的方差.

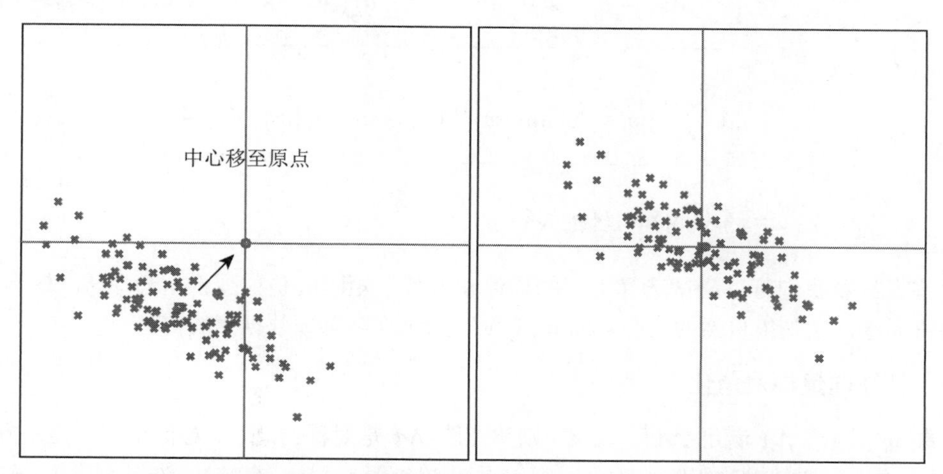

图 10.5　左图展示的是二维的团，这是原始数据点集，它们有一个由均值给定的中心点，其他数据点围绕在它周围. 我用空心的正方形标出这些数据点的均值（当数据量很大时，这样表示更明显）. 要将团移至原点，我们只需要将每个数据点减去均值，就可以得到右图中的团

事实证明，我们可以将此方法推广到高维的团上. 首先我们可以将均值点视作原点，然后旋转图像，以便任何一对不同的分量之间都没有关联（说起来并不直观，但是事实上这并不难）. 现在，团看起来像是轴对称的椭球，我们可以推断出（a）哪些轴比较“大”，以及（b）原始数据集的含义.

10.2.1　仿射变换下的均值和协方差

设 d 维数据集 $\{\boldsymbol{x}\}$，我们通过如下方式得到这个数据的仿射变换：选择某个矩阵 $\boldsymbol{\mathcal{A}}$ 和向量 $\boldsymbol{b}$，得到新的数据集 $\{\boldsymbol{m}\}$，这里 $\boldsymbol{m}_i=\boldsymbol{\mathcal{A}}\boldsymbol{x}_i+\boldsymbol{b}$. 这里首先要 $\boldsymbol{\mathcal{A}}$ 有 d 维，但不一定是方阵，也没有对称等其他约束条件.

我们可以轻易地计算出这个 $\{\boldsymbol{m}\}$ 的均值和协方差矩阵.

$$\begin{aligned}\text{mean}(\{\boldsymbol{m}\}) &= \text{mean}(\{\boldsymbol{\mathcal{A}}\boldsymbol{x}+\boldsymbol{b}\}) \\ &= \boldsymbol{\mathcal{A}}\,\text{mean}(\{\boldsymbol{x}\})+\boldsymbol{b}\end{aligned}$$

因此，可以通过将原始均值乘 $\boldsymbol{\mathcal{A}}$ 再加上 $\boldsymbol{b}$ 得到新的均值.

231

新的协方差矩阵也很好计算.

$$\text{Covmat}\ (\{\boldsymbol{m}\}) = \text{Covmat}\ (\{\boldsymbol{\mathcal{A}}\boldsymbol{x}+\boldsymbol{b}\})$$

$$
\begin{aligned}
&= \frac{\sum_i (\boldsymbol{m}_i - \text{mean}(\{\boldsymbol{m}\}))\,(\boldsymbol{m}_i - \text{mean}(\{\boldsymbol{m}\}))^{\mathrm{T}}}{N} \\
&= \frac{\sum_i (\mathcal{A}\boldsymbol{x}_i + \boldsymbol{b} - \mathcal{A}\,\text{mean}\,(\{\boldsymbol{x}_i) - \boldsymbol{b})\,(\mathcal{A}\boldsymbol{x}_i + \boldsymbol{b} - \mathcal{A}\,\text{mean}(\{\boldsymbol{x}\}) - \boldsymbol{b})^{\mathrm{T}}}{N} \\
&= \frac{\mathcal{A}\left[\sum_i (\boldsymbol{x}_i - \text{mean}(\{\boldsymbol{x}\}))\,(\boldsymbol{x}_i - \text{mean}(\{\boldsymbol{x}\}))^{\mathrm{T}}\right]\mathcal{A}^{\mathrm{T}}}{N} \\
&= \mathcal{A}\ \text{Covmat}\ (\{\boldsymbol{x}\})\mathcal{A}^{\mathrm{T}}
\end{aligned}
$$

这些意味着我们可以尝试选择更好的均值和协方差矩阵的仿射变换. 选择 $\boldsymbol{b}$，使得新数据集的均值为零，这是很自然的. 适当选择 $\mathcal{A}$ 可以揭示许多有关数据集的信息.

10.2.2 特征向量与对角化

如果一个矩阵 $\mathcal{M}$ 满足 $\mathcal{M}^{\mathrm{T}} = \mathcal{M}$，则称矩阵 $\mathcal{M}$ 是**对称**的. 一个对称矩阵一定是方阵. 假设 $\mathcal{S}$ 是一个 $d \times d$ 的对称矩阵，$\boldsymbol{u}$ 是一个 $d \times 1$ 的向量，λ 是一个常数. 如果满足

$$\mathcal{S}\boldsymbol{u} = \lambda\boldsymbol{u}$$

则称 $\boldsymbol{u}$ 是矩阵 $\mathcal{S}$ 的**特征向量**，并且 λ 是其相应的**特征值**. 矩阵不是只有对称才有特征向量和特征值，但在这里我们只关心对称矩阵的情况.

在对称矩阵中，特征值一定是实数，并且有 d 个不同的、两两正交的特征向量，我们可以通过缩放它们而得到单位长度的特征向量. 我们将这些特征向量组成矩阵 $\mathcal{U} = [\boldsymbol{u}_1, \cdots, \boldsymbol{u}_d]$，由于这个矩阵是规范正交的，所以满足 $\mathcal{U}^{\mathrm{T}}\mathcal{U} = \mathcal{I}$.

232

这也意味着，对于对称矩阵 $\mathcal{S}$，存在一个对角矩阵 $\boldsymbol{\Lambda}$ 和正交矩阵 $\mathcal{U}$，满足

$$\mathcal{S}\mathcal{U} = \mathcal{U}\boldsymbol{\Lambda}$$

事实上，这样的矩阵有很多，因为一个矩阵的不同特征向量可以有不同的顺序，所以不同的矩阵 $\mathcal{U}$ 会得到不同的对角矩阵 $\boldsymbol{\Lambda}$，不同的 $\boldsymbol{\Lambda}$ 之间只是对角元素的顺序不同. 在此，我们打算将此事简化，假设 $\mathcal{U}$ 的元素是有顺序的，因此使得 $\boldsymbol{\Lambda}$ 的元素沿对角线，从上到下以由大到小的顺序排列，这样的结果是非常关键的.

流程 10.1（对称矩阵的对角化） 我们可以将任意对称矩阵 $\mathcal{S}$ 转换成以下形式的对角矩阵：

$$\mathcal{U}^{\mathrm{T}}\mathcal{S}\mathcal{U} = \boldsymbol{\Lambda}$$

数值和统计编程环境中都有计算 $\mathcal{U}$ 和 $\boldsymbol{\Lambda}$ 的过程. 我们假设 $\mathcal{U}$ 的元素是有序的，因此使得 $\boldsymbol{\Lambda}$ 的元素沿对角线，从上到下以由大到小的顺序排列.

有用的事实 10.2（规范正交矩阵与旋转） 我们可以将规范正交矩阵视作一种旋转的结果，因为一个向量乘一个规范正交矩阵并不会改变长度，两个数据点和原点的夹角也不会改变. 所以对于一个向量 $\boldsymbol{X}$，$\boldsymbol{R}$ 为一个规范正交矩阵，且 $\boldsymbol{u}=\boldsymbol{\mathcal{R}x}$，我们可以得到

$$\boldsymbol{u}^{\mathrm{T}}\boldsymbol{u}=\boldsymbol{x}^{\mathrm{T}}\boldsymbol{\mathcal{R}}^{\mathrm{T}}\boldsymbol{\mathcal{R}x}=\boldsymbol{x}^{\mathrm{T}}\boldsymbol{\mathcal{I}x}=\boldsymbol{x}^{\mathrm{T}}\boldsymbol{x}$$

这也意味着，$\boldsymbol{\mathcal{R}}$ 并不会改变向量的长度. 对于两个单位向量 $\boldsymbol{y}$ 和 $\boldsymbol{z}$，它们之间角度的余弦值为

$$\boldsymbol{y}^{\mathrm{T}}\boldsymbol{x}$$

由上述内容可得，$\boldsymbol{\mathcal{R}y}$ 和 $\boldsymbol{\mathcal{R}x}$ 的内积与 $\boldsymbol{y}^{\mathrm{T}}\boldsymbol{x}$ 相等. 因此可以得出，$\boldsymbol{\mathcal{R}}$ 也不会改变角度.

10.2.3　旋转团来对角化协方差

设数据集 $\{\boldsymbol{x}\}$ 中有 N 个 d 维向量，我们把这个集合转化成一个均值为 0 的数据集 $\{\boldsymbol{m}\}$，其中 $\boldsymbol{m}_i=\boldsymbol{x}_i-\operatorname{mean}(\{\boldsymbol{x}\})$. 由上，我们生成一个新的数据集 $\{\boldsymbol{a}\}$，满足

$$\boldsymbol{a}_i=\boldsymbol{\mathcal{A}m}_i$$

那么 $\{\boldsymbol{a}\}$ 的协方差矩阵为

$$\begin{aligned}\operatorname{Covmat}(\{\boldsymbol{a}\})&=\boldsymbol{\mathcal{A}}\operatorname{Covmat}(\{\boldsymbol{m}\})\boldsymbol{\mathcal{A}}^{\mathrm{T}}\\&=\boldsymbol{\mathcal{A}}\operatorname{Covmat}(\{\boldsymbol{x}\})\boldsymbol{\mathcal{A}}^{\mathrm{T}}\end{aligned}$$

通过回顾前文，我们知道 $\operatorname{Covmat}(\{\boldsymbol{m}\})=\operatorname{Covmat}(\{\boldsymbol{x}\})$，从而推出

$$\boldsymbol{\mathcal{U}}^{\mathrm{T}}\operatorname{Covmat}(\{\boldsymbol{x}\})\boldsymbol{\mathcal{U}}=\boldsymbol{\Lambda}$$

233

但是这也意味着，通过矩阵运算法则，我们得到了一组新的数据集 $\{\boldsymbol{r}\}$：

$$\boldsymbol{r}_i=\boldsymbol{\mathcal{U}}^{\mathrm{T}}\boldsymbol{m}_i=\boldsymbol{\mathcal{U}}^{\mathrm{T}}(\boldsymbol{x}_i-\operatorname{mean}(\{\boldsymbol{x}\}))$$

这个新数据集的均值为 $\mathbf{0}$，它的协方差是

$$\begin{aligned}\operatorname{Covmat}(\{\boldsymbol{r}\})&=\operatorname{Covmat}(\{\boldsymbol{\mathcal{U}}^{\mathrm{T}}\boldsymbol{x}\})\\&=\boldsymbol{\mathcal{U}}^{\mathrm{T}}\operatorname{Covmat}(\{\boldsymbol{x}\})\boldsymbol{\mathcal{U}}\\&=\boldsymbol{\Lambda}\end{aligned}$$

这里 $\boldsymbol{\Lambda}$ 是由矩阵 $\operatorname{Covmat}(\{\boldsymbol{x}\})$ 的特征值组成的对角矩阵，我们可以通过对角化来得到它. 现在我们有了一个关于 $\{\boldsymbol{r}\}$ 的有用结论，它的协方差矩阵是对角的. 这意味着，每对不同分量的协方差是 0，因此相关性也为 0. 此处我们描述对角化时，采用了对角化矩阵的特征向量有序的

约定，使得 $\boldsymbol{\Lambda}$ 的值从上到下降序排列. 我们对排序的选择也意味着 $\boldsymbol{r}$ 的第一个分量方差较大，第二个分量次之，以此类推.

从 $\{\boldsymbol{x}\}$ 到 $\{\boldsymbol{r}\}$ 的变换是先平移再旋转（因为 $\boldsymbol{\mathcal{U}}$ 是规范正交矩阵，所以是旋转）. 因此，这个变换是图 10.5 和图 10.6 中展示的高维情况.

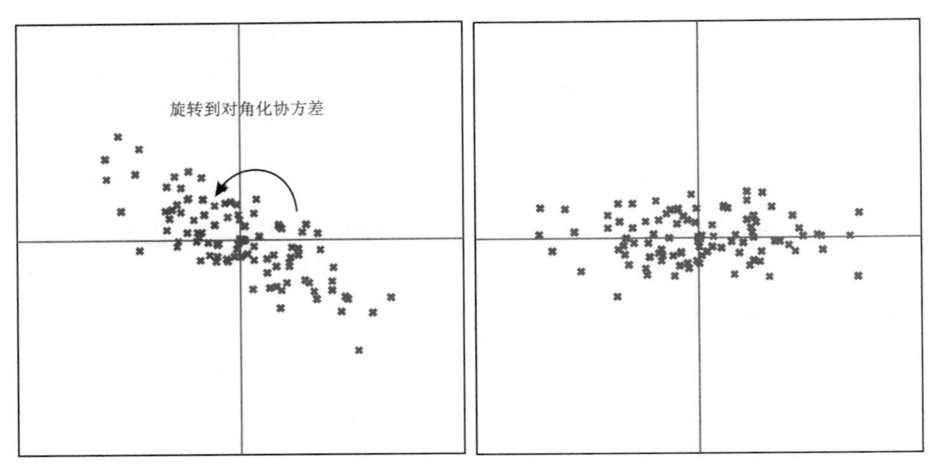

图 10.6　在左图中，图 10.5 转换后的团. 由于垂直分量与水平分量是相关的，所以这个团在一定程度上讲是位于对角线上的. 在右图中，我们将数据团进行了旋转，使得这些分量没有相关性. 只要在新的坐标系中也这样做，就可以仅仅通过垂直和水平方差来描述团. 在此坐标系中，垂直方差明显大于水平方差，所以团的形状扁而宽

> **有用的事实 10.3（可以将数据变换为零均值和对角协方差）**
> 我们可以将任何一个数据团平移和旋转到一个坐标系，使它具有零均值和对角协方差矩阵.

234

10.2.4　近似团

$\{\boldsymbol{r}\}$ 的均值为 0，它的协方差矩阵是对角的. 在高维数据集中，对角上的大数值往往是少数，更多时候都是比较小的数值. 这些值给出 $\{\boldsymbol{r}\}$ 相应分量的方差. 现在我们假设选择 $\{\boldsymbol{r}\}$ 的一个分量，使得它具有较小的方差，由于此分量均值为 0（所有分量均值都为 0），并且方差很小，那么我们将此分量用 0 代替，误差也不会太大.

如果可以用 0 替换某些数据而不会引起太大误差，那么数据的团实际上就是高维空间中的低维团. 例如，一个团中，该团虽然在三维空间中分布，但非常靠近 x 轴. 将每个数据项的 y 轴和 z 轴的值替换为 0 不会很大地改变团的形状. 作为一个视觉示例，请参见图 10.3；散点图矩阵强烈地暗示数据团是平坦的（例如，花瓣宽度与花瓣长度的关系图）.

设数据集 $\{\boldsymbol{r}\}$ 是 d 维的. 我们将尝试用 s（$s < d$）维数据集来表示它，并查看会引起多大

的误差. 现在取一个数据点 $\boldsymbol{r}_i$，将最后 $d-s$ 个分量都替换为 0. 结果的数据项为 $\boldsymbol{p}_i$，我们要研究用 $\boldsymbol{p}_i$ 代替 $\boldsymbol{r}_i$ 的平均误差.

该误差为

$$\frac{1}{N}\sum_i\left[(\boldsymbol{r}_i-\boldsymbol{p}_i)^{\mathrm{T}}(\boldsymbol{r}_i-\boldsymbol{p}_i)^{\mathrm{T}}\right]$$

现在假设 $r_i^{(j)}$ 是 $\boldsymbol{r}_i$ 的第 j 个分量，而 $\boldsymbol{p}_i$ 的第 s 至第 d 个分量都是 0，那么误差就是

$$\frac{1}{N}\sum_i\left[\sum_{j=s+1}^{j=d}\left(r_i^{(j)}\right)^2\right]$$

因为 $\{\boldsymbol{r}\}$ 的均值为 0，所以 $\frac{1}{N}\sum_i\left(r_i^{(j)}\right)^2$ 是 $\{\boldsymbol{r}\}$ 第 j 个分量的方差. 所以误差也可以表示为

$$\sum_{j=s+1}^{j=d}\operatorname{var}\left(\left\{r^{(j)}\right\}\right)$$

这也是 $\{\boldsymbol{r}\}$ 的协方差矩阵第 $s+1$ 到第 d 个对角元素的和. 如果该总和与前 s 个分量的总和相比较小，则删除后 $d-s$ 个分量会导致很小的误差. 在这种情况下，我们可以将数据视为 s 维的. 图 10.7 显示了使用这种方法将这个团表示为一维数据集的示例.

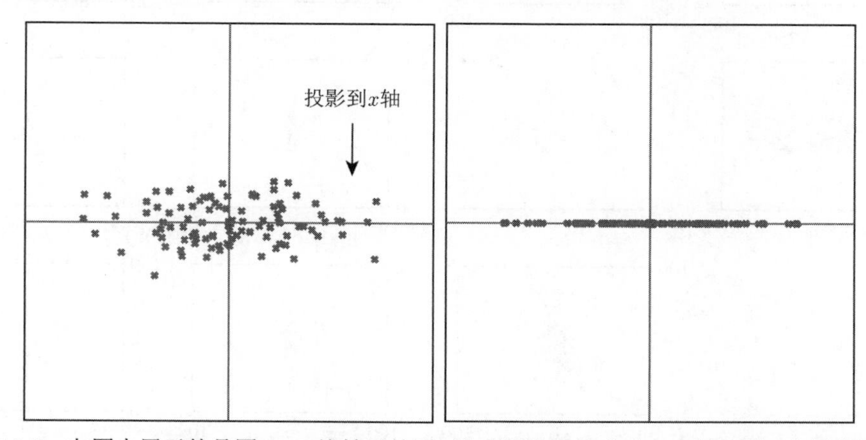

图 10.7　左图中展示的是图 10.6 旋转后的团. 这个团被拉伸成了一个新的图，在新的图中，一个方向比另一个方向有更大的方差. 将这些数据点的 y 坐标设置为 0，会导致误差较低的表达方式，因为这些值中没有太大的方差，这也生成了右图中的团. 文中展示了如何计算该投影产生的误差

这非常具有实践意义. 从实验事实来看，高维数据大多可以处理为相对低维的团. 我们可以识别这些团的主要变化方向，并使用它们来理解和表示数据集.

10.2.5　示例：身高-体重数据团转换

数据团的转换不会更改散点图矩阵（轴会更改，但图片形状不会改变）. 但是，旋转数据团会产生非常有趣的结果. 图 10.8 展示了将图 10.4 的数据集移至原点并旋转以使其对角化. 现

在，我们没有数据每个分量的名称（它们是原始分量的线性组合），但是现在每对都是线性无关的. 该团具有一些有趣的形状特征. 图 10.8 显示了最佳团的总体形状. 该图的每个面板在每个方向上的比例都相同. 你可以看到团在方向 1 上延伸约 80 个单位，但在方向 2 上仅延伸约 15 个单位，而在其他两个方向上延伸的则少得多. 所以我们认为此团是雪茄状的，在一个方向上很长，但是在另一个方向上很窄. 当然，雪茄的比喻不是完美的，因为没有任何四维空间的雪茄烟，但这个比喻很直观. 我们可以认为此图的每个面板都是沿雪茄四个轴的每个方向显示的视图.

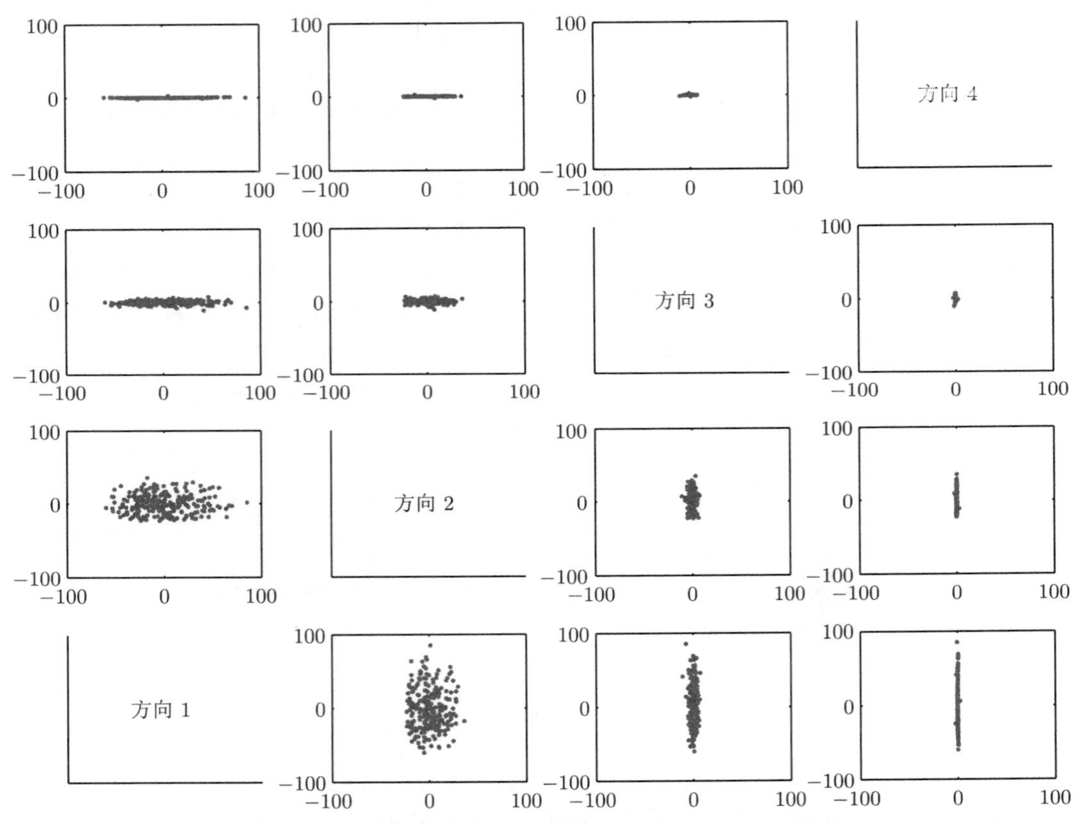

图 10.8　将图 10.4 的身高–体重数据集的面板图旋转，使所有不同维度的每对变量之间的协方差为零. 现在我们不知道两个基本方向分别代表什么，因为它们是原始变量的线性组合. 每个散点图都位于同一组轴上，因此可以看到数据集在某些方向上的扩展比在其他方向上的扩展更充分

现在看看图 10.9，这显示了相同数据团的相同旋转，但是现在轴上的比例已经改变，以便更好地查看团的详细形状. 首先，你可以看到这个团的整体形状有一点弯曲（看在方向 2 和方向 4 上的投影）. 这里可能有一些值得研究的效果. 其次，你可以看到有些数据点似乎是远离主团的. 每个数据点都用点来表示，需要特殊研究的点用数字表示. 这些数据点在某些方面显然很特别.

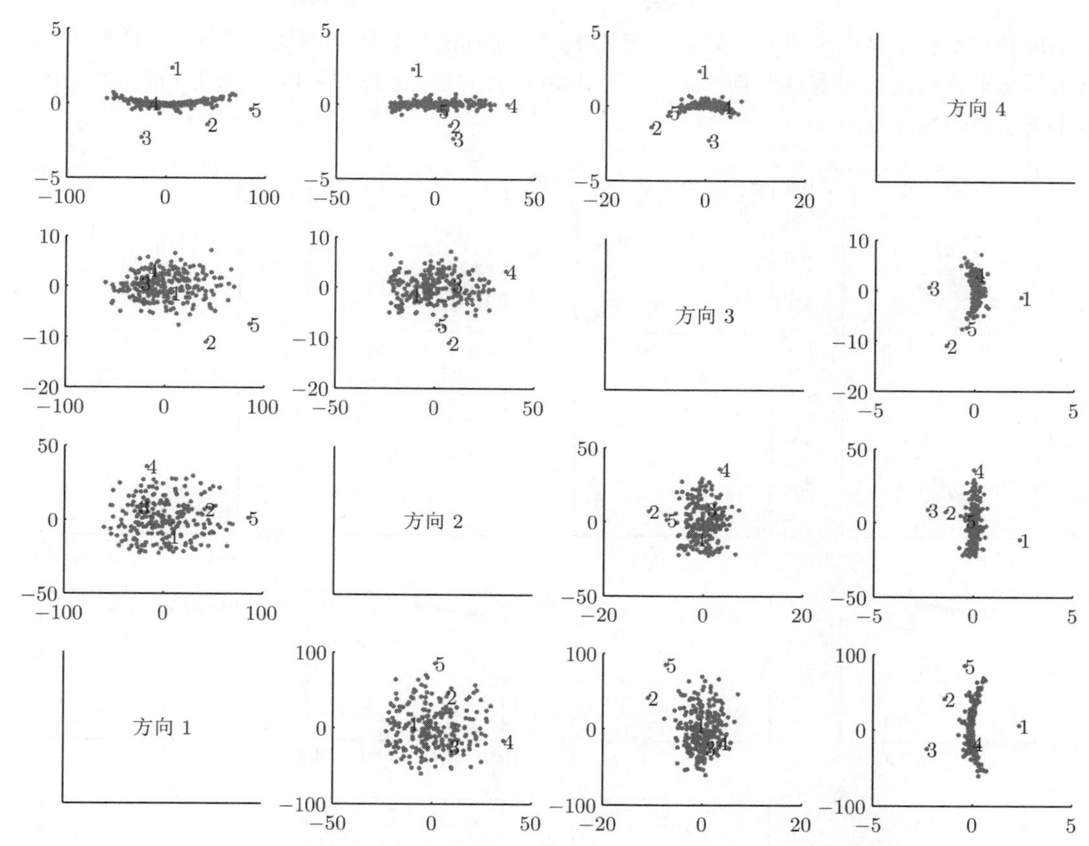

图 10.9　将图 10.4 的身高–体重数据集的面板图旋转，使所有不同维度的变量对之间的协方差为零. 现在我们不知道两个基本方向分别代表什么，因为它们是原始变量的线性组合. 我已经缩放了轴，以便于可以看到细节；注意，有些团有点弯曲，并且有几个数据点似乎远离了这个团，我在此已对其编号

有个问题，就是这些图的轴是毫无意义的. 分量是原始数据的加权组合，因此它没有单位，这并不方便. 但我通过平移、旋转、投影得到了图 10.8. 撤销旋转和平移的操作很简单，这会将投影后的团恢复到投影前的样子（因为平移和旋转能够让团的变化最小）. 旋转和平移是不会改变数据点之间的相对距离，所以结果是原始团的一个好的近似. 图 10.10 展示了图 10.4 中数据的变化情况. 这是原始数据集的二维版本，嵌入在一个四维空间中的数据“薄片”. 最主要的是，它很准确地表示了原始数据集.

10.3　主成分分析

我们看到，可以通过平移，使一组数据均值为零，然后通过旋转，使其协方差矩阵是对角的. 在这个坐标系中，我们可以将一些分量设为零，从而得到仍然准确的表示形式. 也可以通过撤销旋转和平移，从而生成与原始数据集处于相同坐标的数据集，但维数较低. 新的数据集与旧数据集非常接近. 所有这些都产生了一个非常有力的观点: 我们可以选择用少量而恰当的向量来表示原始数据集.

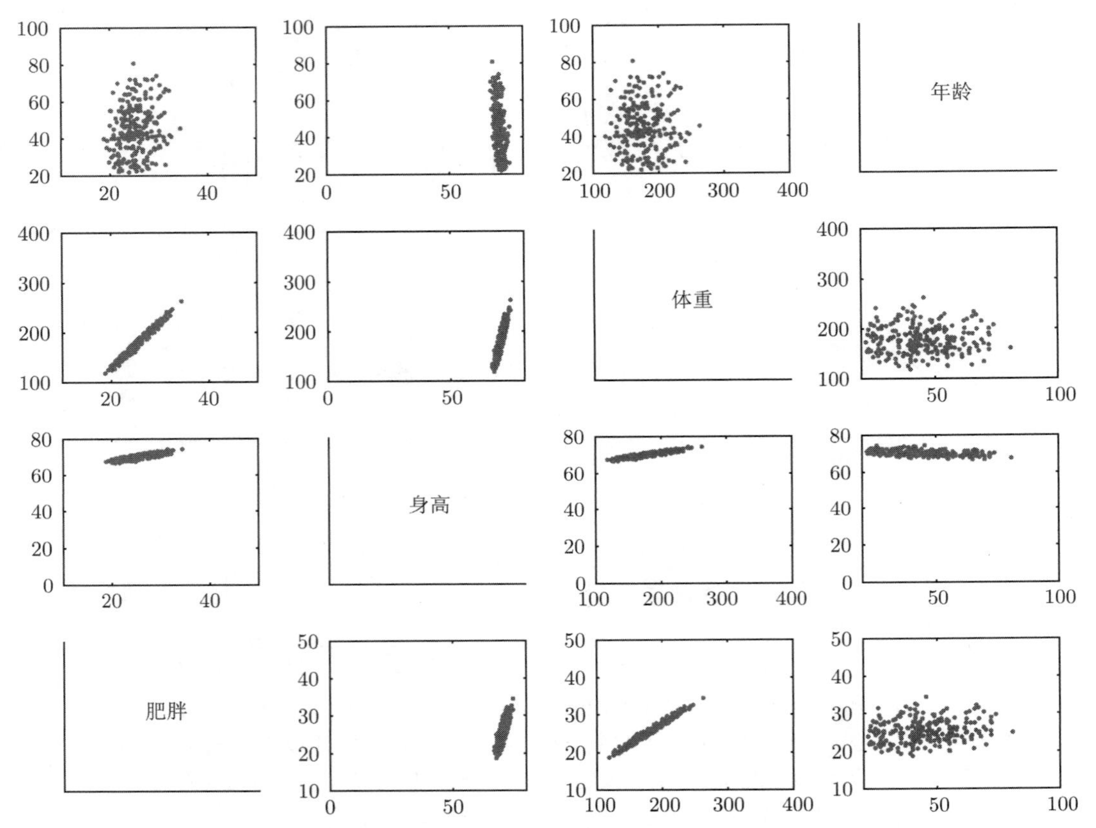

图 10.10 图 10.4 中的数据，我们通过平移和旋转，使协方差矩阵是对角矩阵，从两个最小方向投影，然后取消旋转和平移. 原本这个数据团是二维的（因为我们投影了两个维度），但是在四维空间中表示. 你可以把它看作是四维空间中的一块“薄片”数据（与图 10.4 相比较更为直观）. 它更好地表示了原始数据. 请注意，它的边缘看起来稍微加厚了，因为它和坐标系不一致，在此请你想象一个稍微倾斜的平板

10.3.1 低维度的表示方法

我们还是假设一个由 N 个 d 维数据组成的数据集 $\{\boldsymbol{x}\}$,通过变换,使它均值为 0,生成一个新的数据集 $\{\boldsymbol{m}\}$,其中 $\boldsymbol{m}_i=\boldsymbol{x}_i-$ mean $(\{\boldsymbol{x}\})$. 通过对角化,有 Covmat $(\{\boldsymbol{m}\})=$ Covmat $(\{\boldsymbol{x}\})$,从而推出

$$\boldsymbol{\mathcal{U}}^{\mathrm{T}}\ \text{Covmat}\ (\{\boldsymbol{x}\})\boldsymbol{\mathcal{U}}=\boldsymbol{\Lambda}$$

并且使用矩阵运算规则，生成新的数据集 $\{\boldsymbol{r}\}$:

$$\boldsymbol{r}_i = \boldsymbol{\mathcal{U}}^{\mathrm{T}} \boldsymbol{m}_i = \boldsymbol{\mathcal{U}}^{\mathrm{T}} \left(\boldsymbol{x}_i - \mathrm{mean}(\{\boldsymbol{x}\})\right)$$

我们知道这个数据集的均值为 0，协方差矩阵是对角矩阵. 然后我们令这个 d 维数据集 $\{\boldsymbol{r}\}$ 的第 s 至第 d 个分量为 0，从而用一个 s 维数据集来表示它. 新的向量为 $\boldsymbol{p}_i$.

现在考虑撤销原本的旋转和平移. 我们会得到新的数据集 $\{\hat{\boldsymbol{x}}\}$，第 i 个元素满足

$$\hat{\boldsymbol{x}}_i = \boldsymbol{\mathcal{U}} \boldsymbol{p}_i + \mathrm{mean}(\{\boldsymbol{x}\})$$

但是此式说明，$\hat{\boldsymbol{x}}_i$ 是由 $\boldsymbol{\mathcal{U}}$ 的前 s 列（因为 $\boldsymbol{p}_i$ 的其他分量都为 0）加权和再加上 $\mathrm{mean}(\{\boldsymbol{x}\})$ 得到的. 如果我们把 $\boldsymbol{\mathcal{U}}$ 的第 j 列写成 $\boldsymbol{u}_j$，则得到

$$\hat{\boldsymbol{x}}_i = \sum_{j=1}^{s} r_i^{(j)} \boldsymbol{u}_j + \mathrm{mean}(\{\boldsymbol{x}\})$$

这个结果重要之处在于，s 通常比原数据集的维数 d 小很多. 这里 $\boldsymbol{u}_j$ 被称为数据集的**主成分**. 我们可以很轻松地得到 $r_i^{(j)}$ 的如下表达式:

$$r_i^{(j)} = \boldsymbol{u}_j^{\mathrm{T}} \left(\boldsymbol{x}_i - \mathrm{mean}(\{\boldsymbol{x}\})\right)$$

注记 *一个 d 维数据集中的数据项通常可以相当准确地表示为少量 d 维向量与均值的加权和. 这意味着数据集位于 d 维空间的 s 维子空间上. 子空间由数据的主成分张成.*

10.3.2 降维引起的误差

确定 $\{\hat{\boldsymbol{x}}\}$ 与 $\{\boldsymbol{x}\}$ 之间的误差，这里使用 $\{\boldsymbol{p}_s\}$ 来表示 $\{\boldsymbol{r}\}$ 可以更容易地计算误差. 我们有

$$\frac{1}{N} \sum_i \left[(\boldsymbol{r}_i - \boldsymbol{p}_i)^{\mathrm{T}} (\boldsymbol{r}_i - \boldsymbol{p}_i) \right] = \frac{1}{N} \sum_i \left[\sum_{j=s+1}^{j=d} \left(r_i^{(j)} \right)^2 \right]$$

该式是 $\{\boldsymbol{r}\}$ 的协方差矩阵从 (s,s) 到 (d,d) 的对角线元素之和. 如果这个比前面那 s 个分量之和小，那么去掉最后的第 s 到第 d 个分量，导致的误差会比较小.

用 $\{\hat{\boldsymbol{x}}\}$ 来表示 $\{\boldsymbol{x}\}$ 的误差不难计算. 旋转和平移并不会改变向量长度，所以我们有

$$\|\boldsymbol{x}_i - \hat{\boldsymbol{x}}_i\|^2 = \|\boldsymbol{r}_i - \boldsymbol{p}_{r,i}\|^2 = \sum_{u=r+1}^{d} \left(\boldsymbol{r}_i^{(u)} \right)^2$$

该式是 $\{\boldsymbol{r}\}$ 的协方差矩阵从 (s,s) 到 (d,d) 的对角线元素之和，这并不难计算，因为这些是我们忽略不计的第 s 到第 d 个特征值. 现在我们可以通过计算我们能够容忍多大误差来选择 s. 更常见的方式是计算协方差矩阵的特征值，并寻找“拐点”，如图 10.11 所示. 你可以看到剩余特征值之和很小.

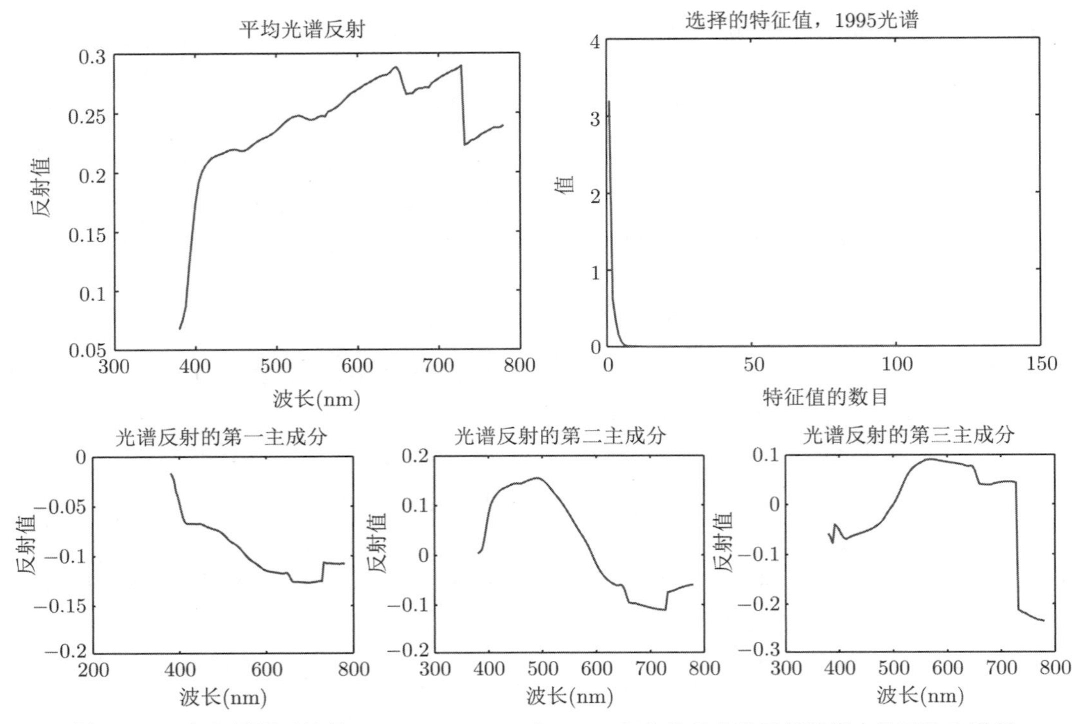

图 10.11 左上图展示的是 Kobus Barnard 在 1995 年收集的光谱反射数据中的平均光谱反射率（详情可在此查询：http://www.cs.sfu.ca/ colour/data/）；右上图是该数据的协方差矩阵特征值. 请注意，前几个特征值很大，但大多数特征值是非常小的；这表明使用很少的主成分来表示数据的方法是可行的. 在下方，显示了前三个主要分量. 这些因素的线性组合，加上适当的权重，可以表示数据集中的任何项

流程 10.2（主成分分析） 设 N 个 d 维向量 $\boldsymbol{x}_i$ 组成了数据集. 我们有 $\boldsymbol{\Sigma}=\text{Covmat}(\{\boldsymbol{x}\})$，这里 $\boldsymbol{\Sigma}$ 是协方差矩阵. 那么由 $\boldsymbol{\mathcal{U}}$ 和 $\boldsymbol{\Lambda}$，可以推出

$$\boldsymbol{\Sigma}\boldsymbol{\mathcal{U}}=\boldsymbol{\mathcal{U}}\boldsymbol{\Lambda}$$

（这两个矩阵分别是 $\boldsymbol{\Sigma}$ 的特征向量和特征值.）我们假设 $\boldsymbol{\Lambda}$ 的元素从上到下降序排列，然后用 s 来表示所有向量降维后的维数. 我们通常通过绘制特征值来寻找“拐点”，从而找到 s 的值（如图 10.11 所示），这件事操作起来并不复杂.

构造低维向量： 我们用 $\boldsymbol{u}_j$ 来表示矩阵 $\boldsymbol{\mathcal{U}}$ 的第 j 列，这样我们可以估计 $\boldsymbol{x}_i$：

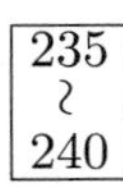

$$\hat{\boldsymbol{x}}_i=\text{mean}(\{\boldsymbol{x}\})+\sum_{j=1}^{s}\left[\boldsymbol{u}_j^{\mathrm{T}}\left(\boldsymbol{x}_i-\text{mean}(\{\boldsymbol{x}\})\right)\right]\boldsymbol{u}_j$$

10.3.3 示例：用主成分表示颜色

漫反射面是投射在粗糙表面上的光向各个方向反射的现象. 漫反射表面的例子包括哑光漆、很多种布料、许多粗糙的材料（比如树皮、水泥、石头等）. 判断漫反射面的一种方法是，当沿

不同方向观察时，它看起来并不亮（或暗）. 并且漫反射面可以着色，因为表面反射不同波长的光. 我们可以通过测量一个表面的光谱反射率来测量这种效应，光的反射率是波长的函数. 我们通常只测量可见波长（约 380~770nm）. 根据测量设备的不同，通常测量是每隔几纳米进行一次. 从 http://www.cs.sfu.ca/~colour/data/可以得到 1995 年不同表面的测量数据（这里有大量的数据集，来自 Kobus Barnard）.

每个光谱具有 101 个测量值，它们之间的距离为 4nm. 其得出的表面特性的精度远比实用水平要高得多. 表面的物理性质表明，反射率在各个波长之间的变化并不明显. 事实证明，只有很少的主成分就足以描述几乎任何光谱反射率函数. 图 10.11 显示了该数据的平均光谱反射率，也显示了该数据中协方差矩阵的特征值.

这个实验在实践中是很有意义的. 我们应该把光谱反射率视为一个函数，通常记为 $\rho(\lambda)$. 主成分分析的思路是，我们可以相当准确地用有限的低维变量表示这个函数. 这个理论在图 10.11 中展现出来. 这里，我们可以用 $r(\lambda)$ 和 k 个函数 $\phi_m(\lambda)$ 来表示 $\rho(\lambda)$，这里对于任意 $\rho(\lambda)$，都有

$$\rho(\lambda) = r(\lambda) + \sum_{i=1}^{k} c_i\phi_i(\lambda) + e(\lambda)$$

这里 $e(\lambda)$ 是误差函数，在这里很小（因为通过主成分分析后，它由很多影响很小的分量组成，方差是很小的）. 在光谱反射率分析的结果中我们得到，在大多数情况下，k 的值取 3~5 就可以很好地发挥作用了（图 10.12）. 这是个很有用的结论，因为当我们要预测特定物体在特定光线下的外观时，可以不需要使用详细的光谱反射率模型，只要知道它的 c_i 值就已足够了. 这在计算机图形学的各种渲染应用程序中也很有用，也是重要的计算机视觉问题中的关键问题，称为**色彩恒定性**. 在这个问题中，我们可以看到一幅在颜色未知的彩色灯光下的一个物体图片，在这之前必须确定这些物体是什么颜色. 即使这个研究听起来限制很多，不过现代色彩恒定系统还是非常准确的. 这是因为它们能够利用相对较少的 c_i 来准确地描述表面反射率.

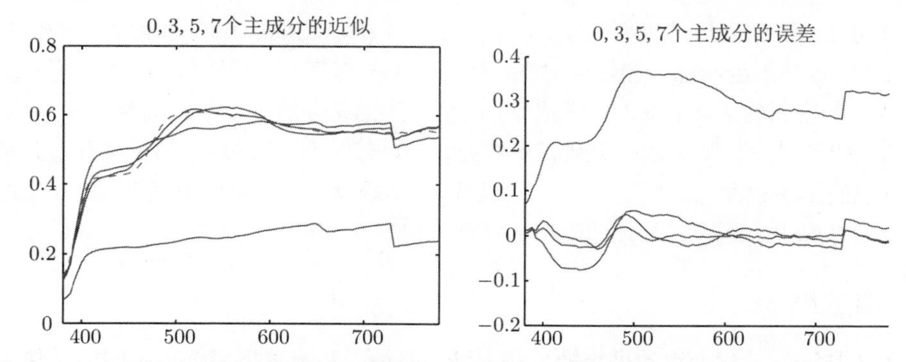

图 10.12 左图是光谱反射率曲线（虚线）和使用均值、均值及 3 个主成分、均值及 5 个主成分、均值及 7 个主成分的近似. 注意，均值是一个相对不准确的近似值，但是随着主成分数量的增加，误差会很快下降. 右图是这些近似值的误差. 该图是根据 Kobus Barnard 收集的 1995 年光谱反射率数据集绘制而成的（数据来自网址：http://www.cs.sfu.ca/~colour/data/）

10.3.4 示例：用主成分表示面孔

图像通常表示为一组数值. 在此我们将研究密度图像，因此每个元素中只有一个密度值. 也可以通过重新排列图像（例如，将各列相互堆叠）将图像转换为向量. 这也意味着你可以采用一组图像的主成分. 这在一段时间是计算机视觉领域的一种流行做法，尽管出于某些原因，图片并不能被很好地表示. 但是，该表示产生的图片可以使数据集更直观.

图 10.14 显示了一组编码，这组编码是日本女性面部表情的面部图像的均值（可从 http://www.kasrl.org/jaffe.html 获取，同时在 http://www.face-rec.org/databases/也有大量的面部数据集）. 我把图像减到 64×64，所以我们得到了一组 4096 维的向量. 这个数据集的协方差矩阵的特征值如图 10.13 所示，有 4096 个，因此很难看出趋势，但放大后的图表明，前几对包含了大部分方差. 一旦我们构建了主成分，它们就可以重新排列成图像，这些图像如图 10.14 所示. 主成分可以很好地近似真实图像（图 10.15）.

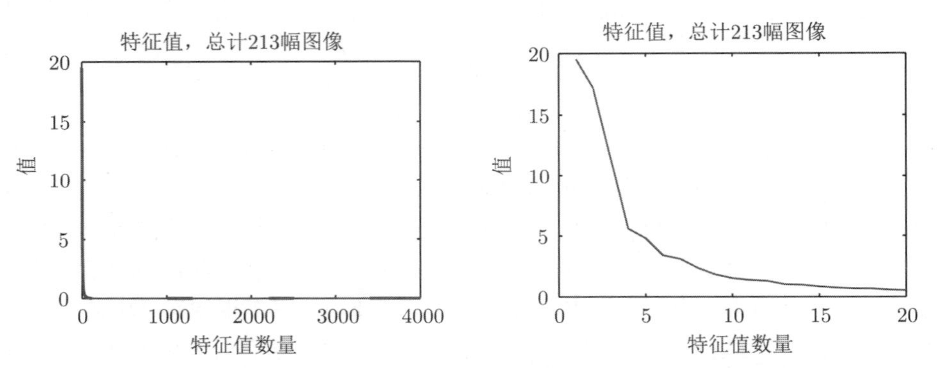

图 10.13　左图是日本人面部表情数据集的协方差矩阵的特征值，共有 4096 个，因此很难看到曲线（位于左侧）. 右图是曲线的缩放版本，显示了特征值的变小速度

主成分勾勒出面部表情的主要轮廓. 注意图 10.14 中的均值面部看起来像一个松弛的面部，但是边界模糊. 这是因为面部不能精确对齐，因为每个面部都有稍微不同的形状. 解释这些分量的方法是通过在某个数据点上增加（或减少）这个分量的某个放缩倍数来调整均值. 因此，前几个主成分与发型有关；到了第四个分量，我们处理的是较长/较短的脸；然后有几个分量与眉毛的高度、下巴的形状和嘴巴的位置有关；等等. 这些都是没有戴眼镜的女性图像. 在来源更广泛的面部照片数据库中，胡子、胡须和眼镜通常都出现在前几十个主成分中.

10.4 多维放缩

绘制图像是深入了解一组数据集的一种方法. 但是为高维数据集选择绘制的图像类型可能是很难的. 假设我们希望绘制二维（到目前为止最常见的选择）数据集的散点图——但是我们应该在哪里绘制每个数据点呢？一个很自然的要求是，这些点在二维空间中的布局要反映出它们在许多维度中的位置. 特别地，我们希望高维空间中相距很远的点在图中也相距很远，而高维空间中相距很近的点在图中显示得也很近.

242

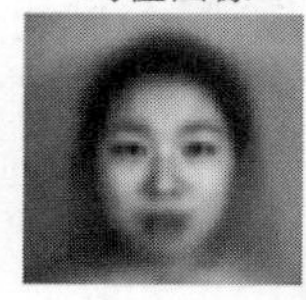

图 10.14　日本人面部表情数据集的均值和前 16 个主成分

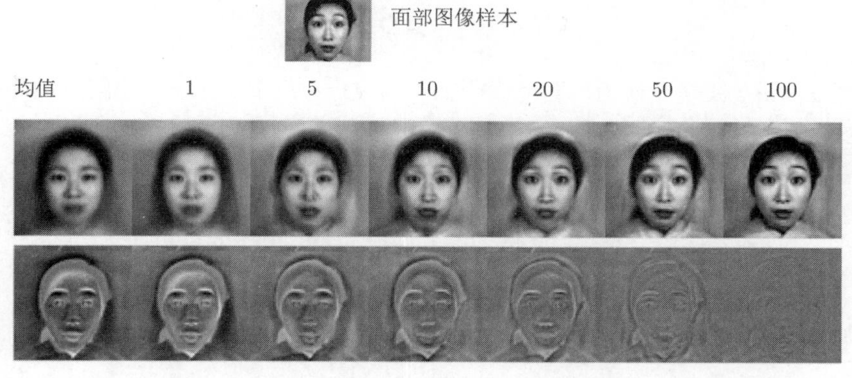

图 10.15　用均值和部分主成分近似得出面部图像；注意用相对较少的成分进行近似的结果是非常好的

10.4.1　使用高维距离选择低维点

我们将在 $\boldsymbol{v}_i$ 处绘制高维点 $\boldsymbol{x}_i$，$\boldsymbol{v}_i$ 是一个二维向量. 高维空间中点 i 和 j 之间的距离的平方是

$$D_{ij}^{(2)}(\boldsymbol{x}) = (\boldsymbol{x}_i - \boldsymbol{x}_j)^{\mathrm{T}}(\boldsymbol{x}_i - \boldsymbol{x}_j)$$

（D 的上角标是为了提醒你这是距离平方）．这里我们建立一个 $N \times N$ 的距离平方的矩阵 $\boldsymbol{D}^{(2)}(\boldsymbol{x})$. 这个矩阵的第 i, j 项是 $D_{ij}^{(2)}(\boldsymbol{x})$，参数 $\boldsymbol{x}$ 意味着这个距离是高维空间内点之间的距离. 这里我们选择向量 $\boldsymbol{v}_i$，确保

$$\sum_{ij}\left(D_{ij}^{(2)}(\boldsymbol{x})-D_{ij}^{(2)}(\boldsymbol{v})\right)^2$$

足够小. 这样做意味着在高维空间中相距很远的点在图中也相距很远，而在高维空间中相距很近的点在图中也很近.

以现在的这种形式，这个式子很难处理，但我们可以改进一下. 因为平移变换不会改变点间的距离，所以它不会改变任何一个 $\boldsymbol{D}^{(2)}$ 矩阵. 这就能解出这些点的均值为 0 的情况. 我们可以假设

$$\frac{1}{N}\sum_i \boldsymbol{x}_i = \boldsymbol{0}$$

.

用 $\boldsymbol{1}$ 表示所有元素都是 1 的 n 维向量，用 $\boldsymbol{\mathcal{I}}$ 表示单位矩阵. 这里有

$$D_{ij}^{(2)} = (\boldsymbol{x}_i - \boldsymbol{x}_j)^{\mathrm{T}}(\boldsymbol{x}_i - \boldsymbol{x}_j) = \boldsymbol{x}_i \cdot \boldsymbol{x}_i - 2\boldsymbol{x}_i \cdot \boldsymbol{x}_j + \boldsymbol{x}_j \cdot \boldsymbol{x}_j$$

现在记

$$\boldsymbol{\mathcal{A}} = \left[\boldsymbol{\mathcal{I}} - \frac{1}{N}\boldsymbol{1}\boldsymbol{1}^{\mathrm{T}}\right]$$

使用这个式子，可以得到矩阵 $\boldsymbol{\mathcal{M}}$ 的表达式：

$$\boldsymbol{\mathcal{M}}(\boldsymbol{x}) = -\frac{1}{2}\boldsymbol{\mathcal{A}}\boldsymbol{D}^{(2)}(\boldsymbol{x})\boldsymbol{\mathcal{A}}^{\mathrm{T}}$$

第 i, j 项是 $\boldsymbol{x}_i \cdot \boldsymbol{x}_j$. 我现在认为，要使 $\boldsymbol{D}^{(2)}(\boldsymbol{v})$ 与 $\boldsymbol{D}^{(2)}(\boldsymbol{x})$ 比较接近，需要 $\boldsymbol{\mathcal{M}}(\boldsymbol{v})$ 非常接近 $\boldsymbol{\mathcal{M}}(\boldsymbol{x})$，这里证明并无必要，我在此不做赘述.

我们需要一些符号的定义. 考虑数据集由 N 个 d 维列向量 $\boldsymbol{x}_i$ 组成，并通过堆叠向量得到矩阵 $\boldsymbol{\mathcal{X}}$，因此，

$$\boldsymbol{\mathcal{X}} = \begin{bmatrix} \boldsymbol{x}_1^{\mathrm{T}} \\ \boldsymbol{x}_2^{\mathrm{T}} \\ \vdots \\ \boldsymbol{x}_N^{\mathrm{T}} \end{bmatrix}$$

用这个符号，我们有

$$\boldsymbol{\mathcal{M}}(\boldsymbol{x}) = \boldsymbol{\mathcal{X}}\boldsymbol{\mathcal{X}}^{\mathrm{T}}$$

注意，$\boldsymbol{\mathcal{M}}(\boldsymbol{x})$ 是对称的，并且是半正定的. 它不是正定的，因为数据的均值是 0，所以 $\boldsymbol{\mathcal{M}}(\boldsymbol{x})\boldsymbol{1} = 0$.

243～244

我们现在必须选择一组向量 $\boldsymbol{v}_i$ 来使得 $\boldsymbol{D}^{(2)}(\boldsymbol{v})$ 与 $\boldsymbol{D}^{(2)}(\boldsymbol{x})$ 比较接近. 为此，选择一个与 $\boldsymbol{\mathcal{M}}(\boldsymbol{x})$ 非常接近的 $\boldsymbol{\mathcal{M}}(\boldsymbol{v})$. 这也意味着我们必须选择 $\boldsymbol{\mathcal{V}} = [\boldsymbol{v}_1, \boldsymbol{v}_2, \cdots, \boldsymbol{v}_N]^{\mathrm{T}}$，使得 $\boldsymbol{\mathcal{V}}\boldsymbol{\mathcal{V}}^{\mathrm{T}}$ 非常接近 $\boldsymbol{\mathcal{M}}(\boldsymbol{x})$. 我们在计算矩阵 $\boldsymbol{\mathcal{M}}(\boldsymbol{x})$ 的一个近似分解.

10.4.2 分解点积矩阵

我们寻找一组 k 维向量 $\boldsymbol{v}$，从而构成矩阵 $\boldsymbol{\mathcal{V}}$，要满足 $\boldsymbol{\mathcal{M}}(\boldsymbol{v})=\boldsymbol{\mathcal{V}}\boldsymbol{\mathcal{V}}^{\mathrm{T}}$，并且还要满足两个条件：(a) 尽可能接近 $\boldsymbol{\mathcal{M}}(\boldsymbol{x})$，(b) 秩最多是 k. 它的秩一定是不大于 k 的，因为必须有某个 $N\times k$ 的矩阵 $\boldsymbol{\mathcal{V}}$ 使得 $\boldsymbol{\mathcal{M}}(\boldsymbol{v})=\boldsymbol{\mathcal{V}}\boldsymbol{\mathcal{V}}^{\mathrm{T}}$. $\boldsymbol{\mathcal{V}}$ 的行向量就是 $\boldsymbol{v}_i^{\mathrm{T}}$.

我们可以通过对角化得到 $\boldsymbol{\mathcal{M}}(\boldsymbol{x})$ 的最佳分解. 用 $\boldsymbol{\mathcal{U}}$ 来表示 $\boldsymbol{\mathcal{M}}(\boldsymbol{x})$ 的特征向量矩阵，用 $\boldsymbol{\Lambda}$ 表示 $\boldsymbol{\mathcal{M}}(\boldsymbol{x})$ 的特征值组成的对角矩阵，并且其特征值是由上到下降序排列，因此，

$$\boldsymbol{\mathcal{M}}(\boldsymbol{x})=\boldsymbol{\mathcal{U}}\boldsymbol{\Lambda}\boldsymbol{\mathcal{U}}^{\mathrm{T}}$$

用 $\boldsymbol{\Lambda}^{\frac{1}{2}}$ 来表示 $\boldsymbol{\mathcal{M}}(\boldsymbol{x})$ 的特征值的算术平方根构成的对角矩阵. 所以有

$$\boldsymbol{\mathcal{M}}(\boldsymbol{x})=\boldsymbol{\mathcal{U}}\boldsymbol{\Lambda}^{\frac{1}{2}}\boldsymbol{\Lambda}^{\frac{1}{2}}\boldsymbol{\mathcal{U}}^{\mathrm{T}}=(\boldsymbol{\mathcal{U}}\boldsymbol{\Lambda}^{\frac{1}{2}})(\boldsymbol{\mathcal{U}}\boldsymbol{\Lambda}^{\frac{1}{2}})^{\mathrm{T}}$$

这里我们设

$$\boldsymbol{\mathcal{X}}=\boldsymbol{\mathcal{U}}\boldsymbol{\Lambda}^{\frac{1}{2}}$$

下面我们来讨论用 $\boldsymbol{\mathcal{M}}(\boldsymbol{v})$ 来近似 $\boldsymbol{\mathcal{M}}(\boldsymbol{x})$ 的过程. 误差就是所有项的平方和：

$$\operatorname{err}(\boldsymbol{\mathcal{M}}(\boldsymbol{x}),\boldsymbol{\mathcal{A}})=\sum_{ij}(m_{ij}-a_{ij})^2$$

因为 $\boldsymbol{\mathcal{U}}$ 是个旋转变换的矩阵，所以我们有

$$\operatorname{err}(\boldsymbol{\mathcal{U}}^{\mathrm{T}}\boldsymbol{\mathcal{M}}(\boldsymbol{x})\boldsymbol{\mathcal{U}},\boldsymbol{\mathcal{U}}^{\mathrm{T}}\boldsymbol{\mathcal{M}}(\boldsymbol{v})\boldsymbol{\mathcal{U}})=\operatorname{err}(\boldsymbol{\mathcal{M}}(\boldsymbol{x}),\boldsymbol{\mathcal{M}}(\boldsymbol{v}))$$

又由于

$$\boldsymbol{\mathcal{U}}^{\mathrm{T}}\boldsymbol{\mathcal{M}}(\boldsymbol{x})\boldsymbol{\mathcal{U}}=\boldsymbol{\Lambda}$$

也就是说，我们可以通过近似 $\boldsymbol{\Lambda}$ 的最好的秩来求出 $\boldsymbol{\mathcal{M}}(\boldsymbol{v})$. 我们把 $\boldsymbol{\Lambda}$ 中除前 k 个最大的特征值之外的值都变为 0，从而得到新的矩阵 $\boldsymbol{\Lambda}_k$. 则有

$$\boldsymbol{\mathcal{M}}(\boldsymbol{v})=\boldsymbol{\mathcal{U}}\boldsymbol{\Lambda}_k\boldsymbol{\mathcal{U}}^{\mathrm{T}}$$

并设

$$\boldsymbol{\mathcal{V}}=\boldsymbol{\mathcal{U}}\boldsymbol{\Lambda}_k^{(\frac{1}{2})}$$

其中，$\boldsymbol{\mathcal{V}}$ 的前 k 列都是非零的，而后面的第 k 到 N 列都是 0. 这个矩阵的行向量是 $\boldsymbol{v}_i$，我们可以将其画出来，这种构造绘图的方法，我们称之为**主坐标分析**.

这个图可能并不完美，因为降低数据点的维数会导致一定程度上的失真. 在许多情况下，这种失真是可以容忍的. 但在某些特定情况下，我们可能需要使用一种更复杂的评分系统，对某些类型的失真进行扣分. 有很多方法可以做到这一点，这个普遍的问题被称为**多维放缩**.

流程 10.3（主坐标分析） 设矩阵 $\boldsymbol{D}^{(2)}$ 是由 N 个点两两之间差的平方组成，我们无须知道这些点. 这里需要计算一个 r 维点集，使得它们两点之间的距离尽可能地与 $\boldsymbol{D}^{(2)}$ 中的类似.

- $\mathcal{A}=\left[\mathcal{I}-\frac{\mathbf{1}\mathbf{1}^{\mathrm{T}}}{N}\right]$
- $\mathcal{W}=\frac{1}{2}\mathcal{A}\mathcal{D}^{(2)}\mathcal{A}^{\mathrm{T}}$
- 设矩阵 $\mathcal{U},\boldsymbol{\Lambda}$，满足 $\mathcal{W}\mathcal{U}=\mathcal{U}\boldsymbol{\Lambda}$（两个矩阵分别是 $\mathcal{W}$ 的特征向量和特征值），这里 $\boldsymbol{\Lambda}$ 的值是按降序排列的.

245

- 选择 r，作为你想要的维度. 设 $\boldsymbol{\Lambda}_r$ 为 $\boldsymbol{\Lambda}$ 的左上 $r\times r$ 块，$\boldsymbol{\Lambda}_r$ 的算术平方根是 $\boldsymbol{\Lambda}_r^{(\frac{1}{2})}$，设 $\mathcal{U}_r$ 是矩阵 $\mathcal{U}$ 的前 r 列.

则我们有

$$\mathcal{V}^{\mathrm{T}}=\boldsymbol{\Lambda}_r^{(\frac{1}{2})}\mathcal{U}_r^{\mathrm{T}}=[\boldsymbol{v}_1,\boldsymbol{v}_2,\cdots,\boldsymbol{v}_N]$$

即要画出的点集.

10.4.3 示例：使用多维放缩的地图

多维放缩从距离（10.4.1 节的 $\boldsymbol{D}^{(2)}(\boldsymbol{x})$）得到位置（10.4.1 节的 $\mathcal{V}$）. 这意味着我们可以使用该方法单独从距离构建地图. 我从网络上收集了距离信息（我使用的是 http:// www.distancefromto.net 中的数据，不过在谷歌中搜索“城市距离”会得到大量的结果），然后在此我使用了多维放缩. 我首先得到了南非省会之间的距离，以千米为单位. 然后，我使用主坐标分析来找到每个省会的位置，并对所得到的图进行旋转、平移和放缩，以便与真实的地图对照 (图 10.16).

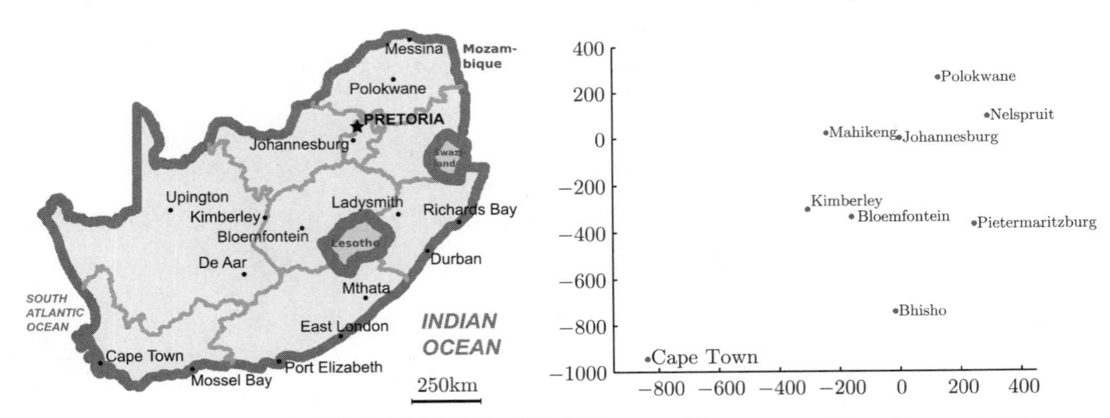

图 10.16 左图是南非的公共领域地图，获取来源：http://commons.wikimedia. org/wiki/-File:Map_of_South_Africa.svg，我们选取里面的数据并进行编辑，删除了周围国家. 在右图，城市的位置是通过多维放缩推断出来的，经过旋转、平移和放缩，可以通过肉眼对地图进行比较. 地图上并没有标出所有的省会城市，但很容易看出 MDS 已经将这些省会城市放在了正确的位置（使用一张规则的描记纸进行检查）

主坐标分析的一个常规用途是确定是否可以在数据集中发现其结构，也就是数据集是成团的还是成块的. 尽管这并不完美，但它依然是一个不错的方式，可以看看是否有什么有趣的结论. 图 10.17 展示了光谱数据的三维图，使用主坐标分析将其缩减为三维. 图像很有趣，你应该注意到了，数据点在三维空间中分散开来，但实际上似乎是在一个复杂的曲面上——它们显然无法组成一个统一的团. 在我看来，这个形状更像一只蝴蝶. 我不知道为什么会发生这种情况（也许是宇宙在涂鸦），但它肯定能够表明有一些值得研究的事情存在. 也许是测量样本的选择很值得研究，也许测量仪器不能进行某些类型的精准测量，或者可能有一些物理过程阻止数据在空间中扩散.

我们的算法有一个非常有趣的特性. 在某些情况下，我们实际上并不知道数据点是向量. 而是只知道数据点之间的距离. 这在社会科学中经常发生，在计算机科学中也有重要的案例. 作为一个相当做作的例子，我们可以调查人们关于早餐食品的情况（例如，鸡蛋、培根、谷类食品、燕麦片、薄煎饼、吐司、松饼、烤肉片和香肠共 9 种食物）. 我们要求每个人在某种程度上对每对不同项目的相似性进行评分. 这里通知被调查的人，相似的商品是指，如果它们被同时提供，人们不会有特别的偏好，但是，对于不同的商品，他们会对其中一个有强烈的偏好.

246

相似度的量表可以是“非常相似”“比较相似”“相似”“不相似”和“毫无共同点”（类似的量表通常称为**李克特量表**）. 我们从许多人那里收集每对不同项的相似性，然后平均所有受访者给出的相似性. 我们用一种使非常相似的项接近，而使非常不相似的项远离的方式计算距离. 那么，我们有了一个各项之间的距离表，可以计算 $\boldsymbol{\mathcal{V}}$ 并生成散点图. 这个图很有启发性，因为大多数人认为容易被替代的项看起来很接近，而难以替代的项则相距很远. 这里有一个巧妙的技巧，我们不是从 $\boldsymbol{\mathcal{X}}$ 开始，而是从一组距离开始，但是我们能够将向量与“鸡蛋”联系起来，并生成一个有意义的图.

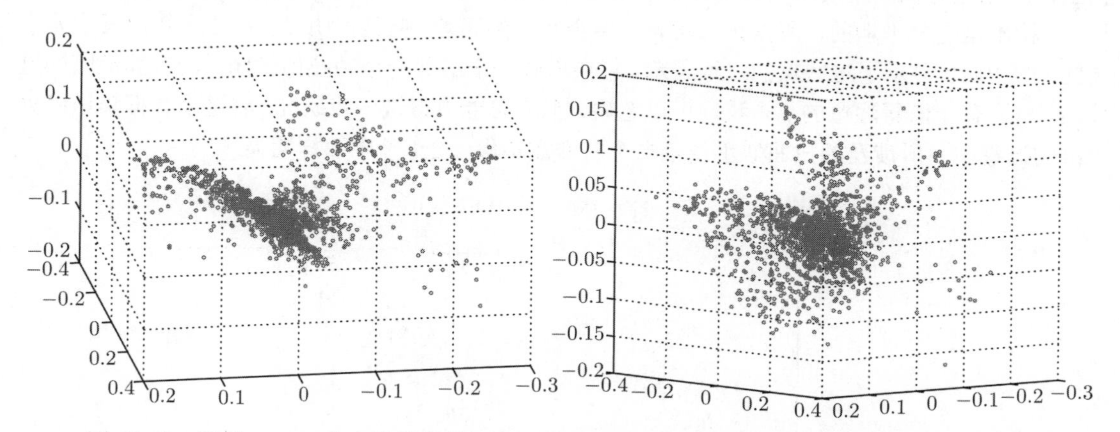

图 10.17 这是 10.3.3 节光谱数据的两个视图，采用主坐标分析法绘制散点图，从而获得一个三维点集. 请注意，数据以三维形式分布，但似乎位于某种结构上. 它肯定不是一个单一的团. 这表明这值得进一步分析

10.5 示例：了解身高与体重

调用 1.2.4 节的身高–体重数据集（从 http://www2.stetson.edu/~jrasp/data.htm 中获取，在此 URL 中查找 body.xls)，实际上，这是一个 16 维的数据集. 各个分量分别是（按顺序）体

脂、密度、年龄、体重、身高、肥胖、颈部、胸部、腹部、臀部、大腿、膝盖、脚踝、二头肌、前臂和手腕. 我们已经知道这些条目中有很多是相关的，但是很难一次性掌握一个 16 维的数据集. 第一步是用多维放缩进行研究（图 10.18）.

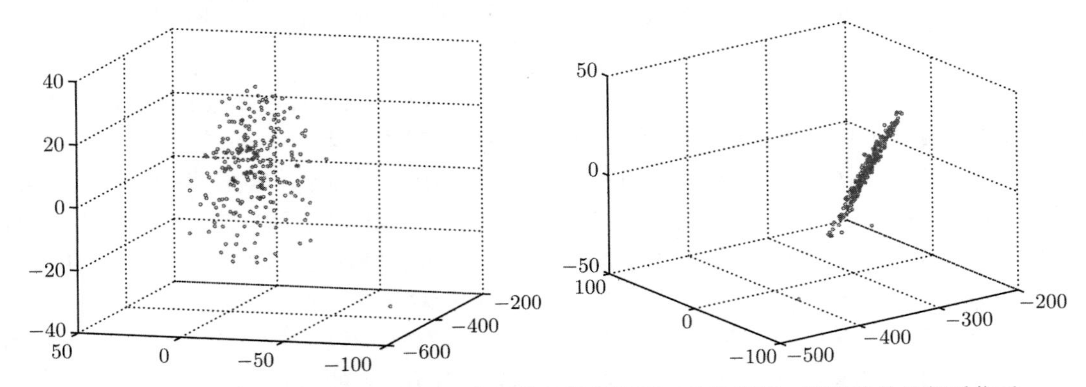

图 10.18　这里是两个将身高–体重的多维数据集放缩到三维的视图. 这里的数据似乎位于一个三维空间的平面结构中，仅有一个外围数据点. 这意味着数据点之间的距离可以（在很大程度上）用二维表示

247

1.2.4 节显示了将该数据集多维放缩到三维. 数据集似乎位于三维空间中一个相当平坦的结构上，这意味着点间距离用二维表示法解释相对较好. 有两个点似乎很特别，而且远离平面结构. 结构不是完全平坦的，所以在二维表示中会有小的误差. 但是很明显，用更多维度其实是多余的. 图 10.19 显示了这些点的二维表示. 它们形成一个沿着一个轴拉伸的团，没有其他团的迹象. 这里还有个值得注意的点，我们可以忽略，但它可能值得进一步研究. 将这个数据集压缩到二维的过程中，所涉及的扭曲似乎使第二个特殊点不像 1.2.4 节中那样明显.

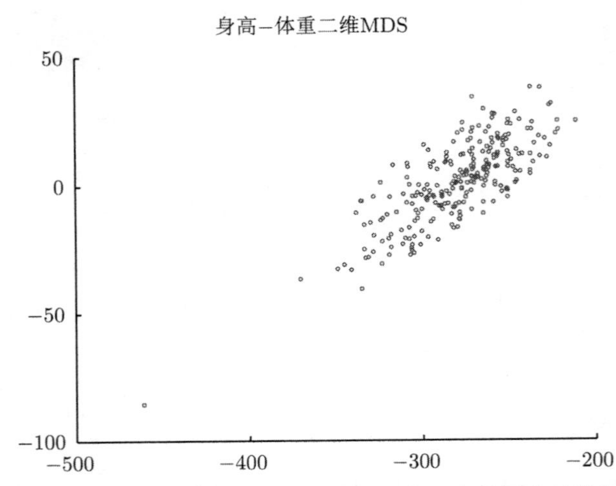

图 10.19　这是身高–体重的二维数据集多维放缩图. 有两个数据点显然很特殊，远离了大部分散点. 这些数据似乎形成了一个整体，其中一个轴比另一个轴重要得多

下一步是主成分分析. 图 10.20 显示了数据集的均值. 数据集的分量有不同的单位，不应该直接进行比较. 但是我们很难直接分析一个由 16 维数据组成的数据表，所以我把均值绘制成一个茎叶图. 图 10.21 显示了该数据集协方差的特征值. 注意到一个维度是多么重要，在第三个主成分之后，贡献就变得很小了. 当然，我可以说“第四个”或“第五个”，或者其他什么，确切的选择取决于你认为的“小”有多小.

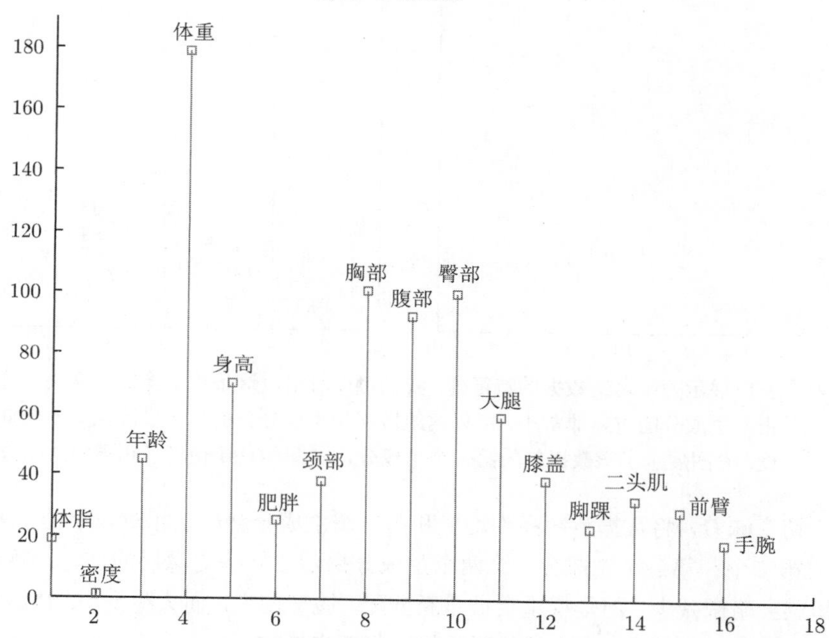

图 10.20　bodyfat.xls 的均值数据集. 每个分量可能单位不同（尽管并不知道单位是什么），因此很难在不产生误导的情况下绘制数据. 我在这里采用了一种解决方案，即绘制一个茎叶图. 你不应该试图将这些值相互比较. 相反，请将此图看作是一个表的简洁版本

图 10.21 还显示了第一个主成分. 特征值证明了把每个数据项（粗略地）看作是均值加上一些权重乘以这个主成分. 从这个图中可以看到，体重较大的数据项中，大多数其他测量值（年龄和密度除外）的值也较大. 也可以看出到底“大”到了多少：如果体重增加了 8.5 个单位，那么腹部就会增加 3 个单位，以此类推. 这解释了数据集中的主要差异.

248

在旋转后的坐标系中，各分量不相关，它们有不同的方差（协方差矩阵的特征值）. 我们可以通过增加这些方差来了解数据. 在这个例子中，我们得到 1404. 这意味着，在平移和旋转的坐标系中，平均数据点距离中心（原点）$\sqrt{1404} \approx 37$ 个单位. 平移和旋转不会改变距离，所以平均数据点距离原始数据集中心点的距离也是 37 个单位. 如果使用均值和前三个主成分来表示一个数据点，就会出现一些误差. 我们可以从分量方差估计平均误差. 在这种情况下，前三个特征值之和为 1357，所以用前三个主成分表示一个数据点的均方误差是 $\sqrt{1404-1357}$，即 6.8. 这里相对误差就是 $6.8 \div 37 = 0.18$. 还有另一种表示该信息的方法，使用更广泛一些：前三个主成分解释了 $(1404-1357) \div 1404 = 0.034 = 3.4\%$，也就是方差的 3.4%. 注意，这是相对误差的平方，它会是一个更小的数字.

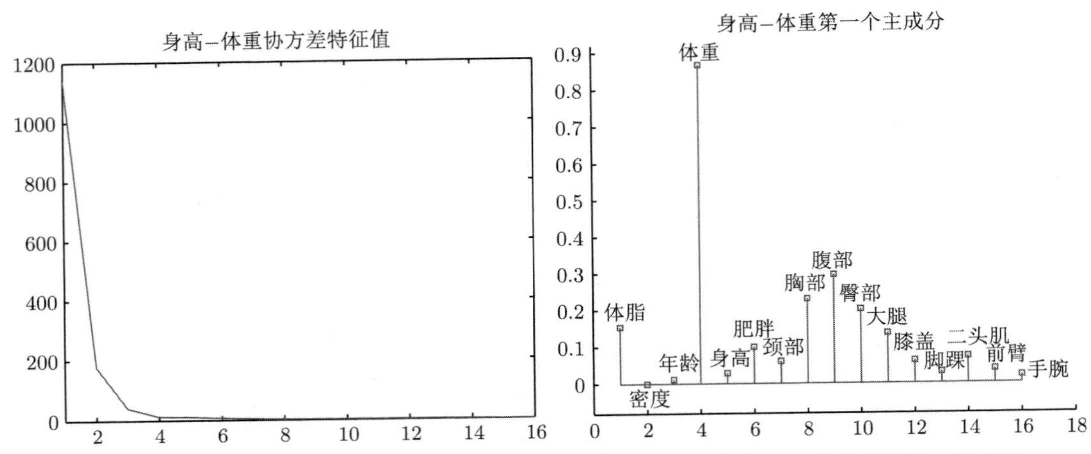

图 10.21　左图展示的是这组数据的特征值. 我们可以看出，这条线下降得非常快，这表明很多主成分的方差非常小，所以这组数据做主成分分析后可以降低到比较低的维度. 右图展示了该数据集的第一个主成分，与图 10.20 使用了相同的绘图方式

所有这一切意味着，将数据点解释为均值和前三个主成分会产生相对较小的误差. 图 10.22 显示了数据的第二个和第三个主成分. 这两个主成分揭示了一些更深层的结论. 随着年龄的增长，身高和体重会略微减少，但是权重会被重新分配，腹部变大，而大腿变小. 体脂和腹部有比较小的相关性（第三个主成分）. 人的体脂增加，腹部也增加.

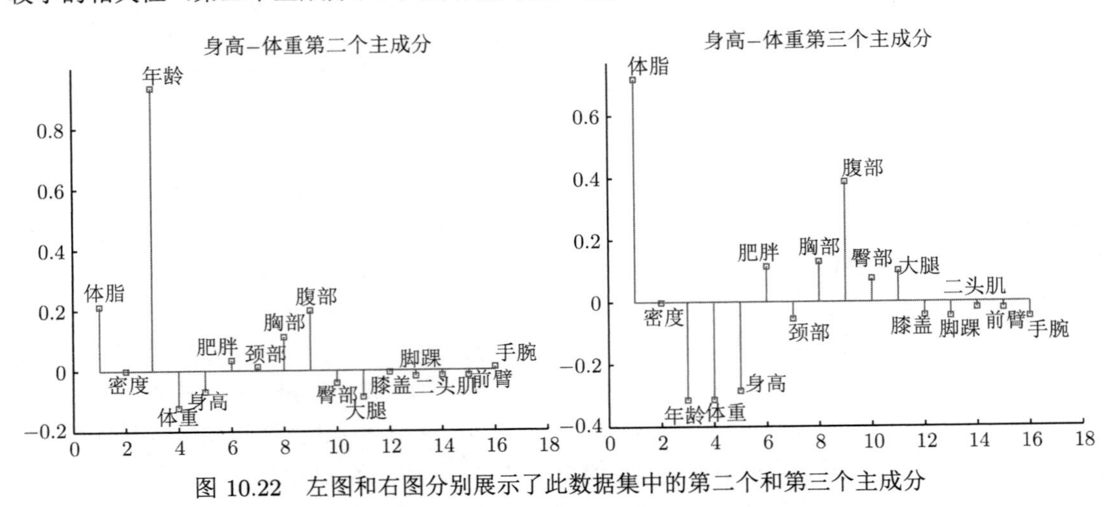

图 10.22　左图和右图分别展示了此数据集中的第二个和第三个主成分

问题

总结

10.1 你有一个数据集 $\{\boldsymbol{x}\}$，含有 N 个 d 维向量 $\boldsymbol{x}_i$. 我们研究此数据集的一个线性函数. 设常数向量 $\boldsymbol{a}$，这个线性函数作用在第 i 个数据项 $\boldsymbol{x}_i$ 得到的结果是 $\boldsymbol{a}^{\mathrm{T}}\boldsymbol{x}_i$. 设 $f_i = \boldsymbol{a}^{\mathrm{T}}\boldsymbol{x}_i$，那么 $\{f\}$ 就是这个线性函数的值域.

250

（a） 证明：$\text{mean}(\{f\}) = \boldsymbol{a}^{\mathrm{T}}\text{mean}(\{\boldsymbol{x}\})$（此题并不难）.

（b） 证明：$\text{var}(\{f\}) = \boldsymbol{a}^{\mathrm{T}}\text{Covmat}(\{\boldsymbol{x}\})\boldsymbol{a}$（较难，但通过定义可以证明）.

（c） 假设数据集有一个特殊的属性，即存在多个向量 $\boldsymbol{a}$，使得 $\text{var}(\{f\}) = \boldsymbol{a}^{\mathrm{T}}\text{Covmat}(\{\boldsymbol{x}\})\boldsymbol{a}$. 证明：这个数据集在一个超平面上.

10.2 在图 10.23 中，标出此数据集的均值点、第一主成分和第二主成分.

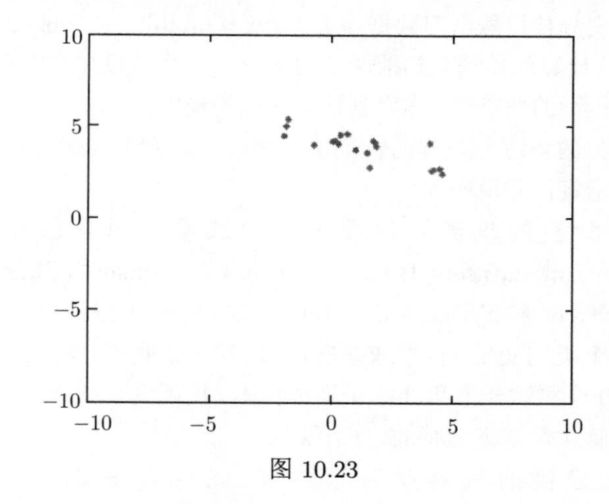

图 10.23

10.3 你有一个数据集 $\{\boldsymbol{x}\}$，由 N 个 d 维向量 $\boldsymbol{x}_i$ 组成. 假设 $\text{Covmat}(\{\boldsymbol{x}\})$ 有一个非 0 的特征值. 再设，$\boldsymbol{x}_1$ 和 $\boldsymbol{x}_2$ 的值不同.

（a） 证明：存在一组 t_i，对于任意数据集中的元素 $\boldsymbol{x}_i$，都有

$$\boldsymbol{x}_i = \boldsymbol{x}_1 + t_i(\boldsymbol{x}_2 - \boldsymbol{x}_1)$$

（b） 现在考虑这些 t 值的数据集，请问 $\text{std}(t)$ 和 $\text{Covmat}(\{\boldsymbol{x}\})$ 中的非零特征值之间是否有关联，并陈述理由.

编程练习

10.4 请从加州大学欧文分校机器学习数据库（https://archive.ics.uci.edu/ml/machine-learning-databases/iris/iris.data）获取鸢尾花数据集.

（a） 绘制这个数据集的散点图矩阵，用不同的标记显示每个物种.

（b） 现在获取数据的前两个主成分，将数据单独绘制在这两个主成分上，再次用不同的标记显示每个物种. 这样绘制的图跟原来相比是否发生了巨大误差，请解释你的结论.

10.5 请从加州大学欧文分校机器学习数据库中 (https://archive.ics.uci.edu/ml/datasets/Wine) 获取葡萄酒数据集.

（a） 绘制协方差矩阵的特征值并排序，请说明应该使用几个主成分来表示这个数据集，并说明理由.

（b） 构造前 3 个主成分（即特征值最大的协方差矩阵的特征向量）的茎叶图，并说说你得到的结论.

（c） 计算此数据集的前两个主成分，并将其投影到它们的分量上. 现在生成这个二维数据集的散点图，其中类 1 的数据项绘制为“1”，类 2 的数据绘制为“2”，以此类推.

251

10.6 请从加州大学欧文分校机器学习数据库中 (http://archive.ics.uci.edu/ml/datasets/seeds) 获取小麦数据集. 计算此数据集的前两个主成分，并将其投影到它们的分量上.

（a） 生成这个投影的散点图. 你看到什么有趣的现象?

（b） 将此数据集的协方差矩阵的特征值排序，之后判断我们应该使用多少主成分来表示这个数据集，并说明理由.

10.7 加州大学欧文分校的机器学习数据库存放着一组乳腺癌诊断数据（http://archive.ics.uci.edu/ml/datasets/Breast+Cancer+Wisconsin+(Diagnostic)），由 Olvi Mangasarian、Nick Street 和 William H. Wolberg 捐赠. 对于每条记录，都有一个 id 号、10 个连续变量和一个类别变量 (良性或恶性)，有 569 组数据. 将这个数据集随机分为 100 个验证样本、100 个测试样本和 369 个训练样本. 使用良性和恶性病例的不同标记，在前三个主成分上绘制此数据集. 你看到了什么?

10.8 加州大学欧文分校的机器学习数据库（http://archive.ics.uci.edu/ml/datasets/Abalone）有一组鲍鱼测量数据集，计算除性别外所有变量的主成分. 现在绘制一个投影到前两个主成分上的度量的散点图，雄性鲍鱼用“m”表示，雌性鲍鱼用“f”表示和婴儿用“i”表示. 你看到了什么?

10.9 选择美国一个州. 对于你所选择的州内的 15 个最大的城市，请计算城市之间的距离和城市之间的公路里程. 它们因道路所走的路线不同而有所不同. 你可以通过互联网找到这些距离. 为这两个距离的每一个使用主坐标分析准备一张地图，在平面上显示这些城市. 使用公路网使地图和现实情况有多大误差？各州的情况不同吗？为什么？

10.10 CIFAR-10 是一个分成 10 类的 32×32 个图像组成的数据集，由 Alex Krizhevsky-Vinod Nair 和 Geoffrey Hinton 收集. 它经常被用来评估机器学习算法，下载地址：https://www.cs.toronto.edu/~kriz/cifar.html.

（a） 对于每类，计算均值图像和前 20 个主成分. 用前 20 个主成分表示每个类别的图像所产生的误差，并进行绘图.

(b) 计算每对类中均值图像之间的距离. 利用主坐标分析绘制各类别均值的二维图像. 这里，我们通过将图像看作向量来计算距离.

(c) 这是另一个衡量两个类相似性的方法. 对于类 A 和类 B，我们定义 $E(A \to B)$ 是通过使用类 A 的均值和类 B 的前 20个主成分表示类 A 的所有图像的平均误差. 现在定义类 A 和类 B 图像的相似性为$\frac{1}{2}[E(A \to B) + E(B \to A)]$. 使用主坐标分析制作每类的二维图像，将此图与上一个练习中的图进行比较，它们有所不同吗？为什么？

252

第 11 章 分类学习

分类器是一个接收到一组特征并为其生成类标签的过程. 由于许多问题本质上都是分类问题，因此分类器的应用非常广泛. 例如，如果要决定是否在网页上投放广告，你可以使用一个分类器（也就是说，看看网页，根据某种规则决定是否投放）. 如果你有一个从网上找到的免费程序，则可以使用分类器来确定运行该程序是否安全（即查看该程序，并根据某些规则决定是或否）. 再举一个例子，信用卡公司必须决定一笔交易是否为欺诈.

所有这些示例都是把对象分成两类的分类器，但在许多情况下，需要分为更多类. 你可以将对衣物进行分类看作应用一个多类分类器，也可以把医生看作一个复杂的多类分类器：医生接受一组特征（你的描述、他所询问的问题答案等信息），然后产生一个可以称为分类的响应. 任何一个类的分级过程都是一个多类分类器，它会生成类标签（比如考试、作业等的成绩）.

分类器的训练通常是获取一组带标签的训练样本，然后寻找一个分类器，使对训练数据进行评估的成本函数得到优化. 训练分类器的数据的特征并不重要，重要的是运行时数据的性能，这可能非常难评估，因为人们通常不知道这些数据的真实情况. 例如，我们希望将信用卡交易分为安全交易和欺诈交易，我们可以获得一组带有真实标签的交易，并以此为基础进行训练. 但是我们关心的是新的交易，我们很难知道分类器的答案是否正确. 为了能够成功分类，这组带标签的样本必须以某种强有力的方式代表未来的样本. 我们将始终假设带标签的样本是所有可能样本集合中的 IID 样本，尽管我们从未明确使用该假设.

定义 11.1（分类器） *分类器是接受一组数据的特征并产生标签的过程. 分类器需要在已被分类的样本上进行训练，目标是当碰到在训练中未见过的数据时，表现良好. 所以训练过程需要用到能够代表未来数据的已被分类的数据.*

学习本章内容后，你应该能够做到:

- 使用程序包构建最近邻分类器，并对其错误率或准确率进行交叉验证估计.
- 使用程序包构建朴素贝叶斯分类器，并对其错误率或准确率进行交叉验证估计.
- 使用程序包构建 SVM，并对其错误率或准确率进行交叉验证估计.
- 编写程序，使用随机梯度下降训练 SVM，并对其错误率或准确率进行交叉验证估计.
- 使用程序包构建决策森林，并对其错误率或准确率进行交叉验证估计.

11.1 分类

我们需要编写训练数据集 $(\boldsymbol{x}_i, y_i)$. 对于第 i 个数据，$\boldsymbol{x}_i$ 代表了其某种特征的值. 在比较简单的情况中，$\boldsymbol{x}_i$ 是一个实数组成的向量. 在某些情况中，$\boldsymbol{x}_i$ 包含一些分类数据或者未知的值. 虽然不能保证 $\boldsymbol{x}_i$ 一定是向量，但我们通常称之为**特征向量**（feature vector）. y_i 是分类对象所给出的类别标签，我们需要用这种有类别标记的样本来生成一个分类器.

11.1.1 错误率和其他性能总结

我们可以使用**错误率**或**总错误率**（错误分类的占比）和**准确率**（正确分类的占比）来总结某个分类器的性能. 对于大多数实际情况，分类器是会出错的. 例如，一个外星人试图只使用身高作为特征将人类分为男性和女性，不管外星人的分类器用那个特征做什么，它都会出错. 这是因为对于每个身高值，分类器必须选择是用“男性”还是“女性”来标记人类. 但是对于很多高度值，很多男性、女性的身高都符合，所以外星人的分类器肯定会出错.

如示例所示，一个特定的特征向量 $\boldsymbol{x}$ 可能会以不同的标签出现（因此外星人将会看到 1.82m 的男性和 1.82m 的女性，这很可能出现在训练数据集中，当然在未来的数据中也可能会出现）. 标签出现的概率取决于观察结果，$P(y|\boldsymbol{x})$. 如果在其特征空间中，$P(\boldsymbol{x})$ 较大（这也是我们所期望看到的），并且 $P(y|\boldsymbol{x})$ 对于多个 y 的取值都能有较大的值，那么无论多好的分类器都会有较高的错误率. 如果我们事先知道 $P(y|\boldsymbol{x})$（这种情况很少见，但是我们需要考虑到），我们就能够通过它来判断分类器的分类性能. 将最佳分类器应用于特定问题所获得的最小预期错误率被称为该问题的**贝叶斯风险**. 在大多数情况下，我们并不知道贝叶斯风险是什么，因为 $P(y|\boldsymbol{x})$ 的值通常未知，可是计算贝叶斯风险需要它.

分类器的错误率本身没有什么意义，因为我们通常不知道具体问题的贝叶斯风险. 将一个特定分类器和一些自然方案做比较有时会更有帮助，这种自然方案有时称为**基线**. 为特定问题选择基线几乎总是应用逻辑的问题. 最简单的基线是一个一无所知的策略. 想象一下，在完全不使用特征向量的情况下对数据进行分类，结果会如何？如果在 C 类中每一类都以相同的频率出现，那么均匀随机地选择一个标签来标记数据就足够了，这个策略的错误率是 $1-1/C$. 如果一个类相较于其他类更为常见，则用该类标记所有东西以获得最低的错误率. 这种比较通常被称为**机会比较**.

处理只有两个标签的数据的情况非常常见. 你应该记住这意味着最高可能的错误率是 50%——如果你有一个错误率更高的分类器，你可以通过切换输出结果来改进它. 如果一个类出现概率比另一个类大得多，那么这个分类器的训练将变得更复杂，因为最好的策略是把所有东西都标上更常见的类——这很难应对.

11.1.2 更详细的评估

错误率是对分类器性能的一个粗略总结. 对于两类分类器和 0-1 损失函数，可以报告**假阳性率**（被分类为阳性的阴性测试数据的占比）和**假阴性率**（被分类为阴性的阳性测试数据的占比）. 请注意，这两项数据都很重要，因为具有较低假阳性率的分类器往往假阴性率较高，反之亦然. 因此，对于那些只给出其中一个而不给出另一个数据的报告，应该持怀疑态度. 有时可报告的替代指标包括**敏感性**（被分类为阳性的真阳性的占比）和**特异性**（被分类为阴性的真阴性的占比）.

两类分类器的假阳性率和假阴性率可以推广到多类分类器的评估中，得到**类混淆矩阵**. 类混淆矩阵是一个表格，其中第 (i,j) 个单元格包含实际上是第 i 类但分类器将之分为第 j 类的案例个数（或者显示案例的比例而不是个数）. 表 11.1 给出了一个例子，这是一个基于数据集的分类器的类混淆矩阵，在这个数据集中，人们试图通过一系列生理和物理测量来预测心脏病的程度. 有五个类 $(0,\cdots,4)$. 表的第 (i,j) 个单元格显示了真正的第 i 类中被分类为第 j 类的数据点的数量. 我发现很难记住行或列是表示真类还是预测类，因此在表中标记了这一信息. 对于每一行，都有一个**类错误率**，即该类中错误分类的数据点的百分比. 在这样的表中，首先要看的是对角线；如果每行、列的最大值出现在那里，那么可以反映出这个分类器的准确率较高. 表 11.1 中显然不是这样的. 相反，我们可以看到该方法非常适合用来判断数据点是否在第 0 类中（分类错误率相当小），但无法区分其他类. 这强烈暗示我们数据不能分成我们想要的类别，使用不同的类别可能会更好.

254

表 11.1 一个多类分类器的类混淆矩阵

真	预测					
	0	1	2	3	4	类错误率 (%)
0	151	7	2	3	1	7.9
1	32	5	9	9	0	91
2	10	9	7	9	1	81
3	6	13	9	5	2	86
4	2	3	2	6	0	100

11.1.3 过度拟合和交叉验证

选择和评估分类器时需要注意一些问题. 我们的目标是通过一组已分类的样本训练分类器，得到一个能对未来数据（我们可能永远都不知道这些数据真正的类别）进行良好分类的分类器. 这并不容易. 例如，有一个并不优秀的分类器，它接受所有数据，如果数据与训练集中的某个点相同，那么它被放在训练集中那个点所在的类；否则，它将在所有类别之间随机选择.

分类器的**训练误差**是用来训练分类器的样本的错误率. **测试误差**是非训练分类器的样本所得到的误差. 训练误差小的分类器的测试误差可能不会小，因为选择分类过程是为了更好地处理训练数据. 这种效果有时被称为**过度拟合**，或者**选择偏差**，因为训练数据是被选择过了的，所以和测试数据不太一样，而且训练数据集的**泛化能力可能很差**，所以分类器必须从训练数据到测试数据进行泛化训练. 有效的训练过程很可能发现训练数据集的特殊属性，而测试数据集并没有这些属性，因为训练数据集和测试数据集是不一样的. 训练数据集通常是所有想要分类的数据的样本，因此数据量很可能比测试数据集要少得多. 因为训练集是一个样本，所以它可能有一些测试数据集没有的异常情况. 过度拟合的一个后果是，分类器应该始终根据未在训练中使用的数据进行评估.

假设我们现在要估计一个分类器对测试数据分类的错误率，我们不能用训练集的错误率来估计分类器本身的错误率，因为分类器就是用训练集训练出来的，它自然会做得很好，如果我们这么做，那么错误率可能就估计得偏低了. 还有一种方法是从训练集中分离出一些数据，形成一个**验证集**（有时也被称为测试集），然后用其余的数据训练分类器，用验证集进行评估. 验证集上的错误率估计值是某个随机变量的值，因为验证集是所有可能分类的数据的样本. 但是这种错误率估计是**无偏的**，意味着错误率估计值的期望值就是错误率的真实值. 你可以把错误率估计看作样本均值，并应用第 6 章的思想来分析.

然而，由于我们在训练时遗漏了一些训练数据，所以分离出一些训练数据会使分类器无法成为最佳的. 当我们试图判断要使用一组分类器中的哪一个时，有个问题可能会困扰我们：分类器在验证数据上表现不佳是因为它不适合这组数据的分类还是因为训练它的数据太少？

我们可以通过**交叉验证**来解决这个问题，交叉验证涉及重复操作：将数据统一、随机地分割成训练集和验证集，用训练集训练分类器，用验证集评估分类器，然后计算所有分割下的错误率均值. 每一个不同的分割通常被称为**折叠**. 这个过程以大量计算为代价，得出分类器未来可能性能的估计. 该算法的一种常见形式是以单个数据项为验证集，被称为**留一交叉验证**.

注记 分类器在训练集的表现通常比在测试集上要更好，因为分类器就是用训练集训练的. 这种效应称为过度拟合. 为了获得对未来数据的准确分类，应该始终根据训练中未使用的数据对分类器进行评估.

255

11.2 用最近邻分类

假设有一个由 N 对 $(\boldsymbol{x}_i, y_i)$ 组成的标签数据集. 其中，$\boldsymbol{x}_i$ 是第 i 个特征向量，y_i 是第 i 类. 我们希望对于任意一个新的 $\boldsymbol{x}$，都能预测 y 类. 这通常被称为查询样本或查询. 这里有一个非常有效的策略：找到最接近 $\boldsymbol{x}$ 的已标签样本 $\boldsymbol{x}_c$，然后将它的类报告为 $\boldsymbol{x}$ 的类.

我们对这一策略的实际效果的预期如何？过于精确的分析可能会使我们偏离正道，但简单的推理是必要的. 假设有两个类：1 和 -1（推理过程简洁明了，但叙述起来略显复杂）. 如果 $\boldsymbol{u}$ 和 $\boldsymbol{v}$ 足够接近，那么 $p(y|\boldsymbol{u})$ 与 $p(y|\boldsymbol{v})$ 相似. 这意味着如果一个带标签的样本 $\boldsymbol{x}_i$ 接近 $\boldsymbol{x}$，那么 $p(y|\boldsymbol{x}_i)$ 与 $p(y|\boldsymbol{x})$ 相似. 再进一步，我们期望查询“像”已标签的数据集，某种意义上，有标签数据中常见（少见）的点在查询中也常见（少见）.

假设查询来自一个位置，其中 $p(y=1|\boldsymbol{x})$ 与 $p(y=-1|\boldsymbol{x})$ 大致相同，那么与之最接近的有标签的数据点 $\boldsymbol{x}_c$ 应该在附近（因为查询数据是“类似”于已标签的数据）. 但是，想象一下有一系列相似的样本，这个集合中的标签应该有明显区别（因为 $p(y=1|\boldsymbol{x})$ 与 $p(y=-1|\boldsymbol{x})$ 大致相同）. 这也意味着，如果查询被标记为 1（或 -1），查询数据中的一个小变化会导致它被标记为 -1（或 1）. 在这些区域中，分类器往往更容易出错，这是显而易见的. 如果有足够的样本，使用这种算法则可以证明最近邻产生的误差不超过最佳错误率的两倍. 可是在实践中不可能有足够多的样本来应用这一结论.

一个重要的推广是找到 k 个最近邻点，然后从中选择一个标签. 一个 (k, l) 最近邻分类器会查找一定距离内最近的 k 个示例点，只要该类的投票数大于 l，就将该点分到票数最高的类（否则，该点被归类为未知）. 实际上，很少有人使用超过三个最近邻点.

最近邻点的实际困难

使用最近邻分类器的第一个实际困难是需要大量带标签的样本才能使用该方法. 对于某些问题是不可行的. 第二个实际困难是需要合理地选择距离，对于明显属于同一类型的特征（例如长度)，用通常的度量标准可能就足够了. 但是，如果特征分别是长度、颜色和角度呢？独立地缩放每个特征几乎总是一个好主意，这样每个特征的方差是相似的. 这可以防止数值非常大的特征支配那些数值小的特征. 另一种可能性是转换特征，使协方差矩阵为单位矩阵（这有时被称为**白化**；该方法来自第 10 章的思想）. 如果维数太大以至于协方差矩阵很难估计，那么这就很难做到.

第三个实际困难是需要为所查询点找到最近邻点. 若比分别检查任意两个训练样本的距离快的话，更困难. 如果你的直觉告诉你使用树状图就可以克服这个困难的话，也未免太天真了，实际上，在高维空间中找最近邻点比看起来要困难得多，因为高维空间很难用直观的方式来解释. 历史中有很多人都提出过这种方法，但其中很多方法都被证实是不可靠的.

幸运的是，通常使用一个**近似最近邻点**就可以了，这是一个很有可能与最近邻点一样接近查询点的例子. 获得近似的最近邻点比获得精确的最近邻点要容易得多. 有几种不同的方法可以找到近似的最近邻点，在此先不具体说明，每种方法都涉及一系列的调节常数等，在不同的数据集上，尝试不同的方法和不同的调节常数会产生最佳的结果. 如果想在大量数据上使用最近邻分类器，通常需要仔细研究搜索方法和调节常数，以便找到对查询点产生非常快速响应的算法. 我们知道如何进行搜索，而且有很好的软件可以使用（FLANN，http://www.cs.ubc.ca/∼mariusm/index.php/FLANN/FLANN，Marius Muja 和 David G. Lowe）.

使用交叉验证来估计最近邻分类器的错误率是很简单的. 首先，将带标签的训练集分成两部分：训练集（通常数量较大）和验证集（通常数量较小）. 获取验证集的每个元素，并用训练集中最近的元素的标签对其进行标记. 计算产生错误（实际分类和算法分类结果不同）的比例. 对不同的训练集分割结果重复此操作，并计算所有分割下的平均错误数. 通常我们编写的代码比这里的叙述要短.

256

实例 11.1（使用最近邻分类）　建立最近邻分类器，对 MNIST 的数字数据进行分类. 这个数据集被广泛用于检查简单方法，最初由 Yann Lecun、Corinna Cortes 和 Christopher J. C. Burges 建造. 它至今已被广泛研究，你可以很容易找到此数据集. 原始数据集位于 http://yann.lecun.com/exdb/mnist/. 我使用的版本是用于 Kaggle 竞赛的（不必解压缩 Lecun 的原始格式），链接为 http://www.kaggle.com/c/digitrecognizer.

解　用 R 语言来解决这个问题. 正如所料，R 语言的最近邻代码似乎非常高效、实用（至少我没有遇到任何问题）. 代码并没有什么好说的，这里用的是 R-FNN 软件包. 使用 Kaggle 处理过的数据里的 42 000 个样本中的 1000 个作为训练集，并对接下来的 200 个样本进行测试. 对于此（相当小的）案例，我发现了下面的类混淆矩阵：

真	预测									
	0	1	2	3	4	5	6	7	8	9
0	12	0	0	0	0	0	0	0	0	0
1	0	20	4	1	0	1	0	2	2	1
2	0	0	20	1	0	0	0	0	0	0
3	0	0	0	12	0	0	0	0	4	0

（续）

真	预测									
	0	1	2	3	4	5	6	7	8	9
4	0	0	0	0	18	0	0	0	1	1
5	0	0	0	0	0	19	0	0	1	0
6	1	0	0	0	0	0	18	0	0	0
7	0	0	1	0	0	0	0	19	0	2
8	0	0	1	0	0	0	0	0	16	0
9	0	0	0	2	3	1	0	1	1	14

这里没有类错误率，因为我没有调用 R 语言的 magic line 来计算它. 但是，我们可以看到分类器在这种情况下工作得相当好. 关于 MNIST 的全面探讨留作练习.

注记 *最近邻点有很好的性质. 在足够多的训练数据和足够低的维数下，可以保证错误率不超过最佳错误率的两倍. 该方法对于分类器的分类结果来说，是非常灵活的. 从两类分类器转换为多类分类器时，没有任何变化.*

但这个方法还是有一个困难之处，即你需要有足够大的训练集. 如果没有测量两个物体相距有多远的可靠方法，就不应该进行最近邻点的计算. 你需要能够查询大型的数据集来找到一个点的最近邻点.

11.3 用朴素贝叶斯分类

分类器的一个理论来源就是概率模型. 目前，假设我们知道 $p(y|\boldsymbol{x})$. 分类中的所有错误都是对等的. 然后，以下规则将产生最小的预期分类错误率.

对于测试样本 $\boldsymbol{x}$，有类 y 可以使 $p(y|\boldsymbol{x})$ 的值最大. 如果有多个类可以使其取到最大值，那么就从这组类中随机选择一个.

我们通常不知道 $p(y|\boldsymbol{x})$ 的值. 如果知道 $p(\boldsymbol{x}|y)$（通常称为**似然概率**或**类条件概率**，参考 9.1 节）和 $p(y)$（通常称为**先验概率**，参考 9.2 节），则使用贝叶斯定理可得下式：

$$p(y|\boldsymbol{x})=\frac{p(\boldsymbol{x}|y)p(y)}{p(\boldsymbol{x})}$$

257

（这是**后验概率**，参考 9.2 节）. 这种形式并没有实质用途. 我们记 $x^{(j)}$ 为 $\boldsymbol{x}$ 的第 j 个分量. 假设特征是以数据项的类为条件独立的，即假设

$$p(\boldsymbol{x}|y)=\prod_j p\left(x^{(j)}|y\right)$$

这种假设通常不成立，但我们假设它成立，这也意味着

$$\begin{aligned}p(y|\boldsymbol{x})&=\frac{p(\boldsymbol{x}|y)p(y)}{p(\boldsymbol{x})}\\&=\frac{\left(\prod_j p\left(x^{(j)}|y\right)\right)p(y)}{p(\boldsymbol{x})}\\&\propto\left(\prod_j p\left(x^{(j)}|y\right)\right)p(y)\end{aligned}$$

现在我们要选择使 $p\,(y|\boldsymbol{x})$ 值最大的类. 我们只需知道 $\boldsymbol{x}$ 上的后验值,所以不需要估计 $p(\boldsymbol{x})$. 在所有错误都有相同出现概率的情况下，有以下规则：

选择 y，使得 $(\prod_j p(x^{(j)}|y))p(y)$ 最大. 这个方式实际使用时会有麻烦. 实际中，不能在把大量概率相乘后，还期望浮点系统计算出来的答案不是零. 因此，你应该使用概率的对数来替代上述方式. 注意，对数函数有个很好的性质：它是单调的，即 $a > b$ 等价于 $\log a > \log b$. 这意味着与上面的规则等价的以下规则更实用：

选择类 y，使得 $\left[\left(\sum_j \log p(x^{(j)}|y)\right) + \log p(y)\right]$ 最大.

为了使用这个规则，我们需要 $p(y)$ 和 $p(x^{(j)}|y)$ 的模型. 找到 $p(y)$ 模型的方法通常是计算每类的训练数据数量，然后除以总类数.

结果证明，简单的参数化模型对 $p(x^{(j)}|y)$ 的计算非常有效. 例如，可以使用对于任意 y 都有 $x^{(j)}$ 服从正态分布的训练集，正态分布的参数可用极大似然估计方法选择. 也可以服从其他分布. 如果 $x^{(j)}$ 中有一个是计数，我们可能会拟合泊松分布（同样使用极大似然估计方法）. 如果它是一个 $0 \sim 1$ 的变量，我们可能使用伯努利分布来拟合. 如果它是一个离散变量，那么我们可以使用多项分布模型. 即使 $x^{(j)}$ 是连续的，我们也可以通过量化为一些固定的值，从而使用多项分布模型，这是非常有效的.

对于每个特征而言，模型拟合性较差的朴素贝叶斯分类器可以很好地对数据进行分类. 之所以会出现这种（令人困惑的属性），是因为分类不需要使用 $p(\boldsymbol{x}|y)$，甚至不需要 $p(y|\boldsymbol{x})$. 我们真正需要的是在任何 $\boldsymbol{x}$ 处，正确分类的分数都高于分到其他类别的分数. 图 11.1 显示了一个示例，其中类别条件直方图的正态模型较差，但是该正态模型将产生良好的朴素贝叶斯分类器. 这个方法之所以可行，是因为在正态模型下，来自第一类的数据项属于第一类的概率比属于第二类的概率更大.

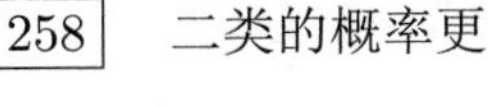

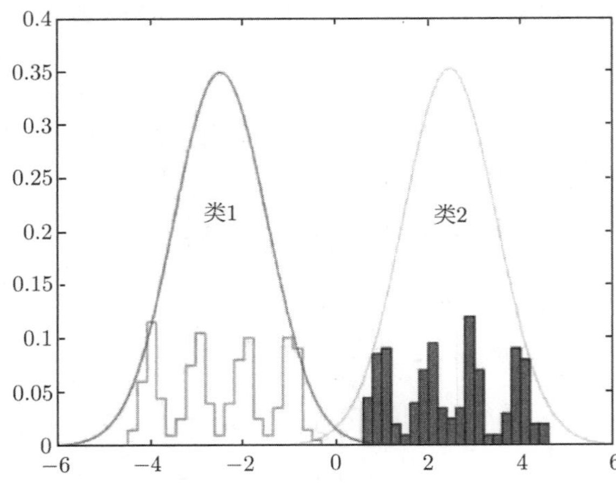

图 11.1　两个不同类别的特征 $\boldsymbol{x}$ 的类别条件直方图. 直方图已经归一化，因此计数之和为 1，因此你可以将它们视为概率分布. 很明显，正态模型不能很好地描述这些直方图. 但是，正态模型可以生成较为可靠的朴素贝叶斯分类器

实例 11.2（乳房组织样本分类） https://archive.ics.uci.edu/ml/datasets/Breast+Tissue 处的“乳房组织”数据集包含六种不同类别的乳房组织的各种属性的测量值. 建立并评估朴素贝叶斯分类器，以自动通过测量值区分类别.

解 此实例中使用了 R 语言，这样就可以较为轻松地调用软件包，主要困难是如何找到合适的软件包，了解其代码并核验其正确性（实际上自己编写源代码也并不难）. 我使用 R 语言的数据包 caret 对数据包 `klaR` 中的朴素贝叶斯分类器进行训练–测试拆分、交叉验证等. 随机分离出一个测试集（每个类别随机选择大约 20%的样本），然后对其余部分进行交叉验证训练. 针对每个特征，使用正态模型. 测试集的类混淆矩阵为：

真	预测					
	adi	car	con	fad	gla	mas
adi	2	0	0	0	0	0
car	0	3	0	0	0	1
con	2	0	2	0	0	0
fad	0	0	0	0	1	0
gla	0	0	0	0	2	1
mas	0	1	0	3	0	1

由此可得，准确率是 25%. 在训练集中，类别相对平衡，共有六个类别，这意味着机会约为 17%. 这些数字和类别混淆矩阵将随训练集和测试集的分割而变化. 我尚未对不同分割下的数据求均值，求均值实际上可以对准确率进行更准确的估算.

交叉验证以选择模型

朴素贝叶斯法给我们提出了一个新的问题. 我们可以从 $p(x^{(j)}|y)$ 的几种不同类型的概率分布模型（例如正态模型与泊松模型）中进行选择，得出哪种模型会产生最佳分类器. 我们还需要知道该分类器的效果如何，这里可以使用交叉验证来评估每种类型的模型的工作情况. 这里不能只针对每个变量查看每种类型的模型，因为那样会产生太多的模型，而是应该选择看似合理的 M 种类型的模型（例如，通过查看以类为条件的特征向量分量的直方图自行判断）. 为 M 种不同概率模型中的每一种计算交叉验证错误，然后选择交叉验证错误最少的模型. 计算交叉验证的错误，首先要将训练集重复分成两部分，一个用来拟合模型，另一个用来计算错误，然后平均错误数量. 请注意，这意味着你拟合的每个折叠的模型的参数值将有所区别，因为每个折叠的训练数据本身有所不同.

259

但是，一旦我们选择了模型类型，就会出现两个问题. 其一，我们不知道最佳模型类型参数的正确值. 对于交叉验证中的每一个折叠，我们估计的参数略有不同，因为我们使用的数据略有不同，因此我们不知道哪个估计是正确的. 其二，我们对最佳模型的运作情况缺乏很好的估计. 这是因为我们选择了具有最小错误量的模型类型，该错误数可能比该模型类型的真实错误数还要少.

如果数据集的大小合理，则此问题并不是很棘手. 我们可以将已分类数据集分为两部分，一部分（称为训练集）用于训练并选择概率分布模型，另一部分（称为测试集）仅用于评估所确定的概率分布模型. 对于每种类型的概率分布模型，我们可以在训练集上计算交叉验证的分类错误数.

然后，根据交叉验证的错误数选择概率分布模型. 通常这只能选出一个具有最小交叉验证错误数的模型，但是在某些情况下，两种类型的模型会产生大约相同的错误数，而其中一种类型的评估速度要快得多. 取整个训练集，以此估算该类型模型的参数. 此估计应该比交叉验证中产生的任何模型估计要好一些，因为它使用了更多数据. 最后，用测试集评估选出的模型.

这个过程描述起来比真正操作要难得多（有一组思路清晰的嵌套循环可以使用）. 这种方法有一些优点. 首先，对特定模型运行状况的估计是无偏的，因为我们是根据训练中未使用的数据进行评估的；其次，一旦选择了一种模型，所做的参数估计就是所能做到的最好的，因为我们使用了所有训练集来获得模型；最后，我们对特定模型的运作情况的估计也是无偏的，因为你使用的并不是训练或选择模型所用的数据.

注记　*朴素贝叶斯分类器易于构建，简明有效. 经验表明，它对于高维数据特别有效. 使用交叉验证有助于选择要使用的特定模型.*

11.4　支持向量机

设有一个已分类的数据集，含有 N 对 $(\boldsymbol{x}_i, y_i)$，$\boldsymbol{x}_i$ 是第 i 个特征向量，y_i 是第 i 个类别标签. 假设共有两类，也就是说，y_i 的值是 1 或 -1. 任给一个 $\boldsymbol{x}$，我希望得到其 y 的值，这里使用线性分类器，即对于任意一个新的数据项 $\boldsymbol{x}$，都可预测：

$$\mathrm{sign}(\boldsymbol{a}^{\mathrm{T}}\boldsymbol{x}+b)$$

这里 $\boldsymbol{a}$ 和 b 都是给定的.

你可以把 $\boldsymbol{a}$ 和 b 理解成由 $\boldsymbol{a}^{\mathrm{T}}\boldsymbol{x}+b=0$ 确定的一个超平面. 注意，$\boldsymbol{a}^{\mathrm{T}}\boldsymbol{x}+b$ 的大小随 $\boldsymbol{x}$ 和超平面的距离的增大而增大. 这个超平面将正数据和负数据分开，是**决策边界**的一个例子. 当一个点越过决策边界时，该点分类标签将发生变化. 所有分类器都有决策边界. 寻找产生最佳表现的决策边界是构建分类器的有效策略.

例 11.1（具有单一特征的线性模型）　假设我们使用具有一个特征的线性模型，即 x 是个标量. 以特征值 x 为例，预测模型是 $\mathrm{sign}(ax+b)$. 等价地，模型测试 x 的阈值 $-b/a$.

例 11.2（具有两个特征的线性模型）　假设我们使用具有两个特征的线性模型，设特征向量为 $\boldsymbol{x}$，预测模型是 $\mathrm{sign}(\boldsymbol{a}^{\mathrm{T}}\boldsymbol{x}+b)$. 符号沿着直线 $\boldsymbol{a}^{\mathrm{T}}\boldsymbol{x}+b=0$ 变化. 在这条线的一侧，符号是正的，另一侧符号是负的.

260

这一系列的分类器可能看起来很差，很容易出现错误分类. 事实上，这种分类器是非常强大的. 首先，对于非常大的数据集，很容易估计出最佳规则；其次，线性分类器在实际数据处理方面有着悠久的历史；最后，线性分类器的评估速度很快.

在实际应用中，由于特征太少，用线性分类器并没有好的效果. 回想外星人通过身高把人类分为男性和女性的例子，如果这个外星人既看身高，也看染色体，那么错误率就会更小. 实际经验表明，对于性能较差的线性分类器，通常可以通过在特征向量 $\boldsymbol{x}$ 中添加特征来改善.

我们将通过选择使成本函数最小的值来选择 $\boldsymbol{a}$ 和 b. 成本函数必须实现两个目标. 首先，成本函数需确保每个训练集的样本数据都应该在决策边界的右侧（或者，至少不要在错误的一侧太远）. 其次，成本函数需要有能够惩罚查询样本中的错误的项. 好的成本函数有以下形式：

$$\text{训练错误成本} + \lambda\text{惩罚项}$$

其中，λ 是一个未知权重，用来权衡两个目标. 我们最终通过搜索过程来得到 λ 的值.

11.4.1 铰链损失

对于第 i 个样本，我们记

$$\gamma_i = \boldsymbol{a}^{\mathrm{T}}\boldsymbol{x}_i + b$$

为它的线性函数取值. 然后记 $C(\gamma_i, y_i)$ 为 γ_i 与 y_i 的对比函数. 训练成本有如下形式

$$\frac{1}{N}\sum_{i=1}^{N} C(\gamma_i, y_i)$$

一个较好的 C 应该有以下性质：

- 如果 γ_i 和 y_i 异号，则 C 的值会相当大，因为分类器会对此训练样本做出错误的预测. 如果 γ_i 和 y_i 异号的同时 γ_i 的模很大，分类器可以在面对接近 $\boldsymbol{x}_i$ 的测试数据时，做出错误的分类，因为随着 $\boldsymbol{x}$ 远离决策边界，$(\boldsymbol{a}^{\mathrm{T}}\boldsymbol{x} + b)$ 的模也会增大. 所以 C 会随着 γ_i 的模的增大而增大.
- 如果 γ_i 和 y_i 同号，但是 γ_i 的模较小，分类器就会正确地给 $\boldsymbol{x}_i$ 分类，但是可能无法对附近的点正确分类. 这是因为模较小的 γ_i 表示 $\boldsymbol{x}_i$ 靠近决策边界，因此附近会有点位于决策边界的另一侧. 我们需要避免这种情况，所以这种情况中 C 不应为 0.
- 如果 γ_i 和 y_i 同号，且 γ_i 的模较大，那么 C 可以为 0，因为 $\boldsymbol{x}_i$ 及其附近的点都在决策边界的右边.

铰链损失的形式为

$$C(y_i, \gamma_i) = \max(0, 1 - y_i\gamma_i)$$

它有以下性质（见图 11.2）：

- 如果 γ_i 与 y_i 异号，那么 C 会较大. 此外，随着 $\boldsymbol{x}_i$ 在错误的一边远离决策边界，成本会线性地增大.
- 如果 γ_i 与 y_i 同号，但是 $y_i\gamma_i < 1$（说明 $\boldsymbol{x}_i$ 离决策边界较近），那么 $\boldsymbol{x}_i$ 越接近边界，成本就越大.
- 如果 $y_i\gamma_i > 1$（分类器可以准确预测符号，并且 $\boldsymbol{x}_i$ 距边界很远），那么没有成本.

我们希望分类器都能把损失最小化，并且既能对正（或负）样本进行强有力的正（或负）预测，还能对样本进行纠错处理，尽可能在误差最小的情况下进行预测. 经过铰链损失训练的线性分类器，称为**支持向量机（SVM）**.

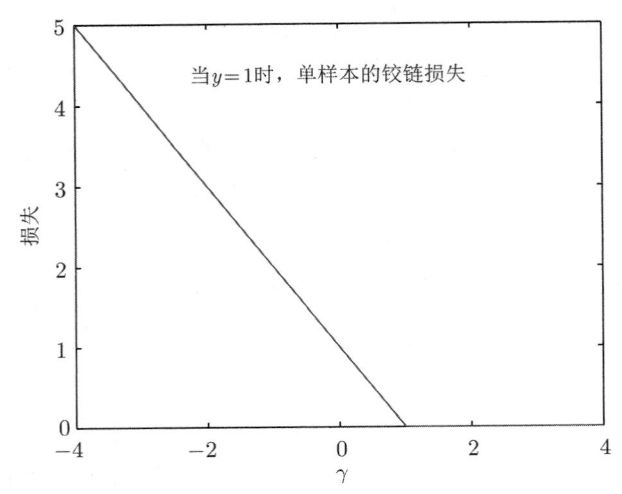

图 11.2　$y_i = 1$ 的铰链损失图，水平变量是文中的 $\gamma_i = \boldsymbol{a}^{\mathrm{T}}\boldsymbol{x}_i + b$. 请注意，对本是正样本做出负预测会导致损失，随着 γ_i 的模增大，损失也线性增加. 注意，给出一个不充分的正预测，也就是 γ_i 的值虽然是正的，却非常接近 0，这也会导致损失，所以使 γ_i 的值够大才会足够准确

11.4.2　正则化

我们需要一个惩罚项，因为铰链损失具有一种奇特的性质. 假设一对 $\boldsymbol{a}$ 和 b 使分类器对训练样本的分类全部正确，那么 $y_i\left(\boldsymbol{a}^{\mathrm{T}}x_i + b\right) > 0$. 通过缩放 $\boldsymbol{a}$ 和 b，可以确保铰链损失为 0，因为对于每个样本索引 j，我们可以确保 $y_j\left(\boldsymbol{a}^{\mathrm{T}}x_j + b\right) > 0$. 缩放无法更改分类规则下分类器对训练集的分类结果. 如果 $\boldsymbol{a}$ 和 b 导致铰链损失为 0，那么 $2\boldsymbol{a}$ 和 $2b$ 也会如此. 这也许会令人担忧，我们无法唯一确定分类器的参数.

现在我们要考虑未来的样本. 我们不知道它们的特征值是什么，也不知道它们的类别标签. 但是我们知道，对于具有特征向量 $\boldsymbol{x}$ 和未知类别标签 y 的样本，铰链损失将为 $\max(0, 1-y\left[\boldsymbol{a}^{\mathrm{T}}\boldsymbol{x} + b\right])$. 假设此样本的铰链损失不为 0，如果训练集的样本已正确分类，则说明该样本接近决策边界. 我们希望这些样本比远离决策边界和错误分类的样本少，因此我们将重点放在错误分类的样本上. 对于错误分类的样本，如果 $\|\boldsymbol{a}\|$ 较小，那么至少铰链损失会较小. 综上，我们希望使用长度较小的 $\boldsymbol{a}$ 在训练集的数据样本中缩小铰链损失值.

我们可以在铰链损失上添加惩罚项来缩小 $\|\boldsymbol{a}\|$. 要获得小长度的 $\boldsymbol{a}$，就要确保 $(1/2)\boldsymbol{a}^{\mathrm{T}}\boldsymbol{a}$ 很小（因子 1/2 会让梯度更简洁）. 该惩罚项将确保在铰链损失为 0 的情况下，可以选择唯一的分类器参数. 经验表明，即使没有一对 $\boldsymbol{a}$ 和 b 能够正确地对所有训练集样本进行分类，拥有一个足够小的 $\|\boldsymbol{a}\|$ 也会有所帮助. 这样做可以适当减少以后样本中的错误. 添加惩罚项以改善学习问题的解决方案有时称为**正则化**. 惩罚项也被称为**正则化项**，因为它会规避 $\|\boldsymbol{a}\|$ 较大的解决方案（因此将来的测试数据可能会有很高的损失），但是训练数据并不能为其提供强有力的支持. 参数 λ 通常被称为**正则化参数**.

使用铰链损失来形成训练成本并使用惩罚项 $\boldsymbol{a}^{\mathrm{T}}\boldsymbol{a}/2$ 进行正则化，意味着我们的成本函数为

$$S(\boldsymbol{a}, b; \lambda) = \left[\frac{1}{N}\sum_{i=1}^{N}\max\left(0, 1 - y_i\left(\boldsymbol{a}^{\mathrm{T}}\boldsymbol{x}_i + b\right)\right)\right] + \lambda\frac{\boldsymbol{a}^{\mathrm{T}}\boldsymbol{a}}{2}$$

现在有两个问题要解决. 首先，假设已知 λ，需要找到使 $S(\boldsymbol{a}, b; \lambda)$ 最小化的 $\boldsymbol{a}$ 和 b；其次，没有理论可以告诉我们如何选择 λ，因此需要研究如何取得 λ 的值.

11.4.3 用随机梯度下降法查找分类器

找最小值的常用方法，往往对成本函数是无效的. 首先，我们记 $\boldsymbol{u} = [\boldsymbol{a}, b]$ 为将向量 $\boldsymbol{a}$ 与 b 组合获得的向量. 设有函数 $g(\boldsymbol{u})$，我们希望得到使此函数取最小值的 $\boldsymbol{u}$. 有时，我们可以通过构造梯度并找到使梯度为 0 的 $\boldsymbol{u}$ 的值来解决这样的问题，但这次不是（你可以试试，最大值会出现问题）. 我们必须使用数值方法.

262

典型的数值方法是取点 $\boldsymbol{u}^{(n)}$，将其更新为 $\boldsymbol{u}^{(n+1)}$，然后检查结果是否为最小值. 此过程从初值开始，初值的选择对于一般问题可能非常关键，但对于我们的问题，可以随机选择. 通常通过计算方向 $\boldsymbol{p}^{(n)}$ 来获得更新，使得对于较小的 η 值，都有 $g(\boldsymbol{u}^{(n)} + \eta\boldsymbol{p}^{(n)}) < g(\boldsymbol{u}^{(n)})$. 这样的方向称为**下降方向**. 我们必须确定沿下降方向的步长，这一过程称为**线搜索**（line search）.

获取下降方向：选择下降方向的一种方法是梯度下降，它使用函数的负梯度. 回顾一下，我们有

$$\boldsymbol{u} = \begin{pmatrix} u_1 \\ u_2 \\ \cdots \\ u_d \end{pmatrix}$$

然后有

$$\boldsymbol{\nabla} g = \begin{pmatrix} \dfrac{\partial g}{\partial u_1} \\ \dfrac{\partial g}{\partial u_2} \\ \cdots \\ \dfrac{\partial g}{\partial u_d} \end{pmatrix}$$

我们写出 $g(\boldsymbol{u}^{(n)} + \eta\boldsymbol{p}^{(n)})$ 的泰勒公式

$$g(\boldsymbol{u}^{(n)} + \eta\boldsymbol{p}^{(n)}) = g(\boldsymbol{u}^{(n)}) + \eta[(\boldsymbol{\nabla} g)^{\mathrm{T}}\boldsymbol{p}^{(n)}] + O(\eta^2)$$

也就是说，我们期待如果

$$\boldsymbol{p}^{(n)} = -\boldsymbol{\nabla} g(\boldsymbol{u}^{(n)})$$

至少对于小的 h 值，$g(\boldsymbol{u}^{(n)} + \eta\boldsymbol{p}^{(n)}) < g(\boldsymbol{u}^{(n)})$. 这是可行的（只要 g 是可微的，但 g 通常不可微），因为在这个方向上 g 必须至少小步下降.

请回想一下，成本函数是惩罚项和每个样本一个错误成本的总和. 这意味着成本函数看起来像一个关于 $\boldsymbol{u}$ 的函数

$$g(\boldsymbol{u})=\left[\frac{1}{N}\sum_{i=1}^{N}g_i(\boldsymbol{u})\right]+g_0(\boldsymbol{u})$$

负梯度就是

$$-\boldsymbol{\nabla}g(\boldsymbol{u})=-\left(\left[\frac{1}{N}\sum_{i=1}^{N}\boldsymbol{\nabla}g_i(\boldsymbol{u})\right]+\boldsymbol{\nabla}g_0(\boldsymbol{u})\right)$$

然后朝这个方向迈出一小步. 但是，如果 N 很大，这就不是很高效，因为我们可能要对许多项求和. 这在构建分类器时经常发生，因为我们可能会处理上万（甚至上亿）的数据，在每个步骤穷举每个样本计算是不切实际的.

随机梯度下降是一种算法，它用随机误差的近似值代替精确的梯度，计算起来简单快捷.

$$\frac{1}{N}\sum_{i=1}^{N}\boldsymbol{\nabla}g_i(\boldsymbol{u})$$

是总体均值，我们可以通过从 N 个样本的总体中有放回地取（取出一**批**）N_b（**批容量**）个样本

263

来估计，然后计算样本的均值. 我们用

$$\frac{1}{N_b}\sum_{j\in N_b}\boldsymbol{\nabla}g_j(\boldsymbol{u})$$

近似总体均值，批容量通常根据计算机体系结构（有多少个样本同时运行于缓存）或数据库结构（一个磁盘周期中同时读取多少个样本）确定. 一种常见的选择是 $N_b=1$，等同于均匀随机选择一个样本. 我们有

$$\boldsymbol{p}_{N_b}^{(n)}=-\left(\left[\frac{1}{N_b}\sum_{j\in N_b}\boldsymbol{\nabla}g_j(\boldsymbol{u})\right]+\boldsymbol{\nabla}g_0(\boldsymbol{u})\right)$$

并且沿着方向 $\boldsymbol{p}_{N_b}^{(n)}$ 前进一步. 我们的迭代是

$$\boldsymbol{u}^{(n+1)}=\boldsymbol{u}^{(n)}+\eta\boldsymbol{p}_{N_b}^{(n)}$$

其中，η 是**步长**（有时也叫**学习率**）.

因为样本均值的期望值就是总体均值，所以如果我们沿 $\boldsymbol{p}_{N_b}$ 迈出一小步，也就是平均到沿梯度向后退一步. 这种方法被称为随机梯度下降法，因为我们不是沿着梯度，而是沿着随机的期望向量进行的. 随机梯度下降不是万能的，虽然每一步都很容易，但我们可能需要采取更多的步骤. 接下来的问题是，我们是否在步伐加快的过程中，用更多的步数弥补误差. 理论上我们很少细究，但在实际应用中，这种方法在训练分类器方面取得了巨大成功.

步长选择：步长 η 的选择需要进行一些数学计算. g 的最佳值无法通过直接搜索得到，因为我们不想计算函数 g（这样做需要计算每个 g_i 项）. 我们用的是 η，它的初值很大，因此该

方法可以探索分类器参数值的大变化，而在稍后的小步中使其稳定下来. 选择 η 并使其逐步变小的过程通常称为**步长计划**.

以下是步长计划的实例. 通常，我们可以知道需要多少步骤才能算完整个数据集，我们称之为**纪**. 普通的步长计划将第 e 个纪的步长记为

$$\eta^{(e)} = \frac{m}{e+n}$$

这里的 m 和 n 皆为用数据集的子集进行实验选出的常数. 当样本较多时，纪的步长固定时间较长. 这种方法会让步长缩减的速度降低，我们可以把训练分为不同的部分——可以称之为**季**（固定迭代次数的块，比纪要小），并且可以使步长成为关于季数的函数.

对于随机梯度下降是否收敛到正确的答案，我们没有很好的测试方法，因为自然测试需要评估梯度和函数，而且这样做成本很高. 更常见的方法是将错误作为迭代函数，记录在验证集上，并在错误达到可接受水平时中断或停止训练. 错误率（或是准确率）应随机变化（因为仅在接近梯度的方向上采取前进），但随着训练的进行（因为前进方向确实接近梯度）应减小（或是增加）. 图 11.3 和图 11.4 显示了这些曲线（有时称为**学习曲线**）的示例.

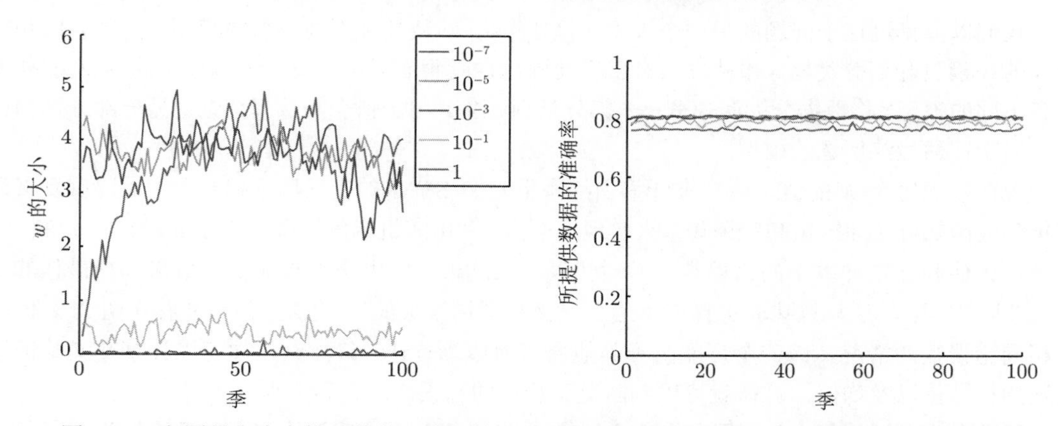

图 11.3 左图是文本中描述的第一个训练方案在每季结束时权向量 $\boldsymbol{a}$ 的模长. 右图反映了每季结束时所提供的数据的准确率. 注意，正则化参数的不同选择会导致 $\boldsymbol{a}$ 的不同；方法对正则化参数的选择不是特别敏感（它们的变化系数为 100）；准确率如何快速确定；以及正则化参数的过大值是如何导致准确率损失的

11.4.4 搜索 λ

我们不知道适合的 λ 的值是多少，所以选择一组不同的值，使用每个值拟合 SVM，然后取最适合的值. 经验表明，一种方法可能对 λ 的值不敏感，因此我们得到相隔很远的值. 通常取一些小的数（比如，10^{-4}），然后乘以 10 的幂（如果你有一台速度很快的计算机的话，可以乘 10 的 3 次幂）. 例如，可以设 $\lambda \in \{10^{-4}, 10^{-3}, 10^{-2}, 10^{-1}\}$，这样就知道如何将 SVM 拟合到某个特定的 λ 值（11.4.3 节）. 问题是如何选择产生最佳支持向量机的值，并利用该值得到最佳分类器.

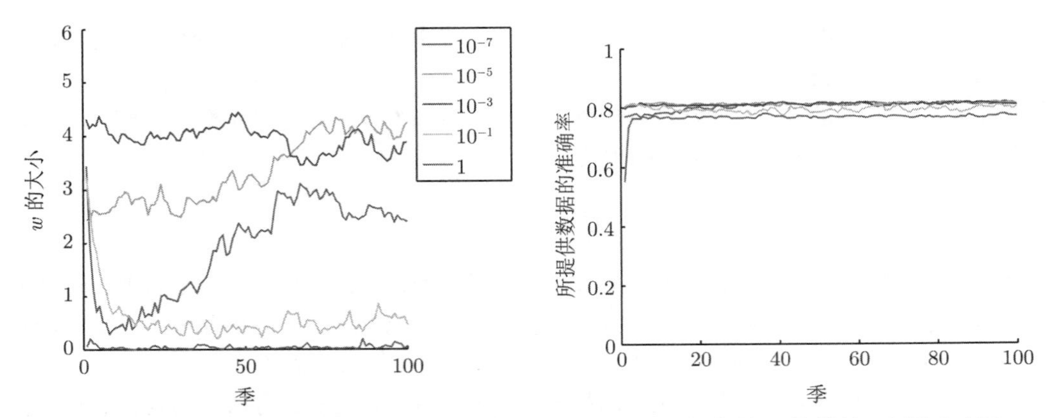

图 11.4　左图是文本中描述的第二个训练方案在每季结束时权向量 $\boldsymbol{a}$ 的模长. 右图反映了每季结束时所提供的数据的准确率. 注意，正则化参数的不同选择会导致 $\boldsymbol{a}$ 的不同；方法对正则化参数的选择不是特别敏感（它们的变化系数为 100）；准确率如何快速确定；以及正则化参数的过大值是如何导致准确率损失的

我们以前见过这个问题的另一个版本（11.3 节），即从几种不同类型的模型中选择，以获得最佳的朴素贝叶斯分类器. 那种方法对于当前问题也是很有效的. 我们将每个不同的 λ 值视为代表不同的模型. 将数据分为两部分：一部分是训练集，用于拟合和选择模型；另一部分是测试集，用于评估最终所选的模型.

现在对于每个 λ 的值，用它来计算训练集上一个 SVM 的交叉验证错误数. 通过反复将训练集分成两部分（训练集和验证集）来实现这一点. 利用随机梯度下降法，让 SVM 与训练样本拟合，评估验证集样本上的错误数，并对错误数求均值. 使用交叉验证错误数来选择最佳的 λ 值. 通常情况下，这只意味着选择产生最少交叉验证错误数的 λ 的值，但可能存在两个 λ 值产生相同错误数的情况，而一个可能出于其他原因而成为首选. 请注意，你可以计算交叉验证错误数的标准差以及均值，这样就可以判断交叉验证的错误之间是否有显著差异.

现在取整个训练集，并使用它来拟合所选 λ 值的 SVM. 这应该比交叉验证中获得的任何支持向量机都要好，因为它使用了更多的数据. 最后，在测试集上评估最终使用的 SVM.

264～265

这个过程很难描述，但不难实现（可以编写一组逻辑很通顺的嵌套循环来实现）. 这种方法的优势很多. 首先，对特定 SVM 模型的估计是无偏的，因为我们评估时使用的是未用于训练的数据. 其次，一旦选择了交叉验证参数，所拟合的 SVM 就是最好的，因为使用了整个训练集来拟合. 最后，对特定 SVM 工作情况的估计也是无偏的，因为你是使用未用于训练或选择模型的数据拟合的.

11.4.5　示例：用随机梯度下降法训练支持向量机

下面的方框中总结了 SVM 的训练过程. 这种方法有很多变种，一个实用的技巧是重新缩放特征向量的分量，使每个分量都有单位方差. 这不会改变向量的性质，因为重新缩放的数据的最佳决策边界的选择很容易从未缩放的最佳选择中导出，反之亦然. 重新缩放通常使随机梯度下降性能更好，因为该方法采取的步长在每个分量中都是均匀的.

我们经常用软件包来拟合 SVM，好的软件包可能会使用各种技巧来提高训练效率，在此不深入研究. 尽管如此，我们还是应该了解整个过程，因为它遵循的模式对其他模型的训练很有用（大多数深度网络都使用这种模式进行训练）.

流程 11.1（SVM 的训练：总结） 设有一个含有 N 对 $(\boldsymbol{x}_i, y_i)$ 的集合，每个 $\boldsymbol{x}_i$ 都是一个 d 维向量，y_i 是分类标签，它只能取 1 或 -1. 重新缩放 $\boldsymbol{x}_i$，使得每个分量都有单位大小的方差. 选择一组正则化权重 λ 的可能取值，将这个集合分为两个部分：测试集和训练集. 保留测试集，对于每个正则化权重 λ，都可以用训练集来估计 SVM 的准确率，这里使用流程 11.2 的过程，利用随机下降梯度. 通过上述信息选择 λ_0，也就是 λ 的最佳值（也就是使得 SVM 准确率最高的值）. 现在使用训练集来拟合正则化常数为 λ_0 的最佳 SVM. 使用测试集来计算这个 SVM 的准确率或者错误率，然后整理数据作出报告.

流程 11.2（SVM 的训练：估计准确率） 重复以下过程：随机将训练数据集分成两个部分（训练集和验证集），然后使用训练集来训练支持向量机，用验证集计算准确率. 然后，把每个准确率的结果求均值.

流程 11.3（SVM 的训练：随机梯度下降） 我们使用随机梯度下降得到 $\boldsymbol{u} = (\boldsymbol{a}, b)$，然后代入成本函数

$$g(\boldsymbol{u}) = \left[\frac{1}{N}\sum_{i=1}^{N} g_i(\boldsymbol{u})\right] + g_o(\boldsymbol{u})$$

中，$g_0(\boldsymbol{u}) = \lambda(\boldsymbol{a}^{\mathrm{T}}\boldsymbol{a})/2$，$g_i(\boldsymbol{u}) = \max(0, 1 - y_i(\boldsymbol{a}^{\mathrm{T}}\boldsymbol{x}_i + b))$.

首先，选择每个批次 N_b 的固定数量的项，每季的步骤数为 N_s，以及评估模型之前要采取的步骤数 k（通常比 N_s 小很多）. 我们选择一个随机的起点，进行迭代：

- 更新步长. 在第 s 季，步长为 $\eta^{(s)} = m/(s+n)$，这里 m 和 n 是由小规模实验选择的常数.
- 将训练数据集拆分为训练集和验证集. 这种拆分每季都有变化，使用验证集来获得该季训练错误数的无偏估计值.
- 在本季结束之前（即在你采取了 N_s 步之前）： 266
  - 采取 k 步. 每一步都是从该季的训练集中均匀随机地选择一批 N_b 数据项，记为 $\mathcal{D}$，我们计算

$$\boldsymbol{p}^{(n)} = -\frac{1}{N_b}\left(\sum_{i\in\mathcal{D}} \boldsymbol{\nabla} g_i(\boldsymbol{u}^{(n)})\right) - \lambda \boldsymbol{u}^{(n)}$$

    然后更新模型

$$\boldsymbol{u}^{(n+1)} = \boldsymbol{u}^{(n)} + \eta \boldsymbol{p}^{(n)}$$

  - 通过该季的验证集计算准确率，评估当前模型. 将准确率表示为步数的函数.

有两种方式可以停止迭代. 你可以选择一个固定数量的季（或纪）并在完成后停止，也可以观察错误数，并在错误数达到某个级别或满足某个条件时停止.

下面是一个详细的例子. 可以在 http://archive.ics.uci.edu/ml/datasets/adult 下载数据集. 这个数据集包含 48 842 个数据项，但我只处理了前 32 000 个数据项. 每一个都由一组数字和分类特征组成，描述一个人及其年收入是否大于或小于 5 万美元. 为了准备这些数字，我忽略了分类特征. 如果你想获得好的分类器，这是不明智的，但是对于这个例子来说是可以的. 我用这些特征来预测某人收入是超过还是低于 5 万美元. 将数据分成 5000 个测试数据和 27 000 个训练数据，分割的随机性很重要. 每个人有 6 个数值特征，减去均值（这通常没有多大影响），然后重新调整每个变量的大小，其使方差为 1（这步非常重要）.

建立随机梯度下降：我们估计了分类器参数 $\boldsymbol{a}^{(n)}$ 和 $b^{(n)}$，为了改进估计，批容量 $N_b = 1$. 随机抽取第 r 个样本. 梯度是

$$\nabla\left(\max(0, 1 - y_r(\boldsymbol{a}^{\mathrm{T}}\boldsymbol{x}_r + b)) + \frac{\lambda}{2}\boldsymbol{a}^{\mathrm{T}}\boldsymbol{a}\right)$$

假设 $y_k(\boldsymbol{a}^{\mathrm{T}}\boldsymbol{x}_r + b)) > 1$. 在这种情况下，分类器需要预测一个符号正确且大于 1 的分数. 第一项是零，第二项的梯度很简单. 如果 $y_k(\boldsymbol{a}^{\mathrm{T}}\boldsymbol{x}_r + b)) < 1$，我们可以忽略最大值运算，括号中首项为 $1 - y_r(\boldsymbol{a}^{\mathrm{T}}\boldsymbol{x}_r + b)$，接下来也很简单. 如果 $y_r(\boldsymbol{a}^{\mathrm{T}}\boldsymbol{x}_r + b) = 1$，梯度就会有两个不同的值，因为最大项是不可微的. 选择哪个值并不重要，因为这种情况极为罕见. 我们选择步长 η，并使用此梯度更新估计值. 有

$$\boldsymbol{a}^{(n+1)} = \boldsymbol{a}^{(n)} - \eta\begin{cases}\lambda\boldsymbol{a} & y_k\left(\boldsymbol{a}^{\mathrm{T}}\boldsymbol{x}_k + b\right) \geqslant 1\\ \lambda\boldsymbol{a} - y_k\boldsymbol{x} & \text{其他}\end{cases}$$

和

$$b^{(n+1)} = b^{(n)} - \eta\begin{cases}0 & y_k\left(\boldsymbol{a}^{\mathrm{T}}\boldsymbol{x}_k + b\right) \geqslant 1\\ -y_k & \text{其他}\end{cases}$$

训练：我用了两种不同的训练方案. 第一个训练方案有 100 季. 每一季使用了 426 步. 每一步随机选择一个数据项（有放回抽样），然后逐步下降梯度. 这意味着该方法总共看到 42 600 个数据项. 它很有可能每一个数据项触及一次（27 000 是不够的，因为我们正在进行有放回抽样，所以有些项会被重复计算）. 为正则化参数选择五个不同的值，并用步长 $1/(0.01 \times s + 50)$ 进行训练？其中 s 是季. 在每个季的结尾，计算 $\boldsymbol{a}^{\mathrm{T}}\boldsymbol{a}$ 和当前分类器的准确率（正确分类的样本的占比）. 图 11.3 显示了结果. 你应该注意到，不同季的准确率略有变化；正则化参数值越大，$\boldsymbol{a}^{\mathrm{T}}\boldsymbol{a}$ 就越小；而且准确率很快就降到 0.8 左右.

第二个训练方案有 100 个季. 每季使用 50 步. 每一步随机选择一个数据项（有放回抽样），然后逐步下降梯度. 这意味着该方法总共看到 5000 个数据项，而大约 3000 个不重复数据项，没有看到整个训练集. 在每个季的结尾，计算 $\boldsymbol{a}^{\mathrm{T}}\boldsymbol{a}$ 和当前分类器的准确率（正确分类的样本的占比）. 图 11.4 显示了结果.

267

这是一个简单的分类示例. 值得注意的是：

- 准确率最初有较大的变化，然后稳定下来使每一季的变化都很微小.

- 正则化常数的较大变化对结果影响较小，但有最佳选择.
- 正则化常数越大，$\boldsymbol{a}^{\mathrm{T}}\boldsymbol{a}$ 越小.
- 这两种训练方案没有太大区别.
- 该方法不需要运行所有的训练数据，就可以生成一个与运行所有训练数据得到相似结果的分类器.

这些都是非常典型的基于随机梯度下降的 SVM 训练方法.

注记 线性 SVM 是一种可行的分类器. 当面对二分类问题时，第一步应该尝试线性 SVM. 随机梯度下降法的训练是直接有效的. 找到恰当的正则化常数后，进行简单的搜索即可. 有大量的软件可以实现这样的操作.

11.4.6 支持向量机的多类分类

上文展示了如何训练线性 SVM 进行二分类（即预测属两个结果中的哪一个）. 但是如果有三个或更多的类别呢？理论上讲，我们可以为每个标签编写一个二进制代码，然后使用不同的 SVM 来预测代码的每一位. 但是结果证明，这并不高效，因为只要其中一个 SVM 出问题，分类结果就会出现很大的偏差.

其实这种问题，通常有两种处理方法. 在**多对多**方法中，我们为每对类训练一个二分类器. 为了对样本进行分类，我们将它呈现给每个分类器. 每个分类器决定样本属于两个类中的哪一个，然后记录对该类的分类结果，类似投票. 该样本获得投票最多的类别标签. 这种方法很简单，但是随着类的数量增加，这个方法的实用性也逐渐降低（N 个类时必须构建 $O(N^2)$ 个不同的 SVM）.

在**一对多**方法中，我们为每个类建立一个二分类器. 这个分类器必须将其类与所有其他类区分开来. 然后我们选择分类器得分最高的类. 这种方法有很多问题. 一个问题就是，用分数来判断类之间的相似性可能并不适合所有分类器. 但是在实践中，这种方法相当有效，而且应用相当广泛. 这种方法随着类别数量（$O(N)$）增大，实用性也会有所提升.

注记 从二分类器构建多类自动分类器很简单，任何合理的 SVM 包都可以帮你做到这一点.

11.5 用随机森林分类

构建分类器的一种方法是使用一系列简单的测试，其中每个测试都被允许使用所有先前测试的结果. 这类规则可以绘制成一幅树状图 (图 11.5)，每个节点代表一个测试，边代表测试的可能结果. 为了用这样的树对测试项进行分类，我们首先要建立一个初始节点，每次测试的结果决定了下一步要去哪个节点，以此类推，直到这个样本到达某个叶节点. 当它到达叶节点时，我们用叶节点处的类别标签标注样本的类别. 这个对象被称为**决策树**. 决策树有一个吸引人的特性：它很容易处理多类标签，因为只需在测试项传递到树中时，用它到达得最多的叶节点处的标签标记它即可.

268

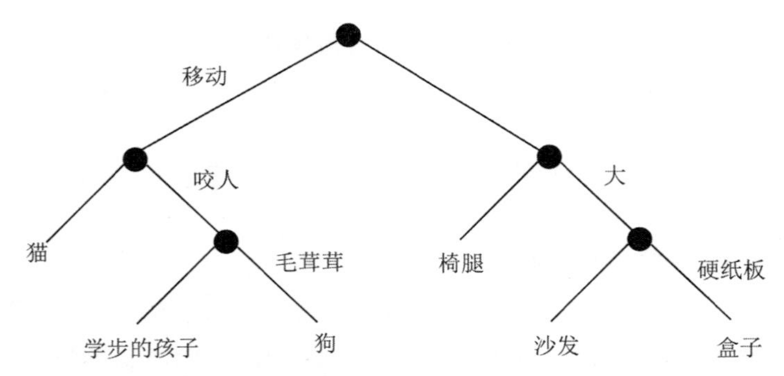

图 11.5 典型的决策树——家用机器人的障碍物指南. 这里只标记了其中一边的分支条件，另一个就是对应否定的. 因此，如果障碍物移动、咬人，但不是毛茸茸的，那么它就是一个蹒跚学步的孩子. 一般来说，一个项会沿着树向下传递，直到它到达叶节点，然后用叶节点处的标签给它分类

图 11.6 显示了一个简单的二维数据集，它有四类，左图是一个决策树，它将训练数据进行分类. 实际上，用这样的树状图来分类数据是很简单的. 我们获取数据项，并将其传递给树状图. 请注意，由于测试的工作方式，它不能既左又右. 这意味着每个数据项到达一个单独的叶节点，我们把最常见的标签放在叶节点处. 反过来，这意味着我们可以在对应于决策树的特征空间上构建几何结构. 图 11.6 中说明了这种结构，第一个决策将特征空间分成两半 (这就是为什么术语“拆分”如此频繁地出现)，下一个决策将每一半再次分成两半.

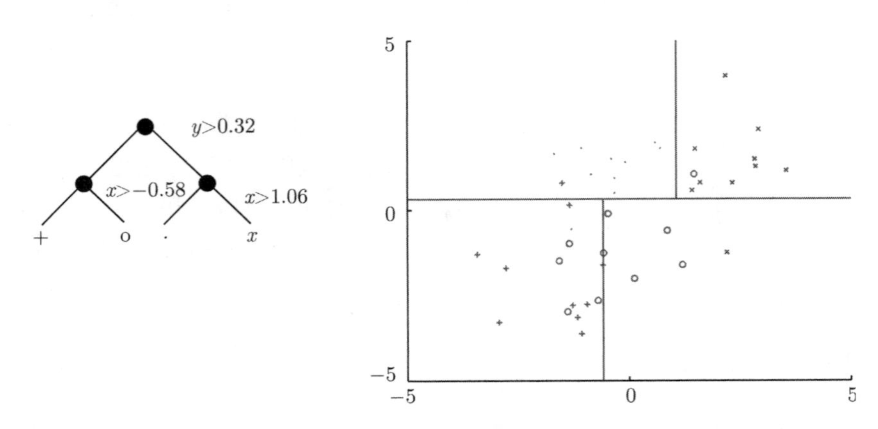

图 11.6 一个简单的决策树. 左图中给出了分支的规则，右图中显示了二维的数据点，以及数据点在二维空间中的结构

重要的问题是如何从数据构建树状图. 我们始终使用二叉树，因为二叉树更容易描述，也很常见. 每个非叶节点都有一个**决策函数**，它接受数据项，然后判断数值为 1 或 −1. 我们通过考虑树状图对训练数据的影响来训练该树状图. 先将整个训练数据传递给根节点. 任何非叶节点上的决策函数都将数据池分割为两部分，一个对应于左边的子节点（决策函数标记为 1)，另

一个对应于右边的子节点（决策函数标记为 -1）. 递归这一过程，直到每个叶节点都包含一个小数据池，不能再分割.

为了对数据项进行分类，我们将它传递给根节点，然后进入树状图，应用决策函数选择左边或右边，直到到达某个叶节点. 任何到达特定叶节点的数据项都被打上叶节点处的标签. 我们希望给定叶的训练数据池中的所有数据项都拥有一个标签. 但重要的是，我们如何实现这一点. 例如，一幅非常大的树状图，每个叶节点上都有一个数据项，它的训练准确率很高，但测试准确率却很低. 直觉应该表明，好的测试准确率可以通过一幅树状图来获得，在这幅树状图上，每个叶节点都有一个大的数据池，每个数据池都有一个标签.

这也意味着很难确定最好的树状图. 一个很好的替代方案是使用包含大量随机性的算法来构建许多简单的树状图. 算法确保我们每次在数据集上训练得到不同的树状图，可能没有一棵树是非常适宜的（通常被称为“弱学习者”）. 但是有许多这样的树（被称为**决策森林**），相当于每棵树都可以进行投票，得票最多的类别获胜. 这个策略非常有效.

269

11.5.1 构建决策树：通用算法

构建决策树有许多算法. 这里介绍一个简单有效的方法，其实还有很多其他方法. 我省略了一些细节，因此你可能无法实现我描述的程序. 因为大多数人不需要自己实现程序（因为有很多现成的程序包），只需要对如何构建程序有一个大概的理解即可. 想要探究更多细节，详见后文（详见 15.3 节）.

训练树的算法比较简单. 首先，选择一个决策函数类用于每个节点. 事实证明，有效的决策函数就是随机选择一个特征，然后测试它的值是大于还是小于一个阈值（如果选择的特征不是可排序的，则需要进行一些小的调整）. 为了使这种方法有效，我们需要注意阈值的选择，也是我们下一节中要介绍的. 令人惊讶的是，过于纠结特征的选择似乎并不能增加多少价值. 尽管有很多类型的决策函数，我们不会花太多的时间在其他类型的决策函数.

假设我们使用上文所述的决策函数，并且知道如何选择阈值. 我们从根节点开始，递归地拆分该节点上的数据池，传给左数据池和右数据池（分别代表两个节点），或者停止拆分并返回. 拆分的方式主要是从该类中选择一个决策函数为数据提供“最佳”拆分. 那么下一个问题是如何选择拆分，以及何时停止.

让拆分停下来比较简单，其策略并不复杂. 在数据很少的情况下，很难选择决策函数，因此当一个节点上的数据太少时，就应该停止拆分了. 我们可以通过阈值来测试数据量，之后通过数据量来判断是否需要停止. 如果节点上的所有数据都属于一个类，那么拆分就没有意义了. 最后，构造一幅太深的树状图会导致分类泛化问题，所以我们会规定一个固定的拆分深度 D. 在应用中，D 可以很小. 常见的是使用 $D = 1$（当被砍倒的树被称为决策树时，这是相当不幸的）.

11.5.2 构建决策树：选择拆分

选择最佳拆分阈值是很复杂的. 图 11.7 展示了训练数据池的两个可能的拆分. 其中一个明显比另一个好得多. 在拆分方案良好的情况下，拆分方案将池分成正部和负部；在不好的情况下，拆分的每一方都有相同数量的正部和负部. 我们通常做不出像案例中这么好的拆分方案. 我们追求的就是使最后叶节点的标签足够准确.

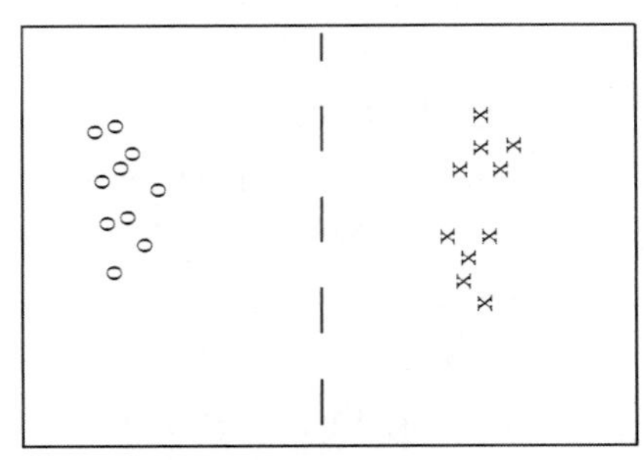

信息性拆分　　少信息性拆分

图 11.7　训练数据池的两个可能的拆分. 正数据用“x”表示，负数据用“o”表示. 请注意，如果我们用一条信息线拆分这个池，左边的所有点都是“o”，右边的所有点都是“x”. 这是一个很好的拆分选择，一旦一个数据到达叶节点，那么它的分类标签就固定了. 与信息量较少的拆分进行比较. 我们从一个半“x”半“o”的节点开始，现在有了两个节点，每个节点都是半“x”和半“o”，这样的拆分就不是很好，因为我们不知道拆分后的标签的更多信息

图 11.8 展示了一个更微妙的例子，恰好能说明这一点. 此图中的拆分是通过对照阈值测试水平特征确定的. 一种情况下，左池和右池包含大约相同的正（x）和负（o）的样本. 另一种情况下，左边的池都是正的，右边的池大部分是负的. 后一种就是一个更好的阈值选择. 如果我们将左边的任何一个项标记为正，右侧的任何项都标记为负，那么错误率将相当小. 通过计算，信息性拆分的最佳错误率是训练数据的 20%，而非信息性拆分的最佳错误率是训练数据的 40%.

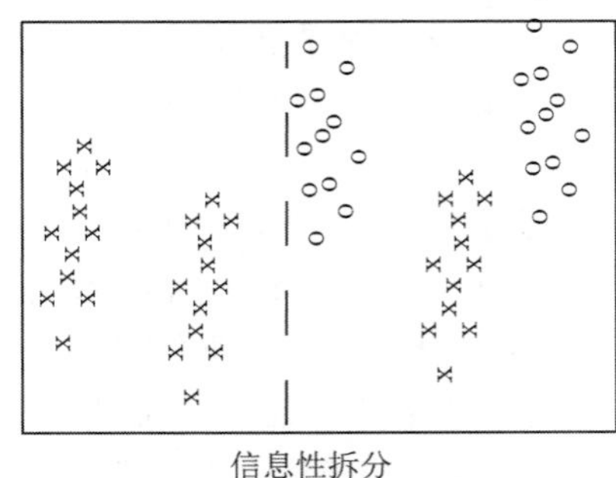

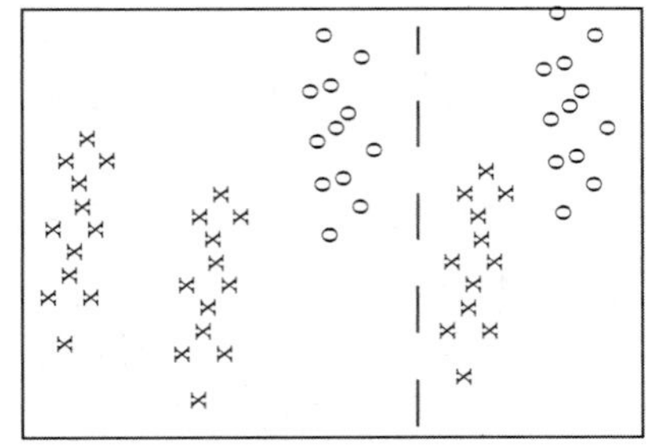

信息性拆分　　少信息性拆分

图 11.8　训练数据池的两个可能的拆分. 正数据用“x”表示，负数据用“o”表示. 请注意，如果我们用一条信息线拆分这个池，这里左侧的所有点都是“x”，右侧 2/3 的点是“o”. 这意味着知道点位于拆分的哪一侧可以提高正确率. 在信息量较少的情况下，左侧约 2/3 的点是“x”，右侧约有一半是“x”——知道点位于拆分的哪一边对于决定点具体是哪一类的问题上用处不大

但是我们需要一些方法来评估这些拆分，就知道哪个阈值更好了. 注意，在非信息性的情况下,知道数据项在左池(或右池)并不能反映更多数据信息. 在这种情况下,有 $p(1|\text{左池非信息性}) = 2/3 \approx 3/5 = p(1|\text{母池})$ 和 $p(1|\text{右池非信息性}) = 1/2 \approx 3/5 = p(1|\text{母池})$. 对于信息拆分来说，如果知道一个数据项在左池，就可以对它进行完全分类，而知道它在右边，我们就能以 1/3 的错误率对它进行分类. 信息性拆分意味着，如果我知道数据项是在左池还是在右池，那么数据项属于某个类的不确定性就会大大降低. 为了选择一个好的阈值，我们需要一个拆分的信息性的得分. 这个得分被称为**信息增益**（是一个越大越好的指标）. 这里涉及如何计算信息增益，如果你不需要实现决策树，就没有必要去了解；我已经在 15.3.2 节后的数学材料中讲述了这里的细节.

流程 11.4（构建决策树：总结） 设有 N 对形式为 $(\boldsymbol{x}_i, y_i)$ 的数据集，其中 $\boldsymbol{x}_i$ 是一个 d 维特征向量，y_i 为类别标签. 我们称这个数据集为**数据池**. 现在对下一步骤进行递归运算.

- 如果数据池的数据量太小，或者池中的所有项都具有相同的标签，抑或如果递归深度已达到了我们的限制，该算法停止.
- 否则，寻找能将数据池更好拆分的特征，然后将此过程应用于每个子池.

我们通过以下流程寻找良好的拆分：

- 随机选择特征分量的子集. 通常，使用的子集的维数约为特征向量维数的平方根.
- 对于这个子集的每个分量，我们都要构造一个好的拆分. 如果分量是有序的，则使用流程 11.5 进行操作，否则可以使用流程 11.6.

270 ~ 271

流程 11.5（拆分一个有序特征） 我们通过以下步骤拆分给定的有序特征：

- 选择一组可能的值为阈值.
- 对每个可能的阈值，对数据集进行拆分（数据某特征值低于阈值的项向左移动，否则向右移动），并计算这次拆分的信息增益.

保留具有最大信息增益的阈值.

一组好的阈值，一定包含能够“合理”分隔数据的值. 如果数据池很小，你可以将数据投影到特征分量上（即单独查看该分量的值），然后选择 $N-1$ 个不同的值（位于两个数据点中）. 如果数据池很大，可以随机选择数据的子集，然后将该子集投影到特征分量上，再从数据点之间的值中进行选择.

流程 11.6（拆分一个无序特征） 通过为每个值抛一枚无偏硬币来代表其一个特征值，然后用此结果来拆分特征. 如果硬币出现正面，则具有该值的任何数据点向左移动，否则向右移动. 重复此过程 F 次，计算每个拆分的信息增益，然后保留信息增益最佳的拆分. 我们预先选择好 F，它通常取决于分类变量可取值的数目.

11.5.3 森林

我们并没有直接建立最好的树状图，但是高效地构建了树状图，同时有很多选择. 如果我们要重建树状图，可能会获得不同的结果. 这里建议，构建许多树状图，最后通过合并其结果进行分类.

建立和评估决策林有两种重要策略. 我没有什么证据非常赞成其中的一种策略，但是不同的软件包使用的是不同的策略，因此读者都应该有所了解. 在一种策略中，我们将有标签的数据分为训练集和测试集. 然后，构建多个决策树，并使用整个训练集进行训练. 最后，在测试集上评估森林. 在这种方法中，森林并不知道每个数据的所属类别，因为它还要对数据进行测试. 但是，每棵树都见到过训练集中的每个数据.

流程 11.7（构建决策林） 设有一个包含 N 对形式为 $(\boldsymbol{x}_i, y_i)$ 的数据集，其中 $\boldsymbol{x}_i$ 是一个 d 维特征向量，y_i 为类别标签. 将数据集分为测试集和训练集. 在训练集上训练多个不同的决策树，使用一组随机的分量来查找最佳拆分，就意味着每次都会获得一幅不同的树状图.

在另一种策略（也称为**装袋**）中，训练每幅树状图时，我们都会随机对子标签数据进行有放回抽样，以生成与原始数据集相同大小的训练集. 请注意，此训练集像 bootstrap 副本一样将存在重复项. 此训练集通常称为**袋子**. 我们保留未出现在袋中的样本的记录（“袋外”样本）. 现在要评估森林，我们将根据袋外样本进行评估. 每个样本都会从每棵树中获得标签投票. 使用这些投票对每个样本进行分类，并计算每个样本的错误情况. 通过这种方法，整个森林都可以看到所有带标签的数据，但是我们可以很好地估计错误情况，因为我们并未用训练集中的数据来评估这些树状图.

272

流程 11.8（使用装袋法建立决策林） 设 N 对形式为 $(\boldsymbol{x}_i, y_i)$ 的数据，其中 $\boldsymbol{x}_i$ 是一个 d 维特征向量，y_i 为类别标签. 构建训练数据集的 k 个 bootstrap 副本. 在每个副本上都训练一个决策树.

建立森林后，我们必须对测试集的数据项进行分类. 这里有两种主要策略，最简单的方法是使用森林中的每棵树对数据项进行分类投票，然后取票数最多的类. 这种方法其实比较有效，但一些可能很重要的依据可能会被我们忽略. 例如，假设森林中的一幅树状图的叶节点上有许多带有相同类别标签的数据项，另一幅树状图的叶节点中恰好只有一个数据项. 我们并不希望每个叶节点都有相同的票数.

流程 11.9（决策林分类） 给定测试样本 $\boldsymbol{x}$，将其放入每一幅树状图中，现在选择以下策略之一：

- 每当样本数据到达叶节点，在叶节点给其分的类别计一票，最终选择票数最高的类别.
- 每当样本数据到达叶节点，在叶节点给其分的类别计 N_l 票，其中 N_l 是此叶节点中训练数据中类别出现的次数，最终选择票数最高的类别.

考虑这一观察结果的另一种策略是将测试数据项传递到每幅树状图上. 当到达叶节点时，我们在该叶节点中为每个训练数据项记一票，之后统计训练数据项的类别的票数，从而选出得票最多的类别. 这种方法中，票数多、分类准确的叶节点在投票过程中是占主导地位的. 上述两种策略都是有使用价值的，我没有证据可以表明其中哪一种总是比另一种更好. 不过，训练过程中的随机性使数据项数量大而分类准确的叶节点在实践中并不常见.

实例 11.3（心脏病数据的分类） 建立一个随机森林分类器，对加州大学欧文机器学习数据库中的“心脏”数据集进行分类（数据链接为 http://archive.ics.uci.edu/ml/datasets/Heart+Disease,其中包含多个版本,请选择处理过的克利夫兰的数据,即“processed.cleveland.data.txt”)

.

解 本例使用了 R 语言的随机森林程序包及打包策略. 如你所见，这个程序包很容易建立一个随机的决策林. 数据集中，变量 14（V14）会根据动脉狭窄的严重程度取 0，1，2，3 或 4. 其他变量是与患者有关的生理和物理方面的某些度量（请在网站上阅读详细信息）. 我尝试用随机森林作为多类分类器来预测变量 14 的五个级别. 其效果并不好，正如下面的袋外类混淆矩阵所示. 总袋外错误率为 45%.

真	预测					
	0	1	2	3	4	类错误率 (%)
0	151	7	2	3	1	7.9
1	32	5	9	9	0	91
2	10	9	7	9	1	81
3	6	13	9	5	2	86
4	2	3	2	6	0	100

这是表 11.1 中的类混淆矩阵示例. 很明显，可以从特征中预测动脉变窄或不变窄，但不能预测变窄的程度（至少随机森林不能预测）. 因此，将变量 14 量化为两个级别：0（表示没有变窄）和 1（表示会变窄，因此原始值可能是 1，2 或 3）. 然后我建立了一个随机森林从其他变量来预测这个量化变量. 总的袋外错误率是 19%，袋外类混淆矩阵如下：

273

真	预测		
	0	1	类错误率 (%)
0	138	26	16
1	31	108	22

注意，假阳性率（16%，26/164）要比假阴性率（22%）好. 训练并预测 0,· · ·,4，然后我们可以判断量化预测值是否更好. 如果这样做了，你会发现假阳性率为 7.9%，但假阴性率要更高（36%，50/139）. 在这个应用中，假阴性比假阳性的问题更大，因此单纯的折中处理是没有什么效果的.

注记 *随机森林很容易建立，而且效果显著. 它们可以预测任何类型的标签. 好的数学软件实现随机森林也并不难.*

274

编程练习

11.1 加州大学欧文分校的机器学习数据库存储着一组有关患者是否患有糖尿病的数据集（皮马印第安人数据集），该数据集最初由美国国立糖尿病、消化与肾脏疾病研究所拥有，并由 Vincent Sigillito 捐赠. 你可以在 http://archive.ics.uci.edu/ml/datasets/Pima+Indians+Diabetes 中找到该数据. 该数据具有一组患者属性，以及一个可判断患者是否患有糖尿病的分类变量. 这是面向 R 语言的练习，因为你可以使用一些程序包来辅助练习.

（a）使用朴素贝叶斯分类器对该数据集进行分类. 你应该保留 20% 的数据用于评估，而将其他的 80% 的数据用于训练. 这里建议用正态分布为每个类的条件概率分布建模. 希望你能自己编写此分类器.

（b）为此数据集使用 `caret` 和 `klaR` 软件包构建朴素贝叶斯分类器. `caret` 包可以进行交叉验证（`train` 里面），还可用于保留数据. `klaR` 包可以使用本课程后面介绍的密度估算流程来估算类条件密度. 使用 `caret` 包中的交叉验证机制来评估分类器的准确率.

（c）安装 SVMLight（在使用手册中查找 `svmlight`），以训练和评估 SVM，并对这些数据进行分类. 并不需要对 SVM 有所了解也可以进行该练习. 请保留 20% 的数据用于评估，80% 的数据用于训练.（下载地址：http://svmlight.joachims.org.）

11.2 加州大学欧文分校的机器学习数据库存储了葡萄牙米尼奥大学的 Paulo Cortez 捐赠的有关葡萄牙学生表现的数据集（https://archive.ics.uci.edu/ml/datasets/ Student+Performance）. P. Cortez 和 A. Silva 的“Using Data Mining to Predict Secondary School Student Performance”（*Proceedings of 5th FUture BUsiness TEChnology Conference (FUBUTEC 2008)* pp. 5-12, Porto, Portugal, April, 2008）中描述了该数据. 共有两个数据集（分别为数学成绩和葡萄牙语成绩）. 其中的 649 名学生分别拥有 30 个特征，并且可以预测 3 个值（G1，G2 和 G3）. 其中，忽略 G1 和 G2.

（a）使用数据集的 G3 属性，并将其量化为两类，即 G3>12 和 G3⩽12. 然后建立并评估朴素贝叶斯分类器，该分类器根据除 G1 和 G2 之外的所有属性预测 G3. 请你完全自行编写此分类器（即不要使用代码段中描述的软件包）. 对于二类的情况，应使用二类分类模型. 对于描述为“数值”的属性，这些属性取少量值，应使用多类分类模型. 对于描述为“标称值”的属性，这些属性取少量值，依然需要使用多类分类模型. 请忽略“缺失”的数据. 通过交叉验证估算准确率. 这里应该至少折叠 10 次（随机保留 15% 的数据作为测试数据），并对这些数据的准确率求均值，并报告折叠准确率的均值和标准差.

276

（b）修改上一部分的分类器，以便对于描述为“数值”的属性（其使用少量值），使用多类分类模型. 请忽略“缺失”的数据. 通过交叉验证估算准确率. 这里应该至少折叠 10 次（随机排除 15% 的数据作为测试数据），并对这些数据的准确率求均值，并报告折叠准确率的均值和标准差.

（c）你认为哪个分类器更准确？为什么？

11.3 加州大学欧文分校的机器学习数据库存储着有关心脏病的数据. 数据由匈牙利心脏病研究所的 Andras Janosi 博士、瑞士苏黎世大学医院的 William Steinbrunn 博士、瑞士巴塞尔大学医院的 Matthias Pfisterer 博士以及长滩与克利夫兰诊所基金会 V.A. 医学中心的 Robert Detrano 博士收集和提供. 你可以在 https://archive.ics.uci.edu/ml/datasets/Heart+Disease 中找到此数据.

使用处理后的数据集，其中共有 303 个实例，每个实例具有 14 个特征，其中删除了文本中描述的无关属性. 第 14 个属性是疾病诊断. 有些记录缺少属性，我们将这些记录舍去.

（a） 取疾病属性，将其量化后再分为两类：num = 0 和 num > 0. 建立并评估可从所有其他属性预测该类的朴素贝叶斯分类器，通过交叉验证来估算其准确率. 这里应该至少折叠 10 次（随机排除 15% 的数据作为测试数据），并对这些数据的准确率求均值，并报告折叠准确率的均值和标准差.

（b） 修改分类器，以预测疾病属性的每个可能值（也就是 0~4）. 通过交叉验证来估算其准确率. 这里应该至少折叠 10 次（随机排除 15% 的数据作为测试数据），并对这些数据的准确率求均值，并报告折叠准确率的均值和标准差.

11.4 加州大学欧文分校的机器学习数据库存储着由 Olvi Mangasarian、Nick Street 和 William H. Wolberg 捐赠的乳腺癌诊断数据. 你可以在 http://archive.ics.uci.edu/ml/datasets/Breast+Cancer+Wisconsin+(Diagnostic) 中找到此数据. 对于每个记录，都有一个 ID，10 个连续变量和一个类别（良性或恶性）. 有 569 个样本. 将此数据集随机分为 100 个验证数据，100 个测试数据和 369 个训练数据.

编写一个程序，使用随机梯度下降法在该数据上训练支持向量机. 请自己编写此程序（实际上并不难），请勿使用软件包. 在此忽略 ID 号，并将连续变量用作特征向量. 通过缩放这些变量，让每个变量都有单位方差. 然后搜索正则化常数的适当值，至少尝试这些值 $\lambda = [10^{-3}, 10^{-2}, 10^{-1}, 1]$. 使用验证集进行搜索.

程序至少要运行 50 纪，每纪至少进行 100 步迭代. 每纪随机挑选出 50 个训练样本进行评估. 每 10 步应用当前的正在计算的数据集，来计算当前分类器的准确率. 你应该得出：

（a） 对于正则化常数的每个值，绘制出每 10 步的准确率图像.

（b） 给出你估计的正则化常数最佳值，以及你认为它是最佳值的理由.

（c） 根据保留的数据，给出最佳分类器的准确率估计.

11.5 加州大学欧文分校的机器学习数据库存储了 Ronny Kohavi 和 Barry Becker 捐赠的有关成人收入的数据，你可以在 https://archive.ics.uci.edu/ml/datasets/Adult 上找到此数据. 对于每条记录，都有一组连续的变量，并且类别为 ≥50 000 或 < 50 000. 有 48 842 个样本. 请仅使用这些连续属性（可以参考网页上的文字描述），如果发现有缺少连续属性值的样本，可将其舍去. 然后将结果数据集随机分为 10% 验证集，10% 测试集和 80% 训练集.

编写一个程序，使用随机梯度下降法在该数据上训练支持向量机. 请自己编写此程序（实际上并不难），请勿使用软件包. 在此忽略 ID 号，并将连续变量用作特征向量. 通过缩放这些变量，让每个变量都有单位方差. 然后搜索正则化常数的适当值，至少尝试这些值 $\lambda = [10^{-3}, 10^{-2}, 10^{-1}, 1]$. 使用验证集进行搜索.

此程序至少要运行 50 纪，每纪至少进行 300 步迭代，其中随机挑选出 50 个训练样本进行评估. 每 30 步应用当前的正在计算的数据集，来计算当前分类器的准确率. 你应该得出：

277

（a）对于正则化常数的每个值，绘制出每 30 步的准确率图像.

（b）给出你估计的正则化常数最佳值，以及你认为它是最佳值的理由.

（c）根据保留的数据，给出最佳分类器的准确率估计.

11.6 加州大学欧文分校的机器学习数据库存储了一组关于基因 p53 表达是否活跃的数据. 你可以通过阅读以下文献了解基本内容，以及关于数据集的更多信息：

Danziger, S.A., Baronio, R., Ho, L., Hall, L., Salmon, K., Hatfield, G.W., Kaiser, P., and Lathrop, R.H. “Predicting Positive p53 Cancer Rescue Regions Using Most Informative Positive(MIP)Active Learning,” PLOS Computational Biology, 5(9), 2009;

Danziger, S.A., Zeng, J., Wang, Y ., Brachmann, R.K. and Lathrop, R.H. “Choosing where to look next in a mutation sequence space: Active Learning of informative p53 cancer rescue mutants”, Bioinformatics, 23(13), 104-114, 2007;

Danziger, S.A., Swamidass, S.J., Zeng, J., Dearth, L.R., Lu, Q., Chen, J.H., Cheng, J., Hoang, V .P ., Saigo, H., Luo, R., Baldi, P ., Brachmann, R.K. and Lathrop, R.H. “Functional census of mutation sequence spaces: the example of p53 cancer rescue mutants,” IEEE/ACM transactions on computational biology and bioinformatics, 3, 114-125, 2006.

可以在 https://archive.ics.uci.edu/ml/datasets/p53+Mutants 找到这组数据，总共有 16 772 个数据项，每项有 5409 个属性. 属性 5409 是一个分类属性，它是活跃（active）或不活跃（inactive）. 此数据集有多个版本，这里请使用 `K8.data` 的版本.

（a）使用随机梯度下降法训练 SVM，对这些数据进行分类. 删除缺少值的数据项，之后使用交叉验证来估计正则化常数，至少尝试 3 个值. 训练过程要求应至少接触训练集数据的 50%，这里随机选择 10% 组成验证分类器准确率的新数据集.

（b）训练一个朴素贝叶斯分类器并对该数据进行分类，这里随机选择 10% 组成验证分类器准确率的新数据集.

（c）比较两种分类器. 哪一个更好？为什么？

11.7 加州大学欧文机器学习数据库有一组关于蘑菇是否可以食用的数据，由 Jeff Schlimmer 捐赠，可在 http://archive.ics.uci.edu/ml/datasets/Mushroom 中下载. 这些数据有一组蘑菇的分类属性，包含两个标签（有毒或可食用）. 使用 R 语言的随机森林程序包（如本章中的示例）构建一个随机森林，根据蘑菇的属性将蘑菇分为可食用的或有毒的. 为这个问题生成一个类混淆矩阵. 分类器预测的可食用蘑菇有毒的概率有多大？

MNIST 练习

下面的练习很详细，也很有意义. MNIST 数据集是一个包含 60 000 个训练样本和 10 000 个测试样本的手写数字的数据集，最初由 Yann Lecun、Corinna Cortes 和 Christopher J.C.Burges 构建. 它被广泛用于检验简单的方法. 总共有 10 类（“0” 到 “9”）. 这个数据集已经被广泛研究，并且在 https://en.wikipedia.org/wiki/MNIST_database 和 http://yann.lecun.com/exdb/mnist/中可以找到. 你应该注意到最好的方法表现得非常好. 原始数据集位于 http://yann.lecun.com/exdb/mnist/. 它以一种不寻常的格式存储，在该网站上有详细描述. 编写自己的阅读器非常简单，但是 Web 搜索会生成标准包的阅读器. http://ufldl.stanford.edu/wiki/index.php/Using_the_MNIST_ Dataset 中的代码可以用 MATLAB 读取. https://stackoverflow.com/questions/21521571/how-to-read-mnist-database-in-r 中的代码可以用 R 语言读取.

数据集由 28×28 的图像组成，这些原本是二进制图像，但由于一些抗锯齿处理，看起来像是灰度图像. 我将忽略中灰色像素（并不是太多），并将深色像素称为“墨水像素”，将浅色像素称为“纸张像素”. 通过将图像像素的重心居中，数字已在图像中居中. 这里有一些方法可以将练习中提到的数字重新居中.

- **未处理**：不要重新居中数字，使用原样图像.
- **边界框**：构造一个 $b \times b$ 的边界框，使水平（或垂直）的墨水像素范围在框中居中.

278

- **拉伸边界框**：构造一个 $b \times b$ 的边界框，使水平（或垂直）的墨水像素的范围在整个水平（或垂直）方向框的范围. 我们需要重新缩放图像像素：找到水平和垂直墨迹范围，将其从原始图像中剪下，然后将结果大小调整为 $b \times b$.

一旦图像重新居中，就可以计算一些特征. 这里有一些构建特征的选项：

- **原始像素**: 图像中的原始像素值.
- **PCA**：将图像投影到整个数据集的前 d 个主成分.
- **本地 PCA**：首先，分别计算每个数字类的前 d 个主成分. 然后对于所有图像，计算一个 $10d$ 维的特征向量，对于每个类，从图像中减去该类的均值，然后将图像投影到该类的 d 个主成分上. 最后，将得到的所有 $10d$ 维特征向量进行叠加. 这衡量了图像和类均值之间的差异与这个类的图像和类的均值之间的差异有多像.

11.8 利用朴素贝叶斯分类器对 MNIST 进行分类研究. 使用 11.3 节的流程比较四种原始像素图像特性. 假设每个特征属于每类的概率模型选择正态模型或二项模型，通过未处理图像或拉伸边界框图像，从而得到这些特征.

(a) 哪种方案更好？

(b) 最好方案准确率有多高？(如果这里不弄明白，则无法通过之前的练习检查 11.3 节中获得的最佳准确率的答案.)

11.9 使用最近邻法对 MNIST 进行分类. 将使用近似最近邻点，你可以在 http://www.cs.ubc.ca/~mariusm/index.php/FLANN/FLANN 获取 FLANN 程序包. 要使用这个包，首先要为训练数据集构建索引的函数（`flann_build_index()` 或它的变体），然后使用测试点（`flann_find_nearest_neighbors_index()` 或它的变体）进行查询. 另一种方法（调用函数如 `flann_find_nearest_neighbors()`）是构建索引，如果不正确地使用索引，则效率会很低.

(a) 将未处理的原始像素与边界框原始像素和拉伸边界框的原始像素进行比较. 哪种

方法更好？为什么？查询时间有什么区别？

(b) 重新缩放每个特征（即每个像素值），使其具有单位方差，是否可以使得上一问中的分类器有所改善？

(c) 研究拉伸边界框 PCA 的各种 d 值，需要绘制准确率与 d 的图. 你应该用一些足够大的 d 值，相当接近 784 (28×28). 将其与拉伸边界框原始像素（相当于 $d=784$）的准确率进行比较.

(d) 重新缩放每个特征（即每个投影方向），使其具有单位方差，这样做是否可以改善上一问的结果？

11.10 利用支持向量机研究 MNIST 分类. 比较以下四种情况：未处理的原始像素；拉伸边界框原始像素；拉伸边界框 PCA；拉伸边界框局部 PCA. 哪个最有效？为什么？

11.11 利用决策林研究 MNIST 分类. 使用相同的参数构建森林（即相同的树深度，相同的树的数目等），比较以下四种情况：未处理的原始像素；拉伸边界框原始像素；拉伸边界框 PCA；拉伸边界框局部 PCA. 哪个最有效？为什么？

11.12 如果你已经完成了之前的四个练习，很可能你已经厌倦了 MNIST，你的知识应该非常丰富了. 那么将你的方法应用于 http://yann.lecun.com/exdb/mnist/中的数据，对此你能做些什么改进？

279

第 12 章　聚类：高维数据模型

高维数据会带来一些问题. 例如：数据点并不在预计位置上，分布得较为分散，或者可能远离均值. 所以，在处理高维数据时有一条重要的经验，就是**使用简单的模型**. 高维数据的一个简单高效的模型是假设数据可分为多个团. 若想构建上述模型，则需要通过数据点聚集程度分类构建不同的团，并通过形成的团确定数据点所属类别. 此过程叫作**聚类 (clustering)**. 在实际应用中，聚类算法非常常见.

聚类算法的一个重要应用就是构建特征. 如果我们需要对具有重复结构的信号（如音频、图像、视频以及加速计数据等）进行分类，则训练集中的聚类信号片段将出现一些相同的重复结构. 一个新信号可以通过记录每个集群中心在信号中出现的频率来描述. 此过程可以对信号进行高效的特征描述，这里的特征描述也可作为上一章分类器的输入信号.

聚类是一项令人有些费解的活动. 对数据进行聚类可以更高效地进行数据分析，因此做好聚类是非常有必要的. 但是对于数据集聚类好坏的评判很难给出清晰的标准界定. 通常，聚类是构建数据模型的一部分，判定聚类算法有效的主要方式是生成的模型性能的好坏.

12.1　维度灾难

高维模型表现出反直觉的行为 (或者，更确切地说，可能需要数年才能让你的直觉将高维模型的真实行为视为自然). 在这些模型中，大多数数据都位于你意想不到的位置. 我用一个非常简单的示例数据集说明这些问题. 数据集是一个来自立方体中均匀概率密度的 IID 样本，立方体边缘长度为 2，以原点为中心. 在立方体内的每个点处，概率密度为 $P(x) = 1/2^d$（在其他地方为零）. 该密度的均值在原点，我们写为 0. 每个 $\boldsymbol{x}_i$ 的每个分量必须在 $[-1, 1]$ 区间内.

12.1.1　幂次维数

对高维数据集绘制直方图是十分困难的，因为区间数量太多了. 在上述多维数据集中，假设将每一维度上划分成两部分（即 $[-1, 0]$ 与 $[0, 1]$），绘制一个区间数为 2^d 的简略直方图. 这会带来两个问题. 首先，数量如此多的区间表示是困难的；其次，除非足够幸运，否则，由于实际数据量远小于 2^d 导致大多数区间是空的. 因此，维度的进一步划分只会变得更加糟糕.

此外，矩阵中的元素数以维数平方增长，导致协方差矩阵不仅在计算上难以处理，同时在存储上存在困难. 更重要的是，对矩阵元素准确估计所需的数据量增长迅速. 直观上看，估计更多数值需要更多的数据来支持是合理的. 对数值进行估计有很多方法：在某些情况下，数据量足够大，没有必要担心；在其他情况下，假设协方差矩阵有一个特定的参数形式，然后估计这些参数即可. 对于特定的参数形式进行估计通常有两种策略：第一种，假设协方差矩阵是对角矩阵，只需估计对角元素；第二种，假设协方差矩阵是单位矩阵的放缩，估计放缩比例. 上述策略可看成是一种暴力求解过程，且只在求解全协方差复杂度远高于上述策略量级时才使用.

12.1.2 灾难：数据未在预想范围出现

令人惊讶的是，绝大多数高维数据可能分布在距离均值很远的位置上. 例如，我们可以将立方体分成两部分. $\mathcal{A}(\epsilon)$ 由每一维度在 $[-(1-\epsilon),(1-\epsilon)]$ 变化的数据集构成. $\mathcal{B}(\epsilon)$ 由数据集中剩余数据构成. 形象来看，我们可将数据集看作是一个立方体橘子，$\mathcal{B}(\epsilon)$ 是果皮（果皮厚度），$\mathcal{A}(\epsilon)$ 是果肉. 直觉告诉你果肉会比果皮多，但通过一个简单的计算表明，这是错误的. 分别计算数据位于果肉与果皮的概率 $P(\{\boldsymbol{x}\in\mathcal{A}(\epsilon)\})$ 和 $P(\{\boldsymbol{x}\in\mathcal{B}(\epsilon)\})$：

$$P(\{\boldsymbol{x}\in\mathcal{A}(\epsilon)\})=(2(1-\epsilon))^d\left(\frac{1}{2^d}\right)=(1-\epsilon)^d$$

以及

$$P(\{\boldsymbol{x}\in\mathcal{B}(\epsilon)\})=1-P(\{\boldsymbol{x}\in\mathcal{A}(\epsilon)\})=1-(1-\epsilon)^d$$

当 $d\to\infty$ 时，

$$P(\{\boldsymbol{x}\in\mathcal{A}(\epsilon)\})\to 0$$

这意味着，对于大数值的 d，大部分数据位于 $\mathcal{B}(\epsilon)$ 中（果皮比果肉多）. 同理，对于大数值的 d，每个数据项中至少有一个分量接近于 1 或 -1. 在高维空间中，体积与你的预期不同，而是由果皮占据主导. 而在实际中，数据集是一个立方体而不是一个球体，这使得计算更加容易（大多数人并不记得高维球体的体积表达式）. 但所使用的形状并不影响实际问题的研究.

d 比较大时，$P(\{\boldsymbol{x}\in\mathcal{A}(\epsilon)\})$ 比较小，大部分数据在 $\mathcal{B}(\epsilon)$ 中，距离原点很远. 事实证明这是正确的. 我们很容易计算数据点到原点距离平方的期望值：

$$\begin{aligned}E[\boldsymbol{x}^{\mathrm{T}}\boldsymbol{x}]&=E\left[\sum_i x_i^2\right]=\sum_i E[x_i^2]\\&=\sum_i\int_{\text{立方体}}x_i^2P(\boldsymbol{x})\mathrm{d}\boldsymbol{x}\end{aligned}$$

假设 $\boldsymbol{x}$ 的每个分量相互独立，那么 $P(\boldsymbol{x})=P(x_1)P(x_2)\cdots P(x_d)$. 代入上式得到

$$\begin{aligned}E[\boldsymbol{x}^{\mathrm{T}}\boldsymbol{x}]&=\sum_i\int_{-1}^{1}x_i^2P(x_i)\mathrm{d}x_i=\sum_i\frac{1}{2}\int_{-1}^{1}x_i^2\mathrm{d}x_i\\&=\frac{d}{3}\end{aligned}$$

随着 d 增大，大部分数据点离原点越来越远. 更糟的是，随着 d 增大，数据点之间的距离也越来越远. 我们可以通过两个数据点距离平方的期望值进行衡量. 假使存在数据点 $\boldsymbol{u}$ 与 $\boldsymbol{v}$，那么可计算

282

$$E[d(\boldsymbol{u},\boldsymbol{v})^2]=E[(\boldsymbol{u}-\boldsymbol{v})^{\mathrm{T}}(\boldsymbol{u}-\boldsymbol{v})]=E[\boldsymbol{u}^{\mathrm{T}}\boldsymbol{u}]+E[\boldsymbol{v}^{\mathrm{T}}\boldsymbol{v}]-2E[\boldsymbol{u}^{\mathrm{T}}\boldsymbol{v}]$$

由于 $\boldsymbol{u}$ 与 $\boldsymbol{v}$ 是独立的，那么 $E[\boldsymbol{u}^{\mathrm{T}}\boldsymbol{v}] = \{E[\boldsymbol{u}]\}^{\mathrm{T}}E[\boldsymbol{v}] = 0$. 得到

$$E[d(\boldsymbol{u},\boldsymbol{v})] = 2\frac{d}{3}$$

上式说明，数据点间距与 d 成正比.

注记 高维数据的表现方式与大多数人的直觉并不一致. 数据点总是离边界更近，离你预想位置更远. 这一性质带来了很多麻烦. 最重要的是，只有最简单的模型在高维情况下才能正常工作.

12.2 聚类数据

在高维空间中，任何合理的数据量都无法填满“太多”的空间（这就是维度灾难）. 把空间切成盒子，看看每个盒子里有多少数据，是没有效果的：盒子太多，数据不够. 另一种选择是分解数据集，而不是划分空间. 我们形成**集群（cluster）**——相互靠近的数据点的相干团. 一个**集群中心（cluster center）**是整个集群的总结. 一个集群中心是集群元素的均值，另一个集群中心是一个与集群中所有数据项都接近的数据项.

集群有多种用途. 例如，我们可以通过使用每个集群的中心和每个集群中的数据项的数量，形成一个功能非常像直方图的表示. 此外，相似的数据块应该出现在同一个集群中，因此集群中心可以用来建立一个数据集中重复的模式字典（12.4 节）.

12.2.1 聚合聚类与分裂聚类

本节介绍两种生成聚类算法的方法. 在**聚合聚类 (agglomerative clustering)** 中，首先将每个数据项视为一个集群，然后递归地合并集群以产生一个良好的聚类（流程 12.1）. 这里的困难在于，度量集群之间距离，这可能比度量点与点之间的距离更难. 有三种选择标准：在**单链路聚类（single-link clustering）**中，最接近的两个元素之间的距离就是集群间距离. 这往往会产生“长”集群. 在**全链接聚类（complete-link clustering）**中，第一个集群中的一个元素与第二个集群中的一个元素之间的最大距离为集群间距离. 这往往产生圆形的集群. 在**组平均聚类（group average clustering）**中，集群中的元素间距离的均值即为集群间距离，这也会产生圆形的集群.

流程 12.1（聚合聚类） 选择集群间距离，使每个点成为一个单独的集群. 进行下列操作，直至符合聚类要求：

- 以最小集群间距离合并两个集群.

在**分裂聚类（divisive clustering）**中，先将整个数据集视为一个集群，然后递归地拆分集群以生成一个好的聚类（流程 12.2）. 此处的困难是我们确定拆分集群的标准. 这通常来源于应用的内在逻辑，具体思路是在大数据集中找到合理有效拆分. 我们并不过分追求分裂聚类.

283

流程 12.2（分裂聚类） 选择拆分标准. 将整个数据集看作一个单独的集群. 进行下列操作，直至符合聚类要求：

- 选择要拆分的集群;

- 将所选择的集群按照拆分标准分成两部分.

任何一种算法都需要设置停止条件. 如果没有生成集群的模型，这是一个困难的任务. 聚合聚类和分裂聚类都会产生一个集群的层次结构. 通常，这个分层是以**树状图 (dendrogram)** 的形式显示给用户的，描述集群间距离，并可从树状图中做出适当的集群选择（见图 12.1 中的例子）.

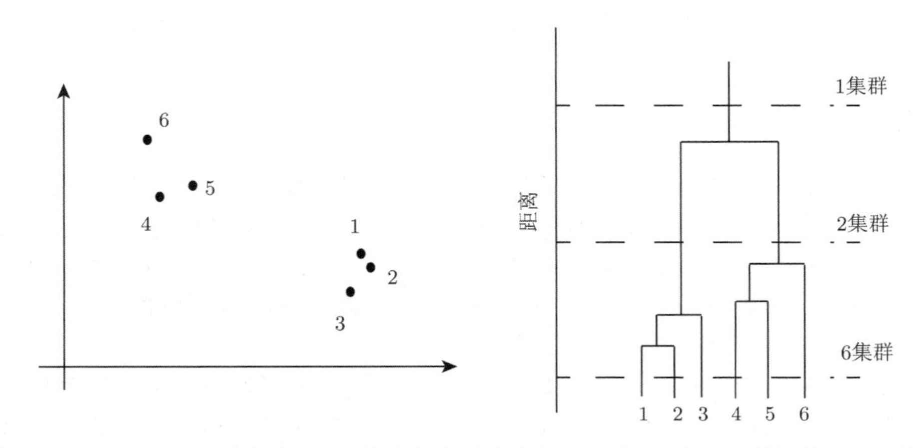

图 12.1 左图是一个数据集；右图是使用单链路聚类通过聚合聚类得到的树状图. 这种表示可以对集群个数以及性能好坏进行直观体会. 选择一个特定的距离值（垂直轴）；现在在该距离处画一条水平线，将树状图分解成独立的连接片段，每一个片段都是一个集群. 在右侧树状图上标记了一些样本距离，注意观察有相当大的距离范围产生两个集群. 这表明，这两个集群间距远大于自身大小，在相当大的范围内，这两个集群是数据集的良好聚类

图 12.1 说明了聚类的一些重要性质，令人感到沮丧的是聚类没有一个单一正确答案. 相反，一个数据集进行不同聚类都是可以接受的. 在图 12.1 中，点 6 可能属于点 4 和点 5 的集群，或者自身单独为一个集群都是合理的. 答案是否正确取决于数据变化的适当尺度. 在图 12.1 中，如果点 1 和点 2 之间的距离大，那么很可能有 6 个不同的集群；但如果点 2 和点 6 之间的距离小，那么很可能有一个集群. 距离是大还是小，完全取决于数据的应用来源.

实例 12.1（聚合聚类） 对来自加州大学欧文分校机器学习数据集库的种子数据集进行聚类（http://archive.ics.uci.edu/ml/datasets/seeds）.

解 该数据集包括对三种类型小麦的颗粒测量的 7 个几何参数. 该数据集由 M. Charytanowicz、J. Niewczas、P. Kulczycki、P. A. Kowalski、S. Lukasik 和 S. Zak 捐赠，更多信息可通过上述网址获得. 在这个例子中，使用了 Matlab，但许多编程环境会提供有用的聚合聚类工具. 在图 12.2 中展示了一个树状图，由于使用 Matlab 绘制整个树状图，看起来比较拥挤（可对小叶子进行合并等）. 从树状图和图 12.3 可以看出，这个数据集群相当好. 虽然这里有三种类型的小麦，但并没有任何距离的选择能产生三个完全分离的集群. 同时，这里有一个相当大

284

的距离范围，会产生三个相当大的集群，还有一些其他的小集群甚至单点集群. 可用特征空间来解释. 每种类型的小麦对应的数据团有一定的重叠，所以有些数据项可能属于多个数据团. 此外，由于数据团是分散的，所以在数据团的边缘有一些点是远离所有其他数据团的，这是真实数据的典型. 乐观预计，因为有三种小麦，所以会有三个清晰而明显的集群.

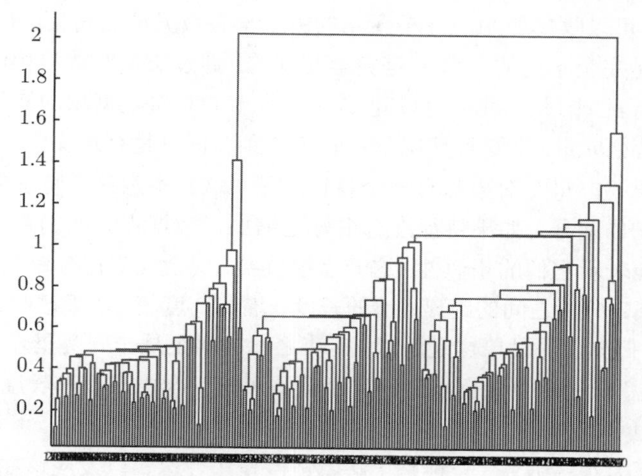

图 12.2 对种子数据集使用单链路聚类获得的树状图. 回想一下，数据点在横轴上，纵轴是距离；在重新合并的高度上有一条水平线连接两个合并的集群. 图中已经绘制了整个树状图，尽管底部有点拥挤，但可以直观看到，底部有小量的垂直线，数据集被划分为更小的集群

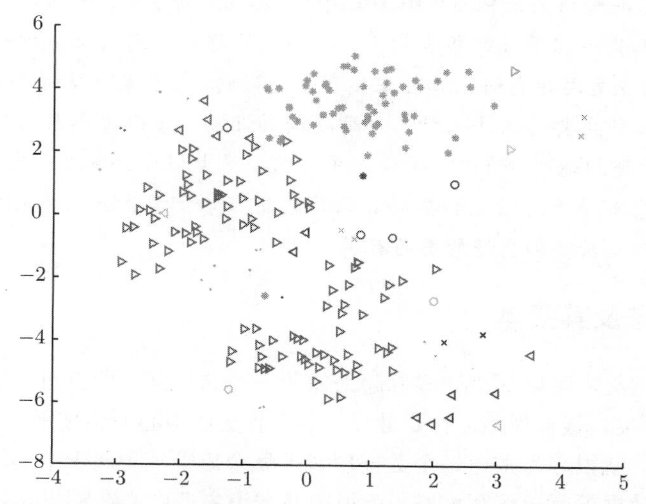

图 12.3 种子数据集的聚类，使用聚合聚类、单链接距离，并要求最多 30 个集群. 使用不同的标记表示不同集群（尽管有些仅根据颜色标记不同）. 请注意，这里有一组相当自然的独立集群. 原始数据是七维的，绘图会出现问题；图中仅展示了前两个主成分的散点图（在原来的七维空间中计算聚类的距离）

12.2.2 聚类与距离

你可能已经注意到以下 (偶尔有用的) 聚合聚类的特征. 你不需要为任何想要聚类的对象设置特征向量; 有一个所有对象对的距离表就足够了. 例如, 你可以收集城市之间距离的数据, 而不知道这些城市在哪里 (如 10.4.3 节所示, 特别是图 10.16), 然后尝试使用这些数据进行聚类. 作为另一个例子, 你可以收集如 10.4.3 节所示的关于早餐数据项之间相似性的数据. 在 $[0,1]$ 区间内取值, 其中 0 是完全不同的, 而 1 是完全相同的. 通过取负对数将相似性转化为距离, 提供了一个可用的距离表. 因此, 我们可以建立 10.4.3 节中早餐数据项的树状图和聚类, 而不需要知道任何一项的特征向量. 在这种情况下, 收集的距离信息是有意义的.

在更常见的情况下, 每个对象都有一个特征向量. 这并不意味着特征向量之间的距离可以很好地指导对象之间的差异. 如果特征没有很好地缩放, 数据点之间的距离（用通常的方式测量）可能不能很好地表示它们的相似性. 这一点很重要. 假设我们正在聚类代表砖墙的数据. 特征可能包含几个距离: 砖块之间的距离、墙的长度、墙的高度等. 如果这些距离用相同的单位表示, 就会很不方便. 例如, 假设单位是厘米. 砖块之间的间距是一到两厘米, 但是墙的高度是几百厘米. 反过来, 这意味着两个数据点之间的距离很可能完全由高度和长度数据所控制. 这可能是我们想要的, 但也可能不是一件好事.

要解决这个问题有很多方法. 一种是了解特征度量了什么, 以及应该如何缩放. 通常, 这需要对数据进行深入理解. 如果你不这样做（通常情况）, 那么尝试归一化数据集往往是个好主意. 有两种好策略. 最简单的方法是转换数据, 使其均值为零（这只是为了整洁）, 然后缩放每个方向, 使其具有单位方差. 另一种策略, 如在最近邻（11.2 节）中, 是对特征进行变换, 使协方差矩阵为单位矩阵（有时被称为**白化**（**whitening**）, 思想来源于第 10 章）.

注记 高维数据集可以用集群集合表示. 每个集群都是一团彼此靠近的数据点, 并由一个集群中心汇总. 数据点之间距离的选择对聚类有显著影响. 聚合聚类从每个数据点开始, 然后递归地进行合并. 有三种主要的方法来计算集群之间的距离. 分裂聚类开始时将所有数据点都放在一个集群中, 然后递归地拆分集群. 拆分方式的选择很大程度上取决于应用. 这两种方法都会生成一个树状图, 它有助于总结点和集群之间的距离. 对于可以绘制树状图的数据集, 查看树状图可以获得一些有关数据和良好聚类的有用信息.

285 ~ 286

12.3 k 均值算法及其变体

假设有一个数据集, 可以形成许多看起来像团一样的集群. 我们期望选择一个聚类, 使得各点“接近”集群中心. 很自然地, 想要最小化各点到集群中心的距离平方和. 如果可以确定每个集群的中心位置, 就很容易知道每个数据项属于哪个集群——属于中心最近的那个集群. 同样, 如果知道每个数据项属于哪个集群, 就很容易知道集群中心在哪里——集群中数据项的均值. 这是最接近集群中每个数据项的点.

通过一个数据点和所属集群中心之间距离平方表达式可以很容易将度量形式化. 假设数据有 k 个集群, 有 N 个数据项. 第 i 个数据项用特征向量$\boldsymbol{x}_i$ 来描述. 第 j 个集群的中心用$\boldsymbol{c}_j$ 表示. 离散变量 $\delta_{i,j}$ 记录一个数据项所属的集群：

$$\delta_{i,j}=\begin{cases}1 & \boldsymbol{x}_i\text{属于集群 } j\\ 0 & \text{其他}\end{cases}$$

要求每个数据项恰好属于一个集群，所以 $\sum_j \delta_{i,j}=1$. 同时假设已知集群个数，要求每个集群至少包含一个点，那么对每一个 j 都有 $\sum_i \delta_{i,j}>0$. 现在可以将数据点到集群中心的平方距离之和写成

$$\Phi(\delta,\boldsymbol{c})=\sum_{i,j}\delta_{i,j}[(\boldsymbol{x}_i-\boldsymbol{c}_j)^{\mathrm{T}}(\boldsymbol{x}_i-\boldsymbol{c}_j)]$$

我们注意到 $\delta_{i,j}$ 充当“开关”. 对于第 i 个数据点，只有一个非零的 $\delta_{i,j}$，选择了从该数据点到适当的集群中心的距离. 很自然地想到通过选择 δ 和 $\boldsymbol{c}$ 使得 $\Phi(\delta,\boldsymbol{c})$ 最小化来对数据进行聚类. 这将产生 k 个集群的集合，它们的集群中心满足数据点到它们的中心的距离和最小.

然而没有任何一个已知算法可以在合理时间内精确地最小化 Φ. $\delta_{i,j}$ 的问题是：很难选择点到集群的最佳分配. 但是上述算法是一种非常有效的近似解. 注意，如果已知 $\boldsymbol{c}$，对于第 i 个数据点，很容易得到 δ，将对应最接近 $\boldsymbol{c}_j$ 的 $\delta_{i,j}$ 设为 1，其他设为 0. 同理，如果 $\delta_{i,j}$ 已知，那么很容易计算每个集群的最佳中心，只需对集群中的点进行平均即可. 所以可以进行迭代：

- 假设集群中心是已知的，并将每个点分配到最近的集群中心;
- 用分配给该集群的点的均值替换每个中心.

首先随机选择集群中心，从而选择一个起点，然后交替迭代. 这个过程最终会收敛到目标函数的局部最小值（每一步的值要么下降，要么固定，它是有下界的），然而不能保证收敛到目标函数的全局最小值. 它也不能保证产生 k 个集群，除非修改分配阶段以确保每个集群数据点个数非零. 这种算法通常被称为 **k 均值（k-means）**.

流程 12.3（k 均值聚类） 选择 k. 现在选择 k 个数据点 $\boldsymbol{c}_j$ 作为集群中心. 执行下述操作直到集群中心变化很小：

- 将每个数据点分配给距离中心最近的集群.
- 现在确保每个集群中至少有一个数据点，一种方法是从远离其集群中心的点中随机选择一个点加入空集群中.
- 用集群内元素的均值替换集群中心.

287

通常，聚类是对高维数据进行，因此可视化集群存在困难. 如果维度不是太高，那么可以绘制面板图. 另一种方法是将数据投影到两个主成分上，绘制集群；此时，12.5.2 节中绘制二维协方差椭圆的过程很有用. 用来探索 k 均值的鸢尾花数据应该形成三个集群（因为有三个品种）. 回顾一下 10.1.2 节中的这个数据集. 我将图 10.3 重现为图 12.4，进行比较. 图 12.5 显示了数据的四种不同的 k 均值聚类. 与图 12.4 比较，注意到 $k=2$ 合并 versicolor 和 virginica 聚类. $k=3$ 可以正确地重现了品种. $k=4$ 把 setosa 分成了两组，但是保留了 versicolor 和 virginica 分品种的预测. $k=5$ 将 setosa 分成两组，并将 versicolor 和 virginica 共分成三组.

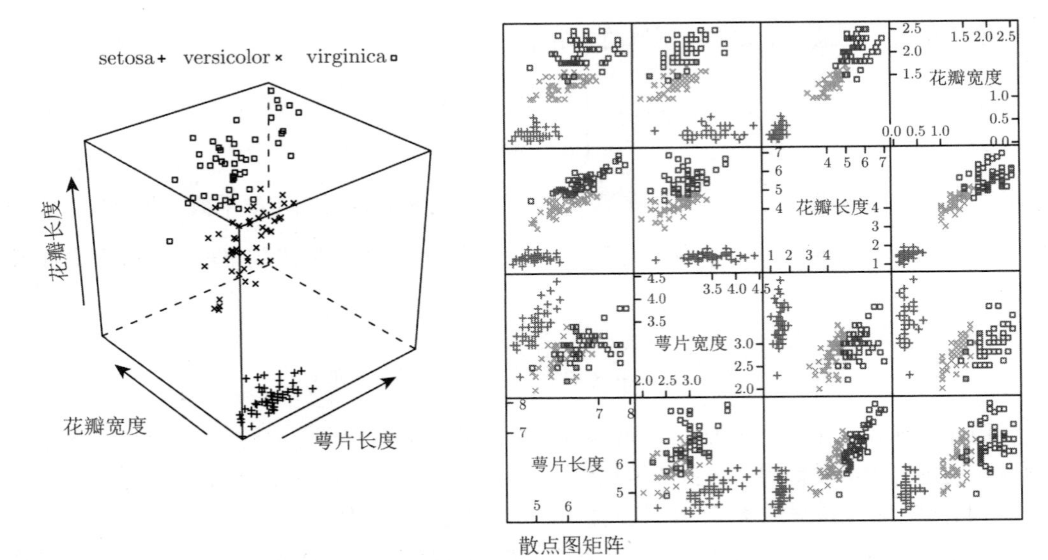

图 12.4 左图：著名的鸢尾花数据的三维散点图，由 Edger-Andevson 于 1936 年收集，在同一年由 Ronald Fisher 在统计学家中推广开来. 在四个变量中选择了三个变量，并用不同的标记绘制了每个品种. 从图中可以看出，各品种的集群相当紧密，而且区分显著. 右图：鸢尾花数据的散点图矩阵. 有四个变量，分别为三个品种的鸢尾花测量数据. 使用不同的标记绘制了每个品种. 从图中可以看出，各品种的集群相当紧密，而且区分显著

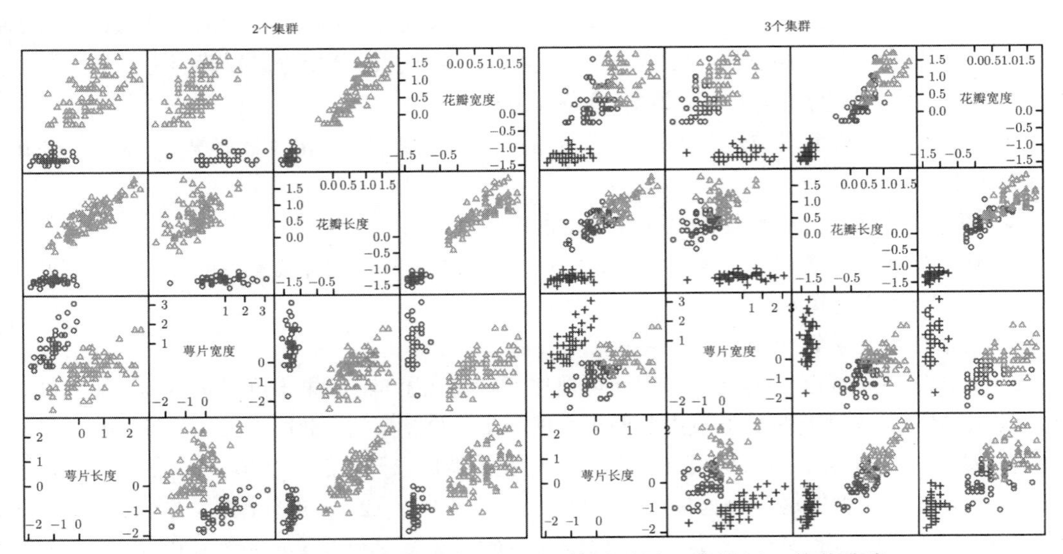

图 12.5 鸢尾花数据的四个面板图，使用不同 k 值进行 k 均值聚类

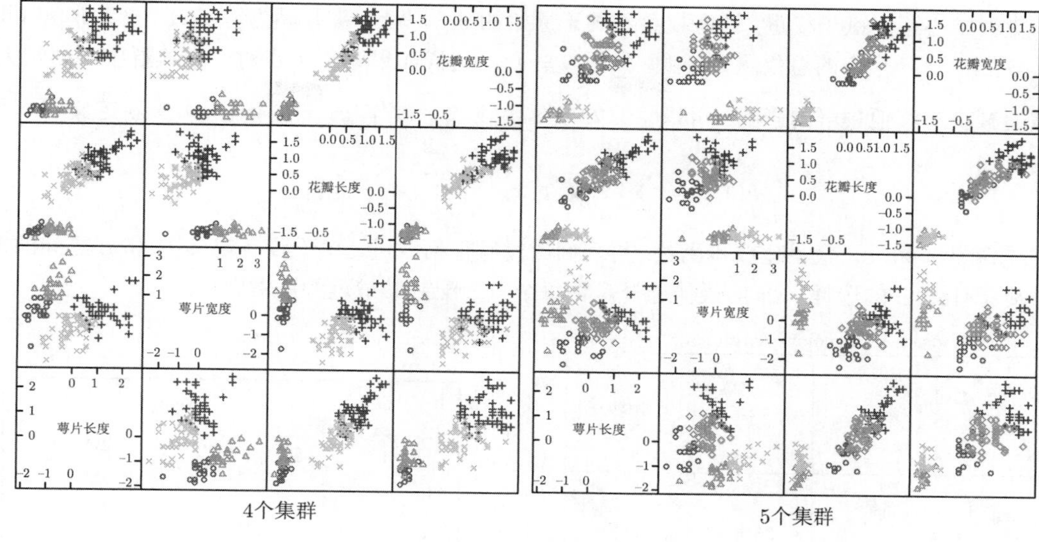

4个集群　　5个集群

图 12.5 （续）

12.3.1 确定 k 值

鸢尾花数据只是一个简单的例子. 我们知道数据形成了明显的集群，并且应该有三个集群. 实际中，我们并不知道应该有多少个集群，需要通过实验来选择. 一种方法是对各种不同的 k 值进行聚类，计算对应聚类的成本函数. 如果中心较多，每个数据点都可以找到一个与之接近的中心，所以我们希望随着 k 的上升，该值会下降. 此时寻找成本函数最小值的 k 是无意义的，因为这个 k 总是和数据点的数量一样（那么这个值就是零）. 然而，将该值作为 k 的函数绘制出来，然后观察曲线的“拐点”，是非常有用的. 图 12.6 显示了鸢尾花数据的这个图. $k = 3$——“真”答案——看起来并不特别，$k = 2$，$k = 3$ 或 $k = 4$ 似乎都是合理的选择. 可以通过惩罚项使用大 k 值的聚类以提高精度，但数据编码低效，不推荐使用.

在一些特殊情况下（比如鸢尾花的例子），我们可能会知道正确的答案来检查我们的聚类. 在这种情况下，我们可以通过观察集群中不同标签的数量（有时也称为纯度），以及集群的数量来评估聚类. 一个好的解决方案会有很少的集群，所有的集群都有很高的纯度. 大多数情况下，我们没有一个正确的答案进行验证. 另一种选择 k 的策略，你或许会觉得很粗糙，但在实践中却极为重要. 通常，对数据进行聚类，以便在具体应用中使用聚类（其中最重要的一种是 12.4 节描述的向量量化）. 有许多方法可以评估这个应用. 例如，向量量化经常被用作纹理识别或图像匹配的前期步骤，可以评估识别器的错误率，或图像匹配器的准确性. 然后选择在验证数据上获得最佳评价分数的 k. 从这个角度来看，问题不在于聚类算法的性能，而是使用聚类的系统的性能.

288 ~ 289

12.3.2 软分配

使用 k 均值的一个难点是每个点必须恰好属于一个集群. 但是，鉴于我们不知道有多少集群，这似乎是错误的. 如果一个点接近一个以上的集群，为什么要强迫它选择呢？我们可以给点与集群中心距离赋予权重. 这些权重不同于原始的 $\delta_{i,j}$，没有被强制为 0 或 1. 权重非负（即 $w_{i,j} \geqslant 0$），每一个点的总权重为 1(即 $\sum_j w_{i,j} = 1$)，这样如果第 i 个点对一个集群中心影响大，则被迫减少对其他集群的影响. 可以将原始成本函数 $\delta_{i,j}$ 看作 $w_{i,j}$ 的简化. 可重新定义成本函数为

$$\Phi(\delta, \boldsymbol{c}) = \sum_{i,j} w_{i,j} \left[p(\boldsymbol{x}_i - \boldsymbol{c}_j)^{\mathrm{T}}(\boldsymbol{x}_i - \boldsymbol{c}_j)\right]$$

可通过调整 w 和 $\boldsymbol{c}$，最小化成本函数. 然而问题没有任何改进，由于没有定义 w 和 $\boldsymbol{c}$ 之间的关系，对于任何 $\boldsymbol{c}$ 的选择，$\boldsymbol{w}$ 的最佳选择是将每个点分配到其最近的集群中心.

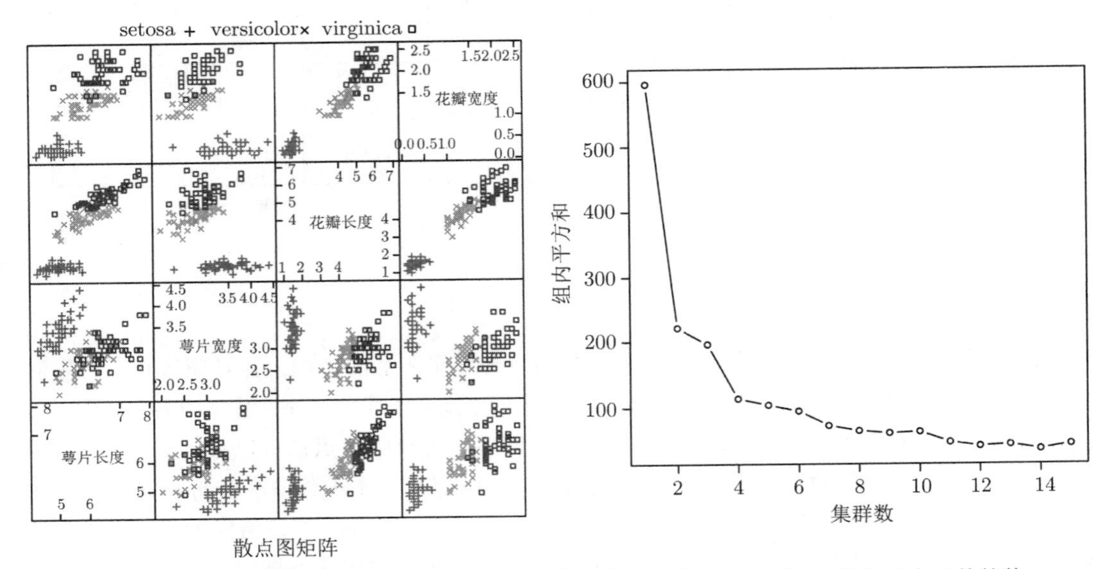

图 12.6　左图是鸢尾花数据的散点图矩阵，供参考. 右图是几个不同 k 值的成本函数的值，注意到从 $k = 1$ 到 $k = 2$ 成本函数值急剧下降，在 $k = 4$ 又一次下降；随后缓步下降. 这里根据具体应用建议使用 $k = 2$, $k = 3$ 或 $k = 4$

实际中 w 和 $\boldsymbol{c}$ 应该关联的. 当 $\boldsymbol{x}_i$ 接近 $\boldsymbol{c}_j$ 时，$w_{i,j}$ 要大，反之就小. 记 $d_{i,j}$ 为距离 $\|\boldsymbol{x}_i - \boldsymbol{c}_j\|$，一个比例系数 $\sigma > 0$，

$$s_{i,j} = \mathrm{e}^{\frac{-d_{i,j}^2}{2\sigma^2}}$$

$s_{i,j}$ 称为点 i 与中心 j 之间的**亲和力**：当距离在 σ 的几个单位内时，值很大；当距离很远时，值很小. 定义权重

290

$$w_{i,j} = \frac{s_{i,j}}{\sum_{l=1}^{k} s_{i,l}}.$$

这些权重是非负的，且和为 1. 如果一个点比其他点更靠近一个中心，那么链接该点与集群中心的权重就会比较大. 缩放参数 $\sigma > 0$ 度量接近程度——我们以 σ 为单位度量距离.

一旦有了权重，重新估计集群中心就很容易了. 使用权重来计算点的加权平均值. 特别地，重新估计了第 j 个集群中心

$$\frac{\sum_i w_{i,j}\boldsymbol{x}_i}{\sum_i w_{i,j}}$$

k 均值是这个算法的一个特殊情况，其中 σ 极限为 0. 在这种情况下，每个点对某个集群的权重为 1，对其他集群的权重为 0，加权均值变成普通均值. 为了方便起见，总结如下 (流程 12.4).

请注意，此算法的另一个特征. 只要让算法有足够高的精度（这可能是个问题），$w_{i,j}$ 总是大于零. 这意味着，没有集群是空的. 实际上，如果相比点之间的距离，σ 值很小，则可以认为集群为空. 你可以通过观察 $\sum_i w_{i,j}$ 来判断是否发生了这种情况，如果 $\sum_i w_{i,j}$ 非常小或为零，你有麻烦了.

流程 12.4（用软权重的 k 均值） 确定 k，选择 k 个数据点 $\boldsymbol{c}_j$ 作为初始集群中心. 进行下述操作，直到集群中心变化很小:

- 首先，我们估计权重. 对于每对数据点 $\boldsymbol{x}_i$ 和集群 $\boldsymbol{c}_j$，计算亲和力:

$$s_{i,j} = \mathrm{e}^{\frac{-\|\boldsymbol{x}_i - \boldsymbol{c}_j\|}{2\sigma^2}}$$

- 对于每对数据点 $\boldsymbol{x}_i$ 和集群中心 $\boldsymbol{c}_j$，计算数据点与中心之间的软权重:

$$w_{i,j} = s_{i,j} / \sum_{l=1}^{k} s_{i,l}$$

- 对每个集群，计算 $\sum_i w_{i,j}$，如果值太小，那么这个集群的新中心是从远离该集群中心的点中随机选择的某个点. 否则，新中心是

$$\boldsymbol{c}_j = \frac{\sum_i w_{i,j}\boldsymbol{x}_i}{\sum_i w_{i,j}}$$

12.3.3 高效聚类和分层 k 均值

应用中有一个很重要的难点. 在庞大的数据集（成千上万）中，k 均值聚类变得困难，因为识别哪个集群中心最接近一个特定的数据点的计算量与 k 呈线性关系（且每次迭代对每个数据点都需重复）. 对于这个问题，有两种方法可以解决.

首先，如果我们可以合理地确信每个集群包含许多数据点，那么有些数据是冗余的. 我们可以对数据进行随机子采样，将其聚类，然后保留集群中心. 这是可行的，但并不能很好地扩展.

另一个更有效的策略是构建 k 均值聚类的层次结构. 我们对数据进行随机子采样（通常很积极），然后用一个很小的 k 对其进行聚类. 然后将每个数据项分配到最近的集群中心，每个集群中的数据再次进行 k 均值聚类. 现在我们有了一个两层集群树. 当然，可以重复这个过程来生成多层集群树.

291

12.3.4 k 中心点算法

在某些情况下，会对无法平均的对象进行聚类. 当你有一个对象之间的距离表，但不知道表示对象的向量时会出现这种情况. 例如，你可能收集到给出城市之间距离的数据，而不知道这些城市在哪里（如 10.4.3 节所示，特别是图 10.16），然后尝试使用这些数据进行聚类. 再例如，可以像 10.4.3 节那样收集提供早餐数据项之间相似性的数据，然后通过取负对数将相似性转换为距离. 这也提供了一个可用的距离表，但你不能用燕麦片对腌鱼进行平均，所以你不能用 k 均值来聚类这些数据.

k 均值的一种变体，称为 k 中心点，适用于这种情况. 在 k 中心点中，集群中心是数据项而不是平均值，因此被称为中心点. 算法的其余部分有一个熟悉的形式. 我们假设集群中心的数量 k 是已知的. 我们通过随机选择示例来初始化集群中心. 然后我们迭代两个过程. 首先，将每个数据点分配给最近的中心. 接着，查找使集群中的点到该中心点的距离总和最小的数据点，为每个集群选择最佳的中心点. 只要搜索所有的点就可以找到这个点.

12.3.5 示例：葡萄牙杂货铺

聚类可以用来揭示数据集的结构，而这些结构用简单工具是无法进行可视化的. 下面是一个例子. 在 http://archive.ics.uci.edu/ml/datasets/Wholesale+customers 上，你会发现一个给出了葡萄牙顾客每年在不同商品上花费的金额的数据集，商品被分为一组与研究相关的类别（生鲜、牛奶、杂货、冷冻、洗涤剂和纸、熟食）. 顾客按渠道（两个渠道，对应不同类型的商店）和地区（三个地区）划分. 数据被分为六组（渠道和地区每对为一组），共有 440 条客户记录，每组都有很多顾客. 该数据由 M. G. M. S. Cardoso 提供.

图 12.7 显示了客户数据的面板图；数据已经被聚类，标记出 10 个集群. 你（至少是我）在这里看不到任何有关六组分类的证据. 这是由于可视化的形式并不是数据的真实属性. 人们往往喜欢住在与他们相似的人的附近，可以预期一个地区的人们会有些相似；也可以合理地预期群体之间的差异（地区偏好；财富的差异；等等）. 零售商用不同的渠道来吸引不同的人，所以可以预期使用不同渠道的人是不同的. 但在集群图中看不到这一点. 事实上，这个图根本没有显示出太多的结构，基本上是无用的.

下面是一种考虑数据结构的方法. 数据集中可能会有不同类型的顾客. 例如，在家准备食物的顾客可能会在生鲜或杂货上花更多的钱，而以购买方便食物为主的顾客可能会在熟食上花更多的钱. 同样，喝咖啡的、有猫或有孩子的顾客可能会比乳糖不耐受的顾客在牛奶上花更多的钱，等等. 因此，我们可以期望客户按类型进行聚类. 在聚类数据的面板图上很难看到这样的效果（图 12.7）. 这个数据集的图很难看懂，因为对于面板图来说，维度相当高，而且数据在左下角被挤在一起. 然而，当你将数据聚类并查看用不同 k 值表示数据的成本函数时，你可以看到效果. 相当小的一组集群给出了相当好的客户表示（图 12.8）. 集群成员的面板图（也在该图中）不是特别有参考价值. 维度相当高，而且集群会被挤在一起.

在面板图中有一个不明显的重要影响. 导致客户以不同类型聚集的一些原因有财富的驱动因素，以及人们倾向于拥有与自己相似的邻居. 这意味着不同的组应该具有每种类型客户的不同部分. 在较富裕的地区，可能会有更多的熟食消费者；在有许多孩子的地区，更多的人在牛奶和清洁剂上花钱；等等. 这种结构在面板图中不会很明显. 一组由少数几个牛奶消费者和许多洗涤剂消费者组成的群体，会有几个数据点的牛奶支出值很高（而其他值很低），也会有许多数据点的洗涤剂支出值很高（而其他值很低）. 在面板图中，这看起来就像两个团；但如果有第二组，其中有许多牛奶消费者和很少的洗涤剂消费者，看起来也像两个团，大致位于第一个团之上. 这将很难发现这两组之间的区别.

292

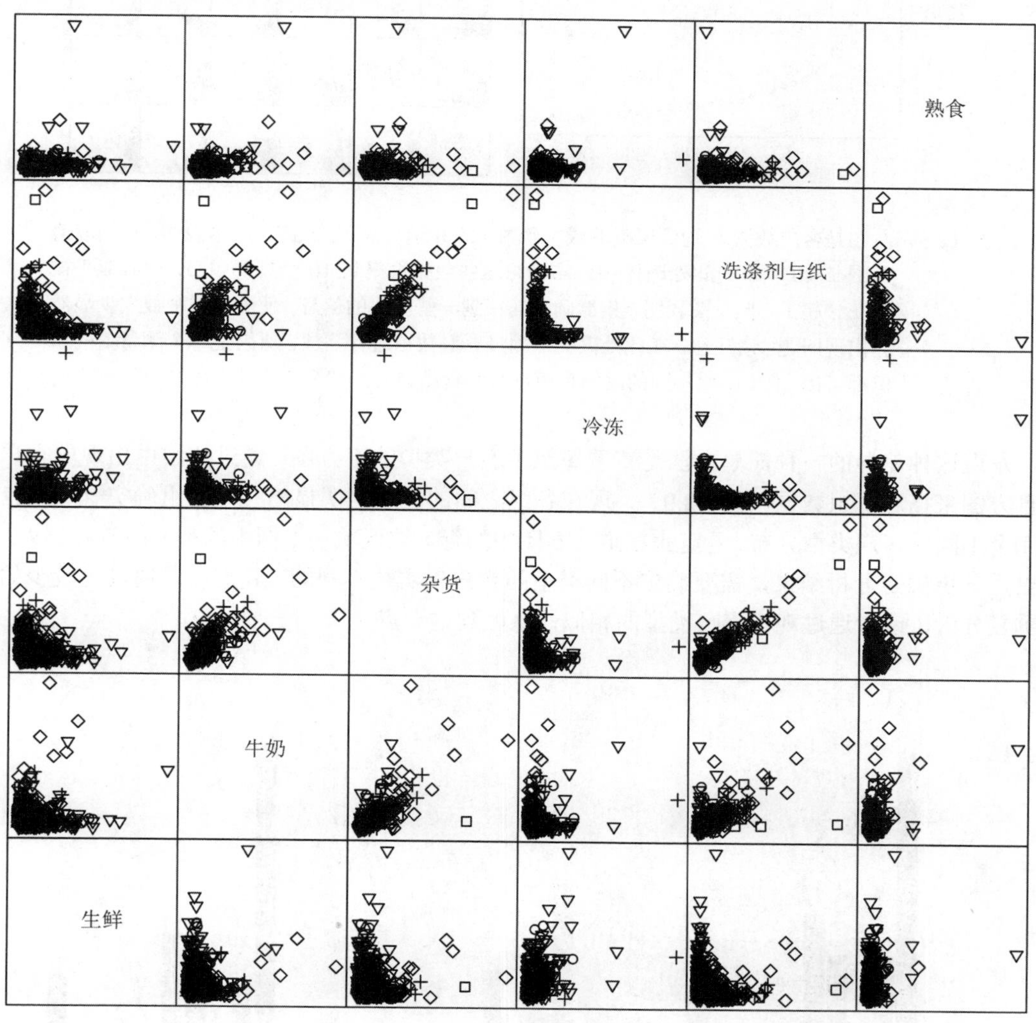

图 12.7　用户数据的面板图，数据来自 http://archive.ics.uci.edu/ml/datasets/Wholesale+customers，记录了葡萄牙消费者每年在不同商品上花费的金额. 该数据记录了六个不同的组别（三个区域内各两个渠道）. 不同的标记标出了每一组，但是看不出数据的结构，具体原因在文中分析

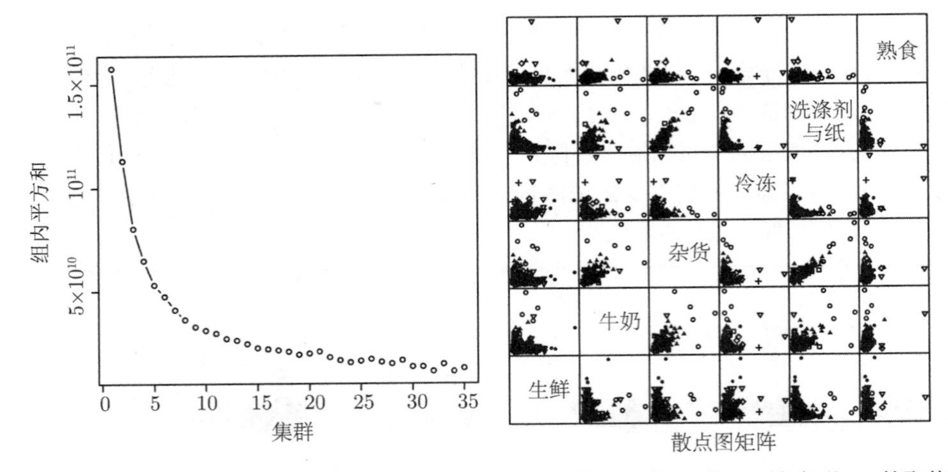

图 12.8 左图是客户数据 k 均值聚类的成本函数 (12.3 节)，k 从 2 到 35. 这表明，k 的取值范围在 $10 \sim 30$，此处选择 10. 右图将这些数据聚集到 10 个集群中心，中心似乎被挤在一起了，但左图表明，集群确实捕获到一些重要的信息. 使用集群个数太少显然会出现问题. 请注意，在此处聚类中并没有对数据进行缩放，原因是每个测量值的单位都可比. 例如，用不同的比例来衡量新鲜食品的支出和杂货店的支出是没有意义的

发现这种差异的一种简单方法是查看每组中客户类型的直方图. 通过该组中出现的客户类型直方图来描述每组数据（图 12.9）. 现在各组之间的区别是明显的——各组确实看起来包含了完全不同的客户类型分布. 看起来渠道（本图中的行）比区域（本图中的列）的差异更大. 为了更进一步确定分析结果，需要确定不同类型的客户确实是不同的. 我们可以通过对较少的集群重复分析，或者通过观察客户类型的相似性来做到这一点.

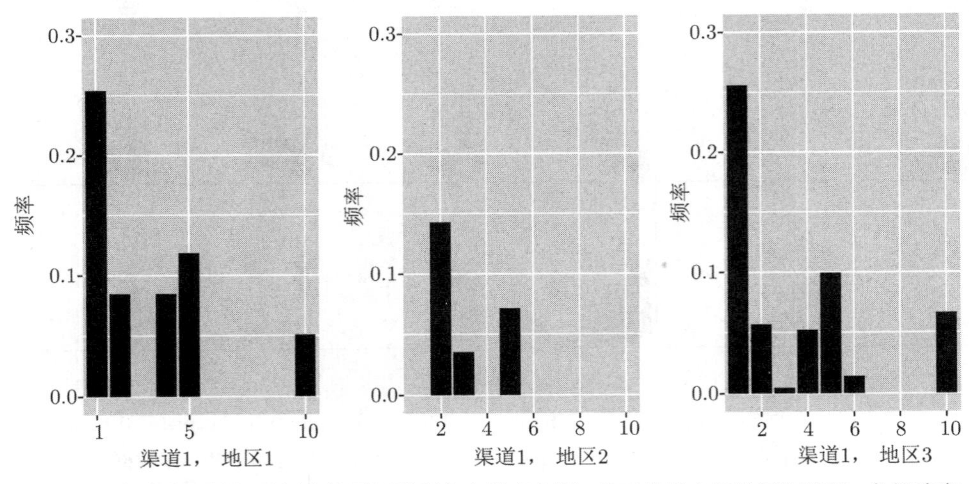

图 12.9 客户数据按组别划分的不同类型客户的直方图. 此时各组之间的区别明显，各组确实包含了相当不同的客户类型分布. 看起来，渠道（行）比区域（列）的差异更大

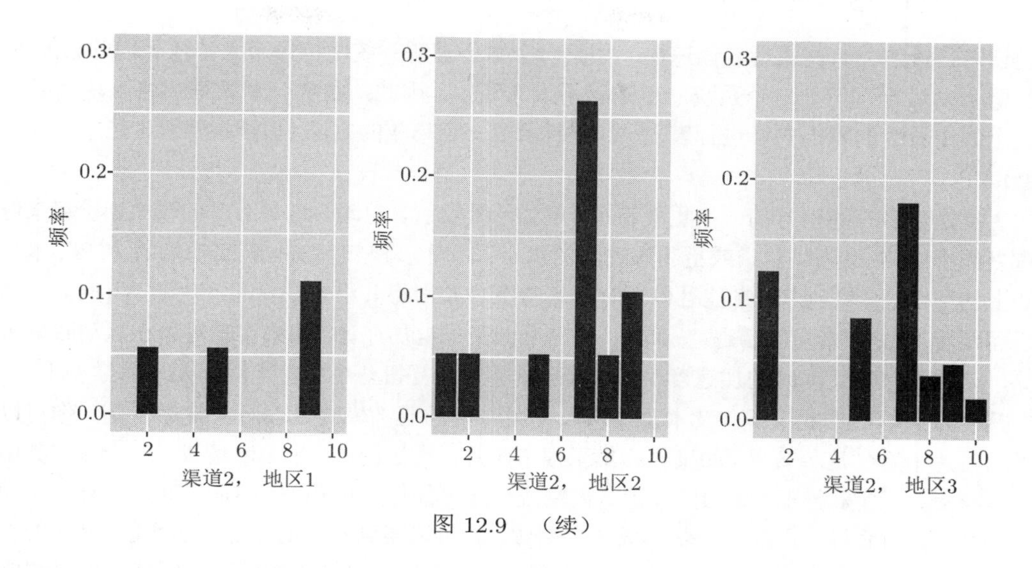

图 12.9　（续）

12.3.6　关于 k 均值的评价

使用 k 均值算法时，会存在一点小问题. 算法总是生成一些相当分散的集群，或者一些单点集群. 大多数集群通常都是相当紧密的、团状的集群，但会存在一个或多个坏的集群. 这一点是相当容易解释的. 因为每一个数据点都必须属于某个集群，所以远离其他数据点的点 (a) 属于某个集群，(b) 极有可能将集群中心拖动到一个糟糕的位置. 即使你使用软分配，这也适用，因为每个点的总权重必须为 1. 如果该点远离其他所有的点，那么它将被分配到最近的一个点，权重非常接近于 1，因此可能会把它拖入不佳位置，或者为单点集群.

要解决上述问题，如果 k 值很大，那么问题并不严重，因为这样只需忽略多个单点集群即可. k 太大并不总是一个好方法，因为这样一些较大的集群可能会分裂. 另一种选择是设定一个垃圾集群. 将任何离最近的真实集群中心太远的点分配给垃圾集群，且不估算垃圾集群的中心. 注意，数据点并不是永久地分配给垃圾集群，而是应该随着集群中心移动进出垃圾集群.

注记　k 均值聚类是“常用”的聚类算法，是一种基本方法，从中可以变形延伸出许多算法. 思想是：迭代，即将每个数据点分配给最近的集群中心，用数据点重新估计集群中心. 在此基础上可以有很多变化、改进等. 我们已经看到了软分配和 k 中心点的实现. k 均值并不是一个最好的应用实现（虽然效率不高，但能抓住核心）. k 均值的实现与算法的高层次描述侧重不同. 除了一些小问题，任何问题都可进行调包，使用 Lloyd-Hartigan 方法包进行解决.

12.4　用向量量化描述重复

第 11 章中的分类器可以应用于简单的图像（例如，那章末尾 MNIST 练习），但如果试图将它们应用于更复杂的信号，就会出现问题. 上述所有方法都适用于固定长度的特征向量. 但典型的信号，如语音、图像、视频或加速计输出是同一事物的不同版本有不同的长度. 例如，图片以不同的分辨率出现，坚持每幅图片必须是 28×28 才能分类，这是不得当的. 再举个例子，有些说话者语速慢，有些说话者语速快，如果一个语音理解系统坚持每个人都以相同的语速说话，分类器可以运行，但是这个系统的前景就不太乐观了. 因此，需要一个处理，将一个信号转换为一个固定长度的特征向量进行表示. 本节展示了一个高效的方法 (但请注意，这是一个庞大的主题).

重复是许多有趣信号的一个重要特征. 例如，图像包含纹理，这是有序的模式，看起来像大量重复的小结构. 例如，豹子或猎豹等动物的斑点；老虎、斑马等动物身上的条纹；树皮、木头和皮肤上的图案. 类似地，语音信号包含有音素特征，人们将其组合在一起产生语音 (例如，“ka”音后面跟着“tuh”音，最后是“cat”). 另一个例子来自加速计. 如果实验对象在运动时佩戴加速计，信号记录其运动时的加速度. 例如，刷牙需要反复扭动手腕，走路需要前后摆动手.

重复以微妙的形式出现. 其本质是可以使用少量的局部模式来表示大量的示例. 你可以在场景的图片中看到这种效果. 如果你收集了很多照片，比如说，一个海滩场景，你会希望其中包含一些海浪、天空和沙子. 单独的波浪、天空或沙滩可能惊人地相似. 然而，通过从补丁库中选择一些补丁，然后将它们放在一起形成一幅图像，就可以得到不同的图像. 同样地，客厅的图片中也有椅子补丁、电视补丁和地毯补丁. 许多不同的客厅可以由小的补丁库组成；但是通常你不会在客厅里看到波浪斑纹，或者在海滩上看到地毯斑纹. 这表明，用来制作图像的补丁表示图像中存在的实物. 这一观察结果适用于语音、视频和加速计信号.

293～295

重复信号表示的一个重要部分是构建重复模式的词汇表，然后根据这些模式描述信号. 对于许多问题来说，了解词汇元素出现的内容和频率比了解它们出现的位置重要得多. 例如，如果你想区分斑马和豹子，你需要知道条纹和斑点的出现频率，而不需要知道它们具体出现在哪里. 再举个例子，如果你想通过加速计信号来分辨刷牙和走路之间的区别，知道有很多的 (或很少的) 扭曲动作是很重要的，但是知道这些动作的时序就不那么重要了. 一般来说，一个人可以做一个很好的分类视频，只要知道有什么模式 (即不知道模式在哪里或什么时候出现). 然而，这并不适用于语音，语音信号关注的是什么声音接着什么声音.

12.4.1　向量量化

一般通过寻找经常出现的固定大小的小块信号，尝试着去寻找模式. 在图像中，一块信号可能是一个 10×10 的补丁，可以被重塑为一个向量. 在声音文件中，它可能被表示为一个向量，也可能是一个固定大小的子向量. 一个 3 轴向加速计信号通常表示为一个 $3 \times r$ 维数组（其中 r 是采样数）. 在这种情况下，一块可能是一个 3×10 的子数组，可以被重塑成一个向量. 但是寻找经常出现的模式是很难做到的，因为信号是连续的——每个模式都会略有不同，所以我们不能简单地计算某个特定模式出现的次数.

这里有一个策略. 取一个信号训练集，将每个信号切割成固定大小的片段，再将它们重塑成 d 维向量. 然后用这些片段构建一组聚类. 这组聚类通常被认为是字典，因为我们希望许多或大多数集群中心看起来像经常出现在信号中的片段，因此会重复出现.

我们现在可以用最接近该片段的集群中心来描述信号. 这意味着，一块信号可用 $[1, \cdots, k]$ 中的数字来描述（选择所属聚类 k）；两个接近的片段应该用相同的数字来描述，这种策略称为

向量量化 (vector quantization).

这种策略适用于任何类型的信号，并且在细节处理上稳健性高. 对一个声音文件可使用 d 维向量进行描述；对一个图像使用 $\sqrt{d}\times\sqrt{d}$ 维补丁；或者对一个加速计信号使用 $3\times(d/3)$ 维子阵列. 在每一种情况下，都可以很容易地用距离平方之和来计算两片段之间的距离. 在建立字典时，只要片段数量足够，信号是否被切成重叠或非重叠的片段并没有太大影响.

流程 12.5（向量量化——建立字典） 取一组训练信号，并将每个信号切割成固定大小的碎片. 碎片大小会影响方法效果，通常通过实验来选择. 即使碎片重叠，影响不大. 对所有示例进行聚类，并记录 k 个集群中心. 通常使用 k 均值聚类，但不是必须使用.

现可建立特征来代表信号中重要的重复结构. 取一个信号，并将其切割成长度为 d 的向量. 这些向量可能是重叠的，也可能是不相交的. 然后对每一个向量计算描述它的数字（即最接近的簇中心的数字）. 最后，对信号中所有向量的数字绘制直方图. 此直方图描述了信号.

流程 12.6（向量量化——信号表示） 取一组训练信号，并将每个信号切割成固定大小的碎片. 碎片大小会影响方法效果，通常通过实验来选择. 即使碎片重叠，影响不大. 对于每一个片段，记录字典中与之最接近的聚类中心. 用这些数字的直方图来表示信号，这是一个 k 维向量.

上述结构有以下优点. 首先，它可以应用于任何可用定长描述的事物，可适用于语音信号、声音信号、加速计信号、图像等. 另一个优点是，该结构可以接受不定长信号，并生成固定长度的描述. 一个加速计信号可能覆盖 100 个时间间隔，另一个可能覆盖 200 个时间间隔，但都可统一用 k 个柱的直方图描述，用一个长度为 k 的向量表示. 296

此外另一个优点在于，我们不需要小心谨慎地将信号切割成固定长度的向量. 这是因为重复很难被隐藏. 这一点用图比用文字更容易说明，请看图 12.10.

实际中，信号的片段数（以及 k）可能非常大. 想要为一百万个数据集建立一个字典，使用几万到几十万个聚类中心是非常合理的. 在这种情况下，使用分层 k 均值是个好主意，如 12.3.3 节. 分层 k 均值会产生一棵集群中心树. 使用此树可以很容易地对查询数据项进行向量量化. 在第一层进行向量量化. 这样做就选择了树的一个分支，将数据项传递给这个分支. 它要么是一片叶子，计算叶子的数量，要么是一个集群，进行向量量化，并将数据项向下传递. 这个过程无论是在聚类，还是在运行时，都是高效的.

将信号表示为集群中心的直方图，会在两个重要方面丢失信息. 首先，直方图很少或没有关于信号片段如何排列的信息. 举例来说，这种表示可以分辨出一幅图像中是否有条纹或斑点，但不能分辨这些补丁位于何处. 我们不能依靠直觉判断丢失的信息重要与否. 对于许多图像分类任务，尽管没有对补丁所在位置进行编码，相比直觉猜测，集群中心直方图效果也是不错的 (尽管使用卷积神经网络可以获得更好的结果).

其次，用集群中心替换一个信号必然会丢失一些细节，并可能导致一些分类错误. 可使用一个小技巧缓解问题. 使用不同的训练集构建三个 (或更多) 字典，而不是一个. 例如，可将同一信号在不同的网格上切片. 现在使用每个字典来生成集群中心直方图，并根据这些直方图进行分类. 最后，通过投票决定每个测试信号的类别. 在多数情况下这种方法产生微小但有用的改进.

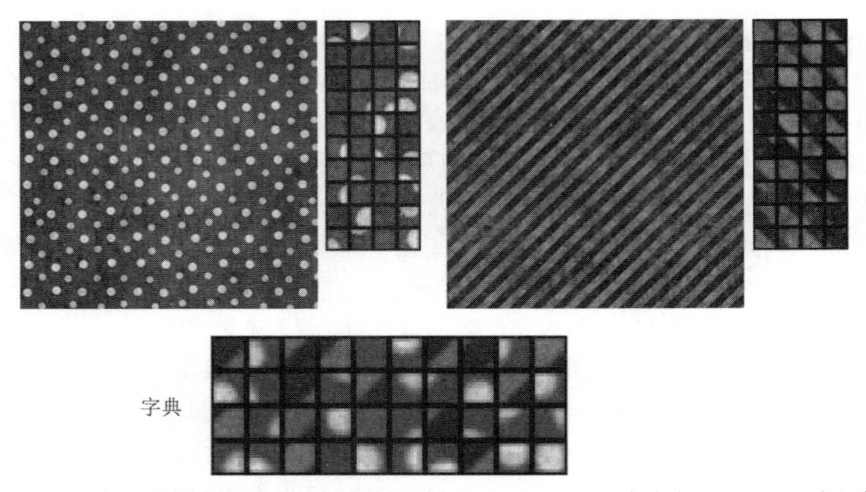

图 12.10 顶部：两幅具有相当夸张重复的图像，由 webtreats 发表在 flickr.com 上，并配有创意共享许可. 在两张图像旁放置了从这些图像中放大的 10×10 的采样补丁. 虽然这些斑点（或条纹）不一定在补丁的中心，但可以清楚地分辨每个补丁来自哪张图片. 底部：使用 k 均值从每张图像的 4000 个样本中计算出的 40 个补丁字典. 仔细观察，会发现字典条目中条纹条目与斑点条目区分明显. 条纹图像中的补丁将由字典中的条纹条目表示，而斑点图像则由斑点条目表示

297

12.4.2 示例：基于加速计数据的行为

此数据集来自 https://archive.ics.uci.edu/ml/datasets/Dataset+for+ADL+Recognition+with+Wristworn+Accelerometer，该数据集由安装在手腕的加速计的信号实例组成，产生的信号为不同主体进行不同的日常活动生成. 活动包括：刷牙、爬楼梯、梳头、下楼梯等. 每一项都由十六名志愿者执行. 加速度计以 32Hz 频率对数据进行采样（即该数据每秒采样并报告 32 次加速度）. 加速度有 x，y 和 z 方向分量表示. 该数据集由 Barbara Bruno、FulvioMastrogiovanni 和 Antonio Sgorbissa 收集. 图 12.11 显示了吃肉和刷牙各种实例的 x 分量.

使用上述数据有一个重要的问题. 不同的受试者进行同样的活动所需的时间完全不同. 例如，有些受试者可能比其他受试者刷牙更彻底. 又比如，腿长的人和腿短的人走路的频率有些不同. 这意味着，不同的受试者进行的相同活动将产生不同长度的数据向量. 扭曲时间和重新采样信号，并不是一个好主意. 这样做会使一个刷牙彻底的人看起来好像正在快速移动他的手（或者一个刷牙不仔细的人看起来慢得可笑：类似加快或减慢一部电影）. 因此，我们需要一种能够应对不定长信号的表示方法.

这些信号的另一个重要特征是，所有特定活动的例子都应该包含重复的模式. 例如，刷牙应该显示出上下快速加速；走路应该在 2Hz 左右的某处显示出强烈的信号；等等. 以上两点暗示使用向量量化. 可使用结构化、重复的结构来表示信号，因为信号蕴含这些结构. 如果使用结构出现的相对频率来表示信号，那么即使信号没有出现，向量也会有一个固定的长度. 为此，只需考虑 (a) 在何种时间尺度，(b) 如何分割信号，以便我们看到重复结构.

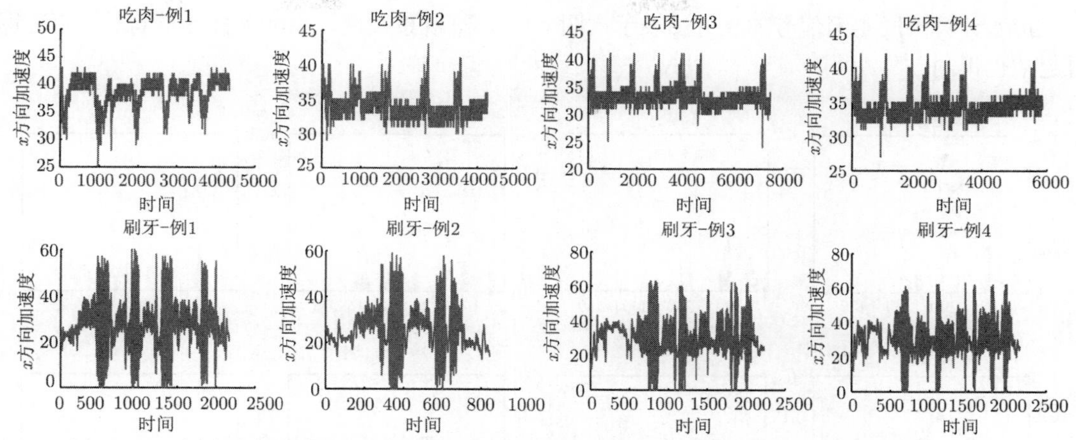

图 12.11　加速计数据集一些例子,来自 https://archive.ics.uci.edu/ml/datasets/Dataset+for+ADL+Recognition+with+Wrist-worn+Accelerometer. 对每个信号贴上活动标签. 上图显示 x 方向的加速度（y 和 z 方向也在数据集中）. 刷牙与吃肉各有四个例子. 观察发现各例子中时间长度并不相同（如一些人吃饭慢、一些人吃饭快等），但在同一个类别中有一些共同特征 (刷牙比吃东西更快)

一般来说，活动信号中的重复是非常明显的，因此不需要在边界上过多处理. 首先将信号分成 32 个样本段，顺序排列. 每个片段代表 1s 的活动. 持续时间足够身体做出特定行为，但又不会太长，导致段边界出错，影响表示. 这样得到了大约 40 000 个段. 然后，使用分层 k 均值对这些段进行聚类. 此处设定有两个层次，第一层次有 40 个集群中心，第二层次有 12 个. 图 12.12 显示了第二层的集群中心.

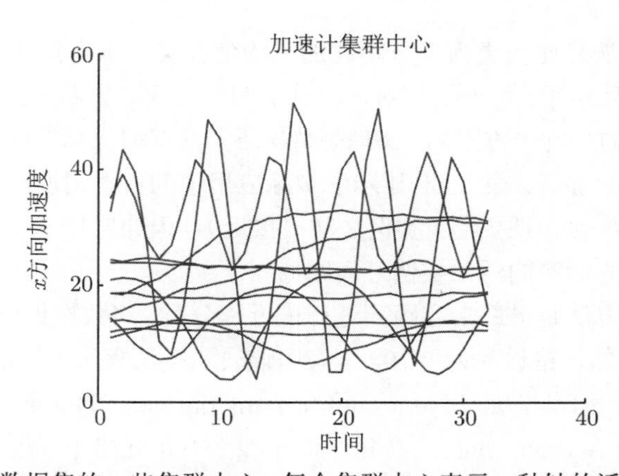

图 12.12　加速计数据集的一些集群中心. 每个集群中心表示一秒钟的活动爆发. 本例使用分层 k 均值建立，共有 480 个集群. 注意到有几个中心表示约 5Hz 的运动，一些表示约 2Hz 的运动，还有一些 0.5Hz 的运动和一些更低频率运动. 集群中心是样本（而不是属性）

接着计算不同实例信号的直方图表示（图 12.13）. 观察发现，当活动标签不同时，直方图看起来也不同.

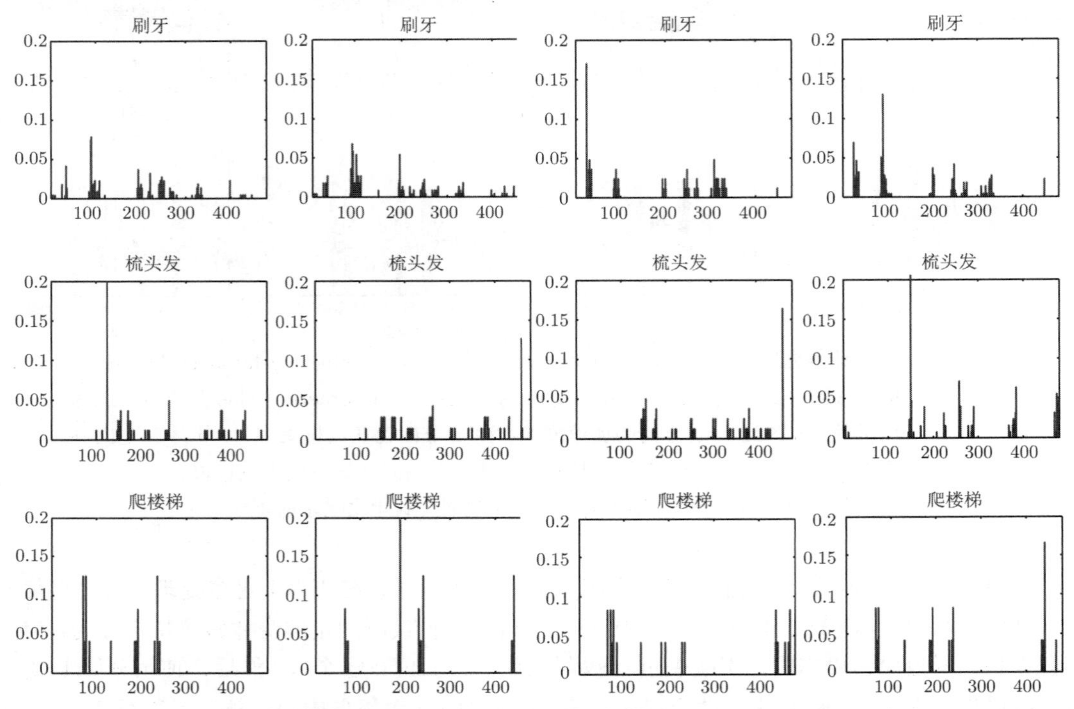

图 12.13 不同活动的加速计数据集的集群中心直方图. 观察直方图：(a) 执行同一活动的不同行为者分布相似，(b) 不同的活动分布差异显著

一种检查表示的方法是比较类内卡方距离的平均值和类间卡方距离之间的平均值. 先计算每个例子的直方图. 然后，对于每一实例对，计算实例对之间卡方距离. 最后，对于每一对*活动标签*，计算标签对之间的平均卡方距离. 在理想情况下，具有相同标签的实例彼此非常接近，而具有不同标签的实例差异显著. 表 12.1 显示了实际应用中的数据情况. 观察发现，对于一些活动标签对之间的平均距离比预期要小（实例之间很接近）. 但通常情况下，不同标签的活动实例之间距离远大于使用相同标签的活动实例之间距离.

299

另一种检查表示的方法是借助卡方距离进行最近邻分类. 将数据集分成 80 个测试对和 360 个训练对，使用 1-最近邻，错误率为 0.79. 这表明该表示擅长揭示数据的重要特征.

表 12.1 的数据来自 https://archive.ics.uci.edu/ml/datasets/Dataset+for+ADL+ Recognition+with+Wristworn+Accelerometer. 在每个对角线上方单元格中，放置了度量两类的平均卡方距离的 (直方图清晰起见，省略了对角线下方元素). 通常对角线项 (类内距离平均值) 比非对角线项要小得多. 这说明可以使用直方图成功分类.

表 12.1　表中的每一列表示活动数据集的一个活动，行同理

0.9	2.0	1.9	2.0	2.0	2.0	1.9	2.0	1.9	1.9	2.0	2.0	2.0	2.0
	1.6	2.0	1.8	2.0	2.0	2.0	1.9	1.9	2.0	1.9	1.9	2.0	1.7
		1.5	2.0	1.9	1.9	1.9	1.9	1.9	1.9	1.9	1.9	1.9	2.0
			1.4	2.0	2.0	2.0	2.0	2.0	2.0	2.0	2.0	2.0	1.8
				1.5	1.8	1.7	1.9	1.9	1.8	1.9	1.9	1.8	2.0
					0.9	1.7	1.9	1.9	1.8	1.9	1.9	1.9	2.0
						0.3	1.9	1.9	1.5	1.9	1.9	1.9	2.0
							1.8	1.8	1.9	1.9	1.9	1.9	1.9
								1.7	1.9	1.9	1.9	1.9	1.9
									1.6	1.9	1.9	1.9	2.0
										1.8	1.9	1.9	1.9
											1.8	2.0	1.9
												1.5	2.0
													1.5

12.5　多元正态分布

以上关于高维数据的讨论，促使我们使用典型概率模型对高维数据进行刻画. 目前，最常使用的是多元正态分布，也就是常说的多维高斯分布. 在下面的讨论中，并没有直接使用多元正态分布，但在逻辑原理上就是多元正态分布. 因此，了解基础很有必要，随时会碰到.

在模型中有两组参数：均值 $\boldsymbol{\mu}$ 与协方差 $\boldsymbol{\Sigma}$. 对于 d 维模型，均值是一个 d 维列向量，协方差是一个 $d \times d$ 维矩阵. 协方差矩阵是一个对称矩阵. 为了确保定义有意义，协方差矩阵必须是正定的.

分布 $p(\boldsymbol{x}|\boldsymbol{\mu}, \boldsymbol{\Sigma})$ 定义为

$$p(\boldsymbol{x}|\boldsymbol{\mu}, \boldsymbol{\Sigma}) = \frac{1}{\sqrt{(2\pi)^d \det(\boldsymbol{\Sigma})}} \exp\left(-\frac{1}{2}(\boldsymbol{x}-\boldsymbol{\mu})^{\mathrm{T}} \boldsymbol{\Sigma}^{-1} (\boldsymbol{x}-\boldsymbol{\mu})\right)$$

下述事实解释了参数含义.

300

> **有用的事实 12.1（多元正态分布的参数）**　假设分布为多元正态分布，有
> - $E[\boldsymbol{x}] = \boldsymbol{\mu}$，表示分布的均值为 $\boldsymbol{\mu}$.
> - $E[(\boldsymbol{x}-\boldsymbol{\mu})(\boldsymbol{x}-\boldsymbol{\mu})^{\mathrm{T}}] = \boldsymbol{\Sigma}$，$\boldsymbol{\Sigma}$ 中的分量代表协方差.

假设一个由 $\boldsymbol{x}_i$ 构成的数据集，其中 i 从 1 取至 N，由多元正态分布进行建模. 极大似然估计均值 $\hat{\mu}$ 为

$$\hat{\mu} = \frac{\sum_i \boldsymbol{x}_i}{N}$$

（很容易计算得出）. 极大似然估计协方差

$$\hat{\Sigma} = \frac{\sum_i (\boldsymbol{x}_i - \hat{\mu})(\boldsymbol{x}_i - \hat{\mu})^{\mathrm{T}}}{N}$$

计算相当复杂，需要计算大量行列式. 上述两个参数就是多元正态分布（或高斯分布）的关注重点.

12.5.1 仿射变换和高斯分布

高斯分布在仿射变换下表现得很好. 事实上，我们已经完成了所有的数学运算. 有一点值得注意：由于分布没有归一化处理，只有在协方差矩阵正定时，才可建立一个多元高斯分布. 假设存在一个数据集 $\boldsymbol{x}_i$，极大似然估计均值为 $\mathrm{mean}(\{\boldsymbol{x}_i\})$ 以及协方差 $\mathrm{Covmat}(\{\boldsymbol{x}_i\})$，且协方差矩阵正定. 现对数据进行仿射变换 $\boldsymbol{y}_i = \boldsymbol{\mathcal{A}}\boldsymbol{x}_i + \boldsymbol{b}$. 由于协方差矩阵正定，可使用极大似然估计拟合多元正态分布. 对于变换后的数据集 $\boldsymbol{y}_i$ 仍服从高斯分布，可使用极大似然估计计算均值 $\mathrm{mean}(\{\boldsymbol{y}_i\})$ 和方差 $\mathrm{Covmat}(\{\boldsymbol{y}_i\})$.

显而易见，任意多元高斯分布应用仿射变换来得到具有 (a) 零均值和 (b) 独立分量的高斯分布. 反过来，在适当坐标系中，任何高斯分布都是零均值的一维正态分布的乘积. 这个事实很有用. 比如，模拟多元正态分布非常简单——对每个分量模拟标准正态分布，然后应用仿射变换.

12.5.2 绘制二维高斯分布：协方差椭圆

绘制二维高斯图有一些技巧，且有助于理解高斯分布，值得学习. 假设模型为二维高斯，均值 $\boldsymbol{\mu}$（二维向量），协方差矩阵 $\boldsymbol{\Sigma}$（2×2 矩阵）. 绘制数据点 $\boldsymbol{x}$ 与 $p(\boldsymbol{x}|\boldsymbol{\mu}, \boldsymbol{\Sigma})$ 的图像. 点集由下式给出：

$$\frac{1}{2}((\boldsymbol{x} - \boldsymbol{\mu})^{\mathrm{T}} \boldsymbol{\Sigma}^{-1} (\boldsymbol{x} - \boldsymbol{\mu})) = c^2$$

其中，c 为常量，取值对计算影响不大，为简化运算，此处选择 $c^2 = \frac{1}{2}$. 满足二次型的 $\boldsymbol{x}$ 点集为圆锥曲线. 由于 $\boldsymbol{\Sigma}$（以及 $\boldsymbol{\Sigma}^{-1}$）是正定的，曲线是椭圆的. 这个椭圆形状和高斯分布之间存在一定的关联.

这个椭圆和所有的椭圆一样，有一个长轴和一个短轴. 两个轴成直角，并在椭圆中心相交. 用高斯分布可以很容易确定椭圆的性质. 椭圆的几何形状不受旋转或平移的影响，因此平移椭圆使 $\boldsymbol{\mu} = \boldsymbol{0}$（即均值位于原点），并旋转，使 $\boldsymbol{\Sigma}^{-1}$ 为对角矩阵. 令们得到椭圆上 $\boldsymbol{x} = [x, y]$，椭圆上的点集满足以下条件：

301

$$\frac{1}{2}\left(\frac{1}{k_1^2}x^2 + \frac{1}{k_2^2}y^2\right) = \frac{1}{2}$$

其中 $\frac{1}{k_1^2}$ 和 $\frac{1}{k_2^2}$ 为 $\boldsymbol{\Sigma}^{-1}$ 的对角元素. 假设椭圆经过旋转满足 $k_1 < k_2$. $(k_1, 0)$ 与 $(-k_1, 0)$ 以及

$(0, k_2)$ 与 $(0, -k_2)$ 在椭圆上. 在这个坐标系中，椭圆的长轴是 x 轴，短轴是 y 轴，x 和 y 是独立的. 计算 x 的标准差是 $\mathbf{abs}(k_1)$，y 的标准差是 $\mathbf{abs}(k_2)$. 椭圆在最大标准差的方向上长，在最小标准差的方向上短.

旋转是将一些旋转矩阵对协方差矩阵进行左乘和右乘. 平移会使原点向均值移动. 最后，椭圆的中心在均值，长轴是特征值最大的协方差特征向量方向，短轴是特征值最小的特征向量方向. 旋转是将一些旋转矩阵对协方差矩阵进行左乘和右乘. 平移会使原点向均值移动. 最后，椭圆的中心在均值，长轴是特征值最大的协方差特征向量方向，短轴是特征值最小的特征向量方向. 编程绘制椭圆可直观展示高斯分布的基本信息，简单高效. 这些椭圆称为**协方差椭圆**.

注记　多元高斯分布的概率表达式为

$$p(\boldsymbol{x}|\boldsymbol{\mu}, \boldsymbol{\Sigma}) = \frac{1}{\sqrt{(2\pi)^d \det(\boldsymbol{\Sigma})}} \exp\left(-\frac{1}{2}(\boldsymbol{x}-\boldsymbol{\mu})^{\mathrm{T}} \boldsymbol{\Sigma}^{-1} (\boldsymbol{x}-\boldsymbol{\mu})\right),$$

假设数据 $\{\boldsymbol{x}\}$ 服从多元高斯分布，$\mathrm{Covmat}(\{\boldsymbol{x}\})$ 正定，那么可使用极大似然估计均值 $\mathrm{mean}(\{\boldsymbol{x}\})$ 和协方差矩阵 $\mathbf{Covmat}(\{\boldsymbol{x}\})$.

302

编程练习

12.1 在 http://dasl.datadesk.com/data/view/47 获取一个 1979 年欧洲就业情况数据集. 此数据集给出了 1979 年一组欧洲各国各地区的就业人口百分比.

（a） 使用聚合聚类器对该数据进行聚类. 分别生成单链路、全链接以及组平均聚类树状图. 在轴上标出国家. 不同方法会生成怎样的树状图？与其自己从头编写代码，不如借鉴他人已完成的完整代码. 提示: 此处调用 R 中的 `hclust` 函数聚类，将结果转化为一个扇形结构系统进化树，调用 `plot(as.phylo(hclustre- sult), type=“fan”)`. 观察发现系统树是有意义的 (如果了解一些欧洲历史的话)，同时差异也是值得进一步思考.

（b） 使用 k 均值进行聚类. 最佳 k 值是什么？为什么？

12.2 从加州大学欧文分校机器学习网站获取日常活动数据集（https://archive.ics.uci.edu/ml/datasets/Dataset+for+ADL+Recognition+with+Wrist-worn+Accel-erometer；数据集由 Barbara Bruno、Fulvio Mastrogiovanni 和 Antonio Sgorbissa 提供）.

（a） 构建一个分类器，将序列分类到提供的 14 个活动之一. 为了构建特征，需要进行向量量化，然后使用集群中心直方图（前文给出了一套非常明确的步骤）. 你会发现使用分层 k 均值对向量量化更高效. 你也可以使用其他分类器，不过此处使用 R 的决策森林，因为它简单高效. 给出：总错误率及分类器的类混淆矩阵.

（b） 尝试通过以下方法来改进分类器：修改分层 k 均值集群中心的数量，修改样本的固定长度.

CIFAR-10 和向量量化练习

下面的练习很复杂，但很有意义. CIFAR-10 数据集是由 Alex Krizhevsky、Vinod Nair 和 Geoffrey Hinton 收集的 10 个类的标记图像集. 该数据集由 10 个类的 60 000 张 32×32 彩色图像组成，每类有 6000 张图像. 图像分为 50 000 张训练图像和 10 000 张测试图像. 你可以在 https://www.cs.toronto.edu/-kriz/cifar.html 找到这个数据集. 同时，你可以找到各种方法的说明，等等. 创建者要求任何使用这个数据集的人都承认 Alex Krizhevsky 在 2009 年写的技术报告 “Learning Multiple Layers of Features from Tiny Images”. 它被广泛用于检查简单图像分类方法.

303

12.3 可视化 CIFAR-10

（a） 对于每个类别，计算平均图像和前 20 个主成分. 对前 20 个主成分表示图像类别所产生的误差进行绘图.

（b） 计算每对类别的平均图像距离. 使用主坐标分析法绘制每类均值的二维图. 这里将图像视为向量来计算距离.

（c） 这是另一种衡量类相似性的方法. 对于 A 类和 B 类，定义 $E(A \to B)$ 为用 A 类图像的均值和 B 类图像前 20 个主成分得到的平均误差. 定义类间相似性为 $(1/2)(E(A \to B) + E(B \to A))$. 使用主坐标分析制作类的二维图. 把这张图和前面练习中的图比较一下，有什么不同吗？为什么？

12.4 建立一个基准. 这里进行简单的特征构建（在 MNIST 练习中称为局部 PCA）. 首先，分别计算每个图像类的前 d 个主成分. 现在，对于任何图像，每一类计算一个 10 维的特征向量，从图像中减去该类均值，然后将图像投影到该类的 d 个主成分上. 最后，将得到的所有 10 维特征堆叠起来. 这衡量了图像和类均值之间的差异，近似衡量了该类图像和类均值之间的差异. 使用局部 PCA 构造 CIFAR 10 数据集的特征. 使用这个特征向量，利用软件包训练一个决策森林来分类图像. 将该基准的性能与下面比较：

（a） https://www.cs.toronto.edu/~kriz/cifar.html 上的基准；

（b） 几率.

12.5 使用最简单的向量量化，并与上一个练习的基准进行比较. 使用从随机选取的训练图像中随机选取的 N 个 8×8 小块构造一个字典. 使用 k 个集群中心和（分层）k 均值来构建字典. 现在把图像切割成 8×8 尺寸的小块，重叠尺寸为 2，并对这些小块进行向量量化. 这将产生一个代表图像的 k 维直方图.

（a） 调用程序包训练决策森林，使用向量量化对这些图像进行分类，对 N 和 k 进行合理选择. 评估该分类器在测试集上的准确率.

（b） 研究 N 和 k 的变化对分类器准确率的影响.

304

12.6 能否使用向量量化改进 MNIST 分类器？

第 13 章 回　　归

分类尝试根据数据项预测类别. **回归**则是预测一个数值. 例如，知道房子的邮政编码、占地面积、房间数量和房屋面积，预测其可能的销售价格. 例如，知道出售一张交易卡的成本和条件，预测购买并转售它的可能利润. 再例如，有一张缺少一些像素的图片——也许之前有文字覆盖，现在想复原它——填充缺省值. 最后，可以把分类看作回归的一种特殊情况，其预测值为 $+1$ 或 -1；然而，这并不是最好的分类方式. 数值预测非常有用，且应用广泛.

首先，我们先对一些概念进行说明. 假设有一个由 N 对 $(\boldsymbol{x}_i, y_i)$ 组成的数据集. 我们想用已有数据——**训练样本**——来建立一个 y 和 $\boldsymbol{x}$ 依赖关系的模型，这个模型对新输入的 $\boldsymbol{x}$ 值预测 y 值，$\boldsymbol{x}$ 通常称为**测试样本**. 我们把 y_i 看成某个函数在 $\boldsymbol{x}_i$ 处的值与随机分量之和. 这出现两个数据项的 $\boldsymbol{x}_i$ 相同，而 y_i 却不同的情况. 我们称 $\boldsymbol{x}_i$ 为**解释变量**，y_i 为**因变量**. 通常，我们说使用解释变量对因变量进行回归.

13.1 回归预测

假设只有一个自变量. 适当地选择 $\boldsymbol{x}$ 和模型（详见下文）则模型的预测值在一条直线上. 图 13.1 显示了两个回归. 数据用散点图绘制，直线给出了模型对 x 轴上每个值的预测.

实际上并不能保证不同的 $\boldsymbol{x}$ 值一定会产生不同的 y 值 (见图 13.1 蟋蟀的例子). 这意味着回归结果并不能看作是用 $\boldsymbol{x}$ 预测 y 的真实值，实际也找不到. 更为准确地说，回归是对以 $\boldsymbol{x}$ 为条件的 y 的期望值的预测. 一些回归模型可以通过 $\boldsymbol{x}$ 条件下 y 的概率分布获取更多信息. 例如，从自变量获取一栋房子售价的均值和方差是很有价值的.

很明显，如果训练样本和测试样本不存在某种关系，预测将不起作用. 例如，收集关于儿童身高和体重的训练数据，不太可能从他们的身高得到对成人体重的良好预测. 使用概率模型更符合实际. 假设 $\boldsymbol{x}_i$ 是来自某个 (通常是未知的) 概率分布 $P(X)$ 的 IID 样本，那么测试样本是来自 $P(X)$ 的 IID 样本，或者至少与之类似——通常无法进行确定检验.

概率模型也可以更加准确地描述 y_i. 假设随机变量 X 与 Y 的联合分布为 $P(Y, X)$. 每一个 y_i 是 $P(Y|X = \boldsymbol{x}_i)$ 的一个样本. 对问题进行建模：给出训练样本，构建模型，对测试样本 $\boldsymbol{x}$ 生成 $E[Y|X = \boldsymbol{x}_i]$.

进一步讲，Y 和 X 之间并不一定存在任何准确的、物理的或因果的关系，只要它们的联合概率使预测有效就足够了，这些可以通过实验来检验. 这说明会存在一些奇特但有效的回归例子. 例如，对儿童的阅读能力与脚的大小进行回归，拟合效果很好. 这并不是因为有大脚就能帮助你阅读，而是就总体而言，年龄大的孩子阅读能力强，而且脚也大. 回归不是魔术. 图 13.2 显示了两个预测不是特别准确的回归.

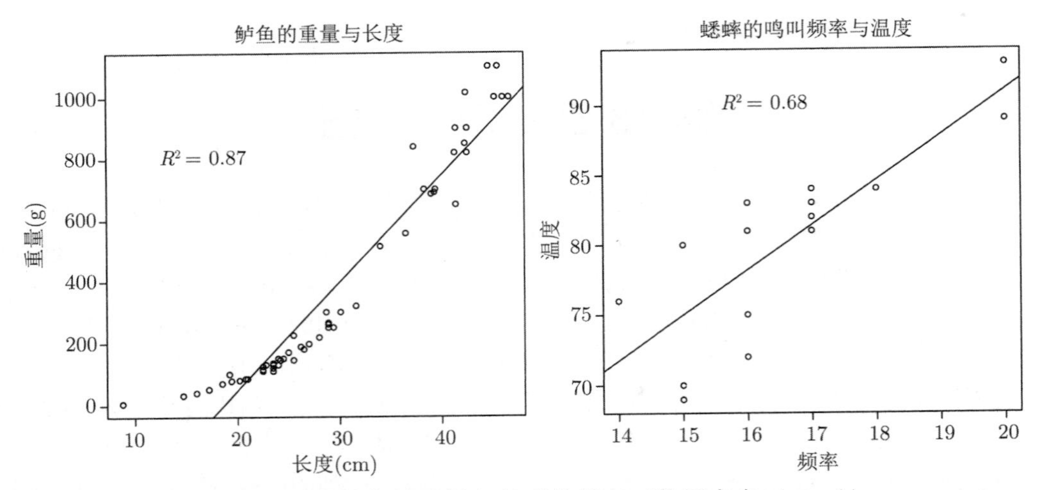

图 13.1 左图是芬兰湖中鲈鱼的重量与长度的回归（数据来自 http://www.amstat.org/publications/jse/jse_data_archive.htm，“fishcatch”选项）. 可以看到，线性回归与数据的拟合度相当高，能够很好地根据鲈鱼长度预测其重量. 右图是空气温度与蟋蟀鸣叫频率的回归. 数据集来自 http://mste.illinois.edu/patel/amar430/keyprob1.html. 图中数据分布近似线性，可以由蟋蟀鸣叫频率来判断温度，预测结果相当不错. 两个例子都以 R^2 衡量回归拟合度（13.3.5 节）

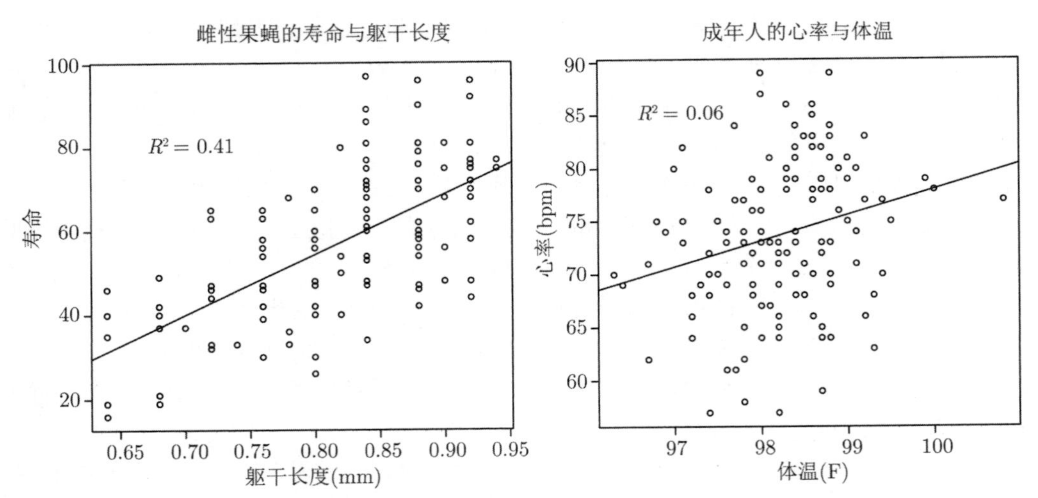

图 13.2 回归不一定能得到好的预测或好的模型拟合. 左图是雌性果蝇的寿命与成年后躯干长度的回归（显然，长度并不会随着果蝇年龄的增长而改变；数据来自 http://www.amstat.org/publications/jse/jse_data_archive.htm，“fruitfly”选项）. 该图表明，通过测量果蝇的躯干来预测其寿命，预测结果并不准确. 右图是成年人心率与体温的回归. 数据来自 http://www.amstat.org/publications/jse/jse_data_archive.htm，“temperature”选项. 可以看出，预测结果也不理想

13.2 回归趋势

回归不仅只会预测数值. 建立回归模型的另一个原因是比较数据的趋势. 这样做可以清楚地知道到底发生了什么. 下面是 Efron 的一个例子（见论文“Computer-Intensive methods in statistical regression”, B. Efron, SIAM Review, 1988）. “附录”部分的表格给出了一些来自医疗设备的数据，设备位于体内，并会释放出一种激素. 数据显示了启动一段时间后，设备中的激素含量，以及使用时间. 该数据集包含三个生产批次（A、B 和 C）的设备，假设每个批次的设备表现相同. 问题：不同批次的设备表现相同吗？激素含量会随着时间的推移而改变，不能只比较当前每个设备中的激素含量，而是需要确定使用时间和激素含量之间的关系，并比较这种关系在不同批次之间是否不同. 上述问题可通过激素与时间的回归来实现.

图 13.3 是一个回归分析. 对设备中的激素含量进行建模

$$a \times (\text{使用时间}) + b$$

对上式选择合适的 a 和 b（详细分析见下文）. 这意味着我们可以在散点图上绘制实际数据点以及最佳拟合线. 散点图可以使我们在图上观察分析特定批次与整体模型的异同.

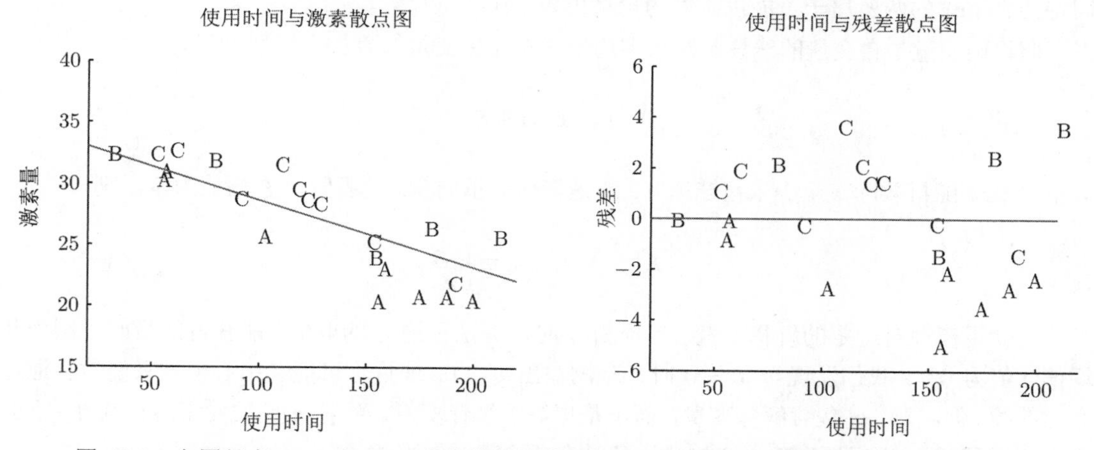

图 13.3　左图是表 13.1 和 13.1 中的设备的激素与时间的散点图. 时间和激素量之间具有很强的相关性（设备使用时间越长，激素量越少）. 主要问题是分析判断 A、B 和 C 批次的关系是否相同. 使用 13.3 节中的方法拟合全体数据，在图中绘制最佳拟合线. 右图是一个散点图，是表 13.1 和 13.1 中设备各数据点与最佳拟合线之间的距离的残差. 不同批次之间存在明显的差异：来自 B 和 C 批次的一些设备有正残差，一些有负残差，但是所有来自 A 批次的设备都有负残差. 这说明，即使激素随着时间的推移有损失，A 批次设备中的激素仍然少得多，这说明 A 批次设备存在问题

然而，用肉眼去评估数据点与最佳拟合线之间的距离很难也很粗糙. 更精确的是从真实测量值中减去模型预测的激素量，得到测量值和预测值之间的差异. 绘制残差图 (图 13.3). 观察

306～307 发现 A 批次与总体不同——该批次设备所含的激素比模型预测的都要少.

定义 13.1 （回归） 回归是输入一个特征向量，输出一个预测，其结果通常是一个数字，但有时也可以为其他形式. 这些结果用于预测未来，也可用来研究数据趋势. 特别地，分类问题可看成是一类特殊的回归分析.

13.3 线性回归与最小二乘

假设数据集由 N 个 $(\boldsymbol{x}_i, y_i)$ 数据对构成. 现基于已有数据——训练样本——建立一个 y 与 $\boldsymbol{x}$ 之间的依赖关系模型. 可通过该模型，对新输入的 $\boldsymbol{x}$ 值预测 y，新输入的 $\boldsymbol{x}$ 叫作测试样本. 模型会加入一些随机性，即 y 并不是关于 $\boldsymbol{x}$ 的确定函数值，预测的 y 值与真实值之间总会存在一定的误差.

13.3.1 线性回归

模型的预测可能是不准确的. 此外，y 可能并不是 $\boldsymbol{x}$ 的函数，一个 $\boldsymbol{x}$ 值可能对应多个 y 值. 一个原因可能是，y 是一个测量值 (包含测量误差). 另一个原因是 y 具有随机性. 例如，具有相同特征集 $(\boldsymbol{x})$ 的两所房子可能以不同的价格出售 (y).

假设因变量是自变量的线性函数与零均值正态随机变量的叠加，模型可写为

$$y = \boldsymbol{x}^{\mathrm{T}}\boldsymbol{\beta} + \xi$$

其中 ξ 代表随机效应（至少未被建模）. $\boldsymbol{\beta}$ 是待估权重向量. 一般假设 ξ 均值为零，则

$$E[Y|X = \boldsymbol{x}_i] = \boldsymbol{x}_i\boldsymbol{\beta}$$

当使用模型对特定的解释变量 $\boldsymbol{x}^*$ 预测 y 时，无法预测 ξ 的取值. 能获得的最好预测为其均值（值为 0）. 我们发现当 $\boldsymbol{x} = 0$ 时，预测输出 $y = 0$. 或许你可能会担心模型只能拟合通过原点的线. 但注意，$\boldsymbol{x}$ 包含解释变量，而不是恒等于解释变量，可对 $\boldsymbol{x}$ 中的元素进行选择. 下面两个例子是对 $\boldsymbol{x}$ 进行适当选择，构建一条具有任意截距的直线.

定义 13.2（线性回归） 线性回归模型输入特征向量 $\boldsymbol{x}$，输出预测 $\boldsymbol{x}^{\mathrm{T}}\boldsymbol{\beta}$，系数向量 $\boldsymbol{\beta}$. 通过数据不断调整系数，以生成最佳预测模型.

例 13.1（单变量线性模型） 假设对单个变量构建线性模型，模型表达式为 $y = x\beta + \xi$，其中 ξ 为零均值随机变量. 对输入的自变量 x^*，y 的最佳预测为 βx^*. 特别地，当 $x^* = 0$，预测 $y = 0$. 在 xy 平面上，模型只能是过原点，斜率为 β 的直线，截距固定为 0.

308

例 13.2（截距非零的线性模型） 假设自变量是单变量，记为 u. 令向量 $\boldsymbol{x} = [u, 1]^{\mathrm{T}}$，构建线性模型，$y = \boldsymbol{x}^{\mathrm{T}}\beta + \xi$，其中 ξ 为零均值随机变量. 对输入自变量 $\boldsymbol{x}^* = [u^*, 1]^{\mathrm{T}}$，$y$ 的最佳预测为 $(\boldsymbol{x}^*)^{\mathrm{T}}\boldsymbol{\beta}$，即 $y = \beta_1 u^* + \beta_2$. 当 $\boldsymbol{x}^* = 0$，预测 $y = \beta_2$. 此时在 xy 平面上，模型为斜率为 β_1，截距为 β_2 直线.

13.3.2　β 的选择

确定参数 β 有两种方法. 同时展示两种方法，是因为不同的人认为不同的推理思路更有说服力. 两种方法会得到相同的解决方案. 一个是从概率角度出发，另一个则不是. 一般来说，尽管原理不同，但二者是可以互换的.

概率方法：假设 ξ 是均值为 0，方差未知的正态随机变量，那么 $P(y|x,\beta)$ 是正态分布，均值为 $\boldsymbol{x}^{\mathrm{T}}\beta$，可列出数据的对数似然表达式. 设 σ^2 为 ξ 的方差，有

$$\begin{aligned}\log \mathcal{L}(\beta) &= -\sum_i \log P\left(y_i \mid \boldsymbol{x}_i, \beta\right) \\ &= \frac{1}{2\sigma^2}\sum_i\left(y_i - \boldsymbol{x}_i^{\mathrm{T}}\beta\right)^2 \\ &\quad + \text{与 } \beta \text{ 无关的项}\end{aligned}$$

最大化对数似然等于最小化负对数似然. 此外，系数 $1/(2\sigma^2)$ 并不影响最小化结果，β 最小化 $\sum_i\left(y_i - \boldsymbol{x}_i^{\mathrm{T}}\beta\right)^2$，或与之成比例的. 同时，为了减小数据个数变动带来的波动，可通过最小化均方误差求解

$$\left(\frac{1}{N}\right)\left(\sum_i (y_i - \boldsymbol{x}_i^{\mathrm{T}}\beta)^2\right)$$

直接求解：在估计参数 β 时，模型中每个数据中还蕴含一个未建模的随机影响 ξ_i. 变换表达式 $\xi_i = y_i - \boldsymbol{x}_i^{\mathrm{T}}\beta$，优化模型则是减小随机波动. 使用均方度量这种波动，意味着最小化

$$\left(\frac{1}{N}\right)\left(\sum_i (y_i - \boldsymbol{x}_i^{\mathrm{T}}\beta)^2\right)$$

13.3.3　最小二乘问题求解

使用向量与矩阵描述模型更为方便. 向量 $\boldsymbol{y}$ 为

$$\begin{pmatrix} y_1 \\ y_2 \\ \cdots \\ y_n \end{pmatrix}$$

矩阵 $\boldsymbol{X}$ 为

309

$$\begin{pmatrix} \boldsymbol{x}_1^{\mathrm{T}} \\ \boldsymbol{x}_2^{\mathrm{T}} \\ \cdots \\ \boldsymbol{x}_n^{\mathrm{T}} \end{pmatrix}$$

重写最小化

$$\left(\frac{1}{N}\right)(\boldsymbol{y}-\boldsymbol{X}\beta)^{\mathrm{T}}(\boldsymbol{y}-\boldsymbol{X}\beta)$$

需满足

$$\boldsymbol{X}^{\mathrm{T}}\boldsymbol{X}\beta-\boldsymbol{X}^{\mathrm{T}}\boldsymbol{y}=0$$

在特征选择上，一般来说，我们希望类似协方差矩阵的 $\boldsymbol{X}^{\mathrm{T}}\boldsymbol{X}$ 是满秩的，此时方程容易求解. 否则，需要做些处理，具体分析见 13.4.4 节.

注记 线性回归的系数向量 β 常使用最小二乘法进行估计.

13.3.4 残差

假设回归模型的建立通过

$$\boldsymbol{X}^{\mathrm{T}}\boldsymbol{X}\beta-\boldsymbol{X}^{\mathrm{T}}\boldsymbol{y}=0$$

求解 $\hat{\beta}$. $\hat{\beta}$ 是估计值. 生成数据模型的 β 的真实值无法获得（模型可能是错误的，等等）. 我们不能期望 $\boldsymbol{X}\hat{\beta}$ 与 $\boldsymbol{y}$ 相同，而是存在一定的误差，定义**残差**变量为

$$\boldsymbol{e}=\boldsymbol{y}-\boldsymbol{X}\hat{\beta}$$

它衡量了预测值与真实值之间的差异. 残差中的元素都是对数据点未建模效果的估计. **均方误差**

$$m=\frac{\boldsymbol{e}^{\mathrm{T}}\boldsymbol{e}}{N}$$

给出了训练样本上的预测均方误差.

注意，均方误差并不总能很好地衡量回归性能，这取决于测量因变量所用的单位. 举例来说，对同一个数据集分别以米和千米测量 y，计算得到的均方误差是不同的. 这意味着均方误差的值不能说明一个回归的好坏. 可采用另一种不依赖 y 值测量单位的衡量方法.

13.3.5 R^2

除非因变量是一个常数（这将使预测变得容易），否则就存在方差. 如果模型有效，它应该能从某些方面解释因变量. 这说明残差的方差应该小于因变量的方差. 更进一步，如果模型给出了完美的预测，那么残差的方差应该为零.

310

采用一种相对简单的方式将模型形式化. 确保 $\boldsymbol{X}$ 中总有一列全为 1，这样 y 轴截距是非零的. 现在拟合模型

$$\boldsymbol{y}=\boldsymbol{X}\beta+\boldsymbol{e}$$

其中 $\boldsymbol{e}$ 是残差向量. 调整 β，使得 $\boldsymbol{e}^{\mathrm{T}}\boldsymbol{e}$ 最小. 最后，我们得出一些结论.

有用的事实 13.1（回归） 设模型为 $\boldsymbol{y}=\boldsymbol{X}\hat{\beta}+\boldsymbol{e}$，其中 $\boldsymbol{e}$ 是残差向量. 对于 N 维向量 $\boldsymbol{v}$，取平均 $\overline{\boldsymbol{v}}=(1/N)\mathbf{1}^{\mathrm{T}}\boldsymbol{v}$. 假设 $\boldsymbol{X}$ 中总有一列全为 1，选取 $\hat{\beta}$，使 $\boldsymbol{e}^{\mathrm{T}}\boldsymbol{e}$ 最小，则有

- $\boldsymbol{e}^{\mathrm{T}}\boldsymbol{X}=\mathbf{0}$，即 $\boldsymbol{e}$ 正交于 $\boldsymbol{X}$ 中各列. 若存在 $\boldsymbol{e}$ 与 $\boldsymbol{X}$ 中某列非正交，可通过调整对应的 $\hat{\beta}$ 元素，减小误差. 从另一角度来看，$\hat{\beta}$ 使得 $\boldsymbol{e}^{\mathrm{T}}\boldsymbol{e}/N$，即 $(\boldsymbol{y}-\boldsymbol{X}\hat{\beta})^{\mathrm{T}}(\boldsymbol{y}-\boldsymbol{X}\hat{\beta})/N$ 最小. 因为这是最小值，关于 $\hat{\beta}$ 的梯度为 0，即 $(\boldsymbol{y}-\boldsymbol{X}\hat{\beta})^{\mathrm{T}}(-\boldsymbol{X})=-\boldsymbol{e}^{\mathrm{T}}\boldsymbol{X}=0$.
- $\boldsymbol{e}^{\mathrm{T}}\mathbf{1}=0$（$\boldsymbol{X}$ 中总有一列全为 1，见上文）.
- $\boldsymbol{e}^{\mathrm{T}}\boldsymbol{X}\hat{\beta}=0$.
- $\mathbf{1}^{\mathrm{T}}(\boldsymbol{y}-\boldsymbol{X}\hat{\beta})=0$（同上）.
- $\overline{\boldsymbol{y}}=\overline{\boldsymbol{X}\hat{\beta}}$ （同上）.

现 $\boldsymbol{y}$ 是由一维数值扩展成的向量，计算均值 mean($\{\boldsymbol{y}\}$)，方差 var$[\boldsymbol{y}]$. 同理，$\boldsymbol{X}\hat{\beta}$ 扩展为向量（元素为 $\boldsymbol{x}_i^{\mathrm{T}}\hat{\beta}$），$\boldsymbol{e}$ 也是，所以我们知道它们的均值与方差含义. 可得出

$$\operatorname{var}[\boldsymbol{y}]=\operatorname{var}[\boldsymbol{X}\hat{\beta}]+\operatorname{var}[\boldsymbol{e}].$$

上式结论很容易推导. 令 $\overline{\boldsymbol{y}}=(1/N)\left(\mathbf{1}^{\mathrm{T}}\boldsymbol{y}\right)\mathbf{1}$ 为平均向量；同理得到 $\overline{\boldsymbol{e}}$ 与 $\overline{\boldsymbol{X}\hat{\beta}}$，有

$$\operatorname{var}[y]=(1/N)(\boldsymbol{y}-\overline{\boldsymbol{y}})^{\mathrm{T}}(\boldsymbol{y}-\overline{\boldsymbol{y}})$$

以及 $\mathbf{var}[e_i]$ 等. 由于 $\overline{\boldsymbol{y}}=\overline{\boldsymbol{X}\hat{\beta}}$，则

$$\begin{aligned}
\operatorname{var}[y]&=(1/N)([\boldsymbol{X}\hat{\beta}-\overline{\boldsymbol{X}\hat{\beta}}]+[\boldsymbol{e}-\overline{\boldsymbol{e}}])^{\mathrm{T}}([\boldsymbol{X}\hat{\beta}-\overline{\boldsymbol{X}\hat{\beta}}]+[\boldsymbol{e}-\overline{\boldsymbol{e}}])\\
&=(1/N)\left([\boldsymbol{X}\hat{\beta}-\overline{\boldsymbol{X}\hat{\beta}}]^{\mathrm{T}}[\boldsymbol{X}\hat{\beta}-\overline{\boldsymbol{X}\hat{\beta}}]+2[\boldsymbol{e}-\overline{\boldsymbol{e}}]^{\mathrm{T}}[\boldsymbol{X}\hat{\beta}-\overline{\boldsymbol{X}\hat{\beta}}]+[\boldsymbol{e}-\overline{\boldsymbol{e}}]^{\mathrm{T}}[\boldsymbol{e}-\overline{\boldsymbol{e}}]\right)\\
&=(1/N)\left([\boldsymbol{X}\hat{\beta}-\overline{\boldsymbol{X}\hat{\beta}}]^{\mathrm{T}}[\boldsymbol{X}\hat{\beta}-\overline{\boldsymbol{X}\hat{\beta}}]+[\boldsymbol{e}-\overline{\boldsymbol{e}}]^{\mathrm{T}}[\boldsymbol{e}-\overline{\boldsymbol{e}}]\right)\\
&\quad \text{由于}\overline{\boldsymbol{e}}=0，\boldsymbol{e}^{\mathrm{T}}\boldsymbol{X}\hat{\beta}=0\text{且}\boldsymbol{e}^{\mathrm{T}}\mathbf{1}=0\\
&=\operatorname{var}[\boldsymbol{X}\hat{\beta}]+\operatorname{var}[\boldsymbol{e}]
\end{aligned}$$

那么就可以通过上式求解 $\boldsymbol{y}$ 的方差. 随着预测精确性不断提高，var$[e]$ 不断下降. 自然地，可通过对模型描述的 $\boldsymbol{y}$ 的方差百分比衡量回归模型的性能. 此方法称为 R^2（r 方测量），R^2 表示为

$$R^2=\frac{\operatorname{var}\left[\boldsymbol{x}_i^{\mathrm{T}}\hat{\beta}\right]}{\operatorname{var}\left[y_i\right]}$$

311

它在一定意义上说明了回归对训练数据的解释程度. 同时，R^2 的值并不受 $\boldsymbol{y}$ 的单位影响（练习题）.

模型预测效果越好，R^2 值越大，最大值为 1（实际不可能发生）. 例如，图 13.3 中 R^2 值为 0.87，图 13.1 和图 13.2 在图中已经给出了 R^2 值；如何优化模型，使 R^2 值更大. 仔细阅读 R 的线性回归说明，会发现它提供了 R^2 值的两个估计值. 这两个估计考虑了：(a) 回归中的数

据量；(b) 回归中的变量数. 为分析方便，本文中定义的 R^2 与之稍有不同. 但即使将数据代入 R 中运算，与本文得到的结果相比差异也是很小的.

注记 回归预测性能好坏可以通过观察由回归所解释的因变量方差所占百分比来评估. 这个数字叫作 R^2，取值从 0 到 1；其值越大，预测效果越好.

流程 13.1（使用最小二乘法的线性回归）

数据集由 N 个数据对 $(\boldsymbol{x}_i, y_i)$ 组成. 每个 x_i 是 d 维自变量，y_i 是一维因变量. 假设每个数据点满足模型

$$y_i = \boldsymbol{x}_i{}^{\mathrm{T}}\beta + \xi_i$$

其中 ξ_i 表示非建模影响，假设为服从零均值，未知方差随机分布的样本，有时假设分布为正态分布. 记

$$\boldsymbol{y} = \begin{pmatrix} y_1 \\ \cdots \\ y_n \end{pmatrix}, \boldsymbol{X} = \begin{pmatrix} \boldsymbol{x}_1^{\mathrm{T}} \\ \cdots \\ \boldsymbol{x}_n^{\mathrm{T}} \end{pmatrix}$$

求解线性方程

$$\boldsymbol{X}^{\mathrm{T}}\boldsymbol{X}\beta - \boldsymbol{X}^{\mathrm{T}}\boldsymbol{y} = 0$$

计算 $\hat{\beta}$（β 的估计值）. 对于数据点 $\boldsymbol{x}$，预测结果为 $\boldsymbol{x}^{\mathrm{T}}\hat{\beta}$，计算残差

$$\boldsymbol{e} = \boldsymbol{y} - \boldsymbol{X}\hat{\beta}$$

又因为 $\boldsymbol{e}^{\mathrm{T}}\mathbf{1} = 0$，则均方误差为

$$m = \frac{\boldsymbol{e}^{\mathrm{T}}\boldsymbol{e}}{N}$$

R^2 值为

$$\frac{\mathrm{var}(\{\boldsymbol{x}_i{}^{\mathrm{T}}\hat{\beta}\})}{\mathrm{var}(\{y_i\})}$$

312

R^2 取值范围从 0 到 1，值越大，对数据的解释性也就越好.

13.4　优化线性回归模型

线性回归是有效的，而不是魔术. 但有些回归会做出糟糕的预测 (图 13.2). 再例如，用你的电话号码的第一个数字来计算你的脚的长度是行不通的.

可通过一些简单的方法判断回归模型是否有效. 可用**图像法**观察解释变量与因变量之间关系. 将数据绘制在散点图上，然后将模型绘制为散点图上的一条线. 这样，仅从图像就可进行判定 (对比图 13.1 和 13.2).

也可检查回归预测是否恒为常数. 为常数通常代表这不是一个好信号. 查看每个训练数据项的预测，如果预测的方差相比于自变量的方差小得多，就代表回归并没有很好地工作. 如果只有一个自变量，那么可以绘制回归线进行分析. 如果直线是水平的或很接近的，那么自变量对预测的贡献很小. 说明自变量与因变量之间不存在特定的关系.

如果**残差不是随机的**，也可通过肉眼进行检验. 如果 $y - \boldsymbol{x}^{\mathrm{T}}\beta$ 是零均值正态随机变量，残差向量取值将与 y 的取值无关. 同理，若 $y - \boldsymbol{x}^{\mathrm{T}}\beta$ 是零均值的非建模影响集合，残差向量同样与 y 无关. 这说明问题中存在有一些现象并没有建模. 观察 $\boldsymbol{e}$ 与 $\boldsymbol{y}$ 的散点图会发现一些异常情况（图 13.7）. 在图 13.7 的情况下，异常是由几个数据点引起的，这些数据点与图 13.7 中其他数据点有很大的不同. 其他影响回归效果的因素，将下文详细讨论. 一旦检测出异常并将其去除，回归就会明显改善（图 13.8）.

注记 线性回归可能会做出糟糕的预测. 检查问题可以通过：计算 R^2、图像法，预测结果是否为常数，或者检查残差是否随机. 还有一些其他方法，但不在本书的讨论范围之内.

13.4.1 变量转换

有时，直接应用数据并不能很好地进行线性回归. 可先对自变量或因变量或二者进行变换，再构建回归模型. 图 13.4 是一个关于词频分析的例子. 在文本中一些词使用频率高，但大多数词却很少使用. 该数据集由莎士比亚印刷作品中最常见的 100 个词出现次数统计组成. 最初是从索引中收集的，被用来研究各种有趣的问题，例如评估莎士比亚的单词量. 问题的困难之处在于，尽管他的词汇量很大，却并没完全在作品中使用，因此不能只靠计数统计. 观察图 13.4，你会发现，对计数（一个词的使用频率）与等级（一个词的常见程度，1 ~ 100）线性回归效果并不明显. 最常见的单词使用频率很高，而对于一个不常见的单词，其使用次数会急剧下降. 图 13.4 中残差对因变量的散点图中看到，残差对因变量的依赖性相当强. 这是一个线性回归差的极端例子.

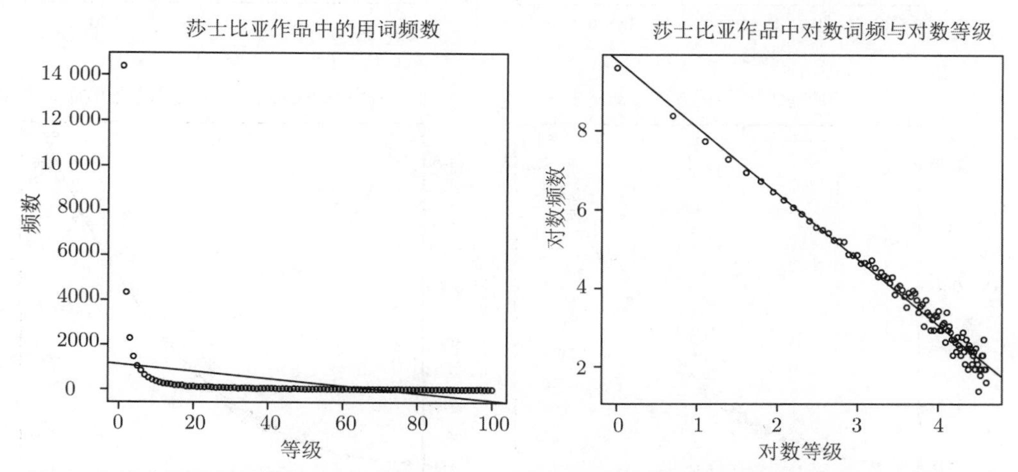

图 13.4 左图是莎士比亚作品中最常见的 100 个单词的词频与等级，使用的是 R 中数据集 (称为“bard”，可能来自 J. Gani 和 I. Saunders 的一份未发表的报告). 图中绘制了一条回归线，肉眼可见匹配很差，R^2 也很差 ($R^2 = 0.1$). 右图是莎士比亚作品中最常见的 100 个单词的对数词频与对数等级，数据集同左图. 此时，回归线拟合效果较好

若对计数对数和等级对数进行回归，匹配效果比较好. 这表明莎士比亚的用词（至少最常见的 100 个单词）与 **Zipf 定理**是一致的. 这就给出了一个单词词频 f 和等级 r 之间的关系

$$f \propto \frac{1^s}{r}$$

其中 s 为模型参数，本例中的近似值为 1.67.

在某些情况下，对变量进行变换，会提高回归效果. 例如，由于人体的密度大致相同，那么体重应该以身高的立方为尺度；反过来，可对体重与身高的立方根进行回归. 图 13.5 是这种转换在鱼类数据上的应用，效果不错. 实际中，矮个子与高个子之间并不是简单地比例缩放，所以立方根可能过于片面. 身体质量指数（BMI：一个有争议但并非完全没有意义的衡量体重和身高之间关系的方法）使用的是平方根.

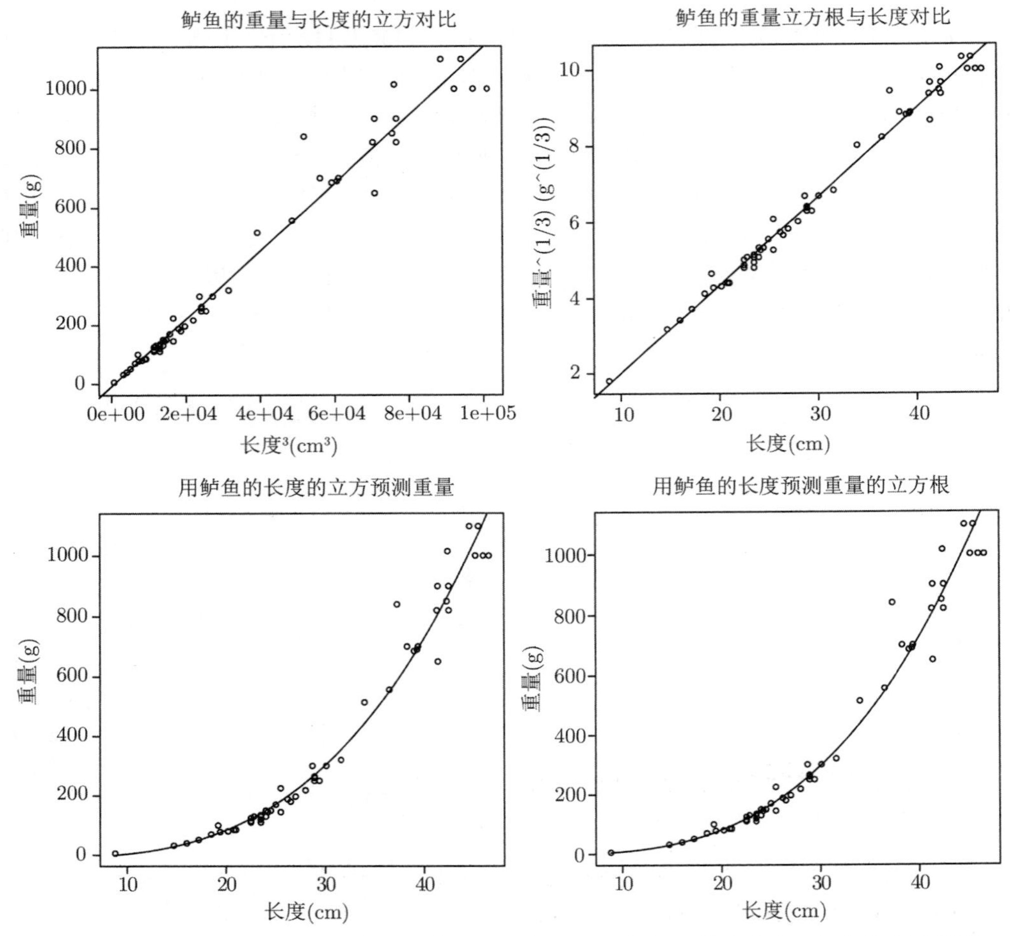

图 13.5　鲈鱼数据集上的两个变量变换. 左上角是用长度立方预测重量；右上角是用长度预测重量的立方根. 下方是对应的重量-长度坐标（差异需要仔细观察）. 此时，非线性变换更有效

注记 通过变量转换可提高回归性能. 可通过图像观察或是逻辑分析，确定变换形式.

13.4.2 问题数据点有显著影响

异常点会大大削弱回归效果. 这需要识别问题点，并对其进行处理. 对于识别出的问题点有两种可能：一种可能是它们是真正的异常值——有人记录错了一个数据项，或者代表了一个并不经常发生的效应. 另一种可能是它们是重要的数据，只是线性模型拟合效果不好. 如果数据点真的是异常值，可直接将其从数据集中剔除. 否则，可能需要转换特征或用一个新的自变量改进回归.

构建回归模型时，需要最小化 $\sum_i (y_i - \boldsymbol{x}_i{}^{\mathrm{T}}\beta)^2$，求解 β ；等价于求解使 $\sum_i e_i^2$ 最小的 β . 大值的残差会对结果影响大——大值的平方值更大. 一般来说，数据过大或过小，成本函数值都很大. 观察图 13.6，远离其他数据点的数据点会使回归线发生显著的波动（影响残差，如图 13.7 所示）.

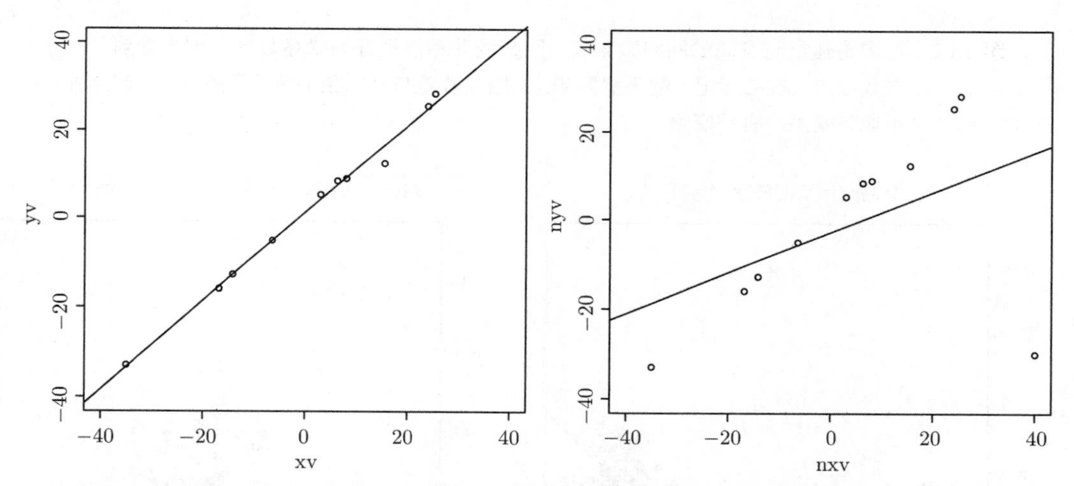

图 13.6 左图是一个自变量和一个解释变量的合成数据集，并绘制了回归线. 观察发现，回归线与数据点很接近，其预测可靠. 右图是在该数据集中加入一个异常数据点. 回归线发生了显著的变化，回归线拟合依据是最小化数据点和回归线之间的垂直距离平方和. 因为异常数据点离回归线较远，与回归线垂直距离的平方也就越大. 为了减小这个距离，回归线进行移动，是以其他点远离回归线为代价的

总的来说，与大多数其他数据点差异显著的数据点（有时称为**异常值**）对回归结果影响显著. 图 13.8 给出一个简单示例. 当只有一个自变量时，可绘制散点图和回归线，直接观察分析. 复杂时可打印图形并使用透视尺画线分析（否则可能无法发现问题点）.

数据的来源不尽相同，可能存在错误. 设备故障、抄录错误、主观填充缺失值等，都可能导致异常值产生. 除了数据本身的错误，对问题的错误解析也会造成异常值的出现. 如果罕见地出现了与最常见的情况大相径庭的情况，就是出现了异常值. 所谓重大科学发现就是认真对待每一个异常值，并尝试分析其出现原因（尽管并不是每个异常值背后都隐藏着一个诺贝尔奖）.

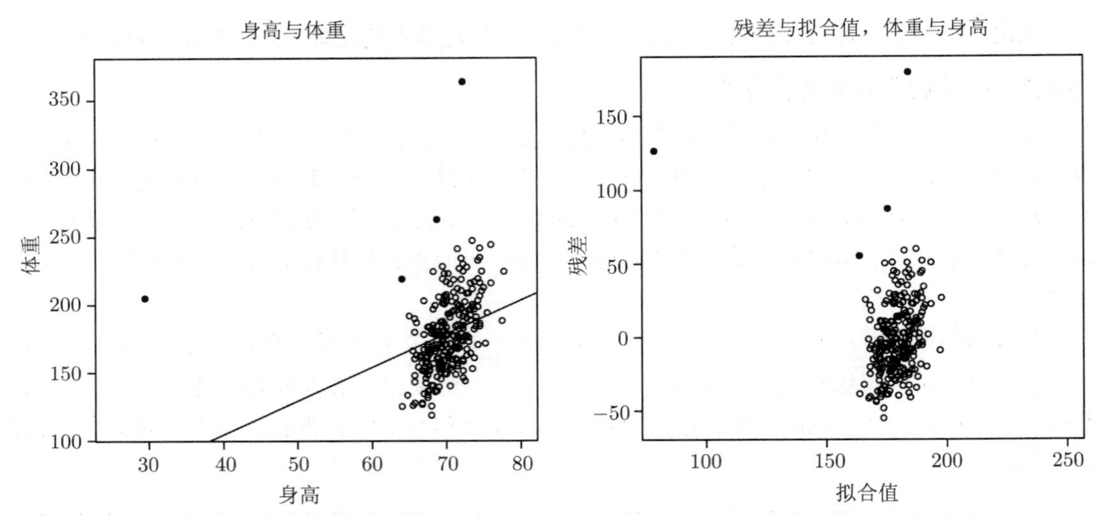

图 13.7　左图是体重与身高的回归数据集. 回归线并不能很好地描述数据，因为受到了一些数据点（实心标记）的强烈影响. 右图是残差与回归预测值的散点图. 看起来并不像是噪声，有些麻烦

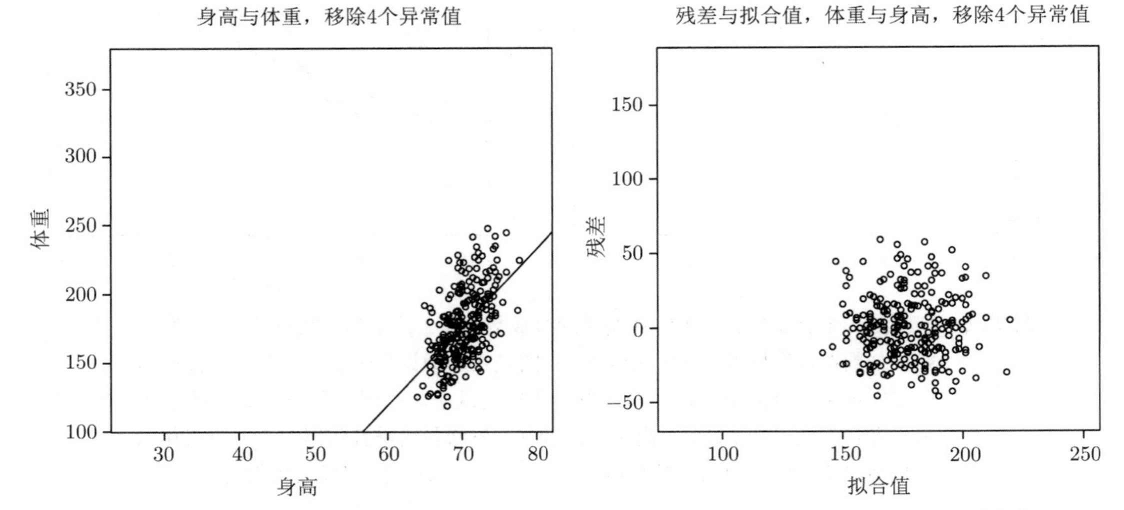

图 13.8　左图是体重与身高的回归数据集，已删除了 4 个看起来可疑的数据点，是异常值的可能性很大，在图 13.7 中用实心标记标识. 右图是残差与回归预测值的散点图. 残差与噪声类似，似乎与预测值无关. 残差的均值为零，方差不取决于预测值. 这些都是好的迹象，与设计模型的初衷一致，表明回归将产生良好的预测结果

那么应该如何处理异常值呢？最简单的方法是找到它们，然后从数据中将其删除. 对于低维模型，通过绘图直接观察寻找. 此外，还有一些其他方法，但实现复杂. 然而，无论方法是简单还是复杂，都会出现一些问题. 首先，你会发现，每当删除一些问题数据之后，又会有一些点

出现问题，最后结果可能并不理想. 其次，舍弃异常值会增加预测误差，尤其如果它们是由实际环境造成的. 此时，可对异常值的影响进行折损或完全建模.

注记 异常值对线性回归影响显著. 通常情况下，如果可以绘制回归线，可通过观察图像寻找异常值. 还有其他方法，但超出了本文的介绍范围.

13.4.3 单解释变量函数

假设解释变量中只包含一个测量值. 例如，图 13.1 鲈鱼数据中只有鱼的长度. 将该测量值加入解释变量，并对生成的回归模型进行评估，不仅可通过图表直观表示，预测结果也是不错的. 图 13.1 的回归线拟合效果还是不错的，但数据点分布可能更符合一条曲线. 与线性函数类似，该曲线也是变量加权与噪声项的叠加（写作 $y_i=\beta_1 x_i+\beta_0+\xi_i$）. 实际上，该模型还可扩展到包括长度的其他函数. 令人惊讶的是，鱼的重量可仅由其长度来预测. 直觉来讲，如果鱼在每个方向上增加一倍，那么它的重量应该增加 8 倍. 但通过回归分析，随着鱼的长大它并不是在每个方向上都变长. 可尝试模型 $y_i=\boldsymbol{\beta}_2 x_i^2+\beta_1 x_i+\beta_0+\xi_i$. 矩阵 $\boldsymbol{X}$ 的第 i 行为 $[x_i,1]$. 建立一个新矩阵 $\boldsymbol{X}^{(b)}$，第 i 行元素为 $[x_i^2,x_i,1]$，其余与之前相同. 这是一个新的模型，绘图仍然很容易——预测重量仍是长度的函数，只是不再是长度的线性函数. 图 13.9 中绘制了几个例子.

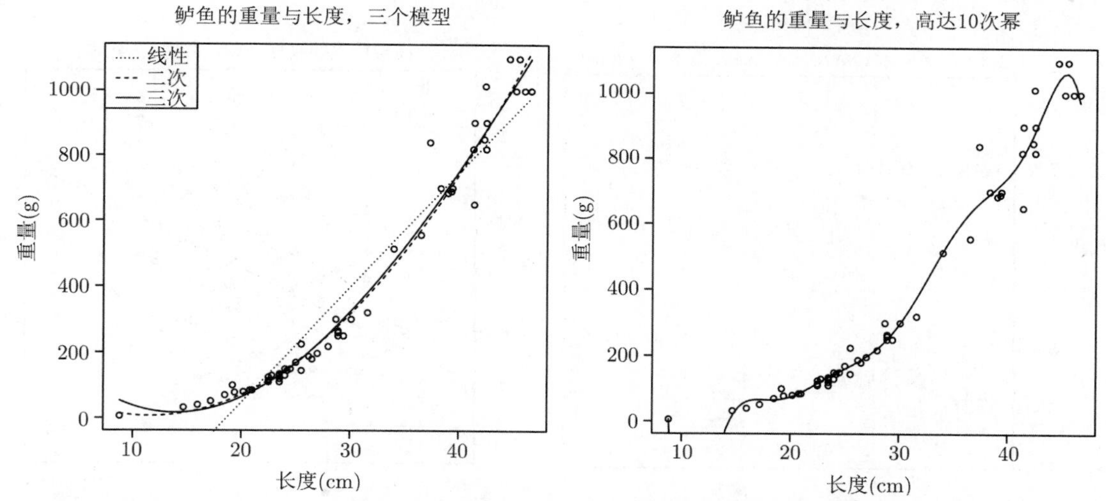

图 13.9 左图是由长度预测鱼重的几个不同模型. 直线使用解释变量 1 和 x_i；而曲线也使用其他 x_i 的单项式，如图例所示. 这使得模型可以拟合更接近数据的曲线. 重点强调，虽然可以通过插入单项式来使曲线更接近数据，但这并不意味着一定存在更好的模型. 右图使用了至 x_i^{10} 的单项式. 该曲线比左侧任何曲线都更接近数据点，但在数据点之间出现了一些很奇怪的晃动（模型预测效果不好，推导略）. 逻辑上无法推导出结构是来自于鱼的真实属性，因此预测结果令人怀疑

像这样扩展函数是相当容易的（对于鱼类预测，也尝试了 x_i^3）. 然而，很难判断回归性能是否得到提升. 当添加新的解释变量时，训练数据的最小二乘误差永远不会上升，所以 R^2 永远

313 ~ 317

不会变差. 因为你总是可以令新变量的系数为零，然后退化为之前的回归. 同时，随着解释变量的增加，模型预测可能越来越差. 有时模型可能很不稳定，判断停止条件是困难的（图 13.9）.

注记　若只有一个测量值，可通过使用该测量值的函数来构建一个高维 $\boldsymbol{x}$. 这将产生一个包含多个解释变量的回归，但图像绘制仍很容易. 知道何时停止是很难的. 对问题的深入理解是有必要的.

13.4.4　线性回归的正则化

假设存在多个解释变量，且一些变量可能是显著相关的. 此时可利用一些变量，很准确地预测一个解释变量的值. 此时存在向量 $\boldsymbol{w}$ ，使得 $\boldsymbol{X}\boldsymbol{w}$ 很小（练习）. 进而，$\boldsymbol{w}^{\mathrm{T}}\boldsymbol{X}^{\mathrm{T}}\boldsymbol{X}\boldsymbol{w}$ 必定很小，$\boldsymbol{X}^{\mathrm{T}}\boldsymbol{X}$ 存在一些小特征值. 这些小特征值会使预测结果变坏，分析如下. 向量 $\boldsymbol{w}$ 决定 $\boldsymbol{X}^{\mathrm{T}}\boldsymbol{X}\boldsymbol{w}$ 很小，使得 $\boldsymbol{X}^{\mathrm{T}}\boldsymbol{X}(\hat{\boldsymbol{\beta}}+\boldsymbol{w})$ 与 $\boldsymbol{X}^{\mathrm{T}}\boldsymbol{X}\hat{\boldsymbol{\beta}}$ 差异不大（同理，矩阵可将大向量转换为小向量）. 这说明 $(\boldsymbol{X}^{\mathrm{T}}\boldsymbol{X})^{-1}$ 可将小向量转化为大向量. 在 $\boldsymbol{X}^{\mathrm{T}}\boldsymbol{Y}$ 中的微小变动将使估计值 $\hat{\beta}$ 产生显著波动.

对于来自同一数据集的不同样本的 $\boldsymbol{X}^{\mathrm{T}}\boldsymbol{Y}$ 可能是不同的. 例如，在 Laengelmavesi 湖中记录鱼类测量结果的人记录了一组不同的鱼，此时 $\boldsymbol{X}$ 和 $\boldsymbol{Y}$ 会发生变化. 若 $\boldsymbol{X}^{\mathrm{T}}\boldsymbol{X}$ 的特征值很小，那么可能会对模型造成很大的影响（图 13.10 和图 13.11）.

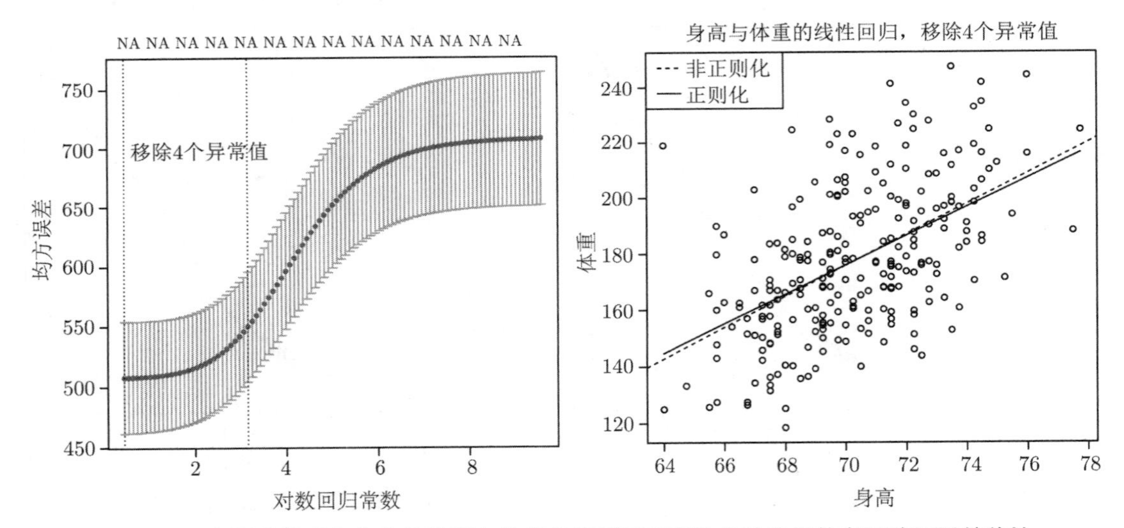

图 13.10　左图是体重与身高线性回归数据集的不同正则化常数选择的交叉验证误差估计，已去掉了 4 个异常值. 横轴是对数回归常数，竖轴是交叉验证误差. 误差的均值以点迹形式显示，与误差线垂直. 竖线显示了正则化常数的合理选择范围（左边产生最低的观测误差，右边是平均误差的一个最小标准误差之内的误差）. 右图是这个数据集的散点图上的两条回归线，一条是在没有正则化的情况下计算出来的，另一条是使用正则化参数得到的，它产生了最低的观测误差. 在这种情况下，正则化项对线并没有太多改进，但对新数据预测有提升（注意交叉验证误差在正则化常数较小时是相对平坦的）

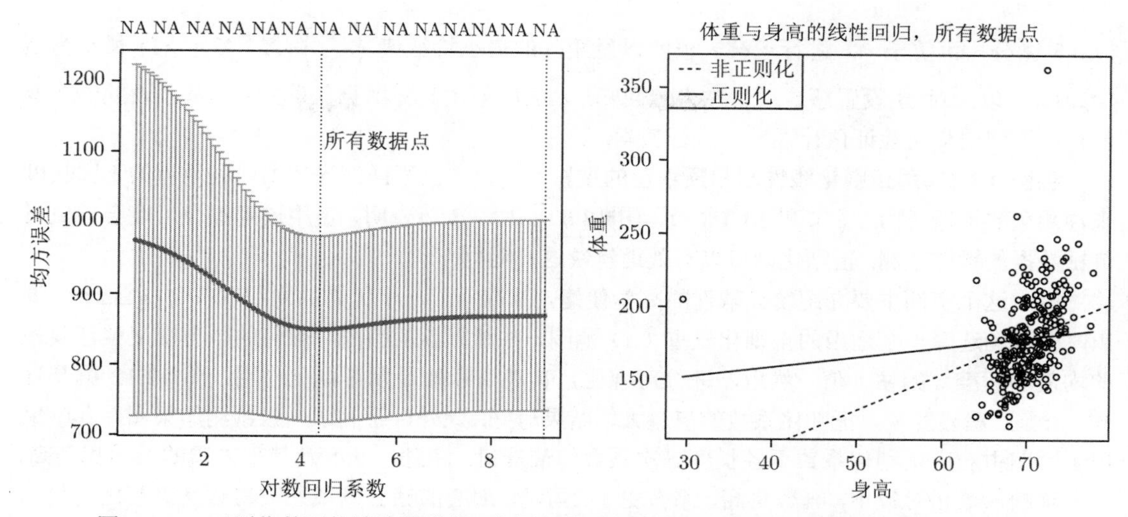

图 13.11 正则化并不能消除异常值. 左图是体重与身高线性回归时的不同的正则化系数的交叉验证误差估计. 横轴为对数回归系数，纵轴是交叉验证的误差. 误差的均值显示为一个点，带有垂直误差线. 竖线显示了正则化系数的合理选择范围 (左表示最小的观测误差，右表示其均值在一个最小标准误差范围内的误差). 右图是数据集散点图上的两条回归线；一条是未经正则化计算的直线，另一条是利用正则化参数得到的直线，其观测误差最小. 这种情况下，正则化项对线并没有太多改进，但对新数据预测有提升（注意交叉验证误差在正则化常数较小时是相对平坦的）

这个问题比较容易控制. 当 $\boldsymbol{X}^{\mathrm{T}}\boldsymbol{X}$ 中存在小特征值时，预估 $\hat{\boldsymbol{\beta}}$ 会很大 (仅做局部变动，在 $\boldsymbol{w}$ 的方向上添加分量)，而 $\hat{\boldsymbol{\beta}}$ 中最大的分量估计非常不准确. 当预测新的 y 值时，$\hat{\boldsymbol{\beta}}$ 中的大成分会在预测中产生大误差 (练习).

降低错误的一个有效方式是令 $\hat{\boldsymbol{\beta}}$ 取值不大，误差较小. 通过正则化可做到这一点，与分类中的技巧类似. 对于 $\boldsymbol{\beta}$ 并不是直接确定，而是通过最小化

$$\left(\frac{1}{N}\right)(\boldsymbol{y}-\boldsymbol{X}\boldsymbol{\beta})^{\mathrm{T}}(\boldsymbol{y}-\boldsymbol{X}\boldsymbol{\beta})$$

进一步最小化

$$\left(\frac{1}{N}\right)(\boldsymbol{y}-\boldsymbol{X}\boldsymbol{\beta})^{\mathrm{T}}(\boldsymbol{y}-\boldsymbol{X}\boldsymbol{\beta})+\lambda\boldsymbol{\beta}^{\mathrm{T}}\boldsymbol{\beta}$$

误差项 + 正则项

其中 $\lambda>0$ 且为常数（**正则化系数**，一般称为 λ)，权衡两方面相对需求（小误差，小 $\hat{\beta}$）. 注意，总误差除以数据点个数说明对 λ 的选择并不受数据集大小变化的影响.

正则化有助于处理小特征值，求解 $\boldsymbol{\beta}$ 需对方程

$$\left[\left(\frac{1}{N}\right)\boldsymbol{X}^{\mathrm{T}}\boldsymbol{X}+\lambda\boldsymbol{I}\right]\hat{\boldsymbol{\beta}}=\left(\frac{1}{N}\right)\boldsymbol{X}^{\mathrm{T}}\boldsymbol{y}$$

（对 β 微分，恒等于 0，进行求解）求解以及矩阵的最小特征值 $\left(\frac{1}{N}\right)(\boldsymbol{X}^{\mathrm{T}}\boldsymbol{X}+\lambda\boldsymbol{I})$ 最小为 λ（练习）. 以此对 $\boldsymbol{\beta}$ 设置惩罚项，称为**岭回归**. λ 的取值由具体数据集确定. 通常，设置一个取值范围，使用交叉验证估计误差，进行搜索.

实例 13.1（用正则化线性回归预测鱼的重量）　上文已经详细描述如何利用鱼的不同长度来预测鱼的重量（13.4.1 节和 13.4.3 节，图 13.9）. 13.4.3 节表明，使用过度拟合可能会导致对测试数据的糟糕预测. 正则化则可以有效地解决这一问题.

解　这个实例主要介绍统计软件的高效便捷，并推荐了一个优秀的回归软件包 `glmnet`. 调用时会自动选择一个适当的正则化权重（λ）范围，并计算该范围内对应值的平方交叉验证误差的均值和标准差的估计值. 然后，进行可视化，直观清晰地展示正则化作用. 图 13.12 就是这样一个图. 观察发现，正则化系数的值越大，结果越好. 此外，绘制了一张预测结果图，其中采用了回归中对应正则化系数下各长度幂次系数的最佳值. 注意，长度及其平方项的系数相当高，立方项的系数相对较小，幂数更高，系数更小. 同时，细心的话会发现系数与数量级相比是很小的（比如说 20 的 10 次幂相比于 2 而言是很大的）. 曲线没有波动，说明高次幂对曲线的形状几乎没有影响.

318～320

选择 λ 的方式与分类相同，将训练集拆分为训练片段和验证片段，针对不同的 λ 值进行训练，并在验证片段上测试所得回归. 误差是一个随机变量，由于数据集的划分是随机的. 模型是公平的，反映随机选择的测试样本的误差（假设训练集“像”测试集，并未精确定义）. 可进行多次拆分，分别计算均值. 这样做既可以得到 λ 值的平均误差，也可以得到误差标准差的估计.

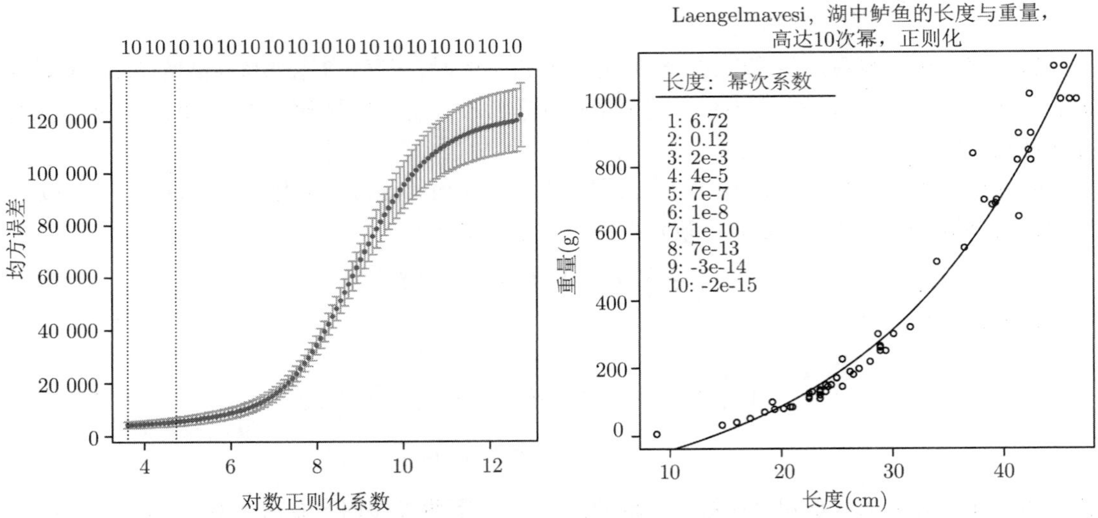

图 13.12　当有很多预测因子时，正则化作用显著. 左图是图 13.9 鲈鱼数据的交叉验证预测误差与对数正则化系数的 glmnet 图. 自变量集包括了长度在 10 以内的所有幂数（图 13.9 右侧的波浪图）. 误差最小时正则化系数相当大（横轴为对数刻度）. 右图为预测结果曲线. 根据交叉验证的误差选择了一个抑制摆动的正则化系数；观察插图中各幂次项系数，可以看出高次幂被牢牢抑制住了

统计软件可为你完成全部工作. 本章使用了 R 中的 glmnet 软件包；这个软件包在 Matlab 中也有. 此外，类似功能的软件包还有很多. 图 13.10 是体重与身高的回归. 正则化并没有对模型（图中绘制的）进行太大的改变. 对于 λ (横轴) 的每个值，该方法已经使用交叉验证拆分计算了平均误差和误差的标准差，并以误差线显示. 注意到减小至 $\lambda = 0$ 产生的预测结果较差，大 $\hat{\beta}$ 使得模型不可靠. 由于误差来自随机拆分的交叉验证，并没有确定的 λ 对应最小误差. λ 的取值应介于最小误差对应的 λ （图中一条竖线）和平均误差在一个最小标准差内的最大值（图中另一条竖线）之间.

类似分类问题的正则化，从一个成本函数开始，它评估了 β 造成的误差，并添加了一个对较大 β 的惩罚项. 此项为 β 长度的平方，称为向量的 L_2 **范数**.

注记 回归的性能可以通过正则化来提高，特别当解释变量存在相关性时. 正则化过程与分类中类似.

13.5 利用近邻进行回归分析

最近邻可以清楚地预测一个查询数字——找到最接近的训练样本，并报告它的数字. 这是使用最近邻进行回归的一种方法，效果并不好. 困难在于，回归预测是分段常数（图 13.13）. 如果数据量比较大，问题不大，因为预测的步骤小且紧密. 但这无法有效利用数据.

321

一个更有效的方法是找到附近的几个训练样本，并使用它们来产生估计. 这种方法可以产生非常好的回归估计，因为每个预测都是通过与查询示例相近的训练样本做出的. 但是，生成回归估计的代价很高，因为每个查询都必须找到附近的训练样本.

$\boldsymbol{x}$ 为查询点，假设已经收集了 N 个最近邻，记为 $\boldsymbol{x}_i$. y_i 表示第 i 个点的因变量值. 注意，其中一些近邻可能离查询点很远. 对于远处的点，我们并不希望它对模型的贡献与距离更近的点一样大. 这需要对每个点的预测形成一个加权平均值. 用 w_i 表示第 i 点的权重. 那么估计值是

$$y_{\text{pred}} = \frac{\sum_i w_i y_i}{\sum_i w_i}$$

权重需要进行合理选择. 令 $d_i = \|(\boldsymbol{x} - \boldsymbol{x}_i)\|$ 表示查询点与第 i 个最近邻之间的距离. 权重与距离成反比 $w_i = 1/d_i$. 或使用指数函数来对更远处的点减小权重

$$w_i = \exp\left(\frac{-d_i^2}{2\sigma^2}\right)$$

需要确定一个尺度 σ，可以通过交叉验证完成. 给出一些例子，用不同尺度进行预测，然后选择与给定最佳误差对应的尺度. 此外，若最近邻个数足够大，可生成一个距离加权的线性回归，应用回归预测出查询点的值.

当 $\boldsymbol{x}$ 是高维数据时，上述方法都会变得复杂. 此时，最近邻比第二近邻要近很多. 如果发生这种情况，那么每一个加权平均值都将归结为在最近邻处评估因变量 (因为所有其他变量在平均值中的权重都非常小).

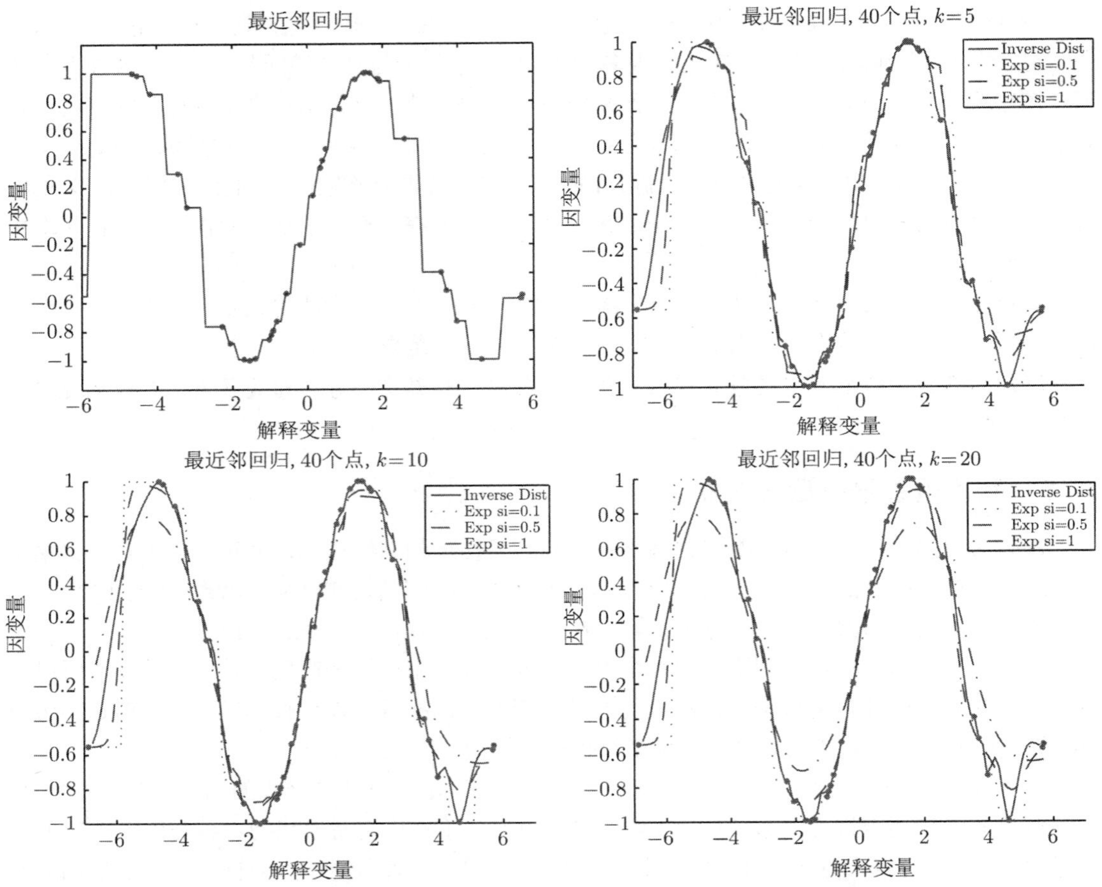

图 13.13　不同形式的最近邻回归，用一维 x 预测 y，总共使用 40 个训练点. 左上: 最近邻生成一个分段常数函数. 右上: 改进：通过五个近邻的加权平均值，使用逆距离加权或指数加权三个不同的尺度. 如果尺度很小，那么回归看起来很像最近邻点，若是太大，均值中的所有权重几乎是相同的（这导致回归中出现分段常数结构）. 左下和右下显示，使用更多的近邻点可以实现更平滑的回归

注记　最近邻可用于回归. 最简单的方法是，找到特征向量的最近邻，并将该近邻的数字作为预测. 复杂一点，可对多个近邻进行平滑预测.

近邻预测不只是数字

线性回归是对一组特征，预测一个数字. 但在实践中，人们往往希望预测比数字更复杂的东西. 例如，想从一个句子（解释变量）中预测一个解析树 (具有组合结构). 再例如，通过一幅图像 (解释变量)，预测图像的阴影映射（具有空间结构）. 还有可根据路径计划和直升机的当前状态 (解释变量) 预测无线电控制直升机上的控制的方向（方向一致）.

观察近邻是解决这类问题的一个很好的方法. 总体思想相对简单. 假设有大量成对的训练

数据. 第 i 个样本的解释变量为 $\boldsymbol{x}_i$，因变量为 $\boldsymbol{y}_i$. 因变量可指代一切，不再仅仅只是一个数字. 它可能是一棵树，或阴影地图，或一个词，或任何东西. 为描述方便，此处写为一个向量.

那么最简单也是最常见的方法是，通过 (a) 找到最近邻点，然后 (b) 由此生成因变量，完成对一组新的解释变量的预测. 同样，可稍稍修改，使用一个近似的最近邻. 如果因变量结构完整，就有可能总结一组不同的因变量. 那么就可从 k 个最近邻决定预测因变量. 如何总结取决于因变量. 例如，想象一下对一组树求平均有些困难，但是对图像进行平均就相当简单了. 如果因变量是一个单词，可能无法平均单词，但可以投票选择高频单词. 如果因变量是一个向量，则可计算距离加权平均或距离加权线性回归.

321 ~ 323

注记 最近邻不只可以用来预测数值.

附录：数据

表 13.1 A、B、C 批次设备的激素剩余量和使用时间表

批次 A		批次 B		批次 C	
激素量	使用时间	激素量	使用时间	激素量	使用时间
25.8	99	16.3	376	28.8	119
20.5	152	11.6	385	22.0	188
14.3	293	11.8	402	29.7	115
23.2	155	32.5	29	28.9	88
20.6	196	32.0	76	32.8	58
31.1	53	18.0	296	32.5	49
20.9	184	24.1	151	25.4	150
20.9	171	26.5	177	31.7	107
30.4	52	25.8	209	28.5	125

注：编号是任意的（即 A 批次的设备 3 和 B 批次的设备 3 之间没有关系）. 随着设备使用时间的增长，激素量会下降，因此不能仅仅通过比较数量来比较批次. 数据来自“Computer-Intensive methods in statistical regression”（B. Efron, SIAM Review, 1988），图 13.3 使用了该数据.

324

问题

13.1 图 13.14 显示收缩压随年龄的线性回归. 有 30 个数据点.

（a） 设残差为 $e_i = y_i - \boldsymbol{x}_i{}^{\mathrm{T}}\beta$，求 mean($\{e\}$).

（b） 设 var($\{y\}$)=509，R^2 为 0.4324，求 var($\{e\}$).

（c） 回归如何解释这些数据?

（d） 你能做什么来更好地预测血压 (不实际测量血压)?

13.2 在 http://www.statsci.org/data/general/kittiwak.html 处可获取 D.K.Cairns 在 1988 年收集的数据集，该数据集测量了一种海鸟（黑腿基蒂威克鸟）群体的栖息地和不同群体的繁殖对数量. 图 13.15 显示了繁殖对数量与区域面积的线性回归. 共 22 个数据点.

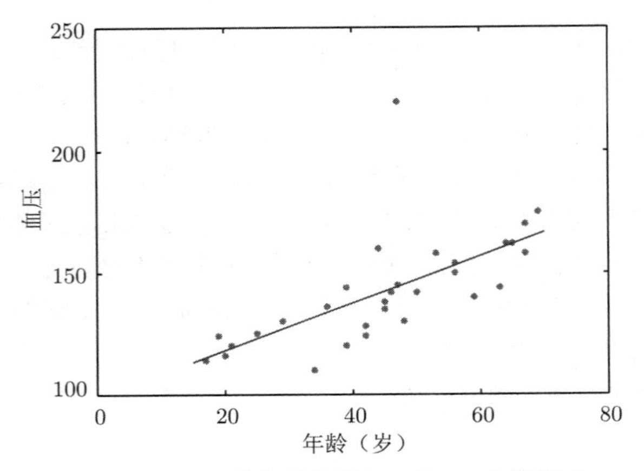

图 13.14　血压随年龄的回归，共 30 个数据点

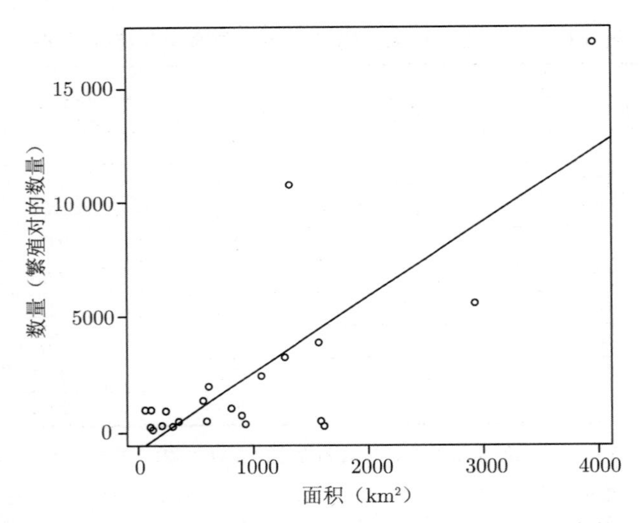

图 13.15　三趾鸥繁殖对数量与岛屿面积的回归，共 22 个数据点

(a)　设残差为 $e_i = y_i - \boldsymbol{x}_i^{\mathrm{T}}\beta$，求 mean($\{e\}$).

(b)　设 var($\{y\}$) $= 16,491,357$，R^2 为 0.62，求 var($\{e\}$).

(c)　回归如何解释这些数据? 假如你有一个大岛，你会在多大程度上相信这种回归所产生的三趾鸥数量的预测? 相反，如果你有一个小岛，你还会相信这个答案吗?

325

13.3 点击 http://www.statsci.org/data/general/kittiwak.html，可获取 D.K.Cairns 在 1988 年收集的数据集，该数据集测量了一种海鸟（黑腿基蒂威克鸟）群体的栖息地面积和不同群体的繁殖对数量. 图 13.16 显示了繁殖对数量与面积对数的线性回归. 有 22 个数据点.

(a)　设残差为 $e_i = y_i - \boldsymbol{x}_i^{\mathrm{T}}\beta$，求 mean($e$).

(b)　设 var(y) $= 16\ 491\ 357$，R^2 为 0.31，求 var(e).

(c)　回归如何解释这些数据? 假如你有一个大岛，你会在多大程度上相信这种回归所产生的三趾鸥数量的预测？相反，如果你有一个小岛，你还会相信这个答案吗？

（d） 图 13.16 是忽略两个可能的异常值的线性回归的结果. 你会更相信这种回归的预测吗？为什么？

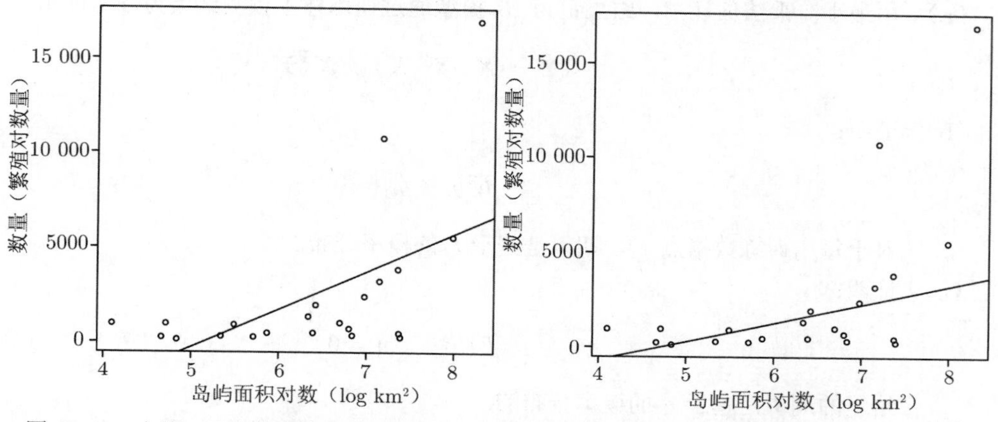

图 13.16 左图: 三趾鸥繁殖对数量与岛屿面积对数的回归，共 22 个数据点. 右图: 三趾鸥繁殖对数量与岛屿面积对数的回归，有 22 个数据点，忽略了两个可能异常值

13.4 点击 http://www.statsci.org/data/general/brunhild.html，可获取一个数据集，它测量了一只名叫布伦希达的狒狒血液中硫酸盐的浓度，随时间变化的函数. 图 13.17 用浓度与时间的线性回归绘制了该数据. 又给出了残差与预测值的关系图. 观察发现，回归似乎是不成功的.

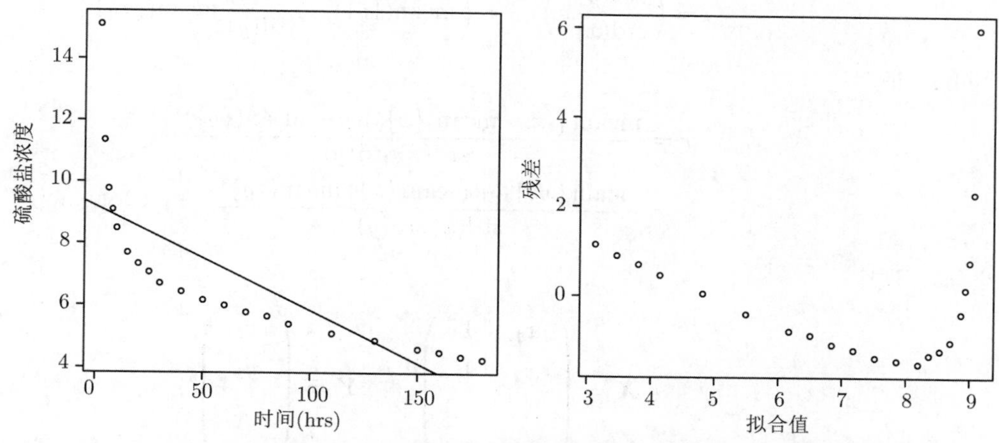

图 13.17 左图: 狒狒布伦希尔达血液中硫酸盐浓度随时间的变化. 右图：回归的残差与拟合值关系图

（a） 该回归存在什么问题？

（b） 什么导致了问题出现？为什么？

（c）应该如何解决?

13.5 假设存在数据集满足 $\boldsymbol{Y}=\boldsymbol{X}\beta+\xi$，其中 β 与 ξ 未知. ξ 是零均值正态随机变量，协方差矩阵为 $\sigma^2\boldsymbol{I}$（数据符合模型要求）.

（a）用最小二乘法估计 β，结果记为 $\hat{\beta}$. 模型通过训练样本预测结果为 $\hat{\boldsymbol{Y}}$. 证明：

$$\hat{\boldsymbol{Y}}=\boldsymbol{X}\left(\boldsymbol{X}^{\mathrm{T}}\boldsymbol{X}\right)^{-1}\boldsymbol{X}^{\mathrm{T}}\boldsymbol{Y}$$

（b）证明：

$$E[\hat{y}_i-y_i]=0$$

对于每个训练数据点 y_i，期望是基于 ξ 的概率分布的.

（c）证明：

$$E[(\hat{\beta}-\beta)]=0$$

这里的期望是基于 ξ 的概率分布的.

13.6 本题是 2.2.2 节的预测过程，是一个有两个独立变量的线性回归. 假设 N 个数据项 $(x_1,y_1),\cdots,(x_N,y_N)$ 是二维向量，且 $N>1$. 数据项可通过成分提取获得. 令 $\hat{x}_i$ 表示 x_i 的标准化形式. r 为相关系数（经典且重要）.

（a）假设有 x_0，预测 y 值. 证明：用流程 2.1 中的方法得到的预测值为

$$\begin{aligned}y_{\text{pred}}&=\frac{\operatorname{std}(y)}{\operatorname{std}(x)}r\left(x_0-\operatorname{mean}(\{x\})\right)+\operatorname{mean}(\{y\})\\&=\left(\frac{\operatorname{std}(y)}{\operatorname{std}(x)}r\right)x_0+\left(\operatorname{mean}(\{y\})-\frac{\operatorname{std}(x)}{\operatorname{std}(y)}\operatorname{mean}(\{x\})\right)\end{aligned}$$

（b）证明：

$$\begin{aligned}r&=\frac{\operatorname{mean}(\{(x-\operatorname{mean}(\{x\}))(y-\operatorname{mean}(\{y\}))\})}{\operatorname{std}(x)\operatorname{std}(y)}\\&=\frac{\operatorname{mean}(\{xy\})-\operatorname{mean}(\{x\})\operatorname{mean}(\{y\})}{\operatorname{std}(x)\operatorname{std}(y)}\end{aligned}$$

326
～
327

（c）现令

$$\boldsymbol{X}=\begin{pmatrix}x_1&1\\x_2&1\\\cdots&\cdots\\x_n&1\end{pmatrix}\ \text{和}\ \boldsymbol{Y}=\begin{pmatrix}y_1\\y_2\\\cdots\\y_n\end{pmatrix}$$

线性回归系数为 $\hat{\beta}$，且 $\boldsymbol{X}^{\mathrm{T}}\boldsymbol{X}\hat{\beta}=\boldsymbol{X}^{\mathrm{T}}\boldsymbol{Y}$. 证明:

$$\boldsymbol{X}^{\mathrm{T}}\boldsymbol{X}=N\begin{pmatrix}\operatorname{mean}\left(\{x^2\}\right)&\operatorname{mean}(\{x\})\\\operatorname{mean}(\{x\})&1\end{pmatrix}$$

$$
= N \begin{pmatrix} \operatorname{std}(x)^2 + \operatorname{mean}(\{x\})^2 & \operatorname{mean}(\{x\}) \\ \operatorname{mean}(\{x\}) & 1 \end{pmatrix}
$$

(d) 证明：

$$
\begin{aligned}
\boldsymbol{X}^{\mathrm{T}}\boldsymbol{Y} &= N \begin{pmatrix} \operatorname{mean}(\{xy\}) \\ \operatorname{mean}(\{y\}) \end{pmatrix} \\
&= N \begin{pmatrix} \operatorname{std}(x)\operatorname{std}(y) r + \operatorname{mean}(\{x\})\operatorname{mean}(\{y\}) \\ \operatorname{mean}(\{y\}) \end{pmatrix}
\end{aligned}
$$

(e) 证明：

$$
\left(\boldsymbol{X}^{\mathrm{T}}\boldsymbol{X}\right)^{-1} = \frac{1}{N}\frac{1}{\operatorname{std}(x)^2} \begin{pmatrix} 1 & -\operatorname{mean}(\{x\}) \\ -\operatorname{mean}(\{x\}) & \operatorname{std}(x)^2 + \operatorname{mean}(\{x\})^2 \end{pmatrix}
$$

(f) 证明：若 $\hat{\beta}$ 是 $\boldsymbol{X}^{\mathrm{T}}\boldsymbol{X}\hat{\beta} - \boldsymbol{X}^{\mathrm{T}}\boldsymbol{Y} = 0$ 的解，那么

$$
\hat{\beta} = \begin{pmatrix} r\dfrac{\operatorname{std}(y)}{\operatorname{std}(x)} \\ \operatorname{mean}(\{y\}) - \left(r\dfrac{\operatorname{std}(y)}{\operatorname{std}(x)}\right)\operatorname{mean}(\{x\}) \end{pmatrix}
$$

并以此论证 2.2.2 节中的过程是一个有两个独立变量的线性回归.

13.7 本题研究相关性对回归的影响. 假设有 N 个数据项 $(\boldsymbol{x}_i, y_i)$. 我们将研究当数据第一个分量被其他分量相对准确地预测时会发生什么. 设 $\boldsymbol{x}_i$ 的第一个分量为 x_{i1} ，$\boldsymbol{x}_{i,\hat{1}}$ 是删除第一个分量后剩余分量构成的向量. 调整 $\boldsymbol{u}$ 预测数据第一个分量，做到误差最小化，即 $x_{i1} = \boldsymbol{x}_{i\hat{1}}^{\mathrm{T}}\boldsymbol{u} + w_i$. 预测误差为 w_i . 设误差向量为 $\boldsymbol{w}$（即 $\boldsymbol{w}$ 的第 i 个分量为 w_i）. 调整 $\boldsymbol{u}$ 最小化 $\boldsymbol{w}^{\mathrm{T}}\boldsymbol{w}$，得到 $\boldsymbol{w}^{\mathrm{T}}\mathbf{1} = \mathbf{0}$（即 w_i 的均值为零）. 假设预测良好，存在一个极小的正数 ϵ，满足 $\boldsymbol{w}^{\mathrm{T}}\boldsymbol{w} \leqslant \epsilon$.

(a) 设 $\boldsymbol{a} = [-1, \boldsymbol{u}]^{\mathrm{T}}$，证明：

$$
\boldsymbol{a}^{\mathrm{T}}\boldsymbol{X}^{\mathrm{T}}\boldsymbol{X}\boldsymbol{a} \leqslant \epsilon
$$

(b) 证明：$\boldsymbol{X}^{\mathrm{T}}\boldsymbol{X}$ 的最小特征值小于或等于 ϵ.

(c) 假设 $\boldsymbol{X}^{\mathrm{T}}\boldsymbol{X}\hat{\beta} = \boldsymbol{X}\boldsymbol{Y}$ 的解是 $\hat{\beta}$. 证明：存在单位向量 $\boldsymbol{v}$，使得

$$
\left(\boldsymbol{X}^{\mathrm{T}}\boldsymbol{Y} - \boldsymbol{X}^{\mathrm{T}}\boldsymbol{X}(\hat{\beta} + \boldsymbol{v})\right)^{\mathrm{T}} \left(\boldsymbol{X}^{\mathrm{T}}\boldsymbol{Y} - \boldsymbol{X}^{\mathrm{T}}\boldsymbol{X}(\hat{\beta} + \boldsymbol{v})\right)
$$

的上界是 ϵ^2.

(d) 用最后一道练习题解释为什么相关数据会导致 $\hat{\beta}$ 估计较差.

328

13.8 本题研究相关性对回归的影响. 假设有 N 个数据项 $(\boldsymbol{x}_i, y_i)$. 我们将研究当数据第一个分量被其他分量相对准确地预测时会发生什么. 设 $\boldsymbol{x}_i$ 的第一个分量为 x_{i1} ，$\boldsymbol{x}_{i,\hat{1}}$ 是删除第一个分量后剩余分量构成向量. 调整 $\boldsymbol{u}$ 预测数据第一个分量，做到误差最小化，即 $x_{i1} = \boldsymbol{x}_{i\hat{1}}^{\mathrm{T}} \boldsymbol{u} + w_i$. 预测误差为 w_i . 设误差向量为 $\boldsymbol{w}$（即 $\boldsymbol{w}$ 的第 i 个分量为 w_i）. 调整 $\boldsymbol{u}$ 最小化 $\boldsymbol{w}^{\mathrm{T}}\boldsymbol{w}$，得到 $\boldsymbol{w}^{\mathrm{T}}\mathbf{1} = \mathbf{0}$（即 w_i 的均值为零）. 假设预测良好，存在一个极小的正数 ϵ，满足 $\boldsymbol{w}^{\mathrm{T}}\boldsymbol{w} \leqslant \epsilon$.

(a) 证明：$\boldsymbol{X}^{\mathrm{T}}\boldsymbol{X}$ 半正定，所有特征值非负.

(b) 证明：对于任意向量 $\boldsymbol{v}$ ，

$$\boldsymbol{v}^{\mathrm{T}} \left(\boldsymbol{X}^{\mathrm{T}}\boldsymbol{X} + \lambda \boldsymbol{I}\right) \boldsymbol{v} \geqslant \lambda \boldsymbol{v}^{\mathrm{T}}\boldsymbol{v}$$

并论证 $\left(\boldsymbol{X}^{\mathrm{T}}\boldsymbol{X} + \lambda \boldsymbol{I}\right)$ 的最小特征值大于 λ.

(c) 设 $\boldsymbol{X}^{\mathrm{T}}\boldsymbol{X}$ 的特征向量为 $\boldsymbol{b}$ ，对应特征值为 λ_b. 证明 $\boldsymbol{b}$ 是 $(\boldsymbol{X}^{\mathrm{T}}\boldsymbol{X} + \lambda \boldsymbol{I})$ 的特征向量，对应特征值为 $\lambda_b + \lambda$.

(d) 假设 $\boldsymbol{X}^{\mathrm{T}}\boldsymbol{X}$ 正定，无重复特征值（对问题无影响，只是大大简化了推理过程）. $\boldsymbol{X}^{\mathrm{T}}\boldsymbol{X}$ 是一个 $d \times d$ 对称矩阵，因此有 d 个标准正交特征向量，设 $\boldsymbol{b}_i$，$\lambda_{\boldsymbol{b}_i}$ 对应第 i 个特征向量和特征值. 证明：

$$\boldsymbol{X}^{\mathrm{T}}\boldsymbol{X}\beta - \boldsymbol{X}^{\mathrm{T}}\boldsymbol{Y} = 0$$

的解是

$$\beta = \sum_{i=1}^{d} \frac{\left(\boldsymbol{Y}^{\mathrm{T}}\boldsymbol{X}\boldsymbol{b}_i\right)\boldsymbol{b}_i}{\lambda_{\boldsymbol{b}_i}}$$

（提示：证明特征向量是 d 维空间的标准正交基，则对任意 i，都有 $(\boldsymbol{X}^{\mathrm{T}}\boldsymbol{X}\beta - \boldsymbol{X}^{\mathrm{T}}\boldsymbol{Y})\boldsymbol{b}_i = 0$.）

(e) 使用前面练习符号，证明：

$$\left(\boldsymbol{X}^{\mathrm{T}}\boldsymbol{X} + \lambda \boldsymbol{I}\right)\beta - \boldsymbol{X}^{\mathrm{T}}\boldsymbol{Y} = 0$$

的解是

$$\beta = \sum_{i=1}^{d} \frac{\left(\boldsymbol{Y}^{\mathrm{T}}\boldsymbol{X}\boldsymbol{b}_i\right)\boldsymbol{b}_i}{\lambda_{\boldsymbol{b}_i} + \lambda}$$

以此解释为什么正则化回归比非正则回归在测试数据上产生更好的结果.

编程练习

13.9 点击 http://www.statsci.org/data/general/brunhild.html，获取数据集，它测量了一只名叫布伦希达的狒狒血液中硫酸盐的浓度作为时间的函数. 建立浓度对数与时间对数的线性回归.

（a） 绘图，以对数–对数坐标表示数据点和回归线.

（b） 绘图，显示数据点和原始坐标下的回归线.

（c） 分别在对数–对数和原始坐标下绘制残差与拟合值.

（d） 用图解释回归是好是坏以及为什么.

13.10 点击 http://www.statsci.org/data/oz/physical.html，获取 M. Larner 在 1996 年制作的数据集. 这些测量包括质量和不同的直径. 建立一个线性回归通过直径预测质量.

329

（a） 根据回归拟合值绘制残差.

（b） 现在对质量的立方根与直径进行回归. 在立方根坐标和原始坐标下分别绘制拟合值与残差.

（c） 用图解释哪种回归更好.

13.11 点击 https://archive.ics.uci.edu/ml/datasets/Abalone，获取 W. J. Nash、T. L. Sellers、S. R. Talbot、A. J. Cawthorn 和 W. B. Ford 在 1992 年制作的数据集. 这是对不同年龄和性别的黑唇鲍鱼 (黑唇鲍; 非常美味) 信息收集.

（a） 建立一个线性回归忽略性别，从测量预测年龄，并根据拟合值绘制残差.

（b） 建立一个线性回归从测量以及性别预测年龄. 性别有三个类别，此处不确定这是否与鲍鱼的生物学或难以确定性别有关. 可用数字来表示性别: 一类选 1，二类选 0，三类选 -1. 根据拟合值绘制残差.

（c） 建立一个线性回归忽略性别，从测量预测年龄对数，并根据拟合值绘制残差.

（d） 建立一个线性回归从测量以及性别预测年龄对数. 其余条件同上，根据拟合值绘制残差.

（e） 事实证明，鲍鱼年龄是可确定的，但很困难 (把壳切开，数环). 用图来解释你会用哪种回归来替代这个过程，以及为什么.

（f） 正则化项可以改进这些回归吗? 调用 `glmnet` 得到交叉验证的预测误差图.

330

第 14 章　马尔可夫链与隐马尔可夫链

我们经常会处理一系列工作. 举一个简单且经典的序列式工作的例子，比如观察一个丢失最后一个单词的语句:“I had a glass of red wine with my grilled xxxx”. 最后丢失的单词是什么呢？你可以利用单词出现的频率大小来回答这个问题，然后找到最合适的单词. 如果利用频率来确定此单词，你可能找到的单词“the”，显然这不是个好答案，因为它不适合前后语境. 相反，你可以从习惯用法中找到与“grilled xxxx”相匹配的单词. 如果这样做（比如使用 Google Ngram viewer 去搜索“grilled *”)，你可以找到最合理的单词（比如“meats”“meat”“fish”“chicken”，等等）. 也就是说，如果你想用一些单词组成一个句子的话，后面的单词将会依赖于前面的一些单词.

这种做法可以引导我们去建立一个非常有用的序列模型：基于前面的一些已知项，在一定概率下得到将来的项. 这个模型对我们理解演讲、录音或者语言非常有用.

学习本章内容后，你应该能够做到:

- 能通过模拟估计马尔可夫链的各种概率和期望.
- 能评估简单模拟的多次运行结果.
- 能建立一个简单的隐马尔可夫模型来解决问题.

14.1　马尔可夫链

如果随机变量序列 $\{X_n\}$ 满足

$$P(X_n = j|\text{前面所有状态的值}) = P(X_n = j|X_{n-1})$$

则称其为马尔可夫链，等价地说，过去最近的状态决定了当前状态的概率. 称 $P(X_n = j|X_{n-1} = i)$ 为转移概率. 首先约定，此后仅研究离散随机变量，并且假设随机变量的取值（或状态空间）有限. 其次假设

$$P(X_n = j|X_{n-1} = i) = P(X_{n-1} = j|X_{n-2} = i)$$

即转移概率并不依赖于时间. 综上，我们仅仅研究状态空间有限的离散时间马尔可夫链. 通过上述马尔可夫链模型，我们可以建立其他类型的马尔可夫链.

建立马尔可夫链的一个自然方法是利用一个有限有向图，然后对任一个从节点 i 到节点 j 的有向边给定概率 $P(X_n = j|X_{n-1} = i)$（如此定义可以保证从节点出发的概率的和为 1: $\sum\limits_j P(X_n = j|X_n = i) = 1$）. 此马尔可夫链就是一个在这个图上的有偏随机游动（biased random walk）. 具体理解，可假设有一个虫子（或者其他小动物）站在图中的一个节点上，在任何一个整数时间点上它随机地选择一个边. 选择边的概率就是上述给定的概率，也就是转移

概率. 虫子选择好边以后就会沿着边走下去，在下一个时间节点选择下一个边，以此类推，直到走到边界状态.

331

实例 14.1（硬币多次抛掷问题） 反复抛一枚均匀的硬币，直到连续出现两次正面，然后停止. 用马尔可夫链表示抛硬币的结果序列. 问，抛四次硬币后停止的概率是多少?

解 图 14.1 显示了表示链的有向图的简单绘图. 最后三次必须是 THH（否则你会接着进行，或提前结束）. 但是，因为第二次必须是 T，第一次可以是 H 或者 T，所以有两个有效序列: HTHH 和 TTHH. 故有 $P(\text{抛掷4次后停止}) = 2/8 = 1/4$. 通过这个模型，我们可以回答更有趣的问题，例如，我们必须抛掷硬币超过 10 次的概率是多少？我们通常可以通过分析来回答这些问题，但是接下来，我们将使用模拟的方法来解决此类问题.

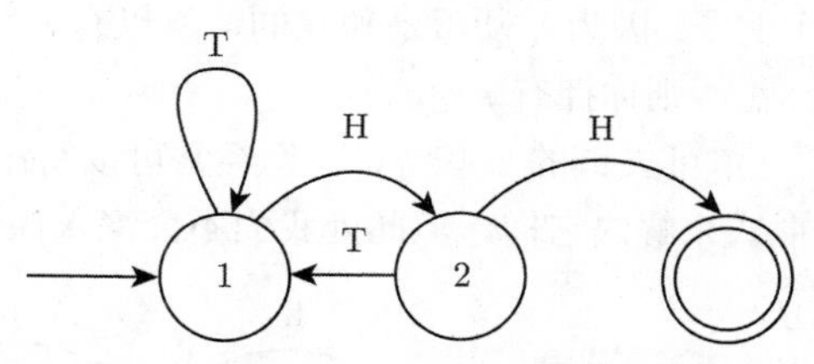

图 14.1　表示抛硬币的有向图. 按照惯例，结束状态是一个双圆圈，开始状态有一个进入的箭头. 我用箭头标记事件的转移，但没有考虑概率，因为每个都是 0.5

实例 14.2（雨伞问题） 假设我有一把伞，我每天早上从家里走到办公室上班，晚上下班后再走回家. 如果下雨 (下雨的概率是 p，并且伞就在我身边)，我就带着伞出门；如果不下雨，我就把伞留在原处. 在这里，我们排除我已经出门后，在路上时开始下雨的可能性. 那么，我的位置和我的干湿状态就形成了一个马尔可夫链. 请为这个马尔可夫链画一个状态机.

解 图 14.2 给了这个链. 一个更有趣的问题是我湿着到达目的地的概率是多少? 同样，我们将通过模拟来解决这个问题.

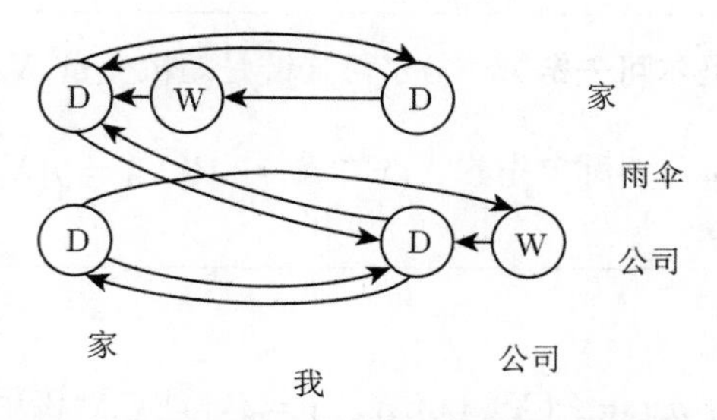

图 14.2　表示伞的例子的有向图. 注意，你不能把雨伞放在家里湿着身子去办公室 (你会带着雨伞去的)，等等. 图中有向边概率的标记留给读者完成

请注意实例 14.1 和实例 14.2 之间的一个重要区别. 在抛硬币的例子中，随机变量的序列可以结束 (你的直觉可能告诉你它确实会结束). 我们说马尔可夫链有一个**吸收态** (absorbing state)——一个它永远不能离开的状态. 在伞的例子中，有一个无限的随机变量序列，每个随机变量都依

赖于最后一个随机变量. 这个链的每个状态都是**常返的** (recurrent)——它将在这个无限序列中重复出现. 马氏链拥有非常返状态的一种情况是其拥有一个输出但没有输入边的状态.

332

实例 14.3（赌徒破产问题） 假设你赌一枚抛出的硬币正面朝上，赌注为 1. 如果你赢了，你会得到 1 和你原来的赌注. 如果你输了，便输掉你的赌注. 但是这个硬币的性质是 $P(\text{正面朝上}) = p < 1/2$. 赌局开始时你拥有 s，你将一直下注，直到：(a) 你有 0（你破产了；并且你不能借钱）或（b）你已经拥有 j，$j > s$. 假设每次抛硬币都是独立的，则你拥有的钱的数量是一个马尔可夫链. 请绘制如下状态机，记 $P(\text{破产, 开始于}s|p) = p_s$，很容易知道 $p_0 = 1, p_j = 0$. 因此有

$$p_s = pp_{s+1} + (1-p)p_{s-1}.$$

解 图 14.3 演示了这个例子. 因为抛硬币是独立的，所以有递归关系. 如果你第一次赌赢了，则你拥有 $s+1$；如果你输，则你拥有 $s-1$.

赌徒破产的例子说明了马尔可夫链的一些特征. 你经常可以写出各种事件的概率的递归关系. 有时候也可以用封闭的形式来解决它们，但此处我们不会深入探讨这个问题.

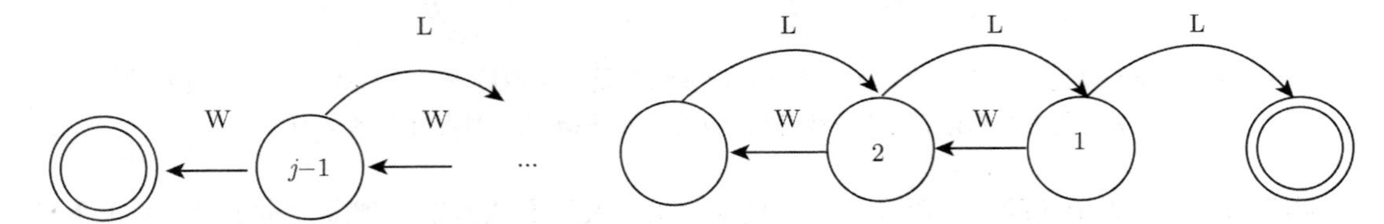

图 14.3 表示赌徒破产问题的有向图. 用赌徒在某个状态下的金钱数量来标记了其状态. 有两种结束状态：其中赌徒拥有 0(破产)，或者拥有 j 并决定离开赌桌. 我们讨论的问题是给定赌徒的起始状态为 s，计算赌徒破产的概率. 这意味着除了结束状态外的任何状态都可以是起始状态. 用“W” (表示胜利) 和“L” (表示失败) 来标记状态转移，但此处忽略概率

> **有用的事实 14.1（马尔可夫链）** 马尔可夫链是随机变量 X_n 的序列，它有如下性质：
>
> $$P(X_n = j|\text{所有先前状态的值}) = P(X_n = j|X_{n-1})$$

14.1.1 转移概率矩阵

定义矩阵 $\boldsymbol{P}$，其元素为 $p_{ij} = P(X_n = j|X_{n-1} = i)$. 注意到该矩阵有如下性质：$p_{ij} \geqslant 0$ 且

$$\sum_j p_{ij} = 1$$

这是因为模型在每个时间步骤的末尾必须处于某种状态. 等效地，输入箭头的转移概率之和为 1. 具有此性质的非负矩阵是**随机矩阵** (stochastic matrices). 你应该仔细看看此处的 i 和 j——Markov 链通常用行向量来表示，在这种情况下这样设置是有一定意义的.

333

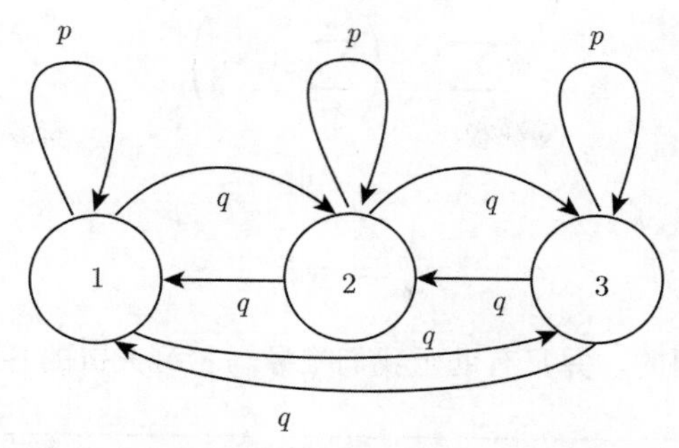

图 14.4 病毒分为三大种类，并且在每年年底都会变异. 它以概率 α 均匀随机地从当前类别转化为其余两种类别中的一种；以概率 $1-\alpha$ 保持其现有类别. 在此图中，有转移概率 $p=(1-\alpha)$ 以及 $q=(\alpha/2)$

实例 14.4（病毒问题） 写出图 14.4 中病毒的转移概率矩阵，设 $\alpha=0.2$.

解 由 $P(X_n=1|X_{n-1}=1)=(1-\alpha)=0.8$，以及 $P(X_n=2|X_{n-1}=1)=(\alpha/2)=P(X_n=3|X_{n-1}=1)$；有

$$\begin{pmatrix}0.8 & 0.1 & 0.1\\0.1 & 0.8 & 0.1\\0.1 & 0.1 & 0.8\end{pmatrix}$$

现在假设我们不知道链的初始状态，但是有一个概率分布，给出了每个状态 i 的概率 $P(X_0=i)$. 通常将 k 个状态相应的概率组成一个 k 维行向量，记为 $\boldsymbol{\pi}$. 根据这些信息，我们可以由

$$\begin{aligned}P(X_1=j)&=\sum_i P(X_1=j,X_0=i)\\&=\sum_i P(X_1=j|X_0=i)P(X_0=i)\\&=\sum_i p_{ij}\pi_i\end{aligned}$$

计算出在时间 1 的状态概率分布. 若将第 n 步对应的状态概率分布中的行向量记为 $\boldsymbol{p}^{(n)}$，则上式可记为

$$\boldsymbol{p}^{(1)}=\boldsymbol{\pi}\boldsymbol{P}$$

现在可得

$$\begin{aligned}P(X_2=j)&=\sum_i P(X_2=j,X_1=i)\\&=\sum_i P(X_2=j|X_1=i)P(X_1=i)\end{aligned}$$

334

$$= \sum_i p_{ij} \left(\sum_{ki} p_{ki} \pi_k \right)$$

故有

$$\boldsymbol{p}^{(n)} = \boldsymbol{\pi} \boldsymbol{P}^n$$

这个表达式对于模拟是有用的，并且有助于我们推导马尔可夫链的各种有趣的性质.

> **有用的事实 14.2（转移概率矩阵）** 有限状态马尔可夫链可以用转移概率矩阵 $\boldsymbol{P}$ 来表示，其中由状态 i 转移到状态 j 的概率为 $p_{ij} = P(X_n = j|X_{n-1} = i)$，这是一个随机矩阵. 如果状态 X_{n-1} 的概率分布用 $\boldsymbol{\pi}_{n-1}$ 表示，则状态 X_n 的概率分布为 $\boldsymbol{\pi}_{n-1}^{\mathrm{T}} \boldsymbol{P}$ 表示.

14.1.2 平稳分布

实例 14.5（病毒问题） 我们知道图 14.4 的病毒是从第一种类别开始变异的. 若 $\alpha = 0.2$，则在进行两次状态转换后的状态分布是什么？如果 $\alpha = 0.9$ 呢？进行 20 次状态转换后会发生什么？如果病毒从第二种类别开始变异，那么进行 20 次状态转换后会发生什么？

解 如果病毒是从第一种类别开始变异，那么 $\pi = [1, 0, 0]$. 接下来计算 $\boldsymbol{\pi}(\boldsymbol{P}(\alpha))^2$. 当 $\alpha = 0.2$ 时，将得到 $[0.66, 0.17, 0.17]$；当 $\alpha = 0.9$ 时，将得到 $[0.4150, 0.2925, 0.2925]$. 注意，因为病毒有 α 的概率保持其原来的种类状态，所以当 α 较小时，2 年后该病毒的状态为初始种类的概率依旧是三个概率中最高的；当 α 较大时，状态分布则会相当均匀. 在经过 20 次转换后，若 $\alpha = 0.2$，将得到 $[0.3339, 0.3331, 0.3331]$；若 $\alpha = 0.9$，将得到 $[0.3333, 0.3333, 0.3333]$. 并且即使该病毒是从第二种类别开始变异，计算后也会得到类似的数字. 这说明，经过 20 次的变异转换，病毒基本上“忘记”了其最初的状态是什么.

在实例 14.5 中，病毒在长时间间隔后的状态分布似乎不太依赖于其初始类别，这个性质适用于许多马尔可夫链. 假设马氏链有有限个状态，并假设任何一个状态都可以通过一些转换序列后到达任何其余状态，则称其为**不可约的** (irreducible). 注意，这意味着这个马氏链没有吸收状态，并且该链不能“卡住”在一个状态或一组状态中. 此时便存在唯一的向量 $\boldsymbol{s}$，通常称其为**平稳分布** (stationary distribution)，使得对于任何初始状态分布 $\boldsymbol{\pi}$，有

$$\lim_{n \to \infty} \boldsymbol{\pi} \boldsymbol{P}^n = \boldsymbol{s}$$

同样，如果链经历了许多次转移，那么初始分布将不再重要，状态的概率分布将依旧为 $\boldsymbol{s}$.

平稳分布通常可以使用以下特性找到. 假设状态分布是 $\boldsymbol{s}$，并且在链中每步只进行一次状态的转换，那么新的状态分布也必须是 $\boldsymbol{s}$，这意味着有

$$\boldsymbol{s} \boldsymbol{P} = \boldsymbol{s}$$

所以 $\boldsymbol{s}$ 是 $\boldsymbol{P}^{\mathrm{T}}$ 的一个特征向量，特征值为 1. 事实证明，对于一个不可约的链，确实存在一个这样的特征向量.

平稳分布在解决实际问题中是一个有用的思想，它允许我们回答非常自然的问题，而不需要对链的初始状态进行调节. 例如，在雨伞的例子中，我们可能想知道我湿淋淋地到家的概率，这可能取决于链的起始位置（实例 14.6）. 如果你看此问题的有向图，可知马尔可夫链是不可约的，所以这里就存在一个平稳分布，并且（只要我来回走了足够长的时间，链就会“忘记”它是从哪个状态开始的）该链处于一个特定状态的概率并不取决于它的初始状态，所以对这个概率最合理的解释是将其看作平稳分布中某个特定状态的概率.

335

实例 14.6（不存在平稳分布的雨伞问题） 这是雨伞问题中的一种，但与之前研究的雨伞模型有一个至关重要的区别. 当我搬到城里时，我以概率 0.5 随机地购买一把雨伞，然后再在办公室与家之间进行位置转换. 如果我买了一把伞，我的行为便和实例 14.2 中一样；如果我没有购买雨伞，下雨时我就淋湿了. 用状态图来说明这个马尔可夫链.

解 如图 14.5. 注意到这条链不是不可约的，在遥远的将来，这条马氏链处于的状态取决于其开始的状态（比如，我最初是否购买了雨伞）.

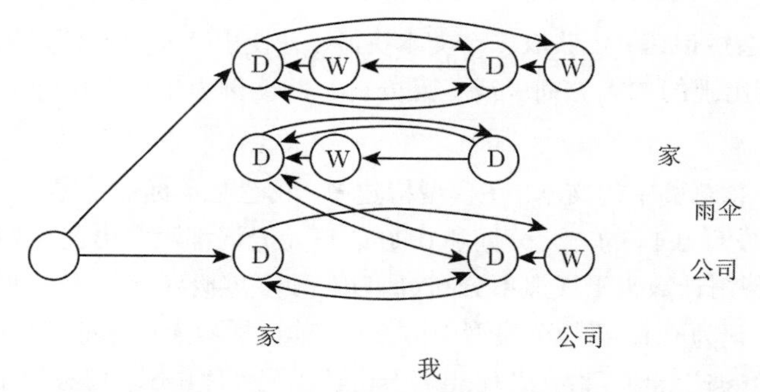

图 14.5 在这个雨伞的例子中，不可能存在平稳分布；发生什么取决于初始随机选择——购买或不购买伞

> **有用的事实 14.3（具有平稳分布的马氏链）** 如果马尔可夫链的状态集是有限的，并且可以从任何状态转移到任何其他状态，那么该链将具有平稳分布. 马氏链经过长时间的转移后的状态将是该平稳分布中的某个状态. 尽管可能需要许多次状态转换才能从一个状态移动到另一个状态，但只要该马氏链运行足够长的时间，它将到达与该平稳分布对应的某个状态.

14.1.3 示例：马尔可夫链文本模型

想象一下我们想模拟英语文本，其中最简单的模型是估计单个字母的频率（很可能是通过计算大量示例文本中的字母得到）. 我们可以把空格和标点符号算作字母，将出现的频率视为概率，然后通过从概率模型中反复抽取一个字母来对序列建模，你甚至可以通过将标点符号视为字母来构造此模型. 我们期待这个模型将产生一些糟糕的英文文本——例如，文本中有字母“a”且非常长的字符串. 这显然是一个（相当枯燥的）马尔可夫链. 它有时被称为 0 阶链或 0 阶模型，因为每个字母都依赖于它前面的 0 个字母.

一个稍微复杂一点的模型是使用成对的字母. 同样，我们会通过计算文本中的字母对来估计字母成对的概率. 然后我们可以从字母频率表中提取出第一个字母，假设这个字母是“a”. 然后，我们从字母成对出现的频率表中提取第二个字母，这个表中提供了“a”后面遇到每个字母的条件概率. 假设提取的第二个字母是“n”. 我们从含有“n”后遇到每个字母的条件概率中选取一个样本，得到相应的第三个字母，依此类推. 这是一个一阶马尔可夫链（因为每个字母都取决于它前面的一个字母）.

二阶和高阶马尔可夫链（或模型）遵循一般公式，但一个字母出现的概率取决于其前面的更多字母. 你可能会担心，把一个字母放在前面两个（或 k 个）字母上意味着我们没有马尔可夫链，因为我说过状态 n 只依赖于状态 $n-1$. 解决这个问题的方法是使用表示两个（或 k 个）字母的状态，并调整转移概率，使状态一致. 所以对于二阶马尔可夫链，字符串“abcde”是由“ab”“bc”“cd”和“de”这四个状态组成的序列.

336

实例 14.7（构造短词语） 获取一个文本资源，并使用三元字母模型生成具有四个字母的单词. 此文本中没有出现的二元分词（或三元分词）的比例为多少？所产生的单词中有多少是真正存在的单词？

解 我用了这一章草稿中的文本. 在模型构建中，我忽略了标点符号，并将大写字母用相应的小写字母代替. 我发现 0.44 的二元分词和 0.90 的三元分词都没有出现. 我构造了两个模型，其中一种情况，我只是使用计数来形成概率分布（所以有很多零概率）；在另一种情况下，我将所有未观察到的情况的概率记为 0.1. 第一个模型中的 20 个单词样本为：“ngen”“ingu”“erms”“isso”“also”“plef”“trit”“issi”“stio”“esti”“coll”“tsma”“arko”“llso”“bles”“uati”“namp”“call”“riat”“eplu”；其中有两个是真正存在的英语单词（如果算上“coll”的话就有三个，但我没有加上；太晦涩了），所以大概有 10% 的样本是真正存在的单词. 第二个模型中的 20 个单词样本为：“hate”“ther”“sout”“vect”“nces”“ffer”“msua”“ergu”“blef”“hest”“assu”“fhsp”“ults”“lend”“lsoc”“fysj”“uscr”“ithi”“prow”“lith”；其中 4 个是真正存在的英语单词（你可能需要查看“lith”的意思，但我此处没有计算单词“hest”，因为这个单词太过时了），所以大概有 20% 的样本是真正存在的单词. 在每种情况下，样本都太小，无法准确对所占比进行估计.

字母模型可以很好地评估通信设备，但它们不擅长生成单词（实例 14.7），更有效的语言模型是通过处理单词获得的. 还是用上述建模方法，但我们用单词代替字母. 结果发现，这个方法也适用于蛋白质测序、基因测序和音乐合成等领域，这里使用氨基酸（或者基对、音符）代替字母. 一般来说，需要确定基本项（字母、单词、氨基酸、碱基对、音符等）. 然后，单个项称为**一元分词**（unigrams），0 阶马尔可夫模型称为**一元语法模型**（unigram models）；成对的项称为**二元分词**（bigrams），一阶马尔可夫模型称为**二元语法模型**（bigram models）；由三个字母构成的项称为**三元分词**（bigrams），二阶马尔可夫模型称为**三元语法模型**（trigram models）；

并且对于任何其他 n，由 n 个字母构成的项中的序列称为 n **元分词**（n-grams），并且 $n-1$ 阶马尔可夫模型称为 n **元语法模型**（n-gram models）.

实例 14.8 （构造具有 n 元分词的文本） 构建一个使用二元分词（或者三元分词、n 元分词）的文本模型，并查看该模型生成的段落.

解 这实际上是一个相当艰巨的任务，因为不通过使用大量的文本资源，很难得到好的二元分词频率. 在这里，我不解决这个问题，而是借鉴了别人工作中的结果.

你可以从很多地方可以得到文本资源. 谷歌发布了英语单词的 n 元语法模型，其中包括 n 元语法出现的年份，以及 n 元语法出现在多少本不同书籍中的信息. 举个例子，1978 年“circumvallate”这个词在 91 本不同的书中共出现了 335 次——有些书中觉得有多次使用这个词的必要. 这些信息可以从 http://storage.googleapis.com/books/ngrams/books/datasetsv2.html 中找到. 可以想象，原始数据集是巨大的. 在网上有许多 n 元语法模型. 杰夫 • 阿特伍德（Jeff Attwood）在 https://blog.codinghorror.com/markov-and-you/ 中简要讨论了一些模型；Sophie Chou 在 http://blog.sophiechou.com/2013/how-to-model-markov-chains/ 上提供了一些示例以及指向代码片段和文本资源. 弗莱彻 • 海斯勒（Fletcher Heisler）、迈克尔 • 赫尔曼（Michael Herman）和杰里米 • 约翰逊（Jeremy Johnson）是 RealPython（关于 Python 的培训课程）的作者，他们在 https://realpython.com/blog/python/lyricize-a-flask-app-to-create-lyrics-using-markov-chains/ 中给出一个很好的马氏链语言生成器示例.

经过巧妙训练的马尔可夫链语言模型产生的段落可能很有趣，而且是非常有效的工具. Garkov 是乔希 • 米拉德（Josh Millard）制作漫画的工具，漫画中有一只著名的猫（http:// joshmillard.com/garkov/）. 在 http://www.onthelambda.com/2014/02/20/how-to-fake-a-sophisticated-knowledge-of-wine-with-markov-chains/ 中有一个很好的马尔可夫链可以用来评价托尼 • 菲舍蒂（Tony Fischetti）的葡萄酒.

建立一个一元语法模型通常很简单，因为通常很容易获得足够的数据来估计一元分词出现的频率. 二元分词比一元分词多，三元分词比二元分词多，诸如此类. 这意味着估计频率可能会变得棘手. 特别是，你可能需要收集大量的数据来多次查看每个可出现的 n 元分词. 对于任意一个可能的 n 元分词，如果没有多次看到它，你将需要估计没有见过的这一少部分 n 元分词的概率. 但是将这些 n 元分词的概率记为 0 是不明智的，因为这意味着它们永远不会发生，而不是很少发生. 337

有多种**平滑**（smoothing）数据的方案（本质上估计很少出现的项的概率）解决此类问题. 最简单的一种方法是给每一个计数为零的 n 元分词分配一个非常小的固定概率，但是研究发现，这并不是一个特别好的方法. 因为即使对于非常小的 n，具有零计数的 n 元分词的比例也可能非常大. 反过来说，也就是模型中的大多数概率都分配给了这些从未见过 n 元分词. 一个改进的模型将一个固定的概率分配给所有看不见的 n 元分词，然后将这个概率在所有以前从未见过的 n 元分词之间进行划分. 这种方法也存在一些问题，它忽略了一些没有出现的 n 元分词实际上比其他一些更常见的情况. 一些看不见的 n 元分词有 $(n-1)$ 个前项，即我们观察到的 $(n-1)$

元分词. 这些 $(n-1)$ 元分词可能在频率上有所不同，这表明涉及它们的 n 元分词在频率上也应该有所不同. 然而，这更为复杂，超出了我们的计算范围.

14.2　马尔可夫链的性质估计

如果一个人知道足够多的组合数学，许多概率问题可以用封闭形式解决，或者利用技巧求解. 这些课本上有很多，并且我们也已讨论过一些. 显式的概率公式通常非常有用，但是在一个模型中找到一个事件概率的公式并不总是容易，甚至是不可能的. 马尔可夫链中有很多概率问题无法以封闭的形式解决. 还有一种策略是构建一个模拟，经过多次的运行并计算事件发生时的比例，这即为模拟实验.

14.2.1　模拟

假设有一个随机变量 X，其定义域为 D, 概率分布为 $P(X)$. 假设我们可以很容易地产生独立的模拟，并且我们希望知道服从概率分布 $P(X)$ 的函数 f 的期望值 $E[f]$.

利用弱大数定律，定义一个新的随机变量 $F=f(X)$，其概率分布为 $P(F)$，$P(F)$ 的具体值可能很难知道. 那么，估计服从概率分布 $P(X)$ 的函数 f 的期望值 $E[f]$，即为估计 $E[F]$ 的值. 现在如果有一组 X 的独立随机变量 x_i，则可通过形成 $f(x_i)=f_i$ 来形成 F 的一组独立随机样本. 记

$$F_n=\frac{\sum_{i=1}^{N} f_i}{N}$$

这是一个随机变量，由弱大数定律，对于任意的正数 ϵ，有

$$\lim_{N\to\infty} P(\{\|F_N-E[F]\|>\epsilon\})=0$$

上式也可以理解为，对于一组独立随机变量样本 x_i，当 N 足够大时，概率

$$\frac{\sum_{i=1}^{N} f(x_i)}{N}$$

338　非常接近$E[f]$.

实例 14.9（计算期望）　假设随机变量 X 均匀分布在 [0,1] 范围内，并且随机变量 Y 均匀分布在 [0,10] 范围内. X 和 Z 是独立的. 记 $Z=(Y-5X)^3-X^2$. $\text{var}(\{Z\})$ 是多少？

解　做了足够的工作，一个人就可以以封闭的形式解决这个问题. 一个简单的程序将获得很好的估计. 我们有 $\text{var}(\{Z\})=E[Z^2]-E[Z]^2$. 我的程序计算了 1000 个 Z 值（通过从适当的随机数生成器中绘制 X 和 Y，然后评估函数）. 然后，我通过对这些值求平均值来计算 $E[Z]$，并通过对它们的平方求平均值来计算 $E[Z]^2$. 运行我的程序，得到了 $\text{var}(\{Z\})=2.76\times10^4$.

你也可以使用模拟来计算概率，因为可以通过取期望来计算概率. 回顾示性函数的性质（4.3.3 节）

$$E[\mathbf{I}_{[\varepsilon]}] = P(\varepsilon)$$

这意味着计算事件 ε 的概率，事件发生时函数为 1，否则为 0. 然后，我们估计该函数的期望值.

实例 14.10（计算多个硬币抛掷的概率） 把一枚均匀的硬币抛三次. 用一个模拟来估计你看到出现三个 H 的概率.

解 你可以以封闭形式解决此问题. 但是，进行模拟检查很有趣. 我编写了一个简单的程序，该程序获得了 1000×3 个均匀分布的随机数表，随机数范围为 $[0,1]$. 对于每个数字，如果它大于 0.5，我记录一个 H；如果它小于 0.5，则我记录一个 T. 然后，我计数了 3 个 H 的行数（即相关示性函数的期望值）. 这样得出的估计值是 0.127，可以与正确答案相比较.

实例 14.11（计算概率） 假设随机变量 X 均匀分布在 $[0,1]$ 范围内，并且随机变量 Y 均匀分布在 $[0,10]$ 范围内. 记 $Z = (Y - 5X)^3 - X^2$. $P(\{Z > 3\})$ 是多少呢？

解 做了足够的工作，一个人就可以以封闭的形式解决这个问题. 一个简单的程序将获得很好的估计. 我的程序计算了 1000 个 Z 值（通过从适当的随机数生成器中绘制 X 和 Y，然后评估函数）并计算了大于 3 的 Z 值的比例（这是相关的示性函数）. 对于我的程序，我得到了 $P(\{Z > 3\}) \approx 0.619$.

对于我们将要处理的所有示例，采用生成相关概率分布的 IID 样本的方法将非常直观的. 但你也应该意识到，很难从任意分布中生成 IID 样本，尤其是当该分布在高维连续变量上时.

14.2.2 模拟结果为随机变量

模拟实验得出的概率或期望值的估计是随机变量，因为它是随机数的函数. 如果你再次运行模拟，除非你对随机数生成器做了一些愚蠢的操作，否则你将获得不同的值. 通常，你应该期望此随机变量具有正态分布. 你可以通过在大量运行中构建直方图来进行检查. 此随机变量的均值是你要估计的参数. 知道此随机变量趋于正态是很有用的，因为这意味着随机变量的标准差会告诉你很多有关你将观察到的可能值的信息.

339

来自实例 14.11 的概率估计值，是使用不同数量的样本从我的模拟器的不同运行中获得的. 在每种情况下，我都进行了 100 次运行；样品数显示在横轴上. 你应该注意到，当每次运行中只有 10 个样本时，估计值相差很大，但是随着每次运行中的样本数增加到 1000，方差（等效于扩展的大小）急剧下降（图 14.6）. 因为我们期望这些估计值大致呈正态分布，则方差可以很好地说明原始概率估计的准确性.

另一个有用的经验法则（几乎总是正确的）是，该随机变量的标准差的行为类似于

$$\frac{C}{\sqrt{N}}$$

其中 C 是取决于问题的常数，可能很难评估，而 N 是模拟的运行次数. 这意味着如果要（例

如）使概率或期望的估计精度提高一倍，则必须运行四倍的模拟. 很难获得非常准确的估计，因为它们需要大量的模拟运行.

图 14.6 显示了运行次数发生变化时模拟结果的行为. 我使用了实例 14.11 的模拟，并对多个不同的样本分别进行了多次实验（例如，使用 10 个样本进行了 100 次实验；使用 100 个样本进行了 100 次实验，依此类推）.

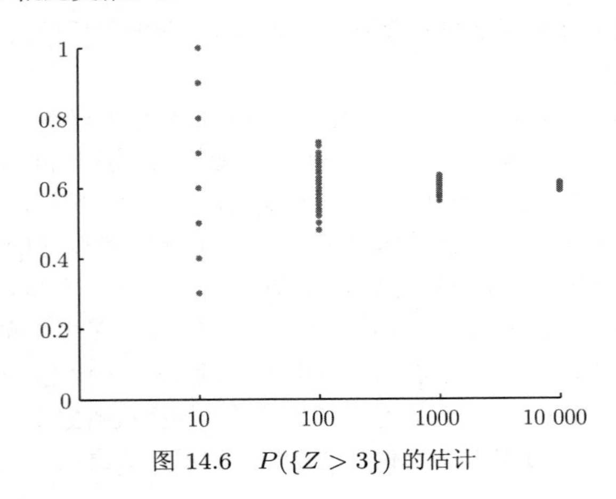

图 14.6　$P(\{Z>3\})$ 的估计

实例 14.12（用具有 20 面的骰子得到 14）　你掷出 3 个 20 面的骰子. 使用模拟估计掷出的骰子数之和为 14 的概率. 令 $N = [10, 10^2, 10^3, 10^4, 10^5, 10^6]$. 哪个估计可能更准确，为什么？

解　你需要一台计算速度相当快的计算机，否则将需要很长时间. 我为 $N = [10, 10^2, 10^3, 10^4, 10^5, 10^6]$ 的每个实验运行了十个版本，每个 N 产生十个概率估计. 每个版本的实验都不同，因为模拟是随机的. 我得到了均值 [0,0.003,0.0096,0.010,0.0096,0.0098]，标准差 [0,0.0067,0.0033,0.0009,0.0002,0.0001]. 这表明真实值在 0.009 8 左右，而 $N=10^6$ 的估计值最好. $N=10$ 的估计值为 0 的原因是该概率非常小，因此你通常仅在十次实验中根本不会观察到这种情况.

如我们所料，小概率可能很难估计. 对于实例 14.11，让我们估算 $P(\{Z>950\})$. 稍等片刻，计算机将显示该概率大约为 10^{-3} 至 10^{-4}. 我从我的程序中获得了 100 万个不同的 Z 模拟值，当 $Z>950$ 时得到 310 . 这意味着要知道数值精度达到三位数的概率可能涉及数量惊人的样本. 请注意，这与经验法则并不矛盾，模拟估算所定义的随机变量的标准差的过程类似于 $\frac{C}{\sqrt{N}}$；只是在这种情况下，C 确实很大.

340

有用的事例 14.4（模拟的性质）　你应该记住

- 弱大数定律意味着你可以通过模拟来估计期望和概率.
- 模拟的结果通常是服从正态的随机变量.
- 此随机变量的期望值通常是你正在尝试的期望或概率的真实值模拟.

- 该随机变量的标准差通常为 $\frac{C}{\sqrt{N}}$，其中 N 是模拟中的示例数，C 通常是一个很难估计的数字.

实例 14.13（模拟与计算比较） 你公平地投掷了 3 个六面体骰子. 你想知道总和为 3 的概率. 将这个概率的真实值与使用 $N = 10\,000$ 进行的六次模拟运行的估计值进行比较. 你得出什么结论？

解 我用 $N = 10\,000$ 进行了六个模拟，得到了 [0.0038,0.0038,0.0053,0.0041,0.0056, 0.0049]. 均值为 0.004 58，标准差为 0.0007，这表明估算值不是那么大，但正确答案以约为 0.68 的概率应在 [0.003 88,0.005 28] 范围内. 真值是 $1/216 \approx 0.004\,63$. 估计值误差可以容忍的，但不是非常准确.

14.2.3 模拟马尔可夫链

我们将始终假设知道马尔可夫链的状态和转移概率. 在这种情况下可能感兴趣的属性包括：达到吸收状态的概率；从一种状态进入另一种状态的预期时间；达到吸收状态的预期时间；以及在稳态分布下哪些状态具有较高的概率.

实例 14.14（具有结束条件的硬币抛掷） 我反复抛硬币，直到遇到序列 HTHT，然后停止. 我将硬币抛九次的概率是多少？

解 如果你遵循实例 14.13 的细节并做了很多额外的工作，那么你很可能可以构造一个封闭的解决方案. 模拟很容易编写. 请注意，经过 9 次后，不再继续模拟硬币抛掷，可以节省时间. 我得到 0.0411 作为 10 次模拟 1000 个实验的平均概率，标准差为 0.0056.

实例 14.15（排队） 一辆公共汽车每小时到达一个公共汽车站，每天运行 10 小时. 每小时到达公交车站排队的人数满足泊松分布，强度为 4. 如果公交车在车站停下，每个人都会上车，排队人数为零. 但是，公交车司机以 0.1 的概率决定不停车，在这种情况下，人们决定等待. 如果队列的长度超过 15，则等待的乘客将骚乱（然后立即被警察拖走，因此队列长度减小到零）. 两次骚乱之间的预计时间是多少？

解 我不确定是否可以针对此问题提出封闭式解决方案. 但模拟完全容易编写. 在两次骚乱之间，我得到的平均时间为 441 小时，标准差为 391. 较不认真的公交车司机，或较高的到达强度分布，会导致更频繁的骚乱.

341

实例 14.16（库存） 商店需要控制其物品的库存. 它可以在周五晚上订购库存，周一晚上交货. 这家商店是老式的，仅在工作日营业. 在每个工作日，都会有随机数的顾客来购买该商品. 该数字具有强度为 4 的泊松分布. 如果存在该商品，则客户购买它，商店赚了 100；否则，客户离开. 每天晚上关门时，商店在货架上的每件未售出商品都会损失 10. 商店的供应商坚持要订购固定数量的 k 件商品（即商店每周必须订购 k 件商品）. 这家商店在星期一开放，货架上有 20 件商品. 商店应该使用哪个 k 来最大化利润？

解　我也不确定是否可以针对此问题提出封闭式解决方案. 但模拟完全容易编写. 要选择 k，请使用不同的 k 值运行模拟以查看会发生什么. 我针对不同的 k 值计算了 100 周内的累计利润，然后进行了 5 次模拟以查看预测了哪个 k. 结果为 21,19,23,20,21. 我会根据此信息选择 21.

对于实例 14.16，你应该绘制累积利润. 如果 k 很小，则商店不会通过存储商品来亏本，但它不会出售尽可能多的商品；如果 k 大，则它可以执行任何订单，但由于货架上有库存而亏本. 稍加思考，便会说明 k 应该接近 20，因为这是每周的预期顾客数量，因此 $k = 20$ 表示商店可以预期出售其所有新库存. 它可能不完全是 20，因为它必须在某种程度上取决于商品销售利润与存储成本之间的平衡. 例如，如果与利润相比，存储项目的成本非常小，那么较大的 k 可能是一个不错的选择. 如果存储成本足够高，最好不要在架子上放任何东西. 这解释了为什么没有小商店出售 PC.

另一个比较典型的例子. 游戏“蛇和梯子”涉及马尔可夫链上的随机行走. 如果你不了解此游戏，请查找；它有时被称为“滑道和梯子”，并且有一个出色的 Wikipedia 页面. 状态是由每个玩家的记号在棋盘上的位置给出的，因此在 10×10 的棋盘上，一个玩家涉及 100 个状态，两个玩家 100^2 个状态，以此类推. 尽管数量很大，但状态集是有限的. 过渡是随机的，因为每个玩家都会掷骰子. 蛇（梯子）代表有向图中的额外边缘. 当玩家击中顶部方块时，就会发生吸收状态. 例如，通过模拟计算给定玩家数量的预期回合数很简单. 对于一个商业版本，Wikipedia 页面提供了关键数字：有两名玩家，获胜的预期步数为 47.76，而第一位玩家以 0.509 的概率获胜. 注意，如果在 12×12 的板上有 8 个玩家，你可能需要考虑如何编写程序——避免存储整个状态空间.

14.3　示例：通过模拟马尔可夫链对 Web 进行排名

过去 30 年来最有价值的技术问题可能是：哪些网页关注度更高？关于这个问题的重要性仅在 20 年前才真正问过，至少有一家巨大的技术公司被部分答案所催生. 由于拉里・佩奇（Larry Page）和谢尔盖・布林（Sergey Brin），以及广为人知的 PageRank，这个答案围绕着模拟马尔可夫链的平稳分布展开.

你可以将万维网视为有向图. 每个页面都是一个状态. 页面之间的有向边表示链接. 仅计算从一个页面到另一个页面的第一个链接. 有些页面是链接的，有些则没有. 我们想知道每个页面的重要性. 考虑重要性的一种方法是考虑随机网络冲浪者会做什么. 冲浪者可以（a）随机选择页面上的传出链接之一，然后跟随它，或者（b）输入新页面的 URL，然后转到该页面. 这是有向图上的随机游动. 我们期望这个随机冲浪者应该看到很多页面有很多来自其他页面的导入链接，而其他页面上也有很多来自另外其他页面的导入链接（依此类推）. 这些页面很重要，因为许多页面已链接到它们.

目前，请忽略浏览者输入网址的选项. 记第 i 页的重要性为 $r(i)$. 我们将重要性建模为通过导出链接从页面泄漏到页面（冲浪者跳跃的方式相同）. 页面 i 页接收到来自每个导入链接的重要性. 重要程度与链接另一端的重要程度成正比，与离开该页面的链接数成反比. 因此，只有

342

一个传出链接的页面会将其所有重要性转移到该链接下. 一个页面获得重要性的方法是让许多重要页面单独链接到该页面. 我们写

$$r(j)=\sum_{i\to j}\frac{r(i)}{|i|}$$

其中 $|i|$ 表示第 i 页的导出链接总数. 我们可以将 $r(j)$ 值堆叠到行向量 $\boldsymbol{r}$ 中，然后构造一个矩阵 $\boldsymbol{P}$，其中

$$p_{ij}=\begin{cases}\dfrac{1}{|i|} & i\text{指向}j\\ 0 & \text{其他}\end{cases}$$

使用这种表示法，重要性向量具有以下性质

$$\boldsymbol{r}=\boldsymbol{r}\boldsymbol{P}$$

并且看起来应该有点像随机游走的平稳分布，只是 $\boldsymbol{P}$ 不是随机的——可能有些行中 $\boldsymbol{P}$ 的行总和为零，因为该页面没有传出链接. 我们可以轻松地解决此问题，方法是将总计为零的每一行替换为 $(1/n)\mathbf{1}$，其中 n 是总页数. 将结果矩阵称为 $\boldsymbol{G}$（通常称为 **原始 Google 矩阵**）.

网络上的页面没有外向链接（我们已经处理过），页面没有外来链接，甚至根本没有链接. 移动到没有传出链接的页面，可能会导致随机游走被困住. 允许冲浪者随机输入 URL 可以解决所有这些问题，因为它会在每个节点之间插入一个重量较小的边缘. 现在，随机游走不会被困住. 这些插入边缘的重量有多种可能的选择. 最初的选择是使每个插入的边具有相同的权重. 记每个分量中均为 1 的 n 维列向量为 $\mathbf{1}$，然后让 $0<\alpha<1$. 我们可以将转移概率矩阵写成

$$\boldsymbol{G}(\alpha)=\alpha\frac{(\mathbf{1}\mathbf{1})^{\mathrm{T}}}{n}+(1-\alpha)\boldsymbol{G}$$

其中 $\boldsymbol{G}$ 是原始 Google 矩阵. 另一种选择是为每个网页选择权重. 这个权重可能来自：查询；广告收入；密码学；盲目偏见；页面访问统计；其他来源；或所有这些的混合体（Google 对细节保密）. 写下这个权重向量 $\boldsymbol{v}$，并要求 $\mathbf{1}^{\mathrm{T}}\boldsymbol{v}=1$（即系数之和为 1）. 那我们可以有

$$\boldsymbol{G}(\alpha,\boldsymbol{v})=\alpha\frac{(\mathbf{1}\boldsymbol{v}^{\mathrm{T}})}{n}+(1-\alpha)\boldsymbol{G}$$

现在重要性向量 $\boldsymbol{r}$ 是（唯一的，尽管我不会证明）行向量 $\boldsymbol{r}$ 使得

$$\boldsymbol{r}=\boldsymbol{r}\boldsymbol{G}(\alpha,\boldsymbol{v})$$

我们如何计算这个向量？一种自然的算法是用随机游走来估计 $\boldsymbol{r}$，因为 $\boldsymbol{r}$ 是马尔可夫链的平稳分布. 如果我们对该步进行多步模拟，则模拟处于状态 j 的概率应至少约为 $r(j)$. 此模拟易于构建. 想象一下，我们的随机行走错误位于网页上. 在每个时间步上，它都可以通过以下两种方法之一转换到新页面：(a) 使用 $\mathbf{v}$ 作为页面上的概率分布（从概率 α 开始）随机选择所有

现有页面；或（b）均匀地、随机地选择一个传出链接，并跟随它（概率为 $1-\alpha$）. 该随机游动的平稳分布为 $\boldsymbol{r}$. 我不会证明的另一个事实是，当 α 足够大时，这种随机游走很快就会“忘记”它的初始分布. 结果，你可以通过在随机位置开始此随机游走来估计网页的重要性；让它运行一点；然后停止它，并收集停止的页面. 你看到的页面是 $\boldsymbol{r}$ 的独立且分布均匀的样本；因此，你经常看到的那些就更重要，而你少看到的那些就不那么重要.

343

14.4 隐马尔可夫模型与动态规划

假设我们想要建立一个可以将语音转录成文本的程序，其中每一小段文字都可能产生一个或多个声音，并涉及一些随机性. 例如，有些人把“fishing”这个词读成“fission”. 再例如，为了押韵，“scone”这个词有时会被读作“stone”“gone”或者“loon”. 马尔可夫链提供了适用于所有可能文本序列（text sequences）的模型，并允许我们计算任何特定序列出现的概率. 我们将使用马尔可夫链对文本序列进行建模，由于可观测信息是声音，所以必须有一个由文本产生声音的模型. 有了这个生成声音模型和马尔可夫链，我们想要产生一个文本，这个文本（a）是一个单词序列，（b）产生了我们听到的声音.

上述程序适用于许多应用实例，例如从声音中转录出音乐，从录像中了解美国手语，对视频中的人的动作进行书面描述，破解代替密码等. 在这些情形下，我们想要用马尔可夫链对恢复的序列进行建模，但我们不知道马氏链所处的状态，观测到的是依赖于链状态的噪声测量. 我们希望恢复状态序列满足（a）在马尔可夫链模型下，（b）产生了我们观察到的测量.

14.4.1 隐马尔可夫模型

假设我们有一个有 S 个有限状态的齐次马氏链，此链从时间 1 开始，概率分布 $P(X_1=i)$ 由向量 $\boldsymbol{\pi}$ 给出. 马氏链在时间 u 的状态为 X_u，转移概率矩阵的元素 $p_{ij}=P(X_{u+1}=j|X_u=i)$. 我们不研究马氏链的状态，而研究可观测值 Y_u. 假设 Y_u 也是离散的，并且对于任意时间 u，Y_u 都有 O 个可能的状态，其概率分布为 $P(Y_u|X_u=i)=q_i(Y_u)$，这就是模型的**输出概率** (emission distribution). 简单起见，我们假设输出概率不随时间变化，将其表示为矩阵 $\boldsymbol{Q}$.

隐马尔可夫模型 (hidden Markov model) 由隐含状态的转移概率分布、可观测状态 Y_u 的概率分布和隐含状态 X_u 间的关系以及初始状态概率分布三个参数构成，即 $(\boldsymbol{P},\boldsymbol{Q},\boldsymbol{\pi})$. 这些模型通常由应用程序指定，或者通过建立一个最适合的观测数据集合获得，但建立这样的模型，需要技术机器的支持，对此，我们在这里不做阐述.

本书将描述如何建立一个将演讲转为文字的模型，但需要注意的是，这只是一个非常丰富的领域的梗概. 14.1.3 节通过使用 n-gram 语言模型，得到了一个单词跟在某组单词后面的概率. 然后建立了一个模型，模型中假定每个词都有可能对应一小段声音，将这些声音称为**音素** (phoneme)，并且对于任意一个单词的不同因素集，可以通过查找发音词典获得.

将上述两个模型整合为一个模型，便构建了从某个词内的一个音素传递到另一个音素的概率集 $\boldsymbol{P}$，其中转递到的这个音素可能在这个词内，也可能在另一个词内. 我们不在 $\boldsymbol{\pi}$ 的构建上花太多时间，甚至可以定义其满足均匀分布. 对于 $\boldsymbol{Q}$ 的构建有多种方法，其中一种方法是先构建声音信号的离散特征，然后计算在播放特定音素时生成特定特征集的次数.

14.4.2 用网格进行图形推理

假设一个已知的隐马尔可夫模型的输出是一个有 N 个元素的可测序列 Y_i，我们通过推断 Y_i 对应的隐含状态序列 X_i，以期求得“最佳”序列 X_i，使其能最大化

$$\log P(X_1, X_2, \cdots, X_N | Y_1, Y_2, \cdots, Y_N, \boldsymbol{P}, \boldsymbol{Q}, \boldsymbol{\pi})$$

即

$$\log \frac{P(X_1, X_2, \cdots, X_N, Y_1, Y_2, \cdots, Y_N, |\boldsymbol{P}, \boldsymbol{Q}, \boldsymbol{\pi})}{P(Y_1, Y_2, \cdots, Y_N)}$$

344

上式等于

$$\log P(X_1, X_2, \cdots, X_N, Y_1, Y_2, \cdots, Y_N, |\boldsymbol{P}, \boldsymbol{Q}, \boldsymbol{\pi}) - \log P(Y_1, Y_2, \cdots, Y_N)$$

由于 $P(Y_1, Y_2, \cdots, Y_N)$ 不依赖于序列 X_u，所以可以忽略第二部分. 很重要的一点是，由于 X_u 属于马尔可夫链，所以我们能够以有效的方式分解

$$\log P(X_1, X_2, \cdots, X_N, Y_1, Y_2, \cdots, Y_N, |\boldsymbol{P}, \boldsymbol{Q}, \boldsymbol{\pi})$$

我们想要最大化 $\log P(X_1, X_2, \cdots, X_N, Y_1, Y_2, \cdots, Y_N, |\boldsymbol{P}, \boldsymbol{Q}, \boldsymbol{\pi})$ 给出函数

$$\begin{aligned}
&\log P(X_1) + \log P(Y_1|X_1) + \\
&\log P(X_2|X_1) + \log P(Y_2|X_2) + \\
&\cdots \\
&\log P(X_N|X_{N-1}) + \log P(Y_N|X_N)
\end{aligned}$$

要注意这个成本函数有一个重要的结构特点，它是一些项的总和，其中有些项依赖于单一的一维变量 X_i，有些项依赖于二维变量 X_i 和 Y_i，并且任何状态 X_i 最多在两个依赖于二维变量的项中出现.

我们将这个成本函数的图像结构称为**网格** (trellis). 这是一个加权的有向图，由 N 个状态空间副本组成，我们将其按列排列. （状态空间中）每个元素对应一个列. 如果从第 u 列中的某个状态到第 $u+1$ 列中的某个状态的转移概率不为 0，就在这两个状态间添加一个有向箭头，表明这些状态之间有可能会发生转移. 然后用权重标记网格，将在状态 X_i 下观测到 Y_i 的概率的进行加权，用 $\log P(Y_u|X_u = j)$ 表示，将状态 $X_u = i$ 到状态 $X_{u+1} = j$ 的转移进行加权，用 $\log P(X_{u+1} = j|X_u = i)$ 表示.

网格有两个重要的特性. 从开始列到结束列的网格中的每个有向路径都表示一个合理的状态序列. 接下来求从开始列到结束列的有向路径上的所有节点和边界点的权重之和，这个和

是状态序列与测量值的联合概率的对数. 你可以通过一个简单的例子对测量值进行验证（参考图 14.7）.

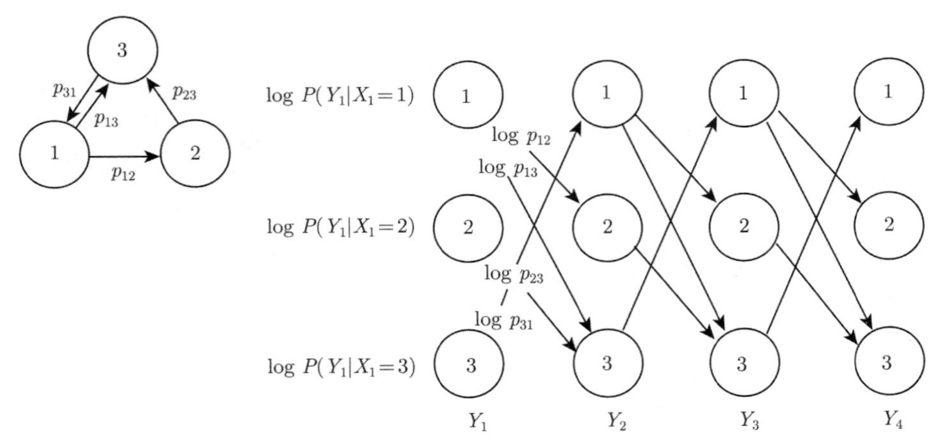

图 14.7 此图左上角，是一个简单的状态转移模型. 虽然模型的拓扑结构强制其中两个概率为 1，但每个输出边界都有一定的概率. 右侧是与该模型对应的网格图，网格的每条路径都对应三个测量值的某个合理状态序列. 用转移概率的对数对转移概率进行加权，用输出概率的对数对节点进行加权. 图中标注了一些权重

有一种有效的算法，通过求项的和的最大值对应的网格来寻找路径，这种算法通常称为**动态规划** (dynamic programming) 或**维特比算法** (Viterbi algorithm). 本书将在叙述（narrative）和递归（recursion）中描述这个算法. 我们希望找到从第一列中的每个节点到最后一列中的每个节点的所有最佳路径. 即第一列的每个节点都有一条这样的最佳路径，共有 S 条. 一旦我们有了这些路径，我们就可以选择其中联合概率对数值最大的路径作为最优路径. 现在考虑其中的一条路径，这条路径通过第 u 列中的第 i 个节点，满足从该节点到结束列的路径必须是从该节点到结束列的最佳路径，如果该路径不为最佳路径，就将该路径替换为最佳路径. 这是这个算法的关键.

从网格的最后一列开始，由于该路径只是节点，并且该路径的值即为该节点的权重，所以可以计算最后一列节点间进行转移的最佳路径. 考虑一个两状态路径，此路径从网格的倒数第二列开始（如图 14.8 中的面板 I），则很容易可以求得离开此列中每个节点的最佳路径的值. 考虑这样一个节点：已知离开该节点的每个转移的权重以及转移的终点状态的权重，从中选择权重和最大的路径，这个路径便是能求得的离开该节点的最优路径. 得到的权重和即为离开该节点能得到的最佳值，通常被称为**运行成本函数** (cost to go function).

现在，已经求得离开倒数第二列中的每个节点的最佳值，所以可以计算出离开倒数第三列中的每个节点的最佳值（如图 14.8 中的面板 II）. 在倒数第三列的每个节点上，可以令每个节点都由求得的最佳路径到达下一个节点. 因此，可以求得离开倒数第三列的节点的最佳路径，此路径满足：离开节点的路径的权重值最大；路径到达的倒数第二列中的节点的权重值最大；离开该节点的路径值最大. 以此类推，对于倒数第四列以及其余列也同样有效（倒数第四列的计算如图 14.8 中的面板 III）. 为找到 $X_1 = i$ 的最佳路径的值，需一直找到其在第一列中相应的节点，然后将该节点的值与离开该节点的最佳路径的值相加（如图 14.8 中的面板 IV），最后通过计算第一列中所有节点的最大值，找到离开第一列的最佳路径的值.

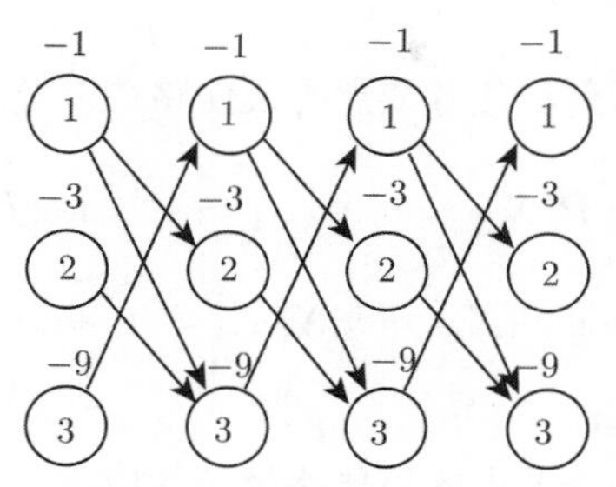

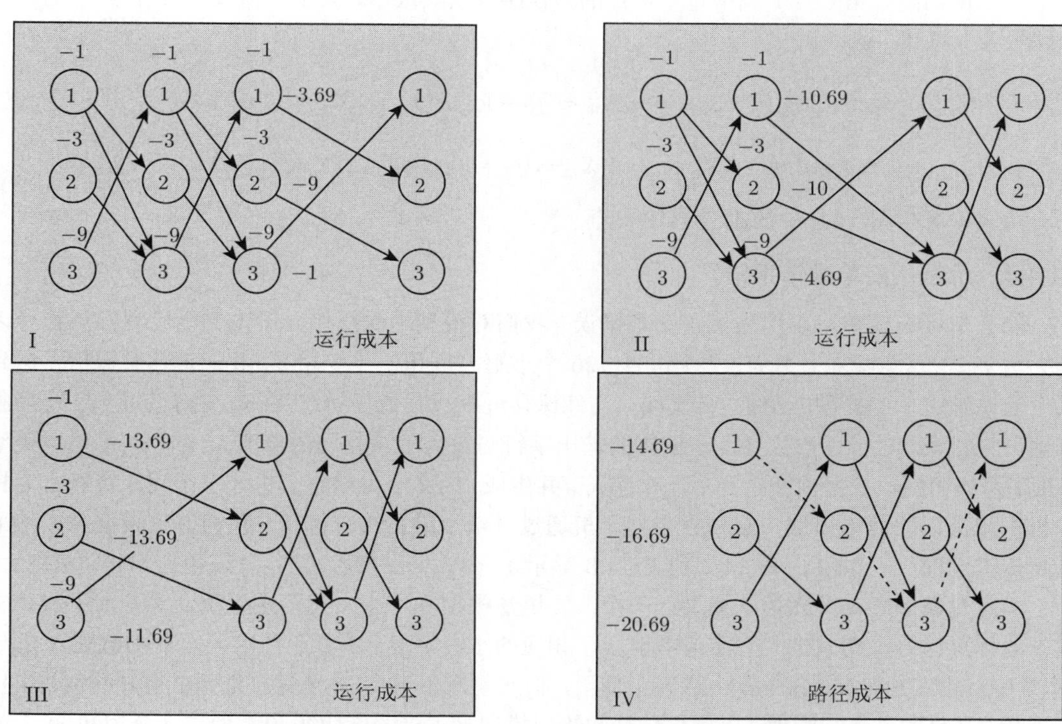

图 14.8 一个通过网格找到最佳路径的示例，其中离开节点的概率服从均匀分布 ($\ln 2 \approx -0.69$)

我们还可以得到具有最大似然值的路径. 在计算一个节点的值时，将除了离开该节点的最佳弧以外的弧全部删除；在到达第一列后，只需顺着从节点出发的最佳路径进行转移. 该路径即为图 14.8 中的虚线部分.

14.4.3 HMM 的动态规划

我们将用两种思想来形式化上一节的递归. 首先，将 $C_w(j)$ 定义为从节点 $X_w = j$ 处离开网格末端的最佳路径的成本. 其次，将 $B_w(j)$ 定义为第 $w+1$ 列中位于从节点 $X_w = j$ 处离开的最佳路径上的节点. 因此由 $C_w(j)$ 可知最佳路径的成本，由 $B_w(j)$ 可知最佳路径上的下一个节点.

现在很容易找到离开倒数第二列的任意节点的最佳路径以及最佳路径成本. 记

$$C_{N-1}(j) = \max_u [\log P(X_N = u|X_{N-1} = j) + \log P(Y_N|X_N = u)]$$

$$B_{N-1}(j) = \arg\max_u [\log P(X_N = u|X_{N-1} = j) + \log P(Y_N|X_N = u)]$$

以上两式可对照图 14.8 的 I 来检查.

一旦得知离开第 $w+1$ 列中每个节点的最佳路径及其成本，就很容易找到离开第 w 列的最佳路径及其成本. 记

$$C_w(j) = \max_u [\log P(X_{w+1} = u|X_w = j) + \log P(Y_{w+1}|X_{w+1} = u) + C_{w+1}(u)]$$

345 ～ 347

$$B_w(j) = \arg\max_u [\log P(X_{w+1} = u|X_w = j) + \log P(Y_{w+1}|X_{w+1} = u) + C_{w+1}(u)]$$

以上两式可对照图 14.8 中的 II 和 III 检查.

14.4.4 示例：简单通信报错

隐马尔可夫模型可以用来修正文本错误. 我们对模型稍微简化，假设文本没有标点符号以及大写字母. 这意味着总共有 27 个符号（26 个小写字母和 1 个空格）. 我们把这条短信发送到某个通讯频道. 可以是电话线、传真线、文件保存过程或其他任何东西. 此信道在每个字符处独立地产生错误. 对于任一位置，该位置的输出字符与输入字符相同的概率为 $1-p$. 信道以概率 p 在字符集内随机选择前一个和后一个字符，并生成该字符. 可以将其看作一个用来查找古老打印机机械错误的简单模型，这种古老打印机通过在纸上敲击进行标记. 我们必须根据观察结果重建传输过程（表 14.1、表 14.2 和表 14.3 显示了一些一元分词、二元分词和三元分词概率）.

本章建立了一个一元语法模型、一个二元语法模型和一个三元语法模型，并删除了测试文本中的标点符号，而且把大写字母映射成了相应的小写字母. 本章还使用了一个 HMM 工具包（本章中，此工具包在 Matlab 中进行了使用，但此包对于 R 语言来说也是一个很好的包）来执行推断，其目的是运行管理，以确保转移和输出模型是正确的. 大约 40% 的二元分词和 86% 的三元分词没有出现在文本中. 书中通过将概率 0.01 均分到所有未观察到的二元分词（不含三元分词）上，平滑了二元分词和三元分词的概率. 表中列出了最常见的一元分词、二元分词以及三元分词. 作为一个序列例子，我使用：

> the trellis has two crucial properties each directed path through the trellis from the start column to the end column represents a legal sequence of states now for some directed path from the start column to the end column sum all the weights for the nodes and edges

along this path this sum is the log of the joint probability of that sequence of states with the measurements you can verify each of these statements easily by reference to a simple example

（这是你可以在本章草案中找到的文本）这个序列有 456 个字符.

表 14.1 本章文本例子中最常见的单个字母（一元分词）及其概率

*	e	t	i	a	o	s	n	r	h
1.9e-1	9.7e-2	7.9e-2	6.6e-2	6.5e-2	5.8e-2	5.5e-2	5.2e-2	4.8e-2	3.7e-2

注：“*”代表空格. 因为文本中倾向于使用简短的单词，所以空格在很常见（从“*”的概率来看，单词的平均长度在 5 到 6 个字母之间）.

表 14.2 本章文本例子中最常见的二元分词及其概率

L					
*	*t (2.7e-2)	*a (1.7e-2)	*i (1.5e-2)	*s (1.4e-2)	*o (1.1e-2)
e	e* (3.8e-2)	er (9.2e-3)	es (8.6e-3)	en (7.7e-3)	el (4.9e-3)
t	th (2.2e-2)	t* (1.6e-2)	ti (9.6e-3)	te (9.3e-3)	to (5.3e-3)
i	in (1.4e-2)	is (9.1e-3)	it (8.7e-3)	io (5.6e-3)	im (3.4e-3)
a	at (1.2e-2)	an (9.0e-3)	ar (7.5e-3)	a* (6.4e-3)	al (5.8e-3)
o	on (9.4e-3)	or (6.7e-3)	of (6.3e-3)	o* (6.1e-3)	ou (4.9e-3)
s	s* (2.6e-2)	st (9.4e-3)	se (5.9e-3)	si (3.8e-3)	su (2.2e-3)
n	n* (1.9e-2)	nd (6.7e-3)	ng (5.0e-3)	ns (3.6e-3)	nt (3.6e-3)
r	re (1.1e-2)	r* (7.4e-3)	ra (5.6e-3)	ro (5.3e-3)	ri (4.3e-3)
h	he (1.4e-2)	ha (7.8e-3)	h* (5.3e-3)	hi (5.1e-3)	ho (2.1e-3)

注：“*”代表空格. 表格第一列是十个最常见的字母，其后给出了该字母对应的五个最常见的二元分词. 这给出了二元分词的一个广泛的观点，并强调了一元分词和二元分词频率之间的关系. 请注意，单词的第一个字母的频率与字母的频率略有不同（最上面一行；以空格开头的二元分词是第一个字母）. 大约有 40% 可能产生的二元分词没有出现在文本中.

表 14.3 本章文本例子中最常见的十个三元分词及其概率

*th	the	he*	is*	*of	of*	on*	es*	*a*	ion
1.7e-2	1.2e-2	9.8e-3	6.2e-3	5.6e-3	5.4e-3	4.9e-3	4.9e-3	4.9e-3	4.9e-3
tio	e*t	in*	*st	*in	at*	ng*	ing	*to	*an
4.6e-3	4.5e-3	4.2e-3	4.1e-3	4.1e-3	4.0e-3	3.9e-3	3.9e-3	3.8e-3	3.7e-3

注：“*”代表空格. 你可以看到“the”和“*a*”有多常见；因为“*the*”很常见，所以“he*”也很常见. 大约有 80% 可能产生的三元分词没有出现在文本中.

348

当我用 $p = 0.0333$ 在噪音处理过程中运行时，我得到了：

the trellis has two crucial properties each directed path through the tqdllit from the start column to the end coluln represents a legal sequencezof states now for some directed path from the start column to thf end column sum aml the veights for the nodes and edges along this path this sum is the log of the joint probability oe that sequence of states wish the measurements youzcan verify each of these statements easily by reference to a simple examqlee

虽然有些变形，但还不算太糟（13 个字符被改变了，所以 443 个位置是一样的）.

一元分词模型产生：

the trellis has two crucial properties each directed path through the tqdllit from the start column to the end coluln represents a legal sequence of states now for some directed path from the start column to thf end column sum aml the veights for the nodes and edges along this path this sum is the log of the joint probability oe that sequence of states wish the measurements you can verify each of these statements easily by reference to a simple examqle

修正了三个错误. 一元分词模型只在遇到某一观察特征的概率小于噪声产生该特征的概率时改变该特征. 这只发生在“z”上，它本身不太可能发生，更可能是一个空格. 二元分词模型产生：

she trellis has two crucial properties each directed path through the trellit from the start column to the end coluln represents a legal sequence of states now for some directed path from the start column to the end column sum aml the veights for the nodes and edges along this path this sum is the log of the joint probability oe that sequence of states wish the measurements you can verify each of these statements easily by reference to a simple example

这与正确的文本在 449 个位置是一样的，所以比有噪声的文本稍微好一些. 三元分词模型产生：

the trellis has two crucial properties each directed path through the trellit from the start column to the end column represents a legal sequence of states now for some directed path from the start column to the end column sum all the weights for the nodes and edges along this path this sum is the log of the joint probability of that sequence of states with the measurements you can verify each of these statements easily by reference to a simple example

仅有一个错误（查看“trellit”）.

注记 一个隐马尔可夫模型可以用来建模许多序列. 观察到的是隐含状态的噪声结果，这些状态形成一个马尔可夫链. 用动态规划方法可以从观测值中推断出隐藏状态. 这种方法应用非常广泛并且在实践中非常有用.

349

问题

14.1 多次掷骰子实验：掷一个六面体均匀骰子，直到先掷出数字 5，再掷出数字 6 时停止. 记 $P(N)$ 为掷 N 次骰子的概率.

（a） $P(1)$ 等于多少？

（b） 证明：$P(2) = (1/36)$.

（c） 用一个有向图将所有可能出现的掷骰子序列进行编码，将事件写在代表它概率的点上而不是其边缘上. 在每一次掷骰子事件中，都有五种可能掷不出数字 5，但只有一个概率，这使得有向图得到了简化.

（d） 证明：$P(3) = (1/36)$.

（e） 用求得的有向图证明：$P(N) = (5/6)P(N-1) + (25/36)P(N-2)$.

14.2 复杂的多枚硬币抛掷实验：抛掷一枚均匀硬币，直到抛出 HTH 或 THT 时停止，然后计算 $P(N)$ 的递归关系.

（a） 画出此链的有向图.

（b） 把有向图看作一个具有有限状态的装置. 将此装置中长度为 N 的一些字符串写入 Σ_N. 并使用这个有限状态装置来证明 Σ_N 有以下四种形式之一：

a. $\mathrm{TT}\Sigma_{N-2}$

b. $\mathrm{HH}\Sigma_{N-2}$

c. $\mathrm{THH}\Sigma_{N-3}$

d. $\mathrm{HTT}\Sigma_{N-3}$

（c） 现在使用这个结论来证明：$P(N) = (1/2)P(N-2) + (1/4)P(N-3)$.

350

14.3 在实例 14.2 基础上构建雨伞模型，假设晚上下雨的概率为 0.7，早上下雨的概率为 0.2，并且假设模型中的员工早上准时上班，晚上准时下班.

（a） 写出转移概率矩阵.

（b） 求平稳分布.（通过设计一个简单的计算程序来证明结果.）

（c） 员工晚上到家被淋湿的概率是多少？

（d） 员工整日都未被淋湿的概率是多少？

编程练习

14.4 一位不诚实的赌徒有两个骰子和一枚硬币. 其中硬币和一个骰子是均匀的，但另一个骰子是不均匀的. 不均匀的骰子出现 6 个面的概率满足 $P(n) = [0.5, 0.1, 0.1, 0.1, 0.1, 0.1]$(其中 n 为投掷后骰子顶部显示的数字）. 赌徒首先通过抛硬币选择两个骰子中的一个，如果硬币正面朝上，赌徒选择均匀的骰子，否则选择不均匀的骰子. 然后，赌徒反复掷其通过抛硬币选择的骰子直到掷出数字 6. 出现数字 6 后，赌徒再次选择（抛硬币选择骰子），将这个过程一直持续下去.

（a） 用隐马尔可夫模型来模拟这个过程. 可见状态为 $1, \cdots, 6$，隐含状态（投掷的是哪个骰子）共有两个. 则用这个模型模拟一长串的投掷结果，投掷出数字为 1 的概率是多少？

（b） 使用模拟生成 10 个有 100 个符号的序列，并记录每个序列的隐含状态序列. 然后使用动态编程识别隐含状态（R 语言和 Matlab 中有很多好的软件包可以在此处使用）. 这种方法正确识别隐含状态的比例有多大？

（c） 使用 1000 个符号的序列时，推断的准确率会提高吗？

14.5 用隐马尔可夫模型纠正文本错误. **注意：尽管这个题目很简单，但相当费力.**

（a） 首先获取无版权的纯文字书籍的文本. 可从 Projrct Gutenberg 中获取，网址是 https://www.gutenberg.org. 然后通过删除所有标点符号（除空格外）、将大写字母映射为相应的小写字母以及将多个空格的组映射到单个空格来简化此文本，简化后共有 27 个符号（26 个小写字母和一个空格）. 请统计这段文字中一元分词、二元分词和三元分词的个数.

（b） 由上边得到的一元分词、二元分词和三元分词的统计数量来建立三者的概率模型. 请同时建立一个非平滑模型和至少一个平滑模型. 对于平滑模型，选择一些小概率 ϵ 并将其拆分为所有计数为零的事件. 故模型只在 ϵ 的大小上有区别.

（c） 构造一个损坏的文本版本：以概率 p_c 将一个字符替换为随机选择的字符，不替换时使用原始字符.

（d） 对损坏部分大小合理的文本，使用 HMM 推断包复原对真实文本的最佳估计. 注意，损坏内容越多，推断运行得越慢，但是如果损坏内容太少以至于不能包含任何错误，运行将得不到任何结果.

（e） 对于 $p_c = 0.01$ 和 $p_c = 0.1$，估计不同 ϵ 值的校正文本的错误率. 需要注意的一点是，纠错后的文本可能比损坏的文本的结果更糟.

351

第五部分

其他数学知识

第 15 章　资源和附加资料

本章包括了一些部分读者可能已经见过的数学知识，但有些读者也许未曾见过. 同时，有关决策树中节点如何进行分支的详细讨论也被置于此处.

15.1　有关矩阵的内容

术语：

- 矩阵 $\boldsymbol{M}$ 若满足 $\boldsymbol{M}=\boldsymbol{M}^{\mathrm{T}}$，则被称为**对称**的（symmetric）. 对称矩阵必为方矩阵.
- 用记号 $\boldsymbol{I}$ 表示单位矩阵.
- 如果一个矩阵的非零元素仅在其对角线上出现，则称其为**对角的**（diagonal）. 对角矩阵必为方阵.
- 若对任意满足 $\boldsymbol{x}^{\mathrm{T}}\boldsymbol{x}>0$ 的向量 $\boldsymbol{x}$（即，该向量至少有一个非零分量），都有 $\boldsymbol{x}^{\mathrm{T}}\boldsymbol{M}\boldsymbol{x}\geqslant 0$，则称对称矩阵 $\boldsymbol{M}$ 为**半正定**（positive semidefinite）.
- 若对任意满足 $\boldsymbol{x}^{\mathrm{T}}\boldsymbol{x}>0$ 的向量 $\boldsymbol{x}$，有 $\boldsymbol{x}^{\mathrm{T}}\boldsymbol{M}\boldsymbol{x}>0$，则称对称矩阵 $\boldsymbol{M}$ 为**正定**（positive definite）.
- 若 $\boldsymbol{R}^{\mathrm{T}}\boldsymbol{R}=\boldsymbol{I}=\boldsymbol{I}^{\mathrm{T}}=\boldsymbol{R}\boldsymbol{R}^{\mathrm{T}}$，则矩阵 $\boldsymbol{R}$ 被称为**规范正交**（orthonormal）. 规范正交矩阵必为方阵.

规范正交矩阵： 规范正交矩阵应当被理解为一种旋转，因为它不改变长度或角度. 对一个向量 $\boldsymbol{x}$，一个规范正交矩阵 $\boldsymbol{R}$，及 $\boldsymbol{u}=\boldsymbol{R}\boldsymbol{x}$，有 $\boldsymbol{u}^{\mathrm{T}}\boldsymbol{u}=\boldsymbol{x}^{\mathrm{T}}\boldsymbol{R}^{\mathrm{T}}\boldsymbol{R}\boldsymbol{x}=\boldsymbol{x}^{\mathrm{T}}\boldsymbol{I}\boldsymbol{x}=\boldsymbol{x}^{\mathrm{T}}\boldsymbol{x}$. 这意味着 $\boldsymbol{R}$ 不改变长度. 对单位向量 $\boldsymbol{y}$ 和 $\boldsymbol{z}$，它们之间的夹角的余弦为 $\boldsymbol{y}^{\mathrm{T}}\boldsymbol{x}$；同时，利用与上面相同的讨论，$\boldsymbol{R}\boldsymbol{y}$ 和 $\boldsymbol{R}\boldsymbol{x}$ 的内积与 $\boldsymbol{y}^{\mathrm{T}}\boldsymbol{x}$ 相同. 这意味着 $\boldsymbol{R}$ 也不改变夹角.

特征向量和特征值： 设 $\boldsymbol{S}$ 为一个 $d\times d$ 对称矩阵，$\boldsymbol{v}$ 为一个 $d\times 1$ 向量，λ 为一个标量. 若有

$$\boldsymbol{S}\boldsymbol{v}=\lambda\boldsymbol{v}$$

则称 $\boldsymbol{v}$ 为 $\boldsymbol{S}$ 的**特征向量**（eigenvector），λ 为相应的**特征值**（eigenvalue）. 不只有对称矩阵有特征向量和特征值，对称的情形不过是比较关注的一种特殊情形.

对称矩阵的特征值都是实数，且有 d 个不同的特征向量相互之间是规范正交的，它们均可放缩为单位长度. 它们可以堆叠成一个矩阵 $\boldsymbol{U}=[\boldsymbol{v}_1,\cdots,\boldsymbol{v}_d]$. 这一矩阵为规范正交的，意味着 $\boldsymbol{U}^{\mathrm{T}}\boldsymbol{U}=\boldsymbol{I}$. 这意味着存在一个对角阵 Λ，使得

$$\boldsymbol{S}\boldsymbol{U}=\boldsymbol{U}\boldsymbol{\Lambda}$$

事实上，这样的矩阵有很多，因为即使改变矩阵 $\boldsymbol{U}$ 的顺序，等式对修改顺序后新的 $\boldsymbol{\Lambda}$ 仍是成立的. 没有理由将问题变得如此复杂. 事实上，为方便起见，$\boldsymbol{U}$ 的元素总是进行了排序的，其顺序使得对应的 $\boldsymbol{\Lambda}$ 矩阵中对角线上的元素按照从大到小的顺序排列.

对称矩阵的对角化：这给出了一种非常重要的过程. 任何对称矩阵 $\boldsymbol{S}$ 可通过计算

$$\boldsymbol{U}^{\mathrm{T}}\boldsymbol{S}\boldsymbol{U}=\boldsymbol{\Lambda}$$

化为一个对角形式. 这一过程被称为矩阵的**对角化**（diagonalizing）. 此外，假设矩阵 $\boldsymbol{U}$ 总是进行了排序的，该排序使得 $\boldsymbol{\Lambda}$ 对角线上的元素是按照从大到小的顺序排列的. 对角化使得人们可以证明正定矩阵等价于矩阵的所有特征值都是正的，而半正定矩阵等价于其特征值都是非负的.

矩阵分解：设 $\boldsymbol{S}$ 为对阵半正定的，则有

$$\boldsymbol{S}=\boldsymbol{U}\boldsymbol{\Lambda}\boldsymbol{U}^{\mathrm{T}}$$

且 $\boldsymbol{\Lambda}$ 的所有特征值都是非负的. 现构造一个对角阵，其对角元为矩阵 $\boldsymbol{\Lambda}$ 对角元素的平方根；称这一矩阵为 $\boldsymbol{\Lambda}^{(1/2)}$. 对该矩阵有 $\boldsymbol{\Lambda}^{(1/2)}\boldsymbol{\Lambda}^{(1/2)}=\boldsymbol{\Lambda}$ 及 $\left(\boldsymbol{\Lambda}^{(1/2)}\right)^{\mathrm{T}}=\boldsymbol{\Lambda}^{(1/2)}$. 于是有

$$\boldsymbol{S}=\left(\boldsymbol{U}\boldsymbol{\Lambda}^{(1/2)}\right)\left(\boldsymbol{\Lambda}^{(1/2)}\boldsymbol{U}^{\mathrm{T}}\right)=\left(\boldsymbol{U}\boldsymbol{\Lambda}^{(1/2)}\right)\left(\boldsymbol{U}\boldsymbol{\Lambda}^{(1/2)}\right)^{\mathrm{T}}$$

故通过假设特征向量和特征值，可以将 $\boldsymbol{S}$ 分解为 $\boldsymbol{X}\boldsymbol{X}^{\mathrm{T}}$.

15.1.1 奇异值分解

对任意 $m\times p$ 矩阵 $\boldsymbol{X}$，有可能得到一个分解

$$\boldsymbol{X}=\boldsymbol{U}\boldsymbol{\Sigma}\boldsymbol{V}^{\mathrm{T}}$$

其中 $\boldsymbol{U}$ 为 $m\times m$，$\boldsymbol{V}$ 为 $p\times p$，且 $\boldsymbol{\Sigma}$ 为 $m\times p$ 的对角矩阵. 如果不记得当矩阵不是方形时，对角矩阵的形状是什么样的，那就简单了. 除了 i，i 元素外，所有其他元素都是零，其中 i 的取值从 1 到 $\min(m,p)$. 因此，如果 Σ 为较高且薄，其顶部的方形部分是对角形的，其他位置都是零；若 Σ 是矮且厚的，其左侧的方形部分是对角形的，其他位置都是零. $\boldsymbol{U}$ 和 $\boldsymbol{V}$ 都是标准正交的（即 $\boldsymbol{U}\boldsymbol{U}^{\mathrm{T}}=\boldsymbol{I}$ 且 $\boldsymbol{V}\boldsymbol{V}^{\mathrm{T}}=\boldsymbol{I}$）.

注意到构造 **SVD**（奇异值分解）和对角化一个矩阵之间的关系. 特别是，$\boldsymbol{X}^{\mathrm{T}}\boldsymbol{X}$ 为对称的，因此它可被对角化为

$$\boldsymbol{X}^{\mathrm{T}}\boldsymbol{X}=\boldsymbol{V}\boldsymbol{\Sigma}^{\mathrm{T}}\boldsymbol{\Sigma}\boldsymbol{V}^{\mathrm{T}}$$

类似地，$\boldsymbol{X}\boldsymbol{X}^{\mathrm{T}}$ 也是对称的，且可被对角化为

$$\boldsymbol{X}\boldsymbol{X}^{\mathrm{T}}=\boldsymbol{U}\boldsymbol{\Sigma}\boldsymbol{\Sigma}^{\mathrm{T}}\boldsymbol{U}$$

15.1.2 逼近一个对称矩阵

设有对称的 $k\times k$ 矩阵 $\boldsymbol{T}$，且希望构造一个矩阵 $\boldsymbol{A}$ 来近似它. 要求（a）$\boldsymbol{A}$ 的秩应准确地满足 $r<k$ 且（b）该近似应最小化 Frobenius 范数，该范数定义为

$$\|(\boldsymbol{T}-\boldsymbol{A})\|_F^2=\sum_{ij}\left(T_{ij}-A_{ij}\right)^2$$

事实表明，存在一种直接得到 $\boldsymbol{A}$ 的构造方法.

首先注意到若 $\boldsymbol{U}$ 为正交的，且 $\boldsymbol{M}$ 为任意矩阵，则

356

$$\|\boldsymbol{UM}\|_F = \|\boldsymbol{MU}\|_F = \|\boldsymbol{M}\|_F$$

上式成立的原因在于 $\boldsymbol{U}$ 为一个旋转（因为 $\boldsymbol{U}^{\mathrm{T}} = \boldsymbol{U}^{-1}$），且旋转并不改变向量的长度. 因此，例如，若记 $\boldsymbol{M}$ 为一个行向量的表格 $\boldsymbol{M} = [\boldsymbol{m}_1, \boldsymbol{m}_2, \cdots, \boldsymbol{m}_k]$，则 $\boldsymbol{UM} = [\boldsymbol{Um}_1, \boldsymbol{Um}_2, \cdots, \boldsymbol{Um}_k]$. 此时 $\|\boldsymbol{M}\|_F^2 = \sum\limits_{j=1}^{k} \|\boldsymbol{m}_j\|^2$，故 $\|\boldsymbol{UM}\|_F^2 = \sum\limits_{j=1}^{k} \|\boldsymbol{Um}_j\|^2$. 由于旋转不改变长度，故 $\|\boldsymbol{m}_k\|^2 = \|\boldsymbol{Um}_k\|^2$，因此 $\|\boldsymbol{UM}\|_F^2 = \|\boldsymbol{M}\|_F^2$. 为得到 $\boldsymbol{MU}$ 时的结果，仅将 $\boldsymbol{M}$ 作为一个行向量的列表.

注意到，若 $\boldsymbol{U}$ 为规范正交矩阵，其各列为 $\boldsymbol{T}$ 的特征向量，则有

$$\|(\boldsymbol{T} - \boldsymbol{A})\|_F^2 = \left\|\boldsymbol{U}^{\mathrm{T}} (\boldsymbol{T} - \boldsymbol{A}) \boldsymbol{U}\right\|_F^2$$

将 $\boldsymbol{U}^{\mathrm{T}}\boldsymbol{AU}$ 记为 $\boldsymbol{\Lambda}_r$，其中 $\boldsymbol{\Lambda}_A$ 为 $\boldsymbol{T}$ 的特征值构成的对角矩阵. 则

$$\|(\boldsymbol{T} - \boldsymbol{A})\|_F^2 = \|\boldsymbol{\Lambda} - \boldsymbol{\Lambda}_A\|_F^2$$

它是一个容易求解 $\boldsymbol{\Lambda}_A$ 的表达式. 已知 $\boldsymbol{\Lambda}$ 为对角的，故最佳的 $\boldsymbol{\Lambda}_A$ 也是对角的. $\boldsymbol{A}$ 的秩必是 r，故 $\boldsymbol{\Lambda}_A$ 的秩也必为 r. 为得到最好的 $\boldsymbol{\Lambda}_A$，保留 $\boldsymbol{\Lambda}$ 中的 r 个最大的对角元素值，并令其他元素为零；$\boldsymbol{\Lambda}_A$ 的秩为 r，因为它在对角线上只有 r 个非零元素，其他元素都是零.

现从 $\boldsymbol{\Lambda}_A$ 中恢复 $\boldsymbol{A}$，且已知 $\boldsymbol{U}^{\mathrm{T}}\boldsymbol{U} = \boldsymbol{UU}^{\mathrm{T}} = \boldsymbol{I}$（$\boldsymbol{I}$ 为单位矩阵）. 由 $\boldsymbol{\Lambda}_A = \boldsymbol{U}^{\mathrm{T}}\boldsymbol{AU}$，可得

$$\boldsymbol{A} = \boldsymbol{U}\boldsymbol{\Lambda}_A\boldsymbol{U}^{\mathrm{T}}$$

这一表达式可进一步化简. 注意到只有 $\boldsymbol{U}$ 的前 r 列（及 $\boldsymbol{U}^{\mathrm{T}}$ 对应的行）对 $\boldsymbol{A}$ 有贡献. 其余的 $k-r$ 列中，每一个都乘以了 $\boldsymbol{\Lambda}_A$ 中的一个零. 注意到，为方便起见，$\boldsymbol{\Lambda}$ 已经按照对角线元素递减的顺序进行了排列（即，最大的元素在左上角）. 现仅保持 $\boldsymbol{\Lambda}_A$ 中左上角的部分，将其记为 $\boldsymbol{\Lambda}_r$. 然后记 $\boldsymbol{U}_r$ 为包含 $\boldsymbol{U}$ 中前 r 列的 $k \times r$ 矩阵. 则

$$\boldsymbol{A} = \boldsymbol{U}_r\boldsymbol{\Lambda}_r\boldsymbol{U}_r^{\mathrm{T}}$$

这一结果非常有用，特将其列在下面的盒子中；读者应该记住它.

流程 15.1（用低秩矩阵近似一个对称矩阵）　设有一个 $k \times k$ 对称矩阵 $\boldsymbol{T}$. 希望用一个秩 $r < k$ 的矩阵 $\boldsymbol{A}$ 来近似 $\boldsymbol{T}$. 记 $\boldsymbol{U}$ 为各列是 $\boldsymbol{T}$ 的特征向量的矩阵，且 $\boldsymbol{\Lambda}$ 为 $\boldsymbol{A}$ 的特征值对角矩阵（因此 $\boldsymbol{AU} = \boldsymbol{U\Lambda}$）. 特别提醒，为方便起见，$\boldsymbol{\Lambda}$ 已经按照对角线元素递减的顺序进行了排序（即，最大值在其左上角）.

令 $\boldsymbol{\Lambda}$ 中 $k-r$ 个比较小的值为零，仅保留左上角的 $r \times r$ 块，由 $\boldsymbol{\Lambda}$ 构造 $\boldsymbol{\Lambda}_r$. 构造 $\boldsymbol{U}_r$，该 $k \times r$ 矩阵包含 $\boldsymbol{U}$ 的前 r 列. 则

$$\boldsymbol{A} = \boldsymbol{U}_r\boldsymbol{\Lambda}_r\boldsymbol{U}_r^{\mathrm{T}}$$

为在 Frobenius 范数意义下逼近 $\boldsymbol{T}$ 的秩为 r 的最佳近似.

若 $\boldsymbol{A}$ 为半正定（即，若 $\boldsymbol{T}$ 至少有 r 个较大的特征值是非负的），则可与前面章节中一样对 $\boldsymbol{A}$ 进行分解. 这就得到了一个基于分解方法的对对称矩阵进行逼近的过程. 这一结果非常有用，故将其列在下面的盒子中；读者应当记住它.

流程 15.2（用低维度分解近似一个对称矩阵） 设有 $k \times k$ 对称矩阵 $\boldsymbol{T}$. 希望用一个秩 $r<k$ 的矩阵 $\boldsymbol{A}$ 来逼近矩阵 $\boldsymbol{T}$. 设 $\boldsymbol{T}$ 有至少 r 个非负的较大特征值. 记 $\boldsymbol{U}$ 为 $\boldsymbol{T}$ 的特征向量构成的矩阵，$\boldsymbol{\Lambda}$ 是将 $\boldsymbol{A}$ 的特征值作为其对角线元素的对角矩阵（因此 $\boldsymbol{A}\boldsymbol{U}=\boldsymbol{U}\boldsymbol{\Lambda}$）. 请注意，为方便起见，$\boldsymbol{\Lambda}$ 已经按照对角线元素递减的顺序进行了排序（即，最大的元素在左上角）.

357

令 $\boldsymbol{\Lambda}$ 中 $k-r$ 个较小的元素为零，仅保持左上角 $r \times r$ 的一块，即可从 $\boldsymbol{\Lambda}$ 构造 $\boldsymbol{\Lambda}_r$. 将 $\boldsymbol{\Lambda}_r$ 的每一个对角元素用其正平方根替换就构造出了 $\boldsymbol{\Lambda}_r^{(1/2)}$. $\boldsymbol{U}_r$ 可通过保留 $\boldsymbol{U}$ 的前 r 列来构造. 然后记 $\boldsymbol{V}=\left(\boldsymbol{U}_r\boldsymbol{\Lambda}_r^{(1/2)}\right)$，则

$$\boldsymbol{A}=\boldsymbol{V}\boldsymbol{V}^{\mathrm{T}}$$

为在 Frobenius 范数意义下秩为 r 的对 $\boldsymbol{T}$ 的最佳近似.

15.2 特殊函数

误差函数和高斯分布： **误差函数**（error function）定义为

$$\operatorname{erf}(x)=\frac{2}{\sqrt{\pi}}\int_0^x \mathrm{e}^{-t^2}\mathrm{d}t$$

编程环境通常都可以计算误差函数. 在这一事实基础上做一个简单的变量变换就得到了一个有用的结论. 易得

$$\frac{1}{\sqrt{2\pi}}\int_0^x \mathrm{e}^{\frac{-u^2}{2}}\mathrm{d}u=\frac{1}{\sqrt{\pi}}\int_0^{\frac{x}{\sqrt{2}}}\mathrm{e}^{-t^2}\mathrm{d}t=\frac{1}{2}\operatorname{erf}\left(\frac{x}{\sqrt{2}}\right)$$

这一事实的一个非常有用的结论来源于

$$\frac{1}{\sqrt{2\pi}}\int_{-\infty}^0 \mathrm{e}^{\frac{-t^2}{2}}\mathrm{d}t=1/2$$

（因为 $\frac{1}{\sqrt{2\pi}}\mathrm{e}^{\frac{-u^2}{2}}$ 为一个概率密度函数，且它关于 0 对称）. 作为结果，可以得到

$$\frac{1}{\sqrt{2\pi}}\int_{-\infty}^x \mathrm{e}^{\frac{-t^2}{2}}\mathrm{d}t=1/2\left(1+\operatorname{erf}\left(\frac{x}{\sqrt{2}}\right)\right)$$

逆误差函数：有时希望得到满足

$$\frac{1}{\sqrt{2\pi}}\int_{-\infty}^x \mathrm{e}^{\frac{-t^2}{2}}\mathrm{d}t=p$$

的 x，其中 p 为某给定的值. 与 p 相关的函数被称为**概率单位函数**（probit function）或**标准分位函数**（normal quantile function）. 该函数记为

$$x=\Phi(p)$$

概率函数 Φ 可被表示为**逆误差函数**. 多数编程环境都可以计算逆误差函数（它是误差函数的逆函数）. 我们有

$$\Phi(p)=\sqrt{2}\,\mathrm{erf}^{-1}(2p-1)$$

利用一点正则性可以求解一个问题：选择 u, 使得

358

$$\int_{-u}^{u}\frac{1}{\sqrt{2\pi}}\exp\left(-x^2/2\right)\mathrm{d}x=p$$

注意到

$$\begin{aligned}\frac{p}{2}&=\frac{1}{\sqrt{2\pi}}\int_0^u \mathrm{e}^{\frac{-t^2}{2}}\mathrm{d}t\\&=\frac{1}{2}\,\mathrm{erf}\left(\frac{u}{\sqrt{2}}\right)\end{aligned}$$

故

$$u=\sqrt{2}\,\mathrm{erf}^{-1}(p)$$

伽马函数：伽马函数 $\Gamma(x)$ 通过如下的步骤定义. 首先，给出整数 n，

$$\Gamma(n)=(n-1)!$$

故，对实部为正的复数 z（包括正实数），有

$$\Gamma(z)=\int_0^{\infty}t^z\frac{\mathrm{e}^{-t}}{t}\mathrm{d}t$$

这样做，得到了一个有关正实数的函数，该函数为一个表示阶乘的光滑函数. 本书并不使用该函数做任何真正的工作，故不对该函数进行展开. 实践上，要么通过查表或者用软件环境得到它.

15.3　在决策树中拆分节点

希望选择一个拆分以得到有关分类的尽可能多的信息. 为此，需要对信息进行计数. 熵是一个合适的度量（下面会详细对其描述）. 应当将熵看作比特的数量，或者均值，该值可被用来确定一个随机变量. 了解它的细节能够帮助人们判断哪一个拆分更好，或者哪个拆分不好. 针对每一个拆分，可以得到各个类的熵，然后选择得到最小熵的拆分. 这样做是可行的，因为一旦进行了这种拆分，可以使用更少的信息（更少的比特）来确定其中的值. 类似地，也容易计算是否需要拆分. 将每一种拆分时得到的分类的熵与不使用拆分的分类的熵进行比较，并选择最小的熵，因为此时确定类中的元素所需的信息更少（比特更少）.

15.3.1 用熵计算信息

对简单情形，跟踪信息是比较直接的. 此处从一个简单的例子开始. 设有 4 个类. 类 1 中有 8 个样本，类 2 中有 4 个样本，类 3 中有 2 个样本，类 4 中有 2 个样本. 若要说明一个样本属于哪一个类，平均来说需要传递多少信息呢？显然，这依赖于如何传递信息. 也许可以发送 Edward Gibbon 的完整著作来说明是类 1，《百科全书》来说明是类 2，等等. 但这应该是冗余的. 问题是，所传递的信息能少到什么程度. 如果使用二进制编码（即，可以传递“0”和“1”的序列），跟踪信息的量是比较容易的.

考虑如下的方法. 若一个示例的是类 1 中的，可以发送一个“1”. 若它是在类 2 中的，可以发送“01”；若它是在类 3 中的，可以发送“001”；若它是在类 4 中的，可以发送“101”. 于是发送的比特数期望值为

$$\begin{aligned}&p\,(\text{class}=1)\times 1+p\,(2)\times 2+p\,(3)\times 3+p\,(4)\times 4\\=&\frac{1}{2}\times 1+\frac{1}{4}\times 2+\frac{1}{8}\times 3+\frac{1}{8}\times 3\end{aligned}$$

它等于 1.75 比特. 这一数字并不必须是整数，因为它是一个期望.

359

注意到对第 i 类，发送了 $-\log_2 p\,(i)$ 比特. 故可将期望发送的比特数写为

$$-\sum_i p\,(i)\log_2 p\,(i)$$

这一表达式在处理其他简单情形时也是正确的. 应当注意，每一个类中具体有多少对象并不是真正重要的. 事实上，在类中出现的所有样本所占的比例则是有影响的. 这一比例为一项属于某一类的先验概率. 应当尝试两个样本个数相等的类的情形；256 个类，每个类中样本个数相等的情形；及 5 个类，概率为 $p\,(1)=1/2$，$p\,(2)=1/4$，$p\,(3)=1/8$，$p\,(4)=1/16$ 和 $p\,(5)=1/16$ 的情形. 如果尝试其他样本，将会发现，平均来看，很难构造一个使用比这个表达式预测的更少比特的方法. 这表明，一般地来说，在所有情形下，将会需要传递的最少数量的比特数可用下式表示

$$-\sum_i p\,(i)\log_2 p\,(i)$$

即便可能很难或根本就不可能用达到这一数字的数来确定一个表达式表示什么.

一个概率分布的**熵**（entropy）为一个在平均意义下，能够确定一个服从该分布的样本需要多少比特信息的得分. 对一个离散的概率分布，熵的计算公式为

$$-\sum_i p\,(i)\log_2 p\,(i)$$

其中 i 的取值范围是所有 $p\,(i)$ 不为零的元素. 例如，若有两个类，且 $p\,(1)=0.99$，则其熵为 0.0808，意味着需要很少的信息来说明对象属于哪一类. 这是合理的，因为是类 1 的概率太大了；当样本属于类 2 时，只需要使用很少的信息. 若你担心要发送 0.0808 比特，请记住，这是一

个平均值，故可以把这个数理解为如果要知道 10^4 个对象属于哪一个类，原则上仅需使用 808 比特.

一般地，若一个对象所属的类越不确定，熵就会越大. 设想有两个类且 $p(1)=0.5$ 的情形，此时熵为 1，且它是两个类上的概率分布的最大可能值. 人们总是可以用一个比特说明一个对象属于两类中的哪一类（尽管可以说甚至少于一个比特）.

15.3.2　利用信息增益来选择拆分

记 $\mathcal{P}$ 为节点处所有数据的集合. 记 $\mathcal{P}_l$ 为左数据池，$\mathcal{P}_r$ 为右数据池. 平均地看数据池 $\mathcal{C}$ 的熵为，要确定数据池中的一个条目可能需要多少个比特. 记 $n(i:\mathcal{C})$ 为数据池中类 i 内条目的数量，$N(\mathcal{C})$ 为数据池中项的总数. 则数据池 $\mathcal{C}$ 的熵 $H(\mathcal{C})$ 为

$$-\sum_i \frac{n(i;\mathcal{C})}{N(\mathcal{C})}\log_2\frac{n(i;\mathcal{C})}{N(\mathcal{C})}$$

显然，需要 $H(\mathcal{P})$ 个比特来分类父池 $\mathcal{P}$ 中的数据条目. 对左数据池中的一个条目，需要 $H(\mathcal{P}_l)$ 个比特；对右数据池中的一个条目，需要 $H(\mathcal{P}_r)$ 个比特. 如果将父数据池进行拆分，数据属于左数据池中的期望概率为

$$\frac{N(\mathcal{P}_l)}{N(\mathcal{P})}$$

属于右数据池中的期望概率为

$$\frac{N(\mathcal{P}_r)}{N(\mathcal{P})}$$

360

这意味着，如果切分父数据池，在平均意义上，必须提供

$$\frac{N(\mathcal{P}_l)}{N(\mathcal{P})}H(\mathcal{P}_l)+\frac{N(\mathcal{P}_r)}{N(\mathcal{P})}H(\mathcal{P}_r)$$

多个比特来对数据进行分类. 那么，一个好的拆分应使得左数据池和右数据池都提供信息. 这样，一旦对数据池进行了拆分，就可以使用比不拆分时更少的比特对数据进行分类了. 其不同可以表示为

$$I(\mathcal{P}_l,\mathcal{P}_r;\mathcal{P})=H(\mathcal{P})-\left(\frac{N(\mathcal{P}_l)}{N(\mathcal{P})}H(\mathcal{P}_l)+\frac{N(\mathcal{P}_r)}{N(\mathcal{P})}H(\mathcal{P}_r)\right)$$

它被称作拆分带来的**信息增益**（information gain）. 平均来看，它是如果知道一个样本是属于切分的哪一侧时，可以不必提供的比特数量. 好的拆分有着较大的信息增益.

注意到决策函数是随机选择一个特征（feature），然后根据一个阈值来测试其取值. 取值较大的数据点将放置在左数据池中；取值较小的数据点将放置在右数据池中. 这种操作听起来也许太简单了，但它实际上是非常有效且常用的. 设有一个节点，其标签为 k. 我们有到达节点的训练样本的数据池. 第 i 个样本的特征向量为 $\boldsymbol{x}_i$，每一个这样的向量都是一个 d 维向量.

在 $1,\cdots,d$ 之间均匀随机地选择一个整数 j. 按照这一特征进行拆分，并将 j 存储在节点中. 又记 $x_i^{(j)}$ 为第 i 个特征向量的第 j 个分量. 然后选择一个阈值 t_k，通过 $x_i^{(j)}-t_k$ 的符号进

行拆分. 选择 t_k 的值是容易的. 设在数据池中有 N_k 个样本. 则有 $N_k - 1$ 个可能的 t_k 的取值, 可以得到不同的拆分. 为得到它们, 将 N_k 个样本点根据 $x^{(j)}$ 进行排序, 然后选择所有样本点中的中间值. 对每一个这样的值, 计算拆分对应的信息增益. 然后选择有最佳信息增益的阈值.

这一过程的细节可以使用下面的方法描述, 通过随机选择 m 个特征, 对每个特征找出最佳拆分, 然后保存最佳的特征和阈值. m 远小于特征的总数是非常重要的——一个常用的经验值是取 m 为总特征数的平方根. 通常选择一个 m, 并将其应用于所有的拆分.

361

索　引

索引中的页码为英文原书页码，与书中页边标注的页码一致.

符　号

L_2 norm（L_2 范数），321

χ^2-distribution（χ^2 分布），171

χ^2-statistic（χ^2 统计），171

3D bar chart（3D 条形图），30

A

absorbing state（吸收态），332

accuracy（准确率），254

affinity（亲和力），290

Agglomerative Clustering（聚合聚类），283

all-vs-all（多对多），268

analysis of variance（方差分析），182

ANOVA（方差分析），182

ANOVA table（方差分析表），182

approximate nearest neighbor（近似最近邻），256

Approximating a symmetric matrix with a low rank matrix（用一个低秩矩阵近似一个对称矩阵），357

Approximating a symmetric matrix with low dimensional factors（用低维度分解近似一个对称矩阵），358

average（均值），7

B

bag（袋），272

bagging（装袋），272

balanced （平衡），180

balanced experiment （平衡实验），183

bar chart（条形图），5

baselines（基线），254

Basic properties of the probability events（概率事件的基本性质），55

batch（批），263

batch size（批容量），263

Bayes risk（贝叶斯风险），254

Bayes' rule（贝叶斯规则），89

Bayesian inference（贝叶斯推断），207

Bayesian inference is particularly good with little data（贝叶斯推断在数据很少的情况下尤其有效），211

Bernoulli random variable（伯努利随机变量），116

Beta distribution（贝塔分布），120

between group variation （组间方差），182

biased estimate（有偏估计），147

biased random walk（有偏随机游动），331

bigram models（一元语法模型），337

bigrams（一元分词），337

bimodal（双峰），16

Binomial distribution（二项分布），117

Binomial distribution for large N（N 较大时的二项分布），130

bootstrap（自助抽样法），152

bootstrap replicates（自助抽样副本），152

box plot（箱形图），20

Building a decision forest（构建决策森林），272

Building a decision forest using bagging（装袋法建立决策林），273

Building a decision tree: overall（构建决策树：总结），271

C

categorical（类别，分类的），3

Centered confidence interval for a population

mean（总体均值的中心置信区间），146
Chebyshev's inequality（切比雪夫不等式），100
class conditional probability（类条件概率），257
class confusion matrix（类混淆矩阵），254
class error rate（类错误率），254
class-conditional histograms（类条件直方图），7
Classification with a decision forest（用决策森林进行分类），273
Classifier（分类器），253
classifier（分类器），253
definition（定义），253
nearest neighbors（近似最近邻），256
cluster center（集群中心），283
clustering（聚类），281
using k-means（使用 k 均值），287
clusters（集群），283
color constancy（色彩恒定性），241
comparing to chance（机会比较），254
complete-link clustering（全链接聚类），283
Computing a one-sided p-value for a T-test （单边 T 检验的 p 值），163
Computing a two-sided p-value for a T-test （双边 T 检验的 p 值），163
conditional histograms（条件直方图），7
Conditional independence（条件独立），72
Conditional probability（条件概率），66
Conditional probability for independent events（独立事件的条件概率），71
Conditional probability formulas（条件概率公式），70
Confidence interval for a population mean（总体均值的置信区间），146
conjugacy（共轭），209
conjugate prior（共轭先验），209
consistency（一致性），206
Constructing a centered $1-2\alpha$ confidence interval for a population mean for a large sample（给大样本的总体均值构造一个 $1-2\alpha$ 中心置信区间），151
Constructing a centered $1-2\alpha$ confidence interval for a population mean for a small sample（给小样本的总体均值构造一个 $1-2\alpha$ 中心置信区间），151
continuous（连续的），3
contrasts（对照，对比），185
correlation（相关），36，39
Correlation coefficient（相关系数），39
cost to go function（运行成本函数），345
Covariance（协方差），97，227
covariance ellipses（协方差椭圆），302
Covariance Matrix（协方差矩阵），229
Covariance，useful expression（协方差，有用的表达式），97
cross-validation（交叉验证），255
Cumulative distribution of a discrete random variable（离散随机变量的累积分布），8

D

decision function（决策函数），269
decision boundary（决策边界），260
decision forest（决策森林），269
decision tree（决策树），105，268
degrees of freedom（自由度），147
dendrogram（树状图），284
density（密度），91
dependent variable（独立变量），305
descent direction（下降方向），263
descriptive statistics（描述性统计学），98
diagonal（对角的），355
diagonalizing（对角化），356
Diagonalizing a symmetric matrix（对角化对称矩阵），233
Discrete random variable（离散随机变量），87
distributions（分布）
how often a normal random variable is how far from the mean（一个正态随机变量以多少频率偏离均值有多远），125
mean and variance of a bernoulli random vari-

able（伯努利随机变量的均值和方差），116
mean and variance of a beta distribution（贝塔分布均值和方差），121
mean and variance of a geometric distribution（几何分布的均值和方差），116
mean and variance of the binomial distribution（二项分布的均值和方差），117
mean and variance of the exponential distribution（指数分布的均值和方差），122
mean and variance of the gamma distribution（伽马分布的均值和方差），121
mean and variance of the normal distribution（正态分布的均值和方差），124
mean and variance of the poisson distribution（泊松分布的均值和方差），119
mean and variance of the standard normal distribution（标准正态分布的均值和方差），123
Divisive Clustering（分裂聚类），284
dynamic programming（动态规划），345

E

Easy confidence intervals for a big sample（大样本的简单置信区间），150
eigenvalue（特征值），232，355
eigenvector（特征向量），232，355
emission distribution（输出分布），344
empirical distribution（经验分布），99，152
entropy（熵），360
epoch（纪），264
error（错误率），254
error bars（误差线），150
error function（误差函数），125，358
Estimating Confidence Intervals for Maximum Likelihood Estimates using Simulation（用模拟的办法估计极大似然估计的置信区间），205
Estimating with maximum likelihood（极大似然估计），199
Evaluating whether a treatment has significant effects with a one-way ANOVA for balanced experiments（用单因素方差分析来评估平衡实验条件下某种处理方法效果的显著性），183
Event（事件），55
Expectation（期望），94
Expectation of a continuous random variable（连续随机变量的期望），95
Expectations are linear（期望是线性的），95
Expected value（期望值），93
Expected value of a continuous random variable（连续随机变量的期望值），95
explanatory variables（解释变量），305
Exponential distribution（指数分布），122
Expressions for mean and variance of the sample mean（样本均值的均值和方差的表达式），144

F

F-distribution （F 分布），170
F-statistic （F 统计量），170
false positive rate（假阳性率），254
false negative rate（假阴性率），254
feature vector（特征向量），253
filtering（过滤），214
fold（折叠），255
Forming and interpreting a two-way ANOVA table（生成并解释双因素方差分析表），191
Frobenius norm（Frobenius 范数），356

G

gambler's fallacy（赌徒谬论），64
Gamma distribution（伽马分布），121
gaussian distributions（高斯分布），124
generalizing badly（泛化能力弱），255
Geometric distribution（几何分布），116
gradient descent（梯度下降），263
group average clustering（群平均聚类），283

H

heat map（热图），30

hidden Markov model（隐马尔可夫模型），344
hinge loss（铰链损失），261
histogram（直方图），6

I

IID（独立同分布），198
iid samples（独立同分布样本），99
independent and identically distributed（独立同分布），198
Independent events（独立事件），62
independent identically distributed samples（独立同分布样本），99
Independent random variables（独立随机变量），90
Independent random variables have zero covariance（独立随机变量协方差为零），97
indicator function（示性函数），100
Indicator functions（示性函数），100
information gain（信息获取），270，361
intensity（强度），119
interaction mean squares（交互作用均方），189
Interquartile Range（四分位距），15
inverse error function（逆误差函数），358
irreducible（不可约的），335

J

joint（联合），210
Joint probability distribution of two discrete random variables（两个离散随机变量的联合概率分布），89

K

k-means，see clustering（k 均值，见于聚类），287
k-Means Clustering（k 均值聚类），287
k-Means with Soft Weights（软权重的 k 均值聚类），291

L

latent variable（潜变量），45
learning curves（学习曲线），264
learning rate（学习率），264
leave-one-out cross-validation（留一交叉验证），255
Likelihood（似然函数），198
likelihood（似然概率），257
Likert scales（李克特量表），247
line search（线搜索），263
Linear regression（线性回归），308
Linear Regression using Least Squares（基于最小二乘的线性回归），312
location parameter（位置参数），9
Log-likelihood of a dataset under a model（概率模型下数据的对数似然函数），201

M

Many Markov chains have stationary distributions（具平稳统计分布的马尔可夫链），336
MAP estimate（最大后验估计，MAP 估计），207
Marginal probability of a random variable（随机变量的边际概率），90
Markov chain（马尔可夫链），331
Markov chains（马尔可夫链），333
Markov's inequality（马尔可夫不等式），100
maximum a posteriori estimate（最大后验估计），207
Maximum likelihood principle（极大似然函数原理），198
Mean（均值），7
mean and variance of（均值与方差）
　a bernoulli random variable（伯努利随机变量），116
　a beta distribution（贝塔分布），121
　a geometric distribution（几何分布），116
　the binomial distribution（二项分布），117
　the exponential distribution（指数分布），122
　the gamma distribution（伽马分布），121
　the normal distribution（正态分布），124
　the poisson distribution（泊松分布），119
　the standard normal distribution（标准正态分布），123

Mean or expected value（均值或期望值），96
mean square error（均方误差），310
Median（中位数），13
mode（众数），16
multidimensional scaling（多维放缩），245
multimodal（多峰），16
Multinomial distribution（多项式概率分布），118

N

n-gram models（n 元语法模型），337
n-grams（n 元分词），337
normal distribution（正态分布），124
Normal data（正态数据），19
Normal distribution（正态分布），124
normal distribution（正态分布），124
Normal posteriors can be updated online（正态后验可以在线更新），215
normal quantile function（正态分位函数），358
normal random variable（正态随机变量），124
normalizing（规一化），92
normalizing constant（规一化常数），92

O

odds（赔率），104
one factor （单因素），182
one-sided p-value （单边 p 值），163
one-vs-all（一对多），268
ordinal（有序的），3
orthonormal（规范正交），355
Orthonormal matrices are rotations（规范正交矩阵是旋转），233
outcomes（结果），53
outlier（异常值），13
outliers（异常值），314
overfitting（过度拟合），255

P

p-value （p 值），162
p-value hacking （p 值操控），174
Pairwise independence（两两独立），72
Parameters of a Multivariate Normal Distribution（多维正态分布参数），301
pdf（概率密度函数），91
Percentile（百分位数），14
phonemes（音素），344
pie chart（饼图），29
Poisson distribution（泊松分布），119
Poisson point process（泊松点过程），119
population（总体），141
population mean（总体均值），141
positive definite（正定），355
positive semidefinite（半正定），355
posterior（后验），207，258
Predicting a value using correlation（用相关系数预测），43
Predicting a value using correlation: Rule of thumb – 1（用相关系数预测：经验法则 1），44
Predicting a value using correlation: Rule of thumb – 2（用相关系数预测：经验法则 2），44
principal components（主成分），237
Principal Components Analysis（主成分分析），240
Principal Coordinate Analysis（主坐标分析），246
principal coordinate analysis（主坐标分析），245
prior（先验），257
prior probability distribution（先验概率分布），207
probability（概率），54
probability density function（概率密度函数），91
Probability distribution of a discrete random variable（离散随机变量的概率分布），88
probability mass function（概率质量函数），88
probit function（概率单位函数），358
procedure（流程）
  predicting a value using correlation（使用相关性预测一个值），43
  the t-test of significance for a hypothesized mean（假设均值已知的显著性 t 检验），162

agglomerative clustering（聚合聚类），283
approximating a symmetric matrix with a low rank matrix（用低秩矩阵近似一个对称矩阵），357
approximating a symmetric matrix with low dimensional factors（用低维度分解近似一个对称矩阵），358
building a decision forest（构建决策森林），272
building a decision forest using bagging（使用装袋法构建决策森林），273
building a decision tree: overall（构建决策树：总结），271
classification with a decision forest（使用决策森林进行分类），273
computing a one-sided p-value for a t-test （计算单边 t 检验的 p 值），163
computing a two-sided p-value for a t-test （计算双边 t 检验的 p 值），163
constructing a centered $1-2\alpha$ confidence interval for a population mean for a large sample（给大样本的总体均值构造一个 $1-2\alpha$ 中心置信区间），151
constructing a centered $1-2\alpha$ confidence interval for a population mean for a small sample（给小样本的总体均值构造一个 $1-2\alpha$ 中心置信区间），151
diagonalizing a symmetric matrix（使对称矩阵对角化），233
divisive clustering（分裂聚类），284
estimating confidence intervals for maximum likelihood estimates using simulation（用模拟的办法估计极大似然估计的置信区间），205
estimating with maximum likelihood（极大似然估计），199
evaluating whether a treatment has significant effects with a one-way anova for balanced experiments（用单因素方差分析来评估平衡实验条件下某种处理方法效果的显著性），183
forming and interpreting a two-way anova table（生成并解释双因素方差分析表），191
k-means clustering（k 均值聚类），287
k-means with soft weights（软权重的 k 均值聚类），291
linear regression using least squares（使用最小二乘法的线性回归），312
predicting a value using correlation: rule of thumb – 1（使用相关性预测值：经验法则 1），44
predicting a value using correlation: rule of thumb – 2（使用相关性预测值：经验法则 2），44
principal components analysis（主成分分析），240
principal coordinate analysis（主坐标分析），246
setting up a two-way anova （制作双因素方差分析表），191
splitting a non-ordinal feature（在决策树中对无序特征进行拆分），272
splitting an ordinal feature（在决策树中对有序特征进行拆分），272
testing whether two populations have the same mean，for different population standard deviations (检验具有不同标准差的总体是否具有相同的均值)，169
testing whether two populations have the same mean，for known population standard deviations (检验具有已知标准差的总体是否具有相同的均值)，166
testing whether two populations have the same mean，for same but unknown population standard deviations (检验具有相同但未知标准差的总体是否具有相同的均值)，167
the χ^2-test of significance of fit to a model (模型拟合显著性的 χ^2 检验)，172
the bootstrap（自助法），153
the f-test of significance for equality of variance (方差相等的显著性的 F 检验)，170
training an svm: estimating the accuracy（SVM

的训练：估计准确率），266
training an svm: overall（SVM 的训练：总结），266
training an svm: stochastic gradient descent（SVM 的训练：随机梯度下降），267
vector quantization—building a dictionary（向量量化建立词典），296
vector quantization—representing a signal（向量量化信号表示），296
Properties of normal data（正态数据的性质），20
Properties of probability density functions（概率密度函数的性质），92
Properties of sample and population means（样本和总体均值的性质），142
Properties of standard deviation（标准差的性质），10
Properties of the correlation coefficient（相关系数的性质），40
Properties of the covariance matrix（协方差矩阵的性质），230
Properties of the interquartile range（四分位距的性质），15
Properties of the mean（均值的性质），8
Properties of the median（中位数的性质），14
Properties of the probability of events（事件概率的性质），59
Properties of variance（方差的性质），13，96
prosecutor's fallacy（检察官谬误），72

Q

Quartiles（四分位数），14

R

Randomization （随机化），179
raw Google matrix（原始 Google 矩阵），343
realization（实现），99
recurrent（常返的），332
Regression（回归），305，308，311
regularization（正则化），262
regularization parameter（正则化参数），262
regularization weight（正则化系数），319
regularizer（正则化项），262
residual（残差），310
residual variation（残差），181
ridge regression（岭回归），319

S

sample（样本），99，141
sample mean（样本均值），141
Sample space（样本空间），53
scale parameter（尺度参数），10
scatter plot（散点图），33
selection bias（选择偏差），255
sensitivity（敏感性），254
Setting up a two-way ANOVA （制作双因素方差分析表），191
single-link clustering（单链接聚类），283
skew（偏斜），16
smoothing（光滑），338
specificity（特异性），254
Splitting a non-ordinal feature（拆分一个无序特征），272
Splitting an ordinal feature（拆分一个有序特征），272
stacked bar chart（堆叠图），30
Standard coordinates（标准坐标），18
Standard deviation（标准差），9，98
standard deviation（标准差），98
Standard error（标准误差），147
standard normal curve（标准正态曲线），19
Standard normal data（标准正态数据），19
Standard Normal distribution（标准正态分布），123
standard normal distribution（标准正态分布），123
standard normal random variable（标准正态随机变量），123
stationary distribution（平稳分布），335
statistic（统计），146
Statistical significance （统计显著性），162

step size（步长），264
steplength（步长），264
steplength schedule（步长计划），264
Stochastic gradient descent（随机梯度下降），263
stochastic matrices（随机矩阵），333
Sums and differences of normal random variables（正态随机变量的和与差），165
support vector machine（支持向量机），261
SVM（支持向量机），261
symmetric（对称），232，355

T

t-distribution（t 分布），149
t-random variable（t 随机变量），149
t-test （t 检验），162
tails（尾部），16
test error（检验误差），255
test examples（测试样本），305
test statistic （检验统计量），160
Testing whether two populations have the same mean，for different population standard deviations（检验具有不同标准差的总体是否具有相同的均值），169
Testing whether two populations have the same mean，for known population standard deviations （检验具有已知标准差的总体是否具有相同的均值），166
Testing whether two populations have the same mean，for same but unknown population standard deviations （检验具有相同但未知标准差的总体是否具有相同的均值），167
The χ^2-test of significance of fit to a model (模型拟合显著性的 χ^2 检验)，172
The bootstrap（自助法），153
The F-test of significance for equality of variance（方差相等的显著性的 F 检验），170
The parameters of a normal posterior with a single measurement（只有单个测量值的正态后验参数），214
The properties of simulations（模拟的性质），341
The T-test of significance for a hypothesized mean (假设均值已知的显著性的 T 检验)，162
total error rate（总错误率），254
Training an SVM: estimating the accuracy（SVM 的训练：估计准确率），266
Training an SVM: Overall（SVM 的训练：总结），266
Training an SVM: stochastic gradient descent（SVM 的训练：随机梯度下降），267
training error（训练误差），255
training examples（训练样本），305
transition probabilities（转移概率），331
Transition probability matrices（转移概率矩阵），335
treatment one mean squares（因素 1 的均方），190
treatment two mean squares（因素 2 的均方），190
treatment variation （处理方法差异），182
trellis（网格），345
trial（实验），99
trigram models（三元语法模型），337
trigrams（三元分词），337
two-factor ANOVA （双因素方差分析表），191
two-sided p-value （双边 p 值），163
two-way ANOVA （双边方差分析表），191

U

unbalanced experiment （非均衡实验），183
unbiased（无偏的），255
unbiased estimate（无偏估计），147
uniform distribution（均匀分布），120
Uniform distribution，continuous（连续均匀分布），120
uniform random variable（均匀随机变量），120
Uniform random variable，discrete（离散均匀随机变量），115
unigram models（一元语法模型），337
unigrams（一元分词），337
unimodal（单峰），16

useful facts（有用的事实），
basic properties of the probability events（概率事件的基本性质），55
bayesian inference is particularly good with little data（贝叶斯推断在数据很少的情况下尤其有效），211
binomial distribution for large n（大 n 的二项分布），130
conditional probability for independent events（独立事件的条件概率），71
conditional probability formulas（条件概率公式），70
covariance，useful expression（协方差, 有用的表达式），97
easy confidence intervals for a big sample（大样本的简单置信区间），150
expectations are linear（期望是线性的），95
expressions for mean and variance of the sample mean（样本均值的均值和方差的表达式），144
how often a normal random variable is how far from the mean（一个正态随机变量以多少频率偏离均值有多远），125
independent random variables have zero covariance（独立随机变量协方差为零），97
many markov chains have stationary distributions（具有平稳分布的马尔可夫链），336
markov chains（马尔可夫链），333
mean and variance of a bernoulli random variable（伯努利随机变量的均值和方差），116
mean and variance of a beta distribution（贝塔分布的均值和方差），121
mean and variance of a geometric distribution（几何分布的均值和方差），116
mean and variance of the binomial distribution（二项分布的均值和方差），117
mean and variance of the exponential distribution（指数分布的均值和方差），122
mean and variance of the gamma distribution（伽马分布的均值和方差），121
mean and variance of the normal distribution（正态分布的均值和方差），124
mean and variance of the poisson distribution（泊松分布的均值和方差），119
mean and variance of the standard normal distribution（标准正态分布的均值和方差），123
normal posteriors can be updated online（正态后验可以在线更新），215
orthonormal matrices are rotations（规范正交矩阵是旋转），233
parameters of a multivariate normal distribution（多元正态分布参数），301
properties of normal data（正态数据的性质），20
properties of probability density functions（概率密度函数的性质），92
properties of sample and population means（样本和总体均值的性质），142
properties of standard deviation（标准差的性质），10
properties of the correlation coefficient（相关系数的性质），40
properties of the covariance matrix（协方差矩阵的性质），230
properties of the interquartile range（四分位距的性质），15
properties of the median（中位数的性质），14
properties of the probability of events（事件概率的性质），59
properties of variance（方差的性质），13，96
regression（回归），311
sums and differences of normal random variables（正态随机变量的和与差），165
the parameters of a normal posterior with a single measurement（只有单个测量值的正态后验参数），214
the properties of simulations（模拟的性质），341
transition probability matrices（转移概率矩阵），

335

variance as covariance（方差作为协方差），98

variance，a useful expression（方差，一个有用的表达式），96

you can transform data to zero mean and diagonal covariance（可以将数据变换为零均值且对角协方差的），234

utility（效用），107

V

validation set（验证集），255

Variance（方差），13，96

Variance as covariance（方差作为协方差），98

Variance，a useful expression（方差，一个有用的表达式），96

vector quantization（向量量化），296

Vector Quantization – Building a Dictionary（向量量化——建立词典），296

Vector Quantization – Representing a Signal（向量量化——信号表示），296

Viterbi algorithm（维特比算法），345

W

Weak Law of Large Numbers（弱大数定律），102

whitening（白化），256，286

within group variation （组内方差），181

within group mean squares （组内均方），189

Y

You can transform data to zero mean and diagonal covariance（你可以将数据均值变换为零且对角协方差的），234

Z

Zipf's law（Zipf 定理），313

推荐阅读

线性代数高级教程：矩阵理论及应用

作者：Stephan Ramon Garcia 等 ISBN：978-7-111-64004-2 定价：99.00元

矩阵分析（原书第2版）

作者：Roger A. Horn 等 ISBN：978-7-111-47754-9 定价：119.00元

代数（原书第2版）

作者：Michael Artin ISBN：978-7-111-48212-3 定价：79.00元

概率与计算：算法与数据分析中的随机化和概率技术（原书第2版）

作者：Michael Mitzenmacher 等 ISBN：978-7-111-64411-8 定价：99.00元